Deepen Your Mind

Deepen Your Mind

前言

✤ 本書寫作初衷

2013 年，Docker 在發佈之後取得空前的成功，成為史上非常受歡迎的開發工具之一。除了簡便、好用，映像檔技術也是 Docker 的核心所在，包含映像檔格式的創新和用於映像檔分發的 Registry 服務。Docker 公司的著名口號 "Build, Ship and Run"（建置、傳送和執行），概括了應用程式開發的精髓，其中隱藏的含義是「建置映像檔、傳送映像檔和執行映像檔，一切皆以映像檔為中心」。OCI 組織的三個標準與該口號分別對應：映像檔標準（建置）、執行時期標準（執行）和正在制定的分發標準（傳送）。儘管目前這些標準有一些不同的實現，但映像檔標準的實現基本上以 Docker 的映像檔格式為主。由此可見，映像檔是容器應用的關鍵技術，圍繞映像檔的一系列管理工作將是實際運行維護工作的重中之重。

在 Docker 出現之前，我在 Sun 公司任職時已經接觸和使用過容器技術（Solaris Containers）。從 2012 年開始，我在 VMware 公司負責 Cloud Foundry 開放原始碼 PaaS 專案的技術推廣工作。Cloud Foundry 專案使用了被稱為 Warden 的容器引擎來執行應用。Warden 與 Docker 類似，都是 PaaS 專案中的容器執行引擎，只是被「埋藏」在 Cloud Foundry 專案中，沒有像 Docker 那樣獨立發佈出來。

我初次接觸 Docker 後，被其流暢的使用體驗和優秀的容器方案所震撼，深感將會是應用程式開發的大趨勢。對 Docker 進行研究後，我發現容器映像檔是 Docker 軟體的命脈所在，而當時並沒有很好的映像檔管理工具。在同期的一些技術大會上，也有不少使用者抱怨在映像檔管理方面遇到各種難題。

於是，針對映像檔管理的諸多痛點，我帶領團隊開發了一個容器映像檔管理軟體，在公司內部試用後取得一定的成效。這個軟體就是 Harbor 的原型。Harbor 在開放原始碼後受歡迎的程度遠超我們所料。Harbor 圖形化的映像檔管理功能獨樹一幟，切中了容器應用程式開發和運行維護的要點，在獲得大量使用者的青睞，參與 Harbor 開放原始碼專案的開發者也在與日俱增。

在加入 CNCF 後，Harbor 和全球雲端原生社區的合作更加緊密，並加強了對 Kubernetes 和 Helm 的支援。在 Harbor 2.0 中還支援 OCI 的映像檔標準和分發標準，可管理各種雲端原生領域的製品。

目前已經有很多使用者在生產系統中部署了 Harbor，很大一部分使用者都將 Harbor 作為映像檔和 Helm Chart 的製品倉庫。Harbor 的維護者們透過微信群、GitHub 及郵件群組等的問題回饋了解到不少使用者遇到的問題，這些問題產生的主要原因有二：其一，使用者對 Harbor 的安裝、設定等了解不徹底；其二，文件資料不完整或缺失。由此可見，Harbor 使用者需一本參考書作為 Harbor 系統的使用指引，然而市面上並沒有這樣的書籍。我與 Harbor 專案的維護者們進行了溝通，溝通的結果是大家一致希望撰寫本書來完整介紹 Harbor 專案的各方面，讓 Harbor 帶來更大的價值。本書的編撰工作便開始了。

撰寫書稿是相當艱辛的，大多數作者需要在繁忙的工作之餘擠出時間查資料和撰寫書稿，並且互相審稿和修訂，有的章節甚至修改了不下十遍。但作者們都有一個共同的心願：希望透過本書把 Harbor 的各個功能準確、詳盡地傳遞給讀者，幫助讀者了解和使用好 Harbor 的功能。

❧ 本書特色

這是一本全面介紹 Harbor 雲端原生製品倉庫的書籍，涵蓋 Harbor 架構、原理、設定、訂製化開發、專案治理和成功案例等內容，由 Harbor 開放原始碼專案維護者和貢獻者傾力撰寫，其中不乏 Harbor 專案的早期開發人員，甚至 Harbor 原型程式的編制者。

需要特別說明的是，很多未公開發表的內容在本書中都有詳盡說明，如：Harbor 的架構原理；OCI 製品的支援方式；高可用製品倉庫系統的設計要點；映像檔等製品的掃描、許可權和安全性原則；備份與恢復策略；API 使用指南等。對 Harbor 使用者和開發者來說，本書是非常理想的參考資料。

✤ 本書適合讀者群

- 雲端原生軟體開發工程師、測試工程師和運行維護工程師
- IT 架構師和技術經理
- Harbor 開放原始碼專案的使用者、開發者和貢獻者
- 電腦相關學科的大專院校學生

✤ 本書架構及使用方法

本書共有 13 章，部分章節由多位作者合力完成，以更準確地闡釋對應的內容。下面列出每章的主要內容和作者。

第 1 章　介紹雲端原生應用的產生背景、以映像檔為主的製品管理原理和標準，以及製品倉庫的作用，由張海寧負責撰寫，任茂盛、裴明明參與撰寫。

第 2 章　概述 Harbor 功能和架構，為讀者了解後續的章節做準備，由姜坦負責撰寫。

第 3 章　詳細說明 Harbor 的安裝、部署，包含高可用部署的方案要點，還包含對 Harbor 的入門性介紹，由王岩負責撰寫，孔馨建、任茂盛參與撰寫。

第 4 章　介紹 Harbor 支援和管理 OCI 製品原理、常見 OCI 製品的使用方法，由任茂盛負責撰寫，尹文開、張海甯、鄒佳參與撰寫。

第 5 章　闡釋 Harbor 的許可權管理和存取控制的原理，以及相關設定方法，由何威威負責撰寫，張海寧參與撰寫。

第 6 章　解析 Harbor 中可使用的安全性原則，包含可信任的內容分發和漏洞掃描機制，由鄒佳負責撰寫。

第 7 章　說明映像檔、Helm Chart 等製品在 Harbor 中的遠端複製原理，以及與其他倉庫服務的整合原理，由尹文開負責撰寫。

第 8 章　詳述 Harbor 的進階管理功能，包含資源配額、垃圾回收、不可變 Artifact、保留策略、Webhook 等，由王岩負責撰寫，裴明明、張子明、鄧謙參與撰寫。

第 9 章　解釋 Harbor 生命週期的管理過程，包含備份、恢復、升級的步驟和方法，由鄧謙負責撰寫。

第 10 章　整理 Harbor 的 API 的使用方法並列出程式設計範例，由尹文開負責撰寫，張海寧參與撰寫。

第 11 章　描述 Harbor 後台非同步任務系統的機制，並分析其主要原始程式碼的工作原理，由鄒佳負責撰寫。

第 12 章　匯集和整理 Harbor 與其他系統的整合方法及社區使用者的成功案例，由張海寧負責撰寫，裴明明、任茂盛、孔馨建、陳家豪參與撰寫。

第 13 章　介紹 Harbor 開放原始碼社區的管理原則、警告機制和開放原始碼專案的參與方式，並展望專案的發展方向，由張海寧負責撰寫，鄒佳、王岩、孔馨建、張道軍、尹文開、陳德參與撰寫。

我們建議讀者這樣使用本書：

- 對雲端原生領域特別是容器技術不太了解的讀者，可以先閱讀第 1 章的基礎知識；
- 初次接觸 Harbor 的讀者，可以直接閱讀第 2 章以快速了解 Harbor 的功能和架構；
- 希望快速上手 Harbor 的讀者，可以按照第 3 章的說明，從部署 Harbor 倉庫軟體著手；
- 對 Harbor 有一定使用經驗的讀者，可以隨選閱讀第 3 ～ 13 章的內容；
- 有意向參與 Harbor 開放原始碼專案貢獻的開發者，可以重點閱讀第 13 章。

☘ 繁體中文版說明

Harbor 是一個完全由中國開發的頂級專案，其操作介面大部分為簡體中文，本書章節中部分畫面語言為簡體中文介面，請讀者閱讀時對照前後文。

☘ 致謝

本書的主要撰寫時間在 2020 年 4 月之後，因為正處特殊時期，所以本書的寫作交流幾乎只能線上進行，但作者們都擁有共同的信念且相互信任，克服了重重困難，使本書順利出版。在此感謝各位作者為本書出版付出的極大努力，他們是 VMware 中國研發中心 Harbor 開發小組的成員：主任工程師鄒佳、高級研發工程師王岩、高級研發工程師尹文開、高級研發經理任茂盛、主任工程師姜坦、研發工程師鄧謙、高級研發工程師何威威、高級研發工程師張子明、主任工程師張道軍，以及網易杭州研究院輕舟雲端原生架構師裴明明、騰訊高級工程師孔轡建、VMware 中國研發中心研發工程師陳家豪、騰訊專有雲端平台研發工程師陳德。其中，特別感謝鄒佳，他不僅撰寫了充實的內容，還協助我進行了統稿和協調工作。感謝任茂盛組織和協調寫作資源，也感謝王岩、尹文開、裴明明撰寫了大量內容。同時感謝電子工業出版社的編輯張國霞，她不辭勞苦地為本書進行策劃、審稿、校正等工作，並鼓勵作者們完成艱鉅的寫作任務。

由衷感謝以下的各位大師和主管。其中，我的恩師、微眾銀行首席人工智慧官楊強教授給予我很多鼓勵和支援，推動了聯邦學習與 Harbor 等雲端原生技術的融合，並提出寶貴意見。VMware 中國研發中心總經理、Harbor 專案聯合發起人任道遠先生是我多年的主管，也是中國雲端原生社區不遺餘力的佈道者和宣導者，他從 Harbor 的原型階段開始一直支援和推動著專案的發展，對 Harbor 專案取得的成績功不可沒。網易雲端運算中心總經理陳諤先生是雲端運算和雲端原生探索和實作的先鋒，他帶領的網易輕舟團隊在微服務平台中使用了 Harbor，還給 Harbor 開放原始碼專案貢獻程式，為本書提供了實作案例等內容，在推薦序中分享的服務架構演進的經驗更值得我們研讀和學習。

感謝同事 Harbor 專案經理徐天行先生、王曉璇女士、宋春雪女士對 Harbor 中國社區長期以來的管理和營運，以及對出版本書的協助。感謝我多年的摯友李天逸先生對本書內容的幫助。感謝為本書提供 Harbor 案例的社區使用者和合作夥伴：廣州市品高軟體股份有限公司聯合創始人劉忻先生、品高雲產品總監邱洋先生、上海騫雲科技創始人和 CEO 方禮先生、前才雲科技 CEO 張鑫先生、CNCF 官方大使和京東技術架構部產品經理張麗穎女士、360 搜尋事業群高級總監張華先生。也感謝廣大 Harbor 使用者對本書內容所提出的建議。

最後，感謝我的妻子和孩子，因為寫作本書，我犧牲了很多陪伴他們的時間，他們的鼓勵也使我能堅持把書寫完。同時，感謝我的父母和兄長，他們在我童年時代學習電腦知識時給予我的支援和指導，使我在資訊技術領域一直走到現在。

張海寧

作者介紹

張海寧

VMware 中國研發中心雲端原生實驗室技術總監，Harbor 開放原始碼專案建立者及維護者，擁有多年軟體架構設計及全端開發經驗，為多個開放原始碼專案貢獻者，Cloud Foundry 中國社區較早的技術佈道師之一，「亨利筆記」公眾號作者，從事雲端原生、機器學習及區塊鏈等領域的創新工作。

鄒佳

VMware 中國研發中心主任工程師，Harbor 開放原始碼專案架構師及核心維護者，擁有十多年軟體研發及架構經驗，獲得 PMP 資格認證及多項技術專利授權。曾在 HPE、IBM 等多家企業擔任資深軟體工程師，專注於雲端運算及雲端原生等領域的研究與創新。

王岩

VMware 中國研發中心高級研發工程師，Harbor 開放原始碼專案維護者，負責 Harbor 多項核心功能的開發，專注於雲端原生、Kubernetes、Docker 等領域的技術研究及創新。

尹文開

VMware 中國研發中心高級研發工程師，Harbor 開放原始碼專案維護者，從 Harbor 的原型研發開始一直參與 Harbor 專案，長期從事容器領域的研究及開發工作。

任茂盛

VMware 中國研發中心高級研發經理，Harbor 開放原始碼專案維護者，在網路、虛擬化、雲端運算及雲端原生領域有豐富的產品開發及管理經驗。在 VMware 先後負責 vSphere、OpenStack、Tanzu 等現代應用平台產品的開發。

姜坦

VMware 中國研發中心主任工程師，Harbor 開放原始碼專案核心維護者，畢業於北京航空太空大學，從事雲端原生領域的軟體開發工作。

裴明明

網易杭州研究院輕舟雲端原生架構師，Harbor 開放原始碼專案維護者，主要負責網易輕舟雲端原生 DevOps 系統設計、研發及執行等，在雲端原生、DevOps、微服務架構等領域擁有豐富的經驗。

鄧謙

VMware 中國研發中心研發工程師，Harbor 開放原始碼專案貢獻者，參與了 Harbor 多個元件及功能的開發工作，多次參與 Harbor 的技術活動支援及分享，在雲端原生及監控系統等領域擁有豐富的經驗。

何威威

VMware 中國研發中心高級研發工程師，Harbor 開放原始碼專案貢獻者，專注於效能測試最佳化、雲端原生等領域的技術研發。

孔礬建

騰訊高級工程師，負責騰訊雲映像檔倉庫產品的研發；Harbor 開放原始碼專案維護者，深耕容器映像檔儲存及分發、雲端儲存、雲端原生應用領域。

張子明

VMware 中國研發中心高級研發工程師，Harbor 開放原始碼專案貢獻者。擁有多年軟體全端開發經驗，對雲端原生、設定管理等領域有較深入的研究。

陳家豪

VMware 中國研發中心研發工程師，專注於容器、網路及分散式技術的研發，積極參與開放原始碼社區的建設，是區塊鏈開放原始碼專案 Hyperledger Cello 的維護者之一，也是聯邦學習開放原始碼專案 FATE 及 KubeFATE 等的貢獻者。深耕虛擬化、雲端運算及區塊鏈等領域。

張道軍

VMware 中國研發中心主任工程師，Harbor 開放原始碼專案貢獻者，畢業於北京航空太空大學。關注應用效能監控、效能最佳化、雲端原生等領域。

陳德

騰訊專有雲端平台研發工程師，Harbor 開放原始碼專案維護者，主要負責騰訊雲端原生有狀態服務管理平台的設計及開發，並實現服務的自動化運行維護管理。

目錄

04 OCI Artifact 的管理

05 存取控制

06 安全性原則

07 內容的遠端複製

08 進階管理功能

09 生命週期管理

10 API 的使用方法

11 非同步任務系統

12 應用案例

13 社區治理和發展

A 詞彙表

Chapter

01

雲端原生環境下的製品管理

電腦技術的發展歷史，可以歸結為人類對計算效率不斷追求和提升的歷史。效率表現在兩方面：完成計算所需的時間越短越好；完成計算所用的資源越少越好。自通用電子電腦誕生以來，電腦的系統架構就包含硬體和軟體兩部分，一項計算任務由不可改變的通用硬體執行可變的軟體共同實現。硬體和軟體是相輔相成、相互促進的兩條發展主線。

縱觀應用軟體架構的變遷歷程，各個時期的主流軟體架構都是和當時的計算基礎設施相符合的。20 世紀 50 ～ 80 年代大中小型主機盛行，軟體架構是集中式的，靠單機的處理能力和垂直擴充性滿足應用的需要。儘管有 CPU 時間分片、計算虛擬化和記憶體虛擬化等加強系統使用率的技術，但成本始終居高不下。

在 20 世紀 80 年代崛起的個人電腦（PC）及區域網的成熟，促成了 20 世紀 90 年代 C/S（Client/Server，用戶端 / 伺服器）分散式架構的盛行。PC 作為用戶端分擔了主機的部分工作，增強了整個系統的處理能力。對應地，採用了 C/S 架構的軟體由用戶端和伺服器端兩部分組成，透過區域網的協定連接，不僅降低了系統成本，也加強了應用的回應速度。

在 20 世紀 90 年代中後期出現的網際網路，形成了全球性的資訊網路。這個時期的應用從 C/S 架構逐漸轉為 B/S（瀏覽器 / 伺服器）架構。從本質上說，B/S 架構是 C/S 架構的延伸，瀏覽器是一種通用的輕量用戶端，為使用者展現 HTML 頁面和指令稿結果。伺服器端則從一兩台主機轉為多台 X86 伺服器。系統的成本進一步降低，也具備了水平擴充能力。

進入 21 世紀以來，行動網際網路的出現帶來了爆發性的使用者量增長和全天候存取服務的需求，應用常常需要應對極速增長的服務請求和巨量資料的處理能力，傳統的軟硬體架構很難適應這種動態變化的使用者需求，雲端運算服務應運而生。雲端運算讓使用者透過網路隨選存取共用的運算資源池（計算、網路、儲存和應用等），對使用者來說資源能夠迅速供給和釋放，無須太多管理成本。雲端運算由服務商對運算資源池提供集中化管理和運行維護，為使用者提供了權衡成本和效率的發佈方式。

經過十多年發展，雲端運算已經成為像自來水和電力一樣無處不在的公共計算服務設施，現代化的應用軟體架構也向著 C/C（用戶端 / 雲端）模式轉變，借助雲端服務的彈性、容錯性和易管理性等特點，縮短了開發、測試、部署和運行維護的反覆運算週期，以回應瞬息萬變的使用者需求。現代應用的架構需要「向雲端而生」，即以雲端時代的思維和概念來設計，盡其所能地發揮雲端的潛力，這就是雲端原生（Cloud Native）架構。

雲端原生並不特指某項實際技術，而是一系列思維和技術的集合，包含虛擬化、容器、微服務、持續整合和發佈（CI/CD）和 DevOps 等。其中，容器成為雲端原生領域最重要的基礎性技術，已經衍生出龐大的生態系統，其他相關技術大多圍繞容器來做文章，例如 Kubernetes 負責容器編排平台，微服務依賴容器來完成，DevOps 使用容器貫穿流程等。

容器的本質是對應用的執行環境進行封裝，包含可執行程式、設定檔、依賴軟體套件等，應用封裝後產生的靜態檔案被稱為映像檔。相當大一部分容器相關的操作是以容器映像檔為基礎的，因此容器映像檔的管理成為雲端原生應用中的重要環節之一。

本章主要說明雲端原生技術和容器的原理，介紹容器映像檔等雲端原生製品的標準，並說明容器映像檔倉庫在容器管理中的關鍵作用，以幫助讀者了解後續章節中 Harbor 功能的設計理念。

1.1 雲端原生應用概述

最早提出「雲端原生」概念的是 Pivotal 公司的 Matt Stine。他在 2013 年第一次提出雲端原生的概念，在 2015 年出版的 *Migrating to Cloud-Native Application Architectures*（《遷移到雲端原生應用架構》）一書中定義了雲端原生應用架構的一些特徵，包含 12 要素應用、微服務、使用 API 協作等。

CNCF（雲端原生運算基金會）在 2019 年列出雲端原生 v1.0 的定義：雲端原生技術使組織能夠在現代化和動態的環境下（如公有雲、私有雲和混合雲）建置和執行可擴充的應用程式。雲端原生典型的技術包含容器、服務網格、微服務、不可變基礎設施和宣告性 API 等。

不同機構列出的雲端原生定義不盡相同，但都表現了在雲端中開發、部署和運行維護應用的核心要點。這種「向雲端而生」的應用，整個生命週期都在雲端，通常被稱為「雲端原生應用」（Cloud Native Applications）。雲端原生技術是現代化應用的基礎，雲端原生應用的湧現能幫助企業進行數位化轉型和升級。如上所述，雲端原生應用的強勢崛起，是由使用者新生的需求和主流計算基礎設施共同驅動的。

雲端原生引用了不少新的概念和思維方式，也影響了應用所採用的實現技術。歸納來說，雲端原生應用主要採用的技術有虛擬化、容器、微服務架構、服務網格等，開發流程採用持續整合和發佈及 DevOps 開發運行維護一體化的理念。為了便於讀者了解，下面對這些技術進行簡單介紹。

1. 虛擬化

雲端運算的本質是池化資源的共用和發佈。因為虛擬化技術可以使硬體資源池化和隔離，並能夠透過軟體實現自動化的資源供給和回收，所以虛擬化技術成為雲端運算服務不可或缺的「底座」。絕大多數雲端服務平台都是以虛擬化技術實現為基礎的。

2. 容器

容器是雲端原生應用的基礎性技術，實質上是針對應用的封裝和發佈方式，具有輕量、可攜性和不可改變性等特點。軟體生命週期中的開發、測試、部署、運行維護等不同階段的發佈成果都使用相同的容器標準，將大幅縮短反覆運算的週期，使從原始程式碼到建置再到運行維護組成一個完整的過程。

3. 微服務架構

在網際網路時代到來之前，應用的主要架構為單體（monolithic）模式。每個應用都是大而全的實例，包含了介面展現、業務邏輯和資料服務等所有功能。單體架構的不足之處較明顯：業務邏輯緊耦合，新功能的開發測試有關諸多模組，發佈週期長，擴充應用時不靈活。

為滿足應用快速反覆運算及執行中的彈性伸縮等需求，微服務架構逐漸興起，它把應用拆分為一組獨立的小型服務，每個服務只實現單一的功能，執行自己的處理程序並採用輕量級機制（如 HTTP API）進行相互通訊。這些服務圍繞業務功能建置，並且可以單獨部署和擴充，如圖 1-1 所示。

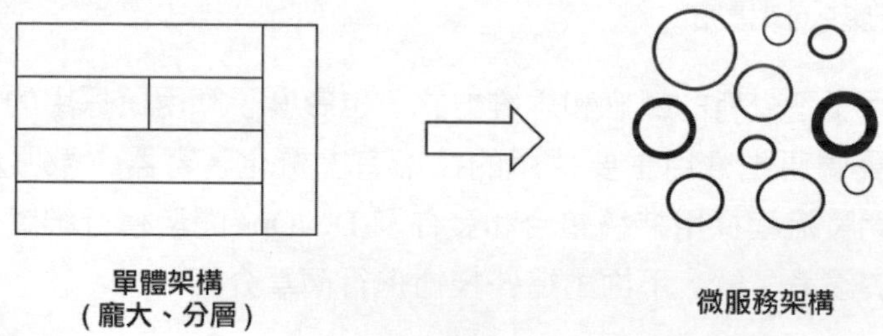

圖 1-1

雲端原生應用產生的初衷是應對市場不斷改變的需求和使用者規模的急劇擴大，微服務架構能夠較好地應對這些挑戰，因此，微服務架構成為雲端原生應用首選的建置方式。在實現微服務架構時，因為每個微服務的獨立性，用輕量級容器封裝單一微服務成為非常自然的選擇，每個容器實例都對應一個微服務實例。微服務的擴充也相對簡單，一般只需啟動多個封裝該服務的容器實例即可。因此，容器成為微服務架構落實的主要方式。

4. 服務網格

雲端原生應用中微服務實例的數量可能很驚人，從數十到成百上千，相互之間具有複雜的依賴或呼叫關係，這給開發和運行維護管理帶來了新的難題。為此，一種新的服務網路基礎架構漸漸形成，叫作「服務網格」(Service Mesh)，專門負責處理微服務之間通訊相關的問題，如服務發現、負載平衡、監控追蹤、認證授權和資料加密等。服務網格可以用邊車（sidecar）容器的形式一對一地附著在微服務的容器上，形成網路的代理層與其他微服務容器互動（見圖 1-2）。服務網格的出現，不僅令開發人員專注於業務邏輯而無須為每個服務重複撰寫通訊功能，也使運行維護人員更容易地監測和排除應用故障，服務網格也因此成為微服務架構中的重要實現方式。

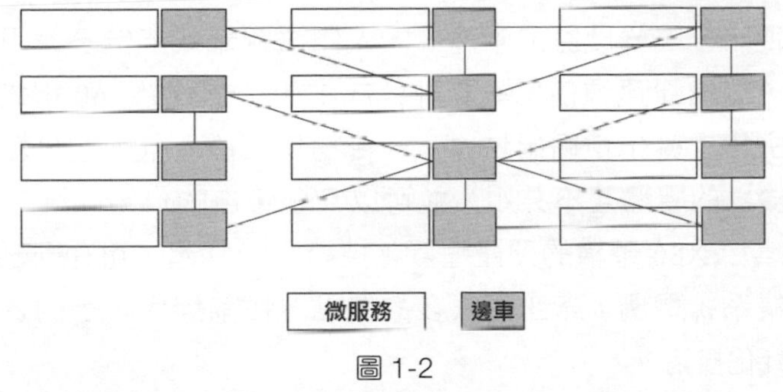

圖 1-2

5. 持續整合和持續發佈

持續整合允許開發團隊高頻率地合併新程式到程式庫中，並透過測試確保程式的正確性。持續發佈確保程式始終處於可部署狀態，開發團隊對程式的所有更改隨時都可以部署到生產環境下。持續整合和持續發佈是使應用快速反覆運算、平穩上線的重要自動化流程，是雲端原生應用迅速回應需求變化必備的技術方法，也是 DevOps 理念主要的實現方法。透過容器映像檔可以確立管線上各個階段的發佈標準，促進高度自動化的持續整合和持續發佈流程。

從上面的介紹可以看到，容器在實現微服務架構、服務閘道、持續整合和持續發佈等方面都發揮著重要的作用，成為雲端原生領域的支撐性技術。後續章節將深入介紹容器的特性。

1.2 容器技術簡介

本節介紹容器技術的發展背景和基本原理，1.3 ～ 1.6 節將詳細說明容器映像檔的結構和管理方式。

1.2.1 容器技術的發展背景

近些年來，容器技術迅速席捲全球，顛覆了應用的開發、發佈和執行模式，在雲端運算、網際網路等領域獲得了廣泛應用。其實，容器技術在約二十年前就出現了，但直到 2013 年 Docker 推出之後才遍地開花，其中有偶然因素，也有大環境造就的必然因素。這裡回顧一下容器的產生的背景和發展過程。

在電腦剛出現時，由於硬體成本高昂，人們試圖尋找能夠多使用者共用運算資源的方式，以加強資源使用率和降低成本。在 20 世紀 60 年代，以硬體技術為基礎的主機虛擬化技術出現了。一台物理主機可以被劃分為許多個小的機器，每個機器的硬體互不共用，並可以安裝各自的作業系統來使用。20 世紀 90 年代後期，X86 架構的硬體虛擬化技術逐漸興起，可在同一台物理機上隔離多個作業系統實例，帶來了很多的優點，目前絕大多數的資料中心都採用了硬體虛擬化技術。

雖然硬體虛擬化提供了分隔資源的能力，但是採用虛擬機器方式隔離應用程式時，效率常常較低，畢竟還要在每個虛擬機器中安裝或複製一個作業系統實例，然後把應用部署到其中。因此人們探索出一種更輕量的方案——作業系統虛擬化，使針對應用的管理更便捷。所謂作業系統虛擬化，就是由作業系統建立虛擬的系統環境，使應用感知不到其他應用的存在，彷彿在獨自佔有全部的系統資源，進一步實現應用隔離的目的。在這種方式中不需要虛擬機器，也能夠實現應用彼此隔離，由於應用是共用同一個作業系統實例的，因此比虛擬機器更節省資源，效能更好。作業系統虛擬化在不少系統裡面也被稱為容器（Container），下面也會以容器來指代作業系統虛擬化。

作業系統虛擬化最早出現在 2000 年，FreeBSD 4.0 推出了 Jail。Jail 加強和改進了用於檔案系統隔離的 chroot 環境。到了 2004 年，Sun 公司發佈了 Solaris

10 的 Containers，包含 Zones 和 Resource management 兩部分。Zones 實現了命名空間隔離和安全存取控制，Resource management 實現了資源設定控制。2007 年，Control Groups（簡稱 cgroups）進入 Linux 核心，可以限定和隔離一組處理程序所使用的資源（包含 CPU、記憶體、I/O 和網路等）。

2013 年，Docker 公司發佈 Docker 開放原始碼專案，提供了一系列簡便的工具鏈來使用容器。毫不誇張地說，Docker 公司率先點燃了容器技術的火焰，拉開了雲端原生應用變革的序幕，促進容器生態圈一日千里地發展。截至 2020 年，Docker Hub 中的映像檔累計下載了 1300 億次，使用者建立了約 600 萬個容器映像檔倉庫。從這些資料可以看到，使用者正在以驚人的速度從傳統模式切換到以容器為基礎的應用發佈和運行維護模式。

2015 年，OCI（Open Container Initiative）作為 Linux 基金會專案成立，旨在推動開放原始碼技術社區制定容器映像檔和執行時標準，使不同廠商的容器解決方案具備互操作能力。同年還成立 CNCF，目的是促進容器技術在雲端原生領域的應用，降低使用者開發雲端原生應用的門檻。創始會員包含 Google、紅帽、Docker、VMware 等多家公司和組織。

CNCF 成立之初只有一個開放原始碼專案，就是後來大名鼎鼎的 Kubernetes。Kubernetes 是一個容器應用的編排工具，最早由 Google 的團隊研發，後來開放原始碼並捐贈給了 CNCF 成為種子專案。由於 Kubernetes 是廠商中立的開放原始碼專案，開放原始碼後獲得了社區使用者和開發者的廣泛參與和支援。到了 2018 年，Kubernetes 已成為容器編排領域事實上的標準，並成為首個 CNCF 的畢業（graduated）專案。2020 年 8 月，CNCF 旗下的開放原始碼專案增加到了 63 個，包含原創於中國的 Harbor 等專案。

從容器的發展歷程可以看到，容器在出現的早期並沒有獲得人們的廣泛關注，主要原因是當時開放的雲端運算環境還沒出現或未成為主流。2010 年之後，隨著 IaaS、PaaS 和 SaaS 等雲端平台逐漸成熟，使用者對雲端應用程式開發、部署和運行維護的效率不斷重視，重新發掘了容器的價值，最後促成了容器技術的盛行。

1.2.2 容器的基本原理

本節以 Linux 容器為例，說明容器的實現原理，主要包含命名空間（Namespace）和控制群組（cgroups）。

1. 命名空間

命名空間是 Linux 作業系統核心的一種資源隔離方式，使不同的處理程序具有不同的系統視圖。系統視圖就是處理程序能夠感知到的系統環境，如主機名稱、檔案系統、網路通訊協定層、其他使用者和處理程序等。使用命名空間後，每個處理程序都具備獨立的系統環境，處理程序間彼此感覺不到對方的存在，處理程序之間相互隔離。目前，Linux 中的命名空間共有 6 種，可以巢狀結構使用。

- **Mount**：隔離了檔案系統的掛載點（mount points），處於不同 "mount" 命名空間中的處理程序可以看到不同的檔案系統。
- **Network**：隔離處理程序網路方面的系統資源，包含網路裝置、IPv4 和 IPv6 的協定層、路由表、防火牆等。
- **IPC**：處理程序間相互通訊的命名空間，不同命名空間中的處理程序不能通訊。
- **PID**：處理程序號在不同的命名空間中是獨立編號的，不同的命名空間中的處理程序可以有相同的編號。當然，這些處理程序在作業系統中的全域（命名空間外）編號是唯一的。
- **UTS**：系統識別符號命名空間，在每個命名空間中都可以有不同的主機名稱和 NIS 域名。
- **User**：命名空間中的使用者可以有不同於全域的使用者 ID 和群組 ID，進一步具有不同的特權。

命名空間實現了在同一作業系統中隔離處理程序的方法，幾乎沒有額外的系統負擔，所以是非常輕量的隔離方式，處理程序啟動和執行的過程在命名空間中和外面幾乎沒有差別。

2. 控制群組

命名空間實現了處理程序隔離功能，但由於各個命名空間中的處理程序仍然共用同樣的系統資源，如 CPU、磁碟 I/O、記憶體等，所以如果某個處理程序長時間佔用某些資源，其他命名空間裡的處理程序就會受到影響，這就是「吵鬧的鄰居（noisy neighbors）」現象。因此，命名空間並沒有完全達到處理程序隔離的目的。為此，Linux 核心提供了控制群組（Control Groups，cgroups）功能來處理這個問題。

Linux 把處理程序分成控制群組，給每群組裡的處理程序都設定資源使用規則和限制。在發生資源競爭時，系統會根據每個群組的定義，按照比例在控制群組之間分配資源。控制群組可設定規則的資源包含 CPU、記憶體、磁碟 I/O 和網路等。透過這種方式，就不會出現某些處理程序無限度搶佔其他處理程序資源的情況。

Linux 系統透過命名空間設定處理程序的可見且可用資源，透過控制群組規定處理程序對資源的使用量，這樣隔離處理程序的虛擬環境（即容器）就建立起來了。

1.2.3 容器執行時期

Linux 提供了命名空間和控制群組兩大系統功能，它們是容器的基礎。但是，要把處理程序執行在容器中，還需要有便捷的 SDK 或指令來呼叫 Linux 的系統功能，進一步建立出容器。容器的執行時期（runtime）就是容器處理程序執行和管理的工具。

容器執行時分為低層執行時期和高層執行時期，功能各有偏重。低層執行時期主要負責執行容器，可在指定的容器檔案系統上執行容器的處理程序；高層執行時期則主要為容器準備必要的執行環境，如容器映像檔下載和解壓並轉化為容器所需的檔案系統、建立容器的網路等，然後呼叫低層執行時期啟動容器。主要的容器執行時期的關係如圖 1-3 所示。

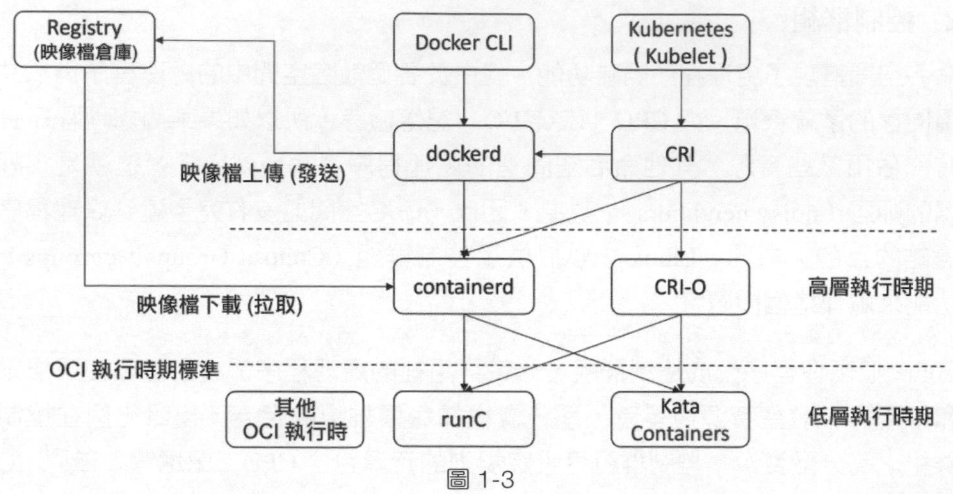

圖 1-3

1. OCI 執行時期標準

成立於 2015 年的 OCI 是 Linux 基金會旗下的合作專案，以開放治理的方式制定作業系統虛擬化（特別是 Linux 容器）的開放工業標準，主要包含容器映像檔格式和容器執行時期（runtime）。初始成員包含 Docker、亞馬遜、CoreOS、Google、微軟和 VMware 等公司。OCI 成立之初，Docker 公司為其捐贈了容器映像檔格式和執行時期的草案及對應的實現程式。原來屬於 Docker 的 libcontainer 專案被捐贈給 OCI，成為獨立的容器執行時期專案 runC。

OCI 執行時期標準定義了容器設定、執行時期和生命週期的標準，主流的容器執行時期都遵循 OCI 執行時期的標準，進一步加強系統的可攜性和互通性，使用者可根據需要進行選擇。

首先，容器啟動前需要在檔案系統中按一定格式儲存所需的檔案。OCI 執行時期標準定義了容器檔案系統套件（filesystem bundle）的標準，在 OCI 執行時期的實現中通常由高層執行時期下載 OCI 映像檔，並將 OCI 映像檔解壓成 OCI 執行時期檔案系統套件，然後 OCI 執行時期讀取設定資訊和啟動容器裡的處理程序。OCI 執行時期檔案系統套件主要包含以下兩部分。

- config.json：這是必需的設定檔，儲存於檔案系統套件的根目錄下。OCI 執行時期標準對 Linux、Windows、Solaris 和虛擬機器 4 種平台的執行時期做了對應的設定標準。
- 容器的 root 檔案系統：容器啟動後處理程序所使用的 root 檔案系統，由 config.json 中的 root.path 屬性確定該檔案系統的路徑，通常是 "rootfs/"。

然後，在定義檔案系統套件的基礎上，OCI 執行時期標準制定了執行時期和生命週期管理標準。生命週期定義了容器從建立到刪除的全過程，可用以下三行指令說明。

- "create" 指令：在呼叫該指令時需要用到檔案系統套件的目錄位置和容器的唯一標識。在建立執行環境時需要使用 config.json 裡面的設定。在建立的過程中，使用者可加入某些事件鉤子（hook）來觸發一些訂製化處理，這些事件鉤子包含 prestart、createRuntime 和 createContainer。
- "start" 指令：在呼叫該指令時需要執行容器的唯一標識。使用者可在 config.json 的 process 屬性中指明執行程式的詳細資訊。"start" 指令包含兩個事件鉤子：startContainer 和 poststart。
- "delete" 指令：在呼叫該指令時需要執行容器的唯一標識。在使用者的程式終止後（包含正常和異常退出），容器執行時期執行 "delete" 指令以清除容器的執行環境。"delete" 指令有一個事件鉤子：poststop。

除了上述生命週期指令，OCI 執行時期還必須支援另外兩行指令。

（1）"state" 指令：在呼叫該指令時需要執行容器的唯一標識。該指令查詢某個容器的狀態，必須包含的狀態屬性有 ociVersion、id、status、pid 和 bundle，可選屬性有 annotation。不同的執行時期實現可能會有一些差異。下面是一個容器狀態的實例：

```
{
    "ociVersion": "1.0.1",
    "id": "oci-container001",
    "status": "running",
    "pid": 8080,
    "bundle": "/containers/nginx",
```

```
        "annotations": {
            "key1": "value1"
        }
}
```

（2）"kill" 指令：在呼叫該指令時需要執行容器的唯一標識和訊號（signal）編號。該指令給容器處理程序發送訊號，如 Linux 作業系統的訊號 9 表示立即終止處理程序。

2. runC

runC 是 OCI 執行時期標準的參考實現，也是最常用的容器執行時期，被其他多個專案使用，如 containerd 和 CRI-O 等。runC 也是低層容器執行時期，開發人員可透過 runC 實現容器的生命週期管理，避免煩瑣的作業系統呼叫。根據 OCI 執行時期標準，runC 不包含容器映像檔的管理功能，它假設容器的檔案套件已經從映像檔裡解壓出來並儲存於檔案系統中。runC 建立的容器需要手動設定網路才能與其他容器或網路節點連通，為此可在容器啟動之前透過 OCI 定義的事件鉤子來設定網路。

由於 runC 提供的功能比較單一，複雜的環境需要更高層的容器執行時期來產生，所以 runC 常常成為其他高層容器執行時期的底層實現基礎。

3. containerd

在 OCI 成立時，Docker 公司把其 Docker 專案拆分為 runC 的低層執行時期及高層執行時期功能。2017 年，Docker 公司把這部分高層容器執行時期的功能集中到 containerd 專案裡，捐贈給雲端原生運算基金會。

containerd 已經成為多個專案共同使用的高層容器執行時期，提供了容器映像檔的下載和解壓等映像檔管理功能，在執行容器時，containerd 先把映像檔解壓成 OCI 的檔案系統套件，然後呼叫 runC 執行容器。containerd 提供了 API，其他應用程式可以透過 API 與 containerd 互動。"ctr" 是 containerd 的命令列工具，和 "docker" 指令很相像。但作為容器執行時期，containerd 只注重在容器執行等方面，因而不包含開發者使用的映像檔建置和映像檔上傳映像檔倉庫等功能。

4. Docker

Docker 引擎是最早流行也是最廣泛使用的容器執行時之一，是一個容器管理工具，架構如圖 1-4 所示。Docker 的用戶端（命令列 CLI 工具）透過 API 呼叫容器引擎 Docker Daemon（dockerd）的功能，完成各種容器管理任務。

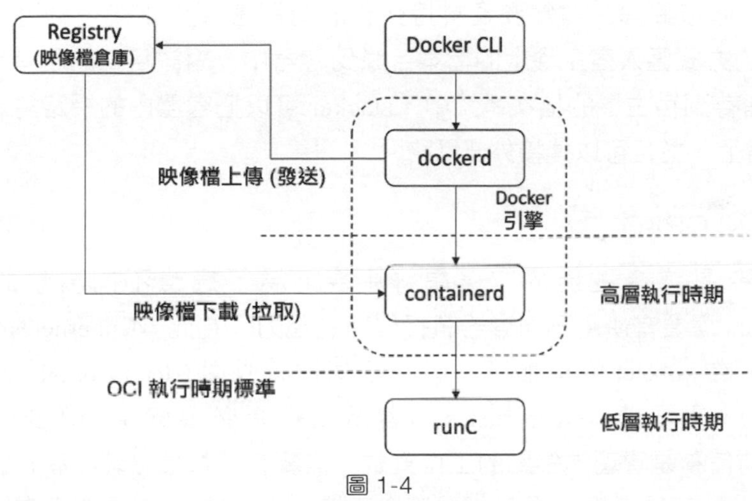

圖 1-4

Docker 引擎在發佈時是一個單體應用，所有功能都集中在一個可執行檔裡，後來按功能分拆成 runC 和 containerd 兩個不同層次的執行時期，分別捐獻給了 OCI 和 CNCF。上面兩節已經分別介紹了 runC 和 containerd 的主要特點，剩下的 dockerd 就是 Docker 公司維護的容器執行時期。

dockerd 同時提供了針對開發者和針對運行維護人員的功能。其中，針對開發者的指令主要提供映像檔管理功能。容器映像檔一般可由 Dockerfile 建置（build）而來。Dockerfile 是一個文字檔，透過一組指令關鍵字定義了容器映像檔所包含的基礎映像檔（base image）、所需的軟體套件及有關應用程式。在 Dockerfile 撰寫完成以後，就可以用 "docker build" 指令建置映像檔了。下面是一個 Dockerfile 的簡單實例：

```
FROM ubuntu:18.04
EXPOSE 8080
CMD ["nginx", "-g", "daemon off;"]
```

容器的映像檔在建置之後被儲存在本機映像檔倉庫裡，當需要與其他節點共用映像檔時，可上傳映像檔到映像檔倉庫（Registry）以供其他節點下載。

Docker 還提供了容器儲存和網路對映到宿主機的功能，大部分由 containerd 實現。應用的資料可以被儲存在容器的私有檔案系統裡面，這部分資料會隨著容器一起被刪除。對需要資料持久化的有狀態應用來説，可用資料卷冊 Volume 的方式匯入宿主機上的檔案目錄到容器中，對該目錄的所有寫入操作都將被儲存到宿主機的檔案系統中。Docker 可以把容器內的網路對映到宿主機的網路上，並且可以連接外部網路。

5. CRI 和 CRI-O

Kubernetes 是當今主流的容器編排平台，為了適應不同場景的需求，Kubernetes 需要有使用不同容器執行時期的能力。為此，Kubernetes 從 1.5 版本開始，在 kubelet 中增加了一個容器執行時介面 CRI（Container Runtime Interface），需要連線 Kubernetes 的容器執行時必須實現 CRI 介面。由於 kubelet 的任務是管理本節點的工作負載，需要有映像檔管理和執行容器的能力，因此只有高層容器執行時期才適合連線 CRI。CRI 和容器執行時期的關係如圖 1-5 所示。

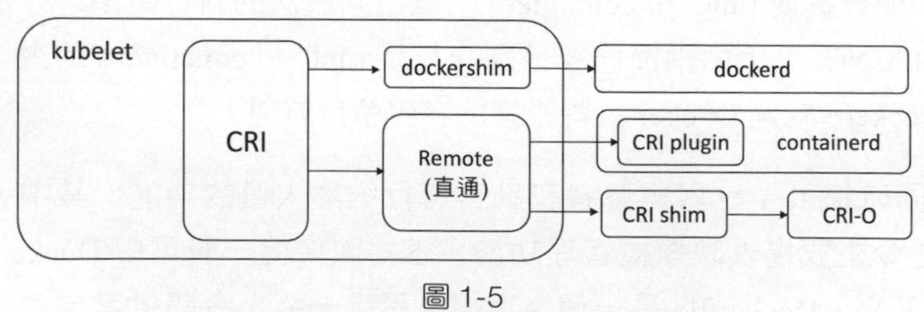

圖 1-5

CRI 和容器執行時期之間需要有個介面層，通常稱之為 shim（墊片），用以比對對應的容器執行時期。CRI 介面由 shim 實現，定義如下，分為 RuntimeService 和 ImageServiceManager（程式參見 GitHub 上 kubernetes/cri-api 的專案檔案 "pkg/apis/services.go"）：

```
// RuntimeService介面必須由容器執行時期實現
// 以下方法必須是執行緒安全的
```

```
type RuntimeService interface {
RuntimeVersioner
ContainerManager
PodSandboxManager
ContainerStatsManager

// UpdateRuntimeConfig更新執行時期設定
UpdateRuntimeConfig(runtimeConfig *runtimeapi.RuntimeConfig) error

// Status傳回執行時期的狀態
Status() (*runtimeapi.RuntimeStatus, error)
}

// ImageManagerService介面必須由容器管理員實現
// 以下方法必須是執行緒安全的
type ImageManagerService interface {
// ListImages列出現有映像檔
ListImages(filter *runtimeapi.ImageFilter) ([]*runtimeapi.Image, error)

// ImageStatus傳回映像檔狀態
ImageStatus(image *runtimeapi.ImageSpec) (*runtimeapi.Image, error)

// PullImage用認證設定拉取映像檔
PullImage(image *runtimeapi.ImageSpec, auth *runtimeapi.AuthConfig,
podSandboxConfig *runtimeapi.PodSandboxConfig) (string, error)

// RemoveImage刪除映像檔
RemoveImage(image *runtimeapi.ImageSpec) error

// ImageFsInfo傳回儲存映像檔的檔案系統資訊
ImageFsInfo() ([]*runtimeapi.FilesystemUsage, error)
}
```

Docker 執行時期被普遍使用，它的 CRI shim 被稱為 dockershim，內建在 Kubernetes 的 kubelet 中，由 Kubernetes 專案小組開發和維護。其他執行時期則需要提供外接的 shim。containerd 從 1.1 版本開始內建了 CRI plugin，不再需要外接 shim 來轉發請求，因此效率更高。在安裝 Docker 的最新版本時，會自動安裝 containerd，所以在一些系統中，Docker 和 Kubernetes 可以同時使用 containerd 來執行容器，但是二者的映像檔用了命名空間隔離，彼此是獨立的，即映像檔不可以共用。因為 Docker 和 containerd 常常同時存在，因此在不需要使用 Docker 的系統中只安裝 containerd 即可。

containerd 最早是為 Docker 設計的程式，包含一些使用者相關的功能。相比之下，CRI-O 是替代 Docker 或 containerd 的高效且輕量級的容器執行時期方案，是 CRI 的實現，能夠執行符合 OCI 標準的容器，所以被稱為 CRI-O。CRI-O 是原生為生產系統執行容器設計的，有個簡單的命令列工具供測試用，但並不能進行容器管理。CRI-O 支援 OCI 的容器映像檔格式，可以從容器映像檔倉庫中下載映像檔。CRI-O 支援 runC 和 Kata Containers 這兩種低層容器執行時期。

1.3 虛擬機器和容器的融合

容器是將應用及其依賴封裝在一起的應用環境，在同一台機器上執行的不同容器共用一個作業系統的核心，每個容器都透過使用者態的處理程序進行隔離。容器的優點是消耗資源少，啟動快，便於在不同的作業系統中遷移。虛擬機器是對物理硬體的抽象，包含作業系統和許多應用及其依賴。Hypervisor 允許一台機器執行多台虛擬機器。虛擬機器的優點是硬體層隔離，更加安全，工具更容易獲得；缺點是比較厚重，啟動慢。容器和虛擬機器的對比如圖 1-6 所示。

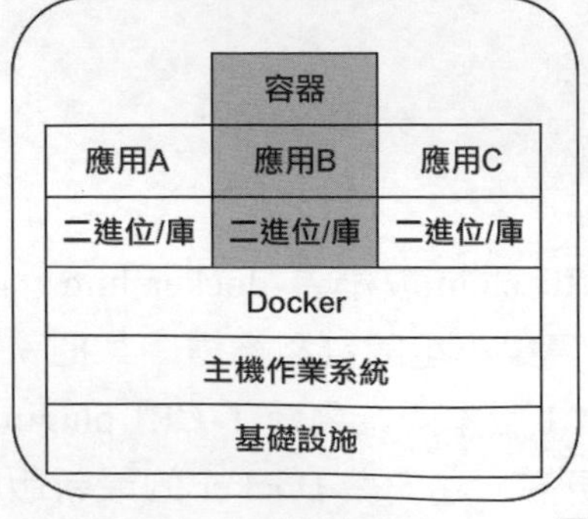

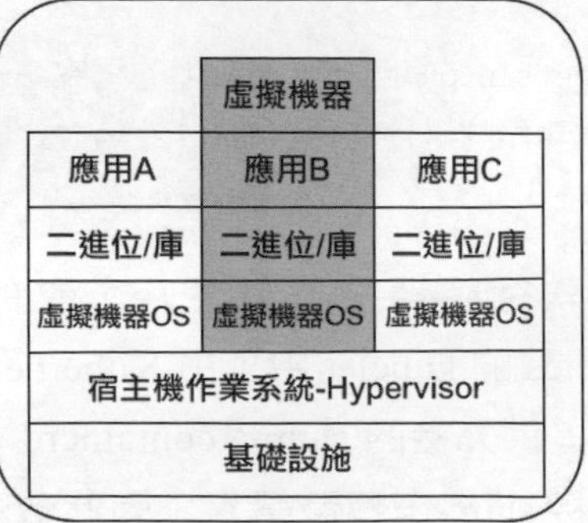

圖 1-6

在公有雲和企業等場景中對隔離性和安全性有較高的要求，而容器技術共用作業系統核心，不能完全滿足需求，因此業界出現了如 Kata containers、gVisor、vSphere Integrated Containers、vSphere Pod 等專案，主要採用輕量級虛擬機器的方式實現容器執行時期，目的是提供虛擬機器的安全等級和容器的執行效率。本節主要介紹以虛擬機器為基礎的容器執行時期 vSphere Pod 和 Kata Containers。

1.3.1 vSphere Pod

Pod 是 Kubernetes 中能夠建立和管理的最小計算部署單元，一個 Pod 是由一組（一個或多個）共用儲存、網路的容器及執行容器的標準組成。Pod 共用的內容包含 Linux 的命名空間、控制群組及其他能夠隔離的內容。Pod 中的容器共用一個 IP 位址和通訊埠空間，可以透過 localhost 存取，也可以使用標準的處理程序間通訊技術進行互通，如共用記憶體和 System V 號誌。不同 Pod 中的容器需要透過該 Pod 的 IP 位址互通。

vSphere Pod 是 VMware vSphere 7 中的容器執行時期，將 Kubernetes 的 Pod 跑在一個專屬的輕量級虛擬機器上，並維持 Pod 的屬性。vSphere Pod 的優點是使 Pod 具有虛擬機器一樣的安全隔離等級，而且能夠繼承虛擬機器的熱遷移、快照等功能。vSphere Pod 的架構如圖 1-7 所示。

為了實現 vSphere Pod，ESXi Hypervisor 引用了 Spherelet 的元件。Spherelet 是個使用者態的程式，實現了與 kubelet 相似的功能，進一步把 ESXi 節點轉變成 Kubernetes 的 worker 節點。同時，ESXi 增加了新的容器執行環境 CRX。每個 CRX 實例都類似一個虛擬機器，與其他使用者態的處理程序和 ESXi 的處理程序做了很好的隔離。CRX 包含一個極簡的 Linux（Photon OS）核心，該核心只保留必要的裝置驅動和功能程式，確保核心能夠非常輕量且快速啟動。經過效能最佳化後，CRX 可以在 100 毫秒內啟動。CRX 還提供了 Linux 應用的二進位介面 ABI（Application Binary Interface），可執行 Pod 裡 Linux 的應用程式。CRX 實例保持與 Spherelet 通訊，以實現 Kubernetes 期望 Pod 達到的狀態，如健康檢查、掛載儲存、設定網路、控制 Pod 裡的容器狀態等。

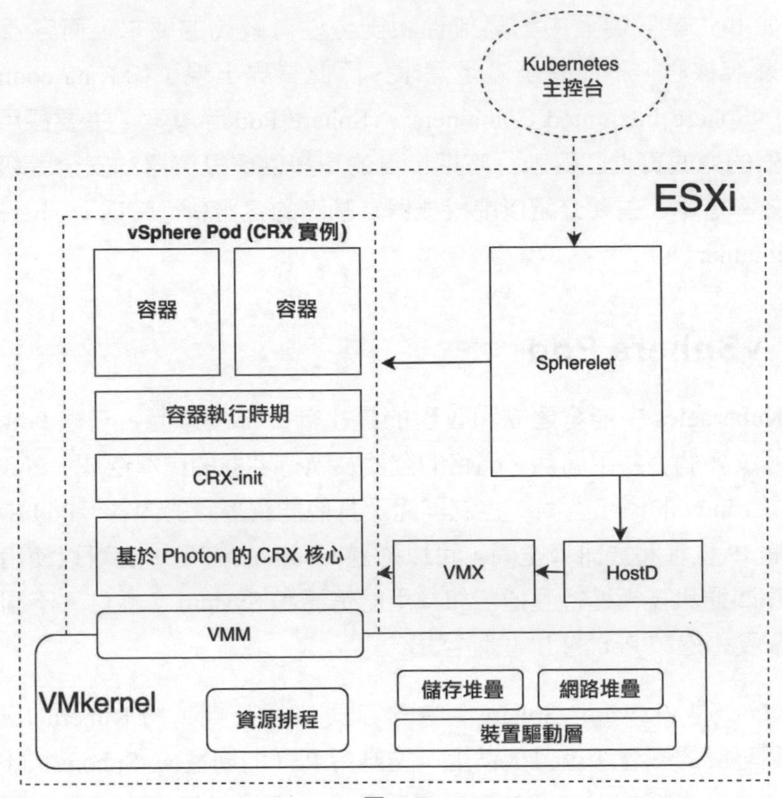

圖 1-7

1.3.2 Kata Containers

Kata Containers 是在 2017 年由 Hyper 的 runV 和 Intel 的 Clear Containers 專案合併而成的開放原始碼專案，透過輕量級的虛擬機器實現安全容器，利用硬體虛擬化技術提供更好的應用隔離環境。Kata Containers 的架構如圖 1-8 所示。

Kata Containers 一般在 Kubernetes 環境下使用。kubelet 透過 CRI 呼叫 containerd 或 CRI-O，再呼叫 Kata Containers 執行執行時期操作。按照 1.2.3 節中的分類，Kata Containers 屬於低層執行時期，只負責執行符合 OCI 執行時期標準的容器。而容器映像檔操作由高層執行時期（如 containerd 等）來完成，並把需要執行的執行時期操作產生一個符合 OCI 標準的檔案系統套件，再交給 Kata Containers 執行，實際過程如下。

（1）每個 Pod 都會有一個 Shim-v2 處理程序對接 containerd/CRI-O，以回應各種執行時期操作，Shim-v2 處理程序和對應 Pod 的生命週期相同。

（2）Shim-v2 會啟動一個虛擬機器，為 Pod 提供隔離。在虛擬機器中執行著一個精簡過的 Linux 核心，去除了沒有必要的裝置（如鍵盤、滑鼠等）。精簡的目的與 vSphere Pod 類似，都是為了縮短 Pod（虛擬機器）的啟動時間。目前支援的虛擬機器技術有 QEMU、Firecracker、ACRN 和 Cloud-Hypervisor。

（3）在虛擬機器啟動時，由高層執行時期（containerd 等）準備好的 rootfs 等檔案系統會以熱抽換的方式動態對映到虛擬機器中。

（4）按照 CRI 的定義和 OCI 的標準，在同一個 Pod 裡面可以執行多個相關容器，它們會在 Pod 所在的虛擬機器裡同時執行，並且共用命名空間。

（5）外部的儲存卷冊可以用區塊裝置或檔案系統共用的方式加入虛擬機器中，但從虛擬機器裡容器的角度來看，它們都是掛載好的檔案系統。

（6）Pod 的虛擬機器可以使用各種 CNI 外掛程式支援容器的網路，實現對外連接。

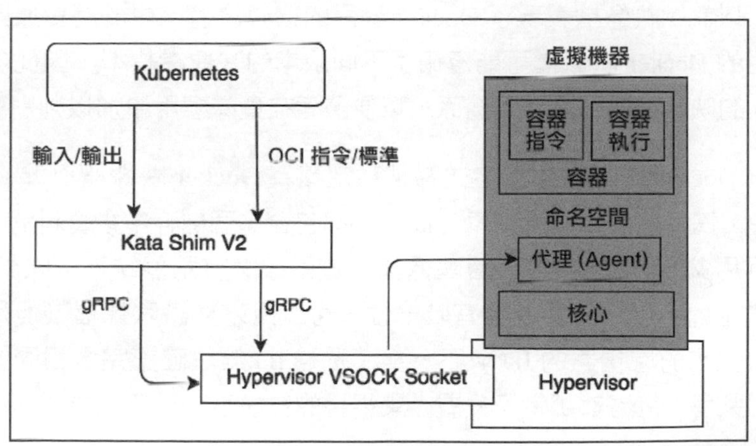

圖 1-8

Kata Containers 是個完整的容器執行時期，採用了虛擬機器技術來隔離，以容器介面提供服務，和 vSphere Pod 有異曲同工之妙。

1.4 容器映像檔的結構

容器有不可改變性（immutability）和可攜性（portability）。容器把應用的可執行檔、依賴檔案及作業系統檔案等包裝成映像檔，使應用的執行環境固定下來不再變化；同時，映像檔可在其他環境下重現同樣的執行環境。這些特性給運行維護和應用的發佈帶來相當大的便利，這要歸功於封裝應用的映像檔。

鑑於容器映像檔的重要性，本節先以 Docker 映像檔為例，介紹容器映像檔的結構和機制，並在此基礎上說明 OCI 映像檔標準的細節。OCI 的映像檔標準已獲得諸多雲端原生專案的支援和使用，甚至已經在其他領域應用。讀者可以先了解 Docker 映像檔的實現原理，然後以此了解 OCI 映像檔標準。

1.4.1 映像檔的發展

2013 年，Docker 推出容器管理工具，同時發佈了封裝應用的映像檔。這是 Docker 與之前各種方案的重大區別，也是 Docker 得以勝出和迅速流傳的主要原因。可以說，映像檔表現了 Docker 容器的核心價值。由於歷史原因，目前仍在使用的 Docker 映像檔可能遵循了不同版本的映像檔標準，因此本節介紹各個版本的映像檔特點及相互關係，以便讀者在實際應用中加以判別。

2014 年，Docker 把其映像檔格式歸納和定義為 Docker 映像檔標準 v1。在這個標準中，映像檔的每個層檔案（layer）都包含一個儲存中繼資料的 JSON 檔案，並且用父 ID 來指明上一層映像檔。這個標準有兩個缺點：映像檔的 ID 是隨機產生的，可近似認為具有唯一性，可以用來標識映像檔，但是用相同內容建置出來的層檔案的 ID 並不一樣，透過 ID 無法確認完全相同的層，不利於層的共用；每層都綁定了父層，緊耦合的結構不利於獨立儲存層檔案。

2016 年，Docker 制定了映像檔標準 v2，並在 Docker 1.10 中實現了這個標準。映像檔標準 v2 分為 Schema 1 和 Schema 2。Schema 1 主要相容使用 v1 標準的 Docker 用戶端，如 Docker 1.9 及之前的用戶端。Schema 2 主要實現了兩個功能：支援多系統架構的映像檔和可透過內容定址的映像檔，其中最大的改進就是根據內容的 SHA256 摘要產生 ID，只要內容相同，ID 就是一樣的，可區分相同的層檔案（即可內容定址）。Schema 2 映像檔的各層統一在 manifest.json 檔案中描述，簡化了分發和儲存方面的流程。從 2017 年 2 月起，映像檔標準 v1 不再被 Registry 支援，使用者需要把已有的 v1 映像檔轉化為 v2 映像檔才能發送到 Registry 中。

OCI 在 2017 年 7 月發佈了 OCI 映像檔標準 1.0。因為 Docker v2 的映像檔標準已經成為事實上的標準，OCI 映像檔標準實質上是以 Docker 映像檔標準 v2 為基礎制定的，因此二者在絕大多數情況下是相容或相似的。如 Docker 映像檔標準中的映像檔索引（image index）和 OCI 映像檔標準中的清單索引（manifest index）是相等的。

1.4.2 Docker 映像檔的結構

Docker 容器映像檔主要包含的內容是應用程式所依賴的 root 檔案系統（rootfs）。這個 root 檔案系統是分層儲存的，基礎層通常是作業系統的檔案，然後在基礎層上不斷疊加新的層檔案，最後將這些層組合起來形成一個完整的映像檔。當透過映像檔啟動容器時，映像檔所有的層都轉化成容器裡的唯讀（read only）檔案系統。同時，容器會額外增加一個讀寫層，給應用程式執行時期讀寫檔案使用。這樣的層檔案結構可由聯合檔案系統（UnionFS）實現。

Docker 容器映像檔可以用 "docker commit" 指令來產生。這種方法適用於試驗性的映像檔，使用者在容器中執行各種操作，達到某種合乎要求的狀態時，用 "docker commit" 指令把容器的狀態固定下來成為映像檔。由於該方法需要使用者手動輸入指令，因此不適合在自動化管線裡面使用。所以，通常映像檔是由 "docker build" 指令依照 Dockerfile 建置的，Dockerfile 描述了映像檔包含的所有內容和設定資訊（如啟動指令等）。下面是一個簡單的 Dockerfile 實例：

```
FROM ubuntu:20.04
RUN apt update && apt install -y python
RUN apt install -y python-numpy
ADD myApp.py /opt/
```

在這個實例中，容器映像檔的基礎映像檔是作業系統 Ubuntu 20.04，然後安裝 Python 軟體套件，再安裝 Python 函數庫 NumPy，最後增加應用程式 myApp。在映像檔建置完成之後會有 4 個層檔案，如圖 1-9 所示。

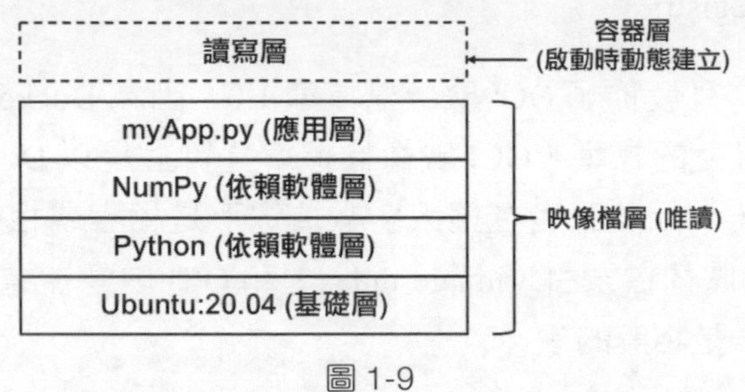

圖 1-9

圖 1-9 中的映像檔層在容器建立時作為唯讀檔案系統載入到容器中，此外，容器執行時期會為每個容器實例都建立一個讀寫層，疊加在檔案系統的最上層，用於應用讀寫檔案。容器的不可改變性就是透過映像檔的映像檔層（唯讀）實現的。另外，無論映像檔在哪種環境下啟動，始終有相同的映像檔層，進一步實現了應用的可攜性。

Docker 使用分層來管理映像檔，有以下好處。

（1）方便基礎層和依賴軟體層的共用（如包含作業系統檔案、軟體套件等），不同的映像檔可以共用基礎層或軟體層，在同一台機器上儲存公共層的映像檔時只需儲存一份層檔案，可以大幅減少檔案儲存空間。

（2）在建置映像檔時，已建置過的層會被儲存在快取中，再次建置時如果下面的層不變，則可以透過建置快取來縮短建置時間。

（3）因為很多時候同一個應用的映像檔更新時變化的只是最上層（應用層），所以分層可以減少同種映像檔的分發時間。

（4）分層可以更加方便地追蹤映像檔的變化，因為每一層都是和建置指令連結的，所以可以更進一步地管理映像檔的變化歷史。

Docker 容器的檔案系統分層機制主要靠聯合檔案系統（UnionFS）來實現。聯合檔案系統確保了檔案的堆疊特性，即上層透過增加檔案來修改依賴層檔案，在確保映像檔的唯讀特性時還能實現容器檔案的讀寫特性。

聯合檔案系統是一種堆疊檔案系統，透過不停地疊加檔案實現對檔案的修改，對檔案的操作一般包含增加、刪除、修改。其中，增加操作很容易透過在新的讀寫層增加新的檔案實現，而刪除操作一般透過增加額外的刪除屬性檔案實現。舉例來說，刪除 a.file 檔案時，只需在讀寫層增加一個 a.file.delete 檔案即可隱藏（刪除）該檔案。修改唯讀層檔案時，需要先複製一份檔案到讀寫層，然後修改複製的檔案。

目前主要的聯合檔案系統有 AUFS（Advanced Multi-Layered Unification Filesystem）和 OverlayFS 等。OverlayFS 是第一個被合併到 Linux 核心的聯合檔案系統，在 Linux 核心 4.0 以上的發行版本中，OverlayFS 獲得越來越多的應用。Docker 也使用 OverlayFS 2.0 的驅動，OverlayFS 的 2.0 版本效率更高，做了很多最佳化。

OverlayFS 2.0 由 LowerDir、UpperDir 和 MergedDir 組成，其中 LowerDir 可以有多個，對應容器檔案系統的結構是唯讀層；UpperDir 是讀寫層，可以記錄容器中的修改；MergedDir 則是這些檔案目錄合併的結果，是容器最後掛載的檔案目錄，也是使用者實際看到的檔案目錄，如圖 1-10 所示。

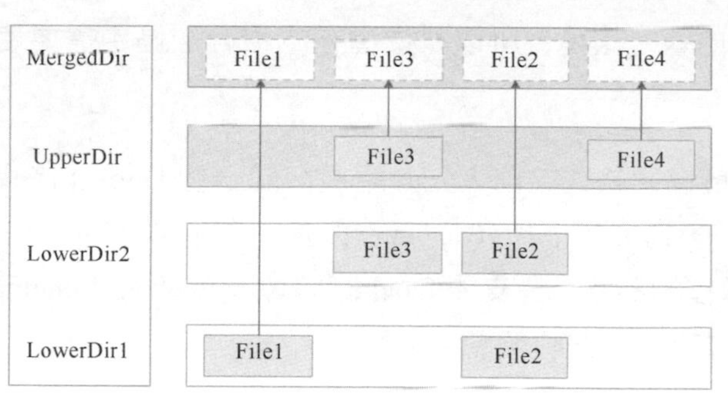

圖 1-10

在圖 1-10 中，LowerDir 檔案的目錄合併是有順序的，LowerDir 和 UpperDir 的目錄合併也有先後關係。優先順序是 LowerDir 底層最先合併，然後是上層的 LowerDir，最後是 UpperDir。LowerDir1 和 LowerDir2 都有 File2 檔案，合併之後 LowerDir2 的 File2 檔案覆蓋 LowerDir1 的名稱相同檔案；若 UpperDir 和 LowerDir2 中同時有 File3 檔案，則合併之後 UpperDir 的 File3 檔案覆蓋

LowerDir2 的名稱相同檔案。而 LowerDir1 中的 File1 檔案因為沒被上層覆蓋，會被完全合併到最後的目錄下。所以合併之後，MergedDir 中的檔案如圖 1-10 所示，這也是使用者能看到的目錄結構。如果使用者修改 UpperDir 中的檔案，則會直接修改對應的檔案；如果使用者嘗試修改 LowerDir 中的檔案，則會先在 UpperDir 中複製這個檔案，然後在複製的檔案中進行修改。

1.4.3 Docker 映像檔的倉庫儲存結構

Docker 容器映像檔的儲存分為本機存放區和映像檔倉庫（Registry）儲存。其中，本機存放區指映像檔下載到本機後是如何在本機檔案系統中儲存的；映像檔倉庫儲存指映像檔以什麼方式儲存在遠端的映像檔倉庫中。映像檔儲存的本質還是分層儲存，但是本機存放區和映像檔倉庫儲存的方式不完全一樣，最大的區別是，映像檔倉庫儲存的核心是方便映像檔快速上傳和拉取，所以映像檔儲存使用了壓縮格式，並且按照映像檔層獨立壓縮和儲存，然後使用映像檔清單（manifest）包含所有的層，透過映像檔摘要（digest）和 Tag 連結起來；映像檔在本機存放區的核心是快速載入和啟動容器，映像檔層儲存是非壓縮的（即原始檔案）。另外，容器在啟動時需要將映像檔層按照順序堆疊作為容器的執行環境，所以映像檔在本機存放區中需要使用非壓縮形式儲存。

在説明映像檔的儲存格式之前，先介紹拉取同一個 Docker 映像檔時可使用的兩種不同指令格式。如下所示，"latest" 是映像檔的 Tag，"sha256:46d659…a3ee9a" 是映像檔的摘要，在支援 Docker 映像檔標準 v2 Schema 2 的映像檔倉庫中，二者都標識同一個映像檔：

```
$ docker pull debian:latest
$ docker pull \ debian:@sha256:46d659005ca1151087efa997f1039ae45a7bf7a2cbbe2
d17d3dcbda632a3ee9a
```

在映像檔倉庫上儲存容器映像檔的簡化結構如圖 1-11 所示，主要由三部分組成：清單檔案（manifest）、映像檔檔案（configuration）和層檔案（layers）。上面指令中的映像檔摘要就是依據映像檔清單檔案內容計算 SHA256 雜湊值而來的，在映像檔清單檔案中儲存了設定檔的摘要和層檔案的摘要，這些摘要都是透過實際的檔案內容計算而來的，所以映像檔儲存也叫作內容定址。這樣做的好處是，除了可以唯一標識不同的檔案，還可以在傳輸過程中透過摘要做檔案驗證。在檔案下載完成後，計算所下載檔案的摘要值，然後與下載時的摘要標識進行比較，如果二者一致，即可判斷下載的檔案是正確的。需要指出的是，由於檔案在映像檔倉庫端是以壓縮形式儲存的，所以摘要值也是以壓縮檔計算而來的。

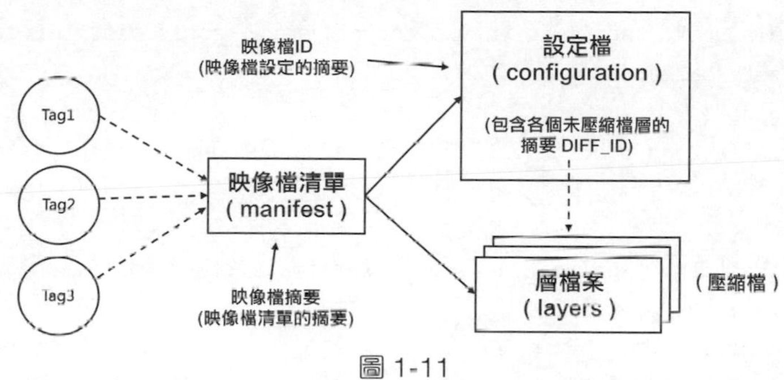

圖 1-11

下面是 Docker 映像檔清單的範例，使用的是 v2 Schema 2 標準，在映像檔清單中包含一個設定檔（config 屬性）和 3 個層檔案（layers 屬性）的參考資訊，都是透過檔案的摘要值 digest 來標識的。在映像檔清單中有個重要的概念——媒體類型（mediaType），在用戶端下載映像檔時，透過媒體類型可獲得摘要所指向的檔案類型，進一步做出對應的處理。如以下範例中的媒體類型是 application/vnd.docker.container.image.v1+json 時，可知摘要 sha256:d646ab…7537bc7 參考的是設定檔，進一步可以按照設定檔的格式來解析。

```
{
"schemaVersion": 2,
"mediaType": "application/vnd.docker.distribution.manifest.v2+json",
"config": {
    "mediaType": "application/vnd.docker.container.image.v1+json",
    "size": 8028,
    "digest":
"sha256:d646ab5b2b2c507a0932b86458932a44348e051d9bce303114d8aa
```

```
0817537bc7"
},
"layers": [
    {
        "mediaType": "application/vnd.docker.image.rootfs.diff.tar.gzip",
        "size": 635156,
        "digest":
"sha256:4562b3a33ee08806650e69241478ed05a66b51fab815ad7fc331f4cbaf90ca69"
    },
    {
        "mediaType": "application/vnd.docker.image.rootfs.diff.tar.gzip",
        "size": 56224,
        "digest":
"sha256:bc32d94e421cd355bca3c3ac19fcd05b15da2e4c6b4604a54c1565b528f4a9902"
    },
    {
        "mediaType": "application/vnd.docker.image.rootfs.diff.tar.gzip",
        "size": 29473,
        "digest":
"sha256:af23da7f12184802ad8c419d1af06b7ec4b895595945636b4ac3677368665577"
    }
 ]
 }
```

下面的範例是 Docker 映像檔設定檔中關於 rootfs 的片段，包含了未壓縮層檔案的摘要（DIFF_ID）：

```
......
"rootfs": {
    "type": "layers",
    "diff_ids": [
"sha256:5dbc54f8a1796d81e9df29f48adde61a918fbd8c2c03a1069e3732d0c775e058",
"sha256:10a2df64d3292fd6194b7865d7326af5257d799d33dfd0997625eb72e33282dd",
"sha256:329dacbf39028658fbd5772abfbc328d92faad6194b7deba539fbd10749bbcfa",
        ]
 }
  ......
```

在 docker 映像檔標準 v2 Schema 2 中還定義了適用於發佈多平台支援的映像檔索引，可指向同一組映像檔轉換不同平台的映像檔清單（如 amd64 和 ppc64le 等），範例如下：

```
{
  "schemaVersion": 2,
  "mediaType": "application/vnd.docker.distribution.manifest.list.v2+json",
  "manifests": [
    {
      "mediaType": "application/vnd.docker.distribution.manifest.v2+json",
      "size": 9541,
      "digest":
"sha256:7458abc8ee692418e4cbaf90ca69d05a66815ad7fc331403e08806650b51fabf",
      "platform": {
        "architecture": "ppc64le",
        "os": "linux",
      }
    },
    {
      "mediaType": "application/vnd.docker.distribution.manifest.v2+json",
      "size": 9335,
      "digest":
"sha256:0cf1f392e94a45b0bcabd1ed22e9fb1313335012706c2dec7cdef19f0ad69efa",
      "platform": {
        "architecture": "amd64",
        "os": "linux",
        "features": [
          "sse4"
        ]
      }
    }
  ]
}
```

最後簡單說明映像檔的 Tag。映像檔的 Tag 主要用於對映像檔指定一定的標記，格式是 "<repository>:<Tag>"，可以標識映像檔的版本或其他資訊，也可以標識一個映像檔，如 ubuntu:20.0、centos:latest 等。Tag 在映像檔倉庫中可與映像檔清單或映像檔索引連結，多個 Tag 可以對應同一個映像檔清單或映像檔索引，由映像檔倉庫維護著它們的對映關係，可參考圖 1-11（圖中未包含映像檔索引）。當用戶端拉取映像檔時，既可用 Tag，也可用映像檔摘要取得同樣的映像檔。

1.4.4 Docker 映像檔的本機存放區結構

Docker 用戶端從映像檔倉庫拉取一個映像檔並儲存到本機檔案系統的過程大約如下。

（1）向映像檔倉庫請求映像檔的清單檔案。

（2）取得映像檔 ID，檢視映像檔 ID 是否在本機存在。

（3）若不存在，則下載設定檔 config，在 config 檔案中含有每個層檔案未壓縮的檔案摘要 DIFF_ID。

（4）檢查層檔案是否在本機存在，若不存在，則從映像檔倉庫中拉取每一層的壓縮檔。

（5）拉取時，使用映像檔清單中壓縮層檔案的摘要作為內容定址下載。

（6）下載完一層的檔案後，解壓並按照摘要驗證。

（7）當所有層檔案都拉取完畢時，映像檔就下載完成了。

下載映像檔後，在本機檢視映像檔 debian:latest 的資訊，結果如下：

```
$ docker images debian:latest
REPOSITORY          TAG           IMAGE ID        CREATED          SIZE
debian              latest        1b686a95ddbf    2 weeks ago      114MB
```

在 IMAGE ID（映像檔 ID）列顯示的 1b686a95ddbf 是本機映像檔的唯一標識 ID，可以在 "docker" 指令中使用。這個 ID 和映像檔倉庫中映像檔摘要（sha256:46d659…a3ee9a）的形式類似，但是數值不一樣，這是因為該 ID 是映像檔設定檔的摘要，所以和映像檔倉庫使用的清單檔案摘要不同。

使用設定檔的摘要作為本機映像檔的標識，主要是因為本機映像檔儲存的檔案都是非壓縮的檔案，而映像檔倉庫儲存的是壓縮檔，因此層檔案在本機和映像檔倉庫中有不同的摘要值。因為壓縮檔的內容會受到壓縮演算法等因素的影響，所以同樣內容的層無法保證壓縮後摘要的唯一性，而映像檔清單檔案包含壓縮層檔案的摘要（參考上文範例），因此透過映像檔清單檔案的摘要（即映像檔摘要）無法確定映像檔的唯一性。設定檔則不同，其中包含的層資訊是未壓縮的摘要值，因此相同映像檔的各層內容必然相同，設定檔的摘要值是唯一確定的。

另外，在本機存放映像檔時，映像檔的儲存格式和其使用方式息息相關。映像檔是按照堆疊目錄儲存的，堆疊目錄的儲存是從底層開始，上一層的標識會由下面所有層的 DIFF_ID 計算而來，這個計算而來的標識叫作 CHAIN_ID，計算公式如下：

```
CHAIN_IDn = sha256sum( DIFF_IDn DIFF_IDn-1 DIFF_IDn-2 . . . DIFF_ID1)
```

計算 CHAIN_ID 標識的好處是，在映像檔實際使用過程中，映像檔層之間都是有連結的，所以透過這個標識可以快速知道目前映像檔層及所有依賴層是否一致，避免僅映像檔層一致但依賴層不一致的問題，也確保了映像檔的有效性。本機存放區的映像檔結構如圖 1-12 所示。

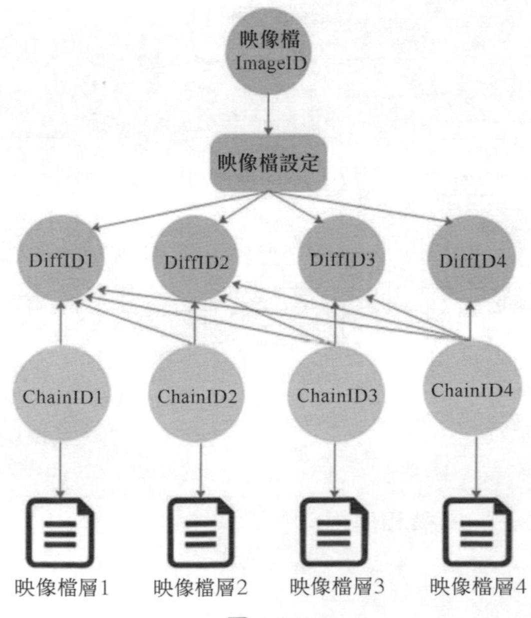

圖 1-12

1.4.5 OCI 映像檔標準

OCI 映像檔標準是以 Docker 映像檔標準 v2 為基礎制定的，它定義了映像檔的主要格式及內容，主要用於映像檔倉庫儲存映像檔及分發映像檔等場景，與正在制定的 OCI 分發標準（參見 1.5.2 節）密切相關。OCI 執行時期在建立容器前，要把映像檔下載並解壓成符合執行時期標準的檔案系統套件，並且把映像檔中的設定轉化成執行時期設定，然後啟動容器。

OCI 定義的映像檔包含 4 個部分：映像檔索引（Image Index）、清單（Manifest）、設定（Configuration）和層檔案（Layers）。其中，清單是 JSON 格式的描述檔案，列出了映像檔的設定和層檔案。設定是 JSON 格式的描述檔案，說明了映像檔執行的參數。層檔案則是映像檔的內容，即映像檔包含的檔案，一般是二進位資料檔案格式（Blob）。一個映像檔可以有一個或多個層檔案。映像檔索引不是必需的，如果存在，則指明了一組支援不同架構平台的相關映像檔。映像檔的 4 個部分之間是透過摘要（digest）來相互參考（reference）的。映像檔各部分的關係如圖 1-13 所示。

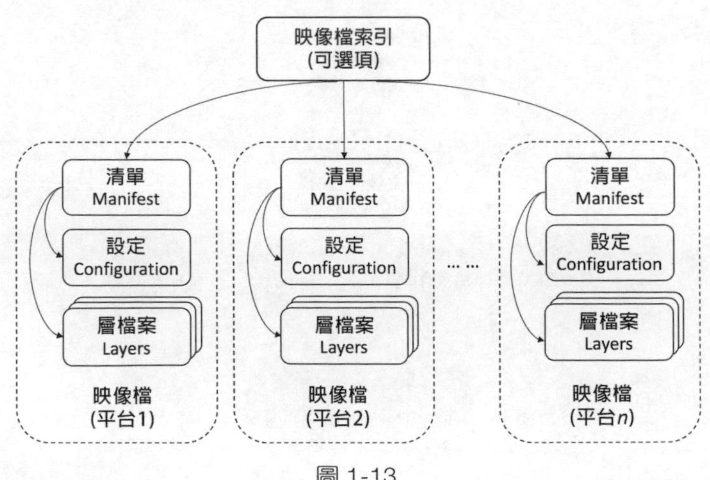

圖 1-13

下面詳細說明各部分的結構和作用。

1. 映像檔索引

映像檔索引是映像檔中可選擇的部分，一個映像檔可以不包含映像檔索引。如果映像檔包含了映像檔索引，則其作用主要指向映像檔不同平台的版本，代表一組名稱相同且相關的映像檔，差別只在支援的系統架構上（如 i386 和 arm64v8、Linux 和 Windows 等）。索引的優點是在不同的平台上使用映像檔的指令無須修改，如在 amd64 架構的 Windows 和 ARM 架構的 Linux 上，採用同樣的 "docker" 指令即可執行 Nginx 服務：

```
$ docker run -d nginx
```

使用者無須指定作業系統和平台，就可完全依賴用戶端取得正確版本的映像檔。OCI 的索引已經被 CNAB 等工具廣泛用來管理與雲端平台無關的分散式應用程式。

下面是一個索引範例：

```
{
  "schemaVersion": 2,
  "manifests": [
    {
      "mediaType": "application/vnd.oci.image.manifest.v1+json",
      "size": 8342,
      "digest":
"sha256:d81ae89b30523f5152fe646c1f9d178e5d10f28d00b70294fca965b7b96aa3db",
      "platform": {
        "architecture": "arm64v8",
        "os": "linux"
      }
    },
    {
      "mediaType": "application/vnd.oci.image.manifest.v1+json",
      "size": 6439,
      "digest":
"sha256:2ef4e3904905353a0c4544913bc0caa48d95b746ef1f2fe9b7c85b3badff987e",
      "platform": {
        "architecture": "amd64",
        "os": "linux"
```

```
      }
    }
  ],
  "annotations": {
    "io.harbor.key1": "value1",
    "io.harbor.key2": "value2"
  }
}
```

以上範例中主要屬性的意義如下。

- schemaVersion：必須是 2，主要用於相容舊版本的 Docker。
- manifests：清單陣列，在上面的實例中含有兩個清單，每個清單都代表某個平台上的映像檔。mediaType 指媒體類型，其值為 application/vnd.oci.image.manifest.v1+ json 時，表明是清單檔案。size 指清單檔案的大小。digest 指清單檔案的摘要。platform 指映像檔所支援的平台，包含 CPU 架構和作業系統。
- annotations：鍵值對形式的附加資訊（可選項）。

用戶端在獲得上述映像檔索引後，解析後可發現該索引指向兩個不同平台架構的映像檔，因此可根據本身所在的平台拉取對應的映像檔。如 Linux amd64 平台上的用戶端會拉取第 2 個映像檔，因為該映像檔的 platform.architecture 屬性為 amd64，platform.os 屬性為 Linux。

索引檔案中的 mediaType 和 digest 屬性是 OCI 映像檔標準中的重要概念，下面詳細說明這兩個屬性。

（1）mediaType 屬性是描述映像檔所包含的各種檔案的媒體屬性，用戶端從 Registry 等服務中下載映像檔檔案時，可從 HTTP 的表頭屬性 Content-Type 中獲得下載檔案的媒體類型，進一步決定如何處理下載的檔案。舉例來說，映像檔的索引和清單都是 JSON 格式的檔案，它們的區別就是媒體類型不同。OCI 映像檔標準定義的媒體類型見表 1-1，可以看到上面實例中的清單的媒體類型是 application/vnd.oci.image.manifest.v1+json，索引本身的媒體類型則是 application/vnd.oci.image.index.v1+json。

表 1-1

媒體類型	含義
application/vnd.oci.descriptor.v1+json	內容描述符號
application/vnd.oci.layout.header.v1+json	OCI 佈局說明
application/vnd.oci.image.index.v1+json	映像檔索引
application/vnd.oci.image.manifest.v1+json	映像檔清單
application/vnd.oci.image.config.v1+json	映像檔設定
application/vnd.oci.image.layer.v1.tar	tar 格式的層檔案
application/vnd.oci.image.layer.v1.tar+gzip	tar 格式的層檔案，採用 gzip 壓縮
application/vnd.oci.image.layer.v1.tar+zstd	tar 格式的層檔案，採用 zstd 壓縮
application/vnd.oci.image.layer. nondistributable.v1.tar	tar 格式的非分發層檔案
application/vnd.oci.image.layer. nondistributable.v1.tar+gzip	tar 格式的非分發層檔案，採用 gzip 壓縮
application/vnd.oci.image.layer. nondistributable.v1.tar+zstd	tar 格式的非分發層檔案，採用 zstd 壓縮

（2）digest 屬性是密碼學意義上的摘要，充當映像檔內容的識別符號，實現內容的可定址（content addressable）。OCI 映像檔標準中映像檔的內容（如檔案等）大多是透過摘要來標識和參考的。

摘要的產生是根據檔案內容的二進位位元組資料透過特定的雜湊（Hash）演算法實現的。雜湊演算法需要確保位元組的抗衝突性（collision resistant）來產生唯一標識，只要雜湊演算法得當，不同檔案的雜湊值幾乎不會重複，如 SHA256 演算法發生衝突的機率大約只有 $1/2^{256}$。因此，可以近似地認為每個檔案的摘要都是唯一的。這種唯一性使摘要可以作為內容定址的標識。同時，如果摘要以安全的方式傳遞，則接收方可以透過重新計算摘要來確保內容在傳輸過程中未被修改，進一步杜絕來自不安全來源的內容。在 OCI 的映像檔標準中也要求用摘要值驗證所接收的內容。

摘要值是由演算法和編碼兩部分組成的字串，演算法部分指定使用的雜湊函數和演算法標識，編碼部分則包含雜湊函數的編碼結果，實際格式為 "< 演算法標識 > : < 編碼結果 >"。

目前 OCI 映像檔標準認可的雜湊演算法有兩種，分別是 SHA-256 和 SHA-512，它們的演算法標識如表 1-2 所示。

表 1-2

演算法標識	演算法名稱	摘要實例
sha256	SHA-256	sha256:d81ae89b30523f5152fe646c1f9d178e5d10f28d00b70294fca965b7b96aa3db
sha512	SHA-512	sha512:d4ca54922bb802bec9f740a9cb38fd401b09eab3c0135318192b0a75f2⋯⋯

上面索引中的兩個映像檔清單摘要值分別對應兩個清單檔案，分別是 blobs/sha256/d81ae89b30523f5152fe646c1f9d178e5d10f28d00b70294fca965b7b96aa3db 和 blobs/sha256/2ef4e3904905353a0c4544913bc0caa48d95b746ef1f2fe9b7c85b3badff987e。

2. 映像檔清單

映像檔清單（簡稱清單）是說明映像檔包含的設定和內容的檔案，分析映像檔一般從映像檔清單開始。映像檔清單主要有三個作用：支援內容可定址的映像檔模型，在該模型中可以對映像檔的設定進行雜湊處理，以產生映像檔及其唯一標識；透過映像檔索引包含多系統結構映像檔，透過參考映像檔清單取得特定平台的映像檔版本；可轉為 OCI 執行時期標準以執行容器。

映像檔清單主要包含設定和層檔案的資訊，範例如下：

```
{
  "schemaVersion": 2,
  "config": {
    "mediaType": "application/vnd.oci.image.config.v1+json",
    "size": 6883,
    "digest":
"sha256:b5b2b2c507a0944348e0303114d8d93aaaa081732b86451d9bce1f432a537bc7"
  },
  "layers": [
    {
      "mediaType": "application/vnd.oci.image.layer.v1.tar+gzip",
```

```
      "size": 168654,
      "digest":
"sha256:58394f6dcfb05cb167a5c24953eba57f28f2f9d09af107ee8f08c4ac89b1adf5"
    },
    {
      "mediaType": "application/vnd.oci.image.layer.v1.tar+gzip",
      "size": 645724,
      "digest":
"sha256:6d94e421cd3c3a4604a545cdc12745355bca5b528f4da2eb4a4c6ba9c1905b15"
    },
    {
      "mediaType": "application/vnd.oci.image.layer.v1.tar+gzip",
      "size": 53709,
      "digest":
"sha256:419d1af06b5f7636b4ac3da7f12184802ad867736ec4b8955958665577945c89"
    }
  ],
  "annotations": {
    "io.harbor.example.key1": "value1",
    "io.harbor.example.key2": "value2"
  }
}
```


其中主要屬性的意義如下。

- schemaVersion：必須是 2，主要用於相容舊版本的 Docker。
- config：映像檔設定檔的資訊。mediaType 的值 "application/vnd.oci.image.config. v1+json" 表示映像檔設定的媒體類型。size 指映像檔設定檔的大小。digest 指映像檔設定檔的雜湊摘要。
- layers：層檔案陣列。在以上範例中包含 3 個層檔案，分別代表容器 root 檔案系統的層。容器在執行時期，會把各個層檔案依次按順序疊加，第 1 層在底層（參見圖 1-9）。mediaType 指媒體類型，其值 "application/vnd.oci.image.layer.v1.tar+gzip" 展現層檔案。size 指層檔案的大小。digest 指層檔案的摘要。
- annotations：鍵值對形式的附加資訊（可選項）。

3. 映像檔設定

映像檔設定主要描述容器的 root 檔案系統和容器執行時期使用的執行參數，還有一些映像檔的中繼資料。

在設定標準裡定義了映像檔的檔案系統的組成方式。映像檔檔案系統由許多映像檔層組成，每一層都代表一組 tar 格式的層格式，除了底層（base image），其餘各層的檔案系統都記錄了其父層（在下一層）檔案系統的變化集（changeset），包含要增加、更改或刪除的檔案。

透過以層為基礎的檔案、聯合檔案系統（如 AUFS）或檔案系統快照的差異，檔案系統的變化集可用於聚合一系列映像檔層，使各層疊加後仿佛是一個完整的檔案系統。

下面是映像檔設定的範例：

```
{
    "created": "2020-06-28T12:28:58.058435234Z",
    "author": "Henry Zhang <hz@example.com>",
    "architecture": "amd64",
    "os": "linux",
    "config": {
        "ExposedPorts": {
            "8888/tcp": {}
        },
        "Env": [
"PATH=/usr/local/sbin:/usr/local/bin:/usr/sbin:/usr/bin:/sbin:/bin",
            "FOO=harbor_registry",
        ],
        "Entrypoint": [
            "/bin/myApp "
        ],
        "Cmd": [
            "-f",
            "/etc/harbor.cfg"
        ],
        "Volumes": {
            "/var/job-result-data": {},
        },
```

```
        "Labels": {
            "io.goharbor.git.url": "https://github.com/goharbor/harbor.git",
        }
    },
    "rootfs": {
      "diff_ids": [
"sha256:e928294e148a1d2ec2a8b664fb66bbd1c6f988f4874bb0add23a778f753c65ef",
"sha256:ea198a02b6cddfaf10acec6ef5f70bf18fe33007016e948b04aed3b82103a36b"
      ],
      "type": "layers"
    },
    "history": [
      {
        "created": "2020-05-28T12:28:56.189203784Z",
        "created_by": "/bin/bash -c #(nop) ADD
file:4fb4ccf1ea3bc1e842b69636f9df5256c49c537281fe3f282c65fb853e563ab3 in /"
      },
      {
        "created": "2020-05-28T12:28:57.789430183Z",
        "created_by": "/bin/bash -c #(nop) CMD [\"bash\"]",
        "empty_layer": true
      }
    ]
}
```


其中主要屬性的意義如下，實際說明可以參考 OCI 標準。

- created：映像檔的建立時間（可選項）。
- author：映像檔的作者（可選項）。
- architecture：映像檔支援的 CPU 架構。
- os：映像檔的作業系統。
- config：映像檔執行的一些參數，包含服務通訊埠、環境變數、入口指令、指令參數、資料卷冊、使用者和工作目錄等（可選項）。
- rootfs：映像檔的 root 檔案系統，由一系列層檔案的變化集組成。
- history：映像檔每層的歷史資訊（可選項）。

4. 層檔案

在映像檔清單和設定資訊中可以看到，映像檔的 root 檔案系統由多個層檔案疊加而成。每個層檔案在分發時都必須被包裝成一個 tar 檔案，可選擇壓縮或非壓縮的方式，壓縮工具可以是 gzip 或 zstd。把每層的內容包裝為一個檔案的好處是除了發佈方便，還可以產生檔案摘要，便於校正碼和按內容定址。在映像檔清單和設定資訊裡面需要根據 tar 檔案是否壓縮和壓縮工具等資訊宣告媒體類型，使映像檔用戶端可以識別檔案類型並進行對應的處理。

每個層檔案都包含了對上一層（父層）的更改，包含增加、修改和刪除檔案三種操作類型，底層（第 1 層）可以被看作對空層檔案的增加。因此在每個 tar 檔案裡面除了該層的檔案，還可以包含對上一層中檔案的刪除操作，用 whiteout 的方式標記。在疊加層檔案時，可以根據 whiteout 的標記，把上一層刪除的檔案在本層隱藏。

在表 1-1 中還有幾個層檔案的媒體類型為不可分發（non-distributable），這是為了說明該層檔案因為法律等原因無法公開分發，需要從分發商那裡獲得該層檔案。

5. 映像檔的檔案佈局

前面介紹了 OCI 映像檔內容的組成部分，本節將實際說明這些組成部分在實際檔案系統中的佈局和連結關係。OCI 定義的映像檔檔案和目錄結構如圖 1-14 所示。

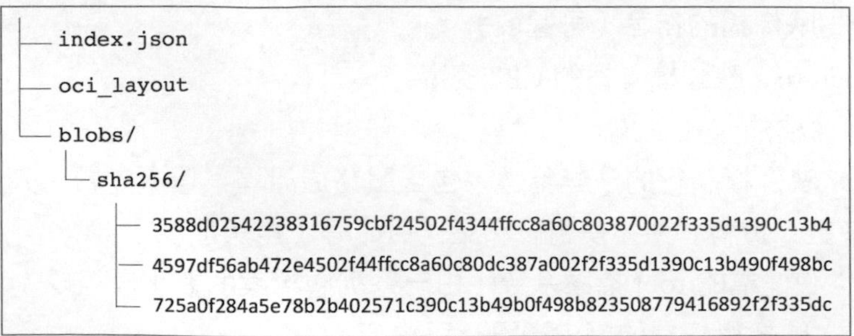

圖 1-14

（1）在映像檔的根目錄下必須有 JSON 格式的 index.json 檔案，作為映像檔索引。

（2）在同一目錄下必須有一個 JSON 格式的 oci_layout 檔案，作為 OCI 格式的標記和 OCI 映像檔標準版本說明。該檔案的媒體類型為 application/vnd.oci.layout.header.v1+json，表示佈局檔案。該檔案的內容如下：

```
{
    "imageLayoutVersion": "1.0.0"
}
```

（3）必須存在 blobs 目錄，但該目錄可以為空。在該目錄下，按照摘要雜湊演算法的標識產生子目錄，並儲存用該演算法定址（尋找）的內容。如果內容的摘要是＜演算法標識＞:＜編碼結果＞，那麼該內容的雜湊必須等於＜編碼結果＞，並且儲存於這個路徑的檔案名稱中：blobs / ＜演算法標識＞ / ＜編碼結果＞。

這樣的佈局方法使根據內容的摘要很容易找到內容的實際檔案，即按內容定址。

如圖 1-15 所示為映像檔檔案佈局之間的參考關係，讀者可以根據之前的內容進行了解。

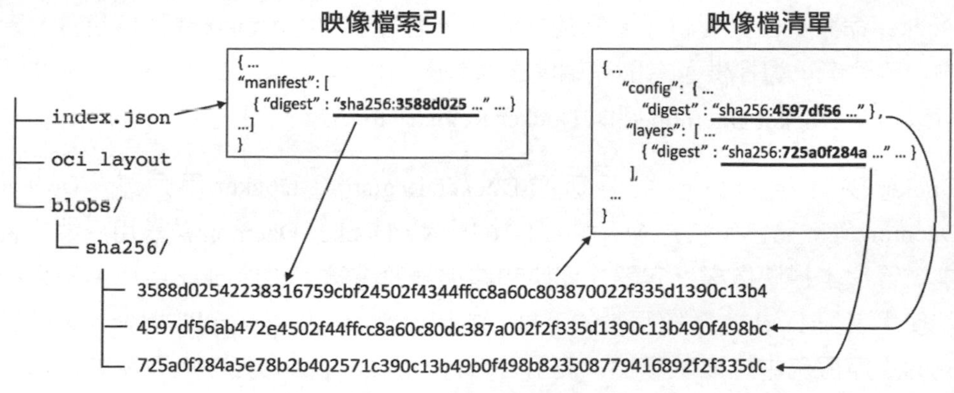

圖 1-15

1.5 映像檔管理和分發

映像檔管理和分發是容器應用的基礎功能，包含本機映像檔管理、映像檔倉庫的映像檔分發及用戶端和映像檔倉庫之間的介面等。因為 Docker 是目前使用相當普遍且功能較完整的容器管理軟體，所以本節先介紹 Docker 映像檔的分發機制，再以此為基礎，説明 OCI 的分發標準。

1.5.1 Docker 映像檔管理和分發

Docker 實現了較完整的映像檔管理分發流程，其中映像檔管理包含三個主要功能：映像檔發送、映像檔拉取和映像檔刪除，包含本機映像檔管理和遠端映像檔倉庫的互動，實際作用如表 1-3 所示。

表 1-3

映像檔管理操作	功能
拉取（pull）	使用者透過 Docker 用戶端將映像檔倉庫中的映像檔下載到本機
發送（push）	使用者透過 Docker 用戶端把本機映像檔上傳到映像檔倉庫
刪除（delete）	包含兩種情況：刪除本機存放區中的映像檔（透過 Docker 用戶端刪除）；刪除映像檔倉庫中的映像檔（透過呼叫映像檔倉庫提供的介面刪除）

Docker 命令列工具提供了豐富的本機映像檔管理功能，包含映像檔建置、查詢、刪除等。還提供了有關遠端映像檔倉庫的操作（拉取和發送等），這些都可以透過 Docker Daemon 呼叫 Docker Registry 的 API 來實現。

Docker 映像檔的分發主要透過 Docker Registry、Docker 用戶端、Docker Daemon 等軟體協作來完成。如圖 1-16 所示，Docker Daemon 監聽用戶端的請求，管理本機映像檔、容器、網路和儲存卷冊等資源；Docker 用戶端是大多數使用者與 Docker 系統互動的工具，使用者執行 "docker pull" 指令，可從設定的倉庫服務中拉取映像檔；使用者執行 "docker push" 指令，可將映像檔從本機發送到映像檔倉庫服務中。Docker Registry 服務是儲存映像檔的倉庫，

Docker 預設使用的公網服務是 Docker Hub，也可以使用 Docker Distribution 等軟體在本機提供映像檔倉庫服務。

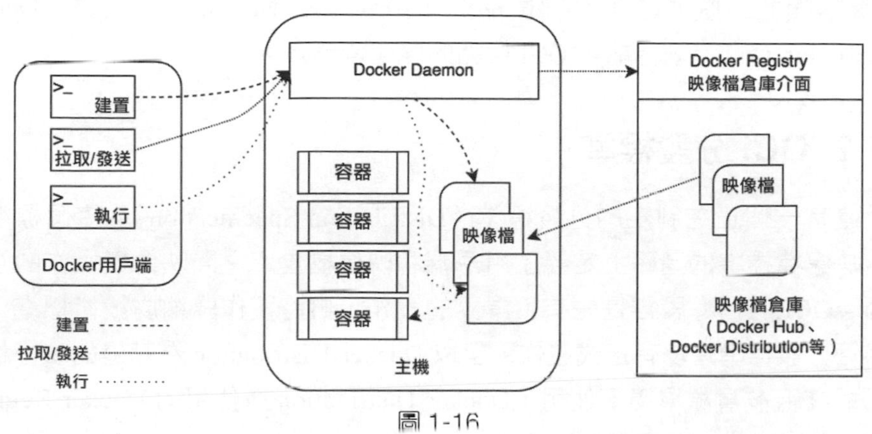

圖 1-16

Docker Distribution 是第一個實現了包裝、發佈、儲存和映像檔發放的工具，造成 Docker Registry 的作用。Docker Distribution 提供了許多種儲存驅動的支援，主要包含記憶體、本機檔案系統、亞馬遜 S3、微軟 Azure 區塊儲存、OpenStack Swift、阿里雲的 OSS 和 Google 的雲端儲存等。映像檔倉庫儲存模組定義了標準的程式設計介面，使用者可隨選實現新的儲存驅動。此外，Docker Distribution 在映像檔功能的基礎上提供了完整的認證和授權流程，實際細節可參考第 5 章。

Docker Distribution 映像檔倉庫為了方便使用者使用，提供了可執行的官方映像檔來啟動服務。使用者可透過 http://127.0.0.1:5000 存取映像檔倉庫服務：

```
$ docker run -p 5000:5000 STORAGE_PATH=/tmp/registry -v \
/home/$user/registry:/tmp/registry registry
```

Docker Distribution 的 2.0 版本是 Docker Registry HTTP API V2 標準的實現，提供映像檔發送和拉取、簡易的部署、外掛程式化的後端儲存及 Webhook 通知機制等功能。1.5.2 節介紹的 OCI 分發標準是基於 Docker Registry HTTP API V2 標準來制定的，因此也可認為 Docker Distribution 實現了大部分 OCI 分發標準，二者在很大程度上是相容的。

Harbor 採用了 Docker Distribution 作為後端映像檔儲存，在 Harbor 2.0 之前的版本中，映像檔相關的功能大部分交由 Docker Distribution 處理；從 Harbor 2.0 版本開始，映像檔等 OCI 製品的中繼資料由 Harbor 自己維護，Docker Distribution 僅作為映像檔等 OCI 製品的儲存資料庫。

1.5.2 OCI 分發標準

OCI 還有一個正在制定的分發標準（Distribution Specification），這個標準在 OCI 映像檔標準的基礎上定義了用戶端和映像檔倉庫之間映像檔操作的互動介面。OCI 的指導思維是先有工業界的實作，再將實作歸納成技術標準，因此儘管分發標準還沒有正式發佈，但以 Docker Distribution 為基礎的映像檔倉庫已經在很多實際環境下使用，Docker Distribution 所使用的 Docker Registry HTTP API V2 也成為事實上的標準。

OCI 分發標準是基於 Docker Registry HTTP API V2 的標準化容器映像檔分發過程制定的。OCI 分發標準定義了倉庫服務和倉庫用戶端互動的協定，主要包含：針對命名空間（Namespace）的 URI 格式、能夠拉取和發送 v2 格式清單的倉庫服務、支援可續傳的發送過程及 v2 用戶端的要求等。

OCI 分發標準主要以 API 介面描述為主，在表 1-4 中列出了幾個主要介面。

表 1-4

介面定義	說　明
拉取映像檔清單	GET /v2/<name>/manifests/<reference> 其中：name 和 reference 是必填項，reference 可以是 Tag 或映像檔摘要，用戶端應該在 HTTP Accept 請求封包表頭裡提供它能支援的清單類型。如果請求成功，在 HTTP Content-Type 回應封包表頭裡就會傳回清單類型。 如果倉庫服務沒有對應的映像檔，則會傳回 404。 用戶端應該驗證傳回清單的簽名，再拉取映像檔層。 驗證映像檔清單是否存在可用請求： HEAD /v2/<name>/manifests/<reference>

介面定義	說　明
拉取映像檔層	GET /v2/<name>/blobs/<digest> 映像檔層由 repository 名稱和摘要確定，伺服器端可能使用 307 重新導向到另一個提供下載的服務，用戶端應該能夠處理重新導向。 伺服器端應該支援激進（aggressive）的 HTTP 映像檔層快取，為了支援增量下載，也應該支援 Range 請求
發送映像檔層	首先，啟動上傳： POST /v2/<name>/blobs/uploads/ 傳回的結果包含 URI： /v2/<name>/blobs/uploads/<session_id> 然後，上傳映像檔層資料。 單次模式： PUT /v2/<name>/blobs/uploads/<session_id>?digest=<digest>
發送映像檔層	多次模式： PATCH /v2/<name>/blobs/uploads/<session_id> 查詢上傳狀態： GET /v2/<name>/blobs/uploads/<session_id>。 最後，驗證映像檔層是否存在可用請求： HEAD /v2/<name>/blobs/<digest>
發送映像檔清單	PUT /v2/<name>/manifests/<reference> 在某個映像檔的所有映像檔層都上傳成功後，用戶端可以上傳映像檔清單
列出映像檔包含的 Tag	GET /v2/<name>/tags/list
刪除映像檔	DELETE /v2/<name>/manifests/<reference>

1.5.3 OCI Artifact

從 1.4.5 節圖 1-13 可以看到，OCI 映像檔標準的結構特點是由一個（可選的）映像檔索引來指向多個清單，每個清單都指向一個設定和許多個層檔案（Layer）。如果映像檔沒有包含映像檔索引，則可以僅包含一個清單，且清單指向一個設定和許多個層檔案。無論是否有映像檔索引，在映像檔結構定義中都沒有有關層檔案所包含的內容，也就是說，不同用途的資料如 Helm

Chart、CNAB 等製品，可依照 OCI 映像檔標準定義的結構（清單、索引等）把內容包裝到層檔案裡面，進一步成為符合 OCI 標準的「映像檔」，既可以發送到支援 OCI 分發標準的 Registry 裡，也可以像拉取映像檔那樣從 Registry 中下載。

為了和 OCI 映像檔做區分，這種遵循 OCI 清單和索引的定義，能夠透過 OCI 分發標準發送和拉取的內容，可以統稱為 OCI Artifact（OCI 製品），簡稱 Artifact（製品）。在 OCI 分發標準中，還可以給 Artifact 的清單或索引標記許多個 Tag 來附加版本等資訊，以方便後續的存取和使用，如圖 1-17 所示。如果 Artifact 沒有包含索引，則 Tag 可以被標記在清單上；如果 Artifact 使用了索引，則 Tag 可以被標記在索引上，而清單上的 Tag 則是可選的。一個 Artifact 如果沒有被標記 Tag，則只能透過清單或索引的摘要來存取。從組成結構來看，OCI 映像檔只是 OCI Artifact 的「特例」，讀者可以透過比較圖 1-17 和圖 1-13 來了解。

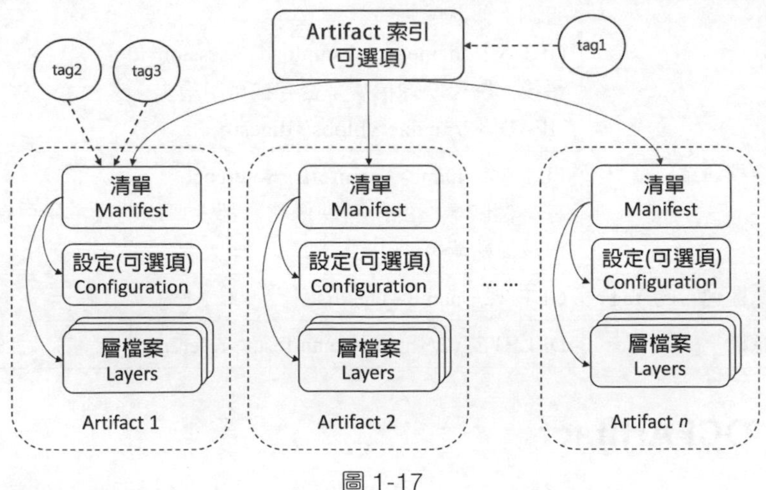

圖 1-17

把各種資料封裝成 OCI Artifact 的好處之一，是可以借助已有的支援 OCI 分發標準的映像檔倉庫服務（如 Harbor 2.0 等）來實現不同類類型資料的儲存、許可權、複製和分發等能力，而無須針對每種特定類型的資料設立或開發不同的倉庫服務，使開發者能專注於新類型的 Artifact 的創新。

開發者如果希望自訂一種新的 Artifact 類型，就可以按照 OCI 的製品作者指導文件（Artifact Author Guidance）來定義設定、清單、索引等結構，可分 4 個步驟來完成。

（1）定義 OCI Artifact 的類型。Artifact 的類型主要是為了 Artifact 的工具（如 Docker 用戶端）能夠獲知 Artifact 的類型，進一步確定是否可處理該 Artifact。這有點像檔案的副檔名（如 .pdf、.jpg 等），可以讓作業系統識別出檔案的類型，進一步啟動對應的應用程式來處理該檔案。Artifact 的類型由清單中的 config.mediaType 屬性定義，因此 Artifact 的工具通常從清單開始分析 Artifact 的類型，以決定後續的處理流程。

（2）確保 Artifact 類型的唯一性。既然 Artifact 的類型很重要，開發者就需要確保所建立的 Artifact 類型是唯一的，和其他 Artifact 類型都不能名稱重複。OCI 的指導文件列出了類型必須符合的格式：

```
[registration-tree].[org|company|entity].[objectType].[optional-subType].
config.[version]+[optional configFormat]
```

格式中各個欄位的含義如表 1-5 所示。

表 1-5

欄位名	說　明
registration-tree	IANA（Internet Assigned Numbers Authority，網際網路號碼分配機構）的註冊類型
org|company|entity	開放原始碼組織、公司名稱或其他實體
objectType	類型的簡稱
optional-subType	可選欄位，對 objectType 的補充說明
config	必須是字串 "config"
version	類型的版本
optional-configFormat	可選的設定格式說明（json、yaml 等）

一些常見的 OCI Artifact 設定類型如表 1-6 所示。

表 1-6

Artifact	類型名稱
OCI 映像檔	application/vnd.oci.image.config.v1+json
Helm Chart	application/vnd.cncf.helm.chart.config.v1+json
CNAB	application/vnd.cnab.config.v1+json
Singularity	application/vnd.sylabs.sif.config.v1+json

（3）Artifact 的內容由一組層檔案和一個可選的設定檔組成。每個層檔案都可以是單一檔案、一組檔案或 tar 格式的檔案，能夠以 Blob 的形式儲存在 registry的儲存中。

開發者可以根據 Artifact 的需要確定每個層檔案的內容格式，如 .json、.xml、.tar 等，然後在清單的 layer.mediaType 屬性中說明內容類型。內容類型可以沿用 IANA 通用格式，如 application/json 和 application/xml 等。如果需要自訂類型，則可以採用以下格式：

```
[registration-tree].[org|company|entity].[layerType].[optional-layerSubType].
layer.[version].[fileFormat]+[optional-compressionFormat]
```

格式中各個欄位的含義如表 1-7 所示。

表 1-7

欄位名	說　明
registration-tree	IANA（Internet Assigned Numbers Authority，網際網路號碼分配機構）的註冊類型
org|company|entity	開放原始碼組織、公司名稱或其他實體
layerType	類型的簡稱
optional-layerSubType	可選欄位，對 layerType 的補充說明
layer	必須是字串 "layer"
version	格式的版本
fileFormat	檔案格式
optional-compressionFormat	可選的壓縮格式說明（gzip、zstd 等）

一些常見的 OCI Artifact 層檔案類型如表 1-8 所示。

表 1-8

層 檔案	類型名稱
簡單的文字	application/text
非壓縮的 OCI 映像檔層	application/vnd.oci.image.layer.v1.tar
以 gzip 壓縮的 OCI 映像檔層	application/vnd.oci.image.layer.v1.tar+gzip
非壓縮的 Helm Chart 層	application/vnd.cncf.helm.chart.layer.v1.tar
以 gzip 壓縮的 Helm Chart 層	application/vnd.cncf.helm.chart.layer.v1.tar+gzip
以 gzip 壓縮的 Docker 映像檔層	application/vnd.docker.image.rootfs.diff.tar+gzip

（4）開發者在 IANA 中註冊 Artifact 的 config.mediaType 和 layer.mediaType的類型，確保類型的唯一性和擁有者，同時可以讓其他使用者使用這些類型。

經過上述步驟，開發者自訂的 Artifact 類型就完成了，配上適當的用戶端軟體對資料包裝、發送和拉取，即可與符合 OCI 分發標準的倉庫服務互動。

因為 OCI Artifact 帶來了管理和運行維護上的便利，所以開發者已經建立了多種 OCI Artifact，常見的 OCI Artifact 包含 Helm Chart、CNAB、Singularity 等。為適應雲端原生使用者的需求，Harbor 2.0 的架構做了比較大的調整和改進，以便使用者在 Harbor 中存取和管理符合 OCI 標準的 Artifact。Harbor 中管理容器映像檔的各種功能，在適用的情況下，都可以擴充到 OCI Artifact 上，如存取權限控制、發送和拉取、介面查詢、遠端複製等，這大幅方便了使用者對雲端原生 Artifact 的管理和使用。

1.6 映像檔倉庫 Registry

映像檔倉庫是容器映像檔在不同環境之間分發和共用的重要樞紐，是容器應用平台中不可或缺的元件之一。本節說明映像檔倉庫的作用、映像檔倉庫服務的種類和 Harbor Registry 的特點。

1.6.1 Registry的作用

容器映像檔一般由開發人員透過 "docker build" 之類的指令建置，偶爾也會透過 "docker commit" 指令建立，無論採用了哪種方式，映像檔在產生後都會被儲存在開發機器的本機映像檔快取中，供本機開發和測試使用。

從另一方面來看，容器映像檔很重要的作用是作為可移植的應用包裝形式，在其他環境下無差別地執行所封裝的應用，所以本機產生的映像檔有時需要發送到其他環境下，如其他開發人員的機器、資料中心的機器或雲端計算節點。這時需要一種能在不同環境中傳輸映像檔的有效方法，而映像檔傳輸和分發中關鍵的一環就是映像檔的 Registry（登錄檔）。Registry 有服務發現模式下服務註冊的含義，實際應用中，使用者常常稱映像檔 Registry 為映像檔倉庫，説明 Registry 不僅能註冊映像檔，還有儲存映像檔和管理映像檔的功能。

圖 1-18 描繪了映像檔在單台（本機）電腦上容器生命週期中的狀態變化，對開發者而言，映像檔還可被發送到 Registry 上，也可以從 Registry 下載映像檔。

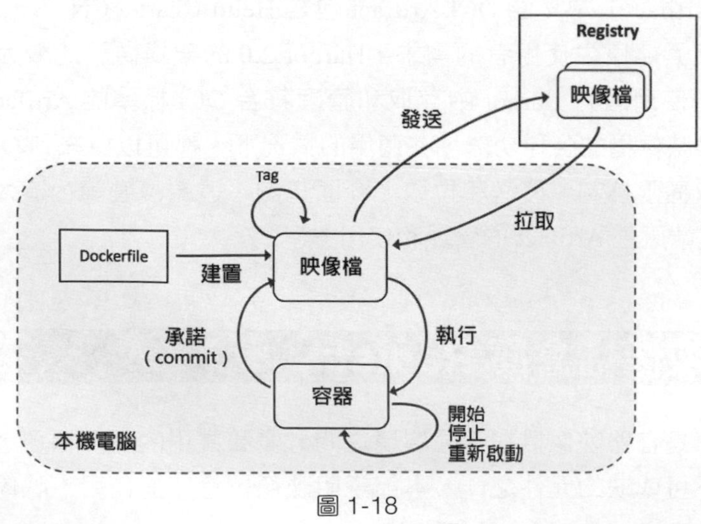

圖 1-18

如果圖 1-18 所示的發送和拉取發生在不同的計算環境之間，則可以實現跨環境的映像檔傳送，而且在不同的環境下獲得的映像檔是一樣的，可以無差別地執行，如圖 1-19 所示。

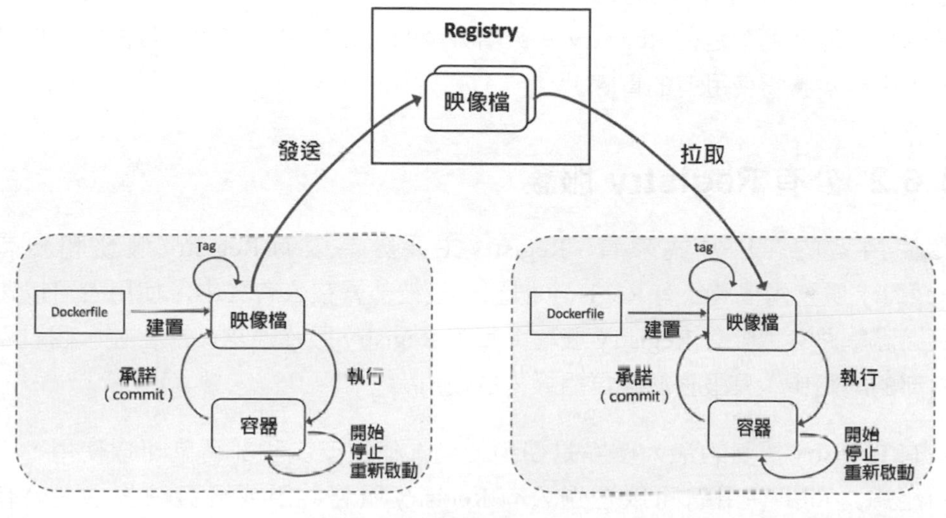

圖 1-19

在實際環境下，映像檔的建置者常常是少數（如開發人員），絕大多數使用者或機器叢集都是映像檔的消費者，這樣的模式通常被稱為映像檔的分發，既可以是開發團隊成員之間共用應用映像檔，也可以是運行維護人員透過映像檔發佈應用到生產機器叢集的各個節點，如圖 1-20 所示。

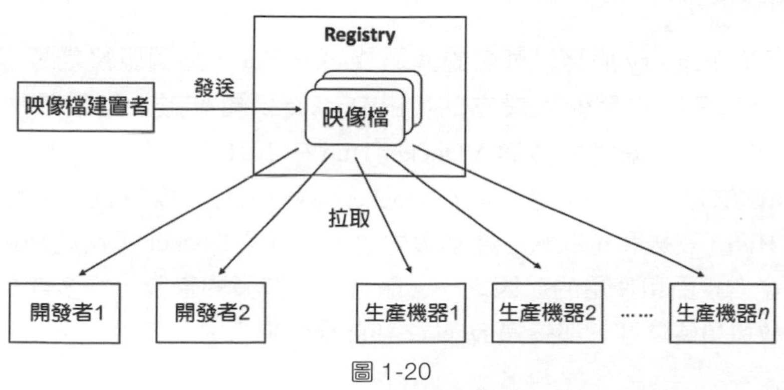

圖 1-20

從上述分發模式可以看到，Registry 是維繫容器映像檔生產者和消費者的關鍵環節，也是所有以容器為基礎的雲端原生平台幾乎都離不開 Registry 的根本原因。正是因為 Registry 的重要性及其在應用分發上的關鍵性，使 Registry 非常適合進行映像檔管理，例如許可權控制、遠端複製、漏洞掃描等。Harbor 等映像檔倉庫軟體就是在 Registry 映像檔分發的基礎功能上增加了豐富的管理能力，進一步獲得使用者的青睞。

1.6.2 公有 Registry 服務

從使用者的存取方式來看，Registry 主要分為公有 Registry 服務和私有 Registry 服務兩種。公有 Registry 服務一般被部署在公有雲中，使用者可以透過網際網路存取公有 Registry 服務。私有 Registry 服務通常被部署在一個組織內部的網路中，只服務於該群組織內的使用者。

公有 Registry 服務的最大優點是使用便利，無須安裝和部署就可以使用，不同組織之間的使用者可以透過公有 Registry 服務共用或分發映像檔。公有 Registry 服務也有不足：因為映像檔被儲存在雲端儲存之中，映像檔之中的私密資料可能會因此洩露，因而對安全有要求的許多企業和政府等機構常常不允許儲存映像檔到公有 Registry 中；另外，使用公有 Registry 服務需要從公網下載映像檔，在傳輸上需要較長時間，在頻繁使用映像檔的場景中，如應用程式開發測試的映像檔建置和拉取等，效率較低。因此，公有 Registry 不太適用於本機映像檔高頻使用的場景。

目前，公有 Registry 服務最著名的就是 Docker Hub，這個服務是隨著 Docker 開放原始碼專案的發佈而設立的，由 Docker 公司維護，是最常用的公有 Registry 服務。根據官方資料，Docker Hub 在 2020 年年初，每月的下載量達到 80 億次之多。開發者可以在 Docker 容器管理工具中直接、免費使用 Docker Hub，發送和拉取映像檔都很方便，這也是 Docker 工具能夠極快地被廣大開發者接受和使用的原因之一。隨著容器技術的普及，許多軟體專案特別是開放原始碼專案，都透過 Docker Hub 來發佈官方映像檔，供使用者下載和使用。如今，執行在公有雲中的應用可直接從 Docker Hub 中取得映像檔，這也是一種快速部署方式。

Docker Hub 提供了免費的公共映像檔服務，即映像檔對所有使用者都可公開使用，公開的映像檔甚至無須註冊帳號也可以下載。Docker Hub 還提供了付費的私有映像檔服務，只有授權的使用者才能發現和存取映像檔。需要指出的是，Docker Hub 的私有映像檔服務雖然提供了保護使用者私有資料的能力，但其在本質上還是公有映像檔服務，因為映像檔是被儲存在公有雲中的，公有 Registry 服務在安全和效能等方面的不足依然存在。

除了 Docker Hub，各大公有雲端服務商如亞馬遜 AWS、微軟 Azure、GoogleGCE、阿里雲和騰訊雲等，都有自己的 Registry 服務。這些雲端服務商提供的 Registry 服務既可滿足本身雲端原生使用者的映像檔使用需求，加速雲端原生應用的存取效率；也可提供公網使用者的映像檔存取能力，便於映像檔的分發和傳送，如使用者可從內網環境向雲端 Registry 發送映像檔等。

1.6.3 私有 Registry 服務

私有 Registry 服務可以克服公有 Registry 服務的不足：映像檔被儲存在組織內部的儲存中，不僅可以確保映像檔的安全性，又可以加強映像檔存取效率。同時，在私有 Registry 服務中還能夠進行映像檔的存取控制和漏洞掃描等管理操作，因此私有 Registry 在大中型組織中通常都是首選方案。私有 Registry 服務的缺點主要是組織需要承擔採購軟硬體的成本，並且需要團隊負責維護服務。

在私有環境下部署 Registry 服務的最簡易方法就是從 Docker Hub 中拉取映像檔部署 Docker Registry。Docker Registry 屬於 Docker 容器管理工具的一部分，可儲存和分發 Docker 及 OCI 映像檔，主要針對開發者和小型應用環境，開放原始程式碼位於 GitHub 的 "docker/distribution" 專案中。Docker Registry 結構簡單、部署快速，適合小型開發團隊共用映像檔或在小規模的生產環境下分發應用映像檔。

在較大型的組織內部，由於使用者、應用和映像檔的數量較多、管理需求複雜，功能較單一的 Docker Registry 難以勝任，因此需要更全面的映像檔管理方案。在開放原始碼軟體中有 Harbor 和 Portus 等專案；在商用軟體中有 Docker Trust Registry（DTR）和 Artifactory 等產品，使用者可根據需要選擇合適的方案。

私有 Registry 還有一種在公有雲中部署的情況，即使用者在公有雲中部署自己的 Registry 服務，主要向使用者在雲端中的應用提供映像檔服務。這樣的部署方式優點較明顯：既可實現應用就近取得映像檔，又可在某種程度上確保映像檔的私密性。

隨著混合雲在企業中使用越來越普遍，使用者在私有雲和公有雲中都有應用執行，這就有關兩個 Registry 映像檔同步和發佈的問題。從效率和管理上看，在私有雲和公有雲中各部署一個 Registry 服務，可以使映像檔就近下載。然後在兩個 Registry 之間透過映像檔同步的方式，將在私有環境下開發的應用映像檔複製到公有雲的生產環境下，可達到映像檔的一致性，進一步實現應用發佈的目的。

1.6.4 Harbor Registry

Harbor Registry（又稱 Harbor 雲端原生製品倉庫或 Harbor 映像檔倉庫）由 VMware 公司中國研發中心雲端原生實驗室原創，並於 2016 年 3 月開放原始碼。Harbor 在 Docker Registry 的基礎上增加了企業使用者必需的許可權控制、映像檔簽名、安全性漏洞掃描和遠端複製等重要功能，還提供了圖形管理介面及針對中文使用者的中文支援，開放原始碼後迅速在開發者和使用者社區流行，成為中文地區雲端原生使用者的主流容器映像檔倉庫。

2018 年 7 月，VMware 捐贈 Harbor 給 CNCF，使 Harbor 成為社區共同維護的開放原始碼專案，也是第一個來自中國的 CNCF 專案。加入 CNCF 之後，Harbor 融合到全球的雲端原生社區中，許多的合作夥伴、使用者和開發者都參與了 Harbor 專案的貢獻，數以千計的使用者在生產系統中部署和使用

Harbor，Harbor 每個月的下載量超過 3 萬次。2020 年 6 月，Harbor 成為第一個中國原創的 CNCF 畢業專案。

Harbor 是為滿足企業安全符合規範的需求而設計的，目的在提供安全和可信任的雲端原生製品管理，支援映像檔簽名和內容掃描，確保製品管理的符合規範性、高效性和互通性。Harbor 的功能主要包含四大類：多使用者的控管（基於角色存取控制和專案隔離）、映像檔管理策略（儲存配額、製品保留、漏洞掃描、來源簽名、不可變製品、垃圾回收等）、安全與符合規範（身份認證、掃描和 CVE 例外規則等）和互通性（Webhook、內容遠端複製、可抽換掃描器、REST API、機器人帳號等）。

Harbor 是完全開放原始碼的軟體專案，也用到了許多其他開放原始碼專案，如 PostgreSQL、Redis、Docker Distribution 等，表現了「從社區中來，到社區中去」的思維。經過數年的發展，在社區使用者和開發者提供的需求、回饋和貢獻的基礎上，功能已經趨於豐富和增強，可以和不同的系統對接、整合。如圖 1-21 所示，Harbor 能夠使用主流的檔案系統和物件儲存，認證方式支援 LDAP/AD 和 OIDC，提供可靈活連線外接映像檔掃描器的介面，可以與主流的公有或私有 Registry 服務同步映像檔等，支援多種雲端原生系統的用戶端，如 Docker/Notary、kubelet、Helm 和 ORAS OCI 等。

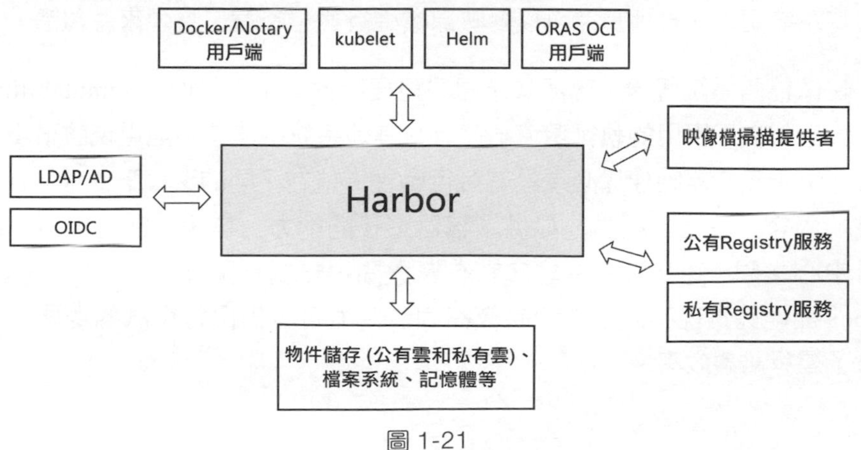

圖 1-21

本書說明的內容以 Harbor 2.0 為準。Harbor 2.0 是一個包含了較多改進功能的大版本，其中最重要的功能是支援遵循 OCI 映像檔標準和分發標準的製品，使 Harbor 不僅可以儲存容器映像檔，還可以儲存 Helm Chart、CNAB 等雲端原生製品。這些製品和映像檔一樣，都能夠設定存取權限和遠端複寫原則，並在介面上統一展示，大幅方便了使用者，也拓寬了 Harbor 的使用範圍。因此，Harbor 已經從映像檔倉庫發展成為通用的雲端原生製品倉庫。

隨著功能日益完整，Harbor 的應用場景也越來越靈活，歸納起來有以下幾種。

（1）持續整合和持續發佈。持續整合和持續發佈是容器最早的使用場景之一，應用的原始程式碼經過自動化管線編譯和測試後，建置成容器映像檔存入 Harbor，映像檔再被發佈到生產環境或其他環境下，Harbor 有著連接開發與生產環節的作用。

（2）在組織內部統一映像檔來源。在企業等組織內部對映像檔的來源和安全性有一定要求和規則，如果內部使用者從公網下載任意映像檔並在企業內部執行，則將引用各種安全隱憂，如病毒、系統漏洞等。為此，企業會在內部統一設立標準映像檔來源，儲存經過驗證或測試過的映像檔讓使用者使用。採用 Harbor 是較好的選擇，可對映像檔設立存取權限，並按照專案小組加以隔離。同時，可以對映像檔定期掃描，在發現安全性漏洞時拒絕使用者下載並即時系統更新。管理員還可以對映像檔進行數位簽章，實現來源驗證。

（3）映像檔跨系統傳輸。容器映像檔的重要特性是不可更改（immutability），即映像檔封裝了應用的執行環境，可以在其他系統中無差別地重現該環境。這個特性決定了容器映像檔必須具有可行動性，能在不同的環境下傳輸。Harbor 的遠端內容複製恰到好處地提供了容器遷移的能力，無論是在使用者不同的資料中心之間，還是在公有雲和私有雲之間，無論是區域網還是廣域網路，Harbor 都能夠實現不同系統的映像檔同步，並且具備出錯重試的功能，大幅加強了運行維護效率。

(4) 製品備份。容器映像檔等製品的備份是從跨系統映像檔傳輸衍生而來的使用案例，主要是把 Harbor 的映像檔等製品複製到其他系統中，保留一個或多個備份。在需要時，可把備份資料遷回原 Harbor 實例，達到恢復的目的。

(5) 製品本機存取。映像檔等製品的本機存取也是從跨系統映像檔傳輸衍生而來的使用案例，Harbor 可以把映像檔等製品同時遠端複製到許多個地點，如從北京的資料中心分別複製到上海、廣州和深圳的資料中心，這樣不同地理位置的使用者可以就近取得製品資料，縮短了下載時間。

(6) 資料儲存。在 Harbor 2.0 支援 OCI 標準之後，更多的應用都可儲存非映像檔資料到 Harbor 中。舉例來說，人工智慧的模型資料和訓練資料、邊緣運算的裝置媒體等。這些資料被儲存到 Harbor 後，最大的好處就是能夠自動獲得內容複製、許可權控制等功能，無須另行開發類似的功能。

Chapter

02 功能和架構概述

在雲端原生環境下，在容器映像檔中包裝了所要執行軟體的所有內容。因此，對容器映像檔的管理在整個雲端原生應用的開發、測試、部署和管理中，是一個非常重要的組成部分，也是 Harbor 主要解決的問題。在容器映像檔的基礎上，Harbor 增加了對其他雲端原生 Artifact 的管理，如 Helm Chart、CNAB 等，Harbor 也從單純的容器映像檔倉庫蛻變為雲端原生製品倉庫。

在本章中，讀者將了解 Harbor 的主要功能概況及整體架構原理，更詳細的描述可以參考後續的章節。

2.1 核心功能

作為雲端原生製品倉庫服務，Harbor 的核心功能是儲存和管理 Artifact。Harbor 允許使用者用命令列工具對容器映像檔及其他 Artifact 進行發送和拉取，並提供了圖形管理介面幫助使用者查閱和刪除這些 Artifact。在 Harbor 2.0 版本中，除容器映像檔外，Harbor 對符合 OCI 標準的 Helm Chart、CNAB、OPA Bundle 等都提供了更多的支援。另外，Harbor 為管理員提供了豐富的管理功能，特別是作為開放原始碼軟體，隨著版本的反覆運算，很多社區使用者的回饋和貢獻被吸收進來以便更進一步地適應企業應用場景。本節將對 Harbor 的主要管理功能做簡介。

2.1.1 存取控制

存取控制是多個使用者使用同一個倉庫儲存 Artifact 時的基本需求，也是 Harbor 早期版本提供的主要功能之一。Harbor 提供了「專案」(project) 的概念，每個專案都對應一個和專案名稱相同的命名空間 (namespace) 來儲存 Artifact，各個命名空間都是彼此獨立的授權單元，將 Artifact 隔離開來。當使用 Docker 等命令列工具在 Harbor 發送和拉取映像檔等 Artifact 時，這個命名空間也是 URI 的組成部分。使用者要對專案中的 Artifact 進行讀寫，就首先要被管理員增加為專案的成員，實際的許可權由成員的角色決定。加入專案的成員可以有以下角色。

- 專案管理員 (project admin)：管理專案成員，刪除專案，管理專案級的策略，讀寫、刪除 Artifact 及專案中的其他資源。
- 專案維護人員 (master)：管理專案級的策略，讀寫、刪除 Artifact 及專案中的其他資源。注意：在 Harbor 2.0 的後續版本中，該角色的英文名將改為 maintainer，中文翻譯不變。
- 開發者 (developer)：讀寫 Artifact 及專案中的其他資源。
- 訪客 (guest)：對 Artifact 及專案中的其他資源有讀許可權。
- 受限訪客 (limited guest)：僅用於拉取 Artifact，對專案中的其他資源如操作記錄檔 (log) 沒有讀許可權。

以如下指令為例：

```
$ docker login -u user1 -p xxxxxx harbor.local
$ docker push harbor.local/development/golang:1.14
```

如果使用者 user1 需要發送以上 golang 映像檔 (Tag 為 1.14) 到 Harbor 倉庫，則需要由管理員在管理主控台上將其加為 development 專案的成員，並指定開發者及以上的角色。這種管理想法也適用於其他 OCI Artifact，如當使用者使用 Helm 發送 Helm Chart 時，也要求使用者在專案下有對應的許可權。

「專案」是 Harbor 裡一個重要的概念，既被當作命名空間對資源進行隔離，也作為管理單元，管理員可以在它上面建立和增加批次刪除、安全控制等策略來管理專案中的 Artifact。一般來說，由 Harbor 的系統管理員建立專案，並根據實際情況將普通使用者作為成員增加到不同的專案中。普通使用者在使用 Harbor 時，都根據自己的許可權在被授權的專案中進行各種操作。

在第 5 章中會對存取控制及授權模型進行更詳細的介紹。

2.1.2 映像檔簽名

映像檔在本質上是軟體的封裝形式，從安全角度來看，開發人員在部署映像檔前需要確保映像檔內容的完整性（integrity）。也就是說，這個映像檔必須是軟體的提供者建立、包裝並發送的，在這個過程中映像檔並沒有被篡改。為了解決這個問題，Docker 提供了內容信任的功能（Docker Content Trust，DCT），幫助映像檔發行者在發送映像檔時自動進行簽名，並在必要時自動產生金鑰。映像檔的簽名會被儲存在 Notary 服務中。Notary 是由 Docker 公司基於 TUF（The Update Framework）更新架構開發的，透過對不同層次的資訊進行簽名，可以抵禦中間人攻擊、重放攻擊等惡意行為，確保軟體分發的可用性。

Harbor 作為映像檔倉庫，也透過與 Notary 整合提供了對內容信任的支援。使用者在安裝 Harbor 時可選擇性地安裝一個內建的 Notary 元件，在安裝成功後，Notary 的服務預設會透過 4443 通訊埠曝露出來（對於不同的安裝方式，通訊埠可能不同），使用者在發送和拉取映像檔前，可以按 Docker 用戶端的要求開啟內容信任開關的環境變數：

```
$ export DOCKER_CONTENT_TRUST=1
$ export DOCKER_CONTENT_TRUST_SERVER=https://harbor.local:4443
```

之後，在用 Docker 命令列工具發送映像檔時，會增加給映像檔簽名的環節：

```
$ docker push harbor.local/test/alpine:3-signed
The push refers to repository [harbor.local/test/alpine]
03901b4a2ea8: Mounted from test/ns/alpine
3-signed: digest:
sha256:acd3ca9941a85e8ed16515bfc5328e4e2f8c128caa72959a58a127b7801ee01f size:
528
```

```
Signing and pushing trust metadata
Enter passphrase for root key with ID 902084c:
Enter passphrase for new repository key with ID 99348f2:
Repeat passphrase for new repository key with ID 99348f2:
Finished initializing "harbor.local/test/alpine"
Successfully signed harbor.local/test/alpine:3-signed
```

在拉取映像檔時也會首先尋找簽名，然後根據簽名對應的摘要（SHA256）找到映像檔並拉取：

```
$ docker pull harbor.local/test/alpine:3-signed
Pull (1 of 1):
jt-dev.local.goharbor.io/test/alpine:3-signed@sha256:acd3ca9941a85e8ed16515bf
c5328e4e2f8c128caa72959a58a127b7801ee01f
sha256:acd3ca9941a85e8ed16515bfc5328e4e2f8c128caa72959a58a127b7801ee01f:
Pulling from test/alpine
Digest:
sha256:acd3ca9941a85e8ed16515bfc5328e4e2f8c128caa72959a58a127b7801ee01f
```

使用者在 Harbor 的管理介面上也可以看到該映像檔的簽名狀態，如圖 2-1 所示。

圖 2-1

從前面環境變數的設定中可以看到，Docker 的內容信任是一個純粹的用戶端設定，使用者可以透過在用戶端關掉開關，跳過對簽名的檢查。Harbor 為映像檔的管理者提供了更強的措施，專案管理員可以透過在專案中設定策略，強制只有已簽名的映像檔才可以被拉取，無論用戶端的設定如何。

此外，Harbor 與 Notary 在使用者許可權上進行了整合。當使用 Notary 的命令列用戶端對 Harbor 內部的 Notary 操作時，如刪除某個映像檔的簽名時，必須提供 Harbor 的使用者名稱和密碼，而且此使用者必須對所操作的映像檔有寫許可權。Notary 的指令比較複雜，因此不在本節中詳述。

映像檔簽名相關的內容會在第 6 章中有更詳細的討論和介紹。

2.1.3 映像檔掃描

容器映像檔包裝了程式、軟體及其所需的執行環境，已發佈的軟體及其依賴的函數庫都可能存在安全性漏洞。有安全性漏洞的映像檔被部署在開發或生產系統中時，有可能被惡意利用或攻擊，造成系統性風險，甚至發生資料洩露等災難性後果。之前也有研究顯示，即使是 Docker Hub 上的官方映像檔，平均也有上百個不同等級的安全性漏洞，足見容器映像檔在帶來方便的同時存在很多安全隱憂。

為了幫助使用者減少這種風險，Harbor 專案與一些安全服務商制定了一套掃描介面卡（Scanner Adapter）的標準 API，其中包含如何描述自己支援的 Artifact 類型、與倉庫的認證方式，以及觸發掃描、查詢報告等功能。Harbor 可以透過呼叫這些 API 驅動掃描器對倉庫中的 Artifact 進行掃描，並獲得統一格式的包含詳細通用漏洞透明（Common Vulnerabilities Exposures，CVE）列表的報告。只要掃描器的開發者實現了這套 API，就可以在確保網路連通的前提下，由 Harbor 管理員增加多個掃描器，在專案視圖下選擇掃描器並發起掃描任務，獲得詳細的報告並儲存在 Harbor 的資料庫中。

Harbor 管理員管理掃描器的介面如圖 2-2 所示。

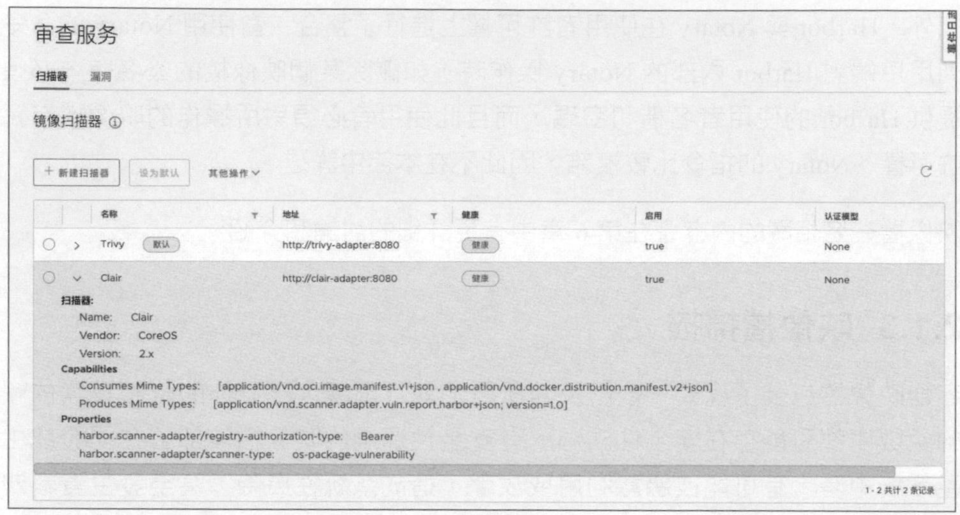

圖 2-2

掃描完成後，專案成員可透過管理介面檢視映像檔的漏洞列表，如圖 2-3 所示。

其他

漏洞　构建历史

扫描

缺陷码	严重度	组件	当前版本	修复版本
CVE-2019-18276	严重	bash	4.4.12-3.ph2	4.4.18-1.ph2
CVE-2019-19317	严重	sqlite-libs	3.27.2-4.ph2	3.27.2-7.ph2
CVE-2019-19646	严重	sqlite-libs	3.27.2-4.ph2	3.27.2-7.ph2
CVE-2020-11656	严重	sqlite-libs	3.27.2-4.ph2	3.31.1-2.ph2
CVE-2019-5094	中等	e2fsprogs-libs	1.43.4-2.ph2	1.43.4-3.ph2
CVE-2019-5188	中等	e2fsprogs-libs	1.43.4-2.ph2	1.43.4-4.ph2
CVE-2016-10739	中等	glibc	2.26-16.ph2	2.26-17.ph2

圖 2-3

此外，Harbor 允許專案的管理員以專案等級設定安全性原則，確保只有經過掃描而且沒有高危安全性漏洞的 Artifact 才可以被成功拉取和部署，如圖 2-4 所示。

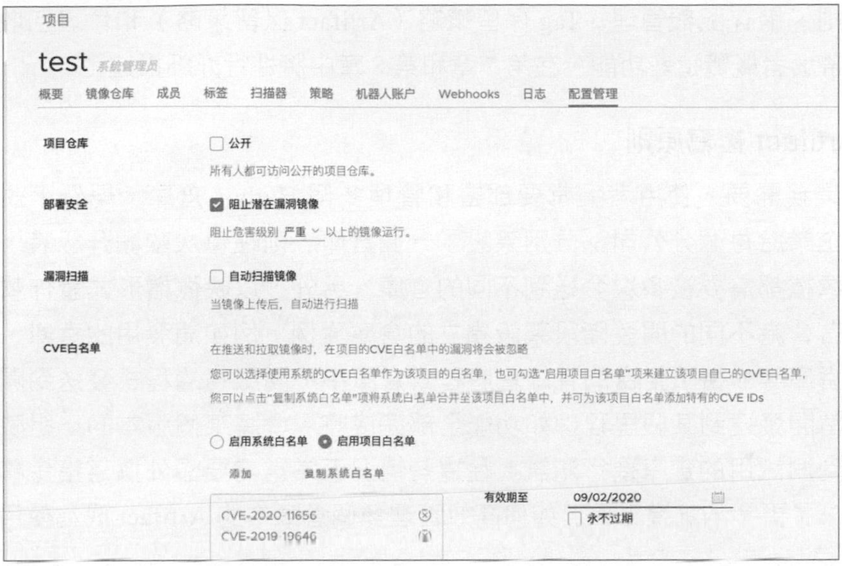

圖 2-4

安全性漏洞的發現和公佈是一個動態的過程，相同版本的軟體會隨著時間的演進顯示越來越多的安全性漏洞。一般而言，安全性漏洞掃描器每隔一段時間就需要下載並匯入最新的漏洞資料套件中。推薦管理員定期對 Harbor 中的映像檔及 Artifact 反覆進行掃描，以確保即時發現漏洞並安裝安全更新。在這個過程中還會有一種特殊情況：在掃描某個 Artifact 時發現了新的安全性漏洞，由於安全性原則的設定導致它無法被部署，包含漏洞的對應軟體對於整個系統很重要，而針對這個漏洞的更新還需要一定時間才會發佈。在這種情況下，為了不影響系統上線，Harbor 允許管理員設定白名單，即在確認安全風險可控的前提下，在應用安全性原則時故意跳過某些特定的 CVE，以便 Artifact 被正常部署。

關於安全性漏洞掃描和安全性原則設定，在第 6 章有更詳細的介紹。

2.1.4 進階管理功能

除了以上基本功能，Harbor 在版本反覆運算中還根據社區回饋，為管理員及使用者提供了很多進階管理功能以支援更加複雜的使用場景，包含 Artifact 複寫原則、儲存配額管理、Tag 保留策略（Artifact 保留策略）和垃圾回收等。本節帶讀者概覽這些功能，在第 7 章和第 8 章中將進行詳細描述。

1. Artifact 複寫原則

出於業務需要，使用者經常要部署和管理多個 Harbor 倉庫。舉例來說，若一個企業給每個分公司都分別架設了一個倉庫，則在每次軟體升級時，相同的映像檔都需要被多次發送到不同的倉庫。另外，以映像檔形式發佈軟體的使用者會為不同的開發階段架設獨立的倉庫實例，例如開發用的倉庫、測試用的倉庫等。持續整合的管線會將程式倉庫中不同服務的程式發送到開發倉庫，當開發達到某個里程碑如功能全部完成時，會將某個版本的一組映像檔發送到測試用的倉庫進行測試。在這些情況下常常需要額外撰寫指令稿，這又帶來了更多的維護工作，如何高效管理多個倉庫中的 Artifact 成為使用者的挑戰。

為了解決這種問題，Harbor 允許管理員建立靈活的複寫原則，以便在不同的倉庫中複製映像檔等 Artifact。管理員首先需要建立目標倉庫，提供目標位址（URL），根據需要設定使用者名稱和密碼，之後在建立複製規則時參考該目標倉庫。使用者可以選擇把映像檔從目前 Harbor 倉庫發送到目標倉庫，或從目標倉庫中拉取映像檔到本機。在資源篩檢程式中，使用者可以指定映像檔的名稱、Tag、標籤和資源類型，以便只有符合條件的映像檔才會被複製。複製規則還支援各種觸發模式，除了支援手動觸發，還支援定時觸發（例如每週六午夜 12 點）、事件觸發，其中事件觸發比較適合前面提到的開發、測試場景。例如管理員可以在規則中指定所有包含 v1.0-rc 這個 Tag 的映像檔被複製到測試倉庫，這樣當開發團隊將標有 v1.0-rc 的映像檔發送到開發倉庫時，複製動作會被立刻觸發，映像檔能以最快速度到達測試團隊並開始整合測試。如圖 2-5 所示是一個複製規則設定的範例，test 專案下帶有 "rc" 字串的 Tag 的映像檔會被複製到 Docker Hub 上。

Harbor 倉庫的複製規則不僅限於 Harbor 本身的實例。Harbor 在程式中定義了一組介面，只要實現這些介面，就可以作為目標倉庫被加入複製規則中。在社區開發者的共同努力下，Harbor 的複寫原則已經支援 Docker Hub、亞馬遜

ECR、阿里雲映像檔倉庫等多種倉庫。在上面的實例中，測試團隊可以再建一筆複製規則，將測試過的映像檔複製到 Docker Hub 上，方便使用者透過網際網路拉取並使用映像檔。

值得一提的是，在 Harbor v2.0.0 之後使用者可以用統一的流程管理各種 OCI 相容的 Artifact，因此複製規則不僅限於容器映像檔，符合複製規則的 Artifact（Helm Chart、CNAB 等）都會被複製。

當複製動作被觸發時，Harbor 會將被複製的 Artifact 分組到多個非同步任務中進行複製，任務會在遇到網路問題等常見錯誤時自動重試。使用者還可以透過管理介面檢視任務記錄檔，分析錯誤原因等。

圖 2-5

2. 儲存配額管理

對倉庫的管理員來說，空間一定是其最關心的資源。對應到 Harbor 這樣的 Artifact 倉庫，在日積月累的使用中，消耗最顯著的就是儲存資源了。管理員需要一種方法來控制使用者對儲存資源的使用，以免由於儲存資源被某些使用者過度佔用而影響其他使用者使用。為此，Harbor 提供了配額（Quota）管理功能。在建立一個專案時，管理員可以指定這個專案的儲存配額，當專案使用的儲存超過這個配額後，在這個專案發送或複製 Artifact 就會失敗。使用者需要刪除一些 Artifact 來釋放空間，或請管理員增加配額才能發送成功。管理員可以透過專案的概要分頁檢視專案儲存的使用情況，如圖 2-6 所示。

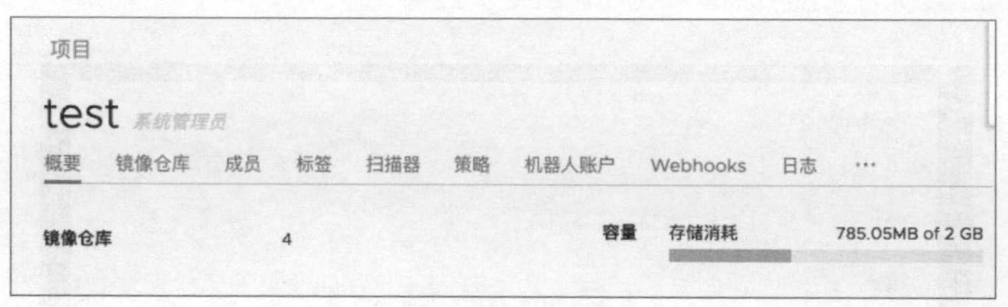

圖 2-6

最常用的容器映像檔是分層儲存的，倉庫中的多個映像檔常常由同一個基礎映像檔建置而成，這時它們共用的一些資料層（layer）並不會被儲存多次。這種設計加強了儲存的效率，但是給計算實際的儲存使用量帶來了挑戰。在計算專案佔用的儲存配額時，如果簡單地將映像檔的大小相加，獲得的結果則會遠遠超過實際值。圖 2-7 列出了一個專案中不同映像檔共用資料層的範例。

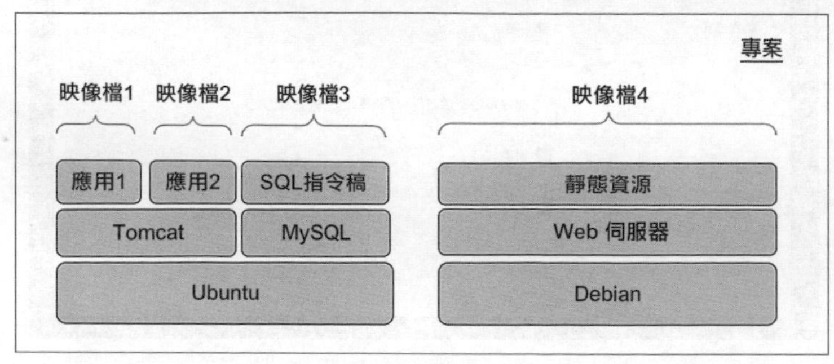

圖 2-7

為了解決這個問題，Harbor 在程式中透過中介軟體（middleware）截獲了所有用戶端發送映像檔和 Artifact 的請求，在請求中獲得了每層的大小，並在資料庫中記錄了層和專案之間的關係。這種方式一方面能幫助我們更加準確地計算一個專案實際佔用的儲存空間，另一方面因為在每層發送前都會對配額進行檢查，因此在發送過程中專案使用的儲存空間達到儲存配額限制時，發送行為可以被即時中止。

3. 保留策略

在替專案設定了儲存配額限制後，為了在使用過程中避免配額被用盡，專案管理員需要經常刪除映像檔，以減少儲存的使用量。特別是將 Harbor 用於持續整合的使用者，每次程式入資料庫都會觸發建置和發送新的映像檔到映像檔倉庫，儲存使用量增長得很快，而且映像檔個數過多，不便於檢視和管理。

Harbor 提供了 Tag 保留策略（又叫作 Artifact 保留策略），將使用者從繁複的刪除映像檔工作中解放出來。它的設計想法是，由專案管理員定義一組範圍和規則，當策略被觸發時，在指定的範圍內，滿足這些規則的 Tag 會被保留，其餘的會被刪除。管理員可以在規則中設定名稱符合的模式、保留的個數等。除去手動觸發，使用者還可以給策略設定執行時間，這樣就有著定期批次清理的作用。管理員設定 Tag 保留策略的介面如圖 2-8 所示。

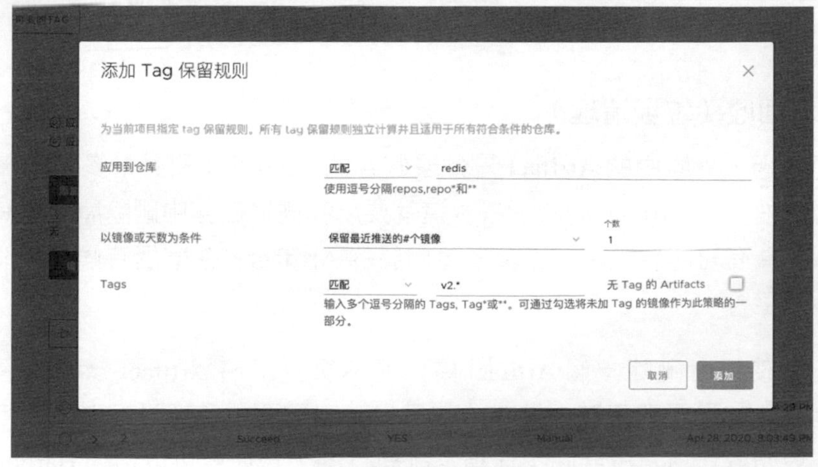

圖 2-8

此外，每次策略即時執行都會產生執行記錄檔，裡面詳細記錄了策略的執行時間、哪些映像檔被清理掉等資訊。這個功能有關批次刪除使用者資料的操作，在多筆規則組合在一起的情況下有可能使保留的條件變得複雜。而且策略特別提供了「模擬執行」功能，在管理員選擇「模擬執行」後，系統會產生一筆執行記錄，提示使用者哪些 Tag 會被清理，但不會真的進行刪除操作，這樣一些規則上的錯誤可以被即時發現，避免有映像檔被誤刪。圖 2-9 是觸發策略執行及檢視結果的介面。

圖 2-9

4. 垃圾回收（垃圾清理）

前面提到過，倉庫中的 Artifact 是分層儲存的，Artifact 和層是參考的關係，某些層會被多個 Artifact 同時參考，這就要求我們從儲存中刪除層資料時格外小心，因為有可能有正在發送參考這個層的 Artifact，在這個時候很可能導致資料不完整。

因此，當使用者刪除一個 Artifact 時，並不會立即將 Artifact 參考的層從儲存中刪除。如果要真正減少儲存的使用量，則需要由管理員觸發垃圾回收任務。垃圾回收任務是由非同步任務系統執行的，管理員可以透過 Harbor 的圖形管理介面選擇立即或定期執行它（如圖 2-10 所示）。之後，可以透過「歷史記錄」頁面來檢視任務的執行進度和結果。

圖 2-10

為了確保資料的一致性，在垃圾回收任務執行的過程中，Harbor 會進入唯讀狀態，這時任何發送和刪除 Artifact 的動作都會失敗。這給使用帶來一些影響。目前社區和開發人員正在積極探索，加入更細粒度的控制，避免將整個系統設定為唯讀。

2.2 元件簡介

本節將對 Harbor 的架構、元件和典型處理流程做簡介。

2.2.1 整體架構

在早期的版本中，Harbor 的功能主要圍繞 Docker 映像檔的管理展開。Harbor 的開發者希望讓使用者透過一個統一的位址同時進行發送和拉取，以及利用圖形介面對映像檔進行瀏覽和其他管理工作。關於發送和拉取這一部分功能，Docker 公司開放原始碼的 Distribution 專案應用廣泛，可以支援不同類型的儲存，而且比較成熟和穩定。因此，Harbor 選擇由 Distribution 處理用戶端映像檔的發送和拉取請求，並透過圍繞 Distribution 增加其他元件的方式來提供管理功能。這種方式一方面減少了開發工作量；另一方面由於 Distribution 基本上是映像檔倉庫的事實標準，所以確保了映像檔的發送和拉取功能的穩定。後來，隨著版本的反覆運算，Harbor 逐漸減少了對 Distribution 的依賴，但是在映像檔的讀寫、存取等功能上，Distribution 仍然是 Harbor 和使用者儲存之間的橋樑。

如圖 2-11 所示是 Harbor 2.0 的架構示意圖，從上到下可分為代理層、功能層和資料層。

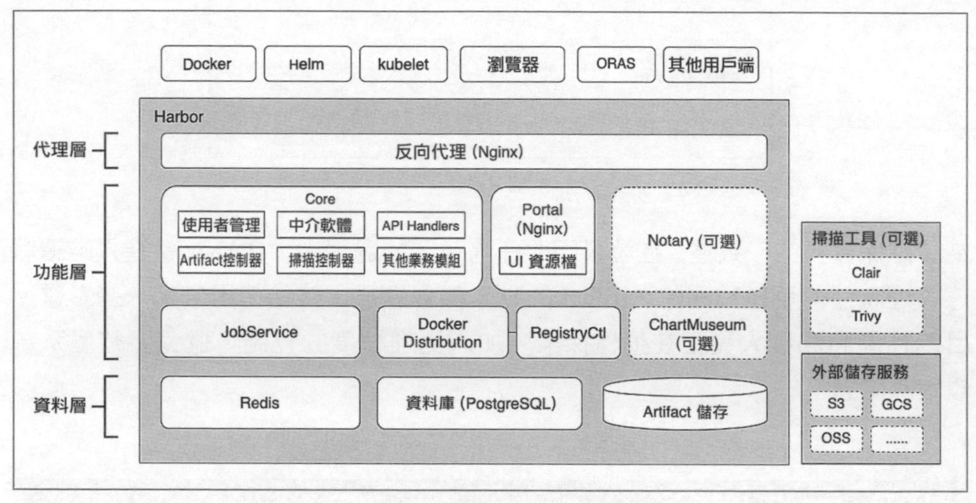

圖 2-11

其中代理層功能比較簡單，可將其了解為 Harbor 的入口（gateway）。代理層實質上是一個 Nginx 反向代理，負責接收不同類型的用戶端的請求，包含瀏覽器、使用者指令稿、Docker 及其他 Artifact 命令列工具如 Helm、ORAS 等，並根據請求類型和 URI 轉發給不同的後端服務進行處理。它確保了 Harbor 的所有功能都是透過單一的主機名稱（hostname）曝露的。

功能層是一組 HTTP 服務，提供 Harbor 的核心功能，包含核心功能元件 Core、Portal、JobService、Docker Distribution 和 RegistryCtl，以及可選元件 Notary、ChartMuseum 和映像檔掃描器。在實際部署中，除了 Notary 元件包含 server 和 signer 這兩個容器，其他元件都由一個容器組成。這些元件被設計為無狀態的元件，以便透過多實例的方式進行水平擴充。

資料層包含 PostgreSQL 關聯式資料庫、Redis 快取服務，以及使用者提供的儲存服務（檔案系統、物件儲存）。這些服務被各個功能元件共用，用於儲存不同場景的應用資料。由於功能元件都是無狀態的，所以在規劃 Harbor 的高可用部署時，只要確保應用資料一致而且不會遺失就可以了。

元件可劃分為兩大類：核心元件和可選元件，將在下面兩節中介紹。

2.2.2 核心元件

核心元件是安裝 Harbor 時的必選元件，是完成 Harbor 主要功能所必需的，包含核心功能元件和資料儲存元件。其中，核心功能元件包含反向代理 Nginx、Portal、Core、RegistryCtl、Docker Distribution 和 JobService 等，資料儲存元件包含資料庫（PostgreSQL）、快取（Redis）和 Artifact 儲存。反向代理 Nginx 已經在上一節解釋過了，下面結合實際使用場景對其他元件逐一介紹。

1. 核心功能元件

- Portal：這是一個以 Angular 為基礎的前端應用，對應的容器為 portal，由容器內建的 Nginx 伺服器提供靜態資源的服務。使用者在用瀏覽器存取 Harbor 的使用者介面時，代理層的 Nginx 反向代理會將請求轉發到 portal 容器中的 Nginx 服務，以便瀏覽器獲得執行前端介面所需的 Javascript 檔案及圖示等靜態資源。

- Core：這是 Harbor 中的核心元件，封裝了 Harbor 絕大部分的業務邏輯。它基於 Beego 架構提供了中介軟體和 RESTful API 處理器（API Handlers）來處理介面及其他用戶端發來的 API 請求。一個 HTTP 請求到達 Core 處理程序後，首先會被請求的位址（URI）對應的一組中介軟體做前置處理，進行安全檢查、產生上下文等操作；之後，API 處理器會解析請求資料物件，並呼叫內部的業務邏輯模組。Harbor 內部的業務邏輯由不同的控制器（controller）介面曝露，如 Artifact、專案的增刪改查都有對應的控制器負責。某些功能，如查詢映像檔簽名，或對 Artifact 進行掃描，需要呼叫其他元件的介面完成，這部分工作也是由控制器完成的。Core 元件還負責連接內部資料庫或外部身份認證服務（如 LDAP）對使用者輸入的使用者名稱和密碼進行驗證。

此外，由命令列工具發來的發送和拉取 Artifact 的請求也到達這個元件，由中介軟體進行許可權檢查、扣除配額等操作，之後把請求轉發到 Docker Distribution 元件，由它對儲存進行讀寫。

下面以使用者發送映像檔的場景為例（為了説明原理，省略了認證過程），説明 Nginx、Core、Docker Distribution 元件是如何處理用戶端的請求的，如圖 2-12 所示。

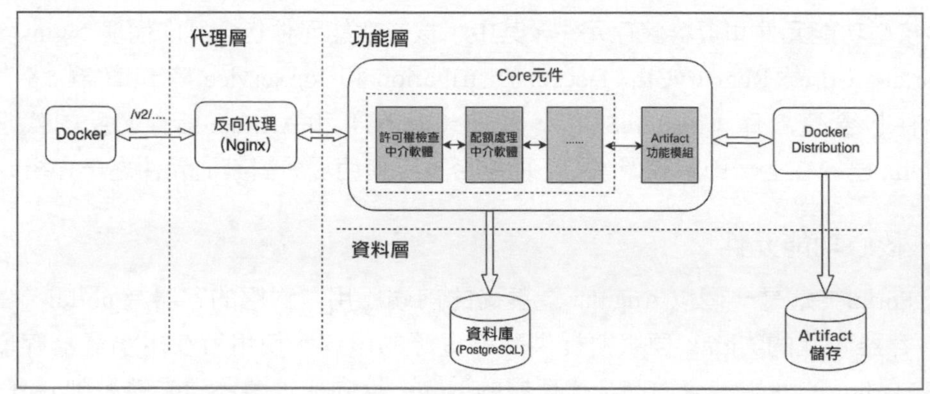

圖 2-12

首先，Docker 向 Harbor 發送請求，呼叫兩個 API "POST /v2/<name>/blobs/uploads" 和 "PATCH /v2/<name>/blobs/uploads/<session_id>" 上傳映像檔的資料層，請求被 Nginx 轉發給 Core 元件，Core 的各個中介軟體進行各種檢查，如查詢資料庫檢查請求的許可權及目標專案配額是否用盡等。在這些檢查通過後，請求被發送給 Docker Distribution，後者將資料寫入儲存中。在寫入成功後，回應會再次經過 Core 的中介軟體，這時它會更新資料庫中專案配額的使用量並將成功資訊傳回給用戶端。

如此往復，在所有資料層都上傳成功後，Docker 用戶端會向 Harbor 發送請求，呼叫 API "PUT /v2/<name>/manifests/<reference>" 上傳映像檔的清單（manifest），這是一個 JSON 格式的資料物件。請求經過 Core 的前置處理，被轉發給 Docker Distribution，後者寫儲存成功後，Core 的中介軟體會呼叫映像檔對應的 Artifact 功能模組中的中繼資料處理器（Processor），根據 JSON 物件的內容向資料庫中插入記錄，儲存映像檔的中繼資料資訊。

在上傳結束後，發送請求完成。映像檔內容被 Docker Distribution 寫入儲存中，它的中繼資料則被 Core 寫入資料庫中，可供後續查詢。

上面提到的上傳和處理過程也適用於包含 Helm Chart、CNAB、映像檔索引等其他與 OCI 格式相容的 Artifact。除了映像檔，在 Harbor 2.0 中還為映像檔索引、Helm Chart 和 CNAB 提供了專用的 Artifact 中繼資料處理器，可以為它們分析各自特有的中繼資料。其餘類型的 Artifact，如 ORAS 包裝的本機檔案，則由預設（Default）Artifact 中繼資料處理器分析類型、大小等基本資訊。更詳細的 Artifact 處理流程可參考第 4 章。

- Docker Distribution：為由 Docker 公司維護的 Distribution 映像檔倉庫，實現了映像檔發送和拉取等功能。Harbor 透過 Distribution 實現了 Artifact 的讀寫和存取等功能。
- RegistryCtl：Docker Distribution 的控制元件，與 Docker Distribution 共用設定，並提供了 RESTful API 以便觸發垃圾回收動作。
- JobService：JobService 是非同步任務元件，負責 Harbor 中很多比較耗時的功能，例如 Artifact 複製、掃描、垃圾回收等，都是以後台非同步任務的方式執行的。JobService 提供了管理和排程任務的功能。它首先定義了公共的介面（interface），透過實現這些介面，可以提供不同類型任務的執行邏輯。JobService 也提供了 RESTful API，透過呼叫這些 API，指定任務的類型、執行參數及執行的時間表，JobService 會產生實體任務，把它們放到 Redis 佇列中，並根據時間表排程執行，並以回呼方式將任務執行的結果通知給呼叫方。

以垃圾回收為例，使用者在透過介面觸發垃圾回收之後，Core 元件會向 JobService 提交一個任務，這個任務會被非同步排程，因此請求會立即傳回。當這個任務被排程即時執行，JobService 內處理垃圾回收任務的程式會呼叫 RegistryCtl 服務的 API，後者會呼叫 Docker Distribution 的指令進行垃圾回收。在回收成功後，JobService 會以 Webhook 方式通知 Core 元件。Core 元件在收到通知後，會更新資料庫裡任務記錄的狀態，此時，使用者透過更新介面就可以檢視垃圾回收結果。流程如圖 2-13 所示。

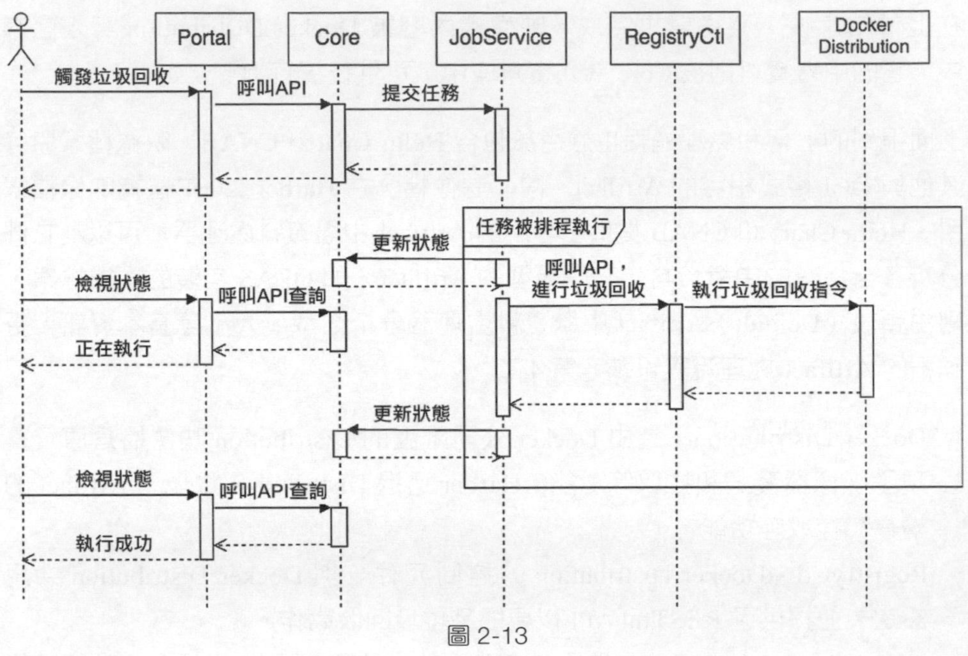

圖 2-13

2. 資料儲存元件

上面的核心元件只負責處理業務邏輯和使用者請求，都是以無狀態服務的形式執行的，而對業務資料和 Artifact 內容的儲存和持久化都是透過資料儲存元件完成的。

Harbor 的資料儲存元件可分為以下三部分。

- 資料庫（PostgreSQL）：Harbor 的應用資料，例如專案資訊、使用者與專案的關係、管理策略和設定資訊等，都儲存在這個關聯式資料庫中。Artifact 的中繼資料，例如類型、大小、Tag 等也會儲存在這裡。此外，一些可選元件如負責管理簽名的 Notary 及映像檔掃描器 Clair，在預設的安裝方式下也會和 Harbor 的核心應用元件共用這個資料庫服務。在安裝時也可以設定外接的資料庫服務，並建立對應元件的資料庫，Harbor 會在啟動時完成資料庫表結構的初始化。此外需要注意的是，目前 Harbor 只支援 PostgreSQL 作為後台資料庫，並不能完全相容 MySQL 等其他資料庫。

- 快取服務（Redis）：主要作為快取服務儲存一些生命週期較短的資料，如在水平擴充時多個實例共用的狀態資訊等。另外，出於效能等方面的考慮，JobService 元件有極少量的持久化資料也儲存在 Redis 中。Redis 中不同的索引號對應的資料庫針對不同的元件，0 號資料庫對應 Core 元件，儲存使用者的階段資訊，以及唯讀、Artifact 資料層上傳狀態等臨時資訊；1 號資料庫被 Docker Distribution 用來儲存資料層的資訊以加速 API；2 號資料庫針對 JobService，儲存任務的資訊，並實現了類似佇列的功能，多個 JobService 都可以以它為依據，對任務進行排程並更新狀態。對於可選元件，如 ChartMuseum 及映像檔掃描軟體 Clair 和 Trivy，也在預設情況下以 Redis 作為快取，儲存臨時資料。與資料庫服務類似，使用者也可以在安裝時設定對應的參數將 Harbor 指向外部的 Redis 服務。

- Artifact 儲存：這是儲存 Artifact 本身內容的地方，也就是每次用命令列工具發送容器映像檔、Helm Chart 或其他 Artifact 時，資料最後的儲存目的地。在預設的安裝情況下，Harbor 會把 Artifact 寫入本機檔案系統中。使用者也可以修改設定，將第三方儲存服務，如亞馬遜的物件儲存服務 S3、Google 雲端儲存 GCS 或阿里雲的物件儲存 OSS 等作為後端儲存來儲存 Artifact。正如前面提到的，Harbor 透過 Docker Distribution 對 Artifact 的內容進行讀寫，因此對各種儲存服務的轉換，完全是透過 Docker Distribution 中不同的驅動（driver）完成的。

目前，預設安裝的持久化服務元件都不是高可用的，在部署高可用的 Harbor 時，使用者需要自己根據環境的需要架設高可用的資料服務，並將 Harbor 指向這些服務，實際可參考第 3 章。

2.2.3 可選元件

核心元件實現了基本的 Artifact 管理功能。在此基礎上，Harbor 透過與第三方開放原始碼軟體整合來提供諸如映像檔簽名、漏洞掃描等功能，這部分功能服務叫作可選元件。在 Harbor 提供的安裝方式中，使用者可以根據需要選擇是否安裝這些元件。為了降低部署的複雜度，安裝程式會對這些可選元件進行設定，讓它們與 Harbor 的核心元件共用資料庫、Redis 等服務，並更進一步地與 Harbor 核心元件一起工作。

Harbor 的可選元件有以下幾個。

- Notary：以 TUF 提供了映像檔簽名管理為基礎的功能。使用者選擇安裝 Notary 後，在安裝部署 Harbor 時會額外安裝 notary-server 和 notary-signer 兩個元件，其中 notary- server 負責接收用戶端的請求管理簽名，notary-signer 負責對簽名的中繼資料再進行簽名，以加強安全性。在預設安裝的情況下，它們會與 Harbor 的 Core 元件共用一個資料庫。在開啟 Docker Content Trust 後，Docker 用戶端會在發送映像檔後將簽名發到 Harbor 服務的 4443 通訊埠，Harbor 的 Nginx 元件接到 4443 通訊埠的請求時，會把請求轉發給 notary-server。當使用者向 API 發送請求查詢映像檔時，Core 元件會透過內部網路向 notary-server 發送請求，查詢映像檔是否被簽名，並將這個結果傳回給使用者。
- 掃描器：在 Harbor 2.0 版本中，支援將 Clair 或 Trivy 作為映像檔掃描器和 Harbor 一起安裝。它們的工作機制不盡相同，但是在部署時會同時安裝介面卡（adapter），這些介面卡根據標準實現了相同的 RESTful API。這些掃描器在安裝過程中會被自動註冊到 Harbor 中。在掃描映像檔時，Harbor 的 JobService 元件透過呼叫介面卡上的 API 掃描映像檔，獲得漏洞報告，並將它們儲存在資料庫中。
- ChartMuseum：提供了 API 管理非 OCI 標準的 Helm Chart。在安裝了 ChartMuseum 元件後，當使用者使用 "helm" 指令向 Harbor 發送或拉取 Chart 時，Harbor 的 Core 元件會首先收到請求，在驗證後將請求轉發給 ChartMuseum 進行 Chart 檔案的讀寫。隨著相容 OCI 標準的 Helm Chart 在社區上被更廣泛地接受，Helm Chart 能以 Artifact 的形式在 Harbor 中儲存和管理，不再依賴 ChartMuseum，因此 Harbor 可能會在後續版本中移除對 ChartMuseum 的支援。

以上是對 Harbor 架構及各個元件的概述，關於在不同使用場景中各個元件如何互動和協作工作，在後面的章節中將有更詳細的介紹。

Chapter 03

安裝 Harbor

Harbor 提供了多種安裝方式，其中包含線上安裝、離線安裝、原始程式安裝及以 Helm Chart 為基礎的安裝。

- 線上安裝：透過線上安裝套件安裝 Harbor，在安裝過程中需要從 Docker Hub 取得預置的 Harbor 官方元件映像檔。
- 離線安裝：透過離線安裝套件安裝 Harbor，從離線安裝套件中載入所需要的 Harbor 元件映像檔。
- 原始程式安裝：編譯成功原始程式到本機安裝 Harbor。
- 以 Helm Chart 為基礎的安裝：透過 Helm 安裝 Harbor Helm Chart 到 Kubernetes 叢集。

本章以 Ubuntu 18.04 為基礎的基礎環境來說明 Harbor 的每種安裝方式。

3.1 在單機環境下安裝 Harbor

在單機環境下，可以透過線上、離線或原始程式安裝方式安裝 Harbor。安裝 Harbor 之前，安裝機器需要滿足如表 3-1 所示的硬體需求，以及如表 3-2 所示的軟體需求。

表 3-1

硬 體	最小配備	推薦的配備
CPU	2 CPU	4 CPU
記憶體	4 GB	8 GB
硬碟	40 GB	160 GB

表 3-2

軟 體	版 本	描 述
Docker Engine	17.06.0-ce 或更高	請參考其官方安裝文件
Docker Compose	1.18.0 或更高	請參考其官方安裝文件
OpenSSL	推薦使用其最新版本	產生安裝過程中需要的憑證和私密金鑰

3.1.1 基本設定

Harbor 從 1.8.0 版本起，設定檔的格式從 harbor.cfg 變更為 harbor.yml，這樣做既可以提供更好的可讀性和可擴充性；還可以透過 prepare 容器實現對安裝設定的集中管理，減少對使用者基礎環境的依賴。值得注意的是，如果以 harbor.cfg（1.8.0 之前為基礎的版本）安裝 Harbor，則安裝環境需要預先安裝 Python v2.7。

本章以 Harbor 2.0.0 為基礎說明設定的細節。取得 Harbor 線上、離線安裝套件後將其解壓，從中可以看到 harbor.yml.tmpl 檔案，該檔案是 Harbor 的設定檔範本。使用者可以把 harbor.yml.tmpl 檔案複製並命名為 harbor.yml，將 harbor.yml 檔案作為安裝 Harbor 的設定檔。注意：每次修改 harbor.yml 檔案的設定後，都需要執行 prepare 指令稿並重新啟動 Harbor 才可生效。

下面逐一介紹 harbor.yml.tmpl 檔案的實際內容。

1. hostname

設定 Harbor 服務的網路造訪網址。可將其設定成目前安裝環境的 IP 位址和主機域名（FQDN）。這裡不建議將其設定成 127.0.0.1 或 localhost，這樣會使 Harbor 除本機外無法被外界存取。

2. HTTP 和 HTTPS

設定 Harbor 的網路存取協定，預設值為 HTTPS。注意：如果選擇安裝 Notary 元件，則這裡必須將 Harbor 的網路存取協定設定為 HTTPS。設定 HTTPS 時需要提供 SSL/TLS 憑證，並將憑證和私密金鑰檔案的本機位址設定給 certificate 和 private_key 選項。

- port：網路通訊埠編號，預設是 443。
- certificate：SSL/TLS 憑證檔案的本機檔案位置。
- private_key：私密金鑰檔案的本機檔案位置。

如果需要將網路通訊協定更改為 HTTP，則需要註釋起來設定檔中的 HTTPS 設定部分：

```
# https:
#   # https port for harbor, default is 443
#   port: 443
#   # The path of cert and key files for nginx
#   certificate: /your/certificate/path
#   private_key: /your/private/key/path
```

3. internal_tls

設定 Harbor 各個模組之間的 TLS 通訊。在預設狀態下，Harbor 的各個元件（harbor-core、harbor-jobservice、proxy、harbor-portal、registry、registryctl、trivy_adapter、clair_adapter、chartmuseum）之間的通訊都基於 HTTP。但為了安全，在生產環境下推薦開啟 TLS 通訊。如果需要開啟 TLS 通訊，則需要去掉設定檔的註釋部分：

```
internal_tls:
  # set enabled to true means internal tls is enabled
  enabled: true
  # put your cert and key files on dir
  dir: /etc/harbor/tls/internal
```

其中：enabled 表明 TLS 的開啟狀態；dir 儲存各元件憑證和私密金鑰的本機檔案路徑。

Harbor 提供憑證自動產生工具，指令如下：

```
$ docker run -v /:/hostfs goharbor/prepare:v2.0.0 gencert -p /path/to/
internal/tls/cert
```

其中："-p" 指定本機儲存憑證的目錄，建議與 dir 的設定保持一致，如果不一致，則需要手動複製產生的檔案到 dir 設定目錄下。

在預設情況下，憑證自動產生工具會產生 CA，檔案被以此 CA 產生元件為基礎的憑證。

如果需要使用自持的 CA 產生元件憑證，則可將自持 CA 和私密金鑰分別命名為 harbor_internal_ca.crt 和 harbor_internal_ca.key 並放在 dir 設定項目對應的目錄下，然後執行如上指令產生其他元件的憑證和私密金鑰。

如果不使用憑證自動產生工具，則需要提供自持 CA 和私密金鑰，分別命名為 harbor_internal_ca.crt 和 harbor_internal_ca.key 並放在 dir 設定項目對應的目錄下。同時在該目錄下提供各個元件的憑證和私密金鑰。注意：所有元件憑證都必須由自持 CA 簽發，憑證的檔案命名和通用名（Common Name，CN）屬性需要按照表 3-3 指定。

表 3-3

名　稱	描　述	通用名（CN）
harbor_internal_ca.key	CA 的私密金鑰	不需要
harbor_internal_ca.crt	CA 的憑證	不需要
core.key	Core 元件的私密金鑰	不需要
core.crt	Core 元件的憑證	core
jobservice.key	JobService 元件的私密金鑰	不需要
jobservice.crt	JobService 元件的憑證	jobservice
proxy.key	Proxy 元件的私密金鑰	不需要
proxy.crt	Proxy 元件的憑證	proxy
portal.key	Portal 元件的私密金鑰	不需要
portal.crt	Portal 元件的憑證	portal
registry.key	Registry 元件的私密金鑰	不需要

名　稱	描　述	通用名（CN）
registry.crt	Registry 元件的憑證	registry
registryctl.key	Registryctl 元件的私密金鑰	不需要
registryctl.crt	Registryctl 元件的憑證	registryctl
notary_server.key	Notary Server 元件的私密金鑰	不需要
notary_server.crt	Notary Server 元件的憑證	notary-server
notary_signer.key	Notary Signer 元件的私密金鑰	不需要
notary_signer.crt	Notary Signer 元件的憑證	notary-signer
trivy_adapter.key	Trivy Adapter 元件的私密金鑰	不需要
trivy_apapter.crt	Trivy Adapter 元件的憑證	trivy-adapter
clair.key	Clair 元件的私密金鑰	不需要
clair.crt	Clair 元件的憑證	clair
clair_adpater.key	Clair Adapter 元件的私密金鑰	不需要
clair_adatper.crt	Clair Adapter 元件的憑證	clair-adatper
chartmuseum.key	ChartMuseum 元件的私密金鑰	不需要
chartmuseum.crt	ChartMuseum 元件的憑證	chartmuseum

4. harbor_admin_password

設定 Harbor 的管理員密碼的預設值為 Harbor12345，建議在安裝前更改此項。此項用於管理員登入 Harbor，僅在第一次啟動前有效，啟動後更改將不起作用。如果後續需要更改管理員密碼，則可以登入 Harbor 介面進行更改。

5. database

設定 Harbor 內建的資料庫。

- password：資料庫管理員密碼，預設值為 root123，用於管理員登入資料庫。建議在安裝前修改此項。
- max_idle_conns：Harbor 元件連接資料庫的最大空閒連接數。
- max_open_conns：Harbor 元件連接資料庫的最大連接數，將其設定為小於 0 的整數時，連接數無限制。

6. data_volume

設定 Harbor 的本機資料儲存，其預設位址為 "/data" 目錄，該目錄儲存的資料包含 Artifact 檔案、資料庫資料及快取資料等。

7. storage_service

設定外接儲存。Harbor 預設使用本機存放區，如果需要使用外部儲存，則需要去掉註釋部分。

- ca_bundle：指明 CA 的儲存路徑。Harbor 將該路徑下的檔案植入除 log、database、redis 和 notary 外的所有容器的 trust store 中。
- 外接儲存類型：包含 filesystem、azure、gcs、s3、swift 和 oss。預設值為 filesystem。

在設定外部儲存時需要指明儲存類型，如表 3-4 所示，只能任選其中一種。若指明多種儲存類型，Harbor 就會啟動錯誤。

表 3-4

儲存類型	描　述
filesystem	使用本機存放區。 Maxthreads 指儲存允許平行處理檔案區塊操作的最大值，預設值為 100，不能少於 25
Azure	使用微軟 Azure 儲存，詳細設定請參考 "github.com/docker/docker.github.io/blob/master/registry/storage-drivers/ azure.md" 目錄
Gcs	使用 Google 雲端儲存，詳細設定請參考下面的實例
S3	使用 Amazon S3 及 S3 相容儲存，詳細設定請參考 "github.com/docker/docker.github.io/blob/master/registry /storage-drivers/s3.md" 目錄
Swift	使用 Openstack Swift 物件儲存，詳細設定請參考 "github.com/docker/docker.github.io/blob/master/registry/ storage-drivers/swift.md" 目錄
Oss	使用 Aliyun OSS 物件儲存，詳細設定請參考 "github.com/docker/docker.github.io/tree/master/registry/ storage-drivers/oss.md" 目錄

使用 Google 雲端儲存的範例如下：

```
storage_service:
```

```
gcs：
  bucket: example
  keyfile：/harbor/gcs/gcs_keyfile
  rootdirectory: harbor/example
  chunksize: 524880
```

其中的屬性如表 3-5 所示。

表 3-5

屬 性	必 填 項	描 述
bucket	是	Google 雲端儲存的 "bucket" 名稱，需要預先建立
Keyfile	否	Google 雲端儲存的服務帳號金鑰檔案，為 json 格式
Rootdirectory	否	儲存 Artifact 檔案的根目錄名稱，需要預先建立
Chunksize	否（預設值為 524880）	用來指明大檔案上傳的區塊大小，需要是 256×1014 的倍數

8. clair

設定映像檔掃描工具 Clair。Updaters_interval 指 Clair 抓取 CVE 資料的時間間隔，單位為小時。將其設定為 0 時關閉資料抓取。為確保漏洞資料即時更新，不建議關閉資料抓取。

9. trivy

設定映像檔掃描工具 Trivy。

- ignore_unfixed：是否忽略無修復的漏洞，預設值為 false。開啟此項後，在漏洞的掃描結果中只列出有修復的漏洞。
- skip_update：是否關閉 Trivy 從 GitHub 資料來源下載資料的功能，預設值為 false。如果開啟此項，則需要手動下載 Trivy 資料，將其路徑對映到 Trivy 容器內的 "/home/scanner/.cache/trivy/db/trivy.db" 路徑下。在使用 Harbor 整合 CI/CD 的情況下，為避免 GitHub 的下載限制，可開啟此項。
- insecure：是否忽略 Registry 憑證驗證，預設值為 false。當設定為 true 時，Trivy 從 Core 元件拉取映像檔時不會驗證 Core 元件的憑證。
- github_token：Trivy 從資料來源 GitHub 下載資料的存取 Token。GitHub 對

於匿名下載的限制是每小時 60 個請求，大部分的情況下可能無法滿足生產使用，透過設定該項，GitHub 的下載限制可以提升至每小時 5000 個請求。建議在產生環境下設定該項。關於如何產生 GitHub Token，請參考官方文件中的 "help.github.com/en/ github/authenticating-to-github/creating-a-personal-access-token-for-the-command-line" 目錄。

10.jobservice

設定功能元件 jobservice。Max_job_workers 為最大 job 的執行單元數，預設值為 10。

11.notification

設定事件通知。Webhook_job_max_retry 為事件通知失敗的最大重試次數，預設值為 10。

12.chart

設定 ChartMuseum 元件。Absolute_url 指使用 ChartMuseum 元件時，用戶端取得到的 Chart 的 index.yaml 中包含的 URL 是否為絕對路徑。在不設定該項時，ChartMuseum 元件會傳回相對路徑。

13.log

設定記錄檔。

- level：記錄檔等級，支援 Debug、Error、Warning 和 Info，預設值為 Info。
- local：本機記錄檔設定。
    - rotate_count：記錄檔在刪除前的最大輪換次數。將其設定為 0 時將不啟用輪換。預設值為 50。
    - rotate_size：記錄檔輪轉值。在記錄檔大小超過設定的值後，記錄檔將被輪轉。預設值為 200 MB。
    - location：記錄檔的本機存放區路徑。
- external_endpoint：外接 syslog 記錄檔設定，如要開啟，則需要將註釋去掉。

- protocol：外接記錄檔的傳輸協定，支援 UDP 和 TCP，預設值為 TCP。
- host：外接記錄檔服務的網路位址。
- port：外接記錄檔服務的網路通訊埠。

14.external_database

外接資料庫設定。如要開啟，則需要將註釋去掉。另外，使用者必須手動建立 Harbor 所需的空資料庫，詳細資訊可參考 Harbor 高可用方案。注意：Harbor 2.0.0 僅支援 PostgreSQL 資料庫。

- harbor：Harbor 的資料庫設定。
  - host：資料庫的網路位址。
  - port：資料庫的通訊埠編號。
  - db_name：資料庫的名稱。
  - username：資料庫管理員的使用者名稱。
  - password：資料庫管理員的密碼。
  - ssl_mode：安全模式。
  - max_idle_conns：Harbor 元件連接資料庫的最大空閒連接數。
  - max_open_conns：Harbor 元件連接資料庫的最大連接數，將其設定為小於 0 的整數時，連接數無限制。
- clair：Clair 的資料庫設定。
  - host：資料庫的網路位址。
  - port：資料庫的通訊埠編號。
  - db_name：資料庫的名稱。
  - username：資料庫管理員的使用者名稱。
  - password：資料庫管理員的密碼。
  - ssl_mode：安全模式。
- notarysigner：Notary Signer 的資料庫設定。
  - host：資料庫的網路位址。
  - port：資料庫的通訊埠編號。
  - db_name：資料庫的名稱。
  - username：資料庫管理員的使用者名稱。

- password：資料庫管理員的密碼。
- ssl_mode：安全模式。

■ notaryserver：Notary Server 的資料庫設定。

- host：資料庫的網路位址。
- port：資料庫的通訊埠編號。
- db_name：資料庫的名稱。
- username：資料庫管理員的使用者名稱。
- password：資料庫管理員的密碼。
- ssl_mode：安全模式。

15.external_redis

外接 Redis 設定。如要開啟，則需要將註釋去掉。注意：資料索引值不可以被設定為 0，因為其被 Harbor Core 元件獨佔使用。

- host：外接 Redis 的網路位址。
- port：外接 Redis 的網路通訊埠。
- password：外接 Redis 的存取密碼。
- registry_db_index：Registry 元件的資料索引值。
- jobservice_db_index：JobService 元件的資料索引值。
- chartmuseum_db_index：ChartMuseum 元件的資料索引值。
- clair_db_index：Clair 元件的資料索引值。
- trivy_db_index：Trivy 元件的資料索引值。
- idle_timeout_seconds：空閒連接逾時，設定為 0 時，空閒連接將不會被關閉。

16.uaa

設定 UAA。Ca_file 為 UAA 伺服器自簽章憑證的路徑。

17.proxy

設定反向代理。Harbor 在內網環境下執行時期，可使用反向代理存取外網。注意：代理設定不影響 Harbor 各個元件之間的通訊。

- proxy：網路代理服務位址。其中，http_proxy 指 HTTP 的網路代理服務位址；https_proxy 指 HTTPS 的網路代理服務位址。
- no_proxy：不使用網路代理服務的域名。Harbor 各元件的服務名稱會自動增加 no_proxy 規則，所以使用者只需設定自己的服務，例如大部分的情況下，使用者需要從同處於內部網路環境下的另一個 Registry 節點中同步 Artifact 時，無須使用代理服務。這裡將這個 Registry 節點的網路位址設定到該項即可。
- components：預設情況下，代理服務設定應用在元件 Core、JobService、Clair、Trivy 的網路中存取。如果想關閉任何一個元件的代理服務，則將該元件從列表中移除。注意：如需為 Artifact 複製功能應用網路代理，那麼 core 和 jobservcie 必須出現在列表中。

3.1.2 離線安裝

首先，取得 Harbor 的離線安裝套件，可從專案的官方發佈網站 GitHub 取得，取得目錄為 github.com/goharbor/harbor/releases，如圖 3-1所示。注意：RC 或 Pre-release 版本並不適用於生產環境，僅適用於測試環境。

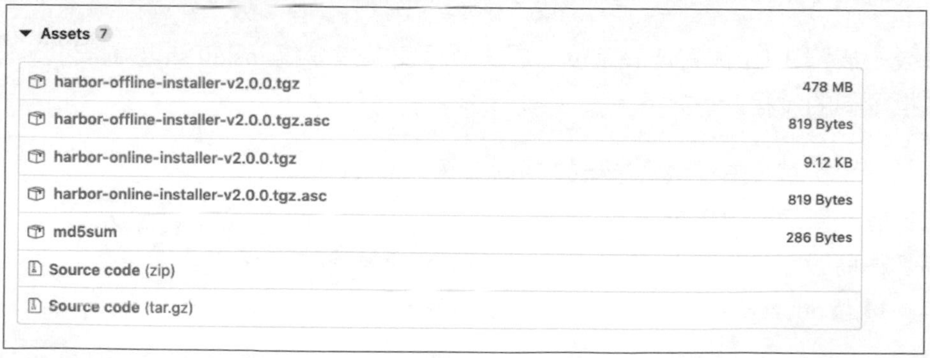

Assets 7	
harbor-offline-installer-v2.0.0.tgz	478 MB
harbor-offline-installer-v2.0.0.tgz.asc	819 Bytes
harbor-online-installer-v2.0.0.tgz	9.12 KB
harbor-online-installer-v2.0.0.tgz.asc	819 Bytes
md5sum	286 Bytes
Source code (zip)	
Source code (tar.gz)	

圖 3-1

在 Harbor 的發佈頁面上提供了離線和線上安裝檔案。

- harbor-offline-installer-v2.0.0.tgz：為離線安裝套件，包含了 Harbor 預置的所有映像檔檔案、設定檔等。

■ harbor-offline-installer-v2.0.0.tgz.asc：為離線安裝套件的簽名檔，使用者透過它可以驗證離線安裝套件是否被官方簽名和驗證。

■ md5sum：包含上述兩個檔案的 md5 值，使用者透過它可以驗證下載檔案的正確性。

然後，選擇對應的版本，下載並解壓離線安裝套件：

```
$ curl https://github.com/goharbor/harbor/releases/download/v2.0.0/harbor-offline-installer-v2.0.0.tgz
$ tar -zvxf ./harbor-offline-installer-v2.0.0.tgz
```

解壓離線安裝套件，可以看到在 harbor 資料夾下有以下檔案。

■ LICENSE：許可檔案。

■ common.sh：安裝指令稿的工具指令稿。

■ harbor.v2.0.0.tar.gz：各個功能元件的映像檔檔案壓縮套件。

■ harbor.yml.tmpl：設定檔的範本，在設定好後需要將此檔案的副檔名 "tmpl" 去掉或複製產生新的檔案 harbor.yml。

■ install.sh：安裝指令稿。

■ prepare：準備指令稿，將 harbor.yml 設定檔的內容植入各元件的設定檔中。

最後，按照 3.1.1 節完成設定後，透過執行安裝指令稿 install.sh 啟動安裝。安裝指令稿的流程大致如下。

（1）環境檢查，主要檢查本機的 Docker 及 docker-compose 版本。

（2）載入離線映像檔檔案。

（3）準備設定檔並產生 docker-compose.yml 檔案。

（4）透過 docker-compose 啟動 Harbor 的各元件容器。

安裝指令稿支援 Harbor 元件選裝，除核心元件外，其他功能元件均可透過參數指定。以下參數出現時安裝對應元件，否則不安裝。

■ --with-notary：選擇安裝映像檔簽名元件 Notary，其中包含 Notary Server 和 Notary Signer，如果指定安裝 Notary，則必須設定 Harbor 的網路通訊協定為 HTTPS。

■ --with-clair：選擇安裝映像檔掃描元件 Clair。
■ --with-trivy：選擇安裝映像檔掃描元件 Trivy。
■ --with-chartmuseum：選擇安裝 Chart 檔案管理元件 ChartMuseum。

安裝完成後，可透過瀏覽器登入管理主控台或 Docker 用戶端發送映像檔，驗證安裝是否成功。實際可參考 3.5 節。

3.1.3 線上安裝

不同於離線安裝，線上安裝需要安裝機器有存取 Docker Hub 的能力。因為機器在安裝過程中需要透過 Docker 取得 Harbor 在 Docker Hub 中預置好的映像檔檔案。

首先，取得 Harbor 線上安裝套件，可從專案的官方發佈網站 GitHub 取得，取得目錄為 "github.com/goharbor/harbor/releases"，如圖 3-2 所示。注意 RC 或 Pre-release 版本並不適用於生產環境，僅適用於測試環境。

▾ Assets 7

harbor-offline-installer-v2.0.0.tgz	478 MB
harbor-offline-installer-v2.0.0.tgz.asc	819 Bytes
harbor-online-installer-v2.0.0.tgz	9.12 KB
harbor-online-installer-v2.0.0.tgz.asc	819 Bytes
md5sum	286 Bytes
Source code (zip)	
Source code (tar.gz)	

圖 3-2

在 Harbor 的發佈頁面上提供了線上安裝檔案。

■ harbor-online-installer-v2.0.0.tgz：為線上安裝套件，包含預置的安裝指令稿、設定檔範本和許可檔案。
■ harbor-online-installer-v2.0.0.tgz.asc：為線上安裝套件的簽名檔，使用者透過它可以驗證線上安裝套件是否被官方簽名和驗證。

- md5sum：包含了上述兩個檔案的 md5 值，使用者透過它可以驗證下載檔案的正確性。

然後，選擇對應的版本，下載並解壓線上安裝套件：

```
  $ curl
https://github.com/goharbor/harbor/releases/download/v2.0.0/harbor-online-installer-v2.0.0.tgz
  $ tar -zvxf ./harbor-online-installer-v2.0.0.tgz
```

解壓線上安裝套件，可以看到以下檔案。

- LICENSE：許可檔案。
- common.sh：安裝指令稿的工具指令稿。
- harbor.yml.tmpl：設定檔的範本檔案。
- install.sh：安裝指令稿。
- prepare：準備指令稿，將設定檔的內容植入各元件的設定檔中。

執行安裝指令，參考 3.1.2 節。

3.1.4 原始程式安裝

Harbor 可以編譯成功 Go 原始程式並建置容器，最後完成 Harbor 的安裝。

本節基於 Harbor 2.0.0 原始程式來詳細說明安裝過程。在開始之前，請確保在本機安裝了 Docker 和 docker-compose，並有網路存取能力。

Harbor 的原始程式編譯和安裝流程大致如下。

（1）取得原始程式。
（2）修改原始程式設定檔。
（3）執行 "make" 指令。

為什麼要編譯原始程式呢？了解 "make" 指令編譯並建置 Harbor 的流程有助開發者基於現有程式進行延伸開發和偵錯。在大多數情況下，使用者不需要修改 Harbor 原始程式，使用線上、離線或 Helm 方式安裝即可。如果有自己特殊的業務邏輯，並且此業務邏輯沒有被社區接受和進入某個 Release，或需要訂制自己的管理頁面，就需要修改原始程式。而為了修改生效，需要編譯 Harbor 原始程式。

首先，下載原始程式。執行以下指令取得 Harbor 2.0.0 的原始程式：

```
$ git clone -b v2.0.0 https://github.com/goharbor/harbor.git
```

然後，參考 3.1.2 節修改原始程式設定檔。

接著，執行 "make" 指令。在原始程式的根目錄下執行 "make" 指令。"make" 指令包含以下子指令，本節基於 "install" 子指令說明如何基於 Go 原始程式安裝 Harbor。

- compile：透過 Go 映像檔編譯 Harbor 的各個功能元件原始程式，產生二進位檔案。
- build：以二進位檔案建置各元件映像檔。各功能元件的 Dockerfile 在 "./make/photon" 資料夾下。關於各個元件的建置流程，可參考該檔案的內容。
- prepare：以設定檔 harbor.yml 產生各個元件的設定資訊。
- install：原始程式安裝指令，包含 Compile、Build 和 Prepare，透過 docker-compose 啟動所有功能元件。
- package_online：產生 Harbor 線上安裝套件。
- package_offline：產生 Harbor 離線安裝套件。

"make install" 指令的大致執行流程：首先，透過 Go 映像檔編譯原始程式的二進位檔案，包含元件 core、registryctl 及 jobservice 等；然後，以二進位檔案和各元件的基礎映像檔建構元件映像檔；接著，解析設定檔，基於範本產生 docker-compose 檔案；最後，透過 docker-compose 啟動 Harbor。

"make install" 指令中的參數如下。

- CLAIRFLAG：預設值為 false。設定為 true 時，表明在原始程式編譯過程中會編譯並建置 Clair 映像檔，在啟動 Harbor 後映像檔掃描功能開啟。

- TRIVYFLAG：預設值為 false。設定為 true 時，表明在原始程式編譯過程中會編譯並建置 Trivy 映像檔，在啟動 Harbor 後映像檔掃描功能開啟。
- NOTARYFLAG：預設值為 false。設定為 true 時，表明在原始程式編譯過程中會編譯並建置 Notary Signer 和 Notary Server 映像檔，這樣在啟動 Harbor 後映像檔簽名功能開啟。這裡 harbor.yaml 的網路通訊協定需要被設定為 HTTPS。
- CHARTFLAG：預設值為 false。設定為 true 時，表明在原始程式編譯過程中會編譯並建置 ChartMuseum 映像檔，這樣在啟動 Harbor 後 Chart 倉庫功能開啟。
- NPM_REGISTRY：預設值為 NPM 官方的 Registry 位址。如果建置 Harbor portal 映像檔時無法存取 NPM 官方的 Registry 或使用者有特定需求，則可透過該參數設定。
- VERSIONTAG：預設值為 dev，指定建置各個元件映像檔的 Tag 名稱。
- PKGVERSIONTAG：預設值為 dev，指定線上或離線安裝套件命名中的版本資訊。

"make build" 指令會依據 Harbor 元件的映像檔檔案來建構元件映像檔。這裡以 core 元件為例，其映像檔檔案在 "./make/photon/core" 目錄下，其餘映像檔的建置流程大致相似，建置過程如下。

（1）建置以 Harbor 為基礎的基礎映像檔。為了確保同樣的程式可以編譯出同樣的映像檔，這裡使用了固定的基礎映像檔。其原因是，如果在每一次編譯過程中都建置基礎映像檔，則無法確保基礎映像檔的一致性，也就無法確保最後映像檔的一致性。建置基礎映像檔的方法可參考同目錄下的 Dockerfile.base 檔案：

```
ARG harbor_base_image_version
FROM goharbor/harbor-core-base:${harbor_base_image_version}
```

（2）複製編譯好的二進位檔案和對應的指令稿，並設定許可權和 entrypoint：

```
HEALTHCHECK CMD curl --fail -s http://127.0.0.1:8080/api/v2.0/ping || curl -k
--fail -s https://127.0.0.1:8443/api/v2.0/ping || exit 1
```

```
COPY ./make/photon/common/install_cert.sh /harbor/
COPY ./make/photon/core/entrypoint.sh /harbor/
COPY ./make/photon/core/harbor_core /harbor/
COPY ./src/core/views /harbor/views
COPY ./make/migrations /harbor/migrations
RUN chown -R harbor:harbor /etc/pki/tls/certs \
    && chown harbor:harbor /harbor/entrypoint.sh && chmod u+x /harbor/
entrypoint.sh \
    && chown harbor:harbor /harbor/install_cert.sh && chmod u+x /harbor/
install_cert.sh \
    && chown harbor:harbor /harbor/harbor_core && chmod u+x /harbor/
harbor_core
WORKDIR /harbor/
USER harbor
ENTRYPOINT ["/harbor/entrypoint.sh"]
COPY make/photon/prepare/versions /harbor/
```

> 注意：在 Harbor 元件中，除了 log 元件使用 root 使用者，其餘元件均為非 root 使用者。

（3）成功執行 "make install" 指令後，Harbor 安裝成功。執行 "docker ps" 指令檢查各個元件的狀態，如圖 3-3 所示。

```
CONTAINER ID    IMAGE                                   COMMAND                   CREATED          STATUS                    PORTS
                        NAMES
ef08c03e76c0    goharbor/nginx-photon:v2.0.0            "nginx -g 'daemon of…"    2 minutes ago    Up 2 minutes (healthy)    0.0.0.0:4443->4443/tcp, 0.0.0.0:8
0->8080/tcp, 0.0.0.0:443->8443/tcp   nginx
fb99fd0a6394    goharbor/harbor-jobservice:v2.0.0       "/harbor/entrypoint.…"    2 minutes ago    Up 2 minutes (healthy)
                        harbor-jobservice
e689c1a70e90    goharbor/clair-adapter-photon:v2.0.0    "/home/clair-adapter…"    3 minutes ago    Up 2 minutes (healthy)    8080/tcp
                        clair-adapter
7323a9c871aa    goharbor/harbor-core:v2.0.0             "/harbor/entrypoint.…"    3 minutes ago    Up 2 minutes (healthy)
                        harbor-core
d20a6bed488e    goharbor/notary-server-photon:v2.0.0    "/bin/sh -c 'migrate…"    3 minutes ago    Up 3 minutes
                        notary-server
4b182e094d25    goharbor/notary-signer-photon:v2.0.0    "/bin/sh -c 'migrate…"    3 minutes ago    Up 3 minutes
                        notary-signer
c7aa5275c450    goharbor/clair-photon:v2.0.0            "./docker-entrypoint…"    3 minutes ago    Up 3 minutes (healthy)    6060-6061/tcp
                        clair
a007a342ea6c    goharbor/harbor-portal:v2.0.0           "nginx -g 'daemon of…"    3 minutes ago    Up 3 minutes (healthy)    8080/tcp
                        harbor-portal
8cd5cd27d904    goharbor/registry-photon:v2.0.0         "/home/harbor/entryp…"    3 minutes ago    Up 3 minutes (healthy)    5000/tcp
                        registry
a21752846526    goharbor/harbor-registryctl:v2.0.0      "/home/harbor/start.…"    3 minutes ago    Up 3 minutes (healthy)
                        registryctl
c50a4cbf3814    goharbor/chartmuseum-photon:v2.0.0      "./docker-entrypoint…"    3 minutes ago    Up 3 minutes (healthy)    9999/tcp
                        chartmuseum
330ba681758d    goharbor/redis-photon:v2.0.0            "redis-server /etc/r…"    3 minutes ago    Up 3 minutes (healthy)    6379/tcp
                        redis
73894d4a2b0b    goharbor/harbor-db:v2.0.0               "/docker-entrypoint.…"    3 minutes ago    Up 3 minutes (healthy)    5432/tcp
                        harbor-db
602ad13955c3    goharbor/harbor-log:v2.0.0              "/bin/sh -c /usr/loc…"    3 minutes ago    Up 3 minutes (healthy)    127.0.0.1:1514->10514/tcp
                        harbor-log
```

圖 3-3

3.2 透過 Helm Chart 安裝 Harbor

3.1 節介紹了如何在單機環境下安裝 Harbor。當使用者希望在多節點環境或生產環境下執行 Harbor 時，可能需要在 Kubernetes 叢集上部署 Harbor。為此，Harbor 提供了 Helm Chart 來幫助使用者在 Kubernetes 上部署 Harbor。

本節介紹如何使用 Helm 將 Harbor 部署到 Kubernetes 叢集。

在基於 Helm 安裝 Harbor Chart 到 Kubernetes 之前，需要安裝機器滿足如表 3-6 所示的需求。

表 3-6

軟 體	版 本	描 述
Kubernetes	Version 1.10 或更高	請參考官方安裝文件
Helm	Version 2.8.0 或更高	請參考官方安裝文件

3.2.1 取得 Helm Chart

在安裝前需要執行以下指令增加 Helm Chart 倉庫：

```
helm repo add harbor https://helm.goharbor.io
```

我們可以從 Harbor 的 Helm Chart 專案的官方發佈網站 GitHub 上檢視 Release，目錄為 "github.com/goharbor/harbor-helm/releases"，如圖 3-4 所示。注意：這裡不推薦使用者從 GitHub 上直接下載 Release，推薦執行指令透過 Helm 下載。

圖 3-4

3.2.2 設定 Helm Chart

本節詳細說明如何設定 Helm Chart。以下介紹的各項設定可在安裝過程中透過 "--set" 指令指定，也可透過編輯 values.yaml 檔案指定。

若希望少量修改 Helm Chart 的設定完成安裝，則可特別注意以下 3 項設定。

1. 設定服務的曝露方式

Harbor Helm-Chart 支 援 Ingress、ClusterIP、NodePort 及 LoadBalancer 等幾種存取曝露（expose）方式。在 Kubernetes 叢集中使用 Harbor 時可選擇 ClusterIP。如果需要在 Kubernetes 叢集外提供 Harbor 服務，則可選擇使用 Ingress、NodePort 或 LoadBalancer。

存取方式可透過設定 expose.type 的值來實現。

- Ingress：Kubernetes 叢集需要安裝 Ingress controller。注意：如果沒有開啟 TLS，則在發送或拉取映像檔時，在指令中需要增加通訊埠編號。實際原因可參考 "github.com/goharbor/harbor/issues/5291" 頁面。
- ClusterIP：透過叢集的內部 IP 曝露 Harbor。該值可支援在 Kubernetes 叢集內部使用 Harbor 的場景。
- NodePort：透過叢集中每個 Node 的 IP 和靜態通訊埠曝露 Harbor。當從叢集外部存取時，透過請求 NodeIP:NodePort 可以存取一個 NodePort 服務。
- LoadBalancer：使用雲端提供商的負載平衡器，可以對外曝露 Harbor。

2. 設定外部位址

外部位址是用戶端存取 Harbor 的位址，也是 Harbor 的管理頁面顯示完整的 "docker"、"helm" 指令用到的位址；在 Docker、Helm 用戶端互動中曝露完整的 Token 服務位址。

外部位址可透過設定 externalURL 的值來實現，格式為 "protocol://domain[:port]"。在不同的存取方式下，對 domain 有不同的要求。

- Ingress：當存取方式為 Ingress 時，應將 domain 設定為 expose.ingress.hosts.core 的值。
- ClusterIP：當存取方式為 ClusterIP 時，應將 domain 設定為 expose.clusterIP.name 的值。
- NodePort：當存取方式為 NodePort 時，應將 domain 設定為 Kubernetes node 的 IP 位址 :Port 通訊埠編號。
- LoadBalancer：當存取方式為 LoadBalancer 時，應將 domain 設定為使用者自訂的域名。並增加 DNS 的 CNAME 記錄對映該域名為使用者從雲端提供商處獲得的域名。

此外，如果 Harbor 被部署在負載平衡器或反向代理後面，則需要將外部位址設定為負載平衡器或反向代理的造訪網址。

3. 設定資料持久化

Harbor Helm Chart 支援以下幾種儲存方式。

- Disable：關閉持久化資料。在使用過程中產生的資料會隨著 Pod 的消毀而消毀。在生產環境下不建議使用者關閉持久化資料。
- Persistent Volume Claim：在部署 Kubernetes 叢集時需要一個預設的 StorageClass，該 StorageClass 將被用於動態地為沒有設定 storage class 的 PersistentVolumeClaims 設定儲存。如果需要使用非預設的 StorageClass，則要在對應的元件設定下指定 storageClass。如果需要使用已有的持久卷冊，則要在對應的元件設定下指定 existingClaim。
- External Storage：外部儲存僅支援儲存映像檔和 Chart 檔案。外部儲存支援的類型包含 azure、gsc、s3、swift 及 oss。

下面分別介紹其中各項的詳細設定。

- 服務曝露方式的設定如表 3-7 所示。

表 3-7

參　數	描　述	預設值
expose.type	Helm-Chart 支援 Ingress、ClusterIP、NodePort 及 LoadBalancer 服務曝露方式	ingress
expose.tls.enable	是否開啟 TLS	true（開啟）
expose.ingress.controller	Ingress 控制器類型。目前版本可以支援 default、gce 及 ncp	default
expose.tls.secretName	使用者自持 TLS 憑證的 secret 名稱	
expose.tls.notarySecretName	在預設情況下，Notary 服務會使用與 expose.tls.secretName 相同的憑證和私密金鑰。當使用者需要指定單獨的憑證和私密金鑰時，需要設定此項。 注意：此項僅在 expose.type 為 Ingress 時有效	
expose.tls.commonName	此項用於產生憑證。 當 expose.type 被設定為 clusterIP 或 nodePort，並且 expose.tls.secretName 為空時，此項為必填項	
expose.ingress.hosts.core	Harbor Core 服務在 Ingress 規則中的主機名稱	core.harbor.domain
expose.ingress.hosts.notary	Harbor Notary 服務在 Ingress 規則中的主機名稱	notary.harbor.domain
expose.ingress.annotations	Ingress 所使用的註釋	
expose.clusterIP.name	ClusterIP 服務的名稱	harbor
expose.clusterIP.ports.httpPort	服務被設定為 HTTP 時，Harbor 監聽的通訊埠編號	80
expose.clusterIP.ports.httpsPort	服務被設定為 HTTPS 時，Harbor 監聽的通訊埠編號	443
expose.clusterIP.ports.notaryPort	Harbor Notary 服務監聽的通訊埠編號。此項僅當 notary.enabled 被設定為 true 時有效	4443

參　數	描　述	預設值
expose.nodePort.name	NodePort 服務的名稱	harbor
expose.nodePort.ports.http.port	服務被設定為 HTTP 時，Harbor 監聽的 Service 通訊埠編號	80
expose.nodePort.ports.http.nodePort	服務被設定為 HTTP 時，Harbor 監聽的 Node 通訊埠編號	30002
expose.nodePort.ports.https.port	服務被設定為 HTTPS 時，Harbor 監聽的 Service 通訊埠編號	443
expose.nodePort.ports.https.nodePort	服務被設定為 HTTPS 時，Harbor 監聽的 node 通訊埠編號	30003
expose.nodePort.ports.notary.port	服務被設定為 HTTPS 時，Notary 監聽的 Service 通訊埠編號。 此項僅當 notary.enabled 被設定為 true 時有效	4443
expose.nodePort.ports.notary.nodePort	服務被設定為 HTTPS 時，Notary 監聽的 node 通訊埠編號	30004
expose.loadBalancer.name	LoadBalancer 服務的名稱	harbor
expose.loadBalancer.IP	LoadBalancer 服務的 IP 位址。 此項設定僅當 LoadBalancer 支援分配 IP 時有效	""
expose.loadBalancer.ports.httpPort	服務被設定為 HTTP 時，Harbor 監聽的 Service 通訊埠編號	80
expose.loadBalancer.ports.httpsPort	服務被設定為 HTTPS 時，Harbor 監聽的 Node 通訊埠編號	30002
expose.loadBalancer.ports.notaryPort	服務被設定為 HTTPS 時，Notary 監聽的 Service 通訊埠編號。 此項僅當 notary.enabled 被設定為 true 時有效	4443
expose.loadBalancer.annotations	LoadBalancer 使用的註釋	{}
expose.loadBalancer.sourceRanges	分配給 loadBalancer 的來源 IP 位址的範圍	[]

■ TLS 的設定如表 3-8 所示。

表 3-8

參　數	描　述	預設值
internalTLS.enabled	開啟元件間的 TLS 通訊，包含 chartmuseum、clair、core、jobservice、portal、registry 及 trivy	false
internalTLS.enabled	開啟元件間的 TLS 通訊，包含 chartmuseum、clair、core、jobservice、portal、registry 及 trivy	false
internalTLS.certSource	當開啟 TLS 時，設定產生憑證的方法。備選方法有 auto、manual 及 secret	auto
internalTLS.trustCa	只有當 certSource 為 manual 時，授信的數位憑證認證機構（CA）才會生效。 所有內部元件的憑證都需要由此授信的數位憑證認證機構（CA）簽發	
internalTLS.core.secretName	Core 元件的 secret 名稱，只有當 certSource 為 secret 時，此項才會生效。 Secret 內容需要包含以下三項（對這三項的解釋下同）。 ● ca.crt：授信的數位憑證認證機構（CA），所有內部元件的憑證都需要由此授信的數位憑證認證機構（CA）簽發。 ● tls.crt：TLS 憑證檔案的內容。 ● tls.key：TLS 私密金鑰檔案的內容	
internalTLS.core.crt	Core 元件的 TLS 憑證檔案內容。只有當 certSource 為 manual 時，此項才會生效	
internalTLS.core.key	Core 元件的 TLS 私密金鑰檔案內容。只有當 certSource 為 manual 時，此項才會生效	
internalTLS.jobservice.secretName	JobService 元件的 secret 名稱，只有當 certSource 為 secret 時，此項才會生效。 Secret 內容需要包含 ca.crt、tls.crt、tls.key 三項	
internalTLS. jobservice.crt	JobService 元件的 TLS 憑證檔案內容。只有當 certSource 為 manual 時，此項才會生效	
internalTLS. jobservice.key	JobService 元件的 TLS 私密金鑰檔案內容。只有當 certSource 為 manual 時，此項才會生效	
internalTLS.registry.secretName	Registry 元件的 secret 名稱，只有當 certSource 為 secret 時，此項才會生效。 Secret 內容需要包含 ca.crt、tls.crt、tls.key 三項	

參　數	描　述	預設值
internalTLS.registry.crt	Registry 元件的 TLS 憑證檔案內容。只有當 certSource 為 manual 時，此項才會生效	
internalTLS.registry.key	Registry 元件的 TLS 私密金鑰檔案內容。只有當 certSource 為 manual 時，此項才會生效	
internalTLS.portal.secretName	Portal 元件的 secret 名稱，只有當 certSource 為 secret 時，此項才會生效。 Secret 內容需要包含 ca.crt、tls.crt、tls.key 三項	
internalTLS.portal.crt	Portal 元件的 TLS 憑證檔案內容。只有當 certSource 為 manual 時，此項才會生效	
internalTLS.portal.key	Portal 元件的 TLS 私密金鑰檔案內容。只有當 certSource 為 manual 時，此項才會生效	
internalTLS.chartmuseum.secretName	ChartMuseum 元件的 secret 名稱，只有當 certSource 為 secret 時，此項才會生效。 Secret 內容需要包含 ca.crt、tls.crt、tls.key 三項	
internalTLS.chartmuseum.crt	ChartMuseum 元件的 TLS 憑證檔案內容。只有當 certSource 為 manual 時，此項才會生效	
internalTLS.chartmuseum.key	ChartMuseum 元件的 TLS 私密金鑰檔案內容。只有當 certSource 為 manual 時，此項才會生效	
internalTLS.clair.secretName	Clair 元件的 secret 名稱，只有當 certSource 為 secret 時，此項才會生效。 Secret 內容需要包含 ca.crt、tls.crt、tls.key 三項	
internalTLS.clair.crt	Clair 元件的 TLS 憑證檔案內容。只有當 certSource 為 manual 時，此項才會生效	
internalTLS.clair.key	Clair 元件的 TLS 私密金鑰檔案內容。只有當 certSource 為 manual 時，此項才會生效	
internalTLS.trivy.secretName	Trivy 元件的 secret 名稱，只有當 certSource 為 secret 時，此項才會生效。 Secret 內容需要包含 ca.crt、tls.crt、tls.key 三項	
internalTLS.trivy.crt	Trivy 元件的 TLS 憑證檔案內容。只有當 certSource 為 manual 時，此項才會生效	
internalTLS.trivy.key	Trivy 元件的 TLS 私密金鑰檔案內容。只有當 certSource 為 manual 時，此項才會生效	

■ 儲存的設定如表 3-9 所示。

表 3-9

參　數	描　述	預設值
persistence.enabled	是否開啟資料持久化	true
persistence.resourcePolicy	為避免在執行 Helm delete 操作時持久卷冊被移除，此項需要被設定為 keep	keep
persistence.persistentVolumeClaim.registry.existingClaim	如果 Registry 元件使用了已經存在的持久卷冊，則請確認在綁定之前該持久卷冊已經手動建立成功。同時，如果該持久卷冊是和其他元件共用的，則請指定 sub path 項	
persistence.persistentVolumeClaim.registry.storageClass	指定為 Registry 分配卷冊時的 storageClass。如果未指定，則這裡會使用預設值。 如果需要關閉動態分配，則可將其值設定為 "-"	
persistence.persistentVolumeClaim.registry.subPath	Registry 持久卷冊使用的 sub path	
persistence.persistentVolumeClaim.registry.accessMode	Registry 持久卷冊使用的存取方式	
persistence.persistentVolumeClaim.registry.size	Registry 持久卷冊的大小	
persistence.persistentVolumeClaim.chartmuseum.existingClaim	如果 ChartMuseum 元件使用了已經存在的持久卷冊，則請確認在綁定之前該持久卷冊已經手動建立成功。同時，如果該持久卷冊是和其他元件共用的，則請指定 subPath 項	
persistence.persistentVolumeClaim.chartmuseum.storageClass	指定為 ChartMuseum 分配卷冊時的 storageClass。如果未指定，則這裡會使用預設值。 如果需要關閉動態分配，則可將其值設定為 "-"	
persistence.persistentVolumeClaim.chartmuseum.subPath	ChartMuseum 持久卷冊使用的 sub path	

參　數	描　述	預設值
persistence.persistentVolumeClaim.chartmuseum.accessMode	ChartMuseum 持久卷冊使用的存取方式	
persistence.persistentVolumeClaim.chartmuseum.size	ChartMuseum 持久卷冊的大小	
persistence.persistentVolumeClaim.jobservice.existingClaim	如果 JobService 元件使用了已經存在的持久卷冊，則請確認在綁定之前該持久卷冊已經手動建立成功。同時，如果該持久卷冊是和其他元件共用的，則請指定 subPath 項	
persistence.persistentVolumeClaim.jobservice.storageClass	指定為 JobService 分配卷冊時的 storageClass。如果未指定，則這裡會使用預設值。 如果需要關閉動態分配，則可將其值設定為 "-"	
persistence.persistentVolumeClaim.jobservice.subPath	JobService 持久卷冊使用的 sub Path	
persistence.persistentVolumeClaim.jobservice.accessMode	JobService 持久卷冊使用的存取方式	
persistence.persistentVolumeClaim.jobservice.size	JobService 持久卷冊的大小	
persistence.persistentVolumeClaim.database.storageClass		
persistence.persistentVolumeClaim.database.storageClass	指定為 Database 分配卷冊時的 storageClass。如果未指定，則這裡會使用預設值。 如果需要關閉動態分配，則可將其值設定為 "-"	
persistence.persistentVolumeClaim.database.subPath	Database 持久卷冊使用的 subPath	
persistence.persistentVolumeClaim.database.accessMode	Database 持久卷冊使用的存取方式	
persistence.persistentVolumeClaim.database.size	Database 持久卷冊的大小	

參　數	描　述	預設值
persistence.persistentVolumeClaim.redis.storageClass	指定為 Redis 分配卷冊時的 storageClass。如果未指定，則這裡會使用預設值。 如果需要關閉動態分配，則可將其值設定為 "-"	
persistence.persistentVolumeClaim.redis.subPath	Redis 持久卷冊使用的 subPath	
persistence.persistentVolumeClaim.redis.accessMode	Redis 持久卷冊使用的存取方式	
persistence.persistentVolumeClaim.redis.size	Redis 持久卷冊的大小	
persistence.imageChartStorage.disableredirect	是否關閉儲存重新導向。 如果儲存服務不支援重新導向，如 minio s3，則需要設定此項為 true。 關於重新導向的設定，則請參考 Distribution 官方文件	false
persistence.imageChartStorage.caBundleSecretName	如果儲存服務使用了自持憑證，則請設定此項。 此 secret 內容需包含 ca.crt 的鍵值，該鍵值內容將被植入 Registry 和 ChartMuseum 元件的 trust store 中	
persistence.imageChartStorage.type	Artifact 的儲存類型，包含 filesystem、azure、gcs、s3、swift 和 oss。 如果 Registry 和 ChartMuseum 元件需要使用持久卷冊，則此項需要被設定為 filesystem。 關於其他儲存類型設定，請參考 Distribution 官方文件	filesystem

■ 一般設定如表 3-10 所示。

表 3-10

參　數	描　述	預設值
externalURL	Harbor Core 元件的外部位址	https://core.harbor.domain
uaaSecretName	當使用自簽名外接 UAA 驗證服務時，設定該項為 Kubernetes 的 secret 名稱。 該 secret 需要包含一個 key：ca.crt，為自簽章憑證內容	
imagePullPolicy	映像檔拉取策略：IfNotPresent、Always	IfNotPresent
imagePullSecrets	拉取映像檔時使用的 imagePullSecrets 名稱	
updateStragety.type	JobService、Registry 及 ChartMuseum 持久卷冊的更新策略，包含 RollingUpdate 和 Recreate。 當持久卷冊不支援 RWM 時，需要將其設定成 Recreate	RollingUpdate
logLevel	Log 等級：debug、info、warning、error 及 fatal	info
harborAdminPassword	Harbor 管理員初始密碼。 建議部署後登入 Harbor 修改	Harbor12345
secretkey	此項是用於加密 Registry 密碼的 Key，需要是長度為 16 字元的字串。 使用者使用遠端複製功能時，建立 Registry endpoint 時需要輸入密碼。此設定項目是用來加密這個密碼的。 建議修改此項	not-a-secure-key
proxy.httpProxy	HTTP 代理伺服器的位址	
proxy.httpsProxy	HTTPS 代理伺服器的位址	
proxy.noProxy	無須經過代理伺服器的網路位址	127.0.0.1、localhost、.local、.internal
proxy.components	代理伺服器作用的元件清單	core、jobservice、clair

■ Nginx 的設定如表 3-11 所示。注意：如果存取方式是 Ingress，則無須設定 Nginx。

表 3-11

參　數	描　述	預設值
nginx.image.repository	Nginx 映像檔的 repository	goharbor/nginx-photon
nginx.image.tag	Nginx 映像檔的 Tag	v2.0.0
nginx.replicas	Nginx 的 Pod 備份個數	1
nginx.resources	分配給 Pod 的資源	Undefined
nginx.nodeSelector	分配 Pod 時使用的 Node 標籤	{}
nginx.tolerations	分配 Pod 時使用的 Node Tolerations	[]
nginx.affinity	Nginx Node/Pod 的 affinities	{}
nginx.podAnnotations	Nginx Pod 的 Annotations	{}

■ Portal 的設定如表 3-12 所示。

表 3-12

參　數	描　述	預設值
portal.image.repository	Portal 映像檔的 repository	goharbor/harbor-portal
portal.image.tag	Portal 映像檔的 Tag	v2.0.0
portal.replicas	Portal 的 Pod 備份個數	1
portal.resources	分配給 Pod 的資源	Undefined
portal.nodeSelector	分配 Pod 時使用的 Node 標籤	{}
portal.tolerations	分配 Pod 時使用的 Node Tolerations	[]
portal.affinity	Portal Node/Pod 的 affinities	{}
portal.podAnnotations	Portal Pod 的 Annotations	{}

■ Core 的設定如表 3-13 所示。

表 3-13

參　數	描　述	預設值
core.image.repository	Core 映像檔的 repository	goharbor/harbor-core
core.image.tag	Core 映像檔的 tag	v2.0.0
core.replicas	Core 的 Pod 備份個數	1

參　數	描　述	預設值
core.livenessProbe. initialDelaySeconds	在 Core 容器啟動後等待多少秒，就緒探測器被初始化	300，最小值是 0
core.resources	分配給 Pod 的資源	Undefined
core.nodeSelector	分配 Pod 時使用的 Node 標籤	{}
core.tolerations	分配 Pod 時使用的 Node Tolerations	[]
core.affinity	Core Node/Pod 的 affinities	{}
core.podAnnotations	Core Pod 的 Annotations	{}
core.secrect	Core 元件和其他元件通訊時使用的 secret。如果不設定此項，Helm 會隨機產生一個字串。 secret 需要是一個長度為 16 字元的字串	
core.secretName	當使用者需要用自持 TLS 憑證和私密金鑰，來加密或解密 Registry 的 bear token 及機器人帳號的 JWT token 時，設定該項為 Kubernetes 的 secret 名稱。 該 secret 需要包含以下 key。 ● tls.crt：TLS 憑證。 ● tls.key：TLS 私密金鑰。 如果不填該項，則 Harbor 會使用預設的憑證和私密金鑰	
core.xsrfKey	XSRF key。此設定用於 Harbor 防止跨站攻擊，產生 CSRF token 的 key。需要是一個長度為 32 字元的字串。 如果未設定此項，則 Harbor 會自動產生一個隨機值	

- JobService 的設定如表 3-14 所示。

表 3-14

參　數	描　述	預設值
jobservice.image.repository	JobService 映像檔的 repository	goharbor/harbor-jobservice
jobservice.image.tag	JobService 映像檔的 Tag	v2.0.0
jobservice.replicas	JobService 的 Pod 備份個數	1
jobservice.maxJobWorkers	JobsService 的最大執行單元	10

參　數	描　述	預設值
jobservice.jobLogger	JobService 的 logger：file、database 或 stdout	file
jobservice.resources	分配給 Pod 的資源	Undefined
jobservice.nodeSelector	分配 Pod 時使用的 Node 標籤	{}
jobservice.tolerations	分配 Pod 時使用的 Node Tolerations	[]
jobservice.affinity	JobService Node 或 Pod 的 affinities	{}
jobservice.podAnnotations	JobService Pod 的 Annotations	{}
jobservice.secrect	JobService 元件和其他元件通訊時使用的 secret。如果不設定此項，則 Helm 會隨機產生一個字串。 secret 需要是一個長度為 16 字元的字串	

- Registry 的設定如表 3-15 所示。

表 3-15

參　數	描　述	預設值
registry.registry.image.repository	Registry 映像檔的 repository	goharbor/registry-photon
registry.registry.image.tag	Registry 映像檔的 Tag	v2.0.0
registry.registry.resources	分配給 Pod 的資源	Undefined
registry.controller.image.repository	Registry Controller 映像檔的 repository	goharbor/harbor-registryctl
registry.controller.image.tag	Registry Controller 映像檔的 Tag	dev
registry.controller.resources	Registry Controller 映像檔的 repository	Undefined
registry.replicas	Registry 的 Pod 備份個數	1
registry.nodeSelector	分配 Pod 時使用的 Node 標籤	{}
registry.tolerations	分配 Pod 時使用的 Node Tolerations	[]
registry.affinity	Registry Node 或 Pod 的 affinities	{}
registry.middleware	中介軟體可以用來支援後台儲存和 docker pull 接收方之間的 CDN。 關於中介軟體的實際設定，請參考 Distribution 官方文件	{}
registry.podAnnotations	Registry Pod 的 Annotations	{}

參 數	描 述	預設值
registry.secrect	Registry 元件和其他元件通訊時使用的 secret。如果不設定此項，則 Helm 會隨機產生一個字串。 secret 需要是一個長度為 16 字元的字串 實際請參考 Distribution 官方文件	
registry.credentials.username	當 Registry 被設定成 htpasswd 認證模式時，存取 Registry 的使用者名稱。 實際請參考 Distribution 官方文件	harbor_registry_user
registry.credentials.password	當 Registry 被設定成 htpasswd 認證模式時，存取 Registry 的密碼。 實際請參考 Distribution 官方文件	harbor_registry_password
registry.credentials.htpasswd	以上述兩項認證為基礎的使用者名稱和密碼產生的 htpasswd 檔案的內容。 由於 Helm 在範本檔案中不支援 bcrypt，所以如果需要更新該項的值，則使用以下指令產生： htpasswd -nbBC10 $username $password 實際請參考 Distribution 官方文件	harbor_registry_user:$2y$10$9L4Tc0DJbFFMB6RdSCunrOpTHdwhid4ktBJmLD00bYgqkkGOvll3m

- ChartMuseum 的設定如表 3-16 所示。

表 3-16

參 數	描 述	預設值
chartmuseum.enabled	是否開啟 ChartMuseum 元件	true
chartmuseum.absoluteUrl	是否開啟 ChartMuseum 傳回絕對路徑。 其預設值為 false，ChartMuseum 傳回相對路徑	false
chartmuseum.image.repository	ChartMuseum 映像檔的 repository	goharbor/chartmuseum-photon
chartmuseum.image.tag	ChartMuseum 映像檔的 Tag	v2.0.0
chartmuseum.replicas	ChartMuseum 的 Pod 備份個數	1
chartmuseum.resources	分配給 Pod 的資源	Undefined

參　數	描　述	預設值
chartmuseum.nodeSelector	分配 Pod 時使用的 Node 標籤	{}
chartmuseum.tolerations	分配 Pod 時使用的 Node Tolerations	[]
chartmuseum.affinity	ChartMuseum Node 或 Pod 的 affinities	{}
chartmuseum.podAnnotations	ChartMuseum Pod 的 Annotations	{}

■ Clair 的設定如表 3-17 所示。

表 3-17

參　數	描　述	預設值
clair.enabled	是否開啟 Clair 元件	true
clair.clair.image.repository	Clair 映像檔的 repository	goharbor/ clair-photon
clair.clair.image.tag	Clair 映像檔的 Tag	v2.0.0
clair.clair.resources	分配給 Pod 的資源	Undefined
clair.adapter.image.repository	Clair adapter 映像檔的 repository	goharbor/ clair-adapter-photon
clair.adapter.image.tag	Clair adapter 映像檔的 Tag	dev
clair.adapter.resources	分配給 Pod 的資源	Undefined
clair.replicas	Clair 的 Pod 備份個數	1
clair.updatersInterval	Clair updater 抓取漏洞資料的時間間隔。其單位是小時，如果需要關閉資料抓取，則將其設定為 0	
clair.nodeSelector	分配 Pod 時使用的 Node 標籤	{}
clair.tolerations	分配 Pod 時使用的 Node Tolerations	[]
clair.affinity	Clair Node 或 Pod 的 affinities	{}
clair.podAnnotations	Clair Pod 的 Annotations	{}

■ Trivy 的設定如表 3-18 所示。

表 3-18

參　數	描　述	預設值
trivy.enabled	是否開啟 Trivy 元件	true
trivy.image. repository	Trivy Adapter 映像檔的 repository	goharbor/ trivy-adapter-photon
trivy.image.tag	Trivy Adapter 映像檔的 Tag	v2.0.0
trivy.resources	分配給 Pod 的資源	Undefined
trivy.replicas	Trivy Adapter 的 Pod 備份個數	1
trivy.debugMode	是否開啟 Trivy 偵錯模式	false
trivy.vulnType	指定類型過濾漏洞列表，各個值之間使用逗點分隔。 備選值如下。 ● os：顯示系統安裝的軟體套件的漏洞。 ● library：顯示 Ruby、Python、PHP、Node.js、Rust 等程式的依賴套件的漏洞	os、library
trivy.sererity	指定嚴重等級過濾漏洞列表，各個值之間使用逗點分隔。 備選值如下。 ● UNKNOWN：未知等級。 ● LOW：低等級。 ● MEDIUM：中等級。 ● HIGH：高等級。 ● CRITICAL：危險等級	UNKNOWN、 LOW、MEDIUM、 HIGH、CRITICAL
trivy.ignoreUnfixed	是否只顯示有修復的漏洞	false
trivy.skipUpdate	是否關閉 Trivy 從 GitHub 下載漏洞資料的功能	false
trivy.githubToken	Trivy 從 GitHub 下載漏洞資料所使用的 Token。 建議在生產環境下設定此項。因為在預設情況下，GitHub 對非驗證使用者的請求頻率限制為每小時 60 次，而對驗證使用者的請求頻率限制為每小時 5000 次	

■ Notary 元件的設定如表 3-19 所示。

表 3-19

參　數	描　述	預設值
notary.server.image.repository	Notary Server 映像檔的 repository	goharbor/notary-server-photon
notary.server.image.tag	Notary Server 映像檔的 Tag	v2.0.0
notary.server.replicas	Notary Server 的 Pod 備份個數	1
notary.server.resources	分配給 Pod 的資源	Undefined
notary.signer.image.repository	Notary Signer 映像檔的 repository	goharbor/notary-signer-photon
notary.signer.image.tag	Notary Signer 映像檔的 Tag	dev
notary.signer.replicas	Notary Signer 的 Pod 備份個數	1
notary.signer.resources	分配給容器的資源	Undefined
notary.nodeSelector	分配 Pod 時使用的 Node 標籤	{}
notary.tolerations	分配 Pod 時使用的 Node Tolerations	[]
notary.affinity	Notary Node 或 Pod 的 affinities	{}
notary.podAnnotations	Notary Pod 的 Annotations	{}
notary.secretName	如果使用者需要用自持 TLS 憑證和私密金鑰來加密或解密 Notary 通訊，則設定該項為 Kubernetes 的 secret 名稱。 該 secret 需要包含以下 key。 ● tls.crt：TLS 憑證。 ● tls.key：TLS 私密金鑰。 如果不填該項，則 Harbor 會使用預設的憑證和私密金鑰	

■ Database 的設定如表 3-20 所示。

表 3-20

參　數	描　述	預設值
database.type	表明使用內建還是外接資料庫。 使用外接資料庫時，請將其設定為 external	internal

參　數	描　述	預設值
database.internal.image.repository	內建資料庫映像檔的 repository	goharbor/harbor-db
database.internal.image.tag	內建 Database 映像檔的 Tag	v2.0.0
database.internal.initContainerImage.repository	初始化映像檔的 repository，該映像檔用於設定資料庫目錄的許可權。 如無特殊需求，則可使用預設值	busybox
database.internal.initContainerImage.tag	初始化映像檔的 Tag	latest
database.internal.password	內建資料庫映像檔的密碼。 建議修改此項	changeit
database.internal.resources	分配給容器器的資源	Undefined
database.internal.nodeSelector	分配 Pod 時使用的 Node 標籤	{}
database.internal.tolerations	分配 Pod 時使用的 Node Tolerations	[]
database.internal.affinity	Database Node 或 Pod 的 affinities	{}
database.external.host	外接資料庫的網路位址	192.168.0.1
database.external.port	外接資料庫的通訊埠	5432
database.external.username	外接資料庫的使用者名稱	user
database.external.password	外接資料庫的密碼	password
database.external.coreDatabase	外接資料庫的 Core 資料庫的名稱	registry
database.external.clairDatabase	外接資料庫的 Clair 資料庫的名稱	clair
database.external.notaryServerDatabase	外接資料庫的 Notary Server 資料庫的名稱	notaryserver
database.external.nignerServerDatabase	外接資料庫的 Notary Signer 資料庫的名稱	notarysigner
database.external.sslmode	外接資料庫的連接模式： require verify-full verify-ca disable	disable
database.maxIdleConns	資料庫最大空閒連接數	50
database.maxOpenConns	Harbor 元件連接資料庫的最大連接數	100
database.podAnnotations	資料庫 Pod 的 Annotations	{}

■ Redis 的設定如表 3-21 所示。

表 3-21

參　數	描　述	預設值
redis.type	表明使用內建還是外接 Redis。當使用外接 Redis 時，請將其設定為 external	internal
redis.internal.image.repository	內建 Redis 映像檔的 repository	goharbor/redis-photon
redis.internal.image.tag	內建 Redis 映像檔的 Tag	v2.0.0
redis.internal.resources	分配給 Pod 的資源	Undefined
redis.internal.nodeSelector	分配 Pod 時使用的 Node 標籤	{}
redis.internal.tolerations	分配 Pod 時使用的 Node Tolerations	[]
redis.internal.affinity	Redis Node 或 Pod 的 affinities	{}
redis.external.host	外接 Redis 的網路位址	192.168.0.2
redis.external.port	外接 Redis 的通訊埠	6739
redis.external.password	外接 Redis 的密碼	password
redis.external.coreDatabaseIndex	外接 Redis 的 Core 元件資料庫索引號。注意：這裡不要修改此項，因為 0 號資料庫是 Core 元件獨佔的	0
redis.external.jobserviceDatabaseIndex	外接 Redis 的 JobService 元件資料庫索引號	1
redis.external.registryDatabaseIndex	外接 Redis 的 Registry 元件資料庫索引號	2
redis.external.chartmuseumDatabaseIndex	外接 Redis 的 ChartMuseum 元件資料庫索引號	3
redis.external.clairAdapterIndex	外接 Redis 的 Clair 元件資料庫索引號	4
redis.podAnnotations	Redis Pod 的 Annotations	{}

3.2.3 安裝 Helm Chart

在完成 Chart 的設定後，使用 Helm 安裝 Harbor Helm Chart，指令如下，其中 my-release 為部署名稱。

■ Helm 2：

```
$ helm install --name my-release harbor/harbor
```

■ Helm 3：

```
$ helm install my-release harbor/harbor
```

使用 Helm 移除 Harbor Helm Chart，指令如下，其中 my-release 為部署名稱。

■ Helm 2：

```
$ helm delete --purge my-release
```

■ Helm 3：

```
$ helm uninstall my-release
```

3.3 高可用方案

隨著 Harbor 被越來越多地部署在生產環境下，Harbor 的高可用性成為使用者關注的熱點。對於一些大中型企業使用者，如果只有單實例的 Harbor，則一旦發生故障，其從開發到發佈的管線就可能被迫停止，無法滿足高可用需求。

本節提供以 Harbor 為基礎的不同安裝套件的高可用方案，目標是移除單點故障，加強系統的高可用性。其中，以 Harbor Helm Chart 為基礎的高可用方案為官方驗證過的方案，基於多 Kubernetes 叢集和以離線安裝套件為基礎的高可用方案為參考方案。

3.3.1 以 Harbor Helm Chart 為基礎的高可用方案

Kubernetes 平台具有自愈（self-healing）能力，當容器當機或無回應時，可自動重新啟動容器，必要時可把容器從故障的節點排程到正常的節點。本方案透過 Helm 部署 Harbor Helm Chart 到 Kubernetes 叢集來實現高可用，確保每個 Harbor 元件都有多於一個備份執行在 Kubernetes 叢集中，當某個 Harbor 容器不可用時，Harbor 服務依然可正常使用。

1. 安裝Harbor的基本要求

在安裝 Harbor 之前，需要滿足如表 3-22 所示的基本要求。

表 3-22

軟　體	版　本	描　述
Kubernetes	1.10 或更新版本	請參考其官方安裝文件
Helm	2.8.0 或更新版本	請參考其官方安裝文件
高可用的 Ingress Controller	使用者可根據需求自行選擇	Harbor Helm Chart 並沒有包含此部分，使用者需要自行準備。 如果開啟 Internal TLS，則需要使用 Kubernetes 官方維護的 Nginx Ingress Controller，因為 Internal TLS 需要 intonation，而只有 Nginx Ingress Controller 可以識別載入 Internal TLS 的 intonation
高可用的 PostgreSQL 叢集	PostgreSQL 的版本為 9.6.14 或更高	Harbor Helm Chart 並沒有包含此部分，使用者需要自行準備
高可用的 Redis 叢集	使用者可根據需求自行選擇	Harbor Helm Chart 並沒有包含此部分，使用者需要自行準備
可共用的持久化儲存或外接儲存	使用者可根據需求自行選擇	Harbor Helm Chart 並沒有包含此部分，使用者需要自行準備

2. 高可用架構

為實現 Harbor 在 Kubernetes 叢集中的高可用，Harbor 的大部分元件都是無狀態元件。有狀態元件的狀態資訊被儲存在共用儲存而非記憶體中。這樣一來，在 Kubernetes 叢集中只需設定元件的備份個數，即可借助 Kubernetes 平台實現高可用。

- Kubernetes 平台透過協調排程（Reconciliation Loop）機制使 Harbor 各元件達到期望的備份數，進一步實現服務的高可用。
- PostgreSQL、Redis 叢集實現資料的高可用性、一致性和前端階段（session）的共用。
- 共用資料儲存實現 Artifact 資料的一致性。

關於儲存層，這裡推薦使用者使用高可用的 PostgreSQL 和 Redis 叢集儲存應用資訊，使用可持久化的儲存或高可用的物件儲存來儲存映像檔或 Chart 檔案，如圖 3-5 所示。

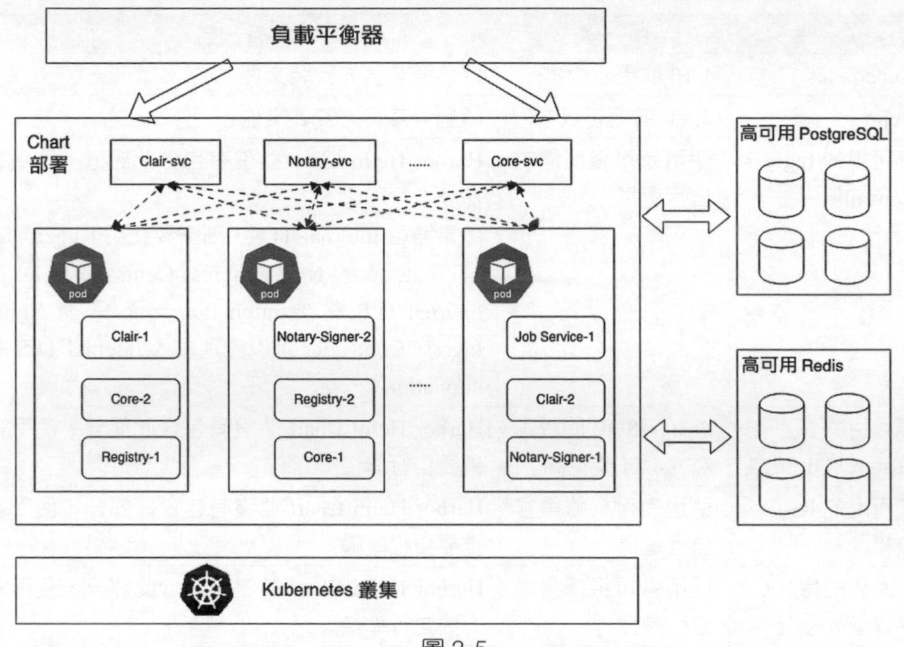

圖 3-5

3. 設定 Harbor Helm Chart

使用以下指令下載 Harbor Helm Chart：

```
$ helm repo add harbor https://helm.goharbor.io
$ helm fetch harbor/harbor --untar
```

編輯設定檔 values.yaml 的參數，使其符合高可用的要求，詳細設定請參考 3.2.3 節。

- Ingress rule：需要設定 expose.ingress.hosts.core 和 expose.ingress.hosts.notary。
- External URL：設定 externalURL 為 Harbor 外部存取的 URL 位址。
- External PostgreSQL：設定 database.type 設定項目的值為 "external"，並填充資料庫資訊到 database.external 設定項目中。外接的 PostgreSQL 需要預

先為 Harbor Core、Clair、Notary Server 及 Notary Signer 元件分別建立空資料庫 registry、clair、notaryserver 及 notarysinger，並將建立的資料庫資訊設定到對應元件外接的資料庫資訊部分。Harbor 在啟動時，會自動建立對應資料庫的資料庫表。

■ Storage：在部署 Kubernetes 叢集時需要一個預設的 StorageClass 來提供持久卷冊用於儲存 Artifact、Chart 及 Job 的記錄檔。

(1) 如果需要指定 StorageClass，則需要設定 persistence.persistentVolumeClaim.registry.storageClass、persistence.persistentVolumeClaim.chartmuseum.storageClass、persistence.persistent VolumeClaim.jobservice.storageClass。

(2) 如果使用 StorageClass，則無論是預設的還是自訂的 StorageClass，都需要設定 persistence.persistentVolumeClaim.registry.accessMode、persistence.persistentVolumeClaim.chartmuseum.accessMode、persistence.persistent Volume Claim.jobservice.accessMode 為 ReadWriteMany，並確保持久卷冊在 Node 之間共用。

(3) 如果使用已有的 PersistentVolumeClaims 儲存資料，則需要設定 persistence.persistentVolumeClaim.registry.existingClaim、persistence.persistentVolumeClaim.chartmuseum. existingClaim、persistence.persistentVolumeClaim.jobservice.existingClaim。

(4) 如果沒有可在 Node 之間共用的 PersistentVolumeClaims，則可以使用外接的物件儲存來儲存 Artifact 和 Chart，使用資料庫儲存 Job 記錄檔。需要設定 persistence. imageChartStorage.type 的值到對應的儲存類型及設定 jobservice.jobLogger 為 database。

■ Replica：設定 portal.replicas、core.replicas、jobservice.replicas、registry.replicas、chartmuseum.replicas、clair.replicas、trivy.replicas、notary.server.replicas 及 notary. signer.replicas 的數值大於等於 2，使得 Harbor 的各個元件均有多個備份。

4. 安裝 Harbor Helm Chart

在完成 Chart 的設定後，使用 Helm 安裝 Harbor Helm Chart。請按照以下指令進行安裝，其中 my-release 為部署名稱。

- Helm2：

```
$ helm install --name my-release harbor/harbor
```

- Helm3：

```
$ helm install my-release harbor/harbor
```

安裝完成後，可透過 "kubectl get pod" 指令檢視 Pod 的狀態，如圖 3-6 所示。

```
NAME                                              READY   STATUS    RESTARTS   AGE
my-release-harbor-chartmuseum-58d59cd6cb-nwgwq    1/1     Running   0          99s
my-release-harbor-clair-f94f97ff7-h75hx           2/2     Running   2          99s
my-release-harbor-core-5598fcf87c-q7wt2           1/1     Running   0          99s
my-release-harbor-database-0                      1/1     Running   0          99s
my-release-harbor-jobservice-59666cc874-fgm4l     1/1     Running   0          99s
my-release-harbor-notary-server-7c4f78f9fc-r9rv5  1/1     Running   1          99s
my-release-harbor-notary-signer-6fccf95557-7gdhq  1/1     Running   1          99s
my-release-harbor-portal-79fcc8df86-nw8mv         1/1     Running   0          99s
my-release-harbor-redis-0                         1/1     Running   0          99s
my-release-harbor-registry-6657d5bf96-vlqg6       2/2     Running   0          99s
my-release-harbor-trivy-0                         1/1     Running   0          99s
```

圖 3-6

3.3.2 多 Kubernetes 叢集的高可用方案

3.3.1 節介紹了使用 Harbor Helm Chart 在單一 Kubernetes 叢集中架設 Harbor 高可用環境的方案，其中實現了 Harbor 服務的高可用，但服務的整體可用性還是受到其執行所依賴的 Kubernetes 叢集可用性的影響，如果叢集當機，則會導致服務的不可用。在某些生產環境下會對可用性有更高的要求，因而以多資料中心部署為基礎的多 Kubernetes 叢集的高可用方案尤為重要。本節提供在多個跨資料中心的 Kubernetes 叢集上建置 Harbor 高可用環境的參考方案。

1. 安裝 Harbor

請參考 3.3.1 節依次安裝 Harbor 到不同資料中心的 Kubernetes 叢集中。注意：

在多次安裝過程中都需要確保 values.yml 設定項目 core.secretName 和 core.xsrfKey 的值相同，其他設定項目可根據不同資料中心的需求自行設定。

關於 core.secretName 和 core.xsrfKey 值相同的實際原因，詳見 3.3.3 節關於多 Harbor 實例之間需要共用的檔案或設定部分的內容。

2. 多 Kubernetes 叢集的高可用架構

這裡假設使用者有兩個資料中心，在兩個資料中心的 Kubernetes 上分別安裝好 Harbor 後，可實現主從（Active-Standby）模式的高可用方案，其中只有一個資料中心的 Harbor 提供服務，另一個資料中心的 Harbor 處於 Standby（待用）狀態。當處於 Active 狀態的 Harbor 出現故障時，透過軟體方式將處於 Standby 狀態的 Harbor 啟動，確保 Harbor 應用在短時間內恢復可存取狀態。

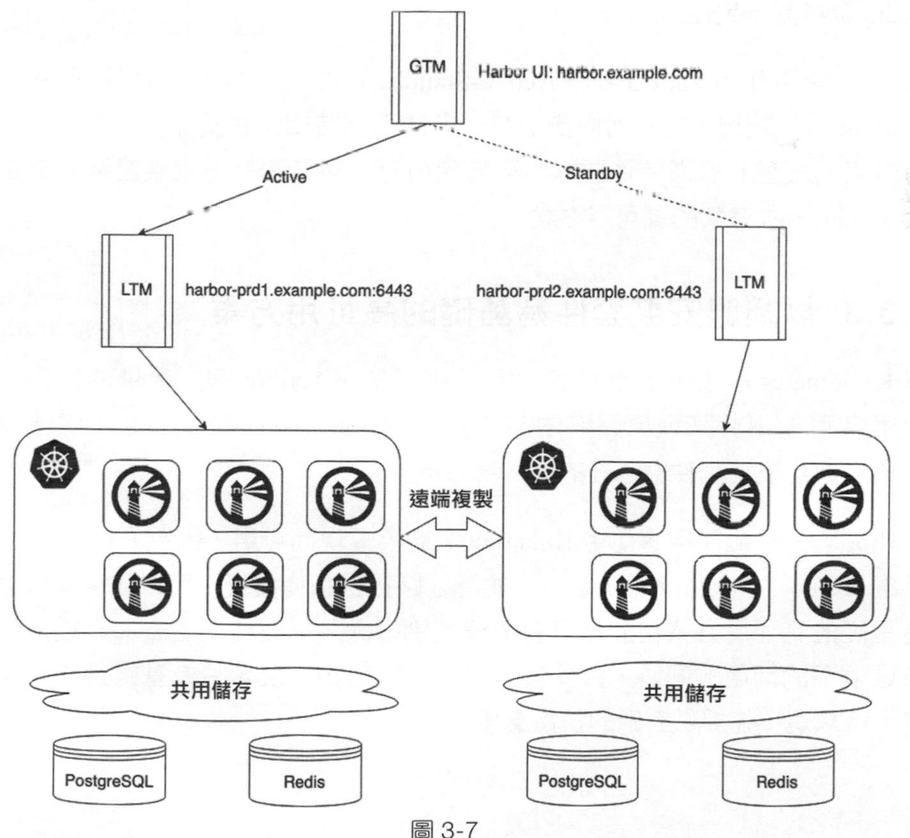

圖 3-7

在一個資料中心的 Kubernetes 叢集外部，透過 LTM（Local Traffic Manager）來實現服務負載平衡。在兩個資料中心的負載平衡服務上層，透過 GTM（Global Traffic Manager）來實現全域流量啟動。GTM 透過 LTM 匯報的狀態監控資料中心服務狀態，當 GTM 發現 Active 狀態的資料中心發生故障時，可將網路流量切換至 Standby 狀態的資料中心，如圖 3-7 所示。

從圖 3-7 可以看到，Harbor 在兩個資料中心分別擁有獨立的資料和內容儲存。在兩個資料中心之間設定了 Harbor 附帶的遠端複製功能，實現了對 Artifact 資料的複製（如映像檔複製）。也就是說，在兩個 Kubernetes 叢集的資料儲存上，透過遠端複製來確保 Artifact 的一致性。而對於兩個資料中心之間的 PostgreSQL 和 Redis 的資料一致性，這裡需要使用者以不同類型為基礎的資料中心提供自己的資料備份方案，目的是保持兩個資料中心的 PostgreSQL 和 Redis 資料的一致性。

本方案使用了 Harbor 主從（Active-Standby）模式，由於採用了映像檔等 Artifact 遠端複製，在資料同步上有一定的延遲時間，在實際使用中需要留意對應用的影響。對即時性要求不高的使用者，可參考此方案架設跨資料中心多 Kubernetes 叢集的高可用方案。

3.3.3 以離線安裝套件為基礎的高可用方案

以 Kubernetes 叢集架設為基礎的高可用架構是 Harbor 官方提供的方案。但使用者可能出於某種原因無法部署獨立的 Kubernetes 叢集，更希望建立以 Harbor 離線安裝套件為基礎的高可用方案。

Harbor 官方鼓勵使用者使用 Kubernetes 叢集實現高可用，因為 Harbor 官方會維護 Harbor 的 Helm Chart 版本，並為社區提供技術支援。而以離線安裝套件為基礎的高可用方案由於使用者環境差別很大，需要使用者去探索並解決各自環境下的問題。同時，由於官方未提供以離線安裝套件為基礎的高可用方案，所以也不能提供對應的技術支援。

基於 Harbor 離線安裝套件架設高可用系統是一項複雜的任務，需要使用者具有高可用的相關技術基礎，並深入了解 Harbor 的架構和設定。本節介紹的兩種正常模式僅為參考方案，主要說明以離線安裝套件實現高可用時，使用者需要解決的問題和需要注意的地方。建議先閱讀本章的其他內容，了解 Harbor 的安裝及部署方式，在此基礎上再結合各自的實際生產情況進行修改並實施。

在下面的兩種方案中均使用了負載平衡器作為閘道，需要使用者自行安裝並設定負載平衡器。同時，負載平衡器的架設和設定及如何用負載平衡器排程多個 Harbor 實例，不在本節的討論範圍內。

方案 1：以共用服務為基礎的高可用方案

此方案的基本思維是多個 Harbor 實例共用 PostgreSQL、Redis 及儲存，透過負載平衡器實現多台伺服器提供 Harbor 服務，如圖 3-8 所示。

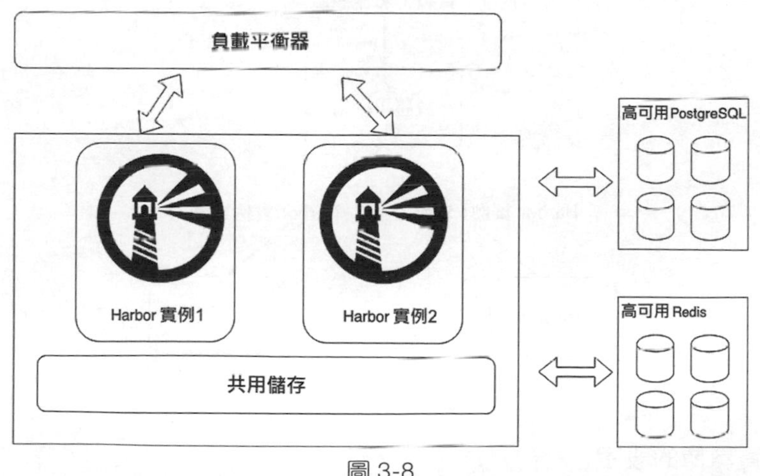

圖 3-8

1）關於負載平衡器的設定

在安裝 Harbor 實例的過程中，需要設定每個 Harbor 實例的設定檔的 external_url 項，把該項位址指定為負載平衡器的位址。透過該項指定負載平衡器的位址後，Harbor 將不再使用設定檔中的 hostname 作為造訪網址。用戶端（Docker 和瀏覽器等）透過 external_url 提供的位址（即負載平衡器的位址）

存取後端服務的 API。如果不設定該值，則用戶端會依據 hostname 的位址來存取後端服務的 API，負載平衡在這裡並沒有造成作用。也就是說，服務存取並沒有透過負載平衡直接到達後端，當後端位址不被外部識別時（如有 NAT 或防火牆等情況），服務存取還會失敗。

Harbor 實例在使用了 HTTPS，特別是自持憑證時，需要設定負載平衡器信任其後端每個 Harbor 實例的憑證。同時，需要將負載平衡器的憑證放置於每個 Harbor 實例中，其位置為 harbor.yml 設定項目中 data_volume 指定路徑下的 "ca_download" 資料夾中，該資料夾需要手動建立。這樣，使用者從任意 Harbor 實例的 UI 下載的憑證就是負載平衡器的憑證，如圖 3-9 所示。

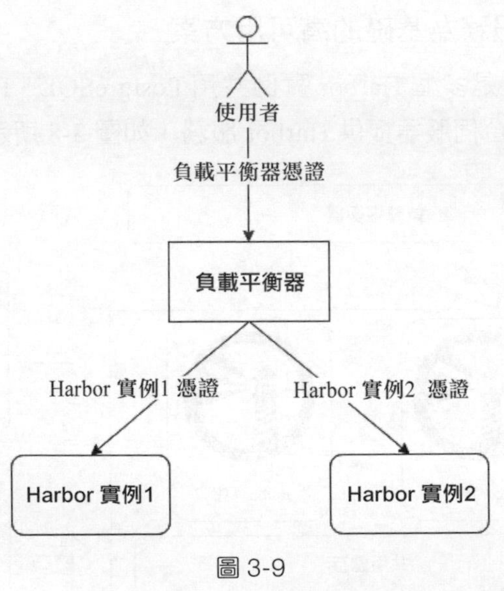

圖 3-9

2）外接資料庫的設定

使用者需要自行建立 PostgreSQL 共用實例或叢集，並將其資訊設定到每個 Harbor 實例外接的資料庫設定項目中。注意：外接 PostgreSQL 需要預先為 Harbor Core、Clair、Notary Server 及 Notary Signer 元件分別建立空資料庫 registry、clair、notary_server 及 notary_singer，並將建立的資料庫資訊設定到對應元件外接的資料庫資訊部分。Harbor 在啟動時，會自動建立對應資料庫的資料庫表。

3）外接 Redis 的設定

使用者需要自行建立 Redis 共用實例或叢集，並將其資訊設定到每個 Harbor 實例外接的 Redis 設定項目中。

4）外接儲存的設定

使用者需要提供本機或雲端共用儲存，並將其資訊設定到每個 Harbor 實例的外接儲存設定項目中。

5）多個 Harbor 實例之間需要共用的檔案或設定

以離線安裝套件安裝的高可用方案，需要確保以下檔案在多個實例之間的一致性。同時，由於這些檔案是在各個 Harbor 實例的安裝過程中預設產生的，所以需要使用者手動複製這些檔案來確保一致性。

◤ private_key.pem 和 root.crt 檔案

Harbor 在用戶端認證流程中（參考第 5 章）提供了憑證和私密金鑰檔案供 Distribution 建立和驗證請求中的 Bearer token。在多實例 Harbor 的高可用方案中，多實例之間需要做到任何一個實例建立的 Bearer token 都可被其他實例識別並驗證，也就是說，所有實例都需要使用相同的 private_key.pem 和 root.crt 檔案。

如果多實例 Harbor 之間的這兩個檔案不同，在認證過程中就可能發生隨機性的成功或失敗。成功的原因是請求被負載平衡器轉發到建立該 Bearer token 的實例中，該實例可以驗證本身建立的 bearer token；失敗的原因是請求被負載平衡器轉發到非建立該 Bearer token 的實例中，該實例無法解析非本身建立的 token，進一步導致認證失敗。因為 private_key.pem 檔案同時用於機器人帳戶的 JWT token 的驗證，所以如果不共用此檔案，機器人帳戶的登入也會發生隨機性的成功或失敗，原因同上。

private_key.pem 檔案位於 harbor.yml 設定項目 data_volume 指定路徑的 "secret/core" 子目錄下。root.crt 檔案位於 harbor.yml 設定項目 data_volume 指定路徑的 "secret/registry" 子目錄下。

csrf_key

為防止跨站攻擊（Cross Site Request Forgery），Harbor 啟用了 csrf 的 token 驗證。Harbor 會產生一個隨機數作為 csrf 的 token 附加在 cookie 中，使用者提交請求時，用戶端會從 cookie 中分析這個隨機數，並將其作為 csrf 的 token 一併提交。Harbor 會依據這個值是否為空或無效來拒絕該存取請求。那麼，多實例之間需要做到任何一個實例建立的 token 都可被其他任意實例成功驗證，也就是需要統一各個實例的 csrf token 私密金鑰值。

該設定位於 Harbor 安裝目錄下的 "common/config/core/env" 檔案中，使用者需要把一個 Harbor 實例的值手動複製到其他實例上，使該值在所有實例上保持一致。

> 注意：手動修改以上檔案或設定時，均需要透過 docker-compose 重新啟動 Harbor 實例以使設定生效。另外，如果後續要使用 Harbor 安裝套件中的 prepare 指令稿，則需要重複上述手動複製過程，因為該指令稿會隨機建立字串並改寫以上檔案或設定，導致手動複製的檔案或設定被覆蓋而故障。

方案 2：以複寫原則為基礎的高可用方案

此方案的基本思維是多個 Harbor 實例使用 Harbor 原生的遠端複製功能實現 Artifact 的一致性，透過負載平衡器實現多台伺服器提供單一的 Harbor 服務，如圖 3-10 所示。

負載平衡器的設定及多實例之間需要共用的資源和設定方法同方案 1。

方案 2 與方案 1 不同的是，在安裝 Harbor 實例時不需要指定外接的 PostgreSQL、Redis 及儲存，每個實例都使用自己獨立的儲存。Harbor 的多實例之間透過遠端複製功能實現 Artifact 資料的一致性。關於 PostgreSQL 和 Redis 的資料一致性問題，需要使用者自行實現資料同步的解決方案。以複製為基礎的多實例解決方案，其即時性不如以共用儲存為基礎的方案，但相比之下架設更為簡單，使用者使用 Harbor 離線安裝套件提供的 PostgreSQL、Redis 即可。

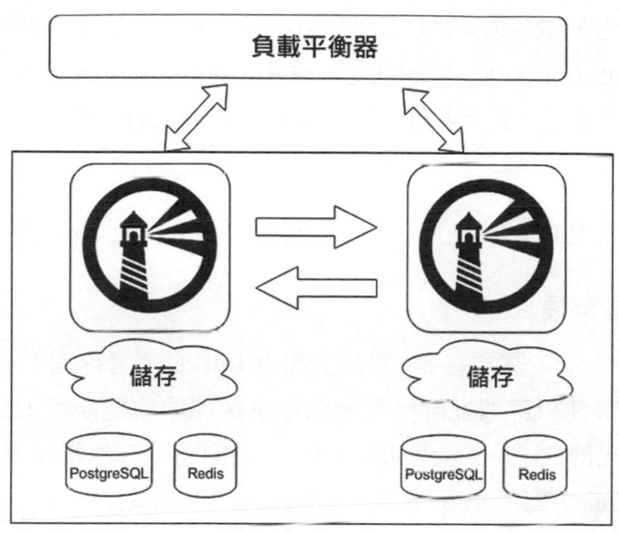

圖 3 10

3.4 儲存系統組態

在 Harbor 系統中預設使用本機檔案系統持久化儲存資料。本機檔案系統的儲存容量和效能有限，並且可用性不高，因此使用者可以設定 Harbor 使用其他儲存服務來解決儲存問題。Harbor 支援使用 AWS 的 Amazon S3、Azure 的 Blob 儲存、Google Cloud 的 Cloud Storage、阿里雲的物件儲存 OSS、騰訊雲的物件儲存 COS，以及開放原始碼雲端運算管理平台 OpenStack 提供的 Swift 等。

本節介紹如何設定 Harbor 使用除本機檔案系統外的持久化儲存，如 AWS 的 Amazon S3、網路檔案系統 NFS 和阿里雲的物件儲存 OSS。

3.4.1 AWS 的 Amazon S3

Amazon S3（Amazon Simple Storage Service，亞馬遜簡易儲存服務）具有簡單、可靠、高性能、可擴充、高可用和持久化的優勢，能夠為各種高平行處理、高性能的業務提供持久化儲存支撐。Amazon S3 因其優秀特性備受使用者喜愛，所以在開放原始碼社區有很多相容 S3 介面協定的儲存服務專案，如 Ceph RADOS Gateway、MinIO 等。使用 Apache v2.0 授權協定的 MinIO 部署、管理和使用簡便，且高度相容 Amazon S3 服務介面協定，是自建 S3 相容儲存服務較佳的選擇。

本節介紹如何設定 Harbor 使用 Amazon S3 或 MinIO 持久化儲存 Artifact 資料。

1. 建立 S3 儲存桶

在設定 Harbor 之前，需要在 S3 服務上建立 Bucket（儲存桶）。為了加強服務的可用性、穩定性和存取速度，需要儘量選擇地理位置距離 Harbor 實例更近或網路鏈路更短的 S3 服務，例如和 Harbor 實例在同一個雲端服務商的可用區（Availability Zone，雲端服務廠商在一個地域內根據電力、網路等劃分的資料中心），或和 Harbor 實例在同一個 IDC 機房內的 S3 相容服務。如圖 3-11 所示，在 MinIO 中新增的 Bucket 採用了預設的讀寫策略。

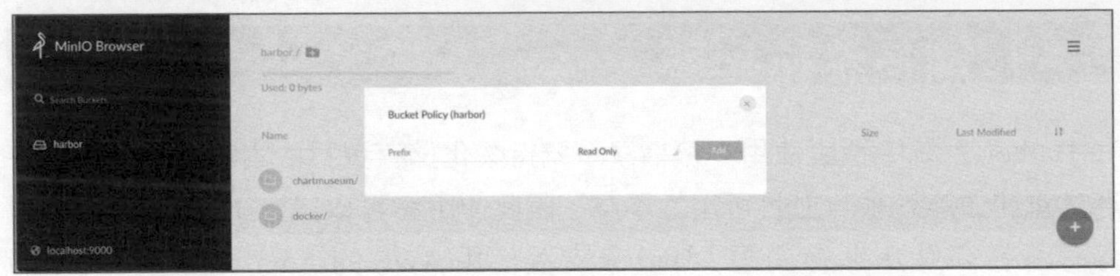

圖 3-11

首先，建立一個 S3 儲存桶。然後，為該儲存桶設定私有讀、寫策略，防止 S3 儲存桶在未授權的情況下被存取而造成資料洩露。如圖 3-11 所示，在大部分的情況下，MinIO 新增的 S3 儲存桶是私有讀寫的，這裡需要確保沒有設定該儲存桶的許可權為公開讀寫。最後，在 Amazon 主控台上拿到 Access Key 和 Secret Key。MinIO 的 Access Key 和 Secret Key 是在部署 MinIO 服務時設定的。

2. 設定 harbor.yml

3.1.1 節已經介紹過如何透過 harbor.yml 設定外接儲存，下面説明如何設定 Harbor 使用 Amazon S3 儲存：

```
storage_service:
  s3:
    accesskey: awsaccesskey
    secretkey: awssecretkey
    region: us-west-1
    regionendpoint: http://myobjects.local
    bucket: bucketname
    encrypt: true
    keyid: mykeyid
    secure: true
    v4auth: true
    chunksize: 5242880
    multipartcopychunksize: 33554432
    multipartcopymaxconcurrency: 100
    multipartcopythresholdsize: 33554432
    rootdirectory: /s3/object/name/prefix
```

參數屬性如表 3-23 所示。

表 3-23

屬 性	必填項	描 述
accesskey	否	Amazon S3 的 Access Key
secretkey	否	Amazon S3 的 Secret Key
region	是	Amazon S3 儲存桶所在的地域
regionendpoint	否	S3 相容儲存服務的位址
bucket	是	S3 儲存桶的名稱
encrypt	否	是否使用加密格式儲存映像檔。 該項為布林值，預設值為 false
keyid	否	KMS 的 key ID。 僅當 encrypt 被設定為 true 時，該值才有效。預設值為 none
secure	否	是否使用 HTTPS。 該項為布林值，預設值為 true
v4auth	否	是否使用 AWS 身份驗證的 Version 4，預設值為 true
chunksize	否	S3 API 要求分段上傳的區塊至少為 5MB。該值需要大於或等於 5×1024×1024
rootdirectory	否	應用於所有 S3 keys 的字首，必要時對儲存桶中的資料進行分段

3.4.2 網路檔案系統 NFS

Harbor 可以使用網路檔案系統（NFS）作為後端儲存。這裡的 NFS 檔案儲存可以為自建的 NFS 伺服器、騰訊雲提供的 CFS 雲端檔案儲存服務、阿里雲提供的 NAS 檔案儲存服務等相容 NFS 介面協定的檔案儲存服務。

在安裝或設定 Harbor 使用 NFS 之前需要檢查環境，確保：

- NFS 伺服器已正確設定並且擁有固定的 IP 位址；
- 所有執行 Harbor 實例的節點主機都已經安裝了正確的 NFS 用戶端；
- 節點主機和 NFS 伺服器之間網路可達。

把 NFS 服務直接掛載到 Harbor 實例所在的節點主機上，便可使 Harbor 使用 NFS 作為後端持久化儲存。

1. 節點設定 NFS

掛載 NFS 之前，請確保在節點上已經安裝了 nfs-utils 或 nfs-common。使用以下指令進行安裝。

- CentOS：執行 "sudo yum install nfs-utils" 指令進行安裝。
- Debian 或 Ubuntu：執行 "sudo apt install nfs-common" 指令進行安裝。

在完成 NFS 用戶端的安裝後，首先執行 "mkdir /mnt/harbor/" 指令建立掛載目錄，然後執行 "sudo mount -t nfs -o vers=4.0 <NFS 伺服器 IP>:/ < 掛載目錄 >" 指令完成 NFS 掛載。

> 注意：可以使用 autofs 工具實現自動掛載。

2. 設定 Harbor

如果要在 Harbor 中使用設定好的 NFS，則需要修改 harbor.yml 設定檔中的 "data_volume" 欄位為 "< 掛載目錄 >"，如前文中的 "/mnt/harbor/"，然後進行 Harbor 的安裝。

3.4.3 阿里雲的物件儲存 OSS

使用阿里雲的物件儲存 OSS 作為 Harbor 後端儲存時，其流程與 3.4.1 節使用 S3 服務的流程類似。

1. 建立 OSS儲存桶

在設定 Harbor 之前，需要在阿里雲 OSS 主控台上建立 Bucket（儲存桶）。為了加強服務的可用性、穩定性和存取速度，應該選擇物理位置距離 Harbor 實例更近或網路鏈路更短的阿里雲物件儲存 OSS 建立儲存桶，如和 Harbor 實例在同一個可用區的物件儲存 OSS 服務。

2. 設定 harbor.yml

在 3.1.1 節已經介紹過如何設定外接儲存。下面說明如何設定 Harbor 使用 OSS 儲存：

```
storage_service:
  oss:
    accesskeyid: accesskeyid
    accesskeysecret: accesskeysecret
    region: OSS region name
    endpoint: optional endpoints
    internal: optional internal endpoint
    bucket: OSS bucket
    encrypt: optional enable server-side encryption
    encryptionkeyid: optional KMS key id for encryption
    secure: optional ssl setting
    chunksize: optional size valye
    rootdirectory: optional root directory
```

參數屬性如表 3-24 所示。

表 3-24

屬　性	必填項	描　述
accesskeyid	是	OSS 的 Access key ID
accesskeysecret	是	OSS 的 Access key

屬　性	必填項	描　述
region	是	OSS 的資料中心所在的地域
endpoint	否	OSS 對外服務的存取域名
internal	否	阿里雲同地域產品之間的內部通訊網路位址
bucket	是	OSS 儲存桶的名稱
encrypt	否	是否在 Server 端加密資料，預設值為 false
secure	否	資料傳輸是否基於 SSL，預設值為 true
chunksize	否	分段上傳的區塊大小，預設值為 10MB，其最小值為 5MB
rootdirectory	否	用於儲存所有 Registry 檔案的根目錄

3.5 Harbor 初體驗

在完成 Harbor 的安裝後，如果一切正常，就可以開始使用 Harbor 了。Harbor 可以透過多種用戶端進行存取，如瀏覽器、Docker 用戶端、kubelet、Notary、Helm 和 ORAS 等工具。本節帶領讀者領略 Harbor 圖形化管理主控台（又叫作圖形管理介面）的功能，並分別說明如何在 Docker 和 Kubernetes 環境下使用 Harbor 進行映像檔操作。Helm 和 ORAS 的用法將在第 4 章中介紹，Notary 的原理在第 6 章中說明。

3.5.1 管理主控台

我們安裝 Harbor 時在 harbor.yml 設定檔中設定了 Harbor 服務的 hostname，可在瀏覽器的網址列中輸入 "https://hostname"，即可看到 Harbor 的登入介面。此時在剛安裝好的 Harbor 實例中只有一個 admin 帳戶，密碼是在 harbor.yml 設定檔 harbor_admin_password 中設定的值。出於安全考慮，建議在安裝前修改 harbor_admin_password 的預設設定，或在第一次登入後立刻修改 admin 帳戶的密碼（修改密碼後，設定檔中的密碼不再生效）。

在登入介面輸入使用者名稱、密碼並登入成功後，可以看到如圖 3-12 所示的管理主控台介面。

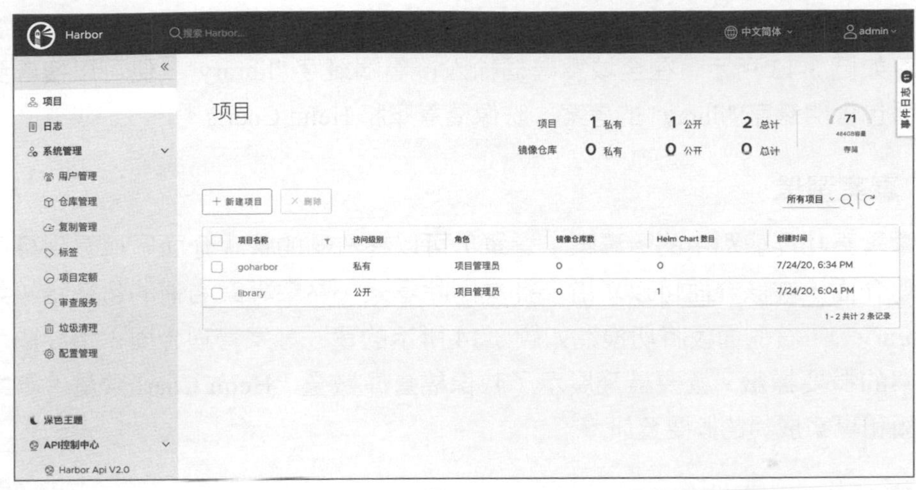

圖 3-12

如圖 3-12 所示，Harbor 管理主控台主要由上部的導覽列、左側的垂直功能表列和中部的管理介面區域三部分組成。

在導覽列左側分別為 Harbor 圖示、全域搜尋框；導覽列右側為主控台語言切換選單、使用者個人資料管理選單。在垂直功能表列中，從上往下依次為專案、記錄檔、系統管理、主題切換、API 控制中心等主選單。管理介面區域會隨選單的切換而變化。透過主控台語言切換選單，我們可以切換管理主控台的介面語言為中文、英文、西班牙語、法語、巴西葡萄牙語和土耳其語等語言。

Harbor　library　中文简体　admin

< 返回

项目

项目名称	访问级别	镜像仓库数	创建时间
library	公开	1	6/30/20, 6:11 PM

1 - 1 共计 1 条记录

镜像仓库

名称	Artifacts	下载数
library/tomcat	1	0

1 - 1 共计 1 条记录

Charts

名称	版本	状态	维护者	创建时间
library/mongodb	4.0.4	正常	Bitnami	Jul 13, 2020

1 - 1 共计 1 条记录

圖 3-13

透過全域搜尋框可以模糊比對專案的名稱、映像檔倉庫和 Helm Charts 等製品。如圖 3-13 所示，在全域搜尋框輸入搜尋關鍵字 "library"，便可以搜尋到名稱包含關鍵字 "libray" 的專案、映像檔倉庫和 Helm Charts。

1. 專案選單

點擊垂直功能表列中的「專案」選單，可以在右側的管理介面區域看到專案管理介面，在該介面可以新增、批次刪除專案。點擊專案名稱的超連結（如 "library"），右側面板將切換為如圖 3-14 所示的單一專案管理介面，預設顯示專案的概要標籤。概要標籤展示了映像檔倉庫數量、Helm Chart 數量、專案配額和專案成員的概要資訊。

圖 3-14

使用者的存取和管理許可權是按照專案劃分的，系統管理員和專案管理員通常擁有該專案所有標籤的存取和管理許可權，其他使用者則根據其角色的不同擁有不同的管理和存取權限。

- 維護人員角色：可以存取概要標籤、映像檔倉庫標籤、Helm Charts 標籤、成員標籤（無管理許可權）、標籤標籤、掃描器標籤（無管理許可權）、策略標籤、機器人帳戶標籤（無管理許可權）、Webhooks 標籤、記錄檔標籤、設定管理標籤（無管理許可權）。

- 開發人員角色：可以存取概要標籤、映像檔倉庫標籤、Helm Charts 標籤、成員標籤（無管理許可權）、掃描器標籤（無管理許可權）、機器人帳戶標籤（無管理許可權）、記錄檔標籤、設定管理標籤（無管理許可權）。

- 訪客角色：可以同開發人員存取一樣的標籤，但是沒有任何管理許可權。
- 受限訪客角色：沒有任何管理許可權，僅能存取概要標籤、映像檔倉庫標籤、Helm Charts 標籤、掃描器標籤和設定管理標籤。

點擊「映像檔倉庫」標籤，將切換到如圖 3-15 所示的映像檔倉庫清單介面。在該介面可以檢視倉庫清單、過濾映像檔倉庫，或是對單一或多個映像檔倉庫執行刪除操作。點擊「發送指令」按鈕，可以取得 Docker 映像檔、Helm Charts 和 CNAB 等不同 Artifact 的發送指令。

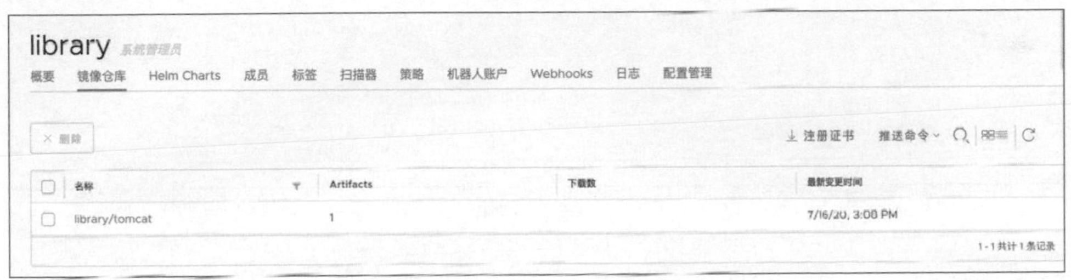

圖 3-15

如果安裝時啟用了 ChartMuseum 服務，則可以在專案管理介面看到 "Helm Charts" 標籤。點擊 "Helm Charts" 標籤，將切換到如圖 3-16 所示的 Helm Charts 管理介面。在該介面可以檢視 Chart 清單，上傳、下載和過濾 Chart，對單一或多個 Charts 執行刪除操作。

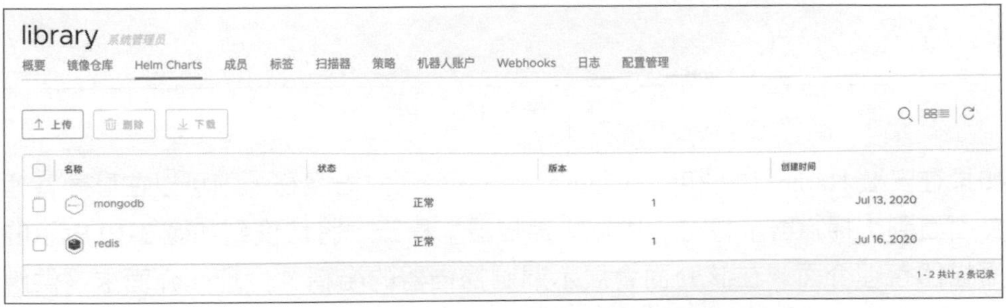

圖 3-16

點擊「成員」標籤，將切換到如圖 3-17 所示的專案成員管理介面。在該介面可以檢視專案成員清單，增加已存在的使用者到此專案中並給予或移除對應的角色，可以搜尋、過濾專案成員並執行管理操作。

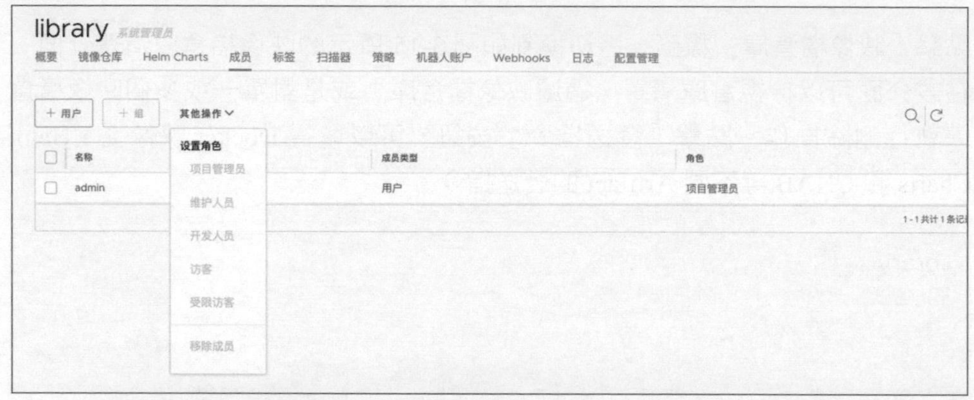

圖 3-17

點擊「標籤」標籤，將切換到如圖 3-18 所示的專案標籤管理介面。在該介面可以新增、編輯、刪除和過濾標籤，這裡的標籤僅歸屬於該專案。

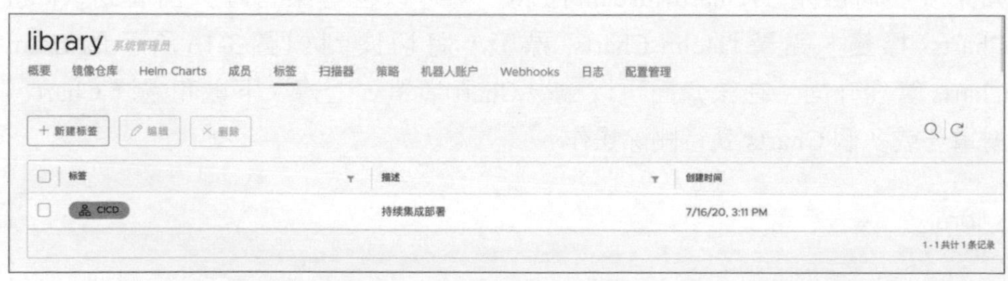

圖 3-18

如果在安裝 Harbor 時啟用了 Clair 或 Trivy 漏洞掃描服務，則可以在專案管理介面看到「掃描器」標籤。點擊「掃描器」標籤，將切換到如圖 3-19 所示的掃描器管理介面。在該介面會展示漏洞掃描器的名稱、位址、介面卡、供應商、版本等資訊，管理員可以選擇預設的漏洞掃描器。

圖 3-19

點擊「策略」標籤，將切換到如圖 3-20 所示的策略管理介面，在其預設的 TAG 保留策略介面，專案管理員和專案維護人員可以檢視、增加、禁用、啟用和刪除 TAG 保留策略，也可以手動執行或模擬執行 TAG 保留策略；點擊「不可變的 TAG」標籤，可以管理不可變的 TAG 規則，對每個專案都可以設定 15 筆規則。

圖 3-20

點擊「機器人帳戶」標籤，將切換到如圖 3-21 所示的機器人帳戶管理介面。在該介面，專案管理員可以增加、刪除、禁用、過濾機器人帳戶，對單一或多個機器人帳戶執行管理操作。

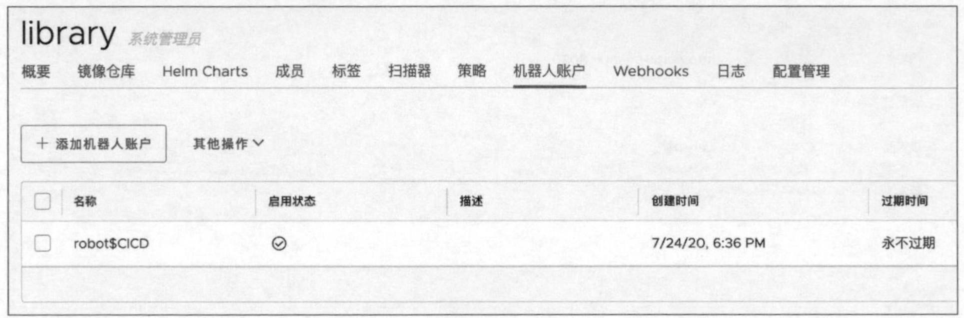

圖 3-21

點擊 "Webhooks" 標籤，將切換到如圖 3-22 所示的 Webhooks 管理介面。在該介面，專案管理員和專案維護人員可以新增、停用、編輯、刪除、過濾 Webhook，並對單一或多個 Webhook 執行管理操作。

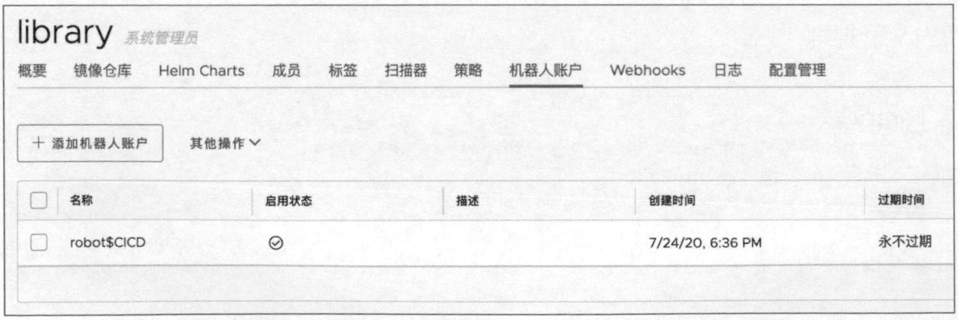

圖 3-22

點擊「記錄檔」標籤，將切換到如圖 3-23 所示的記錄檔管理介面。在該介面，可以透過關鍵字簡單檢索記錄檔，或點擊「進階檢索」按鈕切換為按照記錄檔的操作類型、起止時間、關鍵字來檢索記錄檔。

用户名	资源	资源类型	操作
admin	library/tomcat	repository	delete
admin	library/tomcat:sha256:5e96c003ec31d89fa4b241463ee05a66ddc2cc58976dd1ecb54af313394cd19e	artifact	delete
admin	library/tomcat:123	artifact	create

圖 3-23

點擊「設定管理」標籤，將切換到如圖 3-24 所示的專案設定管理介面。在該介面，專案管理員可以設定專案倉庫是否向所有人公開，設定「部署安全」「漏洞掃描」「CVE 白名單」等選項。

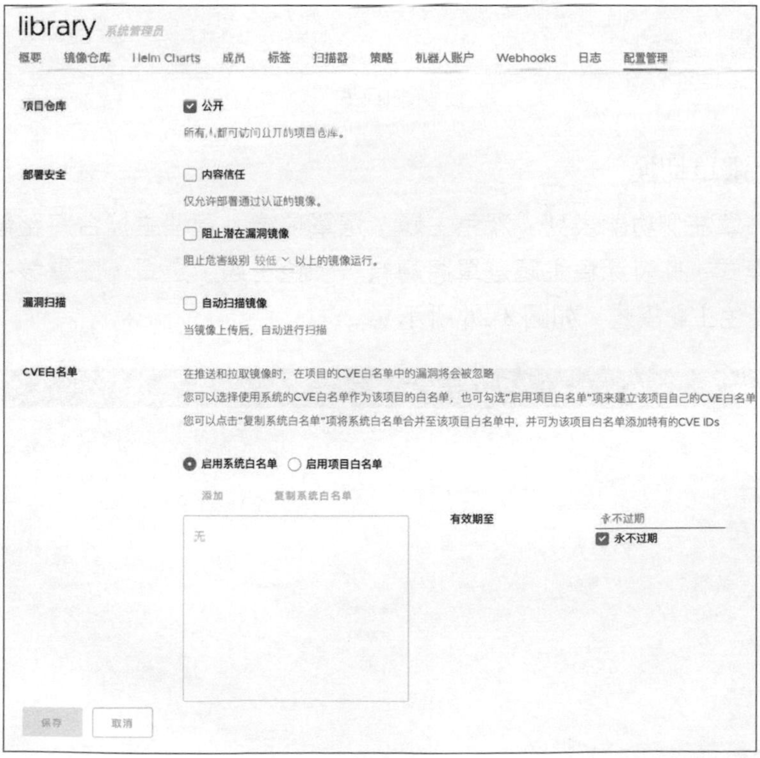

圖 3-24

2. 系統管理選單

此部分功能需要系統管理員角色，如圖 3-25 所示，系統管理員點擊「系統管理」選單下的「使用者管理」子功能表，可以在右側面板中看到使用者管理介面。系統管理員還可以存取倉庫管理、複製管理、標籤、專案定額、審查服務、垃圾回收、設定管理等子功能表，完成系統等級的設定管理工作。

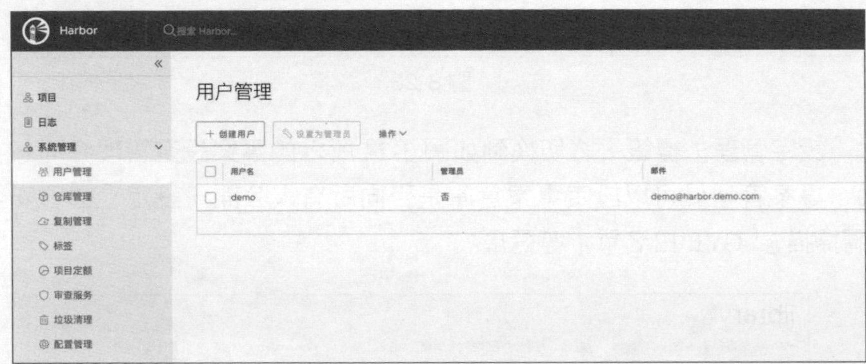

圖 3-25

3. 主題選單切換

使用者點擊左側功能表列「深色主題」選單項後，管理主控台將整體轉為深色主題模式，此時深色主題選單將轉為「淺色主題」選單，點擊該選單即可切換回淺色主題模式，如圖 3-26 所示。

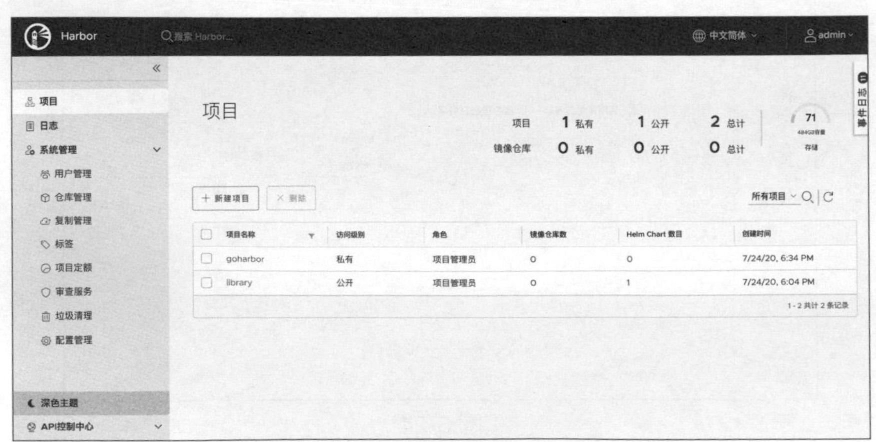

圖 3-26

4. API 控制中心選單

如圖 3-27 所示，點擊「API 控制中心」選單下的 "Harbor API V2.0" 選單，將出現新的瀏覽器標籤來展示 Harbor API Swagger 文件介面。在 Swagger 文件介面可以檢視 Harbor 的 API 路徑、請求參數、傳回參數，也可以建置 API 請求進行 API 呼叫測試。

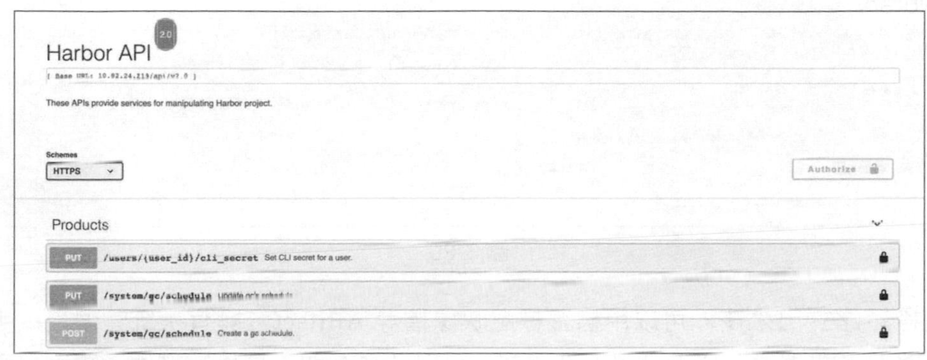

圖 3-27

5. 標籤的使用

在 Harbor 中，標籤（Label）分為全域標籤和專案標籤兩種類型，用於標記資源。全域標籤由系統管理員管理，用於整個 Harbor 系統中的資源，可以在任何專案中增加；專案標籤則由專案管理員管理，且只能增加到單一專案的資源上。

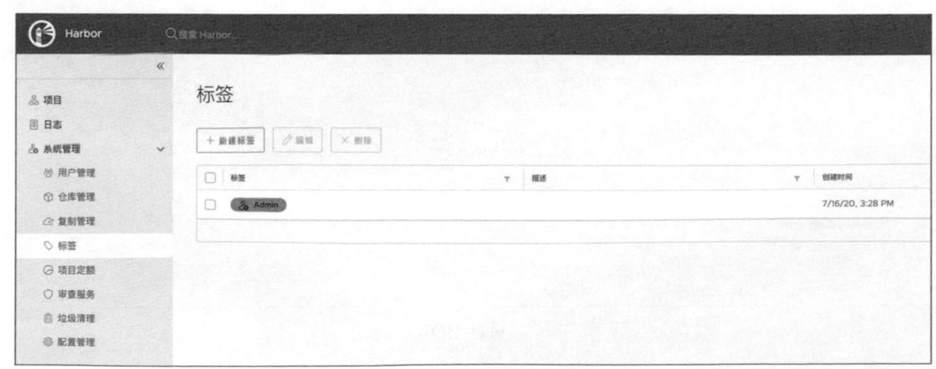

圖 3-28

系統管理員可以透過存取「系統管理」→「標籤」選單，進行檢視、建立、更新和刪除全域標籤的操作，如圖 3-28 所示。

專案管理員和系統管理員能夠透過存取特定專案詳情頁面下的「標籤」，進行檢視、建立、更新和刪除專案標籤的操作，如圖 3-29 所示。

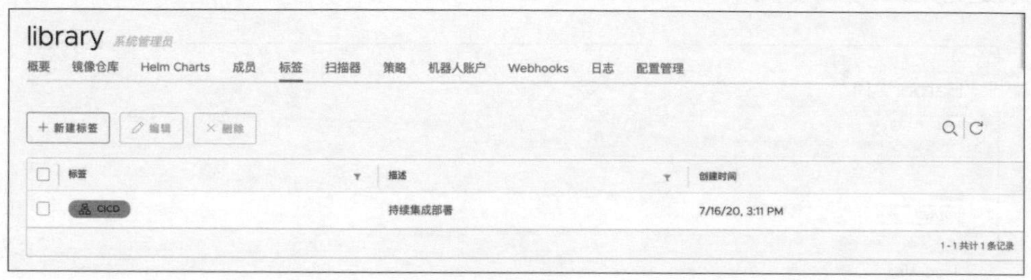

圖 3-29

在標籤建立出來後，可以用標籤標記映像檔等 Artifact。擁有系統管理員、專案管理員或專案開發者角色的使用者，可以透過存取「專案」選單→專案名稱（如 library 專案）→「映像檔倉庫」標籤→倉庫列表中的倉庫名稱（如圖 3-30 所示的 "library/alpine" 倉庫）進入 "Artifacts" 列表，選取實際的 Artifact。然後如圖 3-31 所示，透過「操作」→「增加標籤」選單，點擊標籤名稱為特定的映像檔增加標籤（在已經增加到映像檔的標籤前有對號標識，點擊有對號標識的標籤，將把該標籤從映像檔上移除）。

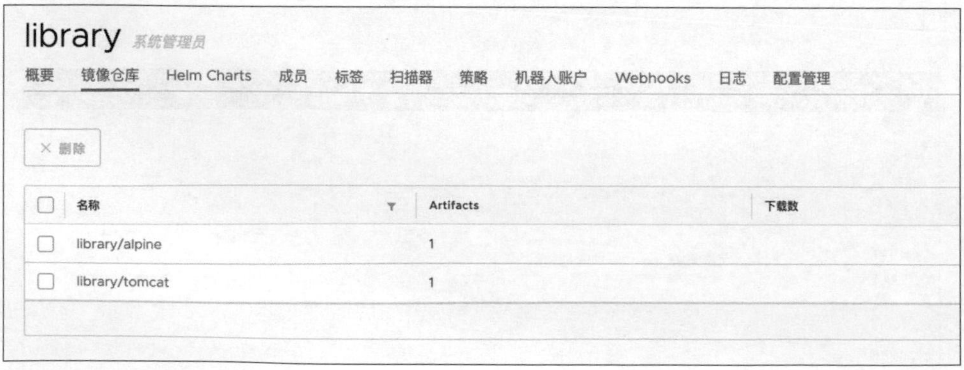

library 系统管理员

概要 镜像仓库 Helm Charts 成员 标签 扫描器 策略 机器人账户 Webhooks 日志 配置管理

× 删除

名称	Artifacts	下载数
library/alpine	1	
library/tomcat	1	

圖 3-30

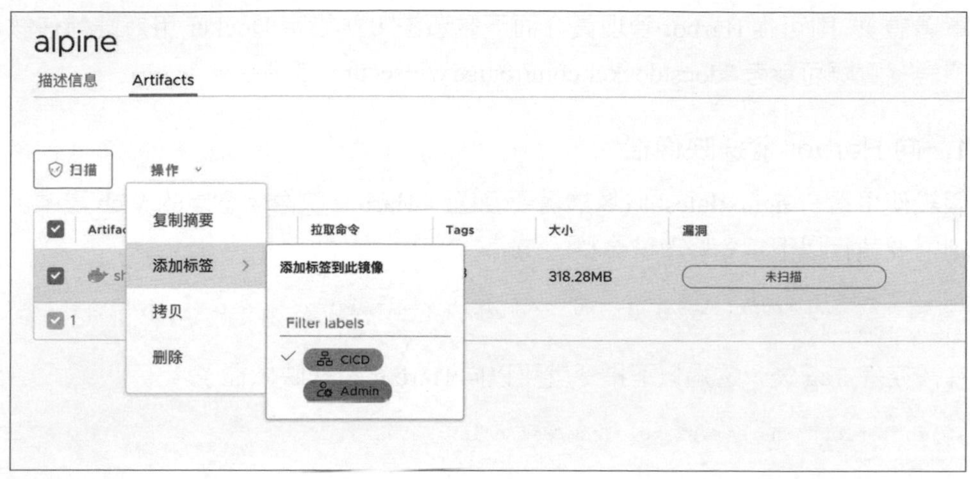

圖 3-31

在映像檔等 Artifact 用標籤標記後，使用者可以透過進階搜尋中的標籤過濾功能過濾列表，如圖 3-32 所示。

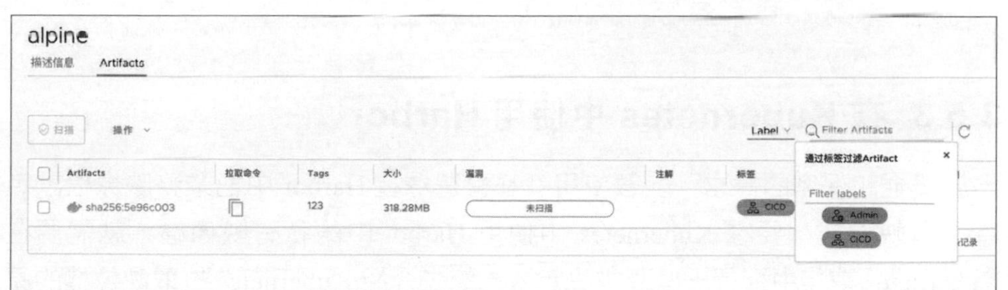

圖 3-32

3.5.2 在 Docker 中使用 Harbor

在 Docker 環境下使用 Harbor 映像檔倉庫時，首先需要登入映像檔倉庫。假設 Harbor 映像檔倉庫的位址是 "harbor.example.com"，則登入指令是 "docker login harbor.example.com"，在終端中執行該指令後，按照提示輸入正確的使用者名稱、密碼即可登入。注意：如果 Harbor 的設定為 HTTP，則需要設定 Docker 用戶端的 insecure-registries 列表。如果 Harbor 採用了自持憑證（自簽章憑證），則可從 Harbor 管理員介面下載憑證，並設定 Docker 用戶端信任該憑證。實際可參考 "docs.docker.com/registry/insecure" 文件。

1. 向 Harbor 發送映像檔

假設使用者有 nginx:latest 映像檔需要發送到 Harbor 映像檔倉庫的 Web 專案，則需要執行以下指令修改映像檔的 Tag：

```
$ docker tag nginx:latest harbor.example.com/web/nginx:latest
```

在設定完 Tag 後，透過以下指令就可以向 Harbor 發送映像檔了：

```
$ docker push harbor.example.com/web/nginx:latest
```

2. 從 Harbor 中拉取映像檔

在需要使用 web/nginx:latest 映像檔的節點機器上，先執行 "docker login" 指令登入 Harbor，然後透過以下指令拉取映像檔：

```
$ docker pull harbor.example.com/web/nginx:latest
```

3.5.3 在 Kubernetes 中使用 Harbor

出於安全和保密的需求，多數使用者都會選擇在 Harbor 中把業務映像檔設定為私有映像檔。要在 Kubernetes 中使用 Harbor 中的私有映像檔，就需要在 Kubernetes 叢集中進行一些基本設定。本節先介紹 Kubernetes 拉取映像檔的原理，然後描述相關設定。

1. 在 Kubernetes 中拉取映像檔

Kubernetes 的 CRI 介面包含兩個 gRPC 服務：執行服務（RuntimeService）和映像檔服務（ImageManagerService），其中，映像檔服務負責拉取映像檔，每個容器執行時期都需要實現在映像檔服務中定義的介面。目前 Kubernetes 的 CRI 容器執行時期有 CRI-O 和 containerd 等，kubelet 與映像檔倉庫的互動關係如圖 3-33 所示。

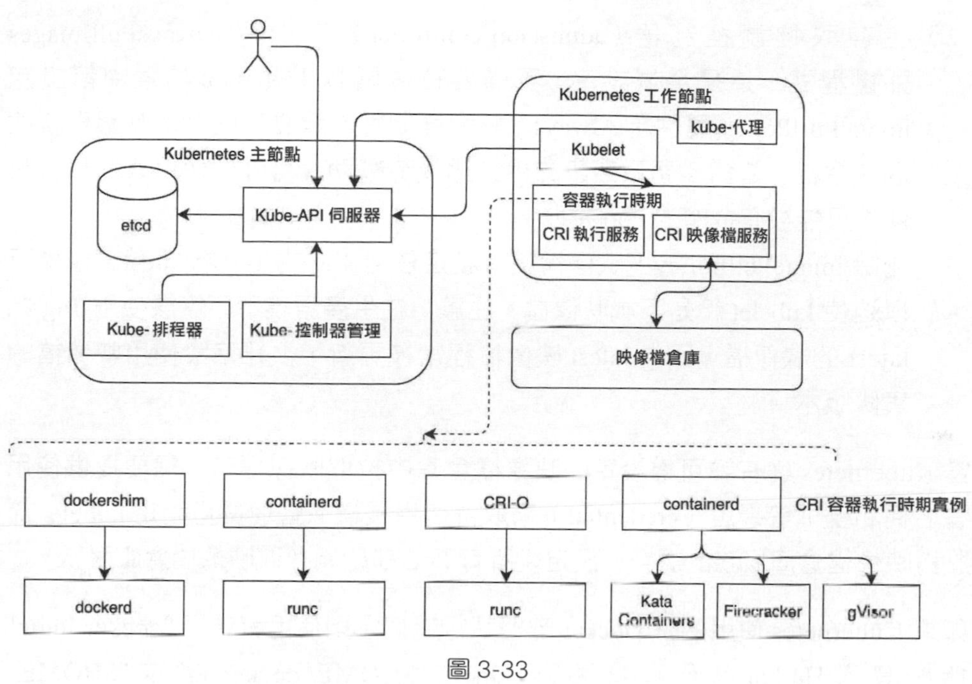

圖 3-33

2. imagePullPolicy 屬性

在 Kubernetes 宣告 Pod 的 yaml 檔案中有兩個控制映像檔下載的屬性：imagePullPolicy 和 imagePullSecret，分別指明映像檔拉取的策略和存取映像檔倉庫的憑證。

imagePullPolicy 決定了 kubelet 拉取映像檔的策略，該屬性缺失時，預設值為 IfNotPresent，kubelet 只會在本節點沒有所需映像檔時拉取。這種方法在多租戶環境下有潛在的安全隱憂，假設在 A 使用者的 Pod 拉取某映像檔後，同一個節點上 B 使用者的 Pod 也拉取了同一個映像檔，則因為映像檔已經存在，所以 B 使用者可能在沒有許可權的情況下使用了該映像檔。總之，在多租戶環境下必須讓 kubelet 每次都重新拉取映像檔，可參考以下 3 種做法。

（1）將 imagePullPolicy 設定為 Always，或該屬性存在且值為空，這樣 kubelet 總是拉取映像檔，無論映像檔在本機是否存在。

（2）在存取控制控制器（admission controller）中啟用 AlwaysPullImages 外掛程式，這是全域設定，不需要在每個 Pod 的 yaml 檔案中都設定 imagePullPolicy 屬性為 Always，它會強制每次建立新的 Pod 時都重新拉取映像檔。這對多租戶叢集的場景比較有幫助，可確保使用者的私有映像檔只能被有金鑰的 Pod 拉取。

（3）刪除 imagePullPolicy，映像檔沒有設定任何 Tag 或 Tag 為 latest，這樣可以迫使 kubelet 總是下載映像檔。注意：在生產環境下不應該使用 Tag 為 latest 的映像檔，因為 latest 映像檔經常被更新，很難追蹤使用映像檔的實際版本。

當 Kubernetes 從有許可權設定的映像檔倉庫中拉取映像檔時，需要提供使用者名稱和密碼等憑證（credential）來取得使用授權。管理員可設定 kubelet 節點與映像檔倉庫服務的認證，設定後所有 Pod 都能夠存取映像檔倉庫服務。

如果 Kubernetes 使用的是 Docker 容器執行時期，則使用者執行 "docker login" 指令登入 Harbor 映像檔倉庫後，可在 "$HOME/.dockercfg" 或 "$HOME/.docker/config.json" 檔案中儲存存取映像檔倉庫服務的憑證。如果把這些檔案複製到 Kubernetes 的工作節點（Worker Node）的對應目錄下，則 kubelet 會讀取相關憑證來拉取映像檔。在 Kubernetes 環境下，尤其是有自動擴充功能的叢集中，必須確定每個工作節點都設定了相同的憑證，否則會出現有些節點成功、有些節點失敗的問題。

當然，使用者也可以提前拉取需要的映像檔到每個工作節點中，所有 Pod 都可以使用快取在工作節點上的映像檔，需要每個節點的 root 許可權來提前拉取所需映像檔。這種做法在理論上可行，但實際操作太煩瑣和不靈活，不建議使用。

3. imagePullSecrets 屬性

比較上述採用 Docker 憑證的做法，另一種做法是使用 Kubernetes 的 Secret 資源儲存映像檔倉庫的憑證。在 Pod 設定檔的 imagePullSecrets 屬性中指定 Secret 的名稱，就能存取映像檔倉庫服務。在設定時，使用者可先建立一個類型為 docker-registry 的 Secret，指令如下：

```
$ kubectl create secret docker-registry myregistrykey  \
--docker-server=HARBOR_REGISTRY_SERVER --docker-username=HARBOR_USER \
--docker-password=HARBOR_PASSWORD --namespace default
```

如上指令中的大寫變數需要分別取代為 Harbor 服務的位址、使用者名稱和密碼。Kubernetes 中的 Secret 資源是綁定 namespace 的，其預設值為 default。如果 Pod 屬於其他 namespace，則需要把如上指令中的 default 改為對應的 namespace 名稱。每個需要拉取映像檔的 namespace 都要設定拉取的 Secret。

然後，使用者可以使用設定好的 Secret 建立一個 Pod，yaml 檔案如下：

```
apiVersion: v1
kind: Pod
metadata:
  name: app1
  namespace: harborapps
spec:
  containers:
    - name: app1
      image: goharbor/harborapps:v1
      imagePullPolicy: Always
  imagePullSecrets:
    - name: myregistrykey
```

如果想避免在部署每個 Pod 時指定 imagePullSecrets，則可設定 Pod 所在 namespace 的 default serviceaccount，使用 imagePullSecrets 來拉取映像檔，指令如下：

```
$ kubectl patch serviceaccount default --namespace <your_namespace> \
  -p '{"imagePullSecrets": [{"name": "myregistrykey"}]}'
```

在完成上述設定後，就可以在 Kubernetes 叢集中使用 Harbor 映像檔倉庫中的映像檔部署了。

3.6 常見問題

1. **如何尋找 Harbor 記錄檔？**

   Harbor 預設的記錄檔路徑為 "/var/log/harbor"，如果在安裝 Harbor 前修改了 harbor.yml 設定檔中的 log 選項及 local 記錄檔選項中的 location 欄位，則記錄檔路徑為 location 欄位所設定的路徑。Harbor 預設將記錄檔輸出到有 ".log" 副檔名的記錄檔中。

2. **基於離線安裝 Harbor，重新啟動機器後 Harbor 不可用，如何處理？**

   離線安裝套件基於 "docker-compose" 指令啟動各個容器。如果機器重新啟動，Docker 就會預設重新啟動在機器重新啟動之前執行的 container。由於不基於 "docker-compose" 指令啟動容器，就會導致諸多錯誤。解決的辦法是進入 Harbor 安裝目錄，使用 "docker-compose down -v" 及 "docker-compose up -d" 指令重新啟動 Harbor。上述指令需要每次重新啟動後使用，如果想徹底解決這種問題，則可考慮使用 systemd 服務，透過 "docker-compose" 指令控制 Harbor 的生命週期，實際可以參考 9.4 節。

3. **安裝成功後，Harbor 無法存取，如何解決？**

   首先需要檢視各個元件容器的狀態，看看是否有容器處於 restarting（重新啟動）狀態；然後需要檢視對應容器的記錄檔，做定向排除。如使用者使用了外接資料庫，但安裝時設定資訊有誤，就會導致各元件無法連接資料庫，進一步導致無法存取。

Chapter 04

OCI Artifact 的管理

1.4 節和 1.5 節分別介紹了 OCI 映像檔標準和 OCI 分發標準，並基於這兩個標準說明了 OCI Artifact（製品，後簡稱 Artifact）的建置、作用和建立方法。簡單地說，Artifact 指遵循 OCI 清單和 OCI 索引定義，能夠透過 OCI 分發標準發送和拉取的內容。Artifact 可把不同類型的資料封裝成類似「映像檔」的格式，進一步由支援 OCI 分發標準的倉庫服務管理，簡化了運行維護和部署的複雜度。

Harbor 2.0 和之前的版本相比，最大的改進是把映像檔管理功能推廣到所有 OCI Artifact，針對映像檔的主要功能，如存取控制、遠端複製、垃圾回收、保留策略、不可變映像檔等，都能夠在 Artifact 上應用。除了 Docker 映像檔，Harbor 2.0 還可處理 OCI 映像檔、映像檔列表、Helm Chart、OPA Bundle、CNAB（雲端原生應用套裝程式）等雲端原生 Artifact。

Harbor 2.0 的 Artifact 功能拓寬了使用場景，促進了更多創新的湧現。目前已經有使用者把機器學習的模型檔案轉化為 Artifact，並借助 Harbor 2.0 實現模型分發、存取控制和遠端複製等功能。有興趣的讀者可以關注 Harbor 公眾號的文章。

本章主要介紹 Harbor 實現 OCI 標準所使用的資料模型、API 介面和基本流程，並說明在 Harbor 中如何使用各種類型的 Artifact。

4.1 Artifact 功能的實現

本節介紹 Harbor 支援 Artifact 功能的資料模型和處理流程，讓讀者對 Artifact 的原理有進一步的了解。

4.1.1 資料模型

Harbor 2.0 對 4 種雲端原生 Artifact 做了內建的支援：容器映像檔、映像檔清單（索引）、Helm Chart 和 CNAB。這 4 種 Artifact 在管理介面上以對應的圖示（Icon）顯示，並且可展示每種 Artifact 詳細的資訊，如圖 4-1 所示。對於其他類別的 Artifact，Harbor 只顯示 OCI 的圖示，且僅展示 Artifact 基本的資訊，如類型和摘要等。

圖 4-1

為了實現對 Artifact 的支援，Harbor 2.0 進行了較多的重構，把 Artifact 大部分的中繼資料都儲存在本身的資料庫中，不再依賴後端的 Docker Registry 來管理。在對中繼資料控管的基礎上，Harbor 可實現更豐富的功能，對 Artifact 進行更精細的管理。重構後，Docker Registry 僅作為 Artifact 的物理儲存使用。

Harbor 管理 Artifact 的資料模型如圖 4-2 所示，該資料模型的屬性分為三種。

- 第 1 大類是直接對應 OCI 映像檔標準定義的屬性，如媒體類型（MediaType）、摘要（Digest）、大小（Size）、註釋（Annotaion）等。
- 第 2 大類是 Artifact 的一些附加屬性，是為方便 Harbor 管理而設定的。如 ExtraAttrs 是從不同類型的 Artifact 設定中讀取的內容，可包含系統結構、作業系統類型和版本、作者資訊等；PushTime 是 Artifact 被發送到 Harbor 的時間點；PullTime 是用戶端從 Harbor 最近一次拉取映像檔的時間點，可用來支援保留策略等功能。
- 第 3 大類是 Artifact 連結其他資料物件的屬性，便於搜尋和尋找資訊。如 ProjectID 描述 Artifact 所屬專案的唯一標識；RepositoryID 描述 Artifact 所屬倉庫的唯一標識；RepositoryName 描述 Artifact 所屬倉庫的名稱，便於透過名稱存取該倉庫；Tags 陣列儲存該 Artifact 上標記的 Tag 資訊；References 是參考（Reference）資料結構的陣列，儲存所有子 Artifact 透過摘要連結的資訊。

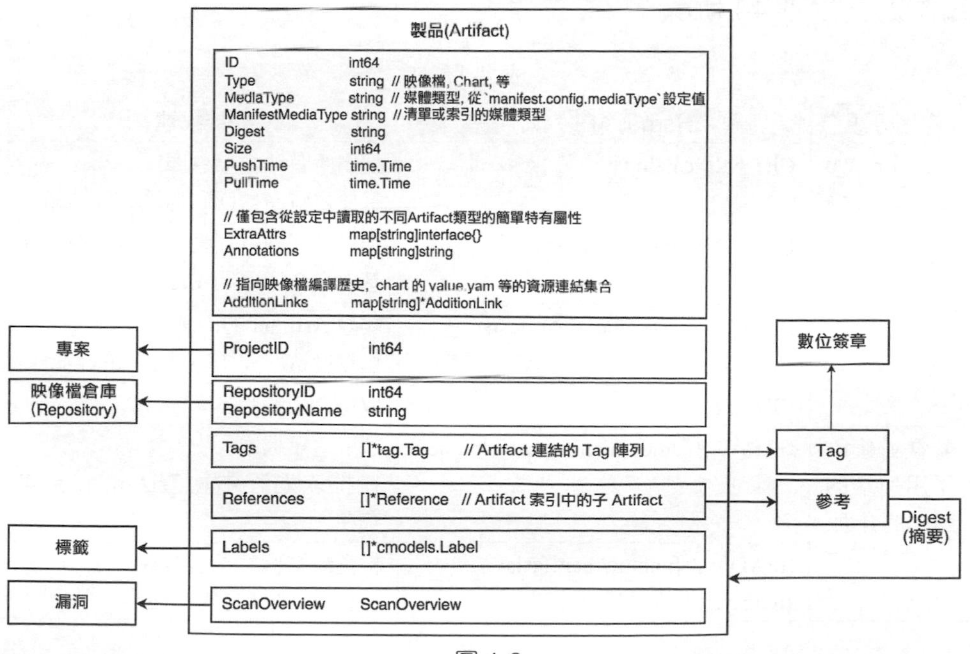

圖 4-2

基於上述資料模型，Harbor 2.0 實現了 OCI 分發標準定義的所有介面集。由於 Harbor 依據本身資料庫中的資料來管理 Artifact，所以相關的操作都會以資料庫為準。舉例來說：

- 當使用者發送 Artifact 時，即使 Artifact 已被成功上傳到 Docker Registry，如果該 Artifact 記錄沒有被寫入 Harbor 資料庫，Harbor 也會認為該次操作失敗；
- 當使用者刪除 Artifact 時，Harbor 只需把資料庫在 Artifact 中的記錄刪掉即可，即使 Artifact 此時在物理上依然存在於 Docker Registry 的儲存中，Harbor 也認為該 Artifact 已經不存在，後續拉取該 Artifact 的操作將失敗（注意：被刪除的 Artifact 會在垃圾回收的過程中從儲存中清除）。

因為 Harbor 直接控管了 Artifact 的中繼資料，在 OCI 分發標準介面的實現中，Harbor 根據需要採用了不同的方法：一部分介面是 Harbor 重新實現的；一部分介面截獲並修改了用戶端的請求，然後轉由 Docker Registry 來處理；還有一部分介面是 Harbor 直接轉發到後端 Docker Registry 的介面。實際介面的實現方式如表 4-1 所示。

表 4-1

介面分類	Harbor API 介面	功能描述
Harbor 2.0 重新實現的介面	GET /v2/_catalog	列出所有映像檔倉庫 基於資料庫傳回映像檔倉庫清單
	GET /v2/{name}/tags/list	列出某個映像檔倉庫下的所有 Tag 基於資料庫傳回 Tag
	DELETE /v2/{name}/manifests/{reference}	刪除 Artifact 的清單 直接從資料庫中刪除 Artifact 記錄
	GET /v2/	取得介面的版本
截獲並修改了用戶端的請求的介面	GET /v2/{name}/manifests/{reference}	拉取清單檔案 在拉取過程中檢查 Artifact 是否存在
	HEAD /v2/{name}/manifests/{reference}	檢查清單檔案是否存在 檢查 Artifact 是否存在

介面分類	Harbor API 介面	功能描述
直接轉發到後端 Docker Registry 的介面	PUT /v2/{name}/manifests/{reference}	發送清單
	GET /v2/{name}/blobs/{digest}	拉取映像檔層
	HEAD /v2/{name}/blobs/{digest}	檢查映像檔層是否存在
	POST /v2/{name}/blobs/uploads/	開始發送映像檔層
	GET /v2/{name}/blobs/uploads/{uuid}	取得發送狀態
	PUT /v2/{name}/blobs/uploads/{uuid}	整體發送
	PATCH /v2/{name}/blobs/uploads/{uuid}	分層發送
	DELETE /v2/{name}/blobs/uploads/{uuid}	取消發送
	DELETE /v2/{name}/blobs/{digest}	刪除映像檔層

4.1.2 處理流程

Artifact 的處理功能主要由 Core 元件中的 Artifact 控制器實現，相關元件如圖 4-3 所示。Artifact 控制器負責控管 Artifact 操作的主要流程；Artifact 管理員透過資料庫存取介面（DAO）實現對資料庫的操作，所有 Artifact 的中繼資料都必須透過 Artifact 管理員讀寫資料庫；Artifact 中繼資料處理器（Processor）負責處理不同類型的 Artifact 所特有的屬性，每種 Artifact 都實現了其本身的資料處理邏輯。目前 Harbor 有 5 種類型的中繼資料處理器：映像檔、映像檔列表、Helm Chart、CNAB 和 Default（預設類型）。Artifact 的資料被儲存在 Docker Registry 中，由 Registry 驅動器負責與 Docker Registry 互動，如讀取 Blob 資料等。Artifact 控制器還會呼叫 Tag 控制器取得 Tag 的資訊和簽名資訊。

在 Harbor 中有兩大類 API 會呼叫到 Artifact 控制器：Registry V2 API 和 Artifact API。這兩種 API 分別由 Registry V2 API 處理器和 Artifact API 處理器負責回應，下面介紹這兩個伺服器回應 Artifact 相關請求的流程（假設請求已經通過許可權、配額等中介軟體的檢查）。

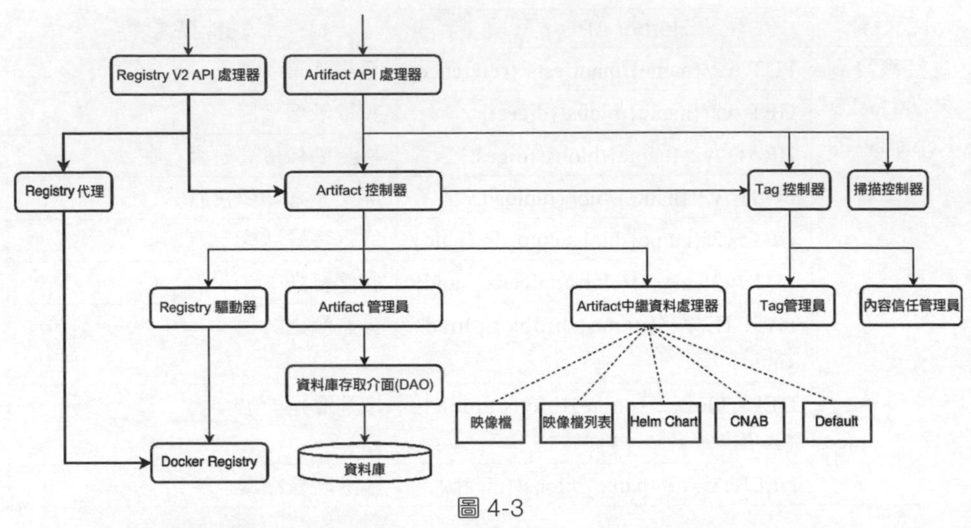

圖 4-3

1. 發送 Artifact

在使用者的用戶端向 Harbor 發送 Artifact 時，Artifact 首先到達 Registry V2 API 處理器，然後經由 Registry 代理儲存到後端倉庫服務 Docker Registry 中。如果操作成功，Registry V2 API 處理器則會觸發 Artifact 控制器去分析對應 Artifact 的中繼資料。

在分析中繼資料時，Artifact 控制器首先呼叫倉庫服務驅動器（Registry 驅動器）拉取 Artifact 的清單（Manifest），分析清單中的通用資訊並將其作為中繼資料的第 1 部分；然後透過清單中的 mediaType（媒體類型）屬性，尋找系統中已註冊的不同類型的 Artifact 中繼資料處理器，包含映像檔、映像檔列表、Helm Chart、CNAB 等 Artifact 中繼資料處理器。如果沒有找到 Artifact 對應的中繼資料處理器，則使用系統預設（Default）的中繼資料處理器。不同類型的中繼資料處理器會根據各自的 Artifact 類型分析所需的資訊（系統預設的中繼資料處理器只會分析 Artifact 類型的資訊）作為中繼資料的第 2 部分。在中繼資料分析完成後，Artifact 控制器呼叫 Artifact 管理員經由資料庫存取介面（DAO）將資料持久化到資料庫中。如果發送的 Artifact 有連結的 Tag，則 Tag 資訊會被持久化到資料庫的 Tag 表中，並連結 Artifact 的記錄。最後，

Registry V2 API 處理器將 Artifact 發送成功的回應發送回使用者的用戶端，完成 Artifact 的發送過程。

2. 拉取 Artifact

當使用者的用戶端透過 Registry API 拉取 Artifact 時，該拉取請求首先到達 Registry V2 API 處理器，Registry V2 API 處理器會透過 Artifact 控制器檢查要拉取的 Artifact 是否存在於資料庫中（比對 Tag 或摘要），如果不存在，則直接傳回錯誤；如果存在，則該拉取請求會被 Registry 代理轉發到後端的倉庫服務，由倉庫服務回應。

3. 取得 Artifact 資訊

當使用者請求 Harbor API 取得 Artifact 資訊時，使用者的請求會先到達 Artifact API 處理器，Artifact API 處理器呼叫 Artifact 控制器去取得 Artifact 的基本資訊，這些基本資料包含由 Artifact 管理員從資料庫讀取的中繼資料，以及透過 Artifact 中繼資料處理器取得的 Addition（每種 Artifact 的特有資源）支援列表。如果在使用者的請求中包含傳回 Tag 和簽名資訊，則 Artifact 控制器還會透過 Tag 控制器經由 Tag 管理員和內容資訊管理員分別取得 Tag 資訊和所對應的簽名資訊。如果在使用者的請求中包含傳回 Artifact 的掃描結果，則 Artifact API 處理器會透過呼叫掃描控制器取得 Artifact 的掃描資訊，最後 Artifact API 處理器將取得的所有資訊組成完整的 Artifact 資料結構傳回給使用者。

4. 刪除 Tag

當使用者透過 Harbor API 刪除 Artifact 連結的某個 Tag 時，請求首先到達 Artifact API 處理器，Artifact API 處理器呼叫 Tag 控制器，再經由 Tag 管理員直接在資料庫中刪除此 Tag，並傳回刪除結果。

5. 刪除 Artifact

當使用者透過 Harbor API 刪除某個 Artifact 時，請求首先到達 Artifact API 處理器，Artifact API 處理器呼叫 Artifact 控制器，再經由 Artifact 管理員將此

Artifact 在資料庫中刪除，並傳回刪除結果。這裡，Artifact 的物理儲存空間並沒有被釋放，真正的 Artifact 刪除要依靠垃圾回收來完成。

4.2 映像檔及映像檔索引

Harbor 2.0 不僅支援傳統映像檔的發送和拉取，也支援 OCI 特有的操作，如映像檔索引等。OCI 映像檔索引支援不同的作業系統及系統結構平台，其核心思維是將在不同作業系統中產生的映像檔合併為一個映像檔索引儲存在映像檔倉庫服務中，這樣做的好處是用戶端無須關心實際作業系統的類型，可以使用統一的映像檔名稱來拉取映像檔。如 Docker Hub 映像檔倉庫中著名的映像檔都是以映像檔索引的形式儲存的。如圖 4-4 所示，以 DockerHub 中的 Redis 映像檔索引為例，用戶端程式可以在不同的作業系統平台上執行 "docker pull redis" 指令拉取 Redis 映像檔，無須指定作業系統映像檔。

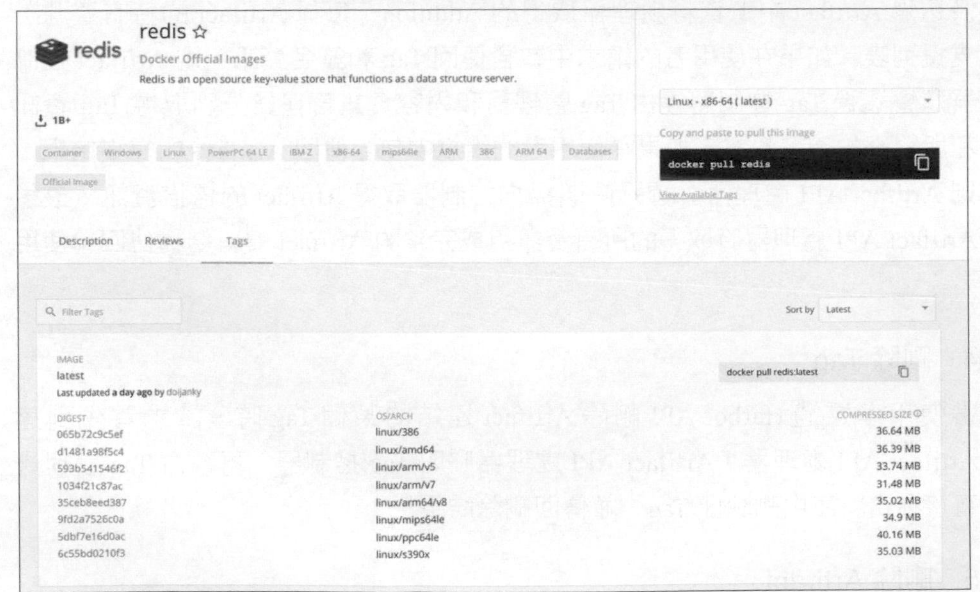

圖 4-4

使用者可以透過 "docker" 指令建立映像檔索引，並且將其發送到 Harbor 中。

假設 Harbor 伺服器的位址為 192.168.1.3，以 hello-world 映像檔為例，如果使用者想支援 AMD64 和 ARM 系統結構下的 Linux 作業系統，則首先需要將 ARM 和 AMD64 下的映像檔發送到 Harbor 中：

```
$ docker push 192.168.1.3/library/hello-world-amd64-linux:v1
$ docker push 192.168.1.3/library/hello-world-arm-linux:v1
```

然後透過 "docker manifest" 指令建立映像檔索引：

```
$ export DOCKER_CLI_EXPERIMENTAL=enabled
$ docker manifest create 192.168.1.3/library/hello-world:v1 \
  192.168.1.3/library/hello-world-arm-linux:v1 \
  192.168.1.3/library/hello-world-amd64-linux:v1
```

接著透過 "annotate" 子指令指定映像檔索引中映像檔對應的系統結構：

```
$ docker manifest annotate 192.168.1.3/library/hello-world:v1 \
  192.168.1.3/library/hello-world-arm-linux:v1  --arch arm
$ docker manifest annotate 192.168.1.3/library/hello-world:v1 \
  192.168.1.3/library/hello-world-amd64-linux:v1  --arch amd64
```

最後將映像檔索引發送到 Harbor 中：

```
$ docker manifest push 192.168.1.3/library/hello-world:v1
```

使用者可以透過 "docker inspect" 指令檢視映像檔索引資訊。Harbor 提供了檢視映像檔索引的圖形管理介面，使用者點擊「資料夾」圖示便可檢視映像檔索引中的各個子映像檔，如圖 4-5 和圖 4-6 所示。

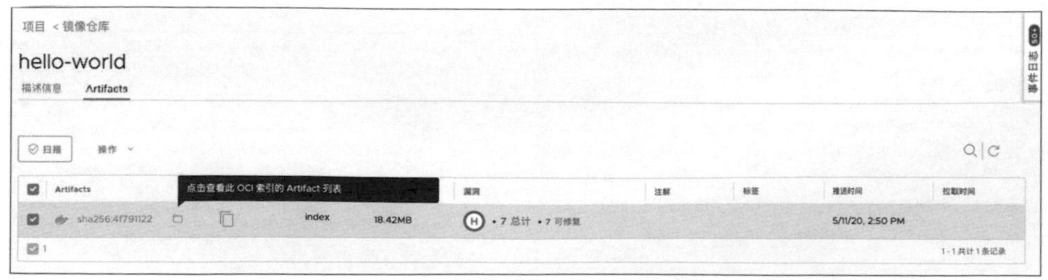

圖 4-5

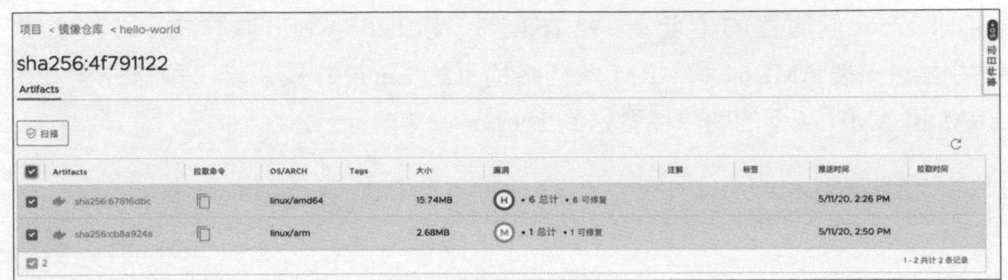

圖 4-6

使用者可以點擊「掃描」按鈕來掃描映像檔索引存在的安全性漏洞；也可以點擊「拉取指令」圖示快速產生拉取該映像檔索引的實際 "docker pull" 指令；還可以點擊「操作」按鈕，給映像檔索引「增加標籤」，將映像檔索引「複製」到其他 Harbor 專案中，或刪除選取的映像檔索引。「複製摘要」按鈕用於複製 SHA256 格式的摘要字串。

映像檔標籤（Label）的管理介面，如圖 4-7 和圖 4-8 所示。

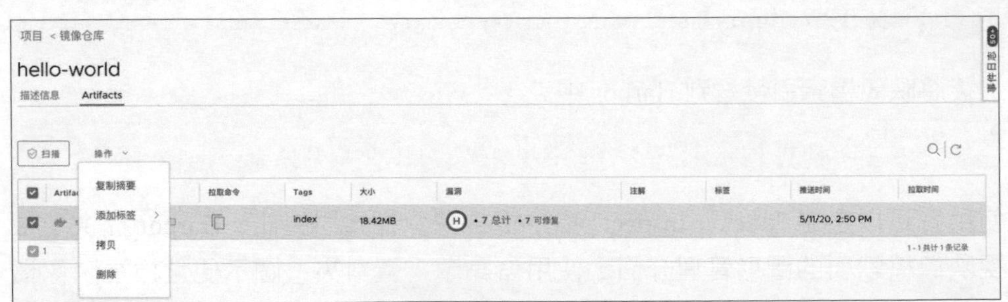

圖 4-7

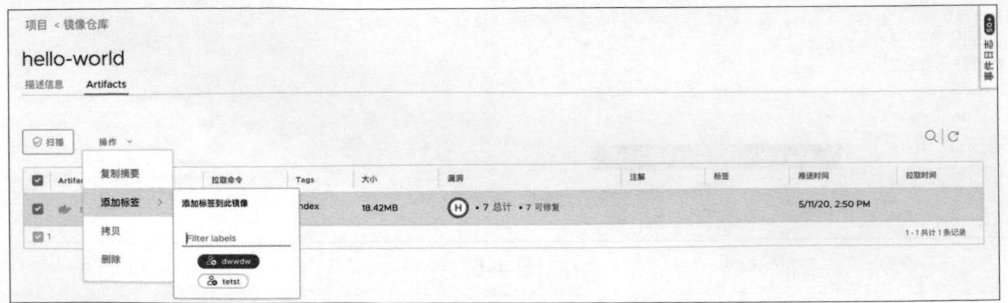

圖 4-8

使用者還可以透過圖形管理介面檢視和管理映像檔索引的 Tag，檢視映像檔索引的漏洞掃描結果，如圖 4-9 所示。

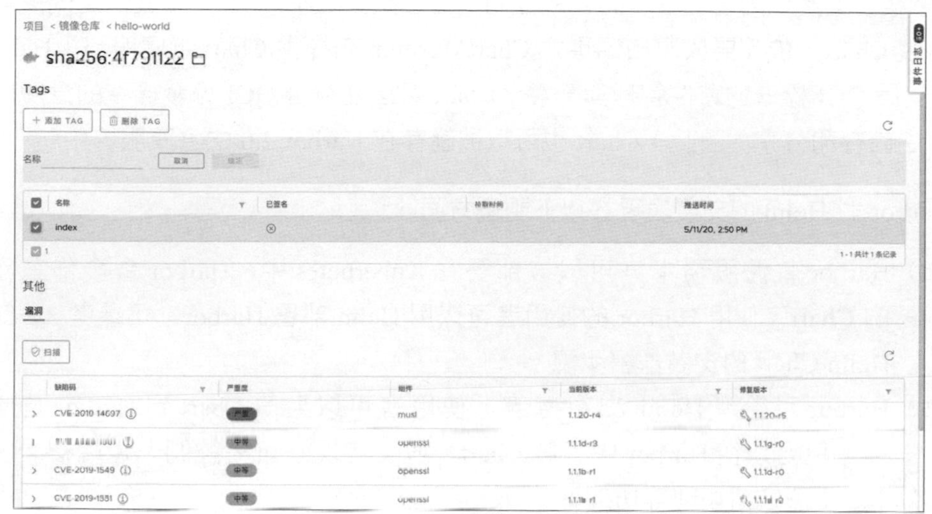

圖 4-9

4.3 Helm Chart

Helm 是 Kubernetes 生態系統中的軟體套件管理工具，類似 Ubuntu 下的 "apt-get" 指令或 macOS 下的 "homebrew" 指令。Helm 支援對以 Kubernetes 開發為基礎的應用進行包裝、分發、安裝、升級及回復等操作，相關概念和術語如表 4-2 所示。

表 4-2

術　語	說　明
Chart	Helm 的包裝格式，內部包含了一組相關的 Kubernetes 資源。
Config	包含能夠產生可發佈實例 Chart 的設定資訊。
Release	指使用 "helm" 指令在 Kubernetes 叢集中部署 Chart 的實例，通常與特定的 Config 對應。
Repository	Helm 的軟體倉庫，本質上是一個 Web 伺服器，儲存了 Chart 套件以供下載，提供了 Chart 套件的清單檔案以供查詢。"helm" 指令可以對接多個不同的 Repository。

Helm 於 2020 年 4 月底升級為 CNCF 畢業級專案，大約有 70% 的 Kubernetes 使用者在使用 Helm。Harbor 在 1.6.0 版本中開始支援對 Chart 的管理，透過「專案」支援以角色為基礎的存取控制，並且支援在不同 Harbor 實例之間遠端複製 Chart，依賴開放原始碼專案 ChartMuseum 來提供 Chart 倉庫服務。Helm 3 支援 OCI 標準的套件管理與分發，Chart 可以在符合 OCI 分發標準的倉庫服務中儲存和分享。因此，Chart 也可以被儲存在 Harbor 2.0 的倉庫服務中。

Harbor 對 Helm 的支援表現在以下兩個方面。

（1）Harbor 軟體服務本身可以被部署在 Kubernetes 中，Harbor 會發佈對應的 Chart，使用 Harbor 的使用者可以用 Helm 部署 Harbor，可參考 3.2 節 Helm Chart 的安裝部署步驟。

（2）Harbor 可管理 Helm Chart 檔案。使用者可以上傳 Chart 到 Harbor 倉庫中，也可以從 Harbor 中下載 Chart，並可實現許可權控制、遠端複製、Tag 生命週期管理等功能。

本節主要說明 Helm Chart 作為 Artifact 在 Harbor 中的管理方法。

4.3.1 Helm 3

在 Helm 發展過程中主要有兩個版本：Helm 2 和 Helm 3。Helm 2 是個用戶端 - 伺服器架構，用戶端叫 Helm，伺服器端叫 Tiller。如圖 4-10 所示，使用者透過用戶端命令列與 Tiller、Chart 倉庫服務互動，以執行安裝、升級、刪除等操作。Tiller 負責與 Kubernetes API 伺服器互動，將 Helm 範本檔案解析成 Kubernetes 叢集能識別和執行的 Kubernetes 清單檔案。

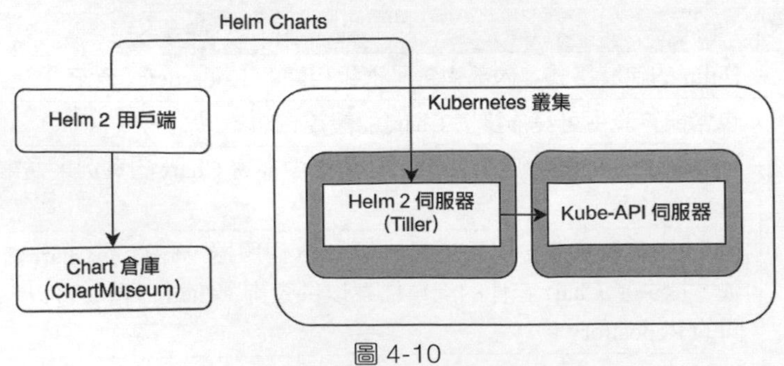

圖 4-10

Helm 3 為純用戶端架構，用戶端仍然是 Helm，與 Helm 2 操作極其類似，但是 Helm 3 直接與 Kubernetes API 伺服器互動，無須 Tiller 中轉請求，如圖 4-11 所示。刪除 Tiller 最大的好處是安全性增強，Helm 3 存取 Kubernetes 叢集的許可權和 kubectl 類似，透過 kubeconfig 檔案設定，基於使用者指定許可權。同時，刪除 Tiller 可簡化安裝和部署流程，使用者無須初始化 Helm。

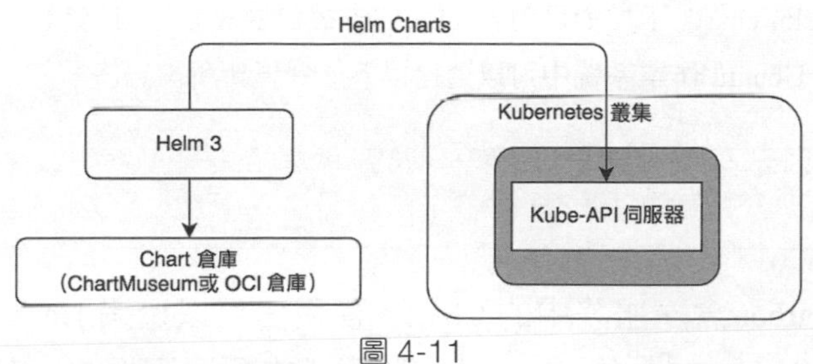

圖 4-11

Helm 3 儘量確保對 Helm 2 介面對前相容，能夠支援 Helm 2 執行的 Chart，但是也有不完全相容的情況。舉例來說，Helm 3 需要透過參數 "--generate-name" 顯性地指定 "Release" 名稱，而非預設自動產生；Helm 3 在建立 Release 時不再自動建立 Namespace，使用者需要提前建立 Namespace，等等。Helm 社區也推出外掛程式 helm-2to3，專門幫助使用者從 Helm 2 遷移到 Helm 3，並鼓勵使用者使用 Helm 3。本章不再對 Helm 2 做詳細介紹，注重說明 Helm 3 及其與 Harbor 2.0 之間的互動。

Helm 3 由 Helm client 和 Helm library 兩部分組成，用 Go 語言實現。Helm library 負責呼叫 Kubernetes client library 來執行 Helm 操作，結合 Chart 和 Config 產生 release，在 Kubernetes 叢集中安裝、升級或移除應用。Helm client 主要負責本機 Chart 的開發，管理 Chart 倉庫和版本，與 Helm library 互動。

Helm 3 支援 OCI 分發標準，可將 Chart 作為 Artifact 來管理。目前 Helm 3 對 OCI 的支援是試驗性的，需要設定環境變數 HELM_EXPERIMENTAL_OCI 為 1 才能使用。Helm 3 提供 "registry" 子指令來登入 OCI 倉庫服務，使用者可以透過以下操作與 Harbor 2.0 倉庫服務互動。以使用者上傳 Chart 為例，Helm 需要登入 Harbor 倉庫服務：

```
$ helm registry login -u admin 192.168.1.3
```

假設使用者的 Chart 被儲存在目錄 "harbor-helm-1.3.1" 下，則使用者需要執行以下指令將 Chart 發送到 Harbor 倉庫服務中：

```
$ helm chart save harbor-helm-1.3.1/ 192.168.1.3/library/harbor-helm:1.3.1
$ helm chart push 192.168.1.3/library/harbor-helm:1.3.1
```

注意："helm chart" 子指令目前對 TLS 的支援需要設定系統憑證，以信任倉庫服務的憑證。在 Ubuntu 作業系統中可以透過以下指令更新所需憑證：

```
$ sudo cp "harbor cert" /usr/local/share/ca-certificates/
$ sudo update-ca-certificates
```

對於上傳到 Harbor 倉庫服務中的 Chart，使用者可以透過 Harbor 圖形管理介面進行管理。Harbor 提供的 Chart 功能除了不支援漏洞掃描，其他功能與 4.2 節中管理映像檔的功能一致。使用者可以管理 Tag 及檢視 Chart 的屬性。Chart 的詳情介面如圖 4-12 所示。

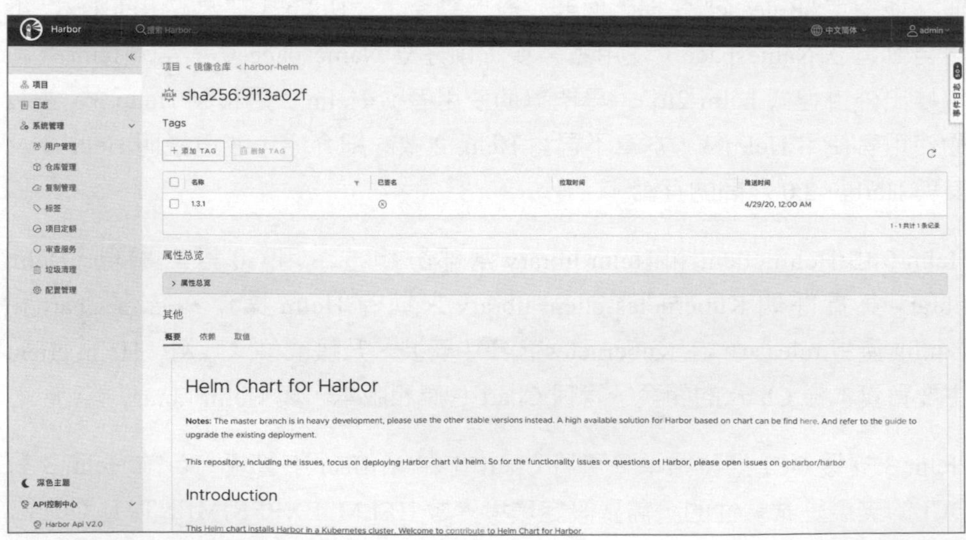

圖 4-12

使用者在 Harbor 圖形管理介面可以複製 Chart 到其他 Harbor 專案中，也可以刪除 Chart 或增加標籤等。Chart 的操作介面如圖 4-13 所示。

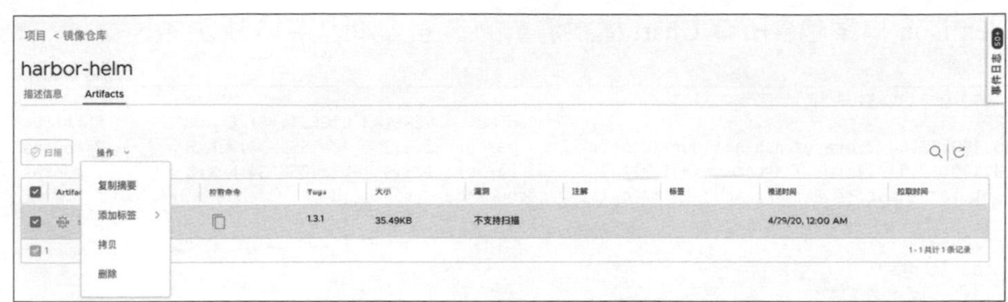

圖 4-13

使用者可以透過點擊「拉取指令」圖示，將 "helm chart pull" 的詳細指令複製並貼上到命令列，即可拉取 Chart：

```
$ helm chart pull 192.168.1.3/library/harbor-helm@sha256:9113a02fab4b9c2a7
bae96747dd4548ceaaeffe2857e8206f4fa783da5e0e590
```

注意：指令中使用的是 Artifact 的摘要。使用者也可以透過對應的 Tag 來拉取 Chart。如在以上範例中，可以使用以下指令拉取相同的 Chart：

```
$ helm chart pull 192.168.1.3/library/harbor-helm:1.3.1
```

在拉取 Chart 後，下載好的 Chart 並沒有被儲存於目前的目錄下，這是因為 Helm 將該 Chart 作為快取儲存到了檔案系統中。Chart 檔案是按照 OCI 映像檔標準的目錄結構儲存在本機快取中的，以 Ubuntu 作業系統為例，Chart 的本機存放區結構如圖 4-14 所示。

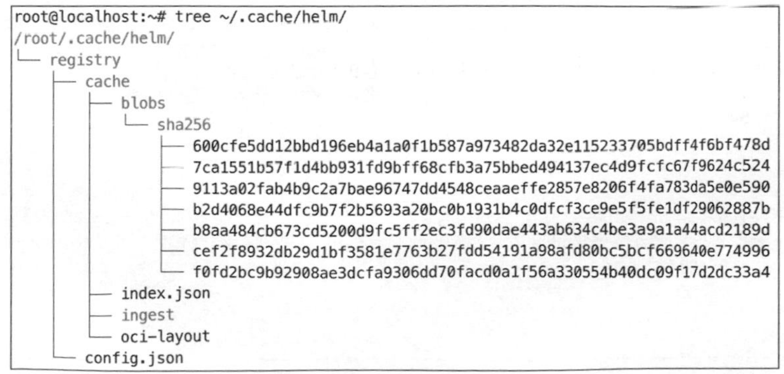

```
root@localhost:~# tree ~/.cache/helm/
/root/.cache/helm/
└── registry
    ├── cache
    │   ├── blobs
    │   │   └── sha256
    │   │       ├── 600cfe5dd12bbd196eb4a1a0f1b587a973482da32e115233705bdff4f6bf478d
    │   │       ├── 7ca1551b57f1d4bb931fd9bff68cfb3a75bbed494137ec4d9fcfc67f9624c524
    │   │       ├── 9113a02fab4b9c2a7bae96747dd4548ceaaeffe2857e8206f4fa783da5e0e590
    │   │       ├── b2d4068e44dfc9b7f2b5693a20bc0b1931b4c0dfcf3ce9e5f5fe1df29062887b
    │   │       ├── b8aa484cb673cd5200d9fc5ff2ec3fd90dae443ab634c4be3a9a1a44acd2189d
    │   │       ├── cef2f8932db29d1bf3581e7763b27fdd54191a98afd80bc5bcf669640e774996
    │   │       └── f0fd2bc9b92908ae3dcfa9306dd70facd0a1f56a330554b40dc09f17d2dc33a4
    │   ├── index.json
    │   ├── ingest
    │   └── oci-layout
    └── config.json
```

圖 4-14

index.json 檔案包含所有 Chart 檔案清單的參考，如圖 4-15 所示。

```
root@localhost:~# helm chart list
REF                                             NAME    VERSION DIGEST  SIZE     CREATED
10.199.17.64/library/cnab-helloworld:helm       harbor  1.3.1   7ca1551 34.7 KiB 2 months
10.199.17.64/library/harbor-helm:1.3.1          harbor  1.3.1   b2d4068 34.6 KiB 2 months
root@localhost:~# cat ~/.cache/helm/registry/cache/index.json | jq
{
  "schemaVersion": 2,
  "manifests": [
    {
      "mediaType": "application/vnd.oci.image.manifest.v1+json",
      "digest": "sha256:9113a02fab4b9c2a7bae96747dd4548ceaaeffe2857e8206f4fa783da5e0e590",
      "size": 323,
      "annotations": {
        "org.opencontainers.image.ref.name": "10.199.17.64/library/harbor-helm:1.3.1"
      }
    },
    {
      "mediaType": "application/vnd.oci.image.manifest.v1+json",
      "digest": "sha256:f0fd2bc9b92908ae3dcfa9306dd70facd0a1f56a330554b40dc09f17d2dc33a4",
      "size": 323,
      "annotations": {
        "org.opencontainers.image.ref.name": "10.199.17.64/library/cnab-helloworld:helm"
      }
    }
  ]
}
```

圖 4-15

檢視其中一個清單檔案的實際內容，如圖 4-16 所示，可以看到，chart.yaml 是以 "application/vnd.cncf.helm.config.v1+json" 的媒體類型儲存的，整個 Chart 是按照 application/tar+gzip 的格式作為 layer 儲存的。

```
root@localhost:~# cat ~/.cache/helm/registry/cache/blobs/sha256/9113a02fab4b9c2a7bae96747dd
4548ceaaeffe2857e8206f4fa783da5e0e590 | jq
{
  "schemaVersion": 2,
  "config": {
    "mediaType": "application/vnd.cncf.helm.config.v1+json",
    "digest": "sha256:cef2f8932db29d1bf3581e7763b27fdd54191a98afd80bc5bcf669640e774996",
    "size": 541
  },
  "layers": [
    {
      "mediaType": "application/tar+gzip",
      "digest": "sha256:b2d4068e44dfc9b7f2b5693a20bc0b1931b4c0dfcf3ce9e5f5fe1df29062887b",
      "size": 35480
    }
  ]
}
```

圖 4-16

我們可以透過 "helm chart export" 指令將快取中的 Chart 匯出到目前的目錄，也可以透過 "helm chart remove" 指令刪除某個 Chart 的快取：

```
$ helm chart export 192.168.1.3/library/cnab-helloworld:helm
$ helm chart remove 192.168.1.3/library/cnab-helloworld:helm
```

4.3.2 ChartMusuem 的支援

由於 Helm 3 支援 OCI 倉庫服務的功能還處於實驗階段，所以大多數使用者還在使用 ChartMuseum 倉庫服務。Harbor 2.0 在設計時保留了以 ChartMuseum 為基礎的倉庫服務，這樣不僅支援舊版本的 Harbor 平滑升級到 Harbor 2.0，還給使用者留了緩衝時間，將 Chart 從 ChartMuseum 傳輸到 OCI 倉庫服務。

Harbor 的 ChartMuseum 服務提供了圖形管理介面來管理 Chart，進入一個 Harbor 專案，點擊 "Helm Charts" 頁面，可以檢視 Chart 清單及每個 Chart 的名稱、狀態、版本數量、建立時間。可以點擊「下載」按鈕拉取 Chart 到本機，也可以點擊「刪除」按鈕刪除選取的 Chart，如圖 4-17 所示。

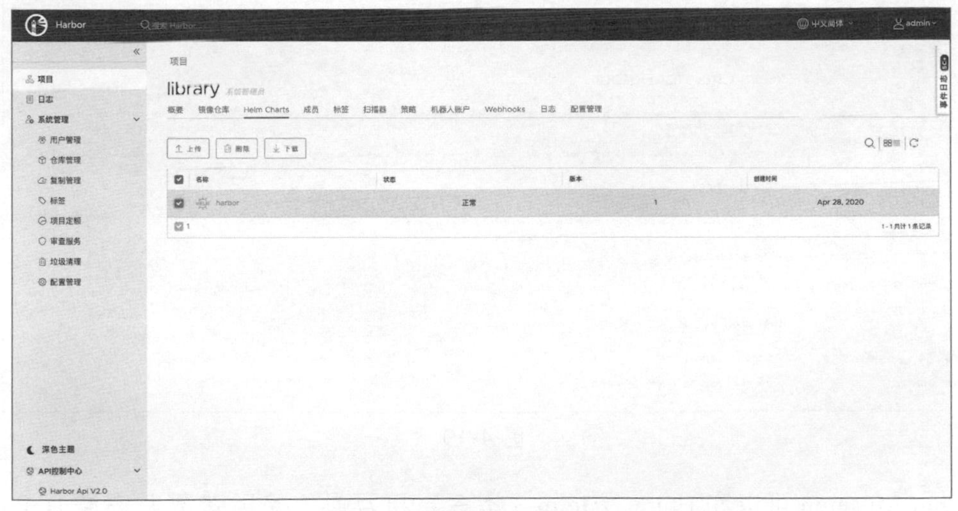

圖 4-17

如果要上傳新的 Chart 檔案到 Harbor，則點擊「上傳」按鈕，會快顯視窗讓使用者從本機檔案系統中選擇 Chart 檔案，如果該 Chart 檔案被簽名，則可以從本機檔案系統中選擇出處（Provenance）檔案。點擊「上傳」按鈕，將 Chart 發送到 Harbor 的 ChartMuseum 中。出處檔案包含 Chart 的 YAML 檔案及驗證資訊（Chart 套件的簽名、整體檔案的 PGP 簽名），支援 Helm 對 Chart 的一致性驗證，如圖 4-18 所示。

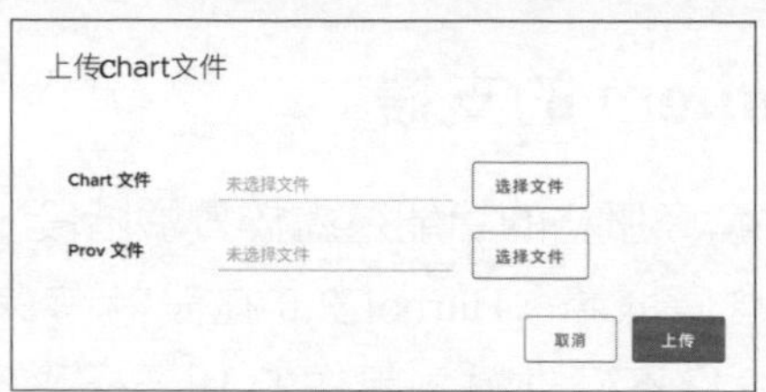

圖 4-18

使用者可以點擊 Chart 版本檢視該 Chart 的概要介紹、依賴資訊及取對應值檔案（values.yaml）的詳細內容，如圖 4-19 所示。

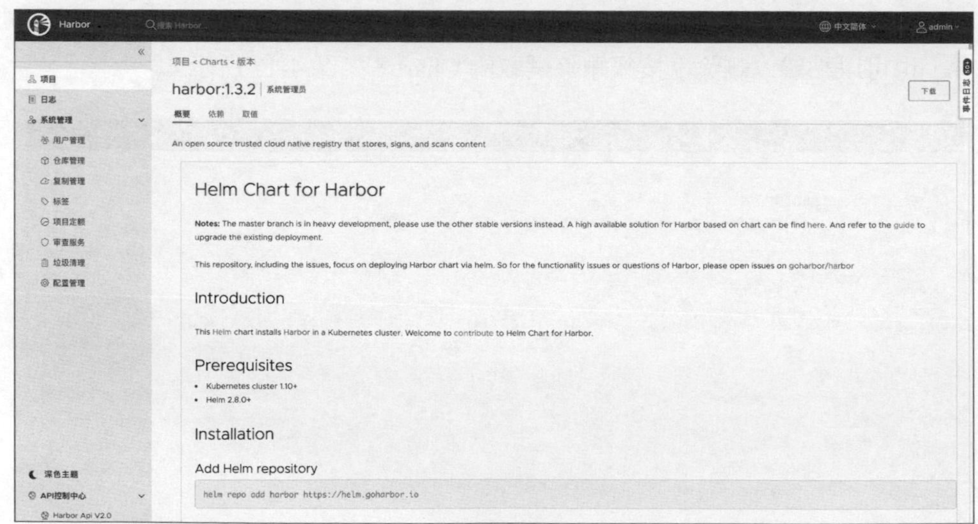

圖 4-19

ChartMuseum 可以和 Helm 2/Helm 3 指令直接互動，使用者需要安裝 Helm v2.9.1 及以上版本。檢視 Helm 的版本：

```
$ helm version （Helm 2檢視版本指令所傳回的結果）
#Client: &version.Version{SemVer:"v2.9.1", GitCommit:"20adb27c7c5868466912eeb
```

```
df6664e7390ebe710", GitTreeState:"clean"}
#Server: &version.Version{SemVer:"v2.9.1", GitCommit:"20adb27c7c5868466912eeb
df6664e7390ebe710", GitTreeState:"clean"}

$ helm version （Helm 3檢視版本指令所傳回的結果）
version.BuildInfo{Version:"v3.1.2", GitCommit:"d878d4d45863e42fd5cff6743294a1
1d28a9abce", GitTreeState:"clean", GoVersion:"go1.14"}
```

使用者需要透過 "helm repo add" 指令將 ChartMuseum 加入本機的 Repository 列表中：

```
$ helm repo add --ca-file ca.crt --username=admin --password=<password>
myrepo https://192.168.1.3/chartrepo
```

使用者也可以把某個專案加入 Repository 列表中，這樣透過 "helm" 指令就只能拉取該專案內的 Chart 檔案了：

```
$ helm repo add --ca-file ca.crt --username=admin --password=<password>
myrepo https://192.168.1.3/chartrepo/myproject
```

然後，使用者可以透過 "helm install" 指令安裝 Chart 到 Kubernetes 叢集：

```
$ helm install --ca-file=ca.crt --username=admin --password=<password>
--version 0.1.10 myrepo/chart_repo/hello-helm
```

4.3.3 ChartMuseum 和 OCI 倉庫的比較

Harbor 2.0 同時支援兩種 Chart 儲存方式，這兩種方式的對比如表 4-3 所示。

OCI 分發標準正在進一步增強，OCI 倉庫服務在未來會成為主流，建議使用者使用 OCI 方式的 Chart。將 Chart 從 ChartMuseum 的倉庫服務遷移到 OCI 倉庫的過程不是特別複雜，使用者只需要進行 3 步驟操作即可完成：

（1）透過 "helm fetch" 指令將該 Chart 從 ChartMuseum 拉取到本機；
（2）透過 "helm chart save" 指令將該 Chart 儲存為本機快取；
（3）透過 "helm chart push" 指令將該 Chart 發送到 OCI 倉庫中。

表 4-3

項　目	ChartMusuem	OCI 倉庫
儲存格式	把 Chart 的壓縮格式 tgz 儲存在後端服務中	把 Chart 作為 Artifact 的 Blob 儲存在後端服務中
Helm 支援版本	Helm 2、Helm 3	Helm 3（需設定 HELM_EXPERIMENTAL_OCI 環境變數）

上傳	$ helm push mychart/ chartmuseum_url
	可以透過 Harbor 圖形管理介面操作
		$ helm registry login -u admin <registry_URL>
		$ helm chart save <chart_dir> <registry_URL>/library/helloworld:v1
		$ helm chart push <registry_URL>/library/helloworld:v1

下載	$ helm pull [chart URL | repo/chartname] [...] [flags] 可以透過 Harbor 圖形管理介面操作	$ helm chart pull <registry_URL>/library/mychart:dev
安裝	$ helm repo add harbor https://helm.goharbor.io $ helm install --name my-release harbor/harbor（Helm 2）	需要下載到本機安裝，目前不支援 repo
從 Kubernetes 環境下刪除部署的 Chart	$ helm delete --purge my-release（Helm 2） $ helm uninstall harbor my-release（Helm 3）	與 ChartMuseum 相同

4.4 雲端原生應用套裝程式 CNAB

CNAB（Cloud Native Application Bundle，雲端原生應用套裝程式）是一種用於包裝和執行分散式應用程式的開放原始碼標準，促進了容器應用程式及其耦合服務的綁定、安裝和管理。CNAB 的設計思維是對下層基礎架構透明，沒有廠商鎖定；可輕鬆地跨團隊、組織和市場發佈應用，甚至離線共用；使用者可以對 CNAB 加密簽名、證明和驗證以確保來源可靠。

目前，CNAB 用戶端有許多開放原始碼專案可供選擇，整體還是一個不斷演進的狀態。使用者可以使用 cnab-to-oci、Porter 或 Docker App 與 Harbor 互動，將 CNAB 發送到 Harbor 中。本節主要描述 Harbor 2.0 中與 CNAB 相關的操作步驟，僅簡要說明 3 種工具的使用方法。

（1）cnab-to-oci 工具是使用 OCI 倉庫分享 CNAB 的參考實現，實際的操作如下。複製程式庫：

```
$ git clone https://github.com/cnabio/cnab-to-oci.git
```

執行以下指令編譯程式（編譯完成後，二進位檔案在 "bin/cnab-to-oci" 中）：

```
$ make
```

將 CNAB 類型的 Artifact 發送到 Harbor 倉庫中，名稱為 "library/cnab-helloworld: cnab"：

```
$ ./bin/cnab-to-oci push examples/helloworld-cnab/bundle.json -t 192.168.1.3/
library/cnab-helloworld:cnab --auto-update-bundle
```

在發送指令中，由於目前 "cnab-to-oci" 指令存在一個問題，所以必須增加 "--auto-update-bundle" 參數。

從 Harbor 倉庫中拉取 CNAB 類型的 Artifact：

```
$ ./bin/cnab-to-oci pull 192.168.1.3/library/cnab-helloworld:cnab
```

（2）Porter 以 CNAB 標準提供了宣告式的體驗，使用步驟如下。
安裝 Porter：

```
$ curl https://cdn.porter.sh/latest/install-linux.sh | bash
```

設定環境變數 PATH：

```
$ export PATH=$PATH:~/.porter
```

產生初始範本指令，該指令會產生 dockerfile.tmpl、helpers.sh、porter.yaml、README.md 這 4 個檔案：

```
$ porter create
```

修改 porter.yaml 檔案中的設定，使其指向 Harbor：

```
tag: 192.168.1.3/library/porter-hello:v0.1.0
```

發送到 Harbor 倉庫：

```
$ porter publish
```

（3）Docker App 是一個 CNAB 的架構，實際指令如下。

- 安裝 Docker App："docker app" 子指令是一個實驗性的功能，需要在 config.json 檔案中將 experiment 值改為 "enabled"。如果 Docker 是 19.03.0 之前的版本，則需要單獨安裝 Docker App。
- 複製 Docker App 程式：

```
$ git clone https://github.com/docker/app
```

- 以程式庫中的 "app/examples/hello-world" 為例，使用者可以將編譯好的 CNAB 檔案發送到 Harbor 中：

```
$ docker app push hello-world.dockerapp --tag 192.168.1.3/library/hello-
world:dev
```

- 從 Harbor 倉庫中拉取 CNAB：

```
$ docker app pull 192.168.1.3/library/hello-world:dev
```

Harbor 提供了檢視 CNAB 的圖形管理介面，使用者可以檢視在 CNAB 中包含的索引項目，為 CNAB 增加、刪除 Tag，以及掃描、檢視 CNAB 的安全性等。如圖 4-20 所示，在名稱為 "cnab-helloworld" 的倉庫中列出了一個 CNAB 類型的 Artifact，其摘要為 "sha256: 55c6da48"，Tag 為 "cnab"。

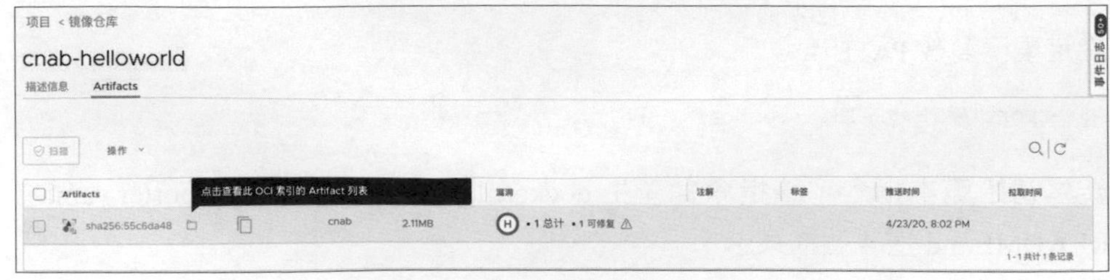

圖 4-20

點擊 Artifact 右側的資料夾圖示，可以看到該 Artifact 的索引項目介面，其中包含兩個子 Artifact，它們的摘要分別是 "sha256:a59a4e74" 和 "sha256:6ec4fd69"，如圖 4-21 所示。

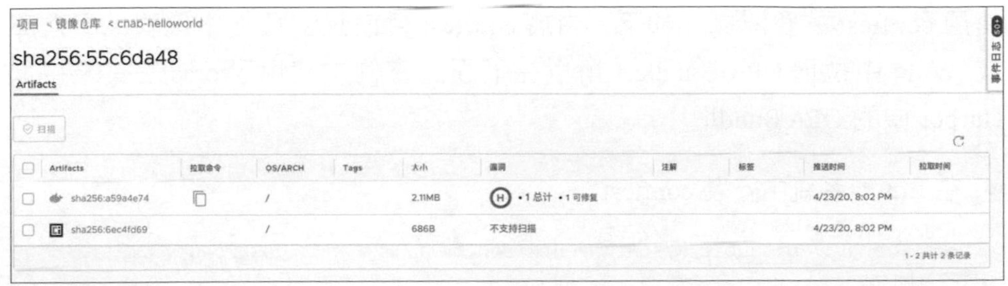

圖 4-21

在圖 4-20 所示的介面點擊清單中 Artifact 的摘要，則可顯示該 CNAB 類型的 Artifact 的詳細資訊介面，如圖 4-22 所示。

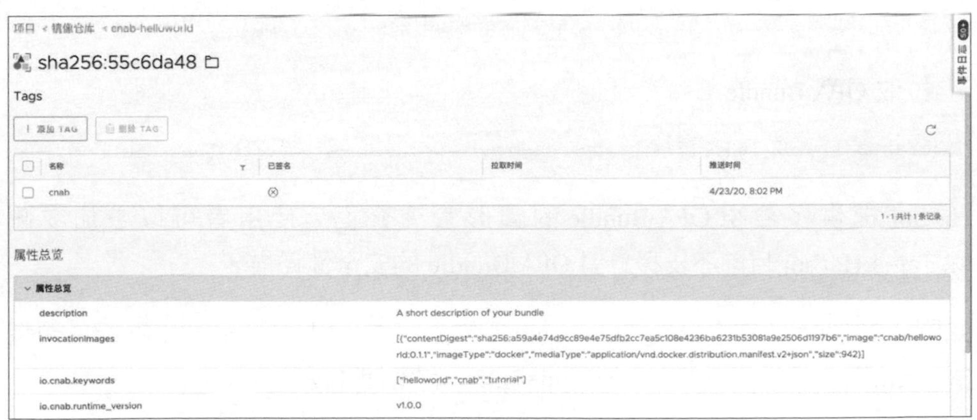

圖 4-22

4.5 OPA Bundle

OPA（Open Policy Agent，開放策略代理）是一個開放原始碼的通用策略引擎，目前是 CNCF 的孵化級專案。OPA 可作為存取控制控制器（Admission Controller）部署在 Kubernetes 中，在建立、更新和刪除 Kubernetes 物件時，可以在物件上實施自訂策略，無須重新編譯或重新設定 Kubernetes API 伺服器。OPA Bundle 是 OPA 儲存的格式，使用者可以使用 conftest 或 ORAS 與 Harbor 倉庫互動。ORAS 的使用方法參見 4.6 節。

使用 conftest 的實際操作如下。由於 conftest 目前只支援從本機映像檔倉庫或 Azure 中拉取 OPA Bundle，所以在下面的實例中使用了 oras 工具來拉取 Harbor 中的 OPA Bundle。

- 在 Linux 系統中安裝 conftest：

```
$ wget https://github.com/instrumenta/conftest/releases/download/v0.17.1/
conftest_0.17.1_Linux_x86_64.tar.gz
$ tar xzf conftest_0.17.1_Linux_x86_64.tar.gz
$ sudo mv conftest /usr/local/bin
```

- 發送到 Harbor（192.168.1.3）：

```
$ conftest push 192.168.1.3/library/opa-bundle:v0.1.0 ./opa-bundle
```

- 拉取 OPA Bundle：

```
$ oras pull 192.168.1.3/library/opa-bundle:v0.1.0 -a -o ./test-bundle
```

Harbor 提供了檢視 OPA Bundle 的圖形管理介面，使用者可以增加或刪除 Tag。Harbor 目前不支援針對 OPA Bundle 的安全性掃描。

如圖 4-23 所示，在名稱為 "opa-bundle" 的倉庫中列出了一個 OPA Bundle 類型的 Artifact，其摘要為 "sha256:529d87f3"，有兩個 Tag。

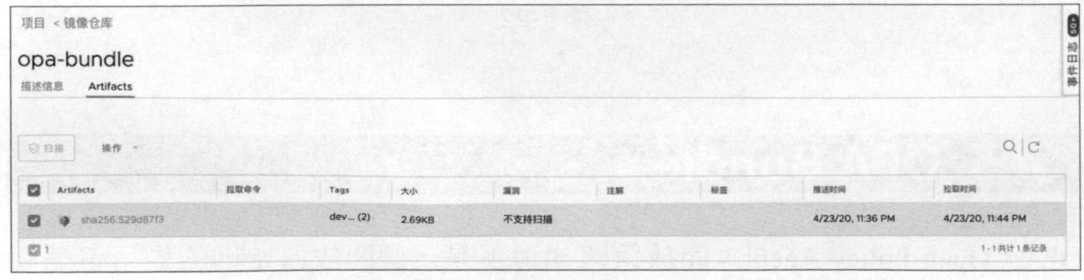

圖 4-23

點擊該 Artifact 的摘要，可展現 Artifact 的詳細資訊，包含兩個 Tag：dev 和 v0.1.0，如圖 4-24 所示。

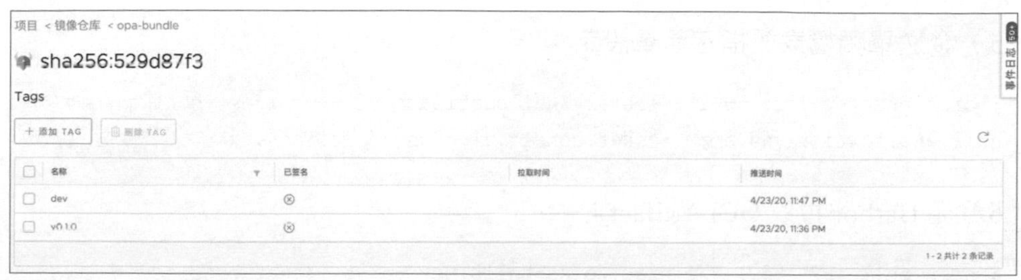

圖 4-24

4.6 其他 Artifact

在理論上，相容 OCI 標準的 Artifact 都可以被儲存在 Harbor 的 Artifact 倉庫中。ORAS（OCI Registry As Storage，OCI 倉庫即儲存）是一個通用工具，可將 OCI Artifact 發送到符合 OCI 標準的倉庫服務中，滿足各種用戶端的需求。ORAS 提供了命令列和 Go 模組方式給其他用戶端使用。ORAS 發送 Artifact 到 Harbor 的實際步驟如下。

（1）安裝 ORAS：

```
$ curl -LO https://github.com/deislabs/oras/releases/download/v0.8.1/
oras_0.8.1_linux_amd64.tar.gz
$ mkdir -p oras-install/
$ tar -zxf oras_0.8.1_*.tar.gz -C oras-install/
$ mv oras-install/oras /usr/local/bin/
```

（2）登入 Harbor 倉庫服務：

```
$ oras login 192.168.1.3
```

（3）發送 OCI Artifact 到 Harbor：

```
$ oras push 192.168.1.3/library/oras-hello:new ./test-bundle/
```

（4）發送壓縮檔：

```
$ oras push 192.168.1.3/library/oras-hello5:tar ./oras_0.8.1_linux_amd64.tar.gz
```

（5）發送單獨檔案並指定清單設定：

```
$ oras push -d 192.168.1.3/library/helloartifact:v1 --manifest-config /dev/
null:application/vnd.acme.rocket.config.v1+json ./artifact.txt
```

（6）從 Harbor 拉取 OCI Artifact：

```
$ oras pull 192.168.1.3/library/oras-hello:new -a -o ./test-bundle
```

如果在發送時指定了 "--manifest-config" 參數，Harbor 圖形管理介面就會自動讀取 vnd 後的第 2 個欄位並顯示，舉例來說，名稱為 "helloartifact:v1" 的 Artifact 會顯示 "ROCKET"。

如 4.1.1 節所述，Harbor 2.0 預置了對 4 種 OCI Artifact 類型的支援。其餘的 Artifact 按照預設類型處理，除了可檢視摘要、Tag、大小等基本資訊，還可以在圖形管理介面中給 Artifact 增加和刪除 Tag。隨著使用者的使用和 OCI Artifact 場景的擴充，Harbor 會在後續版本中持續增強對 Artifact 的支援。

預設類型的 OCI Artifact 介面如圖 4-25 所示。

圖 4-25

Chapter 05

存取控制

存取控制是 Harbor 系統資料安全的基本組成部分，定義了哪些使用者可以存取和使用 Harbor 裡的專案（project）、專案成員、Repository 倉庫、Artifact 等資源。透過身份認證和授權，存取控制策略可以確保使用者身份真實和擁有存取 Harbor 資源的對應許可權。在大多數生產環境下，存取控制都是運行維護中需要關注的問題。本章說明 Harbor 以角色為基礎的存取控制 RBAC（Role Based Access Control）機制，包含認證和授權的原理、認證方式的設定、各種角色的授權和常見問題等。

5.1 概述

本節說明 Harbor 認證和授權的主要模式、資源隔離方法和用戶端認證的典型流程。

5.1.1 認證與授權

我們透過認證（Authentication）可以確定存取者的身份，目前 Harbor 支援本機資料庫、LDAP、OIDC 等認證模式，可在「系統管理」→「設定管理」→「認證模式」裡進行設定。在本機資料庫認證模式下，使用者資訊都被儲存在本機資料庫中，Harbor 系統管理員可以管理使用者的各種資訊。在 LDAP

和 OIDC 認證模式下，使用者資訊和密碼都被儲存在 Harbor 之外的其他系統中，在使用者登入後，Harbor 會在本機資料庫中建立一個對應的使用者帳戶，並在使用者每次登入後都更新對應使用者的帳戶資訊。

我們透過授權（Authorization）還可以決定存取者的許可權，目前 Harbor 基於 RBAC 模型進行許可權控制。Harbor 中的角色有三大類型：系統管理員、專案成員和匿名使用者。系統管理員可以存取 Harbor 系統中的所有資源，專案成員按照不同的角色可以存取專案中的不同資源，匿名使用者僅可以存取系統中公開專案的某些資源。

5.1.2 資源隔離

Harbor系統中的資源分為兩種：一種是僅系統管理員可以存取和使用的；另一種是以專案來管理為基礎的，供普通使用者存取和使用。Harbor 的系統管理員對兩種資源均可存取。

僅系統管理員可以存取的資源包含使用者、Registry 倉庫、複製（Replication）、標籤、專案定額、審查服務、垃圾回收和系統組態管理。

以專案來管理為基礎的資源包含專案概要、Artifact 倉庫、Helm Charts、專案成員、標籤、掃描器、Artifact（Tag）保留、不可變 Artifact（Tag）、機器人帳戶、Webhook、記錄檔、專案設定管理。

當使用者請求存取系統資源時，Harbor 首先使用 Core 元件中的 security 中介軟體（middleware）獲得 Security Context（安全上下文）實例，然後根據 Security Context 確定對資源的授權。

security 中介軟體支援 9 種 Security 產生器（generator）：secret、oidcCli、v2Token、idToken、authProxy、robot、basicAuth、session 和 unauthorized，它們根據不同使用者資訊產生 Security Context 實例，實際功能如表 5-1 所示。

表 5-1

名　稱	說　明
secret	根據環境變數產生 secret Security Context 實例，供 Harbor 的其他元件存取系統資源
oidcCli	在 OIDC 認證模式時根據使用者名稱和 CLI 密碼產生的 local Security Context 實例，供 OIDC 使用者使用 CLI 密碼存取系統
v2Token	根據 Docker Distribution 的 Bearer token 產生 v2token Security Context 實例，供用戶端透過 Endpoint 為 "/v2" 的介面存取系統
idToken	在 OIDC 認證模式下，根據 Authorization Header 裡的 Bearer token（OIDC ID Token）產生 local Security Context 實例，供 OIDC 使用者使用 OIDC ID Token 透過 Endpoint 為 "/api" 的介面存取系統
authProxy	若 Basic Authorization 裡的使用者名稱以 "tokenreview$" 為開頭，則使用 Kubernetes Webhook Token Authentication 認證模式，根據使用者名稱和密碼產生 local Security Context 實例，供其透過 Endpoint 為 "/v2" 的介面存取系統
robot	若 Basic Authorization 裡的使用者名稱以 "robot$" 為開頭，則根據使用者名稱和密碼對應的機器人帳戶產生 robot Security Context 實例供機器人帳戶存取系統
basicAuth	根據 Basic Authorization 裡的使用者名稱和密碼對應的 Harbor 使用者產生 local Security Context 實例存取系統
session	根據 Session 裡儲存的使用者資訊產生 local Security Context 實例，供使用者透過瀏覽器存取系統
unauthorized	以匿名使用者存取系統

根據認證模式的不同，上述 Security 產生器可產生 4 種 Security Context 實例，每種實例均實現了一個方法：Can(action type.Action, resource types.Resource) bool，可以根據輸入的資源和動作確定是否允許使用者存取，進一步決定是否讓使用者繼續相關的操作請求。

在 Harbor 系統中實現了 4 種類型的 Security Context：local、robot、secret 和 v2token，適用於不同的場景，詳細說明如表 5-2 所示。

表 5-2

名稱	作用	備注
local	以 RBAC 確定專案成員為基礎的許可權	oidcCli、idToken、authProxy、basicAuth、session 和 unauthorized 等 Security 產生器會根據請求對應的 Harbor 使用者，傳回 local Security Context 實例
robot	確定機器人帳戶的許可權	robot Security 產生器會使用機器人帳戶權杖產生 robot Security Context 實例
secret	確定 Harbor 各元件存取系統資源的許可權	secret Security 產生器會傳回 secret Security Context，能夠存取專案下的所有資源
v2token	確定 Docker Distribution Bearer token 的許可權	v2Token Security 產生器會傳回 v2token Security Context

Security 產生器和 Security Context 實例之間的產生關係如圖 5-1 所示，產生器按照一定順序依次對使用者資訊進行處理，直到某個產生器輸出使用者的 Security Context 實例為止。

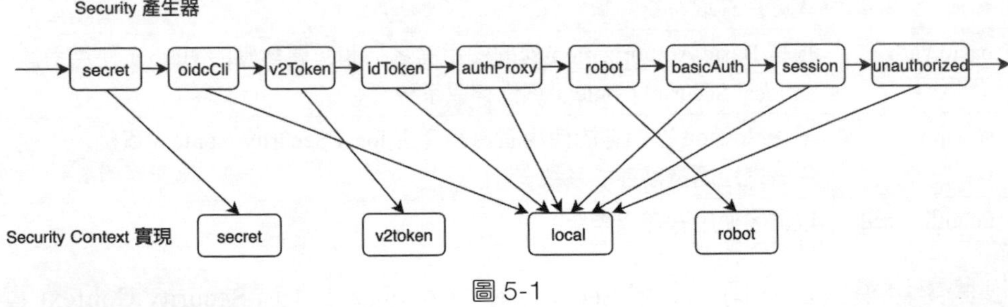

圖 5-1

5.1.3 用戶端認證

符合 OCI 分發標準的用戶端（如 Docker 用戶端）在拉取或發送 Artifact 時需要登入，然後在請求中進行使用者認證。Harbor 採用了 Docker Distribution 的 Token 認證模式，Docker 用戶端的認證流程如下。

（1）Docker 用戶端透過守護處理程序嘗試拉取或發送操作。

（2）如果拉取或發送操作需要經過認證，Harbor 就會傳回 401 回應，回應裡帶有如何認證的資訊。

（3）用戶端向 Harbor 的認證服務（在 core 元件裡）請求取得 Bearer token。

（4）Harbor 的認證服務給用戶端傳回一個具有用戶端許可權的 Bearer token。

（5）用戶端把 Bearer token 嵌入 HTTP 請求封包表頭，重新發送之前的請求。

（6）Harbor 驗證用戶端提供的 Bearer token 並回應請求。

以上過程如圖 5-2 所示。在第 3 步中，Harbor 收到用戶端取得 Bearer token 的請求後，會根據 security 中介軟體產生的 Security Context 來檢查使用者是否已經登入，並根據使用者的許可權過濾所請求的 scope（範圍）中的 pull、push 操作，過濾完成後產生 Bearer token 並傳回給用戶端。

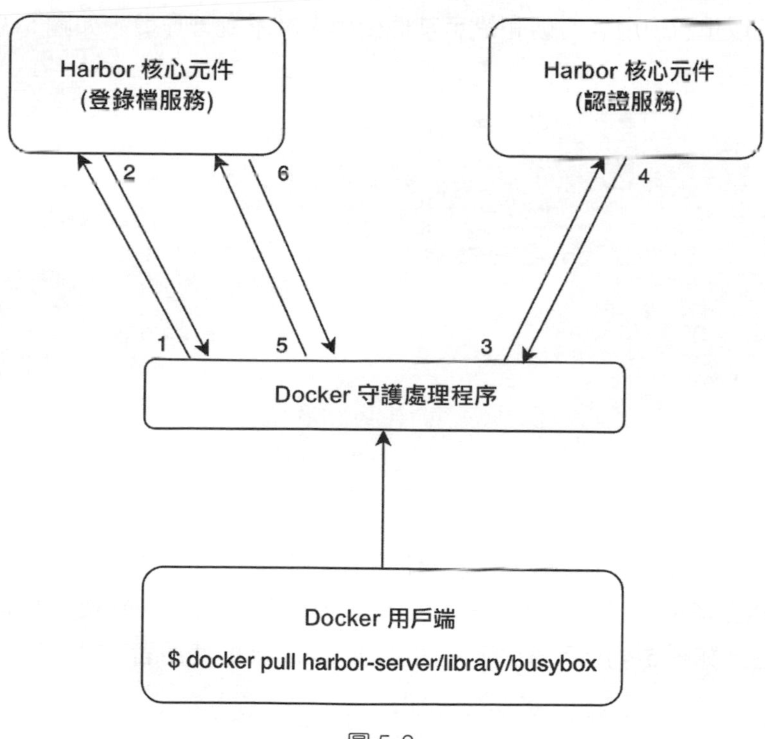

圖 5-2

5.2 使用者認證

為支援使用者的多種身份認證系統，Harbor 提供了三種認證模式：本機資料庫認證、LDAP 認證和 OIDC 認證。本節說明不同認證模式的原理，並舉例說明如何設定 LDAP 和 OIDC 認證模式。

5.2.1 本機資料庫認證

Harbor 預設使用本機資料庫認證模式，在這種認證模式下，使用者資訊被儲存在 PostgreSQL 資料庫中，允許使用者自註冊 Harbor 帳號。

在「系統管理」→「使用者管理」頁面，系統管理員可以建立、刪除使用者，也可以重置使用者密碼和設定其他使用者為系統管理員，如圖 5-3 所示。

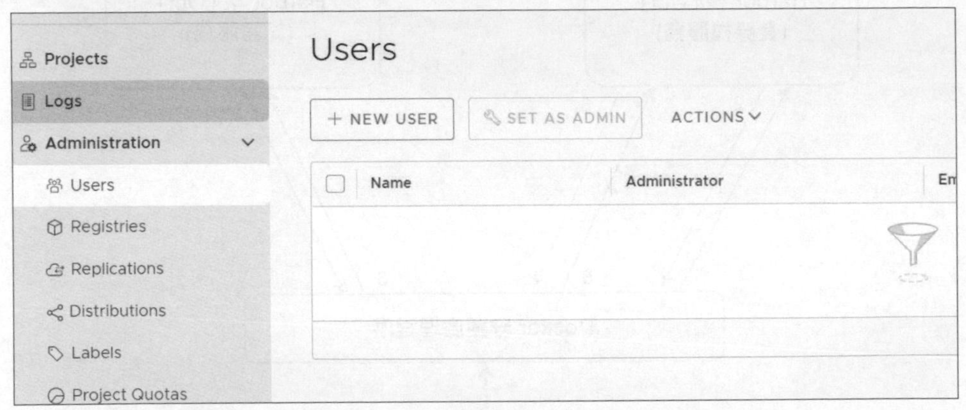

圖 5-3

在「使用者管理」頁面點擊「建立使用者」按鈕，在「建立使用者」對話方塊中填寫上使用者名稱、電子郵件、全名、密碼和確認密碼後即可建立一個新使用者。如圖 5-4 所示建立了一個名稱為 "jack" 的使用者。

圖 5-4

5.2.2 LDAP 認證

Harbor 可以對支援 LDAP 的軟體進行認證，如 OpenLDAP 和 Active Directory（AD）等。

LDAP（Lightweight Directory Access Protocol）是一個以 X.500 標準為基礎的輕量級目錄存取協定。目錄是為了查詢、瀏覽和搜尋而最佳化的資料庫，在 LDAP 中，資訊以樹狀方式組織，樹狀資訊中的基本單元是項目（Entry），每個項目都由屬性（Attribute）組成，在屬性中儲存屬性的值。一個項目有許多個屬性和值，有些項目還可包含子項目。

項目就像是資料庫中的記錄，對 LDAP 的增加、刪除、修改和搜尋通常都是以項目為基本物件的。如圖 5-5 所示是一個典型的目錄樹，圖中的每個方框就是一個項目，根節點是 "dc=goharbor,dc=io"。

域名元件 DC（Domain Component）是項目標識的域名部分，其格式是將完整的域名分成幾部分，如域名 "goharbor.io" 變成 "dc=goharbor,dc=io"。

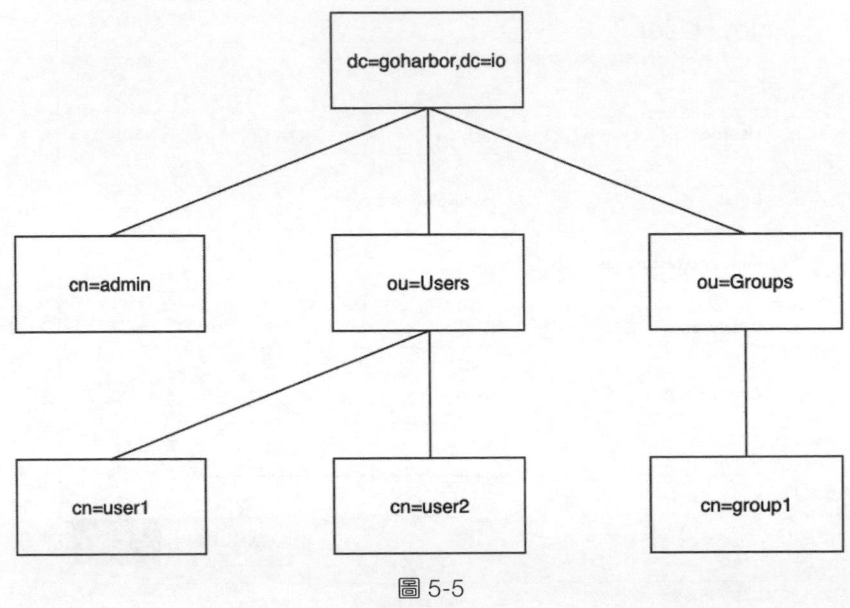

圖 5-5

識別名 DN（Distinguished Name）指從目錄樹的根出發的絕對路徑，是項目的唯一標識。圖 5-5 中左下角項目的 DN 是 "cn=user1,ou=Users,dc=goharbor,dc=io"。

基準識別名 Base DN（Base Distinguished Name）一般指整個目錄樹的根。圖 5-5 中目錄樹的 Base DN 是 "dc=goharbor,dc=io"。

每個項目都可以有很多屬性，例如姓名、出生年月、住址、電話等。每個屬性都有名稱和對應的值，一個屬性的值可以有單值或多值，舉例來說，一個人只有一個出生年月，但可能有多個電話號碼。屬性需要符合一定的規則，一般是透過 schema 定義的。舉例來說，如果一個項目沒有被包含在 mailAccount 這個 schema（即沒有 "objectClass: mailAccount"）裡，那麼就不能為它指定 mail 屬性。物件類別（ObjectClass）是屬性的集合，在 LDAP 裡預設了好多常見的物件，並將其封裝成物件類別。例如人員（person）含有姓（sn）、名（cn）、密碼（userPassword）等屬性，郵件帳戶（mailAccount）含有郵件（mail）屬性。表 5-3 列出了一些常見的屬性。

表 5-3

屬　性	別名	語　法	描　述	例　子
commonName	cn	Directory String	姓名	jack
organizationalUnitName	ou	Directory String	組織單位名稱	IT
objectClass			內建屬性	mailAccount

下面的實例說明了 Kubernetes 環境下 Harbor 與 OpenLDAP 的整合步驟。

（1）使用 Helm 3 安裝 Harbor。

首先增加並更新 Harbor 的 Helm 倉庫：

```
$ helm repo add harbor https://helm.goharbor.io
$ helm repo update
```

然後安裝 Harbor（"192.168.1.2" 是 Kubernetes 的 ingress controller 的 IP 位址）：

```
$ cat <<EOF | helm install harbor harbor/harbor --version=1.4.0 --values=-
expose:
  type: ingress
  ingress:
    hosts:
      core: harbor.192.168.1.2.xip.io
      notary: notary.192.168.1.2.xip.io
externalURL: https://harbor.192.168.1.2.xip.io
EOF
```

（2）使用 Helm 3 安裝 OpenLDAP。

先增加 stable 倉庫，並更新 helm 倉庫：

```
$ helm repo add stable https://kubernetes-charts.storage.googleapis.com
$ helm repo update
```

安裝 OpenLDAP 並啟用 Memberof 模組：

```
$ cat <<EOF | helm install openldap stable/openldap --version=1.2.4 --values=-
env:
  LDAP_ORGANISATION: "Harbor Org."
  LDAP_DOMAIN: "goharbor.io"
```

```
  LDAP_BACKEND: "hdb"
  LDAP_TLS: "true"
  LDAP_TLS_ENFORCE: "false"
  LDAP_REMOVE_CONFIG_AFTER_SETUP: "true"
customLdifFiles:
  memberof_load_configure.ldif: |
    dn: cn=module{1},cn=config
    cn: module{1}
    objectClass: olcModuleList
    olcModuleLoad: memberof
    olcModulePath: /usr/lib/ldap

    dn: olcOverlay={0}memberof,olcDatabase={1}hdb,cn=config
    objectClass: olcConfig
    objectClass: olcMemberOf
    objectClass: olcOverlayConfig
    objectClass: top
    olcOverlay: memberof
    olcMemberOfDangling: ignore
    olcMemberOfRefInt: TRUE
    olcMemberOfGroupOC: groupOfNames
    olcMemberOfMemberAD: member
    olcMemberOfMemberOfAD: memberOf
  refint1.ldif: |
    dn: cn=module{1},cn=config
    add: olcmoduleload
    olcmoduleload: refint
  refint2.ldif: |
    dn: olcOverlay={1}refint,olcDatabase={1}hdb,cn=config
    objectClass: olcConfig
    objectClass: olcOverlayConfig
    objectClass: olcRefintConfig
    objectClass: top
    olcOverlay: {1}refint
    olcRefintAttribute: memberof member manager owner
persistence:
  enabled: true
EOF
```

（3）準備 LDAP項目。

進入 OpenLDAP 環境：

```
$ kubectl exec -i -t $(kubectl get pod -l "app=openldap" -o name) -- bash
```

建立 Groups 和 Users OU 項目：

```
$ ldapadd -H ldapi:/// -D "cn=admin,dc=goharbor,dc=io" -w $LDAP_ADMIN_PASSWORD
<< EOF
dn: ou=Users,dc=goharbor,dc=io
objectClass: organizationalUnit
ou: Users

dn: ou=Groups,dc=goharbor,dc=io
objectClass: organizationalUnit
ou: Groups
EOF
```

建立使用者 kate 和 jack，使用者密碼為 Harbor12345：

```
$ ldapadd -H ldapi:/// -D "cn=admin,dc=goharbor,dc=io" -w $LDAP_ADMIN_PASSWORD
<< EOF
dn: cn=kate,ou=Users,dc=goharbor,dc=io
objectClass: person
objectClass: mailAccount
mail: kate@goharbor.io
sn: kate
userPassword: `slappasswd -s Harbor12345`

dn: cn=jack,ou=Users,dc=goharbor,dc=io
objectClass: person
objectClass: mailAccount
mail: jack@goharbor.io
sn: jack
userPassword: `slappasswd -s Harbor12345`
EOF
```

建立 administrator 和 developer 群組，並把使用者 kate 增加到 administrator 群組，把使用者 kate 和 jack 增加到 developer 群組：

```
$ ldapadd -H ldapi:/// -D "cn=admin,dc=goharbor,dc=io" -w $LDAP_ADMIN_PASSWORD
<< EOF
dn: cn=administrator,ou=Groups,dc=goharbor,dc=io
objectClass: groupOfUniqueNames
cn: administrator
uniqueMember: cn=kate,ou=Users,dc=goharbor,dc=io
EOF

$ ldapadd -H ldapi:/// -D "cn=admin,dc=goharbor,dc=io" -w $LDAP_ADMIN_PASSWORD
<< EOF
dn: cn=developer,ou=Groups,dc=goharbor,dc=io
objectClass: groupOfUniqueNames
cn: developer
uniqueMember: cn=kate,ou=Users,dc=goharbor,dc=io
uniqueMember: cn=jack,ou=Users,dc=goharbor,dc=io
EOF
```

（4）使用系統管理員登入 Harbor 圖形管理介面，存取「系統管理」→「設定管理」→「認證模式」並設定 LDAP 認證模式，主要的設定項目見表 5-4 和圖 5-6。

表 5-4

設定項	設定項目的值	說 明
LDAP URL	ldap://openldap	LDAP 伺服器 URL
LDAP 搜尋 DN	cn=admin,dc=goharbor,dc=io	Harbor 請求查詢 LDAP Server 時使用的識別名
LDAP 搜尋密碼		"cn-admin,dc=goharbor,dc=io" 的密碼，可以使用指令取得：kubectl get secret --namespace default openldap -o jsonpath="{.data.LDAP_ADMIN_PASSWORD}" | base64 --decode; echo
LDAP 基礎 DN	ou=Users,dc=goharbor,dc=io	搜尋 LDAP 使用者時的基準識別名，也可設定為 "dc=goharbor,dc=io"
LDAP 使用者 UID	cn	搜尋 LDAP 使用者時用來識別項目的相對識別名字首

設定項	設定項目的值	說　明
LDAP 篩檢程式		配合 LDAP 使用者 UID、LDAP 基礎 DN 進一步搜尋 LDAP 使用者
LDAP 群組基礎 DN	ou=Groups,dc=goharbor,dc=io	搜尋 LDAP 群組時的基準識別名
LDAP 群組管理員 DN	cn=administrator,ou=groups,dc=goharbor,dc=io	將這個群組的成員設定為 Harbor 系統管理員
LDAP 群組成員	memberof	LDAP 群組成員的 membership 屬性

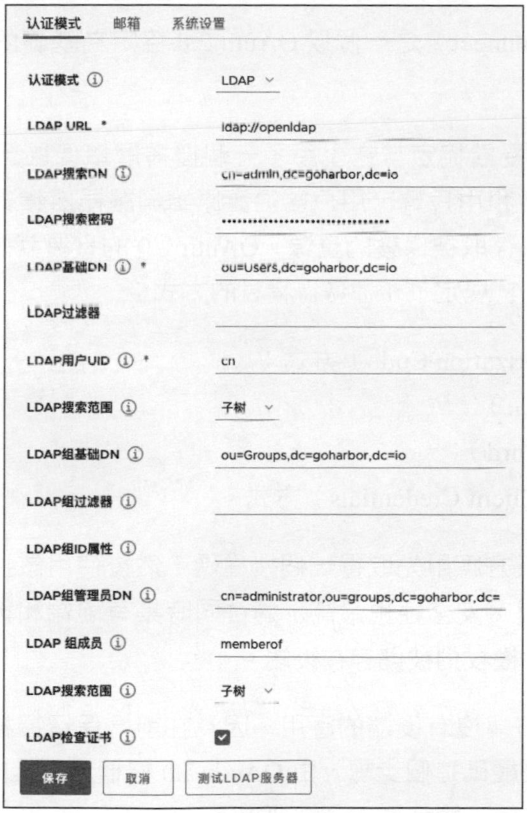

圖 5-6

（5）設定完成後，分別使用 "kate" 和 "jack" 作為使用者名稱、"Harbor12345" 作為密碼登入 Harbor 系統。kate 會以 Harbor 系統管理員身份存取系統，jack 會以普通使用者的身份存取系統。

> 注意：在使用 LDAP 群組相關的功能時，需要確認目前的 LDAP 軟體具備 memberof overlay 的功能，實際如何設定，請檢視相關 LDAP 的使用者文件。驗證這個功能是否開啟的方法：若這個功能開啟，則在某一個群組裡面增加刪除成員時，這個群組的屬性 member 和對應成員的屬性會 memberof 同步發生變化；若這兩個屬性不能同步發生變化，則表明這個功能沒有開啟。

5.2.3 OIDC 認證

OIDC（OpenID Connect）是一個以 OAuth 2.0 協定為基礎的身份認證標準協定。

OAuth 2.0 是一個授權協定，它引用了一個授權層以便區分出兩種不同的角色：資源的所有者和用戶端，用戶端從資原始伺服器處獲得的權杖可替代資源所有者的憑證來存取被保護的資源。OAuth 2.0 的實質就是用戶端從第三方應用中獲得權杖，它規定了 4 種獲得權杖的方式：

- 授權碼（Authorization Code）方式；
- 隱藏式（Implicit）；
- 密碼式（Password）；
- 用戶端憑證（Client Credentials）方式。

授權碼方式指第三方應用先取得一個授權碼，然後使用該授權碼換取權杖。這是最常見的流程，安全性也最高，適合同時具有前端和後端的應用，授權碼被傳遞給前端，權杖則被儲存在後端。

隱藏式適合只有前端沒有後端的應用，因為在前端保留授權碼不安全，所以這種方式跳過了授權碼這個步驟，由 OAuth 2.0 授權層直接向前端頒發權杖。這種方式安全性較低，適合對安全性要求不高的場景。

密碼式指使用者直接把使用者名稱和密碼告訴應用，應用使用使用者名稱和密碼去申請權杖，這種方式要求使用者高度信任應用。

用戶端憑證方式適用於應用的用戶端取得權杖，使用的是應用的用戶端 ID 和密碼，與使用者的憑證無關，適合用戶端呼叫第三方的 API 服務。

OIDC 借助 OAuth 2.0 的授權服務來為第三方用戶端提供使用者的身份認證，並把認證資訊傳遞給用戶端。OIDC 在 OAuth 2.0 的基礎上提供了 ID Token 來解決第三方用戶端使用者身份認證的問題，還提供了 UserInfo 介面供第三方用戶端取得更完整的使用者資訊。

Harbor 可以與支援 OIDC 的 OAuth 服務提供者整合來進行使用者認證，並透過授權碼方式取得權杖，其流程如圖 5-7 所示，步驟如下。

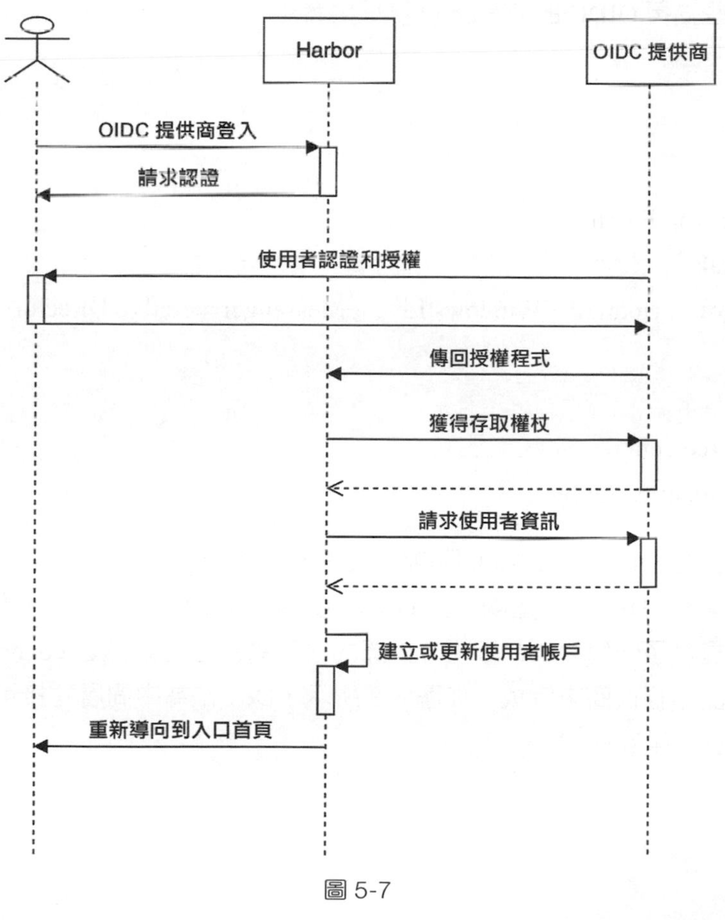

圖 5-7

（1）使用者透過瀏覽器存取 Harbor 的登入頁面，並點擊「透過 OIDC 提供商登入」按鈕，該按鈕在 Harbor 使用 OIDC 認證時才會顯示。

（2）使用者被重新導向到 OIDC 提供商的身份驗證頁面。

（3）在使用者經過身份驗證後，OIDC 提供商將使用授權程式重新導向至 Harbor。

（4）Harbor 將與 OIDC 提供商交換此授權程式以獲得存取權杖。

（5）Harbor 使用存取權杖請求 UserInfo 介面取得使用者資訊。

（6）Harbor 在系統中建立或更新使用者帳戶並將使用者重新導向到 Harbor 的入口首頁。

下面是一些支援 OIDC 的 OAuth 服務提供者：

- Apple
- GitLab
- Google
- Google App Engine
- Keycloak
- Microsoft（Hotmail、Windows Live、Messenger、Active Directory、Xbox）
- NetIQ
- Okta
- Salesforce.com
- WSO2 Identity Server

除了這些支援 OIDC 的 OAuth 服務提供者，我們也可以透過 Dex 架設自己的 OIDC 提供商。Dex 是一個聯邦式 OIDC 服務提供者程式，為用戶端應用或終端使用者提供了一個 OIDC 服務，實際的使用者認證功能透過 connectors 由上游的身份認證提供商來完成。如圖 5-8 所示，Dex 作為中間層連接用戶端和上游身份認證提供商。

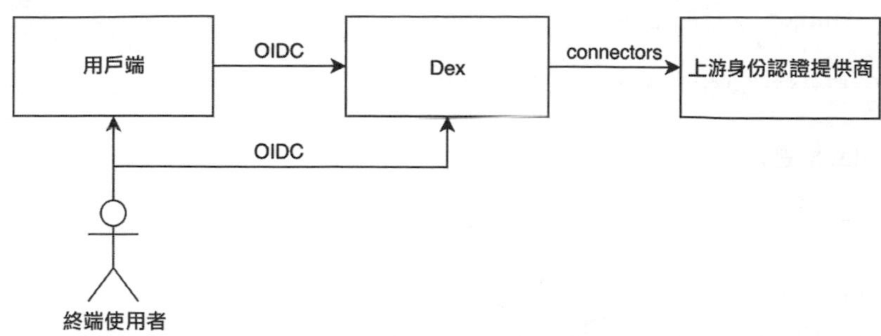

圖 5-8

Connector（連接器）是 Dex 用來呼叫一個身份提供商進行使用者認證的策略。目前 Dex 的最新版本是 2.24.0，其實現的連接器如表 5-5 所示。

表 5-5

名　稱	是否支援更新權杖	是否支援群組	是否支援首選使用者名稱
LDAP	支援	支援	支援
GitHub	支援	支援	支援
SAML 2.0	不支援	支援	不支援
GitLab	支援	支援	支援
OpenID Connect	支援	不支援	不支援
Google	支援	支援	支援
LinkedIn	支援	不支援	不支援
Microsoft	支援	支援	不支援
AuthProxy	不支援	不支援	不支援
Bitbucket Cloud	支援	支援	不支援
OpenShift	不支援	支援	不支援
Atlassian Crowd	支援	支援	支援

下面以 OpenLDAP 作為 Dex 的上游身份認證提供商來說明 Harbor 與 OIDC 認證服務的整合。

（1）參考 5.2.2 節安裝 Harbor、OpenLADP，並在 OpenLDAP 中準備好資料。

（2）使用 cert-manager 為 Dex 準備憑證。

為 cert-manager 建立命名空間：

```
$ kubectl create namespace cert-manager
```

增加 jetstack 倉庫：

```
$ helm repo add jetstack https://charts.jetstack.io
```

更新 helm 倉庫：

```
$ helm repo update
```

安裝 cert-manager：

```
$ helm install cert-manager jetstack/cert-manager --namespace cert-manager
--set installCRDs=true --version=v0.16.0
```

產生 Dex 需要的 HTTPS 憑證：

```
$ cat <<EOF | kubectl apply -f -
apiVersion: cert-manager.io/v1alpha2
kind: Issuer
metadata:
  name: dex-selfsigned
spec:
  selfSigned: {}
---
apiVersion: cert-manager.io/v1alpha2
kind: Certificate
metadata:
  name: dex-ca-key-pair
spec:
  secretName: dex-ca-key-pair
  isCA: true
  commonName: dex-ca
  issuerRef:
    name: dex-selfsigned
    kind: Issuer
---
apiVersion: cert-manager.io/v1alpha2
kind: Issuer
```

```
metadata:
  name: dex-ca-issuer
spec:
  ca:
    secretName: dex-ca-key-pair
---
apiVersion: cert-manager.io/v1alpha2
kind: Certificate
metadata:
  name: dex-tls
spec:
  secretName: dex-tls
  issuerRef:
    name: dex-ca-issuer
    kind: Issuer
  dnsNames:
  - dex.192.168.1.2.xip.io
EOF
```

（3）安裝 Dex。在以下範例中設定了一個名為 "Harbor" 的用戶端，用戶端 ID 為 "harbor"，用戶端 secret 為 "secretforclient"，後端的身份認證使用的是 OpenLDAP。在 LDAP 目錄樹中，凡是在 "ou=Users,dc=goharbor,dc=io" 這個 BaseDN 下具有 "objectClass=person" 屬性的使用者，都可以透過 Email 帳號登入，這些使用者在 LDAP 裡的群組資訊也可以被 OIDC 提供給 Harbor。

```
$ cat <<EOF | helm install dex stable/dex --version=2.13.0 --values=-
ingress:
  enabled: true
  hosts:
    - dex.192.168.1.2.xip.io
  tls:
  - secretName: dex-tls
    hosts:
    - dex.192.168.1.2.xip.io
config:
  issuer: https://dex.192.168.1.2.xip.io
  storage:
    type: kubernetes
```

```
    config:
      inCluster: true
  expiry:
    signingKeys: "6h"
    idTokens: "24h"
  connectors:
  - type: ldap
    name: OpenLDAP
    id: ldap
    config:
      host: openldap:389

      # No TLS for this setup.
      insecureNoSSL: true

      # This would normally be a read-only user.
      bindDN: cn=admin,dc=goharbor,dc=io
      bindPW: `kubectl get secret --namespace default openldap -o jsonpath=
"{.data.LDAP_ADMIN_PASSWORD}" | base64 --decode; echo`

      usernamePrompt: Email Address

      userSearch:
        baseDN: ou=Users,dc=goharbor,dc=io
        filter: "(objectClass=person)"
        username: mail
        # "DN" (case sensitive) is a special attribute name. It indicates that
        # this value should be taken from the entity's DN not an attribute on
        # the entity.
        idAttr: DN
        emailAttr: mail
        nameAttr: cn

      groupSearch:
        baseDN: ou=Groups,dc=goharbor,dc=io
        filter: "(objectClass=groupOfUniqueNames)"

        userMatchers:
        - userAttr: DN
```

```
        groupAttr: uniqueMember

      # The group name should be the "cn" value.
      nameAttr: cn
  staticClients:
  - id: harbor
    redirectURIs:
    - 'https://harbor.192.168.1.2.xip.io/c/oidc/callback'
    name: 'Harbor'
    secret: secretforclient
EOF
```

（4）使用系統管理員登入 Harbor，存取「系統管理」→「設定管理」→「認證模式」並設定 OIDC 認證模式，主要的設定項目如表 5-6 所示，設定頁面如圖 5-9所示。

表 5-6

設定項	設定項目值	說　明
OIDC 供應商	Dex	OIDC 提供商的名稱，自訂即可
OIDC Endpoint	https://dex.192.168.1.2.xip.io	OIDC 提供商的造訪網址，需要與提供商的 issuer 相同，僅支援 HTTPS
OIDC 用戶端標識	harbor	OIDC 提供商給 Harbor 設定的 Client ID
OIDC 用戶端密碼	secretforclient	OIDC 提供商給 Harbor 設定的 Client Secret
群組名稱	groups	在 IDToken 的 Claim 裡取得使用者群組資訊的屬性名稱
OIDC Scope	openid、profile、email、groups、offline_access	在身份驗證期間發送到 OIDC 伺服器 Scope，必須包含 openid。在 Dex 中，profile、email、groups 的作用是取得使用者的名稱、電子郵件和所在的群組；offline_access 的作用是在使用者透過 CLI 密碼存取 Harbor 且 OIDC 權杖故障時，Harbor 系統可以呼叫 OIDC 提供商的介面更新權杖並更新 OIDC 的使用者資訊到本機系統中

认证模式 邮箱 系统设置

认证模式 OIDC 更多信息...

OIDC 供应商 * Dex

OIDC Endpoint * https://dex.192.168.1.2.xip.io

OIDC 客户端标识 * harbor

OIDC 客户端密码 * ••••••••••••••

组名称 groups

OIDC Scope * openid,profile,email,groups,offline_access

验证证书

请确保将OIDC提供的重定向地址设置为 https://harbor.192.168.1.2.xip.io/c/oidc/callback

保存 取消 测试OIDC服务器

圖 5-9

（5）設定完成後，存取 Harbor 登入頁面，點擊「透過 OIDC 提供商登入」按鈕，Harbor 會跳躍到如圖 5-10 所示的 Dex 認證頁面。

在 Dex 認證頁面點擊 "Log in with OpenLDAP" 按鈕進入 OpenLDAP 登入頁面，使用電子郵件 "kate@goharbor.io" 和密碼 "Harbor12345" 登入，如圖 5-11 所示。

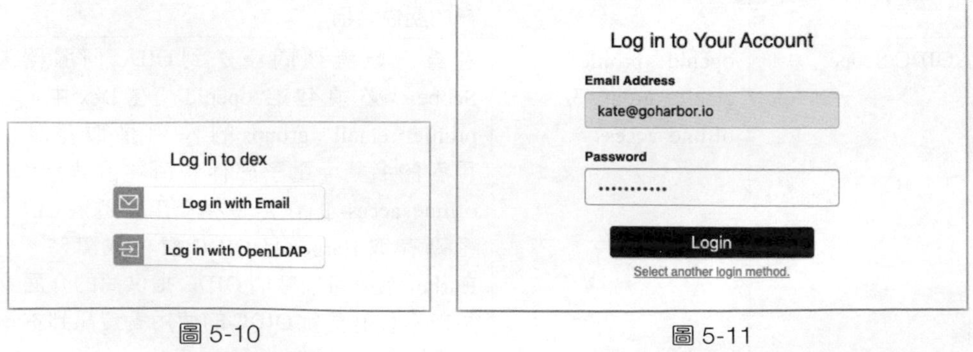

圖 5-10　圖 5-11

登入成功後，頁面會跳躍到 Harbor 的 OIDC 回呼頁面，在如圖 5-12 所示頁面設定使用者的 OIDC 使用者名稱後即可以進入系統。

圖 5-12

上面說明了 Harbor 透過 Dex 與上游的 LDAP 身份認證提供商整合的步驟，接下來介紹 Harbor 如何透過 Dex 與 GitHub 做 OIDC 認證整合。

（1）參考 5.2.2 節安裝 Harbor。

（2）登入 GitHub，存取 Settings → Developer settings → OAuth Apps，點擊 "New OAuth App" 或 "Register a new OAuth application"，如圖 5-13 所示建立一個名為 Dex 的應用，並在如圖 5-14 所示頁面取得應用 ID（Client ID）和應用金鑰（Client Secret）。

圖 5-13

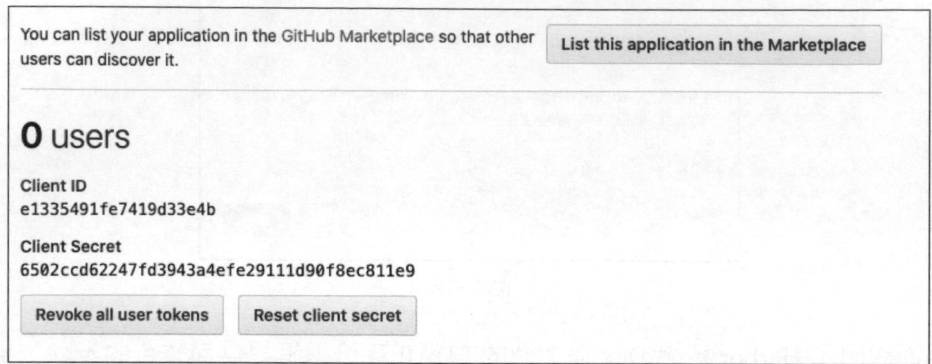

圖 5-14

(3) 參考上面 OpenLADP + Dex 實例中的步驟，準備 Dex 所需要的憑證。

(4) 安裝 Dex，然後設定一個名為 "Harbor"、用戶端 ID 為 "harbor"、用戶端 Secret 為 "secretforclient" 的用戶端，並設定一個 GitHub 連接器：

```
$ cat <<EOF | helm install dex stable/dex --version=2.13.0 --values=-
ingress:
  enabled: true
  hosts:
    - dex.192.168.1.2.xip.io
  tls:
  - secretName: dex-tls
    hosts:
    - dex.192.168.1.2.xip.io
config:
  issuer: https://dex.192.168.1.2.xip.io
  storage:
    type: kubernetes
    config:
      inCluster: true
  expiry:
    signingKeys: "6h"
    idTokens: "24h"
  connectors:
  - type: github
    name: Github
```

```
    id: github
    config:
      clientID: e1335491fe7419d33e4b
      clientSecret: 6502ccd62247fd3943a4efe29111d90f8ec811e9
      redirectURI: https://dex.192.168.1.2.xip.io/callback

  staticClients:
  - id: harbor
    redirectURIs:
    - 'https://harbor.192.168.1.2.xip.io/c/oidc/callback'
    name: 'Harbor'
    secret: secretforclient
EOF
```

(5）參考 LDAP + Dex 實例中的步驟 4 設定 Harbor 的 OIDC 認證模式，OIDC Scope 項僅填寫 "openId, profile" 即可。

(6）參考 LDAP + Dex 實例中的步驟 5 使用「透過 OIDC 提供商登入」，在 Dex 認證頁面點擊 "Log in with GitHub" 按鈕進入 GitHub 授權頁面。

上面介紹了使用 OIDC 方式登入 Harbor 管理介面的方法，但是這種方法只能在瀏覽器裡面有效，使用者無法在命令列用戶端（如 Docker 用戶端）使用 OIDC 提供商的使用者名稱和密碼登入 Harbor。針對此場景，Harbor 提供了 CLI 密碼的認證方式，其原理是為命令列用戶端提供一個 CLI 密碼，並和使用者獲得的 OIDC 權杖連結。當使用者使用 CLI 密碼登入時，oidcCli 產生器在驗證使用者名稱和對應的 CLI 密碼一致後，會檢查使用者資訊裡儲存的 OIDC 權杖是否依然有效。如果有效，則可透過該權杖取得和更新使用者資訊；如果權杖已經故障，系統則會呼叫 OIDC 提供商的介面更新權杖，同時更新使用者相關資訊以便與 OIDC 提供商裡的使用者資訊一致。

在管理介面的「使用者設定」頁面，使用者可以取得和重置其 CLI 密碼，如圖 5-15 所示。

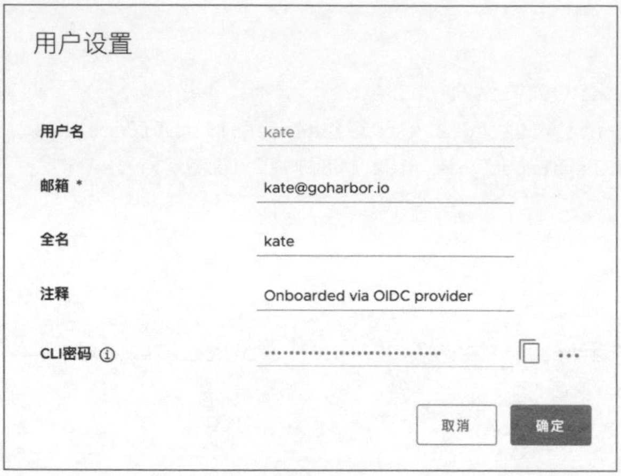

圖 5-15

5.3 存取控制與授權

存取控制是企業應用中必須考慮的問題，不同的使用者使用系統功能時應該具有不同的許可權，或說需要授權才能進行一定的操作。最常見的授權模型是以角色為基礎的存取控制，Harbor 定義了 5 種角色，使用者可依據在專案中擔任的角色來確定在系統中使用的許可權。

5.3.1 以角色為基礎的存取策略

Harbor 以專案為單位管理映像檔、Helm Chart 等 Artifact，除了公開的 Artifact（如公開專案中的映像檔等）可以匿名存取，使用者必須成為專案的成員才可以存取專案的資源。在 Harbor 中還有系統管理員的特殊角色，擁有「超級使用者」許可權，可以管理所有專案和系統級的資源和設定。除了 Harbor 初始安裝時預設建立的系統管理員 admin，擁有系統管理員角色的使用者還能把其他普通使用者設定為系統管理員角色。在 LDAP 認證模式下，還可設定 LDAP 的管理員群組來自動獲得 Harbor 系統管理員角色。

專案成員分為專案管理員、維護人員、開發者、訪客和受限訪客等 5 種角色，使用者在專案中可以擁有其中一種成員角色，不同的成員角色對專案裡的資源擁有不同的存取權限。建立專案的使用者自動擁有該專案的專案管理員角色，還能夠把其他使用者增加為專案成員，並指定一個專案角色來存取專案中的資源。各個專案的存取權限都是互相獨立的，即同一個使用者在不同的專案中可以擁有不同的成員角色。Harbor 完整的角色許可權如表 5-7 所示。

表 5-7

權限	專案管理員	維護人員	開發者	訪客	受限訪客
檢視專案倉庫	✓	✓	✓	✓	✓
建立專案倉庫	✓	✓	✓		
編輯、刪除專案倉庫	✓	✓			
檢視、複製、拉取 Artifact	✓	✓	✓	✓	✓
發送 Artifact	✓	✓	✓		
掃描、刪除 Artifact	✓	✓			
檢視、拉取 Helm Chart	✓	✓	✓	✓	✓
發送 Helm Chart	✓	✓	✓		
刪除 Helm Chart	✓	✓			
檢視專案成員	✓	✓	✓	✓	
建立、編輯、刪除專案成員	✓				
建立、編輯、刪除、檢視專案標籤	✓	✓			
檢視掃描器	✓	✓	✓	✓	✓
修改掃描器	✓				
檢視策略	✓	✓			
增加、刪除、修改策略	✓	✓			
檢視機器人帳戶	✓	✓	✓	✓	
建立、編輯、刪除機器人帳戶	✓				
檢視 Webhook	✓	✓			
新增、編輯、停用、刪除 Webhook	✓				
檢視專案記錄檔	✓	✓	✓	✓	
檢視專案設定	✓	✓	✓	✓	✓
編輯專案設定	✓				

5.3.2 使用者與分組

在「系統管理」→「使用者管理」頁面，系統管理可以檢視、建立、刪除使用者（建立、刪除功能僅限本機使用者認證模式可用），也可以設定或取消使用者為管理員。

在使用 LDAP 和 OIDC 認證模式時，「系統管理」裡會出現一個「群組管理」的功能，如圖 5-16 所示。在「群組管理」頁面，系統管理員可以檢視、新增、編輯和刪除群組。

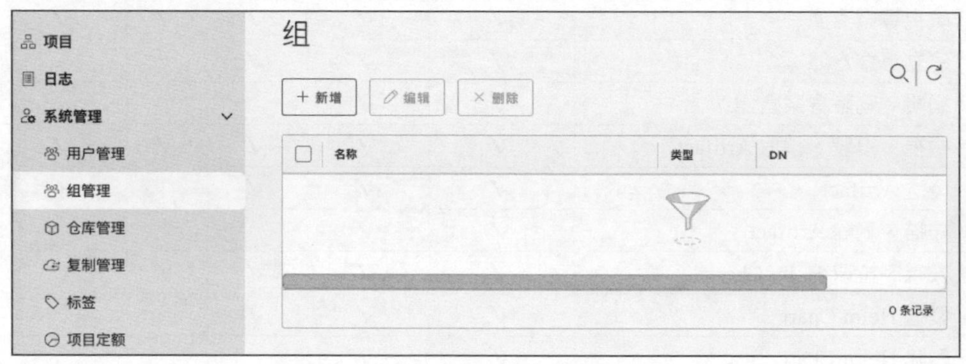

圖 5-16

在 LDAP 認證模式下，點擊「群組管理」頁面的「新增」按鈕，在「匯入 LDAP 群組」對話方塊中填寫上 LDAP 群組域和名稱後即可把 LDAP 群組匯入系統。在圖 5-17 所示的範例中匯入了 LDAP 的 "cn=developer,ou=Groups,dc=goharbor,dc=io" 群組到系統中，並命名為 Harbor 的 Developer 群組。在圖 5-18 所示的範例中，在 Harbor 專案中把 Developer 群組指定開發者角色，即增加了 LDAP 中的群組 "cn=developer,ou=Groups,dc=goharbor,dc=io" 為專案成員，並且為開發者角色。

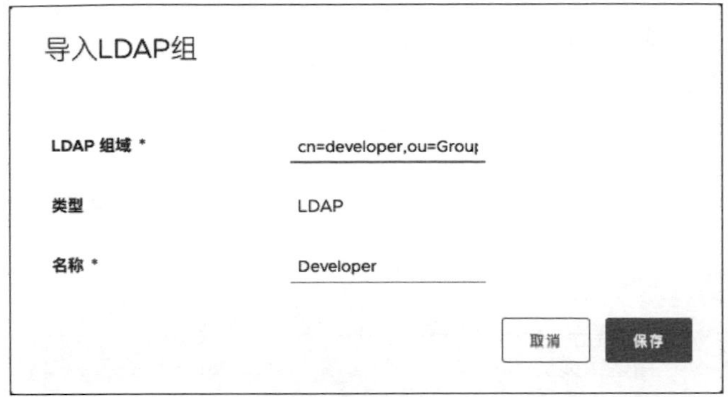

圖 5-17

添加组成员

添加已存在的组成员，或者导入LDAP组

◉ 添加已存在组到项目成员
○ 从LDAP组中选择，并添加到项目成员

组

☐	名称	LDAP Group DN	属性
☑	cn=developer,ou=Groups,dc=goharbor,dc=io	cn=developer,ou=groups,dc=goharbor,dc=io	
☐	cn=administrator,ou=Groups,dc=goharbor,dc=io	cn=administrator,ou=groups,dc=goharbor,dc=io	

☑ 1　　1 - 2 共计 2 条记录

角色　开发者

取消　保存

圖 5-18

在 OIDC 認證模式下，點擊「群組管理」頁面的「新增」按鈕，在顯示的「新增 OIDC 群組」對話方塊中填寫上 OIDC 的群組名稱即可新增一個 OIDC 群組。如圖 5-19 所示，新增了一個 Harbor 的 developer 群組。如圖 5-20 所示，在 Harbor 專案中為 developer 群組指定開發者角色，即增加了 OIDC 中的 developer 群組為專案成員，並且具有開發者角色。

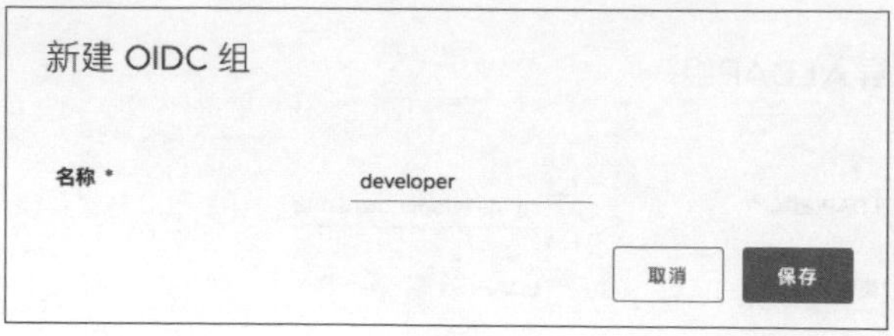

圖 5-19

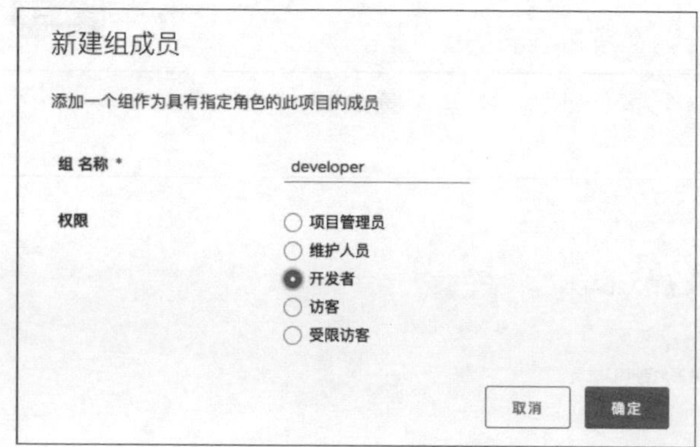

圖 5-20

增加群組成員成功後，使用者登入 Harbor 系統後可以用群組的角色存取對應的專案。如使用者 jack 登入 Harbor 後，會擁有專案開發者角色的許可權，如圖 5-21 所示。

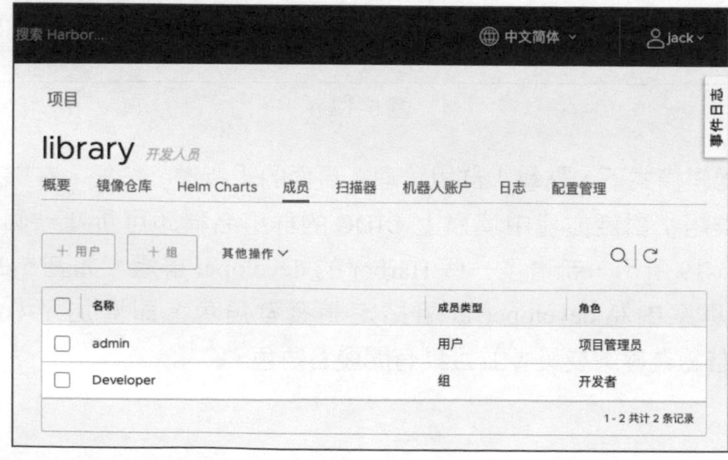

圖 5-21

5.4 機器人帳戶

Harbor 之外的其他應用系統常常有存取 Harbor 的需求，如持續整合和持續發佈（CI/CD）系統需要存取 Harbor 專案的 Artifact 和 Helm Chart 等。這些系統存取 Harbor 時，需要有使用者帳戶進行認證，但由於這些系統不與真實世界的人員綁定，因此不方便在 LDAP 等身份認證系統中開設對應的使用者帳戶。為了解決這個問題，Harbor 設計了機器人帳戶來滿足系統之間認證的問題。使用機器人帳戶有不少優點：可以不曝露真實人員的使用者密碼；可以自訂設定存取帳戶的有效期；還可以隨時禁用它。

在專案的「機器人帳戶」頁面可以增加、禁用、刪除和檢視專案的機器人帳戶，如圖 5-22 所示。

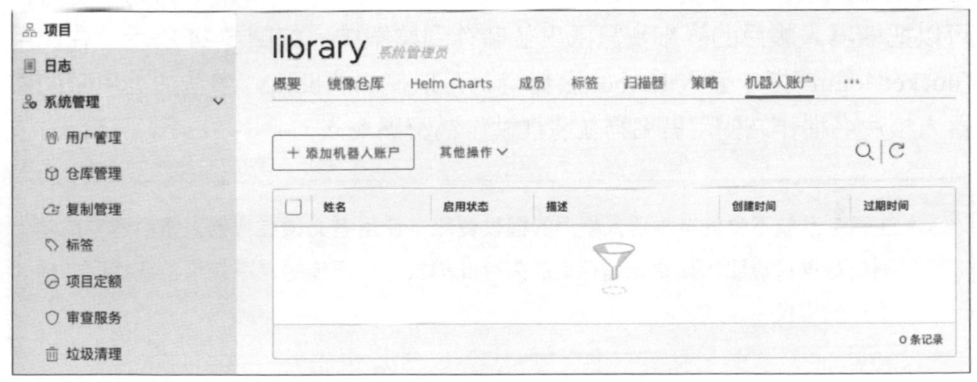

圖 5-22

在「機器人帳戶」頁面點擊「增加機器人帳戶」按鈕，在「建立機器人帳戶」對話方塊中填寫上「名稱」即可建立一個機器人帳戶。如圖 5-23 所示建立了一個名為 "gitlab-ci" 的機器人帳戶，具有 Artifact 和 Helm Chart 的發送和拉取許可權，並且永不過期。

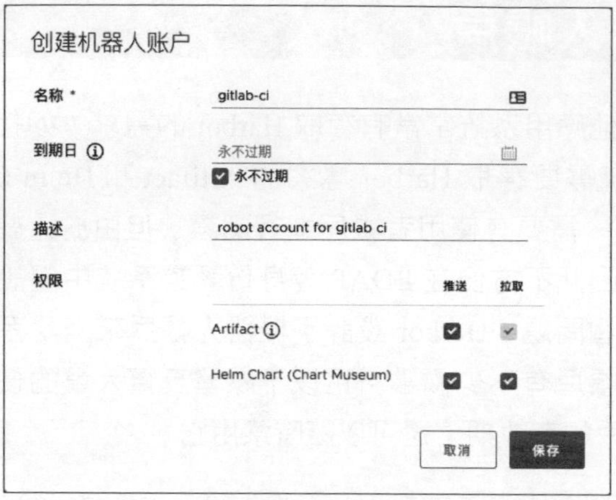

创建机器人账户
名称 *
gitlab-ci
到期日
永不过期
永不过期
描述
robot account for gitlab ci
权限
推送
拉取
Artifact
Helm Chart (Chart Museum)
取消
保存

圖 5-23

建立機器人帳戶成功後，可以選擇複製機器人帳戶的「權杖」到剪貼簿，也可以把機器人帳戶的詳細資訊匯出並儲存到檔案中。如圖 5-24 所示，在使用 "docker login" 指令登入 Harbor 服務時，可以使用 "robot$" 字首加上填寫的機器人帳戶名稱作為使用者名稱並將權杖作為密碼登入。

> 注意：系統不會儲存機器人帳戶的權杖資訊，使用者必須在機器人帳戶建立成功後立刻記錄權杖資訊。如果未儲存或遺失存此權杖，則不能透過系統恢復或找回此機器人帳戶的權杖。

创建账户 'robot$gitlab-ci' 成功。
这是唯一一次复制您的个人访问令牌的机会
名称
robot$gitlab-ci
令牌
eyJhbGciOiJSUzI1NiIsInR5cCI6IkpXVCJ9.eyJpYXQiOjE1ODg
导出到文件中

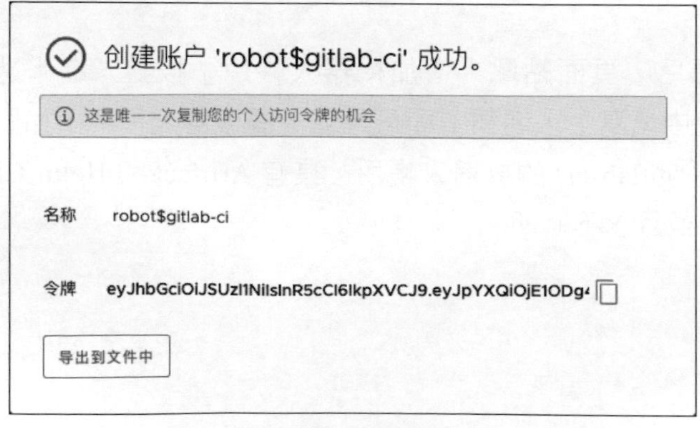

圖 5-24

如果機器人帳戶的權杖不再被使用，則可以在「機器人帳戶」管理頁面禁用或刪除對應的機器人帳戶。已禁用的帳戶可以再次啟用，但刪除後的帳戶不能再次恢復。

在漏洞掃描器掃描 Artifact 時，Harbor 會建立一個擁有 scanner-pull 許可權的臨時機器人帳戶，並發送該機器人帳戶資訊給漏洞掃描器，使其能拉取並掃描 Artifact。在掃描結束後，該帳號立即被刪除。

5.5 常見問題

1. **為什麼新安裝的 Harbor 預設不允許自註冊？**

   對於本機資料庫認證模式，Harbor 提供了使用者自註冊功能。Harbor 大多數是在企業內部使用的，出於對安全性的考慮，Harbor 在預設情況下沒有開啟自註冊功能。如果需要使用自註冊功能，則可以在「系統管理」→「設定管理」→「認證模式」下開啟「執行自註冊」功能（僅使用本機資料庫認證模式時有此選項）。

2. **我想把 Harbor 的使用者認證模式從預設的本機資料庫綱要改為 LDAP 或 OIDC 模式，為什麼在「系統管理」→「設定管理」→「認證模式」中是唯讀的且無法修改？**

   Harbor 目前不支援自動把已有的使用者遷移到新的認證模式，所以如果系統中存在其他認證系統的使用者，則不支援修改使用者的認證模式。

3. **已經將使用者從 LDAP 管理員群組中刪除了，為什麼該使用者登入 Harbor 時依然是系統管理員？**

   LDAP 使用者登入時會檢查使用者是否在 LDAP 管理員群組中，如果不在管理員群組中，則接著會檢查其在資料庫中對映的使用者是否設定了系統管理員標識，如果設定了，則使用者依然會以系統管理員的身份存取 Harbor。要解決這種問題，建議把使用者從 LDAP 管理員群組中刪除後，同時去 Harbor 的「使用者管理」頁面把其對映的系統管理員標識去掉。

4. **為什麼用 "docker login -u username -p password server" 指令在 Shell 終端或指令稿裡透過機器人帳號登入 Harbor 時，系統會提示 "unauthorized: authentication required"？**

在機器人帳戶的名稱中含有 "$" 符號，"$" 在 Shell 終端或指令稿裡有特殊含義，"$" 及其之後的字母會作為一個變數來處理，這樣登入時會因為使用的使用者名稱錯誤導致登入失敗。在 Shell 終端或指令稿中用 "docker login" 指令登入 Harbor 時，需要對機器人帳戶名稱中的 "$" 符號使用 "\" 符號進行逸出，例如用 "robot\$gitlab-ci" 替代 "robot$gitlab-ci"，或用 ' ' 單引號把使用者名稱包裹起來，例如用 'robot$gitlab-ci' 替代 robot$gitlab-ci。

5. **一個機器人帳戶能同時存取多個不同專案裡的資源嗎？**

目前，Harbor 不支援一個機器人帳戶同時擁有多個不同專案的存取權限。

6. **兩個不同的 Harbor 系統使用了相同的私密金鑰檔案，一個 Harbor 系統專案下的機器人帳戶能存取另一個 Harbor 系統中相同專案下的資源嗎？**

由於兩個系統都使用了相同的私密金鑰檔案，所以一個系統下的機器人帳戶的權杖可以被另一個系統解密並取得權杖裡的資訊，但 robot Security Context 產生器會使用權杖裡解析的資訊與其資料庫中的資訊做比較，只有在兩個系統中都存在擁有相同 ID 和名稱的機器人帳戶時，一個 Harbor 系統的權杖才會被另一個 Harbor 系統接受。

7. **在 OIDC 認證模式下，使用者可以用 CLI 密碼拉取和發送映像檔，為什麼 CLI 密碼無法在遠端複寫原則中使用？**

因為 CLI 密碼只支援拉取和發送 Artifact 的操作，不支援 API 的呼叫，所以無法在遠端複寫原則中使用。

8. **在設定 OIDC 認證模式時，如何正確取得 OIDC Endpoint？**

根據 OIDC 標準，OIDC 服務的設定檔的 URL 必須為 "$ENDPONT_URI/.well-known/ openid-configuration"，所以使用者在設定 OIDC Endpoint 時，可以用 "curl" 指令測試並確認 OIDC 設定檔的 URL，然後從該 URL 中分析 "$ENDPONT_URI" 部分並將其填入 Harbor OIDC 的設定中（參考表 5-6）。

Chapter

06 安全性原則

Harbor 作為雲端原生的製品（Artifact）倉庫，管理和分發著各種應用的 Artifact，內容的安全性會直接影響到內容所分發和部署到的執行平台與環境。所以，除了 Harbor 本身的安全性，它所管理內容的安全性也尤為重要。本章注重從內容安全性角度來說明 Harbor 提供的能力，包含防止內容篡改的內容信任功能，以及發現安全性漏洞的靜態掃描機制。除此之外，本章也會說明如何基於內容信任和漏洞掃描來設定安全性原則及漏洞安全白名單制度，同分時享 Harbor 在內容安全方面的一些常見問題。

6.1 可信任內容分發

作為容器技術的先驅，Docker 公司在 Docker 1.8.0 中引用了 DCT（Docker Content Trust）的概念，可實現容器映像檔的內容信任機制，並且支援映像檔的可信任分發。DCT 會將發往或收自遠端映像檔倉庫的資料使用增強式加密的數位簽章，而這些數位簽章允許用戶端或容器執行時期對映像檔的發行者和完整性進行驗證。當使用 DCT 的發行者將映像檔發送到遠端倉庫時，Docker 會使用發行者的私密金鑰在本機對映像檔進行數位簽章。當使用者隨後拉取該映像檔時，Docker 會透過安全方式獲得發行者的公開金鑰，並用該公開金鑰來驗證映像檔是否由發行者建立、未被篡改且為最新版本。

DCT 採用開放原始碼專案 Notary 來提供內容信任功能，而 Notary 是基於另一開放原始碼專案 TUF（The Updating Framework）實現的。為了保持與 Docker 工具鏈同樣的流程與使用者體驗，Harbor 倉庫服務也透過 Notary 開放原始碼專案來實現對內容信任的支援。這裡先說明 TUF 和 Notary 的一些基本要素和機制。

6.1.1 TUF 與 Notary

TUF 是一種安全軟體分發標準，具有由非對稱金鑰表示的具有層次結構的角色，並且運用這些非對稱金鑰簽名的中繼資料來建立信任。TUF 具有層級金鑰結構，包含根金鑰、快照金鑰、時間戳記金鑰及目標金鑰，提供了諸如時效性保證和可存活的金鑰洩露等多種安全保證。此多級金鑰設計使得發行者發佈的內容被伺服器端和發行者端的金鑰同時簽名，確保攻擊者僅透過破壞伺服器金鑰不足以篡改內容及發佈惡意內容。圖 6-1 展示了 TUF 角色和金鑰層次。

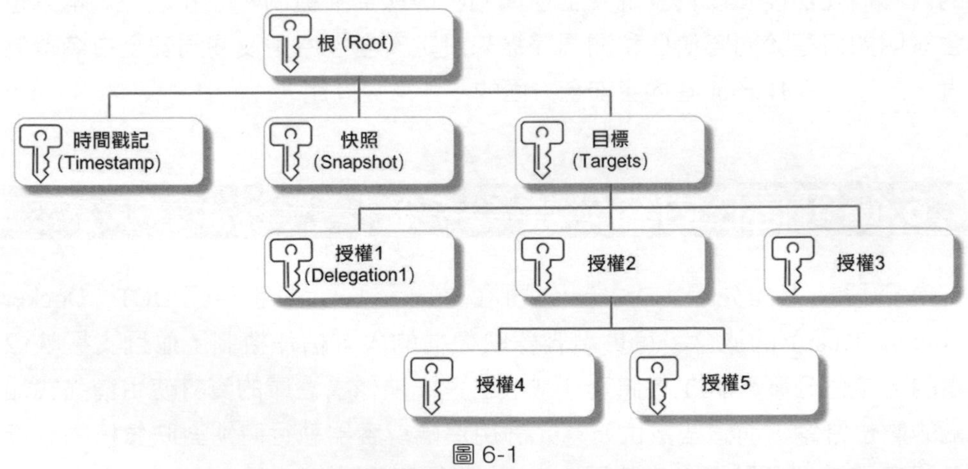

圖 6-1

根金鑰是所有信任的基礎與來源，用來簽名包含所有根（Root）、目標（Targets）、快照（Snapshot）和時間戳記（Timestamp）的公開金鑰 ID 的根中繼資料檔案。用戶端可以使用這些公開金鑰來驗證倉庫中所有中繼資料檔案的簽名。根金鑰具有極其重要的作用，應由集合（Collection）所有者持有，且需要離線安全儲存。相比其他金鑰，應該設定最長的過期時間。

快照金鑰用來簽名快照中繼資料檔案。此檔案列舉了集合中根、目標及授權中繼資料檔案的檔案名稱、大小和雜湊值，用來驗證其他中繼資料檔案的完整性。快照金鑰可以由集合所有者或管理員持有，也可交由 Notary 服務儲存。

時間戳記金鑰對時間戳記中繼資料檔案進行簽名。該檔案具有任何特定中繼資料的最短到期時間，且透過指定該集合最新快照的檔案名稱、大小及雜湊值來為集合提供時效性保證，可用來驗證快照中繼資料檔案的完整性。時間戳記金鑰由 Notary 服務持有，因而可在過期之前在不需要集合所有者參與的情況下自動重新產生。

目標金鑰會對目標中繼資料檔案簽名。此檔案包含集合中內容檔案的檔案名稱、大小及對應的雜湊值，可用來驗證部分或全部倉庫實際內容的完整性，同時可透過授權角色對其他合作者進行信任授權。目標金鑰由集合所有者或管理員直接持有。

授權金鑰針對授權中繼資料檔案簽名，與目標金鑰有一定的相似性。授權中繼資料檔案包含集合中內容檔案的檔案名稱、大小及對應的雜湊值，這些檔案可用來驗證部分或全部倉庫實際內容的完整性。它們也可同時透過低等級的授權角色給其他合作者進行信任授權。授權金鑰可以被集合所有者、管理員及合作者群眾中的任何人持有。

TUF 各中繼資料檔案之間的連結及相關金鑰的儲存場景如圖 6-2 所示。

開放原始碼專案 Notary 以 TUF 實現，提供了完整的工具鏈來更進一步地支援內容信任流程。借助於 TUF，Notary 具有了一些突出優勢。

- 抗金鑰洩露：TUF 的關鍵角色概念都用來在整個多層次金鑰結構中分擔職責，這樣除根金鑰外的任何特定金鑰的遺失，都不會對系統的安全性造成致命損害。

- 時效性保證：重放攻擊是安全系統裡常見的攻擊模式。攻擊者將具有合法簽名的舊版本內容偽裝成最新版本的內容發佈給使用者，而這些舊版本可能包含了易受攻擊的漏洞。Notary 在發佈時使用時間戳記使得使用者確認他們收到的是最新內容。
- 可設定的信任設定值：在某些條件下需要允許多個發行者發佈同一內容，例如具有多個維護者的開放原始碼專案。信任設定值可以確保只有一定數量的發行者簽名同一份內容檔案才可被信任。這樣做可以確保單一金鑰遺失不會導致惡意內容發佈。
- 簽名授權：內容發行者可將自己的部分可信任內容集合授權給其他簽名者。此授權透過中繼資料檔案來表現，這樣內容使用者可以同時驗證內容和授權。
- 使用現存發佈通道：Notary 不需要與任何特殊的發佈通道綁定，可以很容易增加到現有通道中。
- 非信任映像檔和傳輸：所有 Notary 中繼資料都可透過任意通道進行映像檔分發。

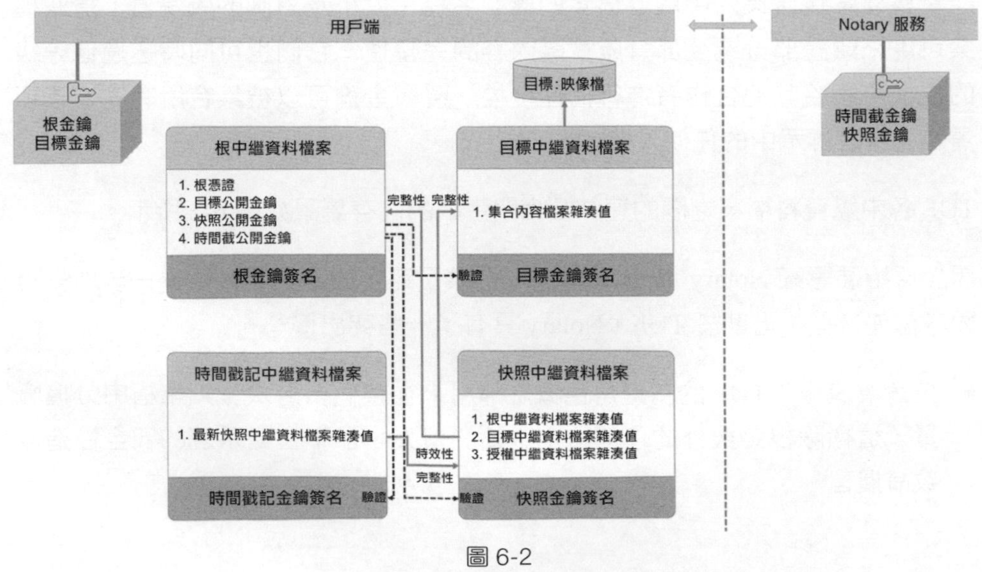

圖 6-2

Notary 的用戶端可以從一個或多個遠端的 Notary 服務中拉取相關中繼資料，也可發送中繼資料到一個（甚至多個）Notary 服務中。

Notary 服務則由伺服器和簽名服務組成。伺服器負責儲存和更新資料庫中多個受信任集合的已簽名 TUF 中繼資料檔案；簽名服務則儲存相關私密金鑰並回應伺服器的請求來簽名中繼資料。Notary 服務的基本結構如圖 6-3 所示。

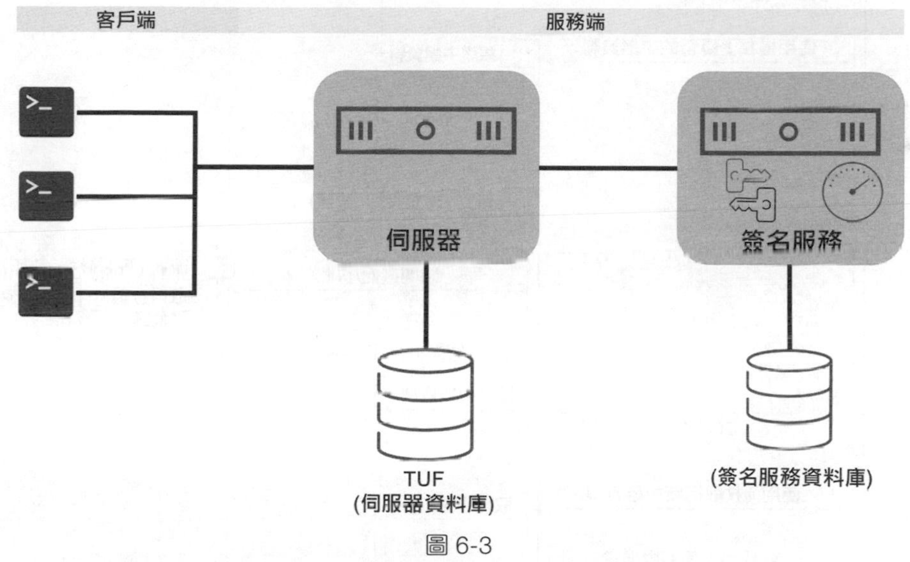

圖 6-3

Notary 用戶端會產生並簽名根中繼資料、目標中繼資料及特定時候的快照中繼資料，並上傳到 Notary 伺服器上。

Notary 伺服器負責確保上傳的中繼資料合法、自包含且被簽名；以這些上傳為基礎的中繼資料產生時間戳記中繼資料；同時為可信任任的集合儲存向用戶端提供最新且合法的中繼資料。

Notary 簽名服務負責在 Notary 伺服器之外的資料庫中儲存私密金鑰，這些私密金鑰是透過 Javascript Object Signing and Encryption 機制加密與封裝的。在伺服器有請求時，Notary 簽名服務使用這些私密金鑰執行簽名操作。

Notary 用戶端、伺服器及簽名服務之間的實際互動過程如圖 6-4 所示。

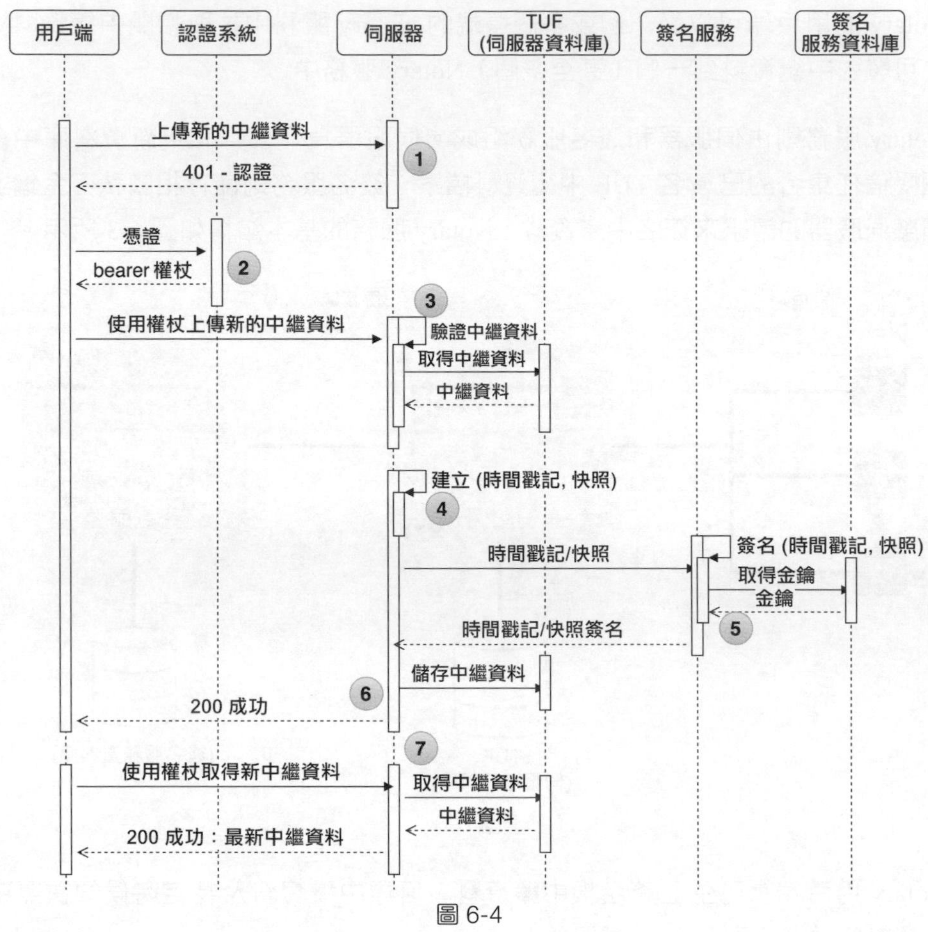

圖 6-4

（1）Notary 伺服器可選擇使用 JWT 權杖來認證用戶端。如果 Notary 伺服器啟用了 JWT 權杖認證機制，則所有不帶權杖的用戶端請求都會被重新導向到認證伺服器。

（2）用戶端透過 HTTPS 的基本驗證（Basic Auth）登入認證伺服器以取得 Bearer 權杖，然後會在之後的請求中向 Notary 伺服器出示此權杖。

（3）在用戶端上傳新的中繼資料檔案時，Notary 伺服器會對照之前的所有版本來檢查它們之間是否存在衝突，並驗證上傳的中繼資料的簽名、驗證碼及有效性。

（4）待所有上傳的中繼資料驗證完畢，Notary 伺服器產生時間戳記（也可能包含快照）中繼資料，並將產生的這些中繼資料發送給 Notary 簽名服務進行簽名。

（5）Notary 簽名服務從其資料庫取得所需要的加密私密金鑰並解密，然後使用這些私密金鑰對中繼資料進行簽名。如果成功，則會將對應的簽名發送回 Notary 伺服器。

（6）Notary 伺服器是資料可信任集狀態的真實來源，將用戶端上傳的中繼資料與伺服器端產生的中繼資料一起儲存在 TUF 資料庫中。產生的時間戳記和快照中繼資料證明用戶端上傳的中繼資料是對應可信任集的最新版本。最後，伺服器會通知用戶端上傳中繼資料成功。

（7）用戶端此時可以使用仍然有效的權杖連接伺服器並下載最新的中繼資料，伺服器只需從資料庫取得最新的中繼資料，因為此時不會有過期的中繼資料存在。在時間戳記過期的情況下，Notary 伺服器會重走一遍上述流程，即產生新的時間戳記，請求簽名服務對新時間戳記進行簽名，並將簽過名的新時間戳記儲存到資料庫中，然後將新時間戳記及其餘儲存的中繼資料一併發給正在請求的用戶端。

6.1.2 內容信任

在了解完 TUF 和 Notary 服務的相關概念之後，本節將重點說明在 Harbor 服務中如何實現內容信任機制，以提升託管內容的可信度與安全性。

1. 整合 Notary

目前 Notary 在 Harbor 服務中為可選元件，是否安裝和啟用 Notary 由使用者在安裝部署 Harbor 服務時透過安裝參數來決定。如果選擇安裝，則 Harbor 服務以圖 6-5 所示的結構來整合 Notary 服務，以實現內容信任功能。

Notary 伺服器和簽名服務與 Harbor 其他元件一起部署在 Harbor 服務網路內。Notary 伺服器和簽名服務所依賴的資料庫則由 Harbor 資料庫服務元件負責。

當透過 docker- compose 安裝時，Notary 服務經過 Nginx 所承載的 API 路由層曝露 4443 通訊埠供用戶端存取；當部署到 Kubernetes 平台上時，Notary 透過 Kubernetes 的 Ingress 機制來提供用戶端存取的端點。此結構遵循了 Notary 的基本架構模式，相容 Docker 與 Notary 用戶端，因而保留了與原生 Docker 系統相同的內容信任模式、流程與機制。

與此同時，在 Harbor 核心服務中實現了簽名管理員，可透過 Notary 伺服器實現 Artifact 數位簽章的管理。需要再次強調的是，此管理員也僅在 Notary 啟用的情況下使用。簽名管理員向上層的 Artifact 控制器提供 Artifact 簽名有關的中繼資料。如果用戶端所請求的 Artifact 已簽名，則 Artifact 控制器會在取得其他中繼資料之後，透過簽名管理員獲得對應 Artifact 的簽名資訊，併合並到 Artifact 中繼資料模型中一併傳回給請求用戶端。

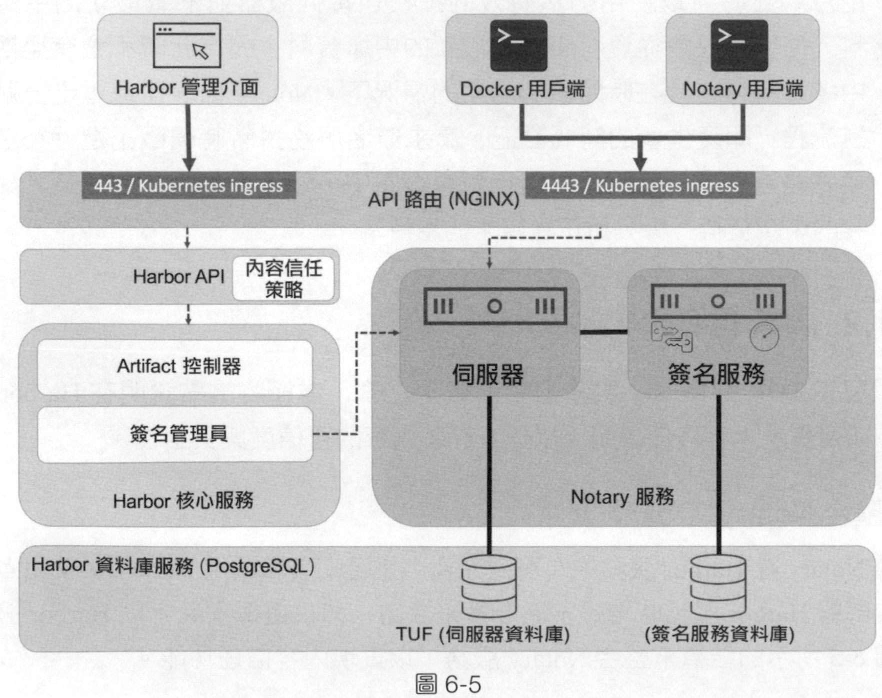

圖 6-5

另外，在 Harbor 啟用了內容信任策略後，如果 Harbor 收到用戶端拉取 Artifact 的請求，Core 元件中的內容信任策略中介軟體處理器就會依據所請求

Artifact 的簽名資訊，決定該請求是否被允許。如果簽名資訊不存在，則拉取請求會被拒絕；如果存在且合法，則拉取請求會被允許透過。內容信任確保用戶端或容器執行時期拉取的 Artifact 內容真實可靠，內容信任策略則從系統層面強制要求 Harbor 只回應已簽名的 Artifact 的拉取請求，進一步更進一步地提升系統的安全性。

最後需要提到的一點是，目前 Harbor 的內容信任機制並相容 DCT，故而這裡提到的支援內容信任機制的 Artifact 類型僅限於容器映像檔，對其他類型 Artifact 的支援會在後續版本中逐步提供。

2. 使用 Notary 簽名 Artifact

本節以 Docker 映像檔為例，介紹如何使用 Notary 簽名映像檔。使用者需要確保在安裝 Harbor 時安裝和啟用了 Notary 服務。

首先，在命令列中設定以下環境變數來啟用內容信任機制：

```
$ export DOCKER_CONTENT_TRUST=1
$ export DOCKER_CONTENT_TRUST_SERVER=https://<harbor主機位址>:4443
```

如果在安裝 Harbor 時啟用了 TLS 並使用了自簽證書，則需要確保 CA 憑證已被複製到 Docker 用戶端所在作業系統的以下位置：

```
/etc/docker/certs.d/<harbor主機位址>
$HOME/.docker/tls/<harbor主機位址>:4443/
```

此時使用 Docker 命令列工具向 Harbor 倉庫發送映像檔，在上傳成功後會繼續內容信任的簽名步驟。如果根金鑰還未建立，則系統會要求輸入強式密碼以建立根金鑰，之後在啟用內容信任的條件下發送映像檔都需要此密碼。同時，系統會要求輸入另外的強式密碼以建立正在發送的映像檔倉庫的目標金鑰。這些產生的金鑰都會以 "$HOME/.docker/trust/private/<digest>. key" 路徑儲存，對應的 TUF 中繼資料檔案被儲存在 "$HOME/.docker/trust/tuf/<harbor 主機位址 >/< 映像檔倉庫完整路徑 >/metadata" 目錄下。一個發送範例如下：

```
$ docker push 192.168.1.2/sz/nginx:latest
The push refers to repository [192.168.1.2/sz/nginx]
```

```
787328500ad5: Layer already exists
077ae58ac205: Layer already exists
8c7fd6263c1f: Layer already exists
d9c0b16c8d5b: Layer already exists
ffc9b21953f4: Layer already exists
latest: digest: sha256:d9002da0297bcd0909b394c26bd0fc9d8c466caf2b7396f58948ca
c5318d0d0b size: 1362
Signing and pushing trust metadata
You are about to create a new root signing key passphrase. This passphrase
will be used to protect the most sensitive key in your signing system. Please
choose a long, complex passphrase and be careful to keep the password and the
key file itself secure and backed up. It is highly recommended that you use a
password manager to generate the passphrase and keep it safe. There will be no
way to recover this key. You can find the key in your config directory.
Enter passphrase for new root key with ID affd4a6:
Repeat passphrase for new root key with ID affd4a6:
Enter passphrase for new repository key with ID 15a6800:
Repeat passphrase for new repository key with ID 15a6800:
Finished initializing "192.168.1.2/sz/nginx"
Successfully signed 192.168.1.2/sz/nginx:latest
```

簽名成功後，登入 Harbor 圖形管理介面，透過「專案」→「專案名稱」→「映像檔倉庫→「映像檔名」→ "digest" 開啟映像檔詳情頁面，可在 Tags 列表中看到 "latest" 處於已簽名狀態，這是因為簽名資訊是與實際的 Tag 連結的，如圖 6-6 所示。

圖 6-6

此時如果使用 "docker"命令列來拉取未簽名的映像檔，則 Harbor 會直接拒絕拉取請求。注意：該操作需要用戶端設定了上述環境變數來啟用內容信任功能，如果用戶端未設定，則內容信任功能不會啟用，未簽名的映像檔依然可以被拉取。範例如下：

```
$ docker pull 192.168.1.2/sz/redis:latest
Error: remote trust data does not exist for 192.168.1.2/sz/redis:
192.168.1.2:4443 does not have trust data for 192.168.1.2/sz/redis
```

Harbor 提供了以內容信任簽名為基礎的安全保證策略，透過此策略可限制未簽名映像檔的拉取操作，與用戶端的設定無關，相當大提升了安全性與可用性。

以專案管理員身份登入系統，透過「專案」→「專案名稱」→「設定管理」開啟指定專案的設定管理頁面，在「部署安全」部分選取「內容信任」，可啟用僅允許部署透過內容信任驗證的映像檔，儲存設定，如圖 6-7 所示。

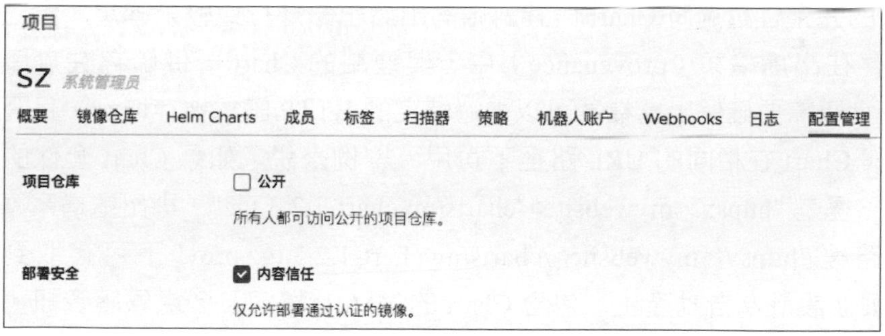

圖 6-7

之後，即使用戶端未做任何內容信任相關的環境變數設定，則拉取未簽名映像檔的請求都會被拒絕。範例如下：

```
$ env | grep DOCKER_CONTENT_TRUST
$ docker pull 192.168.1.2/sz/redis:latest
Error response from daemon: unknown: The image is not signed in Notary.
```

在 Harbor 中，已簽名的 Tag 無法被直接刪除，需要在移除簽名之後才可成功刪除，否則系統會列出錯誤，同時提示使用以下指令先移除 Tag 上的簽名

（此指令需要安裝 Notary 命令列工具）：

```
$ notary -s https://<harbor主機位址>:4443 -d ~/.docker/trust remove -p
192.168.1.2/nginx:1.19
```

6.1.3 Helm 2 Chart 簽名

Harbor 2.0 之前的版本對 Helm 2 Chart 的支援是透過開放原始碼專案 ChartMuseum 實現的。Harbor 2.0 直接提供了對 OCI Artifact 格式的 Helm 3 Chart 的支援，但仍然保留了透過 ChartMuseum 對 Helm 2 Chart 的支援。不過隨著社區的發展和使用者使用情況的變化，Harbor 的後續版本會逐步放棄對 Helm 2 Chart 的支援。Harbor 針對 Helm 2 Chart 簽名的支援沒有依賴 Notary 來實現，而是沿用了 Helm 社區使用的相關工具鏈。Helm 提供的相關出處驗證工具鏈可以幫助使用者驗證 Chart 套件的出處和完整性。基於 GnuPG（GPG）等業界標準工具，Helm 可以產生並驗證相關簽名檔。

Chart 的完整性透過將 Chart 與其對應的出處記錄進行比較來確定。出處記錄被儲存在出處檔案（provenance）中，與連結的 Chart 一併儲存在倉庫中。Chart 倉庫需要確保出處檔案可以透過特定的 HTTP 請求被存取到，且需要保障其與 Chart 在相同的 URL 路徑下可用。舉例來說，如果 Chart 套件的基本 URL 路徑是 "https://<mywebsite>/charts/mychart-1.2.3.tgz"，則出處檔案應該在 URL 路徑 "https://<mywebsite>/charts/mychart-1.2.3.tgz.prov" 下可存取到。出處檔案被設計為自動產生，包含 Chart 的 YAML 檔案及多處驗證資訊，基本格式如下：

```
-----BEGIN PGP SIGNED MESSAGE-----
name: nginx
description: The nginx web server as a replication controller and service pair.
version: 0.5.1
keywords:
  - https
  - http
  - web server
  - proxy
source:
```

```
- https://github.com/foo/bar
home: https://nginx.com

...
files:
        nginx-0.5.1.tgz: "sha256:9f5270f50fc842cfcb717f817e95178f"
-----BEGIN PGP SIGNATURE-----
Version: GnuPG v1.4.9 (GNU/Linux)

iEYEARECAAYFAkjilUEACgQkB01zfu119ZnHuQCdGCcg2YxF3XFscJLS4lzHlvte
WkQAmQGHuuoLEJuKhRNo+Wy7mhE7u1YG
=eifq
-----END PGP SIGNATURE-----
```

其中主要包含的資料區塊如下。

- Chart 套件的中繼資料檔案（Chart.yaml）：以便了解 Chart 套件的實際內容。
- Chart 套件（.tgz 檔案）的簽名摘要：以便驗證 Chart 套件的完整性。
- GPG 的演算法：對整個內容體進行加密簽名。

透過這樣的組合可以給使用者以下安全保證。

- Chart 套件本身沒有被篡改（透過驗證 tgz 檔案）。
- 發佈套件的實體是已知、可信任的（透過 GnuPG、PGP 簽名）。

要對 Helm 2 Chart 進行簽名，就需要確保 "helm" 命令列已經安裝好，並且存在合法的二進位形式（非 ASCII 格式）的 PGP 金鑰對。我們也可安裝 GnuPG 2.1 以上版本的命令列工具以方便對金鑰的管理。金鑰對一般被儲存在 "~/.gnupg/" 路徑下，可透過 "gpg --list-secret-keys" 指令來檢視目前存在的金鑰。需要注意的是，如果金鑰設定有密碼，則每次金鑰被使用時都需要輸入其對應的密碼。如果想避免頻繁輸入密碼，則可以設定環境變數 HELM_KEY_PASSPHRASE 來略過密碼輸入操作。另外，金鑰檔案格式在 GnuPG 2.1 中發生了改變，新引用的 .kbx 格式不被 Helm 支援，因而需要使用 GnuPG 命令列對金鑰檔案的格式做轉換。一個簡單範例如下：

```
$ gpg --export-secret-keys >~/.gnupg/secring.gpg
```

對已經準備好包裝的 Chart，在呼叫 "helm package" 指令包裝時增加 "--sign" 參數進行簽名操作。同時，需要指定已知簽名金鑰（--key）和包含對應私密金鑰的金鑰環（--keyring）：

```
$ helm package --sign --key 'my signing key' --keyring path/to/keyring.secret
mychart
```

包裝完成後，會產生 Chart 檔案 mychart-0.1.0.tgz 和出處檔案 mychart-0.1.0.tgz.prov。這兩個檔案都需要被上傳到 Chart 倉庫中的同一個目錄下，可透過 Harbor 的圖形管理介面完成上傳。點擊「專案」→「專案名稱」→「Helm Charts」→「上傳」，開啟 Chart 上傳對話方塊，如圖 6-8 所示，選取所要上傳的 Chart 檔案及對應的出處檔案，點擊「上傳」按鈕即可完成。

成功上傳後，可在 Chart 詳情頁面的「安全」部分檢視到對應的簽名狀態。出處檔案存在的 Chart 會顯示就緒狀態，如圖 6-9 所示。點擊「繼續」按鈕可下載對應的出處檔案。

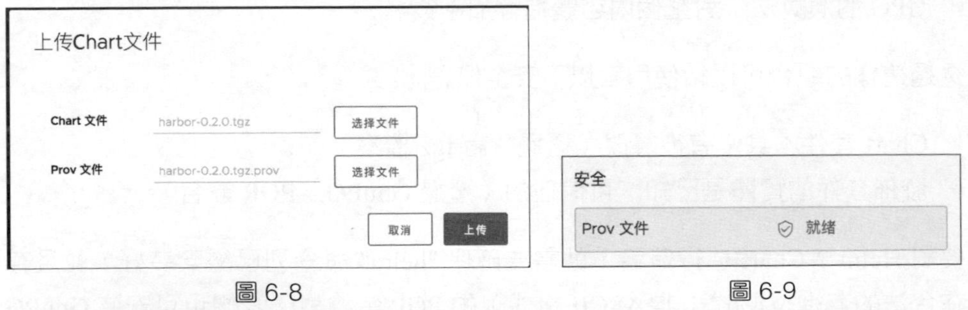

圖 6-8　　　　圖 6-9

對 Chart 套件的驗證，可透過 "helm verify" 指令進行，如果驗證失敗，則系統會列出實際的錯誤訊息：

```
$ helm verify topchart-0.1.0.tgz
Error: sha256 sum does not match for topchart-0.1.0.tgz: "sha256:1939fbf7c102
3d2f6b865d137bbb600e0c42061c3235528b1e8c82f4450c12a7" != "sha256:5a391a90de56
778dd3274e47d789a2c84e0e106e1a37ef8cfa51fd60ac9e623a"
```

在安裝過程中也可以使用 "--verify" 標示對要安裝的 Chart 套件進行驗證：

```
$ helm install --verify mychart-0.1.0.tgz
```

如果驗證失敗，則在被發送到 Kubernetes 叢集之前，Chart 套件的安裝處理程序終止。

6.2 外掛程式化的漏洞掃描

程式和軟體通常具有缺陷，作為應用與其所依賴的軟體套件和作業系統的包裝形式，容器映像檔自然也不例外。在編碼與建置過程中，錯誤的出現不可避免。這些遺留在軟體套件中的錯誤也就是我們平常所稱的缺陷，這些缺陷會成為其所在軟體套件的技術弱點。惡意的攻擊者會利用其中的一些缺陷非法入侵系統，破壞系統的執行狀況或竊取有關私密資訊，這些缺陷就是我們熟知的漏洞。

缺陷一旦被認定為漏洞，就可透過 MITRE 公司註冊為 CVE（Common Vulnerabilities and Exposures，公開透明的電腦安全性漏洞清單）。CVE 通常用分配給每個安全性漏洞的 CVE ID 來參考。CVE 項目簡單，並不包含技術資料、有關風險、影響和修復資訊。這些資訊的詳情會在其他資料庫中維護，包含美國國家漏洞資料庫（NVD）、CERT/CC 漏洞說明資料庫，以及供應商和其他組織維護的各種清單。在這些不同的資料庫系統中，CVE ID 提供給使用者一種可靠的方式，可以將不同的安全性漏洞區分開。

註冊過的 CVE 的潛在嚴重程度會被評估，評估方式有多種，其中比較常見的是 CVSS（Common Vulnerability Scoring System，通用漏洞評分系統）。CVSS 以一組開放為基礎的標準為漏洞評分，以衡量和評估漏洞的等級和嚴重性。NVD、CERT 和其他機構都使用 CVSS 評分系統來評估漏洞的影響，分數範圍為 0.0 ～ 10.0，數字越高，表示漏洞的嚴重程度越高。其中，0.0 為「無」（None），0.1 ～ 3.9 為「低」（Low），4.0 ～ 6.9 為「中等」（Medium），7.0 ～ 8.9 為「高」（High），9.0 ～ 10.0 則為「嚴重」（Critical）。

漏洞資料庫提供了軟體套件中已知的漏洞資訊，基於這些資訊很容易找出容器映像檔中軟體套件所包含的漏洞資訊，提供給軟體開發者或維護者作為修復和改進的重要參考依據，這也就是漏洞掃描。漏洞掃描由專門的應用完成，即漏洞掃描器或漏洞掃描工具。漏洞掃描器會識別所有軟體套件，以及軟體套件所依賴的作業系統並建立對應的清單。在清單建立後，漏洞掃描器將對照一個或多個已知的漏洞資料庫檢查清單中的每個專案，檢查是否有專案受到這些漏洞的影響。漏洞掃描的結果是找到和識別所有系統中的軟體套件，並顯示可能需要引起注意的已知漏洞。

Harbor 在 1.1 版本中就已經引用 CoreOS 旗下的開放原始碼專案 Clair，將其作為 Harbor 所儲存和管理的容器映像檔的漏洞掃描引擎，使用者在安裝 Harbor 系統時可以選擇安裝並啟用 Clair。對映像檔漏洞掃描功能的支援，在快速地增強了映像檔的安全性，也使 Harbor 在某些企業級應用場景中的安全性獲得提升，受到許多社區使用者的歡迎和信賴。

另外，提供漏洞掃描工具和服務的廠商有很多，其中包含開放原始碼工具和商務軟體，雖然不同的漏洞掃描工具或服務提供了類似的漏洞掃描能力，但是不同的實現和依賴資料使得這些工具和服務存在差別，在程式共用模式、服務模式和服務計畫等方面也有差異。不同的使用者或企業會在建置其 IT 環境時有不同的考量，也會有不同偏好的合作夥伴，這就使得企業選擇不同的掃描工具，有的企業可能還會有自己的安全平台提供包含映像檔掃描在內的安全保證。所以，企業或使用者在使用 Harbor 倉庫服務時，會更偏好與自己現有的掃描工具與服務整合，以避免額外的維護成本。

以上種種，都使得在 Harbor 中引用更為靈活的映像檔掃描機制成為必然。在 Harbor 1.10 中，透過社區的努力，來自 Aqua Security、Anchore、VMware 和 HP 的團隊成員共同組建了掃描工作群組（Scanning Workgroup），設計和實現了外掛程式化漏洞掃描架構。

透過外掛程式化漏洞掃描架構，掃描工具或服務與 Harbor 本身完成解耦，系統管理員可以透過管理介面完成掃描工具或服務的設定、監控和管理。架構支援多個掃描工具或服務的設定管理，管理員可將其中之一設定為系統預設的掃描引擎。專案管理員可以為其專案設定有別於系統預設掃描引擎的其他掃描引擎。若未在專案等級進行設定，則使用系統預設的掃描引擎來完成對應專案下的映像檔掃描。顯然，掃描工具的安裝設定獨立於 Harbor 的安裝設定，運行維護者可在需要時安裝新的掃描工具或服務，並設定到 Harbor 中以啟用其功能。外掛程式化的掃描機制使得企業可將既有工具或服務簡便地整合，為企業帶來很大的便利並節省整合成本。

接下來說明外掛程式化漏洞掃描架構的設計原理。

6.2.1 整體設計

圖 6-10 列出了外掛程式化漏洞掃描架構的整體設計架構，其主要元件模組包含在 Harbor 的核心（core）服務中，非同步掃描任務的排程和執行則由非同步任務系統（JobService）來承擔。

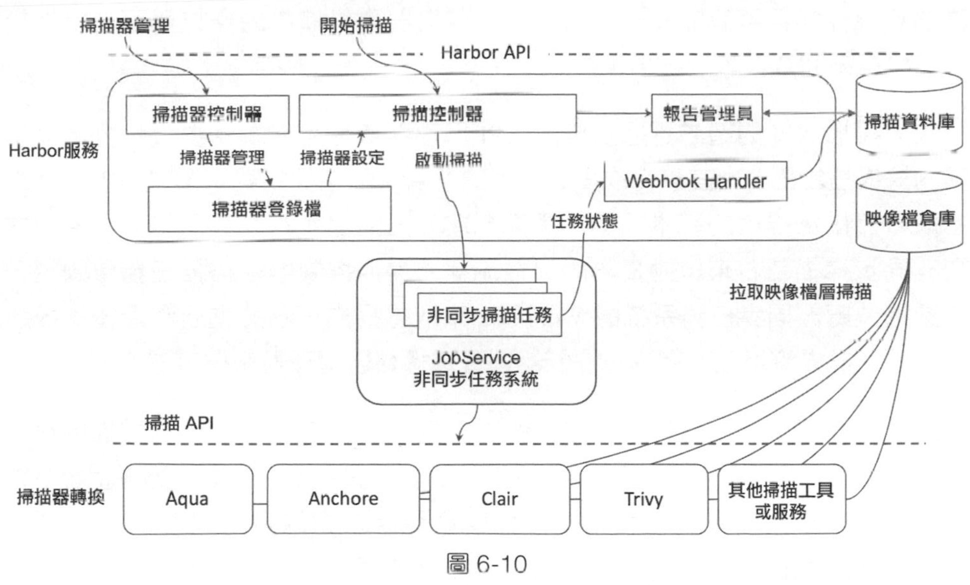

圖 6-10

首先需要提到的是，不同的掃描工具或服務具備不同的功能介面，為了隱藏這些差異，外掛程式化漏洞掃描架構提供了掃描 API 標準，定義了可被外掛程式化漏洞掃描架構識別、管理並呼叫的掃描器應具備的功能集介面。一個掃描工具或服務如果需要連線外掛程式化漏洞掃描架構，則必須實現並曝露此 API 標準中所定義的相關功能介面。顯然，為減少對底層掃描工具或服務的依賴，比較合理和簡單的方式是以掃描 API 標準的掃描工具或服務實現介面卡，透過介面卡將掃描工具或服務的能力引用架構。此標準使得新的掃描工具或服務的連線與 Harbor 完全解耦，同時使外掛程式化漏洞掃描架構具備強大的開放性，更容易與其他專注於容器與映像檔安全的組織與公司形成良好的生態，進而促進 Harbor 社區的發展。

有了待選的漏洞掃描器，外掛程式化漏洞掃描架構在 Harbor 裡引用了外掛程式化掃描器管理、啟動掃描任務及取得掃描報告的相關 API，以支援與掃描相關的任務流程。

首先，透過 API 實現對掃描器的設定與管理，實際的管理請求透過 API 處理器呼叫掃描器控制器提供的統一介面來完成，掃描器控制器會依賴掃描器登錄檔實現掃描器資訊的持久化與更新。掃描器登錄檔中的掃描器可被提供給掃描模組來完成實際的掃描操作。

其次，掃描 API 的請求透過對應的 API 處理器傳達給作為主要流程控制與排程的掃描控制器，由其來完成實際流程的控管。掃描控制器會透過掃描器登錄檔取得目前掃描器的基本設定，選擇合理的掃描器作為執行引擎。之後，提交非同步掃描任務來啟動實際的掃描流程。掃描控制器在掃描任務啟動後，會透過監聽非同步任務系統的 Webhook 來取得掃描任務的進展和最後掃描結果。如果掃描流程正常完成，控制器則會透過報告管理員來儲存掃描報告。

非同步掃描任務使用實現了掃描 API 標準的介面卡來執行實際的掃描過程。非同步掃描任務從其參數中取得掃描所需要的相關資訊並封裝，透過掃描 API 提交給介面卡所轉換的掃描器。掃描器利用請求中的資訊從 Harbor 側拉取掃描內容並進行對應的漏洞掃描工作。在掃描請求提交後，掃描任務會定期查詢掃描狀態以便確認掃描器的掃描進度，直到整個掃描過程結束和報告產生。之後將報告透過 Webhook 通知的方式發送給 Harbor 服務中的監聽方以便進行後續處理。

接下來在上述整體設計的基礎上，重點說明外掛程式化漏洞掃描架構中的一些重要元件和模組的設計詳情。

6.2.2 掃描器管理

掃描器管理主要用於對包含掃描器基本資訊的註冊物件進行管理，包含掃描器註冊物件的名稱（name）、描述（description）、連接位址（url）、驗證模式（auth）及驗證憑證（access_credential）等中繼資料，以及與連接存取形式相關的忽略憑證驗證（skip_certVerify）和使用內部位址（use_internal_addr）等。

> 注意：外掛程式化漏洞掃描架構對掃描器的實際安裝環境和網路設定沒有限制，只需確保掃描器和 Harbor 倉庫之間可互相存取即可。在某些情況下，管理員考慮到網路環境的特點，將掃描器與 Harbor 服務一起安裝在相同的網路中（即 intree 模式），掃描器可以透過 Harbor 服務的內網位址來存取，進而避免服務元件之間可能出現的網路連接問題。對於可以使用 Harbor 倉庫內網位址來存取服務的掃描器，在向 Harbor 註冊時，需要啟用「使用倉庫內部位址」選項。另外，如果掃描器與 Harbor 服務不在相同的網路中，則啟用這樣的選項必然導致掃描器無法連通。

掃描器管理支援設定多種類型的掃描器，對於相同的掃描器類型也可有多個不同的部署實例。前面提到過，在多個掃描器中可以指定其中之一為系統的預設掃描器。若在專案中未特別設定掃描器的話，則可以直接繼承系統的預設設定。若對專案有特別的需求，則專案管理員可為專案設定系統已設定掃描器清單中的其他掃描器，作為專案的專有掃描器以覆蓋系統的預設設定。清單中的掃描器也可被禁用、啟用或移除，也可以更新掃描器的資訊。

掃描器管理由掃描器控制器統籌協調，實際的儲存操作由掃描器登錄檔實現。掃描器登錄檔實際上是對掃描器資料存取物件（DAO）方法的介面化封裝。在 DAO 中實現了實際連接和操作資料庫的增刪改查等基本方法。

掃描控制器的功能宣告在 "src/controller/scanner/controller.go" 的 Controller 介面中，定義的操作能力如下。

（1）ListRegistrations：列出系統中所有已經註冊的掃描器物件，支援分頁與以關鍵屬性為基礎的查詢。

（2）CreateRegistration：註冊新的掃描器物件到系統中進行管理。

（3）GetRegistration：透過唯一索引取得指定的掃描器註冊物件資訊。

（4）UpdateRegistration：以新提供為基礎的資訊更新指定的掃描器註冊物件。

（5）DeleteRegistration：刪除指定的掃描器註冊物件。

（6）RegistrationExists：檢測是否存在指定索引的掃描器註冊物件。

（7）SetDefaultRegistration：設定指定的掃描器為系統預設。

（8）SetRegistrationByProject：為指定的專案設定指定的掃描器。

（9）GetRegistrationByProject：取得為指定的專案設定的掃描器。

（10）Ping：嘗試測試指定的掃描器的連線性。

（11）GetMetadata：取得指定的掃描器的註冊中繼資料資訊。

掃描器的登錄檔相關介面和實現可在 "src/pkg/scan/scanner" 套件中找到。掃描器的 DAO 基本操作實現可在 "src/pkg/scan/dao/scanner" 套件中找到。鑑於篇幅限制，這裡不再詳細多作說明，有興趣的讀者可以查閱原始程式了解詳情。

6.2.3 掃描 API 標準

目前掃描 API 標準是 V1 版本，定義了 3 個相關的 Restful API 介面：傳回掃描器中繼資料的 API；發起掃描請求的 API；取得掃描報告的 API。掃描 API 標準要求實現的 API 數量不多，因此對需要支援此標準的掃描工具和服務廠商來說，實現比較簡單。這 3 個 API 的實際定義如下。

（1）**中繼資料 API**：此 API 除了傳回掃描器如名稱、廠商及版本等基本中繼資料，還傳回特定掃描器的功能集，包含：支援掃描哪些類別的 Artifact（以媒體類型為準）的宣告（capabilities.consumes_mime_types[]）、支援傳回哪些格式的掃描報告（以自訂的內容媒體類型為準）的宣告（capabilities.produces_mime_types[]），以及漏洞資料庫的更新時間戳記等其他掃描器的能力屬性（properties{}）。此 API 的實際設計如表 6-1 所示。

表 6-1

<table>
<tr><th colspan="2">HTTP 方法</th><th>GET</th></tr>
<tr><td colspan="2">URI</td><td>/api/v1/metadata</td></tr>
<tr><td colspan="2">請求參數</td><td>無</td></tr>
<tr><td rowspan="3">回應</td><td rowspan="2">200</td><td>Content-type: application/vnd.scanner.adapter.metadata+json; version=1.0</td></tr>
<tr><td>成功回應，傳回掃描器的中繼資料和能力集宣告。
回應體範例：
{
"scanner": {
"name": "Trivy",
"vendor": "Aqua Security",
"version": "0.7.0"
},
"capabilities": [
{
"consumes_mime_types": [
"application/vnd.oci.image.manifest.v1+json",
"application/vnd.docker.distribution.manifest.v2+json"
],
"produces_mime_types": [
"application/vnd.scanner.adapter.vuln.report.harbor+json; version=1.0"
]
}
],
"properties": {
"harbor.scanner-adapter/scanner-type": "os-package-vulnerability",
"harbor.scanner-adapter/vulnerability-database-updated-at":
"2019-08-13T08:16:33.345Z"
}
}</td></tr>
<tr><td>500</td><td>Content-type: application/vnd.scanner.adapter.error+json; version=1.0
發生伺服器內部錯誤。
回應體範例：
{
"error": {
"message": "Some unexpected error"
}
}</td></tr>
</table>

（2）**發起掃描請求 API**：此 API 接收含有待掃描 Artifact 的基本資訊、Artifact 所在倉庫的位址和驗證憑證的物件參數，以非阻塞式方式啟動後端轉換的掃描工具或服務進行漏洞掃描操作，立即傳回可唯一索引實際掃描報告的 ID。此 API 的實際設計如表 6-2所示。

表 6-2

<table>
<tr><th colspan="2">HTTP 方法</th><th>POST</th></tr>
<tr><td colspan="2">URI</td><td>/api/v1/scan</td></tr>
<tr><td colspan="2" rowspan="2">請求參數</td><td>Content-type: application/vnd.scanner.adapter.scan.request+json; version=1.0</td></tr>
<tr><td>掃描請求物件。
範例：
{
"registry": {
"url": "https://core.harbor.domain",
"authorization": "Basic BASE64_ENCODED_CREDENTIALS"
},
"artifact": {
"repository": "library/mongo",
"digest": "sha256:6c3c624b58dbbcd3c0dd82b4c53f04194d1247c6eebdaab7c610cf7d66709b3b",
"tag": "3.14-xenial",
"mime_type": "application/vnd.docker.distribution.manifest.v2+json"
}
}</td></tr>
<tr><td rowspan="2">回應</td><td rowspan="2">201</td><td>Content-type: application/vnd.scanner.adapter.scan.response+json; version=1.0</td></tr>
<tr><td>成功回應，傳回掃描回應物件。
回應體範例：
{
"id": "3fa85f64-5717-4562-b3fc-2c963f66afa6"
}</td></tr>
</table>

HTTP 方法		POST
	400	Content-type: application/vnd.scanner.adapter.error+json; version=1.0

		接收到非法 JSON 資料或資料中含有錯誤類型。
		回應體範例：
		{
		"error": {
		"message": "Some unexpected error"
		}
		}

	422	Content-type: application/vnd.scanner.adapter.error+json; version=1.0

		在資料中包含非法域。
		回應體範例：
		{
		"error": {
		"message": "Some unexpected error"
		}
		}

	500	Content-type: application/vnd.scanner.adapter.error+json; version=1.0

		發生伺服器內部錯誤。
		回應體範例：
		{
		"error": {
		"message": "Some unexpected error"
		}
		}

（3）**取得掃描報告 API**：透過此 API 取得所給請求 ID 的掃描報告。注意：漏洞掃描需要耗費一定的時間才能完成，越大的 Artifact 花費的時間越長。因而在掃描過程還未完成的情況下，此 API 會以程式 302 的形式傳回來告知呼叫者所請求的掃描報告正在產生及還未就緒，需要稍後繼續嘗試。在其傳回的表頭資訊中可能包含下次嘗試的建議時間 "Refresh-After" 的表頭屬性。在報告未就緒的前提下，需要不斷嘗試直到其就緒或出現不可繼續的系統錯誤。關於報告的格式，掃描器可以根據本身實現支援一種或多種形式，所支援的格式在其中繼資料 API 中宣告即可。不過需要注意的是，目前在 Harbor

的圖形管理介面中僅支援具有 "application/vnd.scanner.adapter.vuln.report.harbor+json;version= 1.0" 預設資料格式的繪製，有些掃描器支援的原始資料格式 "application/vnd.scanner. adapter.vuln.report.raw" 只在 API 中有效，在介面中無法正常、有效地繪製和展示。此 API 的實際設計如表 6-3所示。

表 6-3

<table>
<tr><th colspan="2">HTTP 方法</th><th>GET</th></tr>
<tr><td colspan="2">URI</td><td>/scan/{scan_request_id}/report</td></tr>
<tr><td colspan="2">請求參數</td><td>scan_request_id：掃描請求的索引 ID
請求報告的格式（請求標頭）:
Accept: application/vnd.scanner.adapter.vuln.report.harbor+json; version=1.0</td></tr>
<tr><td rowspan="2">回應</td><td rowspan="2">200</td><td>Content-type:application/vnd.scanner.adapter.vuln.report.harbor+json; version=1.0</td></tr>
<tr><td>成功回應，傳回掃描報告的 JSON 物件。
回應體範例：
{
  "generated_at": "2020-08-25T15:19:14.528Z",
  "artifact": {
    "repository": "library/mongo",
    "digest": "sha256:6c3c624b58dbbcd3c0dd82b4c53f04194d1247c6eebdaab7c610cf7d66709b3b",
    "tag": "3.14-xenial",
    "mime_type": "application/vnd.docker.distribution.manifest.v2+json"
  },
  "scanner": {
    "name": "Trivy",
    "vendor": "Aqua Security",
    "version": "0.4.0"
  },
  "severity": "Low",
  "vulnerabilities": [
    {
      "id": "CVE-2017-8283",
      "package": "dpkg",
      "version": "1.17.27",</td></tr>
</table>

<table>
<tr><th colspan="2">HTTP 方法</th><th>GET</th></tr>
<tr><td rowspan="7"></td><td></td><td>"fix_version": "1.18.0",
"severity": "Low",
"description": "dpkg-source in dpkg 1.3.0 through 1.18.23 is able to use a non-GNU patch program\nand does not offer a protection mechanism for blank-indented diff hunks, which\nallows remote attackers to conduct directory traversal attacks via a crafted\nDebian source package, as demonstrated by using of dpkg-source on NetBSD.\n",
"links": [
"https://security-tracker.debian.org/tracker/CVE-2017-8283"
]
}
]
}</td></tr>
<tr><td rowspan="2">302</td><td>Refresh-After: 15</td></tr>
<tr><td>掃描報告還未繼續，可等待 15 秒後再次存取</td></tr>
<tr><td rowspan="2">404</td><td>Content-type: application/vnd.scanner.adapter.error+json; version=1.0</td></tr>
<tr><td>未找到掃描請求 ID 所對應的報告。
回應體範例：
{
"error": {
"message": "Some unexpected error"
}
}</td></tr>
<tr><td rowspan="2">500</td><td>Content-type: application/vnd.scanner.adapter.error+json; version=1.0</td></tr>
<tr><td>發生伺服器內部錯誤。
回應體同上述 404</td></tr>
</table>

讀者如果想了解掃描 API 標準的更多資訊，則可以參閱 GitHub 上 "goharbor" 命名空間下掃描 API 標準專案 pluggable-scanner-spec 的 README.md 文件，以及該專案定義的 OpenAPI 文件 "api/spec/scanner-adapter-openapi-v1.0.yaml"。

6.2.4 掃描管理

掃描管理主要關注掃描請求的發起及對應的掃描報告的存取，主要由掃描控制器把控流程和提供功能介面。

發起掃描的操作其實就是確定使用哪個掃描器對指定的 Artifact 進行掃描。因為掃描器有系統等級和專案等級的多級設定，因而掃描器的選擇也需要一定的規則。另外，因為 Artifact 本身有多種格式，並非所有格式都可進行掃描，因而在啟動實際掃描動作之前也需要有一個篩選的過程，如圖 6-11 所示。

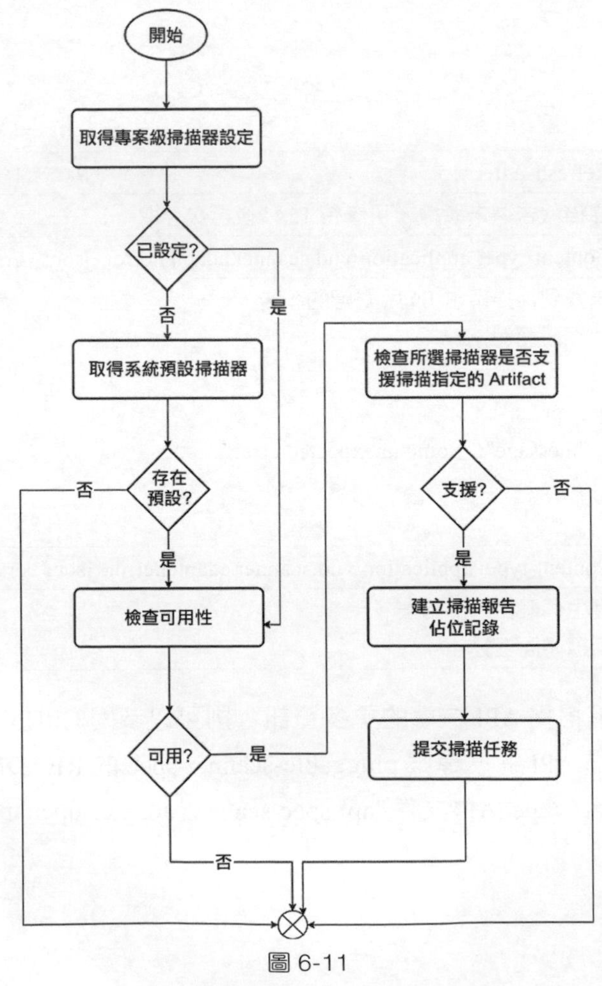

圖 6-11

可以看出，在請求掃描過程中，掃描控制器會首先取得對應 Artifact 所在專案下的掃描器設定，如果有已設定的掃描器，則可以直接使用；如果沒有，則需要繼續取得系統預設的掃描器；如果依然不存在，則流程會因為無可用的掃描器而終止退出。

在取得可用的掃描器之後，還需要繼續檢測此掃描器是否可用，如果不可用，則流程需要終止；如果可用，則需要根據掃描器在其中繼資料中宣告的能力來確定其是否支援目前指定的 Artifact 類型。如果不支援，則流程直接退出；如果支援，則可在提交非同步任務到非同步任務系統之前，為此次掃描建立掃描報告的佔位記錄，以此來接收透過非同步任務系統報送的掃描報告的內容。

在 6.2.3 節已經提到，掃描器會傳回具有特定媒體類型的（例如 "application/vnd.scanner. adapter.vuln.report. harbor+json; version=1.0"）掃描報告。考慮到資料的完整性和後續格式化讀取的方便性，在 Harbor 資料庫中並未為此類型的 JSON 資料建立與之對應的資料模式，而是將 JSON 資料作為整體資料進行持久化。同時，考慮到對掃描進展進行追蹤、把控，以及針對特定的 Artifact 屬性（主要為 Artifact 摘要）進行對應的掃描報告查詢的需求，在 Harbor 中增加了其他輔助資訊，設計了如圖 6-12 所示的掃描報告資料模式。

圖 6-12

掃描報告資料記錄可以透過結構索引來唯一對應。結構索引包含預設的系統自動增加的數位 ID 和建立分時配的 UUID，數位 ID 僅作為資料記錄的主鍵。在相關 API 和介面設計中，都會將 UUID 作為對掃描報告資料記錄的唯一索引。

除此之外，每筆掃描報告資料記錄都與索引資料部分的三個屬性域對應，即透過索引資料中的三個屬性域也可以唯一確定對應的掃描報告資料記錄。其實際意義是透過選定的掃描器（由 registration_uuid 所代表的 UUID 索引）對指定的某個 Artifact（透過其摘要 digest 唯一索引）進行掃描並產生特定格式（由 mime_type 定義）的掃描報告。如果掃描器支援多種類型的報告，則在一次掃描操作中，掃描器會同時為所掃描的物件產生多份報告。但是同一掃描器針對同一掃描物件所產生的特定格式的報告，在系統中只會存在一份，後續同樣的掃描則會覆蓋之前的報告，在系統中留下最近一次的掃描報告資料。

為了更容易地追蹤到掃描報告資料，在報告資料模式下引用了三個追蹤域：track_id、job_id 和 requester。其中的 track_id 以 UUID 形式來確定非同步掃描任務的回呼 Webhook 的監聽位址，以便接收到對應任務的狀態變化和傳回的原始報告資料。job_id 僅用來標記此報告由哪個掃描任務提供，以便之後在有需要時透過此 ID 取得更多的任務資訊，如取得任務執行的記錄檔文字。requester 用來聚合多項為完成相同目標而啟動的掃描任務，具有相同 requester 的任務可歸結為同組。requester 一般用在以映像檔建置為基礎的複合 Artifact 的掃描過程中，如 Manifest List 和 CNAB 的掃描。在對複合 Artifact 進行掃描時，掃描控制器會為其所包含的每個子 Artifact（支援遞迴，但不常見）都建立一個掃描任務，每個掃描任務都會將 requester 設定為 Artifact 的摘要（digest），之後在提供整理報告時，基於子報告列表聚合出一個完整報告。原始報告資料依然會以 JSON 格式整體持久化於資料庫中，在有檢視需求時可以讀取並傳回。

在之前的小節中也提到，掃描任務的執行需要一定的時間，執行過程也會由不同的狀態來反映，因而依賴於掃描任務的掃描報告也有多種對應的狀態。在掃描報告模式下引用了描述報告狀態的資料欄，掃描任務狀態的變更可透過 Webhook 監聽來取得，進而更新掃描報告的對應資料欄。掃描報告的狀態可以反映掃描的整體進展，這樣便於使用者透過連結 API 監控和了解到整個掃描處理程序。初始狀態為待執行（pending）狀態，可轉換到執行（running）狀態，最後進入或成功產生報告的成功（success）狀態，或未成功完成掃描的錯誤（error）狀態。

掃描報告的資料模式也提供了非常簡單的統計資料欄，可以提供掃描操作的開始時間，以及透過結束時間和開始時間運算獲得的執行時期長資訊。

在了解掃描的基本流程和所產生報告的基本結構之後，接下來整理一下掃描控制器都提供了哪些能力。掃描控制器的功能介面宣告定義在 "src/controller/scan/controller.go" 檔案中，核心操作包含以下幾項。

（1）**Scan**：以非同步方式啟動對指定 Artifact 的漏洞掃描操作，此操作對應前面所述的掃描流程。在取得到連結的可用掃描器並建立報告資料的佔位記錄後，提交非同步掃描任務到非同步任務系統。此操作也接收特定選項以指定此次啟動的掃描任務歸屬於哪一群組。

（2）**GetReport**：取得指定 Artifact 指定格式的連結漏洞掃描報告資訊，此處獲得的報告就是掃描報告模式。與報告處理有關的操作，掃描控制器會依賴於定義在 "src/pkg/scan/report" 套件下的報告管理員來實現。報告管理員有關資料庫的實際 CRUD 操作，會透過 "src/pkg/scan/dao/scan" 套件下的報告 DAO 來支援。

（3）**GetSummary**：取得指定 Artifact 指定格式的連結漏洞掃描報告的摘要資訊。與 GetReport 不同的是，這裡傳回的不是完整報告，而是透過解析報告獲得的以漏洞嚴重級程度分類的漏洞個數，例如「嚴重：2」「高：10」「中等：20」「低：30」等。

（4）**GetScanLog**：此操作會將非同步掃描任務執行過程中的記錄檔資訊傳回，以便使用者了解更多的過程資訊。

（5）**DeleteReports**：刪除以數字摘要為索引的 Artifact 的漏洞掃描報告，未透過 API 曝露，僅供系統內部使用。

（6）**GetStats**：傳回與指定群組連結的掃描任務的統計資料。主要用於在執行全域掃描場景中匯報整體掃描進度，全域掃描針對各個 Artifact 發起的掃描任務都互相關聯，屬於同一群組的任務。

6.2.5 非同步掃描任務

非同步掃描任務是進行實際掃描操作的實施者，按照非同步作業系統的任務標準實現，其主要流程可透過圖 6-13 來展現。

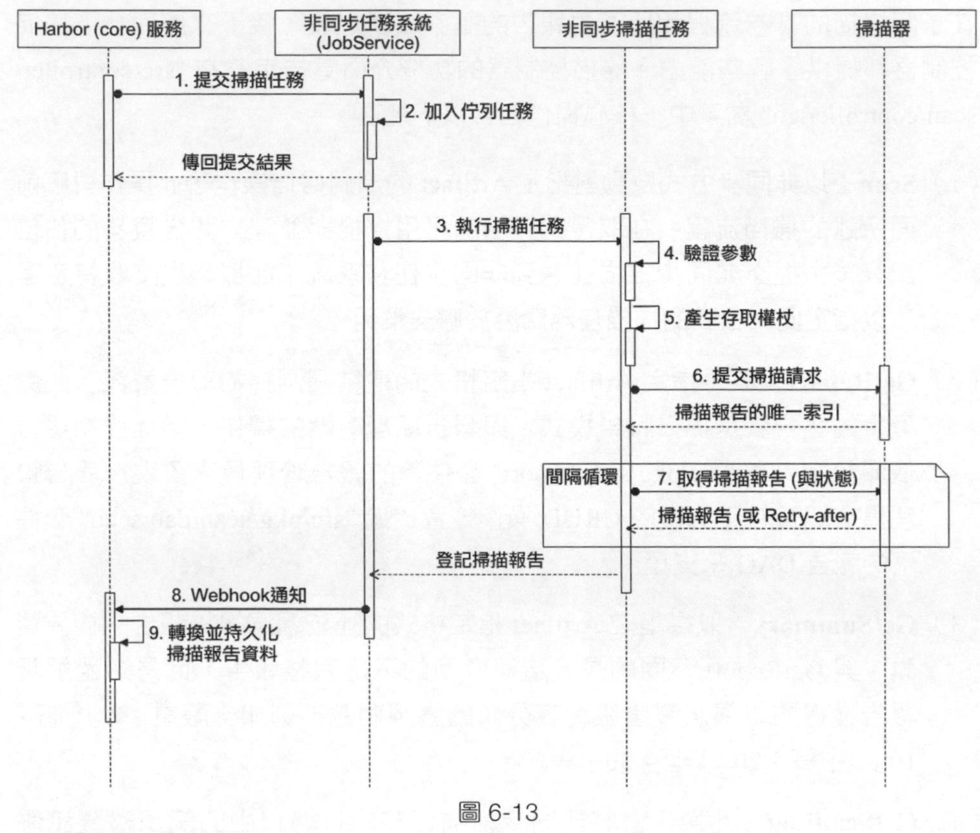

圖 6-13

實際流程如下。

（1）Harbor 在收到掃描請求之後，將相關資訊整合後提交給非同步任務系統來啟動掃描任務。

（2）非同步任務系統在取得啟動任務請求後會加入佇列一個非同步掃描任務。

（3）在有空閒執行器的條件下，非同步任務系統從佇列中拉取掃描任務並執行。

（4）掃描任務會首先驗證執行任務所需要的相關參數資訊是否存在且合法。

（5）掃描器需要有效憑證來存取 Harbor 以取得實際的掃描內容，因而掃描任務需要為其產生合理的存取憑證。

（6）掃描任務將相關參數和存取憑證按照掃描 API 標準封裝成請求物件，然後發送給掃描器執行，掃描器會傳回一個索引 ID 以供掃描任務查詢和取得對應的掃描報告。

（7）透過定時嘗試方式來取得掃描報告，直到報告就緒或出現系統錯誤時為止。

（8）就緒的掃描報告透過非同步任務系統的 Webhook 發送給 Harbor（core）服務。

（9）Harbor（core）服務將掃描報告轉化和持久化，以便之後查詢。

任務的實作方式可在 "src/pkg/scan/job.go" 原始檔案中找到。

6.2.6 與掃描相關的 API

本節對 Harbor 與掃描功能相關的 API 進行簡單整理，更多 API 的使用說明請參考第 10 章。與掃描相關的 API 主要包含兩個方面：掃描器管理和掃描操作管理。

首先看看與掃描器管理有關的 API，這種 API 的 OpenAPI 宣告描述（Swagger）位於 Harbor 程式庫的 "api/v2.0/legacy_swagger.yaml" 檔案中，並被標記為 "Scanner" 標籤。

（1）列出目前系統中已設定的掃描器，如表 6-4 所示。

表 6-4

API	GET /api/v2.0/scanners
說明	此 API 支援以下查詢參數。 （1）分頁（page 和 page_size）。範例：/api/v2.0/scanners?page=1&page_size=25 （2）對名稱、描述及 URL 的模糊查詢（name、description 及 url）。範例：/api/v2.0/scanners?name=cla 或 /api/v2.0/scanners?url=clair （3）對名稱及 URL 的精確查詢（ex_name 與 ex_url）。範例：/api/v2.0/scanners?ex_name=clair 或 /api/v2.0/scanners?ex_url=http%3A%2F%2Fharbor-scanner-clair%3A8080

（2）註冊並設定新的掃描器到系統中，如表 6-5所示。

表 6-5

API	POST /api/v2.0/scanners

說明	需要提供掃描器的註冊物件（registration）：
	{
	"name": "Clair",
	"description": "A free-to-use tool that scans container images for package vulnerabilities.\n",
	"url": "http://harbor-scanner-clair:8080",
	"auth": "Bearer",
	"access_credential": "Bearer: JWTTOKENGOESHERE",
	"skip_certVerify": false,
	"use_internal_addr": false,
	}

（3）測試指定的掃描器的可連線性，如表 6-6所示。

表 6-6

API	POST /api/v2.0/scanners/ping

說明	需要提供測試掃描器的基本資訊：
	{
	"name": "Clair",
	"url": "http://harbor-scanner-clair:8080",
	"auth": "string",
	"access_credential": "Bearer: JWTTOKENGOESHERE"
	}

（4）取得指定掃描器的註冊物件的基本資訊，如表 6-7所示。

表 6-7

API	GET /api/v2.0/scanners/{registration_id}
說明	registration_id 是註冊物件的唯一索引值

（5）更新指定掃描器的註冊物件的資訊，如表 6-8 所示。

表 6-8

API	PUT /api/v2.0/scanners/{registration_id}

説明	registration_id 是註冊物件的唯一索引值。
	需要提供更新後的註冊物件：
	{
	"name": "Clair-Updated",
	"description": "A free-to-use tool that scans container images for package vulnerabilities.\n",
	"url": "http://harbor-scanner-clair:8080",
	"auth": "Bearer",
	"access_credential": "Bearer: JWTTOKENGOESHERE",
	"skip_certVerify": false,
	"use_internal_addr": false,
	"disabled": false
	}

（6）刪除指定掃描器的註冊物件，如表 6-9所示。

表 6-9

API	DELETE /api/v2.0/scanners/{registration_id}
説明	registration_id 是註冊物件的唯一索引值。 如果刪除成功，被刪除的掃描器物件就會在 API 的回應體中傳回

（7）將指定掃描器設定為系統預設，如表 6-10 所示。

表 6-10

API	PATCH /api/v2.0/scanners/{registration_id}

説明	registration_id 是註冊物件的唯一索引值。
	透過以下屬性來指定：
	{
	"is_default": true
	}

（8）取得指定掃描器的中繼資料資訊，如表 6-11所示。

表 6-11

API	GET /api/v2.0/scanners/{registration_id}/metadata
說明	registration_id 是註冊物件的唯一索引值

（9）取得指定專案的連結掃描器，如表 6-12所示。

表 6-12

API	GET /api/v2.0/projects/{project_id}/scanner
說明	project_id 為專案的唯一索引 ID。前面提到過，如果專案管理員未為專案設定掃描器且系統有預設的掃描器，則這裡獲得的就是系統預設的掃描器，否則為此專案連結的掃描器

（10）為指定專案設定獨立的連結掃描器，如表 6-13所示。

表 6-13

API	PUT /api/v2.0/projects/{project_id}/scanner
說明	project_id 為專案的唯一索引 ID

接下來說明與掃描管理有關的 API。這種 API 實際上也包含兩個維度：掃描的發起與進展控制；對應報告或報告摘要的檢視。另外，這種 API 目前定義較為分散，這裡做個簡單整理。

在 "api/v2.0/swagger.yaml" 的 OpenAPI 文件中，與掃描發起和進展控制的 API 有以下兩項，均標記有 "scan" 標籤。

（1）針對指定 Artifact 發起掃描操作，如表 6-14所示。

表 6-14

API	POST /api/v2.0/projects/{project_name}/repositories/{repository_name}/artifacts/{reference}/scan
說明	project_name 為專案的名稱。 repository_name 為映像檔倉庫的名稱。 reference 為 Artifact 的索引，使用其 sha256 的數字摘要

（2）取得掃描操作的記錄檔資訊，如表 6-15所示。

表 6-15

API	GET /api/v2.0/projects/{project_name}/repositories/{repository_name}/artifacts/{reference}/scan/{report_id}/log
說明	project_name 為專案的名稱。 repository_name 為映像檔倉庫的名稱。 reference 為 Artifact 的索引，使用其 sha256 的數字摘要。 report_id 對應報告的唯一索引

與取得報告和報告摘要資訊相關的 API 有以下兩項，包含在 Artifact 的相關 API 中，標記有 "artifact" 標籤。

（1）取得指定 Artifact 的漏洞報告摘要，如表 6-16所示。

表 6-16

API	GET /api/v2.0/projects/{project_name}/repositories/{repository_name}/artifacts/{reference}
說明	project_name 為專案的名稱。 repository_name 為映像檔倉庫的名稱。 reference 為 Artifact 的索引，使用其 sha256 的數字摘要。 報告摘要資訊可透過 Artifact 資料模型的 "scan_overview" 欄位獲得。如果報告沒有就緒，則此欄位會為空

（2）取得指定 Artifact 的漏洞報告詳情，如表 6-17所示。

表 6-17

API	GET /api/v2.0/projects/{project_name}/repositories/{repository_name}/artifacts/{reference}/additions/vulnerabilities
說明	project_name 為專案的名稱。 repository_name 為映像檔倉庫的名稱。 reference 為 Artifact 的索引，使用其 sha256 的數字摘要。 傳回的漏洞詳情報告會包含所有發現的漏洞資訊列表

而與全域掃描操作有關的 API 在 OpenAPI 文件 "api/v2.0/legacy_swagger.yaml" 中，主要包含以下幾項。

（1）建立全域掃描任務，如表 6-18所示。

表 6-18

API	POST /api/v2.0/system/scanAll/schedule
說明	建立一個全域掃描任務。如果在參數物件中沒有指定的日程參數，則任務為立即執行任務。如果設定了日程參數，則會按照指定的日程設定週期性地執行

（2）取得全域掃描任務設定的日程，如表 6-19所示。

表 6-19

API	GET /api/v2.0/system/scanAll/schedule
說明	如果為建立的全域掃描任務指定了日程參數，則透過此 API 傳回所設定的日程

（3）更新全域掃描任務設定的日程，如表 6-20所示。

表 6-20

API	PUT /api/v2.0/system/scanAll/schedule
說明	如果為建立的全域掃描任務指定了日程參數，則透過此 API 更新設定的日程

（4）取得最近一次按指定日程執行的全域掃描任務的進度統計匯報，如表 6-21所示。

表 6-21

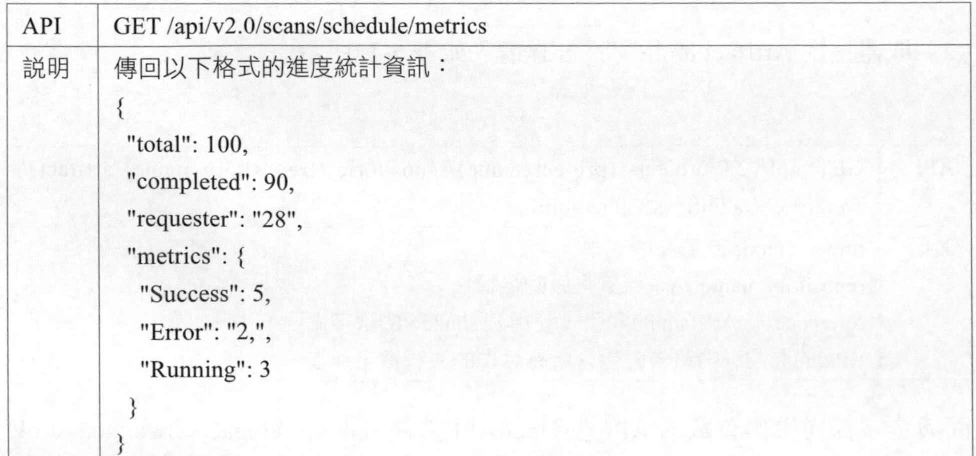

API	GET /api/v2.0/scans/schedule/metrics

說明	傳回以下格式的進度統計資訊：
	{
	"total": 100,
	"completed": 90,
	"requester": "28",
	"metrics": {
	"Success": 5,
	"Error": "2,",
	"Running": 3
	}
	}

(5) 取得最近一次手動執行的全域掃描任務進度統計匯報，如表 6-22所示。

表 6-22

API	GET /api/v2.0/scans/all/metrics
說明	進度統計報告的格式與（4）中 API 傳回的一致

6.3 使用漏洞掃描功能

本節重點說明如何使用漏洞掃描功能來增強所管理和分發內容的安全性，對這些功能的展示和說明將透過 Harbor 的圖形管理介面來實現。

6.3.1 系統掃描器

要使用漏洞掃描，系統就首先需要設定至少一個掃描器。可以在安裝 Harbor 系統時安裝預設的掃描器（僅支援 Trivy 和 Clair），也可以在安裝 Harbor 系統後獨立安裝、設定所選擇的掃描器。管理和設定掃描器均可透過掃描器管理頁面實現。

以系統管理員身份點擊左側導航選單中的「系統管理」→「審查服務」，進入掃描器管理頁面，如圖 6-14 所示。

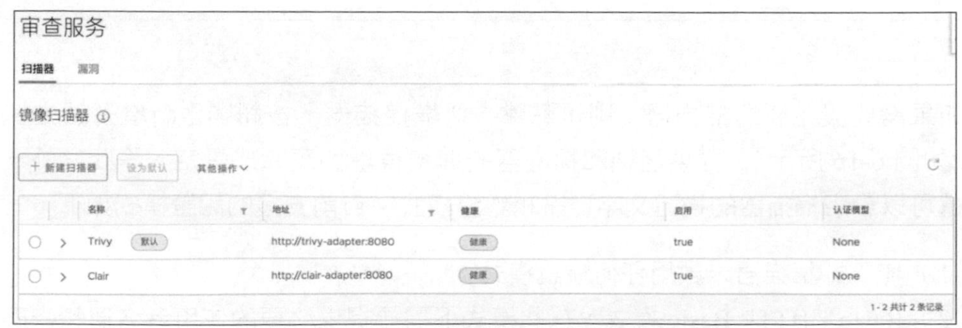

圖 6-14

所有已設定的掃描器均在此頁面以清單形式逐筆展示，每筆記錄都包含掃描器的名稱、連接位址、健康狀態、是否啟用及認證模式資訊，並會以標籤形式顯示系統預設的掃描器。同時，對於這些已設定的掃描器，可以透過「設為預設」按鈕來設定選取的掃描器為新的系統預設掃描器。透過「其他操作」中的「停用」或「啟用」選單來更改所選取掃描器的啟用狀態；透過「其他操作」中的「編輯」選單開啟編輯窗，對掃描器的基本資訊進行更新；透過「其他操作」中的「刪除」選單移除所選的掃描器。

點擊清單項最左側的箭頭可以開啟內建的中繼資料展示層，對應掃描器的所有中繼資料以鍵值對的形式列出以供參考。需要注意的是，中繼資料是即時取得的，如果掃描器處於不健康狀態，則無法取得中繼資料。以預設的 Trivy 掃描器為例，其中繼資料如圖 6-15 所示。

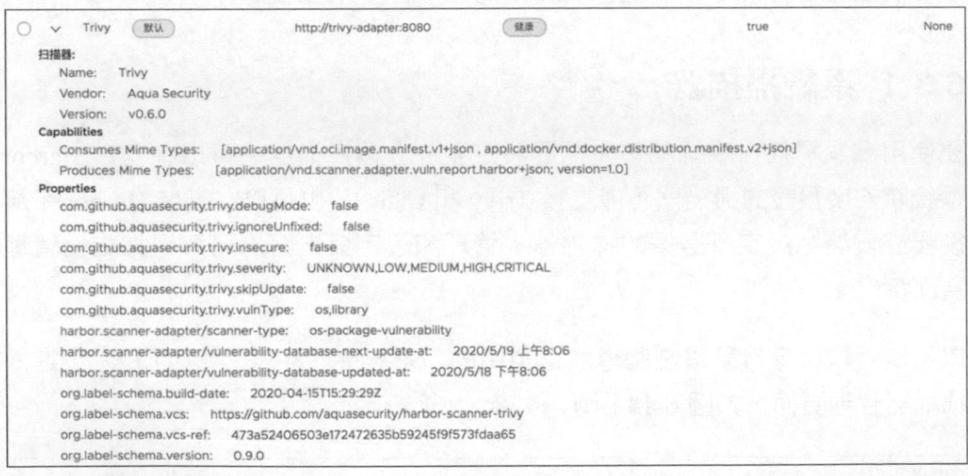

圖 6-15

如果需要設定新的掃描器，則可點擊「新增掃描器」按鈕開啟新增對話方塊（如圖 6-16 所示），提供名稱和掃描器的連接位址即可完成設定。除此之外，還可以設定掃描器的描述文字資訊和認證模式。目前支援的認證模式如下。

（1）無：即掃描器未啟用任何驗證模式。

（2）Basic：HTTP Basic 模式，在此模式下需要提供必要的使用者名稱和密碼資訊。

（3）Bearer：HTTP Bearer 權杖模式，在此模式下需要提供對應的權杖資訊。

（4）APIKey：API 權杖模式，在此模式下需要提供掃描器認可的 API 權杖資訊。

另外，對於如何連接要設定的掃描器，還有兩個可用選項。

（1）跳過認證憑證：如果遠端掃描器採用了自簽名或不可信任憑證，則可選取此項以跳過對其憑證的驗證。

（2）使用倉庫內部位址：如果要增加的遠端掃描器與 Harbor 系統處於同一網路中，則可透過選取此項以使用網路的內部位址。

在提供了必要的資訊之後，可透過對話方塊底部的「測試連接」按鈕來驗證所要增加的掃描器是否可用。只有連接測試成功的掃描器才能被增加到系統中，增加不可連接的掃描器會傳回系統內部錯誤。

完成所需資訊的輸入後，點擊「增加」按鈕則可將驗證通過的合法掃描器增加到掃描器清單中。若在此過程中出現任何問題導致增加失敗，則會有對應的錯誤訊息出現以供定位出錯原因。對於系統內部的錯誤，可能需要配合記錄檔等其他資訊來輔助定位。

圖 6-16

6.3.2 專案掃描器

專案預設會使用系統設定的預設掃描器，但專案也可根據實際情況設定與系統預設不一致的專有掃描器。

以專案管理員身份點擊左側導覽列的「專案」選單以開啟項目列表，點擊要設定的專案以開啟專案頁面，並切換到「掃描器」標籤，專案掃描器設定頁如圖 6-17 所示。

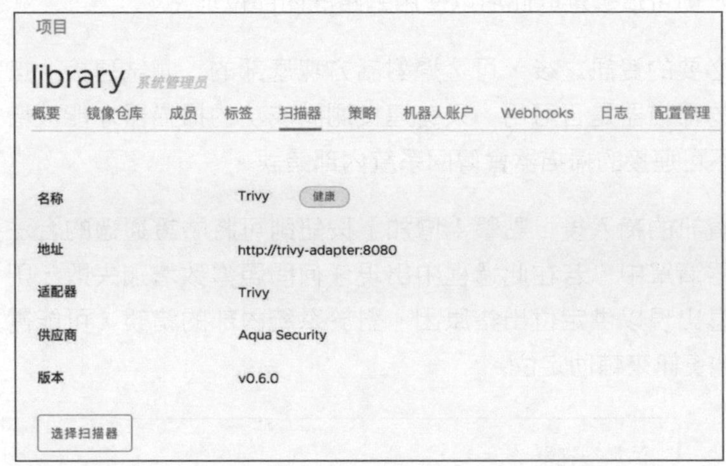

圖 6-17

在預設情況下會顯示系統預設掃描器的資訊和健康狀態。點擊左下角的「選擇掃描器」按鈕，會開啟如圖 6-18 所示的備選掃描器對話方塊。在此對話方塊中會列出系統的所有已設定掃描器以供選擇。

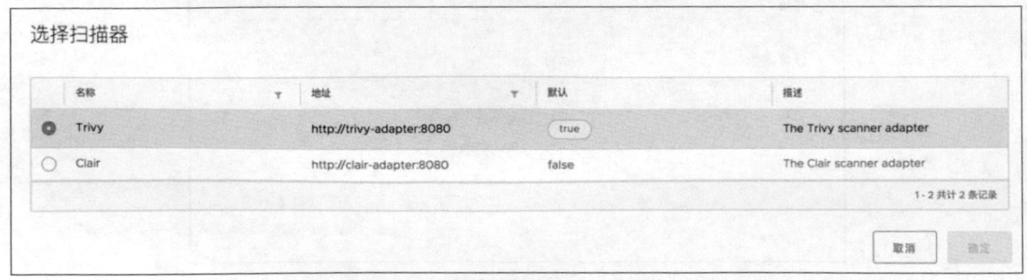

圖 6-18

選取要設定的備選掃描器，點擊「確定」按鈕即可完成專案掃描器的設定。此時，專案的掃描器頁面會顯示新選擇掃描器的基本資訊和健康狀態。之後，對此專案中 Artifact 的掃描由新選擇的掃描器來負責。

> 注意：如果在切換專案掃描器之前，專案中的 Artifact 已經使用當時設定的掃描器進行過掃描且產生過報告，則在切換掃描器之後，專案中的漏洞掃描報告會重新確定。如果 Artifact 此前使用所切換的掃描器掃描過且有報告產生，則會使用此報告作為 Artifact 的漏洞報告，反之 Artifact 的漏洞掃描狀態會回到初始的未掃描狀態。此規則同樣適用於系統預設掃描器的切換場景，只是其所針對的是整個系統。

6.3.3 專案漏洞掃描

設定了掃描器之後，可發起對專案內容的掃描操作。需要注意的是，目前系統所支援的可設定掃描器都是針對容器映像檔的，因此除了容器映像檔，只有以容器映像檔建置為基礎的 OCI Artifact 才能支援掃描，如映像檔清單（OCI Index）和 CNAB 等。另外，目前使用者至少具有專案的開發者角色才能啟動掃描操作。

透過點擊「專案」→「專案名稱」→「映像檔倉庫」→「映像檔倉庫名稱」選單進入特定映像檔倉庫的 Artifact 清單，選取要進行掃描的 Artifact 清單，點擊左上角的「掃描」按鈕即可開始內容漏洞掃描過程，如圖 6-19 所示。

某些 Artifact 的媒體類型不被目前所設定的掃描器支援，所以其漏洞狀態列會直接顯示「不支援掃描」，對於這種 Artifact，即使選取，掃描按鈕也不可用。成功觸發的掃描過程會有對應的進度提示器顯示掃描工作進入不同的階段。

（1）已入佇列：掃描過程的起始階段，掃描任務已建立但還未執行。

（2）掃描中：掃描正在進行中，還未完成。

（3）失敗：掃描過程因為遇到某種不可忽略的錯誤，導致掃描處理程序未成功完成。此時，系統會提供對應掃描任務的記錄檔資訊以供參考。

（4）成功：掃描過程成功完成並產生對應的報告。當下漏洞資料庫未發現任何漏洞，直接顯示「沒有漏洞」；發現漏洞的，產生含有整體漏洞風險等級及以柱狀圖形式顯示的各等級漏洞數的漏洞報告歸納，以及包含發現的實際漏洞資訊的詳細報告。

alpine

描述信息　Artifacts

扫描　操作

Artifacts	拉取命令	Tags	大小	漏洞	注解	标签	推送时间
sha256:e9cec9ae		2.6		不支持扫描			5/15/2 1:52 A
sha256:9f08005d		2.7		不支持扫描			5/15/2 1:52 A
sha256:4dfc68bc		3.1	2.20MB	扫描中			5/15/2 1:52 A
sha256:e9a2035f		3.2	2.45MB	扫描中			5/15/2 1:52 A
sha256:6bff6f65		3.3	2.29MB	没有漏洞			5/15/2 1:52 A
sha256:b733d4a3		3.4	2.28MB	M • 6 总计 • 6 可修复			5/15/2 1:51 AI
sha256:66952b31		3.5	1.88MB	没有漏洞			5/15/2 1:51 AI
sha256:6199d795		20190228	17.70MB	没有漏洞			5/15/2 1:51 AI
sha256:644fcb1a		3.9.2	17.56MB	H • 49 总计 • 49 可修复			5/15/2 1:51 AI

圖 6-19

將滑鼠移動到 Artifact 漏洞列中的報告摘要上，會出現漏洞報告歸納圖表，如圖 6-20 所示。

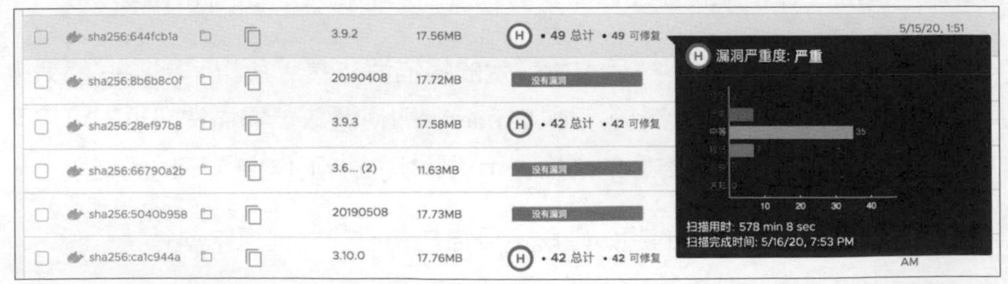

圖 6-20

點擊對應 Artifact 的數字摘要列的超連結，可開啟其詳情資訊頁面，在頁面的「其他」專欄中會有在此 Artifact 中發現的漏洞資訊的完整報告，如圖 6-21 所示。

其他

漏洞

扫描

	缺陷码	严重度	组件	当前版本	修复版本
>	CVE-2019-14697	严重	musl	1.1.20-r3	1.1.20-r5
>	CVE-2019-14697	严重	musl	1.1.20-r3	1.1.20-r5
>	CVE-2019-14697	严重	musl	1.1.20-r3	1.1.20-r5
>	CVE-2019-14697	严重	musl	1.1.20-r3	1.1.20-r5
>	CVE-2019-14697	严重	musl	1.1.20-r3	1.1.20-r5
>	CVE-2019-14697	严重	musl	1.1.20-r3	1.1.20-r5
>	CVE-2019-14697	严重	musl	1.1.20-r3	1.1.20-r5
>	CVE-2019-1543	中等	openssl	1.1.1a-r1	1.1.1b-r1
>	CVE-2019-1549	中等	openssl	1.1.1a-r1	1.1.1d-r0

圖 6-21

另外，映像檔倉庫中的 Artifact 如果是諸如 CNAB 或 OCI Index 等建置於容器映像檔之上的格式，則其漏洞掃描報告是所有子 Artifact 漏洞報告的簡單聚合結果，可透過點擊 Artifact 數字摘要列右側的「資料夾」圖示開啟 Artifact 的列表視圖來瀏覽。而子 Artifact 的詳細漏洞報告，與其父級 Artifact 一樣，可透過點擊其數字摘要的超連結開啟詳情頁面來檢視，如圖 6-22 所示。

项目 < 镜像仓库 < alpine

sha256:644fcb1a

Artifacts

扫描

Artifacts	拉取命令	OS/ARCH	Tags	大小	漏洞	注解	标签	推送时间
sha256:d05ecd45		linux/amd64		2.63MB	H •7 总计 •7 可修复			5/15/20, 1:50 AM
sha256:f7daa2da		linux/arm/v6		2.42MB	H •7 总计 •7 可修复			5/15/20,
sha256:29c6a6bb		linux/arm/v7		2.24MB	H •7 总计 •7 可修复			
sha256:65faa9b3		linux/arm64/v8		2.57MB	H •7 总计 •7 可修复			
sha256:59ee6a24		linux/386		2.62MB	H •7 总计 •7 可修复			
sha256:17d666f5		linux/ppc64le		2.65MB	H •7 总计 •7 可修复			
sha256:076bcfce		linux/s390x		2.43MB	H •7 总计 •7 可修复			1:51 AM

漏洞严重度: 严重

扫描用时: 578 min 3 sec

扫描完成时间: 5/16/20, 7:53 PM

1 - 7 共计 7 条记录

圖 6-22

6.3.4 全域漏洞掃描

專案內的掃描只針對特定倉庫下所選取的 Artifact 進行。如果系統管理員需要對 Harbor 管理的所有 Artifact 進行掃描，則可採用全域漏洞掃描功能。全域漏洞掃描可手動觸發，也可設定計時器觸發。

以系統管理員身份點擊「系統管理」→「審查服務」→「漏洞」進入全域漏洞掃描管理頁面，點擊「開始掃描」按鈕即可開始全域漏洞掃描。在掃描過程中，右側會顯示實際的進展報告，包含需要掃描的 Artifact 總數、已完成的數量或失敗的數量，以及進行中的數量，如圖 6-23 所示。

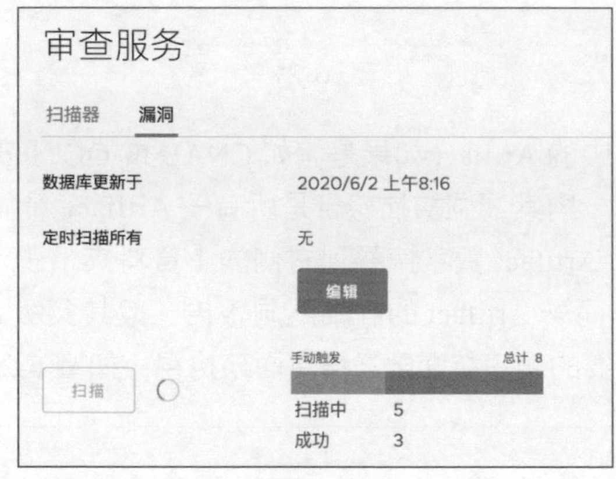

圖 6-23

除上述透過點擊按鈕手動觸發全域漏洞掃描外，還可以透過設定計時器的方式來週期性地執行全域漏洞掃描操作。在圖 6-23 的頁面上點擊「編輯」按鈕即可進入計時器的設定模式。計時器的設定以 Cron 格式為準，透過下拉清單來選擇預先定義的一些模式，如每小時、每天、每週。也可透過在下拉清單中選擇自訂模式來設定自訂的值。如圖 6-24 所示，"0 0 8 * * *" 代表每天早上 8 點整（UTC 時間）啟動全域漏洞掃描任務。若不清楚 Cron 格式中每個欄位的意義，則可以將滑鼠指標移動到輸入欄右邊的小圖示上，即可顯示相關提示來快速獲得幫助。

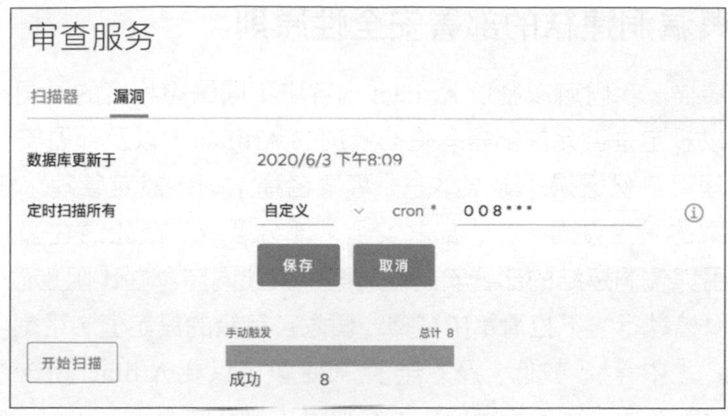

圖 6-24

6.3.5 自動掃描

以專案管理員身份透過「專案」→「專案名稱」→「設定管理」選單開啟指定的專案設定頁面，如圖 6-25 所示。在「漏洞掃描」部分選取「自動掃描映像檔」選項，即可開啟自動掃描功能。在映像檔上傳成功後，系統會自動掃描操作並產生相關報告。

圖 6-25

6.3.6 與漏洞連結的部署安全性原則

透過漏洞掃描，我們可以發現 Artifact 內容中不同嚴重程度的漏洞資訊，以這些資訊可以設定是否允許部署有這些漏洞的 Artifact，以及部署安全性原則。以專案管理員身份透過「專案」→「專案名稱」→「設定管理」選單路徑開啟指定專案的設定頁面，在「部署安全」部分選取「阻止潛在漏洞映像檔」選項以啟用與漏洞連結的部署安全性原則。與此同時，在「阻止危害等級___以上的映像檔執行」下拉清單中選擇一個危害等級的設定值，可選項包含「危急」「嚴重」「中等」「較低」及「無」。設定後，只要 Artifact 所含漏洞的嚴重程度超過或等於所設定的設定值，就在被阻止部署範圍內，如圖 6-26 所示。

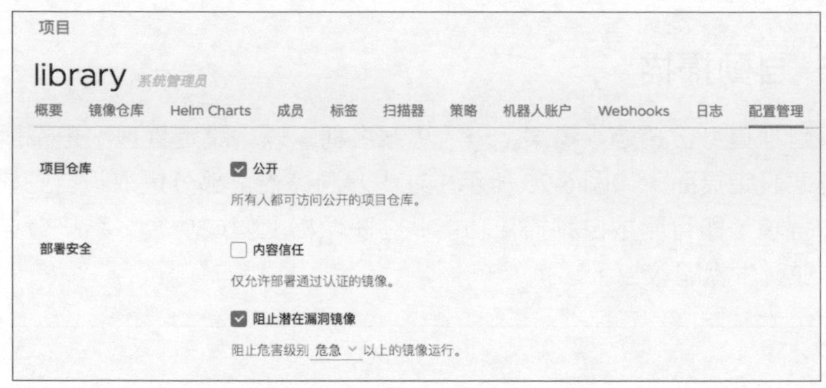

圖 6-26

「阻止潛在漏洞映像檔」的部署安全性原則，可以確保具有特定嚴重程度漏洞的映像檔不會被分發到部署平台，大幅提升了部署的安全性。然而在某些特定情況下，組織者或部署者對某些漏洞的危害有十分明確的認知，在其平台的其他措施保護下或應用部署場景中，這些漏洞的危害可防可控，不會產生不可接受的後果，因而需要將這些漏洞排除在阻止下發的安全性原則外，即建立漏洞白名單。

在 Harbor 的目前系統設計中，漏洞白名單有兩個維度：一個是系統等級，即系統內的所有專案可見並共用；一個是專案等級的自訂名單。專案管理員可以選擇直接參考系統等級所定義的白名單或自訂。

對於系統漏洞白名單，以管理員身份透過「系統管理」→「設定管理」→「系統設定」選單路徑開啟系統設定頁，在「部署安全性」部分進行編輯，如圖 6-27 所示。白名單以漏洞唯一 ID 組成，可透過點擊「增加」按鈕增加一筆或多筆漏洞 ID 到名單中，透過漏洞 ID 右側的「刪除」按鈕可將對應的漏洞 ID 移出名單。且支援為白名單設定有效期，預設為「永不過期」。

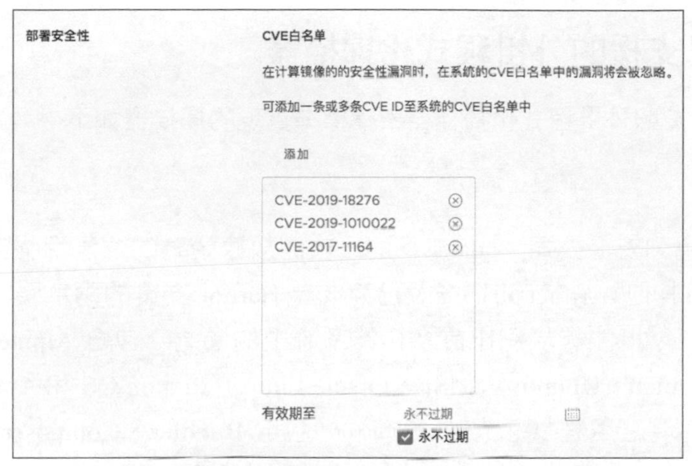

圖 6-27

而對於專案漏洞白名單，以專案管理員身份透過「專案」→「專案名稱」→「設定管理」選單路徑開啟指定專案的設定頁面，在「CVE 白名單」部分進行編輯和設定，如圖 6-28 所示。

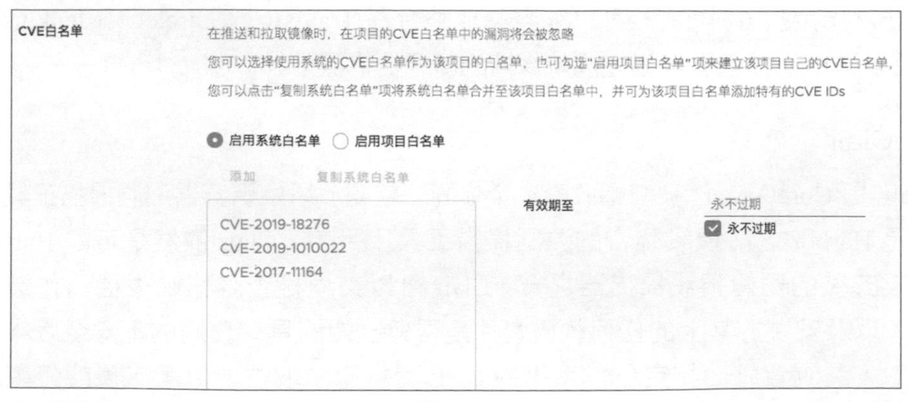

圖 6-28

正如前面提到的，對專案漏洞白名單透過選取「啟用系統白名單」，可選擇沿用系統白名單；透過選取「啟用專案白名單」，則可自訂專案的白名單。在自訂模式下可以選擇從頭開始設定，也可以在將系統白名單複製後再進行自訂編輯。使用自訂白名單時，有效期同時需要自訂，不過預設值依然為「永不過期」。

6.3.7 已支援的外掛程式化掃描器

截至目前，按照外掛程式化掃描器架構標準實現的掃描器如下。

1. Trivy

Trivy 是以色列安全公司 Aqua 旗下的一款開放原始碼的漏洞掃描工具，主要用於容器和其他 Artifact 的掃描，已經成為 Harbor 支援的兩款預設漏洞掃描器之一。Trivy 既能夠檢測出許多作業系統中的漏洞，包含 Alpine、RHEL、CentOS、Debian、Ubuntu、SUSE、Oracle Linux、Photon OS 和 Amazon Linux 等；也能發現應用程式依賴中的漏洞，包含 Bundler、Composer、Pipenv、Poetry、npm、Yarn 和 Cargo 等。據 Aqua 公司所稱，相比於其他掃描器，Trivy 在檢測漏洞方面具有很高的準確性，尤其是在 Alpine Linux 和 RHEL/CentOS 上。Trivy 的安裝和使用都非常簡便，只需下載、安裝二進位檔案，就可以使用基本命令列開始掃描操作，在掃描時指定容器的映像檔名稱或路徑即可。掃描過程無狀態，也不需要資料庫和系統資料庫等先決條件。Trivy 也非常適用於 CI 場景，可以很容易地整合在 Travis CI、CircleCI、Jenkins、GitLab CI 等 CI 工具中以完成映像檔的漏洞掃描操作。

2. Clair

Clair 是 CoreOS（已被紅帽收購）發佈的一款開放原始碼容器漏洞掃描工具，也是 Harbor 之前預設整合的漏洞掃描工具。目前，Clair 依然是可隨 Harbor 一起安裝的兩個預設掃描器之一。Clair 可以交換檢查容器映像檔的作業系統，以及安裝於其上的任何軟體套件是否與已知的具有漏洞的不安全版本相比對，漏洞資訊從特定作業系統的 CVE 資料庫中取得。目前支援的作業系統包含 Debian、Ubuntu、CentOS、Oracle Linux、Amazon Linux、OpenSUSE 和 Alpine 等。Clair 是一種靜態掃描工具，在其掃描過程中不需要實際執行容器。透過從映像檔檔案中取得靜態資訊及維護一個組成映像檔的不同層之間的差異列表，可使分析過程僅需進行一次，之後目前的漏洞透明資料庫重新比對與校正即可，大幅縮短了分析時間。

3. Anchore

Anchore 是美國的一家安全公司，旗下的 Anchore 引擎是為容器映像檔檢查、分析和認證提供中心服務的開放原始碼專案。Anchore 引擎可以以容器形式獨立部署，也可以在 Kubernetes 和 Docker Swarm 等容器編排平台上執行。其基本功能可以透過 Restful API 或命令列存取。Anchore 引擎會從與 Docker V2 相容的映像檔倉庫中下載並分析容器映像檔，然後根據使用者可自訂的相關策略進行評估，以執行安全性、符合規範性和最佳做法的檢查。Anchore 引擎支援掃描的作業系統包含 Alpine、Amazon Linux2、CentOS、Debian、Google Distroless、Oracle Linux、RHEL、Red Hat UBI 和 Ubuntu；支援的應用套件依賴包含 GEM、Java Archive 檔案（Jar、War、Ear）、NPM 和 Python（PIP）。其商務軟體 Anchore 的企業版建置於開放原始碼的 Anchore 引擎之上，提供了更易於運行維護管理的操作介面和其他後台功能與模組。相同的核心，Anchore 引擎和 Anchore 企業版都可被 Harbor 支援。

4. Aqua CSP（Cloud-native Security Platfrom）

Aqua CSP 是 Aqua公司旗下專注於雲端原生平台與環境安全的平台服務，其目標是加速容器採用並縮小 DevOps 與 IT 安全之間的差距。CSP 提供了對容器活動的全面可見性，使得企業能夠檢測並防止可疑操作和攻擊，提供透明且自動化的安全性，同時幫助執行安全性原則和簡化可控的符合規範性流程。CSP 是複合安全平台，轉換 Harbor 整合的 CSP 掃描器實現，僅將 CSP 中的漏洞掃描能力曝露給 Harbor。CSP 中的其他安全功能則在 Harbor 服務中不可用，需要在 CSP 原生平台上使用。

5. DoSec

DoSec 掃描器由中國雲端安全產品提供商小佑科技開發並提供，是唯一支援中文漏洞資料庫的掃描器，開箱即用。考慮到很多使用者在無網際網路的環境下使用掃描器，此掃描器在安裝時包含了版本發佈時的全部最新漏洞資料庫，其中包含最新的 CNNVD 中文漏洞資料庫。不過掃描器也支援即時線上更新漏洞資料庫，在網路環境下可取得最近的更新。目前其支援掃描的作業系統包含 Debian（7 及以上版本）、Ubuntu LTS（12.04 及以上版本）、RHEL（5 及以上版本）、CentOS（5 及以上版本）、Alpine（3.3 及以上版本）、Oracle Linux（5 及以上版本）。

未來會有更多的掃描器（例如 Sysdig 等）支援此架構，以便與 Harbor 整合，進而服務更多的使用者。而外掛程式化掃描架構和標準也會隨著使用者的使用和回饋，不斷演進與增強，在目前僅提供與漏洞相關掃描的基礎上，逐步支援諸如授權檢查、套件依賴掃描甚至映像檔安全設定檢查等更多的功能，並引用諸如 OPA 等策略引擎以提供更強大的使用者自訂安全性原則的支援，將 Harbor 倉庫的安全性推向更高的水準。

6.4 常見問題

1. **Artifact 的簽名資訊能隨著 Artifact 內容一起複製到其他 Harbor 倉庫服務中嗎？**

   Artfact的目標集合是與 Harbor 存取路徑及倉庫路徑、Tag 連結的，因而無法支援在具有不同存取路徑的 Harbor 服務中複製和共用簽名資訊。不過令人欣慰的是，Notary 社區正在討論如何重構與增強 Noatry 功能，使得簽名可隨著其連結的 Artifact 傳輸。

2. **刪除指定 Artifact 的某個 Tag 時系統拋出錯誤，提示已簽名的 Tag 不能被刪除。在這種情況下，如何進行刪除操作？**

   在 Harbor 中，已簽名 Artifact 的 Tag 是不允許被刪除的。要刪除，就必須先清除連結的簽名資訊。使用 Notary 命令列，執行 "notary -s https://

<harbor 主機位址 >:4443 -d ~/. docker/trust remove -p 10.1.10.20/nginx" 類似的指令來清除簽名，成功之後可順利刪除指定 Artifact 的特定 Tag。此指令在頁面的「事件記錄檔」的錯誤訊息裡也會列出範例。

3. **明知 Artifact 存在漏洞，卻在掃描完成後提示未發現任何漏洞，這是為什麼？**

漏洞掃描需要依賴漏洞資料資訊，這些資訊常常需要掃描器透過網路從特定的線上資料庫下載和更新，該過程需要一定的時間。在漏洞資料未完全就緒的條件下，有可能出現上述情況。可以等待一定時間，直到漏洞資料下載完畢。作為系統管理員，可以在「審查服務」→「漏洞」標籤頁下透過檢查是否存在「資料庫更新於」時間戳記來判斷資料是否就位。目前 Harbor 支援的預設掃描器 Trivy 和 Clair 都支援此屬性。另外，漏洞資料的完整性會直接影響掃描的準確性。

4. **針對指定的 Artifact 進行掃描時出現類似「未識別的作業系統（unknown OS）」的錯誤訊息，如何解決？**

不同掃描器的實現和掃描能力會存在差別，所能識別的映像檔建置的基礎作業系統也是有限的，超出範圍的話，就無法支援掃描。在這種情況下如果設定了多種掃描器，就可切換至其他掃描器中嘗試。

5. **切換掃描器對相同的 Artifact 進行掃描，結果出現差異，這是什麼原因？**

之前提到過，掃描器掃描結果的精確性以其所依賴為基礎的漏洞資料庫。不同掃描器的漏洞資料規模有差異，最後的掃描結果也會有所不同。

6. **在 Manifest List 或 CNAB 的掃描結果中出現重複項，這對嗎？**

這是符合目前設計的。因為目前 Harbor 所支援的掃描器都是針對容器映像檔進行掃描的，而 Manifest List 或以其建置為基礎的 CNAB 實際上對應的是一組映像檔。目前對這種複合 Artifact 的掃描是透過對其子映像檔掃描實現的，對應報告的產生也是以各子映像檔掃描報告為基礎的簡單聚合，在聚合過程中不進行去重處理，故而在聚合的漏洞報告或歸納中可能出現重複的漏洞項或漏洞項計數。

Chapter 07

內容的遠端複製

Artifact 的複製和分發一直缺少良好的工具，是實際運行維護和發佈的一大痛點。Harbor 提供了以策略為基礎的 Artifact 複製功能，使用者透過制定不同的策略規則，以不同的執行模式、觸發方式、過濾規則在多種不同類型的 Artifact 倉庫服務之間完成 Artifact 的複製和分發。Harbor 的遠端複製是最常用的功能之一，適用於多種不同的場景。本章從基本原理、使用方式、適用場景等方面詳細介紹 Artifact 的遠端複製功能，幫助讀者在了解其原理的基礎之上，具備設計複寫原則的能力，以應對 Artifact 複製分發的各種場景。

7.1 基本原理

在日常的開發運行維護過程中，常常需要同時用到多個 Artifact 倉庫服務來完成不同的任務，例如開發測試對應一個倉庫服務實例，生產環境對應另一個不同的實例，一個 Artifact 經過開發測試後需要從開發倉庫發送到生產倉庫中；又或為了加強下載速度，在不同的資料中心架設多個不同的倉庫服務，一個 Artifact 在被發送到其中任意一個倉庫後，就會被自動分發到其他資料中心的倉庫；並且在建置一個 Artifact 後會將其發送到中心倉庫，這個 Artifact 需要被分發到其他倉庫服務中以供使用。

在一些簡單場景中，這些發送、分發任務可以透過自動化指令稿甚至手動完成，但如果倉庫數量較多，或需要在異質倉庫服務之間複製映像檔等製品，則實現便於管理的通用解決方案就不是一件簡單的事情了。

Harbor 提供的遠端複製功能可以幫助使用者實現上述需求，解決映像檔等雲端原生製品跨系統可靠移動的問題。除了支援在不同 Harbor 實例之間的複製，遠端複製功能還支援 Harbor 和其他多種第三方倉庫服務（AWS Elastic Container Registry、Google Container Registry 等）之間的複製，實際的支援列表請參考 7.2 節。此外，遠端複製功能支援多種不同的執行模式、過濾規則和觸發方式，以滿足不同使用場景的需要。

遠端複製是以複寫原則完成為基礎的，使用者透過設定複寫原則來描述所期望的複製邏輯（複寫原則參考 7.3 節）。複寫原則的每次執行都會產生一筆執行過程記錄，每一個執行過程都由數個任務組成，一個任務會負責處理同一個 Repository 下所有 Artifact 的複製。

由於不同的 Artifact 倉庫服務對 Artifact 會有各自不同的管理方式（如命名空間的管理等），所以遠端複製使用介面卡來抽象這些不同的行為，每種 Artifact 倉庫服務都對應一種介面卡的實現，進一步隱藏底層差異，向上提供統一的介面。

遠端複製模組的整體架構如圖 7-1 所示。控制、協調、排程和基本功能邏輯執行在 Core 元件中，比較耗時的資料傳輸任務則利用 JobService（非同步任務服務）元件來完成。實際來看，介面卡登錄檔註冊了系統所有的倉庫服務介面卡資訊，在執行遠端複製的任務時會根據所設定的倉庫服務的類型來選擇對應的介面卡；策略管理員負責策略的建立、修改、檢視和刪除等操作，使用者定義的複寫原則最後會被持久化到資料庫中；倉庫服務管理員負責 Artifact 倉庫服務的管理操作；遠端複製控制器則根據使用者定義的策略和倉庫服務資訊建置對應的工作流，觸發遠端複製任務；複製任務最後交由 JobService 元件完成排程和執行，並透過 Webhook 將執行狀態即時匯報給 Core 元件，Core 元件會將此狀態持久化到資料庫中以供使用者隨時了解工作狀態。

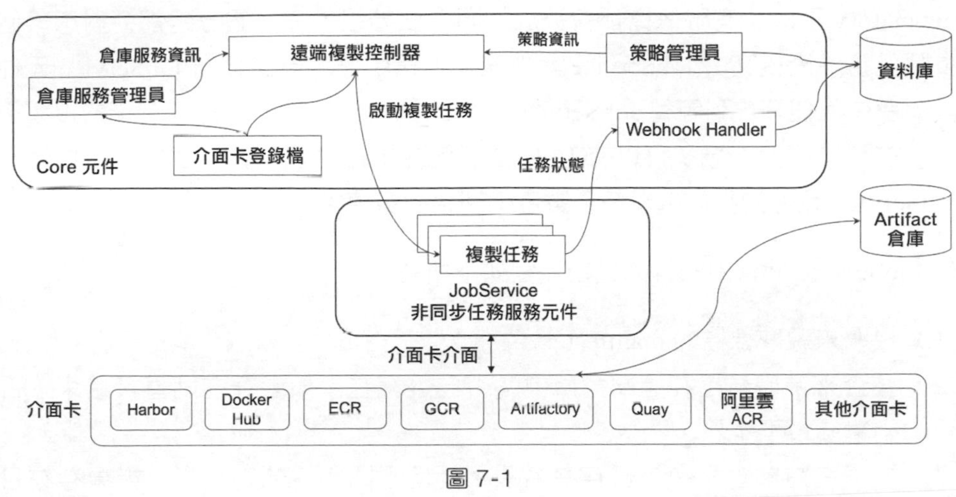

圖 7-1

下面以映像檔為例，簡單介紹遠端複製的基本工作流程。

在一個複寫原則被觸發後，根據觸發方式和要複製的操作的不同會形成兩種工作流：複製和刪除。複製工作流將 Artifact 從來源映像檔倉庫同步到遠端倉庫；刪除工作流則負責把來源映像檔倉庫中被刪除的映像檔在遠端倉庫中進行刪除。

複製工作流的工作流程如圖 7-2 所示，其中 Core 元件在流程中出現了兩次。

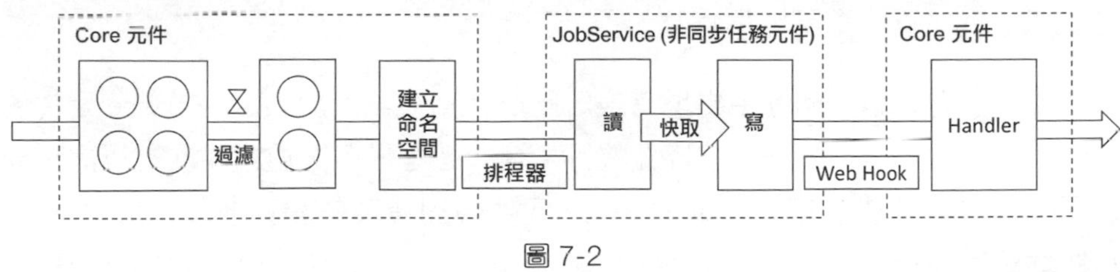

圖 7-2

複製工作流被觸發後，首先從複寫原則指定來源映像檔倉庫中拉取映像檔並根據篩檢程式規則過濾出所有要複製的映像檔列表。由於不同的倉庫服務有各自不同的命名空間管理方式，所以在將映像檔發送到遠端倉庫之前，需要首先檢查對應的命名空間在遠端倉庫中是否已經存在，如果不存在，則需要建立對應的命名空間。然後根據映像檔所屬的 Repository 將映像檔分組，相同

Repository 下的所有映像檔都會被放入同一個分組，每一個分組都會對應一個複製任務，最後交由 JobService 元件執行。複製任務被提交到 JobService 元件後，會進入任務佇列等待 JobService 元件的依次排程，進而完成真正的複製工作。在預設情況下最多可以有 10 個複製任務平行處理執行，使用者可以修改 JobService 元件的平行處理任務數量來調整此數值。

在 JobService 元件中執行的複製流程如下所述。

（1）拉取來源映像檔的 manifest。

（2）檢查來源映像檔在遠端倉庫中是否已經存在。如果存在則直接結束，否則繼續以下步驟。

（3）檢查在遠端倉庫中是否存在名稱相同但不同內容的映像檔，如果存在且複寫原則中禁止覆蓋這種映像檔，則直接結束，否則繼續以下步驟。

（4）如果 manifest 類型為 list，則說明該 manifest 是映像檔的索引，該 list 所參考的子 manifest 依次跳到第 1 步執行，否則依次複製 manifest 所參考的 layer。複製 layer 時，首先，如果 layer 為 foreign layer（非本機存放區的 layer），則直接跳過此 layer 的複製，否則繼續後續步驟；然後，檢查 layer 在遠端倉庫中是否存在，如果存在，則直接跳過此 layer 的複製，否則繼續後續步驟；最後，從來源倉庫中拉取 layer 並同時向遠端倉庫發送，避免大量佔用記憶體或儲存空間。

（5）將 manifest 發送到遠端倉庫。

如果複製任務在執行過程中出現錯誤，則此任務被再次放入 JobService 元件的執行佇列尾端，等待下一次被排程執行。這一過程最多被重複 3 次，以盡可能確保任務執行的成功率。在 JobService 元件中的複製任務完成後，JobService 元件會透過 Webhook 將複製任務的狀態匯報給 Core 元件，最後完成整個複製工作流。

一個 Artifact 被刪除時會觸發刪除工作流，其工作流程與複製工作流相似：根據在複寫原則中設定的過濾規則判斷目前 Artifact 是否符合過濾條件，如果符合，則將建置刪除任務並交由 JobService 元件完成真正的刪除工作，否則該 Artifact 的刪除動作不會被同步到遠端倉庫服務。

此外，執行過程中的複製或刪除任務還可以被停止。在任務的執行邏輯中安插了數個檢查點，當執行到檢查點時，程式會檢查目前任務是否被停止，如果是，則停止執行，否則繼續執行。也就是說，在使用者發出停止執行請求後，任務還會繼續執行，直到遇到第一個檢查點才會執行停止動作。

7.2 設定 Artifact 倉庫服務

目前很多公有雲和私有雲的雲端運算供應商都提供了 Artifact 倉庫產品或線上服務。Harbor 的遠端複製功能已經對其中使用廣泛的多種倉庫產品和服務提供了支援，並且支援列表在不斷更新。在 Harbor 2.0 版本中，根據所管理的 Artifact 類型，已支援的倉庫服務可分為兩種：映像檔倉庫服務和 Helm Chart 倉庫服務。

所支援的映像檔倉庫服務有 Harbor、Docker Hub、Docker Registry、AWS Elastic Container Registry、Azure Container Registry、AliCloud Container Registry、Google Container Registry、Huawei SWR、GitLab、Quay.io 和 JFrog Artifactory。

所支援的 Helm Chart 倉庫服務有 Harbor 和 Helm Hub。

在使用遠端複製功能前，首先需要建立對應的遠端 Artifact 倉庫服務實例，該 Artifact 倉庫服務必須已經存在且正常執行。

以系統管理員帳號登入 Harbor，進入「系統管理」→「倉庫管理」頁面，點擊「新增目標」按鈕，建立 Artifact 倉庫服務，如圖 7-3 所示。

根據遠端 Artifact 倉庫服務的類型，在「提供者」下拉清單中選擇對應的選項，填寫目標名和描述資訊，提供遠端倉庫服務的目標 URL、存取 ID 和存取密碼，根據遠端倉庫服務所使用的協定選擇是否選取「驗證遠端憑證」，點擊「測試連接」按鈕測試目前 Harbor 實例與遠端倉庫服務的連接，在連接成功後點擊「確定」按鈕完成倉庫服務的建立。

圖 7-3

如果要複製的 Artifact 沒有存取權限控制（例如要拉取 Docker Hub 公共倉庫下的映像檔），則存取 ID 和存取密碼可以為空。對不同的倉庫服務來說，存取 ID 和存取密碼有不同的形式，在 7.5 節會有對應的詳細介紹。

當存取 ID 和存取密碼為空時，點擊「測試連接」按鈕只測試目前 Harbor 實例與遠端倉庫服務之間的網路連通性；不為空時，還會驗證所提供的認證憑證。

對於使用 HTTP 及使用自簽章憑證的 HTTPS 倉庫服務，請不要選取「驗證遠端憑證」選項。

後台程式會定期查詢已建立的遠端倉庫服務的執行狀態，使用者可以在該頁面觀察到目前 Harbor 實例與倉庫服務之間的連接是否正常，也可以在管理介面完成對倉庫服務的修改、刪除等操作。注意：只有當遠端倉庫服務沒有被任何複寫原則使用時，此遠端倉庫服務才被允許刪除。

7.3 複寫原則

系統管理員需要透過建立複寫原則實現 Artifact 的複製和分發。本節詳細介紹複寫原則的模式、篩檢程式和觸發方式，以及如何建立複寫原則和檢視複寫原則的執行狀態。

7.3.1 複製模式

複寫原則支援發送和拉取兩種模式。發送指將目前 Harbor 實例的 Artifact 複製到遠端 Artifact 倉庫服務下；拉取指將其他 Artifact 倉庫服務中的 Artifact 複製到目前 Harbor 實例中。在發送模式下，目前的 Harbor 實例是來源倉庫，複製的目標 Artifact 倉庫是遠端倉庫；在拉取模式下剛好相反，其他 Artifact 倉庫是來源倉庫，目前 Harbor 實例是複製的目標倉庫，在其他 Artifact 倉庫看來，目前 Harbor 實例是遠端倉庫。這兩種模式分別適用於不同的使用場景，例如在設定了特定規則防火牆的環境下，處於防火牆內的倉庫服務實例只能透過拉取模式獲得遠端 Artifact。

7.3.2 篩檢程式

在來源倉庫的專案中可能會有較多的 Artifact，但使用者不一定希望全部 Artifact 都被複製到目標倉庫中，因此需要對 Artifact 進行篩選。在複寫原則中可以設定多種篩檢程式規則，以滿足不同場景對所需複製的 Artifact 的過濾需求。Harbor 支援 4 種篩檢程式，分別針對 Artifact 的不同屬性進行過濾：名稱篩檢程式、Tag 篩檢程式、標籤篩檢程式、資源篩檢程式。下面分別對這 4 種篩檢程式介紹。

名稱篩檢程式對 "Artifact" 名稱中的倉庫部分進行過濾，Tag 篩檢程式針對 Tag 部分進行過濾。如 "library/hello-world:latest" 是容器映像檔 hello-world 的全稱，則名稱篩檢程式針對其中的 "library/hello-world" 部分，Tag 篩檢程式針對 "latest" 部分。名稱篩檢程式和 Tag 篩檢程式支援以下比對模式（在比對模式下用到的特殊字元需要使用反斜線 "\" 進行逸出）。

- "*"：比對除分隔符號 "/" 外的所有字元。
- "**"：比對所有字元，包含分隔符號 "/"。
- "?"：比對除分隔符號 "/" 外的所有單一字元。
- "{alt1,alt2,…}"：比對能夠被大括號中以逗點分隔的任一比對模式所符合的字元序列。

下面是一些比對模式的範例。

- "library/hello-world"：只比對 library/hello-world。
- "library/*"：比對 library/hello-world，但不比對 library/my/hello-world。
- "library/**"：既比對 library/hello-world，也比對 library/my/hello-world。
- "{library,goharbor}/*"：比對 library/hello-world 和 goharbor/core，但不比對 google/hello-world。
- "1.?"：比對 1.0，但不比對 1.01。

使用者可以使用 Harbor 中的標籤（Label）對 Artifact 進行各種自訂分類，標籤篩檢程式針對 Artifact 上被標記的標籤進行過濾。標籤篩檢程式可以設定多個標籤，當且僅當 Artifact 被標記了篩檢程式設定的所有標籤時，此 Artifact 才會被複製。

Harbor 2.0 提供了兩種類型的 Artifact 儲存管理服務：一種針對 OCI Artifact，例如映像檔、Helm Chart、CNAB（Cloud Native Application Bundle）等；另一種針對 Helm Chart，由整合的 ChartMuseum 元件提供服務。

在這兩種儲存管理服務中都提供了對 Helm Chart 的支援，要注意區分。在 Helm 3 用戶端中提供了將 Helm Chart 發送到 OCI 倉庫服務的試驗性功能，所以如果使用了 Helm 3 用戶端，則可以將 Chart 發送到 Harbor 中並以 OCI Artifact 形式管理。另外，Harbor 依然保留了對 Helm 2 用戶端的支援，這種支援是透過 ChartMuseum 元件實現的，可以透過 Helm 2 用戶端將 Chart 發送到 Harbor 中。

資源篩檢程式針對 Artifact 的類型進行過濾。建立複寫原則時，可以選擇只複製 ChartMuseum 中的 Chart，或只複製映像檔，抑或是只複製 OCI Artifact 或全部複製。當選擇全部複製時，目前倉庫服務和遠端倉庫服務必須同時支援所有資源類型，否則不被支援的 Artifact 類型的複製任務將失敗。

7.3.3 觸發方式

在建立複寫原則時，可以根據不同的使用場景選擇不同的觸發方式以滿足不同的需求，Harbor 目前支援三種不同的觸發方式：手動觸發、定時觸發、事件驅動。

手動觸發指在需要進行複製時由系統管理員手動點擊「複製」按鈕來觸發一次性的複製流程，會複製目前 Harbor 實例中所有符合此篩檢程式條件的 Artifact。

定時觸發指透過定義類似的 Cron 任務週期性地執行複製操作。Cron 運算式採用了 "* * * * * *" 格式，各欄位的意義如表 7-1 所示。注意：此處設定的 Cron 運算式中的時間是伺服器端的 UTC 時間，而非瀏覽器的時間。

表 7-1

欄位的名稱	是否強制	允許的值	允許的特殊字元
秒	是	0-59	*/,-
分鐘	是	0-59	*/,-
小時	是	0-23	*/,-
一個月內的一天	是	1-31	*/,-?
月	是	1-12 或 JAN-DEC	*/,-
一周內的一天	是	0-6 或 SUN-SAT	*/,-?

特殊字元的意義如下。

- "*"：表示任意可能的值。
- "/"：表示跳過某些指定的值。
- ","：表示列舉。
- "-"：表示範圍。
- "?"：用在「一個月內的一天」和「一周內的一天」裡，可以代替 "*"。

Cron 運算式的實際實例如下。

- "0 0/5 * * * ?"：每 5 分鐘執行一次。
- "10 0/5 * * * ?"：每 5 分鐘執行一次，每次都在第 10 秒時執行。
- "0 30 10-13 ? * WED,FRI"：每週三和週五的 10：30、11：30、12：30 和 13：30 執行。
- "0 0/30 8-9 5,20 * ?"：每月的 5 號和 20 號的 8：00、8：30、9：00 和 9：30 執行。

與手動觸發模式相同，定時觸發模式也會把目前 Harbor 實例中符合篩檢程式條件的所有 Artifact 進行複製。

事件驅動觸發指將 Harbor 作為來源倉庫，在發生某些事件時自動觸發複製操作。Harbor 目前支援兩種事件：發送 Artifact 和刪除 Artifact。在這兩種事件執行完成後，如果操作的資源滿足篩檢程式設定的條件，則此操作會被立刻同步到遠端倉庫服務中，完成對應的 Artifact 發送或刪除動作。這種驅動方式在某種程度上可以應對即時同步的場景，但是根據不同的網路環境會有不同程度的延遲發生。如果複製任務失敗，則後續會進行 3 次重試，但無法保證 100% 的成功率（例如遠端倉庫服務當機）。因此，如果是對資料一致性有很高要求的環境，則需要考慮其他方案。同步 Artifact 刪除操作是可選的，可以在建立複寫原則時進行設定，當目標倉庫是生產環境時，可以選擇不同步刪除操作，以免造成誤刪。

7.3.4 建立複寫原則

以系統管理員帳號登入 Harbor，進入「系統管理」→「同步管理」頁面，點擊「新增規則」按鈕建立複寫原則，如圖 7-4 所示。

填寫策略名稱和描述，選擇同步模式，根據不同的複製模式選擇對應的來源 Registry（拉取模式）和目的 Registry（發送模式），設定來源資源篩檢程式，填寫目的 Namespace，選擇觸發模式並選擇是否選取「覆蓋」選項，點擊「儲存」按鈕完成複寫原則的建立。

新建规则

名称 * rule

描述

复制模式 Push-based Pull-based

源Registry * hub-https://hub.docker.com

源资源过滤器 名称: library/hello-world

Tag: latest

资源: image

目的Namespace

触发模式 * 手动

覆盖

取消 保存

圖 7-4

目的 Namespace 用來指定被複製的 Artifact 儲存在目的倉庫的哪個命名空間中，如果為空，則 Artifact 會被儲存在和來源 Artifact 相同的命名空間中，表 7-2 列出了幾個範例。

表 7-2

來源 Artifact	目的 Namespace	目的 Artifact
hello-world:latest	destination	destination/hello-world:latest
library/hello-world:latest	destination	destination/hello-world:latest
library/my/hello-world:latest	destination	destination/hello-world:latest
library/hello-world:latest	空	library/hello-world:latest

在選取「覆蓋」選項後，如果複製時在目的端 Artifact 倉庫中有名稱相同但不同內容的 Artifact，則此 Artifact 會被覆蓋，否則此 Artifact 的複製流程會被跳過。

使用者可以在同步管理頁面中看到所有已建立的複寫原則並完成對策略的修改、刪除等操作。只有當某一複寫原則的所有執行記錄都變為終止狀態（停止、成功或失敗）時，此策略才可以被修改和刪除。

7.3.5 執行複寫原則

在複寫原則被觸發後，使用者可以在複製管理頁面看到所有複寫原則的執行記錄，包含此次執行的觸發方式、開始時間、所用時間、執行狀態、任務總數和任務的成功比例，如圖 7-5 所示。

圖 7-5

點擊圖 7-5 中執行記錄的 ID（編號），可以進入此次執行任務的詳情頁面。在詳情頁面中可以看到此次執行記錄所包含的所有子任務的執行情況。點擊某個子任務的記錄檔圖示，可以看到子任務的執行記錄檔，如圖 7-6 和圖 7-7 所示。

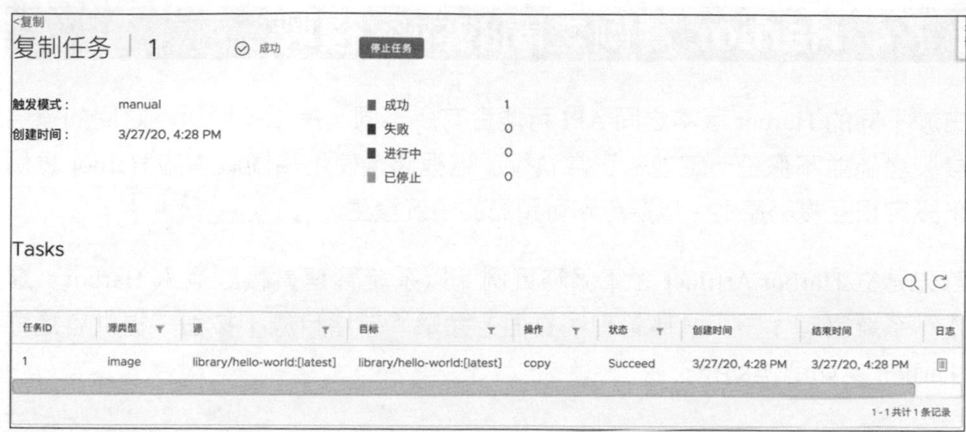

圖 7-6

```
2020-03-27T08:28:48Z [INFO] [/replication/transfer/image/transfer.go:95]: client for source registry [type: docker-hub,
URL: https://hub.docker.com, insecure: false] created
2020-03-27T08:28:48Z [INFO] [/replication/transfer/image/transfer.go:105]: client for destination registry [type: harbor,
URL: http://core:8080, insecure: true] created
2020-03-27T08:28:48Z [INFO] [/replication/transfer/image/transfer.go:138]: copying library/hello-world:[latest](source
registry) to library/hello-world:[latest](destination registry)...
2020-03-27T08:28:48Z [INFO] [/replication/transfer/image/transfer.go:157]: copying library/hello-world:latest(source
registry) to library/hello-world:latest(destination registry)...
2020-03-27T08:28:48Z [INFO] [/replication/transfer/image/transfer.go:261]: pulling the manifest of image library/hello-
world:latest ...
2020-03-27T08:28:48Z [INFO] [/replication/transfer/image/transfer.go:272]: the manifest of image library/hello-
world:latest pulled
2020-03-27T08:28:48Z [INFO] [/replication/transfer/image/transfer.go:294]: trying abstract a manifest from the manifest
list...
2020-03-27T08:28:48Z [INFO] [/replication/transfer/image/transfer.go:306]: a manifest(architecture: amd64, os: linux)
found, using this one: sha256:92c7f9c92844bbbb5d0a101b22f7c2a7949e40f8ea90c8b3bc396879d95e899a
2020-03-27T08:28:48Z [INFO] [/replication/transfer/image/transfer.go:261]: pulling the manifest of image library/hello
world:sha256:92c7f9c92844bbbb5d0a101b22f7c2a7949e40f8ea90c8b3bc396879d95e899a ...
2020-03-27T08:28:48Z [INFO] [/replication/transfer/image/transfer.go:272]: the manifest of image library/hello-
world:sha256:92c7f9c92844bbbb5d0a101b22f7c2a7949e40f8ea90c8b3bc396879d95e899a pulled
2020-03-27T08:28:48Z [INFO] [/replication/transfer/image/transfer.go:231]: copying the blob
sha256:fce289e99eb9bca977dae136fbe2a82b6b7d4c372474c9235adc1741675f587e...
2020-03-27T08:28:48Z [INFO] [/replication/transfer/image/transfer.go:252]: copy the blob
sha256:fce289e99eb9bca977dae136fbe2a82b6b7d4c372474c9235adc1741675f587e completed
2020-03-27T08:28:48Z [INFO] [/replication/transfer/image/transfer.go:231]: copying the blob
sha256:1b930d010525941c1d56ec53b97bd057a67ae1865eebf042686d2a2d18271ced...
2020-03-27T08:28:48Z [INFO] [/replication/transfer/image/transfer.go:252]: copy the blob
sha256:1b930d010525941c1d56ec53b97bd057a67ae1865eebf042686d2a2d18271ced completed
2020-03-27T08:28:48Z [INFO] [/replication/transfer/image/transfer.go:331]: pushing the manifest of image library/hello-
world:latest ...
2020-03-27T08:28:48Z [INFO] [/replication/transfer/image/transfer.go:343]: the manifest of image library/hello-
world:latest pushed
2020-03-27T08:28:48Z [INFO] [/replication/transfer/image/transfer.go:200]: copy library/hello-world:latest(source
registry) to library/hello-world:latest(destination registry) completed
2020-03-27T08:28:48Z [INFO] [/replication/transfer/image/transfer.go:151]: copy library/hello-world:[latest](source
registry) to library/hello-world:[latest](destination registry) completed
```

圖 7-7

在圖 7-5 所示的介面中選執行記錄，點擊「停止任務」按鈕可以停止所選取的非終止狀態（等待、執行、重試等）任務的執行。

7.4 Harbor 實例之間的內容複製

由於不同的 Harbor 版本之間 API 可能會有所不同，所以不同版本之間的遠端複製功能並不保證一定能夠正常執行。這裡建議使用相同版本的 Harbor 實例來設定相互複寫原則，以避免不可預見的情況發生。

首先建立 Harbor Artifact 倉庫服務實例，以系統管理員帳號登入 Harbor，進入「系統管理」→「倉庫管理」頁面，點擊「新增目標」按鈕，提供者選擇 "harbor"，如圖 7-8 所示。

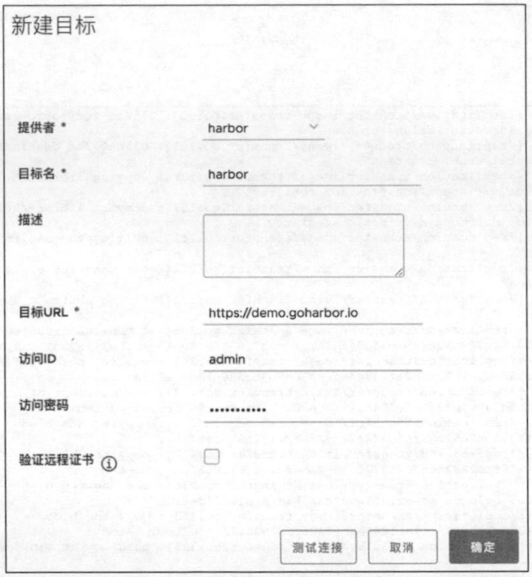

新建目标

提供者 * harbor

目标名 * harbor

描述

目标URL * https://demo.goharbor.io

访问ID admin

访问密码 ••••••••••••

验证远程证书 ⓘ

测试连接 取消 确定

圖 7-8

存取 ID 和存取密碼是目標倉庫的本機使用者（使用資料庫認證模式）或 LDAP/AD 使用者（使用 LDAP 認證模式）的名稱和密碼。當使用 OIDC 認證模式時，OIDC 的使用者憑證無法用於遠端複製，在這種情況下需要使用目標倉庫的本機系統管理員帳號設定複寫原則。注意：無論在何種認證模式下，機器人帳號都是無法在遠端複製中使用的。

填寫其他必要資訊完成倉庫服務的建立。

進入「系統管理」→「複製管理」頁面，點擊「新增規則」按鈕建立複寫原則，根據需求選擇對應的複製模式、篩檢程式、觸發模式等，如圖 7-9 所示。

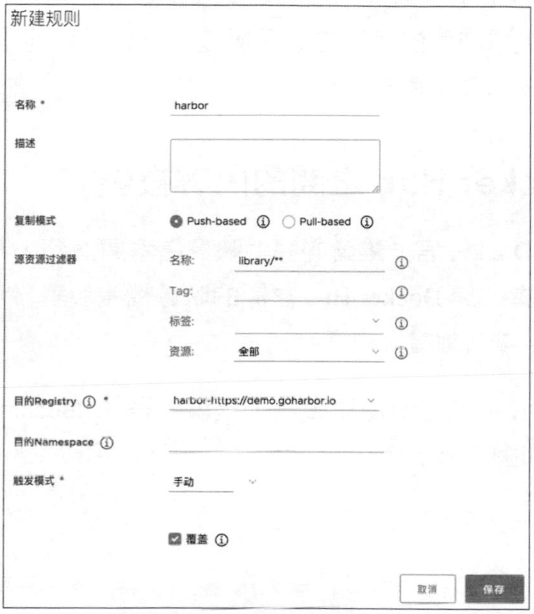

圖 7-9

如果「來源資源篩檢程式」中的「名稱」篩檢程式為空或被設定為 "**"，而其他篩檢程式都保持預設值，則此策略會對來源倉庫服務下有許可權的所有專案下的 Artifact 進行複製。也就是說，如果在建立的倉庫服務實例中使用的是系統管理員帳號，則此複寫原則會對系統中的所有 Artifact 都進行複製。這種策略可以滿足系統整體備份等需求。

根據目前實例（發送模式下）或遠端 Harbor 實例（拉取模式下）是否啟用了 Helm Chart 服務，「來源資源篩檢程式」中的資源類型列表會有所不同。在沒有啟用 Helm Chart 的情況下，在此清單中將沒有 "chart" 選項。

填寫其他必要資訊完成複寫原則的建立。

根據設定的觸發方式，手動或自動觸發目前複寫原則，完成 Harbor 實例之間的遠端複製。

7.5 與第三方倉庫服務之間的內容複製

由於 Harbor 在不同的第三方倉庫服務之間設定遠端複製時存在一些差異，所以本節透過設定幾種典型的第三方倉庫服務，幫助讀者全面掌握遠端複製功能在不同倉庫服務下的設定方式。

7.5.1 與 Docker Hub 之間的內容複製

Docker Hub 是由 Docker 官方維護的線上映像檔倉庫服務，其上儲存了數量龐大的 Docker 映像檔。與 Docker Hub 之間的映像檔複製對日常的開發、測試、發佈和運行維護都具有相當大的意義。

首先建立 Docker Hub 的倉庫服務實例，提供者選擇 "docker-hub"，目標 URL 會被自動填充，如圖 7-10 所示。

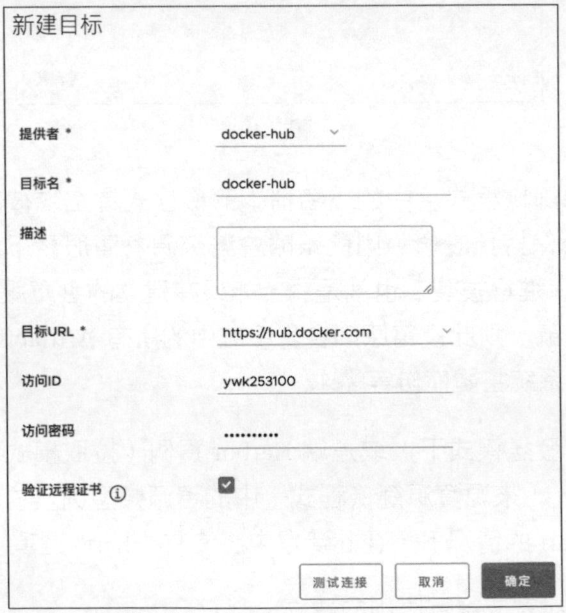

圖 7-10

當只需從 Docker Hub 拉取公共映像檔時，由於這些映像檔沒有存取控制，所以「存取 ID」和「存取密碼」可以為空。在其他情況下，需要填寫已註冊的 Docker Hub 的合法使用者名稱和密碼，並確保「驗證遠端憑證」為選取狀態，點擊「確定」按鈕完成倉庫服務的建立。

在建立複寫原則時，如果想要拉取 Docker Hub 的官方映像檔，例如 hello-world、busybox 等，則需要在來源資源篩檢程式的名稱篩檢程式中加上 "library" 字首，如 "library/hello-world"、"library/busybox"、"library/**" 等。如果名稱篩檢程式為空或被設定為 "**"，而其他篩檢程式都保持預設值，則此複寫原則將拉取認證帳戶名稱下的所有映像檔，如圖 7-11 所示。

圖 7-11

填寫其他必要資訊完成複寫原則的建立。

7.5.2 與 Docker Registry 之間的內容複製

Docker Registry 是由 Docker 官方維護的開放原始碼私有映像檔倉庫，開放原始碼專案的名稱為 Docker Distribution，可提供基本的映像檔倉庫管理功能。

首先，建立 Docker Registry 的倉庫服務實例，提供者選擇 "docker-registry"，如圖 7-12 所示。

圖 7-12

Harbor 目前可以與沒有啟用認證或採用以權杖認證（token）方式為基礎的 Docker Registry 進行複製，暫不支援採用 silly 和 basic auth 認證方式的 Docker Registry。

在建立複寫原則時，如果來源資源篩檢程式中的名稱篩檢程式為空或被設定為 "**"，而其他篩檢程式都保持預設值，則此策略會對來源倉庫服務下有許可權的所有映像檔都進行複製。

填寫其他必要資訊完成複寫原則的建立。

7.5.3 與阿里雲映像檔倉庫之間的內容複製

AliCloud Container Registry（下簡稱 ACR）是由阿里雲提供的線上映像檔倉庫服務。

首先建立 ACR 的倉庫服務實例，提供者選擇 "ali-acr"，在目標 URL 清單中選擇所在的區域，如圖 7-13 所示。

圖 7-13

填寫其他必要資訊完成複寫原則的建立。

7.5.4 與 AWS ECR 之間的內容複製

Amazon Elastic Container Registry 是由亞馬遜託管的線上映像檔倉庫服務。

首先建立 ECR 的倉庫服務實例，提供者選擇 "aws-ecr"，在目標 URL 清單中選擇所在的區域，填寫存取 ID 和存取密碼。注意：這裡的存取 ID 和存取密碼應該使用 Access ID 和 Access Secret，而非使用者名稱和密碼，Access ID 應該有對應的足夠許可權，如圖 7-14 所示。

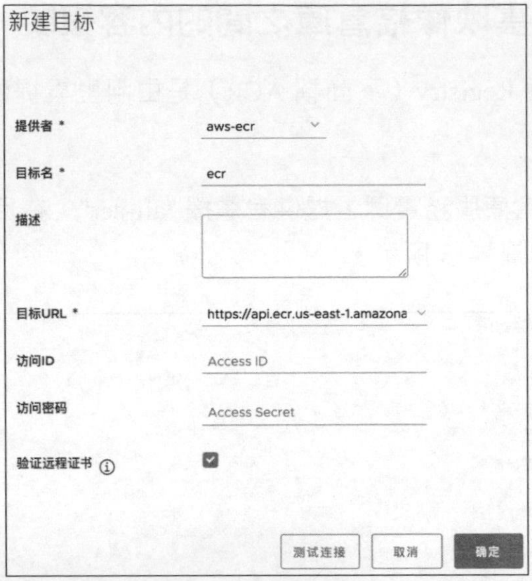

圖 7-14

填寫其他必要資訊完成複寫原則的建立。

7.5.5 與 GCR 之間的內容複製

Google Container Registry（下簡稱 GCR）是由 Google Cloud 託管的線上映像檔倉庫服務。

首先建立 GCR 的倉庫服務實例，提供者選擇 "google-gcr"，在目標 URL 列表中選擇對應的 URL，填寫存取密碼。注意：這裡的存取密碼需要使用 Service Account 產生的整個 JSON key 檔案，如圖 7-15 所示。另外，帳號應該有儲存管理員許可權。

填寫其他必要資訊完成複寫原則的建立。

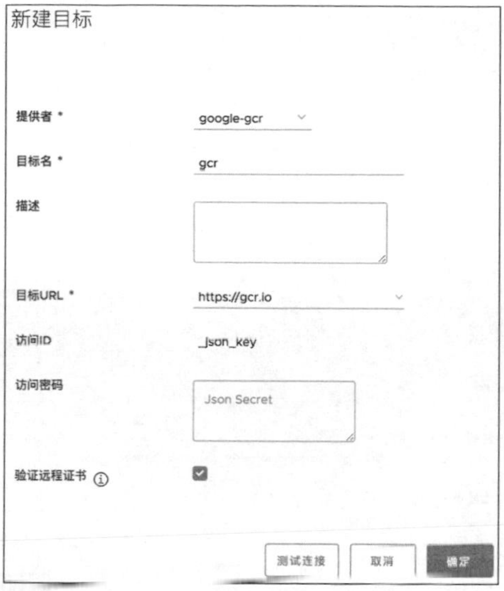

圖 7-15

7.5.6 與 Helm Hub 之間的內容複製

Helm Hub 是由 Helm 官方維護的線上 Helm Chart 倉庫服務，它參考了許多公共的第三方 Helm Chart 倉庫，提供了統一的 Chart 倉庫視圖。

首先建立 Helm Hub 的倉庫服務實例，提供者選擇 "helm-hub"，目標 URL 會被自動填充，如圖 7-16 所示。

由於 Helm Hub 並未啟用任何認證方式，所以對存取 ID 和存取密碼無須填寫任何內容。確保「驗證遠端憑證」為選取狀態，點擊「確定」按鈕完成倉庫服務的建立。

由於 Helm Hub 目前只支援拉取 Helm Chart，所以在建立複寫原則時同步模式請選擇 "Pull-based"。如果名稱篩檢程式為空或被設定為 "**"，而其他篩檢程式都保持預設值，則此複寫原則將拉取 Helm Hub 上的所有 Chart，如圖 7-17 所示。

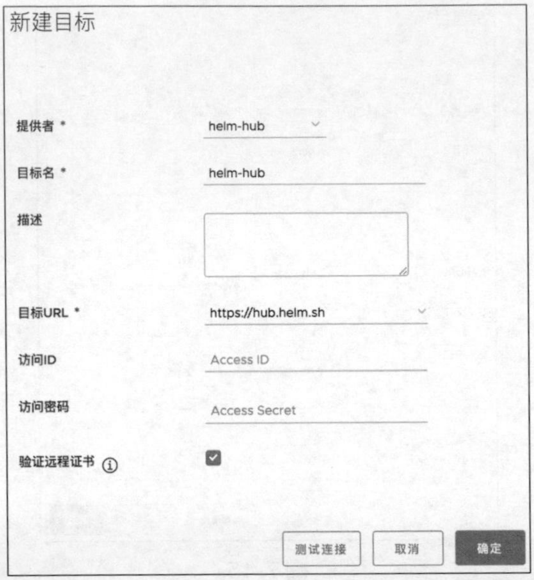

圖 7-16

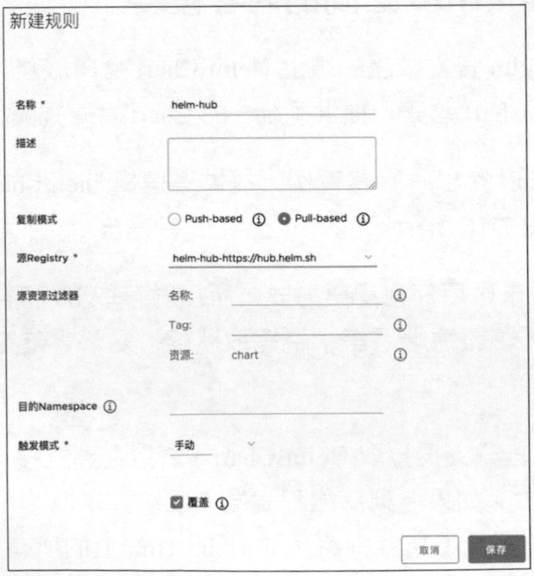

圖 7-17

填寫其他必要資訊完成複寫原則的建立。

7.6 典型使用場景

經過前面幾節的介紹，讀者應該已經了解了遠端複製的基本原理和用法。本節透過介紹遠端複製的一些典型使用場景，幫助讀者深入了解遠端複製的原理，並根據自己的需求在各種場景中對遠端複製進行靈活應用。

7.6.1 Artifact 的分發

在大規模叢集環境下，如果所有 Docker 主機都要從一個單點的映像檔倉庫中拉取映像檔，那麼此映像檔倉庫很可能會成為映像檔分發的瓶頸，影響映像檔分發的速度。透過架設多個映像檔倉庫並配合使用遠端複製功能，可以在某種程度上解決這個問題，實現負載平衡。

映像檔倉庫的拓撲結構如圖 7-18 所示。圖中的映像檔倉庫分為兩級：主倉庫和子倉庫。在主倉庫和子倉庫之間設定了遠端複寫原則。在一個應用的映像檔被發送到主映像檔倉庫後，根據所設定的複寫原則，此映像檔可以被立刻分發到其他子映像檔倉庫。叢集中的 Docker 主機則可以就近在其中任意一個子倉庫中拉取所需的映像檔，減輕主倉庫的壓力。如果叢集規模比較大或地域分佈較廣，則子倉庫也可被部署成多層級的結構，由一級子倉庫再將映像檔分發到二級子倉庫，Docker 主機則在就近的二級子倉庫中完成映像檔的拉取。

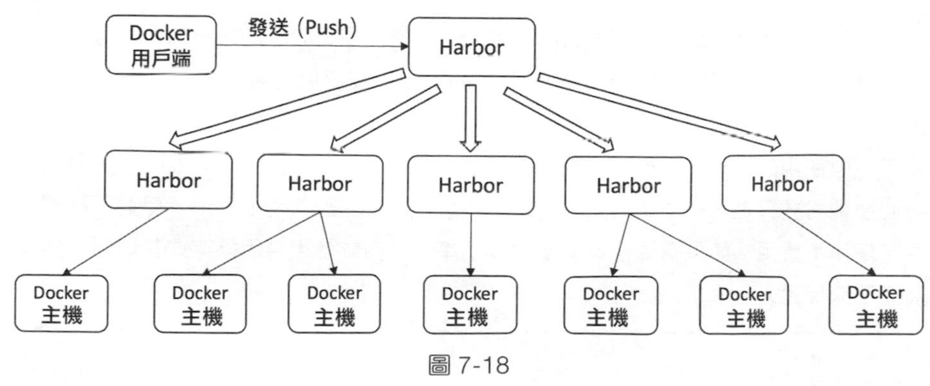

圖 7-18

7.6.2 雙向同步

遠端複製也可以用於實現簡單的跨地理位置複製功能或公有雲與私有雲之間的同步功能。

映像檔倉庫的拓撲結構如圖 7-19 所示。

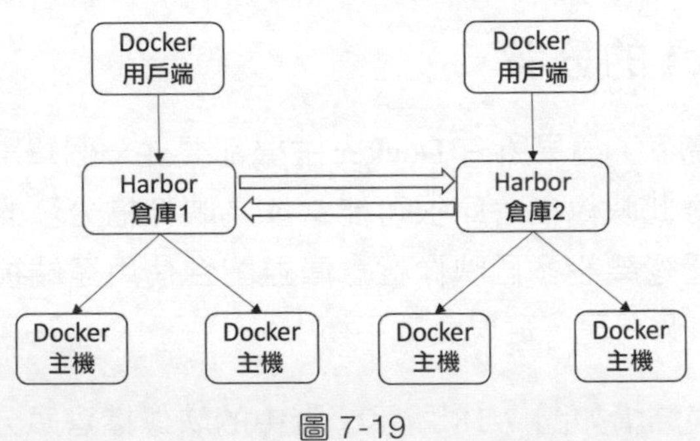

圖 7-19

在圖 7-19 中有兩個映像檔倉庫，倉庫 1 透過設定複寫原則可以即時地將發送到倉庫 1 的映像檔複製到倉庫 2；同時，在倉庫 2 上也設定了類似的策略，可即時地將發送到倉庫 2 的映像檔複製到倉庫 1。這樣當一個映像檔被發送到其中任何一個倉庫時，這個映像檔都會被即時發送到另一個倉庫，進一步達到同步的效果。在拓撲結構中也可以包含多於兩個的映像檔倉庫，這些倉庫之間相互透過設定雙向的複寫原則來實現同步。

注意：雖然複寫原則設定了映像檔的即時發送，但由於網路傳輸的延遲時間，映像檔到達目的倉庫的時間實際上是有落後的，因此在使用時需要考慮這個因素的影響。此外，由於遠端複製功能只簡單複製映像檔，雖然有重試機制儘量確保複製的成功率，但使用的並不是一種強一致性演算法，無法避免映像檔同步失敗的情況發生。因此這種方式只是一種簡單的同步功能，可以在開發測試環境下應用，但並不推薦在生產環境下應用。如果需要確保同步的成功率，則應該使用共用儲存或其他強一致性演算法來保證。

7.6.3 DevOps 映像檔流轉

在開發和運行維護過程中，一個應用從開發到上線常常要經歷多個步驟：開發、測試、進入準生產環境、最後上線進入生產環境，對應的映像檔也要經過多個步驟的流轉。利用映像檔複製功能可以架設如圖 7-20 所示的 DevOps 管線來實現映像檔的發佈和控管。

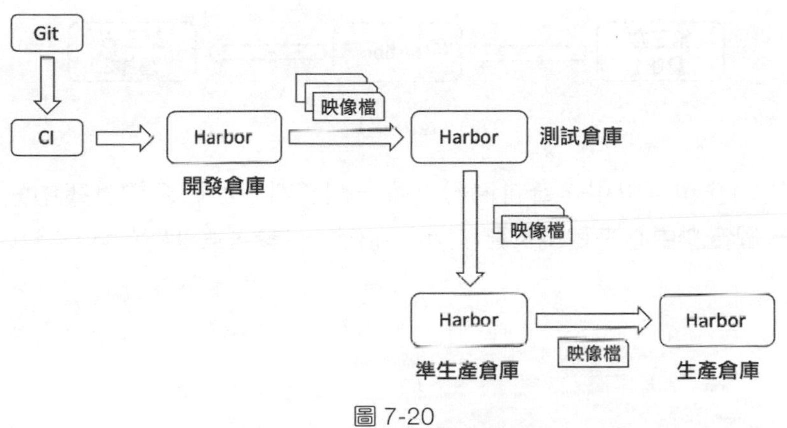

圖 7-20

在圖 7-20 中，在開發、測試、準生產和生產映像檔倉庫之間都設定了對應的遠端同步策略。在程式被提交到程式倉庫後可以觸發 CI（持續整合）系統建置應用映像檔，並將映像檔發送到開發映像檔倉庫，將需要進行測試的映像檔發送到測試映像檔倉庫進行測試，之後再發送到準生產倉庫，經過驗證後最後發送到生產環境倉庫。其中映像檔的多次流轉可以利用映像檔的遠端複製功能，透過制定不同的策略來實現，以達到可控、靈活、自動的映像檔發佈。舉例來說，將開發倉庫中需要進行測試的映像檔標以特定的名稱，並設定名稱篩檢程式和以事件為基礎的觸發策略，可即時向測試倉庫複製映像檔；而在測試倉庫中經過測試的映像檔可以被標記特定的標籤，並設定定時觸發策略每天向準生產倉庫複製；最後由運行維護人員手動觸發準生產倉庫向生產環境倉庫的複寫原則，完成映像檔的上線執行。

7.6.4 其他場景

遠端複製也可以用來做資料移轉。當使用者想要從使用其他倉庫服務轉遷移到使用 Harbor 時，可以在 Harbor 中設定拉取模式的複寫原則來將其他倉庫中的映像檔資料移轉到 Harbor 中。當需要在兩個第三方倉庫之間資料時，也可以將 Harbor 作為中間倉庫，利用複寫原則完成資料移轉，如圖 7-21 所示。

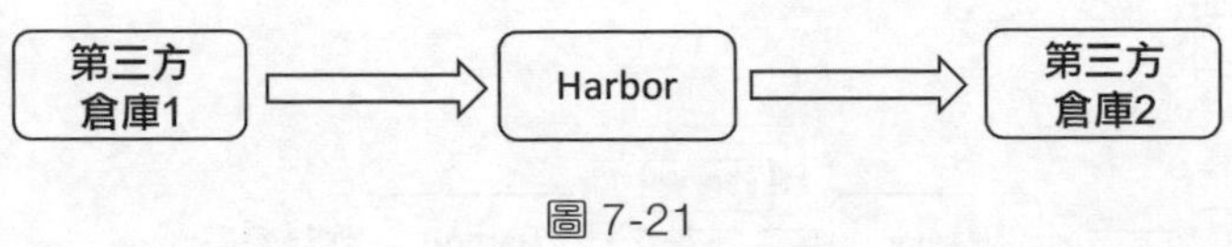

圖 7-21

遠端複製功能也可以用作資料備份，將一個資料中心映像檔倉庫中的資料複製到另一個資料中心來實現災難恢復和備份，可參考第 9 章的內容。

Chapter 08

進階管理功能

本章說明 Harbor 的多項實用功能，包含專案的資源配額管理、儲存空間的垃圾回收、不可變 Artifact、Artifact 保留策略、Webhook 通知和多語言能力的支援。Harbor 2.0 把有關映像檔的功能擴充到了 OCI Artifact，如映像檔的遠端複製可支援 Artifact 的遠端複製；不可變映像檔可支援 Artifact 的不可改變性（immutability）等。本章在不同的場景中提到了映像檔和 Artifact，我們在大多數情況下都可以認為映像檔是 Artifact 的特例。因為映像檔是使用者在日常工作中主要使用的 Artifact，所以為了易於了解，這裡在說明 Artifact 功能時，有時也會使用「映像檔」的提法，因此，「映像檔」和「Artifact」在本章中近似於同義字。

8.1 資源配額管理

在日常運行維護過程中，對系統資源的分配和管理是一個重要環節。為避免一個專案佔用過多的系統資源，Harbor 提供了資源配額管理功能實現對專案資源的控管。系統管理員可用資源配額管理功能限制專案的儲存空間，或為專案申請更多的儲存空間。

本節將從基本原理、基本設定及用戶端互動等方面詳細介紹 Harbor 的資源配額（Quota）管理功能。

8.1.1 基本原理

在 Harbor 系統中，資源配額指的是專案的儲存總量。資源配額計算基於專案而非使用者。資源配額管理一直是 Artifact 倉庫的痛點之一，主要原因是，Artifact 的層檔案儲存有共用性，不同專案下的不同 Artifact 可以共用一個或多個層檔案，資源配額管理亟待解決的問題包含：如何為共用的資源設定配額，應該將共用的資源配額計入哪個專案。

在詳細介紹 Harbor 的資源配額管理功能的基本原理之前，這裡先說明幾個基本概念，了解這些概念有助了解 Harbor 實現資源配額管理功能的原理。

1. OCI Artifact 的組成

第 1 章提到，OCI Artifact 是依照 OCI 映像檔標準包裝的資料，一個基本的 OCI Artifact 包含以下幾部分。

- Configuration（設定）：OCI Artifact 的設定檔，包含了該映像檔的中繼資料，如映像檔的架構、設定資訊、建置映像檔的容器的設定資訊。
- Layers（層檔案）：OCI Artifact 的層檔案，一般一個映像檔包含一組層檔案。
- Manifest（清單）：OCI Artifact 的 Manifest 檔案。該檔案是一個 JSON 格式的 OCI Artifact 描述檔案，包含了層檔案和設定檔的 digest（摘要）資訊。

這裡用 hello-world:latest 映像檔舉例說明。以下面的 Manifest 描述檔案所示，hello-world:latest 有一個層檔案和一個 configuration 檔案。包含 Manifest 檔案本身，hello-world:latest 映像檔由三個檔案組成。其中，config 表示 configuration 檔案的類型、大小及 digest 值；layers 表示該 Manifest 所參考的一組層檔案，並標識每一個層檔案的類型、大小及 digest 值。

```
{
  "schemaVersion": 2,
  "mediaType": "application/vnd.docker.distribution.manifest.v2+json",
  "config": {
    "mediaType": "application/vnd.docker.container.image.v1+json",
```

```
        "size": 1510,
        "digest": "sha256:fce289e99eb9bca977dae136fbe2a82b6b7d4c372474c9235adc
1741675f587e"
    },
    "layers": [
        {
            "mediaType": "application/vnd.docker.image.rootfs.diff.tar.gzip",
            "size": 977,
            "digest": "sha256:1b930d010525941c1d56ec53b97bd057a67ae1865eebf04268
6d2a2d18271ced"
        }
    ]
}
```

2. 發送 Artifact 到 Artifact 倉庫

當用戶端發送一個 Artifact 到 Artifact 倉庫時，會按照順序依次執行以下幾個步驟。

(1) 發送 Configuration 設定檔。

(2) 依次發送層檔案。用戶端會根據層檔案的 digest 判斷層檔案在倉庫中是否存在，如果不存在就會發送。對於較大的層檔案，用戶端透過 PATCH Blob 請求分段發送。在所有區塊檔案都發送成功後，用戶端會發起 PUT Blob 請求，讓 Artifact 倉庫知道該層檔案發送完成。

(3) 發送 Manifest 描述檔案。在用戶端沒有發送 Manifest 檔案時，倉庫端不知道上一步發送的層檔案屬於哪一個 Artifact。在 PUT Manifest 請求成功後，倉庫端會依據 Manifest 檔案的資訊為 Artifact 建立層檔案的索引關係。

3. Docker Distribution 的分層管理及層共用

在執行 "docker pull" 指令從映像檔倉庫中拉取映像檔時，使用者可能會注意到 Docker 是分層拉取的，而且每一層都是獨立的，如圖 8-1 所示。

```
18.04: Pulling from library/ubuntu
5bed26d33875: Pull complete
f11b29a9c730: Pull complete
930bda195c84: Pull complete
78bf9a5ad49e: Pull complete
Digest: sha256:bec5a2727be7fff3d308193cfde3491f8fba1a2ba392b7546b43a051853a341d
Status: Downloaded newer image for ubuntu:18.04
docker.io/library/ubuntu:18.04
```

圖 8-1

映像檔層中的資料使用加密雜湊演算法（SHA256）可產生 ID，這個 ID 是層的唯一標識，也是 Manifest 描述檔案的 digest 值。一個 OCI Artifact 的 Manifest 檔案包含了該 Artifact 的一組層檔案，並指明了每一個層檔案的 ID。這樣一來，當 Docker 用戶端發起 pull 請求時，只需要根據 Manifest 檔案中的 digest 去拉取對應的層檔案，就可實現分層拉取。

Docker Distribution 為了最佳化儲存結構以提升儲存效率，將 Artifact 分層化管理。同一個 digest 的映像檔層在 Artifact 倉庫中僅儲存一份，這樣就做到了儲存空間的最佳化。層檔案儲存共用的確節省了儲存空間，但對配額管理造成了很多困擾。首當其衝的問題是，當一個層檔案被多個專案下的不同 Artifact 參考時，因其只在儲存中複製了一份，所以該層檔案的儲存應被計算在哪一個專案的配額中？

下面將透過一個實例來說明 Harbor 如何取得一個 OCI Artifact 的大小，並為其分配配額。透過用戶端發送 Artifact 到 Harbor 時，Harbor 將針對不同的請求進行流量攔截和資料持久化。

4. PATCH Blob

Harbor 接收到 PATCH Blob 請求時，會將寫入儲存的位元組數記錄在 Redis 資料庫中。Docker Distribution 為每一個層檔案都分配一個 Session ID，當上傳的層檔案被劃分為多個 PATCH Blob 請求時，這些 PATCH 請求共用同一個 Session ID。在 Redis 中將該 Session ID 作為鍵值。Harbor 從每個 PATCH 請求中取得塊的大小，並將其更新為該 Session ID 對應的值。在所有的 PATCH 請求都結束後，在 Redis 中儲存的就是該層檔案的大小，如圖 8-2 所示。

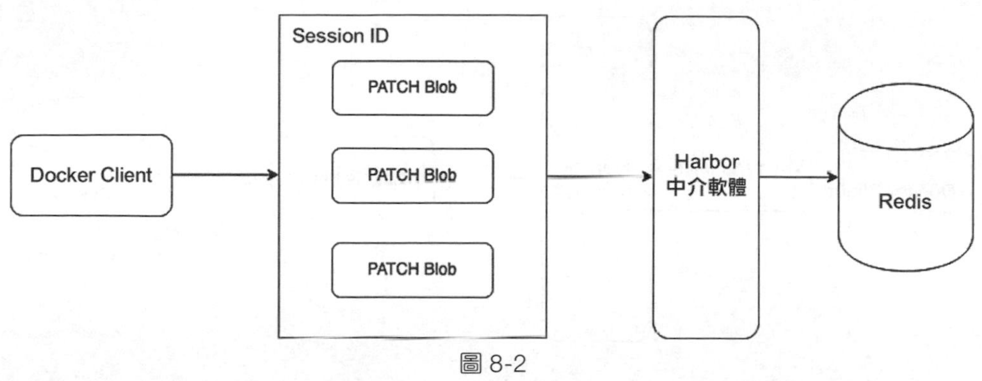

圖 8-2

5. PUT Blob

Harbor 接收到 PUT Blob 請求，表示該層檔案全部上傳完畢。此時 Harbor 用在 Redis 儲存中記錄的層檔案的大小去申請專案對應的配額。如果可以申請到足夠的配額，那麼專案的配額被更新，並持久化 Blob 資料；如果無法申請到足夠的配額，那麼拒絕 PUT Blob 請求，如圖 8-3 所示。

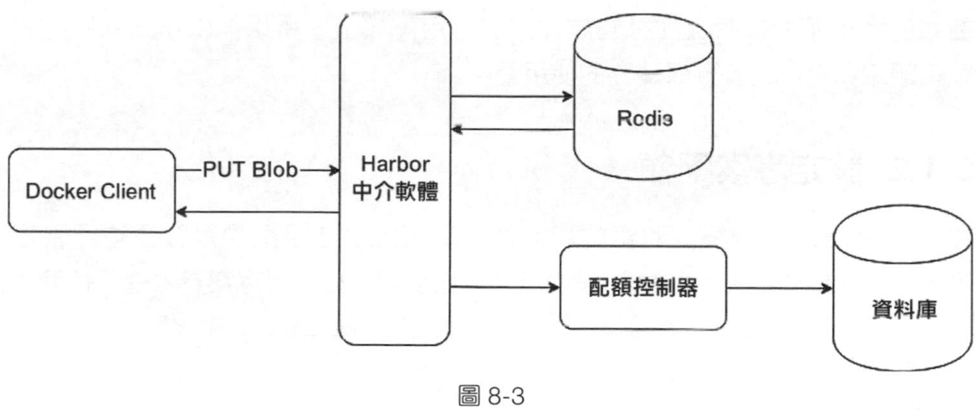

圖 8-3

6. PUT Manifest

Harbor 接收到 PUT Manifest 請求時，將用請求的資料大小去申請專案對應的配額。如果可以申請到足夠的配額，那麼專案配額被更新，並持久化 Manifest 和 Blob 資料；如果無法申請到足夠的配額，那麼將拒絕該 PUT Manifest 請求，如圖 8-4 所示。

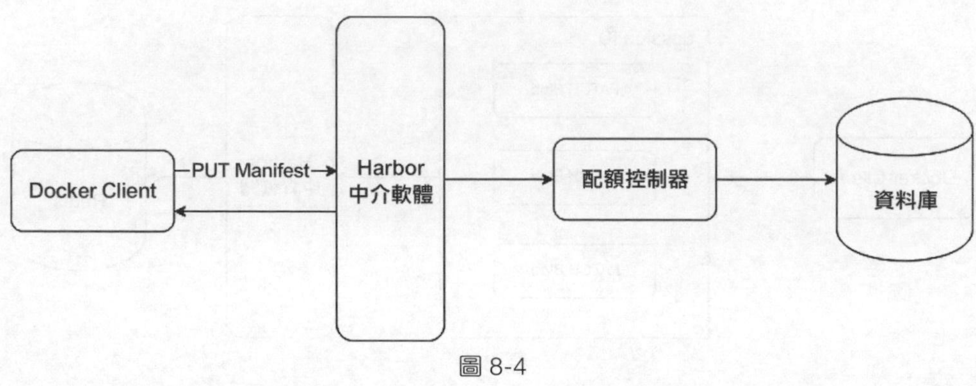

圖 8-4

透過上面的説明，讀者可大致了解 Harbor 是如何取得 Artifact 的大小並為其申請配額的。Harbor 的配額限制在專案等級，而 Docker Distribution 的層檔案是系統等級共用的。這裡 Harbor 變更了層檔案的儲存共用概念，對於配額而言，層檔案的儲存共用被縮小至專案等級。也就是説，當不同專案下的 Artifact 都參考了同一個層檔案時，該層檔案的大小會被計算到所有參考它的專案配額上。而當同一個專案下的不同 Artifact 參考了同一個層檔案時，該層檔案的大小不會被多次計算到該專案的可用配額上。所以，Harbor 的所有專案配額總和可能大於實際儲存的使用量。

8.1.2 設定專案配額

在了解 Harbor 如何運算資源的配額後，下面就要使用配額對資源進行管理了。本節詳細介紹如何在 Harbor 中設定專案配額，並且對專案資源進行控管。

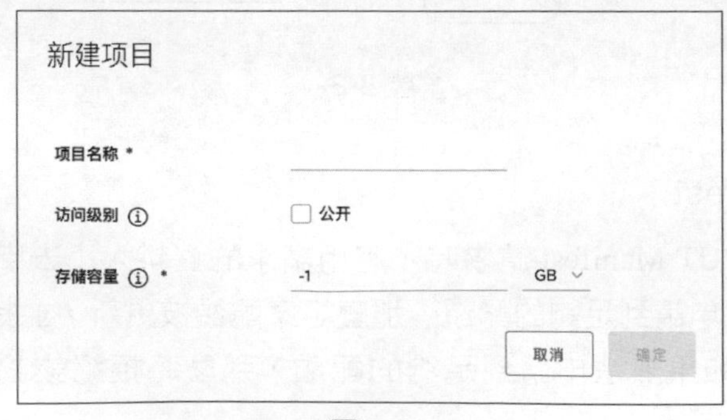

圖 8-5

在建立一個新的專案時，使用者可以指定其專案所需的儲存容量，如圖 8-5 所示。

儲存容量是一個必選值，一般使用了系統的配額預設值，其中 "-1" 代表容量無限制。在填寫容量值和選擇容量單位後，點擊「確定」按鈕即可成功建立一個專案，並且為該專案分配配額資源。

在成功建立專案後，可以透過概要頁面檢視容量的使用情況，如圖 8-6 所示。

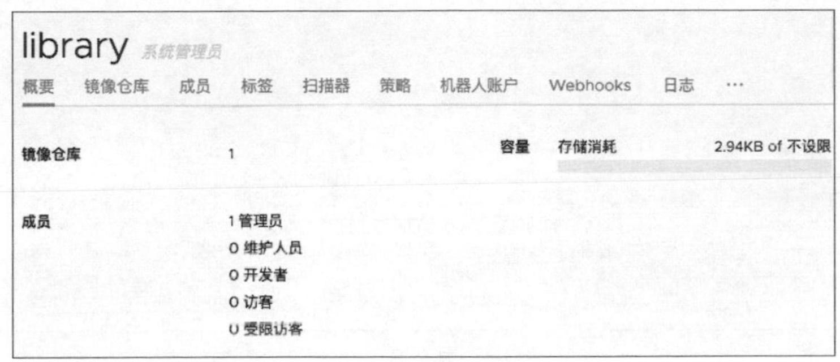

圖 8-6

8.1.3 設定系統配額

Harbor 系統管理員可以設定系統的預設配額值，也就是每一個新增專案的配額預設值。此外，最為重要的是可以為任意一個專案增加或減少配額，以達到系統配額管理的目的。

在配額管理頁點擊「系統管理」→「專案定額」→「修改」按鈕便可出現「修改專案預設配額」對話方塊，其中 "-1" 代表配額無限制，如圖 8-7 所示。

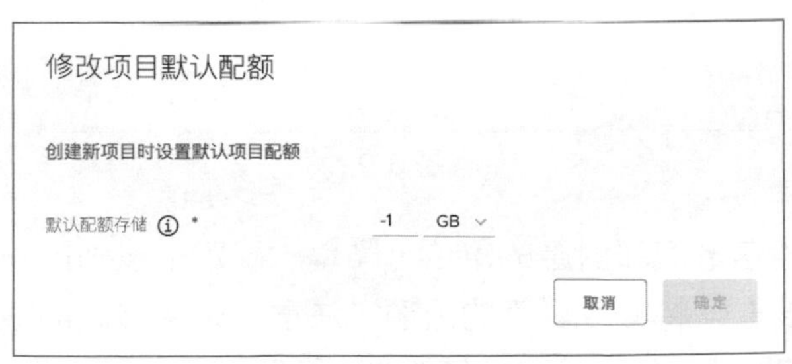

圖 8-7

輸入預設儲存值及選擇對應的儲存單位，點擊「確認」按鈕即可設定成功。在更改成功後，新增的專案將使用該預設值，但已經建立的專案不受影響。

系統管理員需要對系統資源進行調整時，可以在「專案定額」頁總覽配額使用情況，並針對某一個專案進行設定，如圖 8-8 所示。

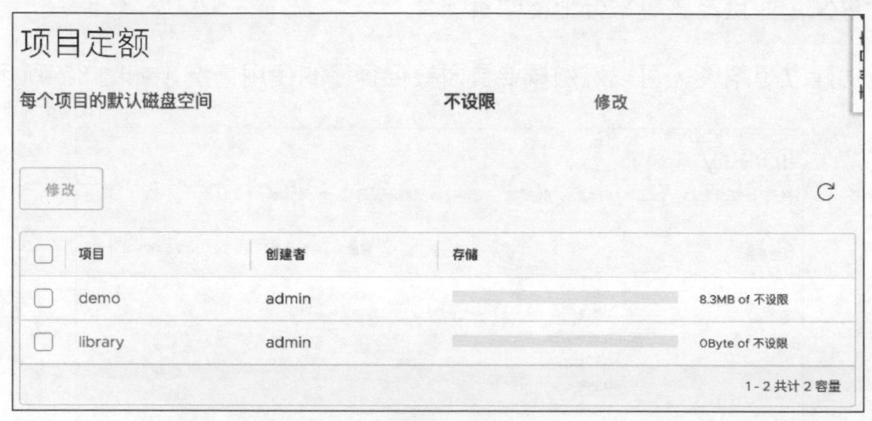

圖 8-8

在總覽頁面，系統管理員可以清晰地了解目前系統的儲存使用情況。在選取其中任意一個專案並點擊「修改」按鈕時，便可出現「修改專案容量」對話方塊，如圖 8-9 所示。

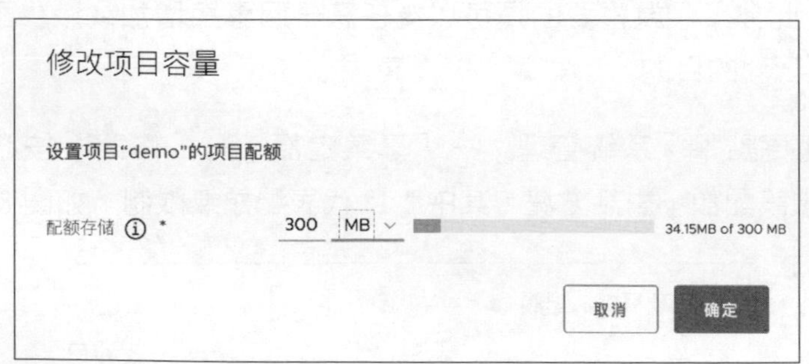

圖 8-9

輸入需要修改的容量值和對應的單位，點擊「確定」按鈕即可修改成功。在修改成功後，該專案將獲得對應的配額。注意：如果修改的值小於目前已使用的值，那麼該專案將無法接收任何新的映像檔。

8.1.4 配額的使用

一個專案在被建立後，會獲得一定的配額。那麼在 Harbor 系統裡有哪些操作會影響到可用配額呢？本節將詳細說明。

1. Artifact 的發送

在使用者發送 Artifact 到專案中後，Harbor 會對專案扣除該 Artifact 對應大小的配額。

這裡以 Docker 映像檔為例，在使用者發送映像檔 hello-world:latest 到 Harbor 專案 library 後，專案的配額被更新為 hello-world:latest 的大小，如圖 8-10 所示。

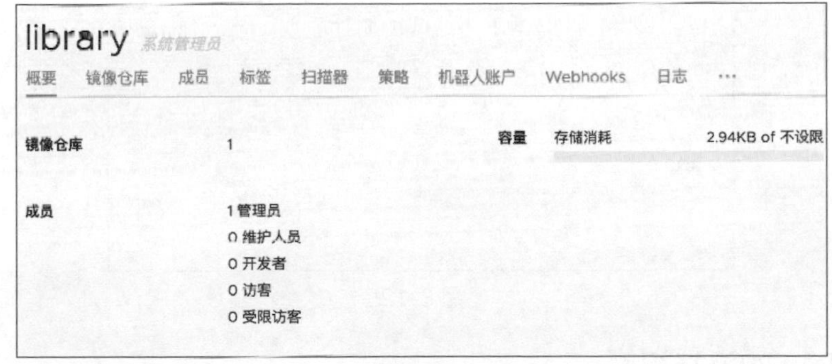

圖 8-10

> 注意：當使用者發送的 Artifact 與同處於一個專案的已有 Artifact 共用層檔案時，該層檔案對應的配額並不會被扣除。

2. Artifact 的刪除

當專案使用者將任意 Artifact 從專案中刪除時，如圖 8-11 所示，Harbor 將把該 Artifact 的大小增加到專案的可用配額上。注意：當該 Artifact 與同處於一個專案的其他 Artifact 共用層檔案時，該層檔案對應的配額並不會被回收。

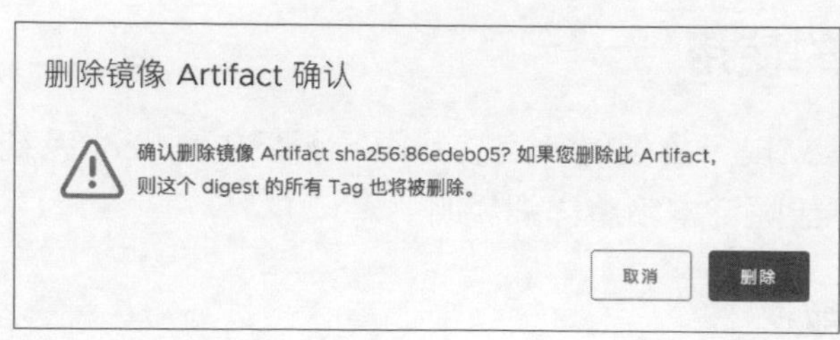

圖 8-11

3. Artifact 的拷貝

當專案使用者將任意 Artifact 複製到其他專案時，如圖 8-12 所示，Harbor 會對目標專案的配額做對應的扣除。注意：只有當目標專案和目前專案非同一個專案時，配額才會做對應扣除。不然專案配額不發生變化。

圖 8-12

4. Artifact 的遠端複製

系統管理員建立遠端複寫原則時，會從其他映像檔倉庫複製 Artifact 到目前 Harbor，對應專案的配額被對應地扣除。

5. 無 Tag 的 Artifact 操作

在 Harbor 系統中，沒有連結任何 Tag 的 Artifact 都被稱作無 Tag 的 Artifact，它的產生有以下幾種方式。

- 使用者將 Artifact 的所有 Tag 刪除後，該 Artifact 就是無 Tag 的 Artifact。
- 使用者發送新 Artifact 覆蓋已有的名稱相同 Artifact。當新發送的 Artifact 的 digest 值不同於已有 Artifact 的 digest 值時，已有 Artifact 變為無 Tag 的 Artifact。

- 在使用者發送 Artifact 索引的過程中，用戶端會先發送其子 Artifact，等到所有子 Artifact 都發送成功後，再發送索引本身。在索引沒有被完全發送成功前，這些先被發送的子 Artifact 就是無 Tag 的 Artifact。

對無 Tag 的 Artifact 的處理，在 Harbor 系統中有 Tag 保留和垃圾回收兩種操作。

當使用者執行 Tag 保留策略時，可選取無 Tag 的 Artifact 選項，如圖 8-13 所示，Harbor 會依據保留策略，決定是否刪除無 Tag 的 Artifact。當刪除時，無 Tag 的 Artifact 對應的配額會被回收。

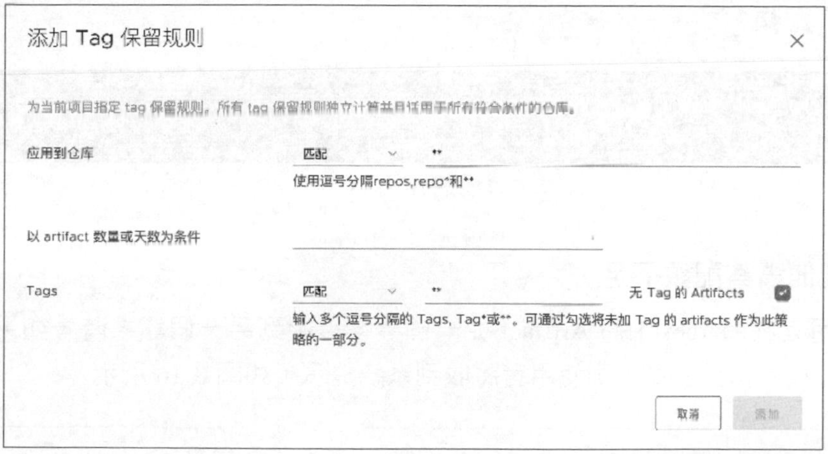

圖 8-13

當使用者執行垃圾回收任務，選取刪除無 Tag 的 Artifacts 時，如圖 8-14 所示，Harbor 的垃圾回收任務會刪除無 Tag 的 Artifacts，並且回收對應的配額。

圖 8-14

8.1.5 配額超限的提示

在使用者發送 Artifact 後，如果此時配額已達上限，那麼 Harbor 系統如何提示使用者對應的資訊呢？

1. Docker 用戶端發送時配額不足

在發送層檔案的過程中，如果某個層檔案的發送請求無法申請到足夠的配額，那麼將被提示對應的錯誤訊息，如圖 8-15 所示。Docker 用戶端接收到錯誤碼為 412 的申請配額無效錯誤訊息，表明目前專案配額已經接近或超過上限，無法為目前請求申請足夠的配額。使用者可通知系統管理員為該專案設定更多配額。

```
33cef25a18f5: Pushed
f3323fd84630: Pushed
68cde2659c77: Pushed
efdee1fc0ca1: Pushed
5327bb8ad385: Pushed
c3a984abe8a8: Pushing [==================================================>]  72.48MB
denied: adding 25.8 MiB of storage resource, which when updated to current usage of 8.3 MiB will exceed the configured upper limit of 10.0 MiB.
```

圖 8-15

2. 其他專案配額不足

當使用者在 Harbor 中將 Artifact 從一個專案複製到另一個專案時，如果目標專案沒有足夠的配額，則使用者將收到系統提示，如圖 8-16 所示。

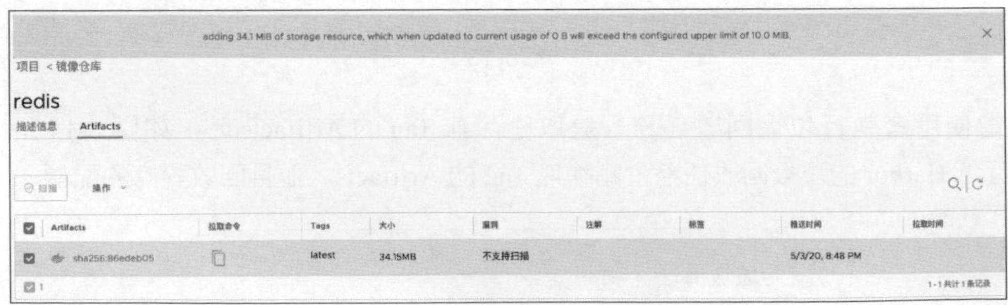

圖 8-16

8.2 垃圾回收

在 Harbor 的日常使用過程中，對資源的使用會隨著 Artifact 的增加而增加。由於資源有限，所以在刪除 Artifact 後需要將其所佔用的儲存空間釋放。垃圾回收在本質上是對儲存資源的自動管理，即回收 Harbor 儲存系統中不再被使用的 Artifact 所佔用的儲存空間。

本節將詳細説明垃圾回收的基本原理、使用方法和策略設定等。

8.2.1 基本原理

在説明垃圾回收的基本原理之前，先來了解 Harbor 系統中一個 Artifact 的生命週期。

- 在使用者發送一個 Artifact 到 Harbor 後，系統會為其在 Artifact 資料表中插入一個記錄。Artifact 資料表記錄著目前 Harbor 系統中存在哪些有效的 Artifact。
- 在使用者從 Harbor 中刪除一個 Artifact 後，系統會將其在 Artifact 資料表中的資料刪除，同時在 Artifact 垃圾資料表中插入一筆記錄。Artifact 垃圾資料表記錄著目前 Harbor 系統中所有被刪除的 Artifact。

Harbor 對 Artifact 的刪除是「軟刪除」。軟刪除即僅刪除 Artifact 對應的資料記錄，並不做儲存刪除，真正的儲存刪除交由垃圾回收任務完成。接下來將垃圾回收任務分解，一步一步地進行詳細介紹。

1. 設定唯讀模式

由於在垃圾回收任務的執行過程中需要為物理儲存中每個層檔案的參考進行計數，而在計數過程中不可被任何發送請求影響，所以需要將 Harbor 系統設定為唯讀模式，任何修改系統的請求都將被拒絕，使用者僅能拉取 Artifact 和檢視系統資料，如圖 8-17 所示。

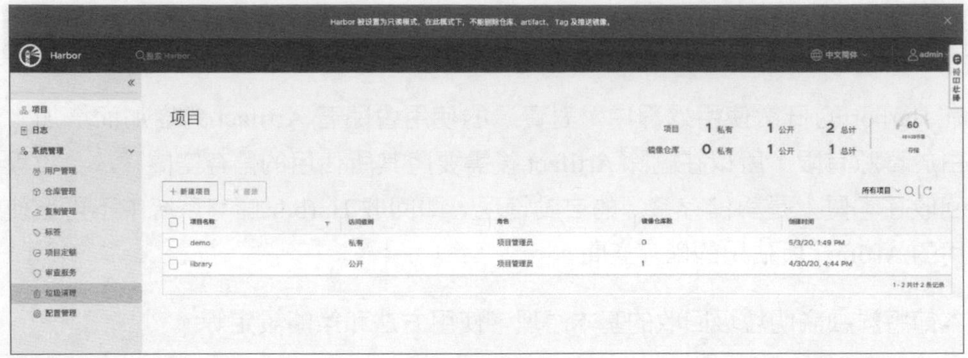

圖 8-17

2. 標記備選 Artifact

當使用者執行垃圾回收任務選擇刪除無 Tag 的 Artifact 時，如圖 8-18 所示，垃圾回收任務會選擇系統中所有無 Tag 的 Artifact 並將它們刪除，刪除操作會將這些無 Tag 的 Artifact 記錄在 Artifact 垃圾資料表中。

圖 8-18

這樣一來，Harbor 系統中所有待刪除的 Artifact 就都被 Artifact 垃圾資料表記錄了。但是，並非垃圾資料表中的所有記錄都是需要被真正刪除的 Artifact。試想這樣的場景：一個被刪除過的 Artifact 再次被使用者發送到 Harbor，那麼雖然在 Artifact 垃圾資料表中記錄著該 Artifact，但是其不屬於待刪除佇列。垃圾回收任務會對 Artifact 垃圾資料表的資料進行一次篩選，獲得最後需要刪除的 Artifact。

3. 刪除 Manifest

前面提到過，在 Harbor 系統中刪除 Artifact 時僅刪除資料記錄。而刪除 Artifact 所對應的 Manifest 是在本步驟中完成的。垃圾回收任務根據上一步獲得的需要刪除的 Artifact，依次呼叫 Registry API 刪除 Manifest。這裡刪除 Manifest 是為了對下一步中 Registry 垃圾回收的參考計數做準備，因為在 Manifest 被刪除後，對其層檔案的參考也隨之故障。

4. 執行 Registry 垃圾回收

垃圾回收任務需依賴 Registry 本身的垃圾回收機制，呼叫 Registry 的 CLI 來執行垃圾回收指令，完成最後的儲存空間釋放。

> 注意：在執行 Registry 的垃圾回收指令時，不能使用 "--delete-untagged=true" 或 "-d" 參數，此參數用於在 Registry 垃圾回收執行過程中刪除無 Tag 的 Artifact 的 Manifest。需要關閉此功能的原因是，在 Harbor 系統中，Artifact 的 Tag 完全由 Harbor 管理，並非 Registry。也就是說，在 Harbor 系統中儲存的 Artifact 都是有 Tag 的，但在 Registry 儲存中的都是無 Tag 的，如圖 8-19 所示。使用 Tag 的映像檔拉取請求會被 Harbor 轉為使用 digest 發起映像檔拉取請求。所以，一旦開啟此功能，Regsitry 垃圾回收機制就會刪除 Harbor 系統中所有有效的 Artifact。

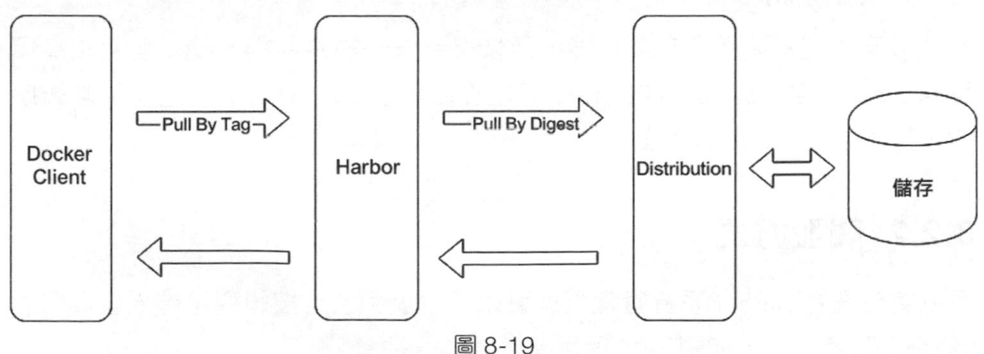

圖 8-19

Registry 的垃圾回收主要分為兩步驟：標記和回收，透過這兩步驟來達到釋放儲存空間的目的。

（1）標記：為每個層檔案都做參考計數，將參考計數為 0 的層檔案視為待刪除的層檔案。

（2）回收：透過儲存系統的 API 刪除層檔案。

5. 釋放配額空間

前面已經詳細介紹了配額管理。在大多數情況下，配額的釋放是不需要透過垃圾回收任務實現的，有種情況例外：在使用者發送 Artifact 的過程中遇到配額限制，未能成功發送 Artifact 時，在發送過程中層檔案所申請的配額就無法透過刪除 Artifact 獲得釋放，這就需要透過垃圾回收任務來釋放這部分配額。垃圾回收任務會根據資料庫記錄檢索到該層檔案，將其刪除並釋放對應的配額。

6. 清理快取

在垃圾回收任務清理完儲存後，需要將 Registry 的快取清空，這主要是因為 Registry 本身的問題：執行 Registry 的垃圾回收指令後，Registry 並沒有清理快取，導致使用者無法再次發送已被清理的映像檔，因為 Registry 依據快取資料認為其是存在的。Harbor 將 Registry 的快取設定為 Redis，在垃圾回收任務清理完儲存後清理 Registry 快取。

7. 恢復讀寫狀態

在垃圾回收任務完成所有清理後，便恢復系統的讀寫狀態。使用者可以繼續發送 Artifact 到 Harbor。如果在執行垃圾回收任務之前，系統已經是唯讀狀態，那麼這裡不做狀態改變。

8.2.2 觸發方式

系統管理員在 Harbor 系統管理頁面點擊「垃圾回收」按鈕便可進入垃圾回收（清理）設定頁面，如圖 8-20 所示。

圖 8-20

Harbor 的垃圾回收提供了兩種執行方式：手動觸發和定時觸發。

- 手動觸發指在使用者需要執行垃圾回收任務時由系統管理員點擊「立即清理垃圾」按鈕觸發一次性的垃圾回收任務。
- 定時觸發指使用者透過定義 Cron 任務週期性地執行垃圾回收任務。

Crontab 運算式採用了 "* * * * * *" 格式，各欄位的意義如表 8-1 所示。注意：此處設定的 Crontab 運算式中的時間是伺服器端的時間，不是瀏覽器的時間。

表 8-1

欄位名稱	是否強制	允許的值	允許的特殊字元
秒	是	0 ～ 59	*/,-
分鐘	是	0 ～ 59	*/,-
小時	是	0 ～ 23	*/,-
一個月內的一天	是	1 ～ 31	*/,-?
月	是	1 ～ 12 或 JAN-DEC	*/,-
一周內的一天	是	0 ～ 6 或 SUN-SAT	*/,-?

特殊字元的意義如下。

- "*"：表示任意可能的值。
- "/"：表示跳過某些指定的值。

- ",": 表示列舉。
- "-": 表示範圍。
- "?": 用在「一個月內的一天」和「一周內的一天」裡，可以代替 "*"。

Crontab 運算式的實際範例如下。

- "0 0/5 * * * ?": 每 5 分鐘執行一次。
- "10 0/5 * * * ?": 每 5 分鐘執行一次，每次都在第 10 秒執行。
- "0 30 10-13 ? * WED,FRI": 每週三和週五的 10　30、11　30、12　30 和 13　30 執行。
- "0 0/30 8-9 5,20 * ?": 每月的 5 號和 20 號的 8　00、8　30、9　00 和 9　30 執行。

8.2.3 垃圾回收的執行

在垃圾回收被觸發後，Harbor 會啟動一個垃圾回收任務。系統管理員可以透過「歷史記錄」來檢視垃圾回收任務的執行情況，如圖 8-21 所示。

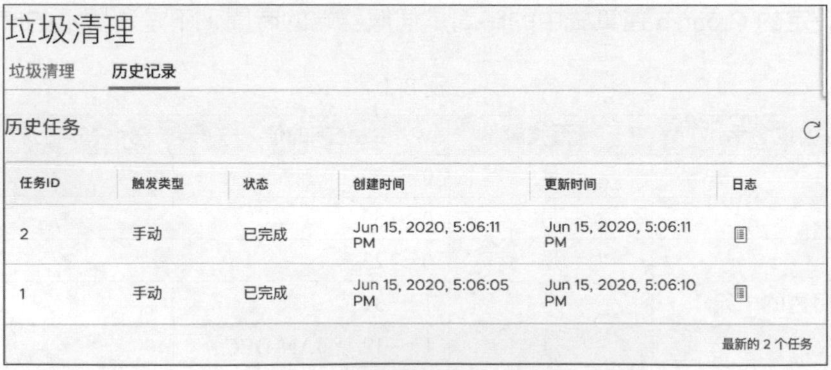

垃圾清理

垃圾清理　历史记录

历史任务

任务ID	触发类型	状态	创建时间	更新时间	日志
2	手动	已完成	Jun 15, 2020, 5:06:11 PM	Jun 15, 2020, 5:06:11 PM	
1	手动	已完成	Jun 15, 2020, 5:06:05 PM	Jun 15, 2020, 5:06:10 PM	

最新的 2 个任务

圖 8-21

在垃圾回收任務執行完畢時，系統管理員可以點擊「記錄檔」圖示檢視垃圾回收任務的記錄檔，如圖 8-22 所示。

```
2020-06-15T09:06:11Z [INFO] [/jobservice/job/impl/gc/garbage_collection.go:131]: start to run gc in job.
2020-06-15T09:06:11Z [INFO] [/jobservice/job/impl/gc/garbage_collection.go:271]: required candidate: %+v[]
2020-06-15T09:06:11Z [INFO] [/jobservice/job/impl/gc/garbage_collection.go:279]: end to delete required artifact.
2020-06-15T09:06:11Z [INFO] [/jobservice/job/impl/gc/garbage_collection.go:236]: flush artifact trash
2020-06-15T09:06:11Z [INFO] [/jobservice/job/impl/gc/garbage_collection.go:144]: GC results: status: true, message: demo/redis
demo/redis: marking manifest sha256:86edeb058fb97b7e9441515a5f1bb57f1547432fedbaf3513117ba521d99ef9d
demo/redis: marking blob sha256:4cdbec704e477aab9d249262e60b9a8a25cbef48f0ff23ac5eae879a98a7ebd0
demo/redis: marking blob sha256:c499e6d256d6d4a546f1c141e04b5b4951983ba7581e39deaf5cc595289ee70f
demo/redis: marking blob sha256:bf1bc8a5a7e4b2529c9f893946e08a020b961ff8b2682807987f407e6da2f266
demo/redis: marking blob sha256:7564fb795604548fde45efccac7008b17ac86faf01f7fd393a6b9ecfb31d0889
demo/redis: marking blob sha256:ec6e86f783e4327c9957a6fc3ba1079aac5adf4c60bd0af15204508ca4b885d9
demo/redis: marking blob sha256:1371d6223f46d8d18bfee5f54db873d03a116e0d02e2b7887e32d50db56af58a
demo/redis: marking blob sha256:021fd554320fb855c449e33fe30fe134f781409c5da4f78683f8ebd80e0188c1

8 blobs marked, 0 blobs and 0 manifests eligible for deletion
, start: 2020-06-15 09:06:11.5387112 +0000 UTC, end: 2020-06-15 09:06:11.601464316 +0000 UTC.
2020-06-15T09:06:11Z [INFO] [/jobservice/job/impl/gc/garbage_collection.go:145]: success to run gc in job.
```

圖 8-22

透過檢視記錄檔記錄，可以知道垃圾回收的執行時間、執行狀態及 blobs 刪除記錄等資訊。注意：在 Artifact 資料較多或儲存使用 S3 等雲端儲存的情況下，垃圾回收任務的執行時間會比較長，在某些情況下甚至超過 24 小時。這裡建議設定垃圾回收任務定期在非工作日的夜間執行。

8.3 不可變 Artifact

在 Harbor 中，對專案有寫許可權的任何使用者都可以發送 Artifact 到專案中。在大多數情況下，使用者都是透過 Tag 發送 Artifact 的，這就導致使用者無法保證自己發送的 Artifact 不被其他使用者名稱相同覆蓋，甚至是用完全不同的 Artifact 覆蓋。一旦覆蓋，就很難在使用過程中追蹤問題的源頭。

使用者在需要保護某個或多個 Artifact 不被修改時，可以用 Harbor 提供的不可變 Artifact 保護。一旦設定了不可變屬性，Harbor 就不允許任何使用者發送與被保護 Artifact 名稱相同的 Artifact。

不可變 Artifact 的功能在 Harbor 2.0 之前的版本中被稱為「不可變映像檔」，主要保護映像檔資源不被意外的操作所覆蓋。在 Harbor 2.0 中，絕大部分的映像檔功能都被擴充到了 Artifact，因此被稱為「不可變 Artifact」。不可變 Artifact 的功能實現原理是依據 Tag 來判斷 Artifact 的不可變性，所以在管理介面上也顯示為「不可變的 TAG」。

8.3.1 基本原理

不可變 Artifact 的目標是：無論使用者何時用同一個 Tag 去同一個 Repository 中拉取 Artifact，都會獲得同一個 Artifact。這就需要確保不可變 Artifact 不可被覆蓋、不可被刪除。

1. 不可被覆蓋

從用戶端發送 Artifact 到倉庫時，最後一步是用戶端發起 PUT Manifest 請求發送 Artifact 的 Manifest 檔案，進一步完成整個發送過程。Harbor 透過攔截用戶端的 PUT Manifest 請求來實現對不可變 Artifact 的保護，如圖 8-23 所示。

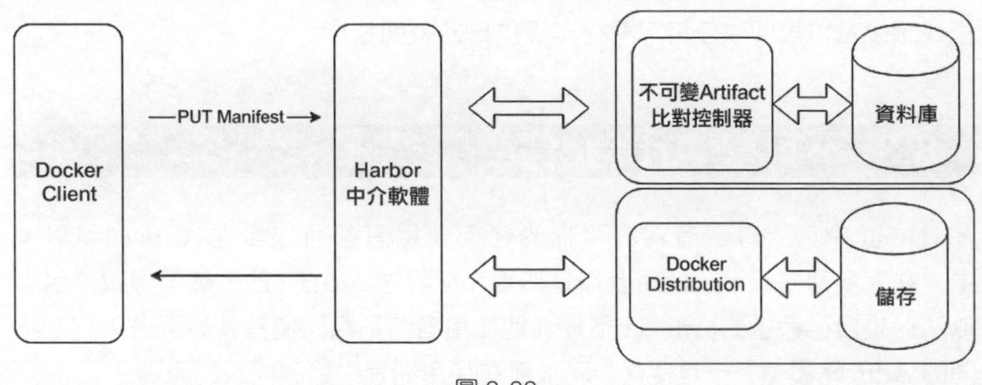

圖 8-23

Harbor 在接收到 PUT Manifest 請求後，會用項目的不可變 Artifact 規則去比對目前 Artifact。如果任意一筆規則比對成功，則表明使用者正在發送一個不可變 Artifact，該請求就會被阻止。注意：因為使用以模型符合為基礎的規則來判斷 Artifact 是否為不可變 Artifact，所以使用者正在發送的 Artifact 可能並不存在於專案中。在這種情況下，即使該 Artifact 能夠被不可變 Artifact 規則成功比對，依然可以正常發送。

不可被覆蓋的情況可發生在使用者發送 Artifact 階段，也可發生在 Artifact 遠端複製階段。

2. 不可被刪除

當使用者在 Harbor 中請求某個 Artifact 的 Tag 清單時，系統會根據目前的不可變 Artifact 規則為每一個 Tag 都標記不可變屬性。而當使用者選擇刪除某個 Tag 時，如果該 Tag 是不可變屬性，那麼 Harbor 會阻止該刪除請求。

透過上述過程可以達到不可變 Artifact 的目的。

8.3.2 設定不可變 Artifact 的規則

不可變 Artifact 的規則其實就是一個包含倉庫名稱比對和 Tag 名稱符合的篩檢程式。在一個專案下，專案管理員或系統管理員至多可建立 15 筆不可變 Artifact 的規則。Harbor 使用 OR（或）關係應用規則到 Artifact，如果 Artifact 被任意一筆規則比對成功，就為不可變 Artifact。

在專案策略頁面下點擊「不可變的 TAG」按鈕，可以檢視專案的不可變 Tag 規則，如圖 8-24 所示。

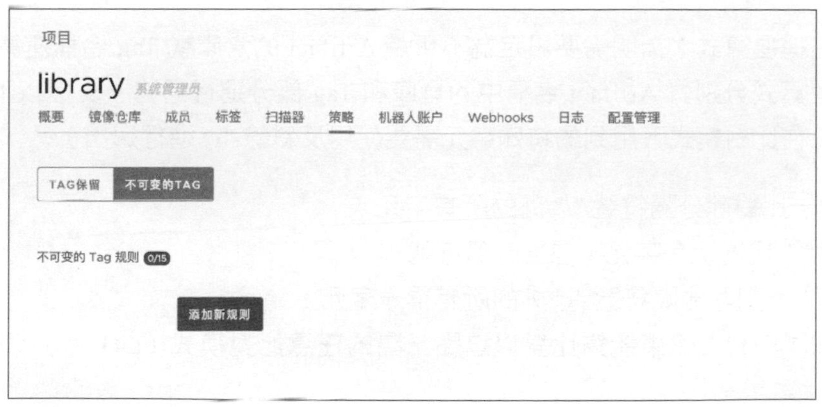

圖 8-24

點擊「增加新規則」按鈕後，會出現不可變規則設定視窗，如圖 8-25 所示。

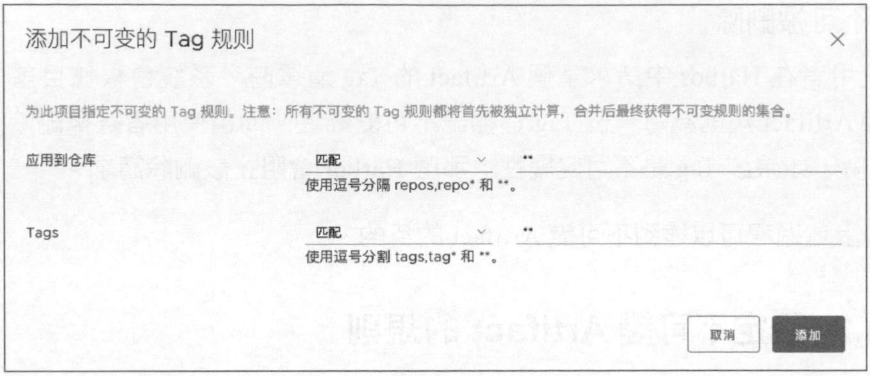

添加不可变的 Tag 规则

为此项目指定不可变的 Tag 规则。注意：所有不可变的 Tag 规则都将首先被独立计算，合并后最终获得不可变规则的集合。

应用到仓库　匹配　**
使用逗号分隔 repos,repo* 和 **。

Tags　匹配　**
使用逗号分割 tags,tag* 和 **。

取消　添加

圖 8-25

一個不可變 Artifact 的規則包含兩部分：倉庫和 Tag。其中每個部分都包含動作和名稱運算式。

（1）動作：包含比對和排除。

- 比對：指包含，包含正則運算式命中的倉庫或 Tag。
- 排除：指不包含，不包含正則運算式命中的倉庫或 Tag。

（2）名稱運算式：指明需要設定為不可變 Artifact 的倉庫或 Tag 名稱運算式。名稱運算式分別對 Artifact 名稱中的倉庫和 Tag 部分進行過濾，支援以下比對模式（在比對模式下用到的特殊字元需要使用反斜線 "\" 進行逸出）。

- "*"：比對除分隔符號 "/" 外的所有字元。
- "**"：比對所有字元，包含分隔符號 "/"。
- "?"：比對除分隔符號 "/" 外的所有單一字元。
- "{alt1,…}"：如果能夠比對以逗點分隔的任意比對模式（alt1 等），則該規則比對。

範例如下。

- "library/hello-world"：只比對 "library/hello-world"。
- "library/*"：比對 "library/hello-world"，但不比對 "library/my/hello-world"。
- "library/**"：既比對 "library/hello-world"，也比對 "library/my/hello-world"。

- "{library,goharbor}/*"：比對 "library/hello-world" 和 "goharbor/core"，但不比對 "google/hello-world"。
- "1.?"：比對 1.0，但不比對 1.01。

8.3.3 使用不可變 Artifact 的規則

不可變 Artifact 的規則一旦建立成功，便立刻發揮作用。多個規則之間是獨立計算的，每個規則符合的 Artifact 都是獨立的。由於使用了 OR（或）關係，所以一個 Artifact 只要比對任意一筆規則，即為不可變 Artifact。

使用者可以透過 Artifact 的 Tags 列表來檢視 Tag 是否被設定為不可變，如圖 8-26 所示。

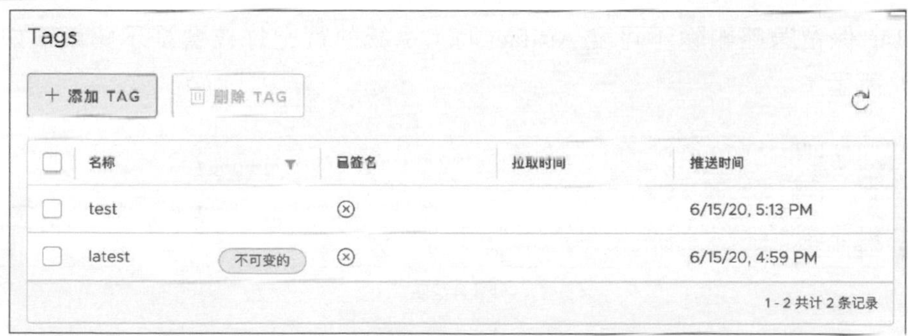

圖 8-26

1. 發送

當使用者發送一個不可變 Artifact 到 Harbor 時，用戶端會獲得錯誤訊息，圖 8-27 顯示的是 Docker 用戶端的錯誤訊息。

```
33cef25a18f5: Layer already exists
f3323fd84630: Layer already exists
68cde2659c77: Layer already exists
efdee1fc0ca1: Layer already exists
5327bb8ad385: Layer already exists
c3a984abe8a8: Layer already exists
[DEPRECATION NOTICE] registry v2 schema1 support will be removed in an upcoming release. Please
contact admins of the 10.92.103.227 registry NOW to avoid future disruption.
unknown: Failed to process request due to 'redis:latest' configured as immutable.
```

圖 8-27

2. 刪除

當使用者刪除一個不可變 Artifact 時，系統會禁止「刪除」按鈕，如圖 8-28 所示。

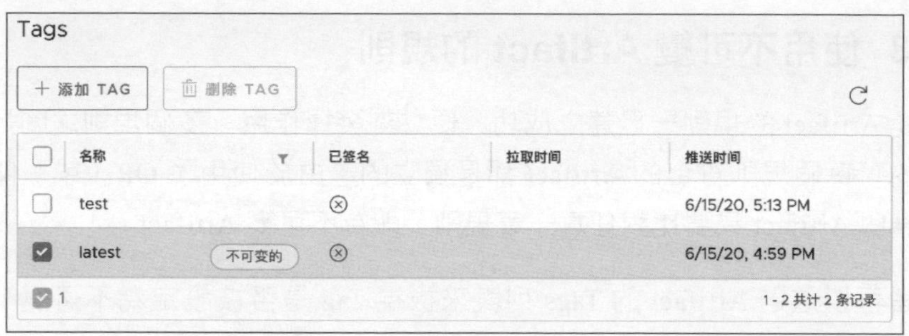

圖 8-28

當 Tag 保留策略刪除不可變 Artifact 時，系統執行記錄檔會提示錯誤，如圖 8-29 所示。

```
2020-05-06T08:23:30Z [INFO] [/pkg/retention/job.go:83]: Run retention process.
 Repository: library/hello-world
 Rule Algorithm: or
 Dry Run: true
2020-05-06T08:23:31Z [INFO] [/pkg/retention/job.go:98]: Load 1 candidates from repository library/hello-world
2020-05-06T08:23:31Z [INFO] [/pkg/retention/job.go:201]:
|                          Digest                                         |     Tag      | Kind  | Labels |     PushedTime      | PulledTime |     CreatedTime     | Retention |
|-------------------------------------------------------------------------|--------------|-------|--------|---------------------|------------|---------------------|-----------|
| sha256:92c7f9c92844bbbb5d0a101b22f7c2a7949e40f8ea90c8b3bc396879d95e899a | test,latest  | image |        | 2020/05/06 07:47:26 |            | 2020/05/06 07:46:54 | IMMUTABLE |
2020-05-06T08:23:31Z [INFO] [/pkg/retention/job.go:206]: Retention error for artifact image:library/hello-
world:sha256:92c7f9c92844bbbb5d0a101b22f7c2a7949e40f8ea90c8b3bc396879d95e899a : Immutable tag
```

圖 8-29

8.4 Artifact 保留策略

Harbor 早期版本作為映像檔倉庫管理著大量的容器映像檔，而且這些映像檔通常有不同的版本，管理員面對日益增長的資料量，需要對這些歷史映像檔有靈活的自動控制能力。Harbor 1.9 引用了映像檔的保留（retention）策略，幫助使用者解決容錯映像檔批次刪除的問題。在 Harbor 2.0 中支援 OCI 標準，保留策略也能應用在 Artifact 上，即根據使用者設定的 Tag 篩檢程式決定哪些 Artifact 應該被保留，並且刪除其餘 Artifact。

本節從基本原理、使用方式、適用場景等方面詳細介紹保留策略的功能，幫助讀者在了解其背後原理的基礎上，利用該功能設計對應的策略自動刪除歷史映像檔或其他 Artifact。

8.4.1 基本原理

Artifact 保留策略（又叫作 Tag 保留策略）的原則是：根據使用者制定的保留規則，保留使用者需要的 Artifact，刪除使用者不需要的 Artifact。這就需要透過計算知道哪些 Artifact 需要被保留，哪些需要被刪除。

在說明基本原理之前，首先明確一個概念：Artifact 的保留規則。該規則是一個包含倉庫名稱比對、Artifact 條件和 Tag 名稱符合的篩檢程式。Harbor 保留策略在執行過程中對每個 Artifact 都用保留規則比對，如果 Artifact 被任意一筆規則比對成功，即為需要保留的 Artifact，否則為待刪除的 Artifact。

Harbor 對於保留策略的執行交由 Artifact 保留任務完成，接下來一步一步地進行詳細介紹。

（1） Retention API Controller 在最外層提供統一的 REST API 介面，並負責與 Scheduler 任務排程模組互動。

（2） Retention Manager 負責策略和規則的建立、修改，以及任務執行狀態的記錄，透過 DAO 層的介面儲存資料。

（3） Scheduler 任務排程模組可以定義和取消定時任務，定時任務可以按照 Crontab 的格式進行定義。

（4） Launcher 觸發器在接收到定時任務或使用者手動觸發後，啟動 Retention Job。

（5） Retention Job 首先根據使用者設定的倉庫過濾條件（Repo Selector）比對出待操作的倉庫列表，並給每個倉庫都建立一個子任務執行，這樣就可以平行、高效率地操作各倉庫。

（6） 任務會先在對應的倉庫上應用 Tag Selector 過濾出候選的 Artifact，稱之為 Candidate（待選）列表。

（7）將 Candidate 清單傳入規則器 Ruler。

（8）不同的 Ruler 根據各自的演算法及使用者的輸入參數，過濾出可以保留的 Artifact，再將各計算結果集求聯集獲得 Retained（保留）列表。

（9）從 Candidate 列表中減去 Retained 列表，即為 Delete（刪除）列表，交由 Performer 完成操作。

（10）Performer 會判斷 Artifact 是否處於 Immutable 不可變狀態，並根據使用者是否設定了 Dryrun 模擬操作標記決定是否要呼叫刪除 Artifact 的 API。

（11）JobService（非同步任務系統）元件取得執行結果，列印記錄檔，並且發送給 Webhook 模組，可進行通知等操作。

Artifact 保留策略的架構設計如圖 8-30 所示。

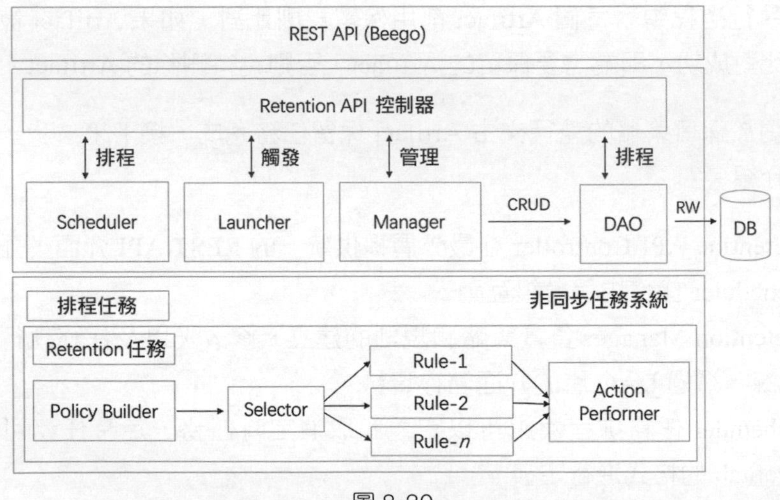

圖 8-30

8.4.2 設定保留策略

同不可變 Artifact 的功能一樣，Artifact 保留策略的設定是以專案為單位的，並且以 Tag 作為 Artifact的標識來判斷是否需要保留，所以管理介面上顯示的是「Tag 保留規則」。系統管理員在專案策略頁面點擊「TAG 保留」按鈕，可以檢視專案的 Tag 保留規則，如圖 8-31 所示。

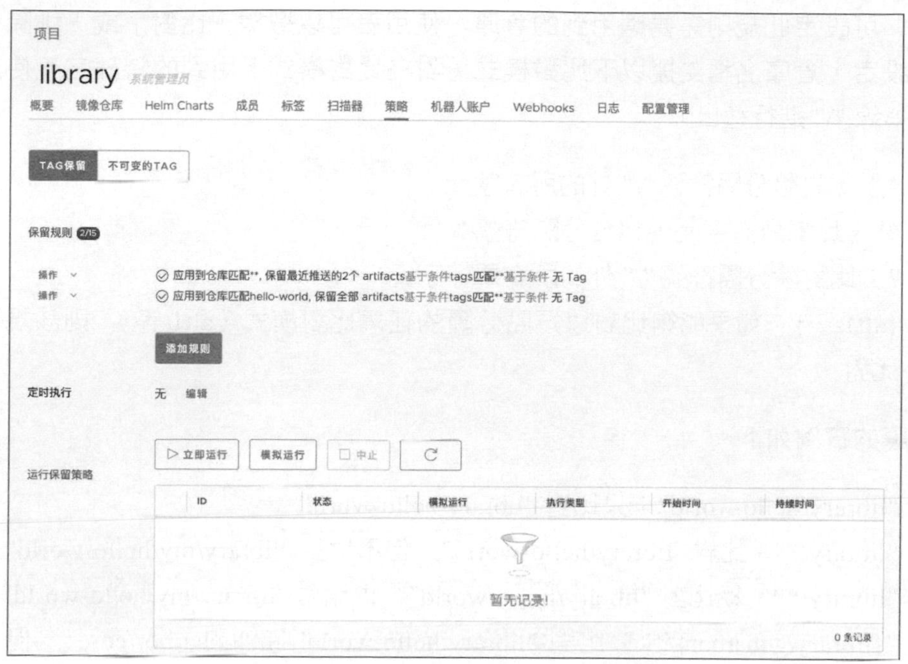

圖 8-31

點擊「增加規則」按鈕，便出現「增加 Tag 保留規則」頁面，如圖 8-32 所示。

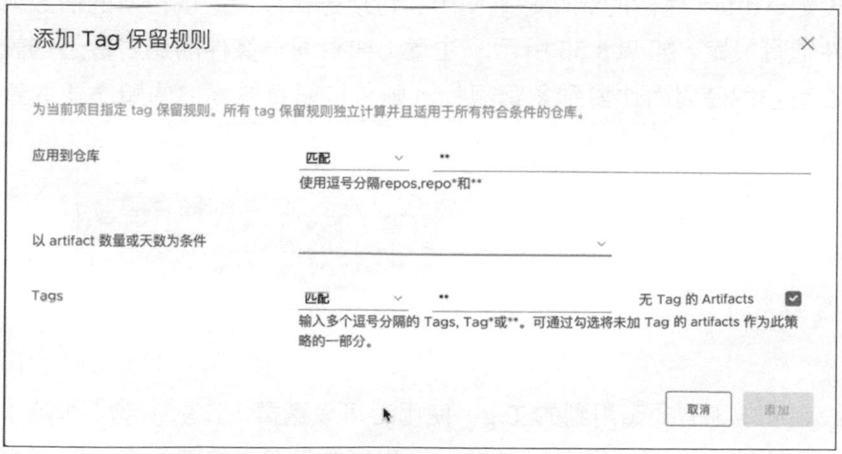

添加 Tag 保留规则

为当前项目指定 tag 保留规则。所有 tag 保留规则独立计算并且适用于所有符合条件的仓库。

应用到仓库　匹配　**
使用逗号分隔repos,repo*和**

以 artifact 数量或天数为条件

Tags　匹配　**　无 Tag 的 Artifacts
输入多个逗号分隔的 Tags, Tag*或**。可通过勾选将未加 Tag 的 artifacts 作为此策略的一部分。

取消　添加

圖 8-32

一個 Artifact 保留規則包含三部分：倉庫、Artifact 條件及 Tag。

（1）可設定此規則需要應用到的倉庫，使用者可以選擇「比對」或「排除」來設定，倉庫名稱支援以下比對模式（對在比對模式下用到的特殊字元使用反斜線 "\" 進行逸出）。

- *：比對除分隔符號 "/" 外的所有字元。
- **：比對所有字元，包含分隔符號 "/"。
- ?：比對除分隔符號 "/" 外的所有單一字元。
- {alt1,…}：如果能夠比對以逗點分隔的任意比對模式（alt1 等），則該規則比對。

對應的實例如下。

- "library/hello-world"：只比對 "library/hello-world"。
- "library/*"：比對 "library/hello-world"，但不比對 "library/my/hello-world"。
- "library/**"：既比對 "library/hello-world"，也比對 "library/my/hello-world"。
- "{library,goharbor}/*"：比對 "library/hello-world" 和 "goharbor/core"，但不比對 "google/hello-world"。
- "1.?"：比對 "1.0"，但不比對 "1.01"。

（2）設定 Artifact 保留的條件時，使用者可以選擇以發送或拉取的個數或天數為條件進行設定，如圖 8-33 所示。注意：如果同一條件的比對數超過設定，或因沒有拉取時間而比對到多筆記錄，則會按照資料庫中的順序截取查詢結果並傳回。

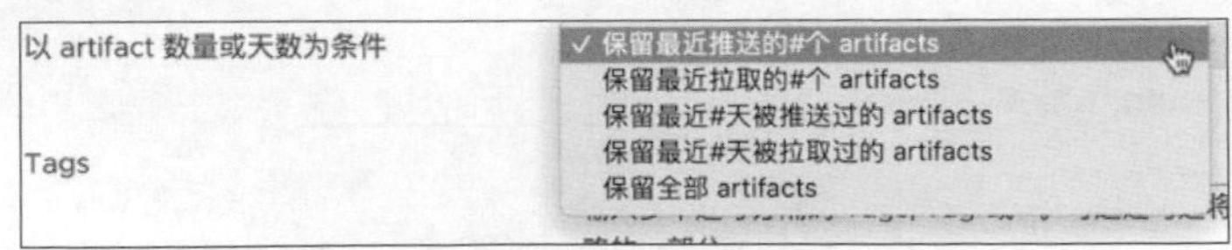

圖 8-33

（3）設定此規則需要應用到的 Tag，使用者可以選擇「比對」或「排除」來設定，比對模式和倉庫一樣。如果使用者想保留無 Tag 的映像檔，則可選取無 Tag 的 Artifacts 選項（參見圖 8-32）。

在同一個專案下，專案管理員至多可以建立 15 筆保留規則。Harbor 使用 OR（或）關係應用規則到 Artifact，當 Artifact 被任意一筆規則比對成功時，則為被保留的 Artifact。

我們透過上述流程可以了解如何設定保留策略，下面用一個實例實際說明如何實現映像檔的保留，其原理對其他 Artifact 也適用，如圖 8-34 所示，在 library 專案下建立以下兩筆 TAG 保留規則。

圖 8-34

TAG 保留規則 1 如下。

- 倉庫比對：**。
- 保留全部 Tag。
- artifacts 比對條件：tags 為 "latest"。
- 包含：無 Tag 映像檔。

TAG 保留規則 2 如下。

- 倉庫比對：**。
- 保留最近發送的兩個 Tag。
- artifacts 比對條件：tags 為 "*.*"。
- 包含：無 Tag 映像檔。

同時，在 library 專案下有以下映像檔和 Tag，同一個 repo 的映像檔按照上傳的時間順序從前到後列出。

（1）repo1:1.0、2.0、3.0、dev、latest。其中 dev 和 latest 這兩個 Tag 的 digest 相同。

（2）repo2:1.0、2.0、latest。

（3）repo3:dev。

（4）repo4:userful（不可變 Artifact）。

那麼，在執行保留策略後，各映像檔比對規則的情況如圖 8-35 所示。

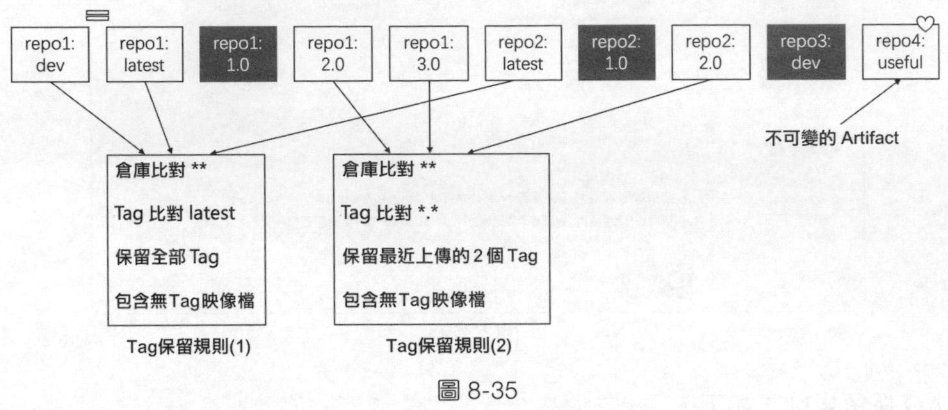

圖 8-35

在圖 8-35 中描述了兩筆保留規則的比對條件，以及被這兩筆保留規則所符合的映像檔（白色框），它們將被保留，如下所述。

- 所有 Tag 為 "latest" 的映像檔。
- 每個 repo 中最新上傳的兩個映像檔。
- 與 repo1:latest 具有相同 digest 的 repo1:dev 映像檔。
- 具有不可變屬性的 repo4:useful。

未被符合的映像檔用深色表示，它們將被刪除：repo1:1.0、repo2:1.0、repo3:dev。

8.4.3 模擬執行保留策略

在設定完策略後，便可模擬執行（Dry Run）保留策略以驗證設定的正確性，如圖 8-36 所示。

圖 8-36

模擬執行指系統根據保留規則執行運算並提供模擬結果，即 Artifact 哪些被保留，哪些被刪除。模擬執行並不真正刪除 Artifact，使用者可根據模擬結果驗證保留規則的正確性，並對規則進行調整。

點擊「模擬執行」按鈕，使用者可以觸發一次保留策略任務的模擬執行，並可檢視執行的詳細狀態，如圖 8-37 所示。

ID	状态	模拟运行	执行类型	开始时间	持续时间
322	Succeed	YES	Manual	May 7, 2020, 12:06:34 AM	0

仓库	状态	保留数/总数	开始时间	持续时间	日志
prepare	Success	29/52	May 7, 2020, 12:06:34 AM	4sec	日志
harbor-log	Success	29/52	May 7, 2020, 12:06:34 AM	4sec	日志
nginx-photon	Success	29/52	May 7, 2020, 12:06:34 AM	3sec	日志
harbor-portal	Success	29/52	May 7, 2020, 12:06:34 AM	4sec	日志
clair-photon	Success	1/1	May 7, 2020, 12:06:34 AM	4sec	日志

1 - 5 共计 14 条记录 1 / 3

圖 8-37

其中，每個倉庫都會對應一個子任務。主任務的狀態為 InProgress（在處理中）、Succeed（成功）、Failed（失敗）、Stopped（停止）；子任務的狀態為 Pending（等待）、Running（執行）、Success（成功）、Error（錯誤）、Stopped（停止）、Scheduled（已安排）；主任務的狀態是根據子任務的狀態動態計算得出的：

- 如果任何子任務都沒有結束，則主任務的狀態為 InProgress；
- 如果子任務的狀態為 Pending、Running 或 Scheduled，則主任務的狀態為 Running；
- 如果子任務的狀態為 Stopped，則主任務的狀態為 Stopped；
- 如果子任務的狀態為 Error，則主任務的狀態為 Failed，否則主任務的狀態為 Succeed。

執行類型分 Manual 手動觸發和 Schedule 定時任務，其中：

- 開始時間為觸發時間；
- 子任務的持續時間為結束時間減去開始時間，主任務的持續時間為子任務的最大持續時間減去開始時間；
- 子任務中的保留數為計算後不會被刪掉的 Artifact 數量；
- 總數為此倉庫中所有比對 Tag 的數量，如果選取了「無 Tag 的 Artifacts」，則也會把無 Tag 的 Artifacts 計算其中；
- 任務變為 Running 狀態後即可檢視記錄檔，如圖 8-38 所示，在記錄檔中可以看到 Artifact 的 Digest 和 Tag 等資訊，從 Retention 列可以看到 Artifact 是否被保留，其中，"RETAIN" 表示會被保留，"DEL" 表示會被刪除。

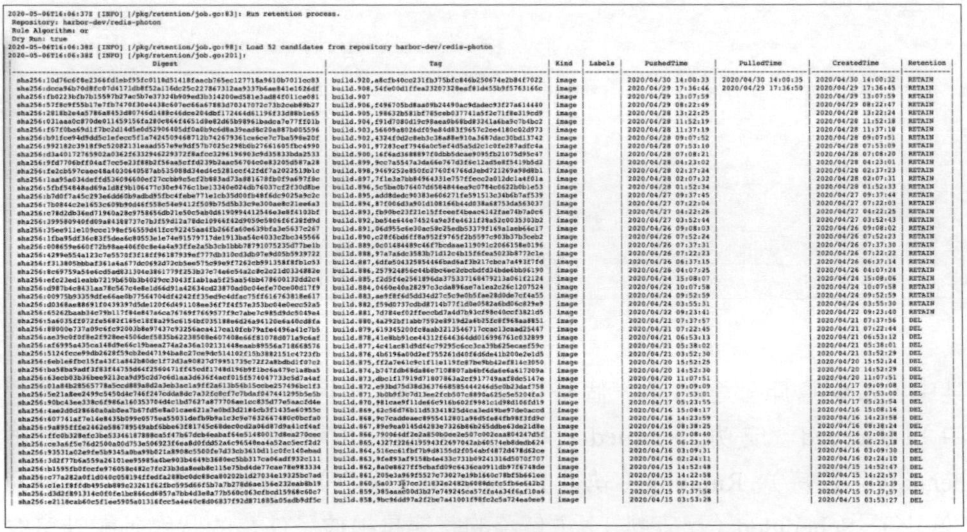

```
2020-05-06T16:06:37Z [INFO] [/pkg/retention/job.go:83]: Run retention process.
 Repository: harbor-dev/redis-photon
 Rule Algorithm: or
 Dry Run: true
2020-05-06T16:06:38Z [INFO] [/pkg/retention/job.go:98]: Load 52 candidates from repository harbor-dev/redis-photon
2020-05-06T16:06:38Z [INFO] [/pkg/retention/job.go:201]:
| Digest | Tag | Kind | Labels | PushedTime | PulledTime | CreatedTime | Retention |
|---|---|---|---|---|---|---|---|
| sha256:10d76c6f8e2366fd1ebf95fc0118d51418faacb765ec127718a9610b7011cc83 | build.920,a8cfb40cc231fb375bfc846b250674e2b84f7022 | image | | 2020/04/30 14:00:33 | 2020/04/30 14:00:35 | 2020/04/30 14:00:32 | RETAIN |
| sha256:dcca96b70d8fc07d4171db8f52a116dc25c227867312aa9337b6ae841e1626df | build.908,54fe00d1ffea23207328eaf81d455b9f5763166c | image | | 2020/04/29 17:36:46 | 2020/04/29 17:36:50 | 2020/04/29 17:36:45 | RETAIN |
| sha256:fb0223bfb7b15597b27ac5b7e37324b909ed3b314200ed581e3ad84f011ce081 | build.907 | image | | 2020/04/29 13:07:59 | | 2020/04/29 13:07:59 | RETAIN |
| sha256:57f8c9f55b17e7fb7470f30e4438c607ec66a67883d70347072c73b2ceb89b27 | build.906,f496705bd8aa09b24490ac9dadec93f27a614440 | image | | 2020/04/29 08:22:49 | | 2020/04/29 08:22:47 | RETAIN |
| sha256:2818b2e4a5786a8453d80746d1488c46dce204dbf172464d61196f33d88b1e65 | build.905,198632b581bf785ceb037741a5f2c71f8e319cd9 | image | | 2020/04/28 13:22:25 | | 2020/04/28 13:22:24 | RETAIN |
| sha256:031aaa0c870de011459156fa280c864f4651d8e82d65b98961badca7e77ff01b | build.904,f91d7080d19c98aea0b68bd83241a6ba9c7b4bc2 | image | | 2020/04/28 11:52:19 | | 2020/04/28 11:52:18 | RETAIN |
| sha256:f67f0ba69d1f7bc2d14d5e0d52906405df0a0b9c6d8a39ead8c20a887b005596 | build.903,56609a8026df09e84d83f9657c2ee4180c02d973 | image | | 2020/04/28 11:37:19 | | 2020/04/28 11:37:18 | RETAIN |
| sha256:b91fce94d9dd5c1efecc5f1a7424509468712b742679361ce6ce7c7ba598e20f | build.902,4324f0d2c8eb3c38a88e910a3687dac30bd13742 | image | | 2020/04/28 09:07:52 | | 2020/04/28 09:07:51 | RETAIN |
| sha256:992182c3918f9c52082131eaad557e9e9df57b7025c298b0b27661605fbc4990 | build.901,97283cef7946a0c5ef4d5a5d2c1c0fe287adfc4a | image | | 2020/04/28 07:53:10 | | 2020/04/28 07:53:09 | RETAIN |
| sha256:d3a40172765902a0362f6332946229372f8afce329619690 3c9d35833bda2533 | build.900,16f6ad3688897f0dbb5dcae9095fb21075d95c47 | image | | 2020/04/28 07:08:21 | | 2020/04/28 07:08:20 | RETAIN |
| sha256:9fd7706bff04af7cc5e23f88b2f56aa5cffd239b2aac56704c0e83205d587a28 | build.899,9cc7a5547a3da66e767d3f6c12ad5e8f5419b5d2 | image | | 2020/04/28 04:23:02 | | 2020/04/28 04:23:01 | RETAIN |
| sha256:fe2cb597caec48a4020640587ab535088d34ed4c5281ccf42fdf7a2022519b1c | build.898,9469252e850fc2760f4766d3ebd721269a98d8b1 | image | | 2020/04/28 02:37:24 | | 2020/04/28 02:37:23 | RETAIN |
| sha256:1aa95a034deffd536096600ef27ccbb9c5cf2b883ad73a881678fb0f9a697f8c | build.897,7f1e3a7bb84964331e757ffecc2a012dc1a4f01a | image | | 2020/04/28 02:07:32 | | 2020/04/28 02:07:31 | RETAIN |
| sha256:5fbf54848ad69a1d8f9b106477c30e9476c1be13340e024db76037cf2f30d8be | build.896,5c5ba0b76407d6584844ea9c0784c0622b0b1e53 | image | | 2020/04/28 01:52:34 | | 2020/04/28 01:52:33 | RETAIN |
| sha256:b7d0f7a45c293e6dd60b9adbd95fbc4febe771e1cb35d00fb48f6dc9025a9c2c | build.895,add8dedc90383e606271fe591513c34b6b7af539 | image | | 2020/04/27 09:37:45 | | 2020/04/27 09:37:44 | RETAIN |
| sha256:7b0844c2e1653c609b90d46f558c54e9412f509b75d5b33c9e300ae8c21ee6a3 | build.894,87f006d3a901d108166b44d038a68753da563037 | image | | 2020/04/27 07:22:04 | | 2020/04/27 07:22:03 | RETAIN |
| sha256:c78d2db36ed71960a28c9758656db21e50c5ab0d6190994412546e3e8f4103bf | build.893,fb90be23f21e15ffceef4beac6142fae74b7a0c6 | image | | 2020/04/27 04:22:26 | | 2020/04/27 04:22:25 | RETAIN |
| sha256:399580940fd09a84388737c7b3f59d12a78dc10966f42d9059e5806f6f38fd9d | build.892,be54e644e74524a9e3fe4621f28a52c0035303b2 | image | | 2020/04/27 03:52:44 | | 2020/04/27 03:52:43 | RETAIN |
| sha256:35ee911e109ccc198ef56559d41fcc92245aa4fb266fa60e639bfa3e5637c267 | build.891,06d955c6e30ac58c25edb53379f169a1aeb66c17 | image | | 2020/04/26 09:08:03 | | 2020/04/26 09:08:02 | RETAIN |
| sha256:1fba95df36c83f5dea6c80553e1e74e91579717de1913ba54c4033c2bc345566 | build.890,c28f6bd6ff8a952f9765f2b5597c903b37b3ceb2 | image | | 2020/04/26 07:52:24 | | 2020/04/26 07:52:23 | RETAIN |
| sha256:008659e660f72b98ae406f0c8e4a4a93ffe2a5b3cb1bbb78791075235d77be1b | build.889,0c01484489c46f7bcdaae119091c2066158e0196 | image | | 2020/04/26 07:37:31 | | 2020/04/26 07:37:30 | RETAIN |
| sha256:4299e554a123c7e5570f3f18ff96187939ef777db310cd3db07e9d05b5939722 | build.888,97a7a6dc3583b71d12c4b15f6fea5023b8772c1e | image | | 2020/04/26 07:22:23 | | 2020/04/26 07:22:22 | RETAIN |
| sha256:f313805bbbaf361a4a677dc0692d72cb5ee575c99e9f7262cb991358f8fb1c53 | build.887,6dfa504325854466bad6af3b217cbca7a493f7fd | image | | 2020/04/26 06:37:15 | | 2020/04/26 06:37:14 | RETAIN |
| sha256:8c69759a54e6cd5ad831304e3861779f253b27e74e6e54a2c8c2c21d0334882e | build.886,257924856c44b8bc6ec2cbcbdfd24bde6bb96190 | image | | 2020/04/26 04:07:25 | | 2020/04/26 04:07:24 | RETAIN |
| sha256:efc23ed1eabb7219b650b3b4029cc3043f1ab1aa5f25aa54bb478600132dd2c4 | build.885,f2d5f4e2561896da375337168479213a061f2124 | image | | 2020/04/24 15:08:07 | | 2020/04/24 15:08:06 | RETAIN |
| sha256:d987b4c8431aa78c567c4e8e1d66d91a42634cd23870ad0c04efe70ce00d17f9 | build.884,0460e40a28297c3cda896ae7a1ea2c26c1207524 | image | | 2020/04/24 10:07:58 | | 2020/04/24 10:07:58 | RETAIN |
| sha256:00975b93359dfe66ae0b77564704df4242ff35ed9c4dfac75ff616763818e617 | build.883,ae9f8f6d5dd34d27c5c9e0b5fae28d0de7cf4a55 | image | | 2020/04/24 09:52:59 | | 2020/04/24 09:52:59 | RETAIN |
| sha256:d0368ae88691f0439397d5de120f6d491108ee36f7f4f57e353bc04e0ecc52a5 | build.882,f59d0737cdbd8714b77f1d0e0582a6bd06c829e9 | image | | 2020/04/24 03:55:31 | | 2020/04/24 03:55:30 | RETAIN |
| sha256:65262baab34c79b117f84e847a6ca76769f7669577f9c7abe7c985d9dc5049e4 | build.881,7d784ef02ffeccbd7a4d7b93cf98c40ccf3821d5 | image | | 2020/04/22 09:23:41 | | 2020/04/22 09:23:40 | RETAIN |
| sha256:5a6035ff072fe5682f165c18f8a295c6154bf035188e6d26a94120e6a40cd8fa | build.880,4a292bf1abb7592e8919d2a6b25fc8f968aa8851 | image | | 2020/04/21 07:37:57 | | 2020/04/21 07:37:56 | DEL |
| sha256:88000e737a09c6fc92003b8e97437c93256aca417ca10fcb79afe4496a41c7b5 | build.879,619345200fc8aab3213546717ccac13caad25447 | image | | 2020/04/21 07:22:45 | | 2020/04/21 07:22:44 | DEL |
| sha256:ae39c0f0f8e2f928ee4506def5835b62238508e607408e66f81078d071a9c6af | build.878,41e8bb91ce44312f646364dd016996761c032899 | image | | 2020/04/21 06:53:13 | | 2020/04/21 06:53:12 | DEL |
| sha256:af6995a435ca148d9e66c19baea274a2a36a102131448eaab89556a718668576 | build.877,4c41ac81d9df4c79295c6cc3ca39b625ecaef59c | image | | 2020/04/21 05:38:02 | | 2020/04/21 05:38:01 | DEL |
| sha256:5124fcce99db2628f59cb2ed47194ba8c27ce9dc514102f15b3882151c4723fb | build.876,4b6196a00d2ef755261d40f6d6de41b200e2e1d5 | image | | 2020/04/21 03:52:30 | | 2020/04/21 03:52:29 | DEL |
| sha256:6eb1e6fbc15fa43f1a842b80dc1f72d3a90827d79951735c72f2a8bdbd1f07c2 | build.875,ff2a7e61c9c1f11e119fc87be9bb42ef814c3050 | image | | 2020/04/20 15:52:25 | | 2020/04/20 15:52:24 | DEL |
| sha256:ba58ba9adf3f83f44755d64f2560471ff45cdf1748d196b9f1bc6a479c1a8ba5 | build.874,b747fdb68da86c7108807ab6bf6da6e6a617209a | image | | 2020/04/20 14:52:30 | | 2020/04/20 14:52:29 | DEL |
| sha256:63ecb03b36bee9213ca9d95c2d7c6d1aa3d636f4acf015f574047733c5d7a4af | build.873,dbc1f17919d71807863a2cf917749aaf8de5147e | image | | 2020/04/20 11:07:51 | | 2020/04/20 11:07:51 | DEL |
| sha256:01a84b28565778a5ccd889a8d2a3eb3ac1a9ff2a613b54b15ccbe257496bc1f3 | build.872,e93bd75d38d3637668585444246d5c0b23daf758 | image | | 2020/04/17 09:09:09 | | 2020/04/17 09:09:08 | DEL |
| sha256:5e21a8ee2499c5450d4c746f247cdda8dc7a32fc8cf7c7bdaf047441295b5e5b | build.871,3b0b9f3c7d13ee2fcb507c8890a625c5e5204fa3 | image | | 2020/04/17 07:53:01 | | 2020/04/17 07:53:00 | DEL |
| sha256:90bc43ee338c6f986a160353704d4c1bd7627a877706ae1cc835d77e5aacfd4e | build.870,981cae9f11de66c916b602f9981c1d98d106fd19 | image | | 2020/04/17 05:23:55 | | 2020/04/17 05:23:54 | DEL |
| sha256:4ae2d0d28660a0ab0ea7b67fd5e8a01cae621a7e0bd3d2184cb3f1435e60955c | build.869,62c56d76b11d53341825d4ca3ed49be97de0acod | image | | 2020/04/16 15:08:17 | | 2020/04/16 15:08:16 | DEL |
| sha256:607741af7e14e8435b099c0575ea55031defb9b9a1c3c9e7632667480c0bcfa0 | build.868,9c7caddeaec8955412801a96d5fe84fb98f3fd9c | image | | 2020/04/16 14:23:59 | | 2020/04/16 14:23:58 | DEL |
| sha256:9a895fffe2462e586789549abf6bbe63f81745c68dec0cd2a06d87d9a41cf4af | build.867,89e9ea0145d4283e7326b86b265ddbe63de21d8e | image | | 2020/04/16 08:38:25 | | 2020/04/16 08:38:24 | DEL |
| sha256:ffc0b328efc3be53346187888ca5f47b67dcb4eabaf64e51480017d8ea270cec | build.866,790064df2e2a850b0ee2e507c002caa804247d5f | image | | 2020/04/16 07:08:40 | | 2020/04/16 07:08:38 | DEL |
| sha256:ce3a6f5e76d2500a00d753e506923f6ea8d0fdd52a6c96548ea4a52ac5ecf2d2 | build.865,4327f2264195943f2697042ab60574eb8dedb624 | image | | 2020/04/16 06:23:19 | | 2020/04/16 06:23:18 | DEL |
| sha256:93531a02e9fe5b9345a0ba99b021a8908c5500fe7d33cb3610d11c0fc140ebad | build.864,516cc61fbf7b9d8155d2f054abf4872d478d62ce | image | | 2020/04/16 03:09:31 | | 2020/04/16 03:09:30 | DEL |
| sha256:3d2f77b6a559a26101ee95985a4be903b4649b3680ec5bb317ca06adf932c111 | build.863,9fe893af9158b4e433c731b09241316d5070f707 | image | | 2020/04/16 02:24:11 | | 2020/04/16 02:24:10 | DEL |
| sha256:b1595fb0fccfe976058c482c7fc23b3da8eeb8c115e75bd4de77cae78e983334 | build.862,8a0e8627ff5cbafd09c6436ca0911db97f6748de | image | | 2020/04/15 14:52:48 | | 2020/04/15 14:52:47 | DEL |
| sha256:c77a282a0f1d040c058194ffedfa288bc0dc88ca80202b1d27034e19325bc7ad | build.861,205e3a969f5527c73027e19b1660c78bf5b661ee | image | | 2020/04/15 14:22:58 | | 2020/04/15 14:22:57 | DEL |
| sha256:c1e1f8ffdb495cb809c23261f62fbc595d66f5b7a7b278d6ae156e232eab8b19 | build.860,5a0373f7ce3f1832e2482b6088dcfc5fb6e642b2 | image | | 2020/04/15 08:22:40 | | 2020/04/15 08:22:39 | DEL |
| sha256:d3d2f891314c0f0fe1bc866cd6857a7bb4d3e8a77b560c063cfbcd15968c60c7 | build.859,385aaac00d3b27e749245ca57ffa4a34f6af10a6 | image | | 2020/04/15 07:37:58 | | 2020/04/15 07:37:57 | DEL |
| sha256:e2118cab60c5f1ee5905a01316fcc5a4e40c8d06837f92d871885a05adb9df5c | build.858,9bc96dd97a2f2be7a41001f98fc2c5a724ea0ee9 | image | | 2020/04/15 03:53:28 | | 2020/04/15 03:53:27 | DEL |
```

圖 8-38

> 注意：如果 Artifact 被設定為 Immutable，則會被強制保留。

8.4.4 觸發保留策略

Harbor 的 Artifact 保留策略提供了兩種觸發方式：手動觸發和定時觸發。

1. 手動觸發

點擊「立即執行」按鈕，便可以觸發一次保留策略的真正執行。因為立即執行時期會根據保留規則直接刪除 Artifact，所以這裡會出現提示框提示使用者操作的風險，如圖 8-39 所示。

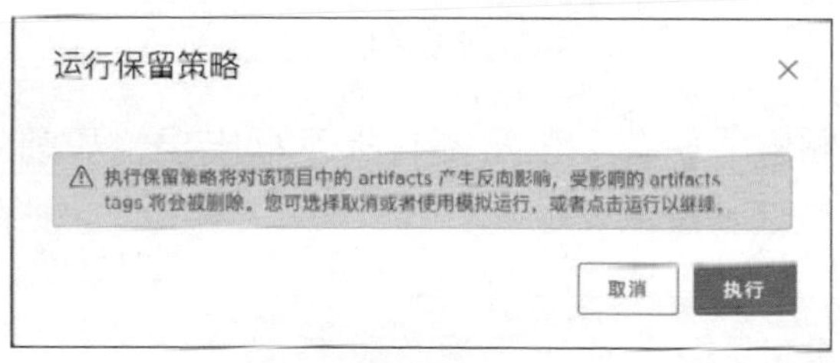

圖 8-39

點擊「執行」按鈕後便立即執行一次 Artifact 保留。此時如果刪除失敗，則記錄檔中的狀態為 Error，並會在記錄檔中列印顯示出錯資訊。注意：這裡和模擬執行的區別是，凡是沒有被標記為 "RETAIN" 的 Artifact 都會被刪除。

2. 定時執行

定時觸發指使用者透過定義 Cron 任務週期性地執行保留策略。Crontab 運算式採用了 "* * * * * *" 格式，各欄位的意義如表 8-1 所示。注意：此處設定的 Crontab 運算式中的時間是伺服器端的時間，而非瀏覽器的時間。

點擊「編輯」按鈕後便立即設定定時執行，如圖 8-40 所示。

圖 8-40

使用者可以設定以小時、天、周為單位的預先定義定時任務，也可設定自訂的定時任務。在選擇自訂定時任務後，需要按照 Crontab 的語法自訂執行時間。如圖 8-41 所示為在每個小時的半點執行一次。

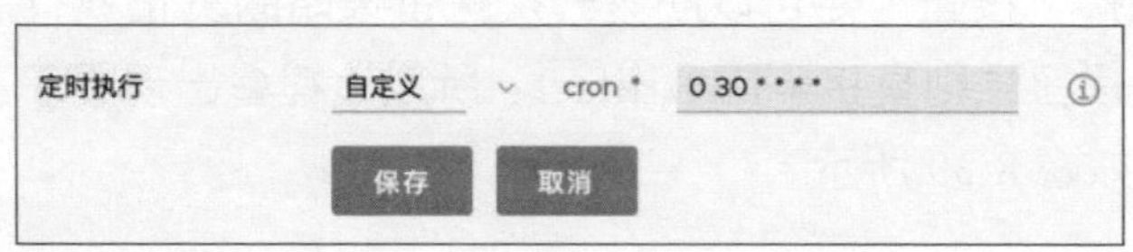

圖 8-41

設定好定時後，點擊「儲存」按鈕後有提示框出現，如圖 8-42 所示，點擊「確定」按鈕後定時任務設定成功。

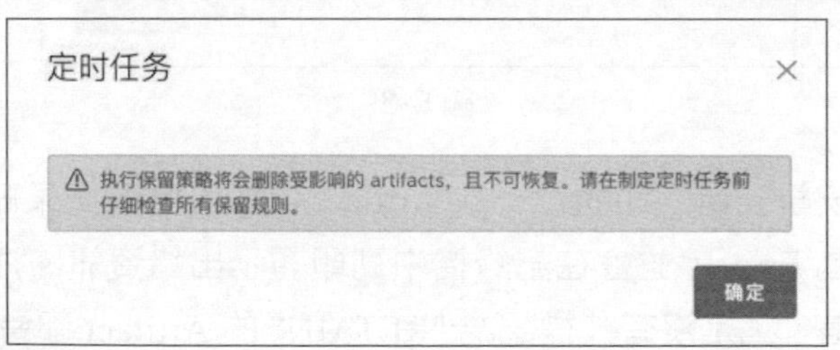

圖 8-42

在第一次定時任務執行後，可在任務列表中看到一筆執行類型為 Schedule 的記錄，如圖 8-43 所示。

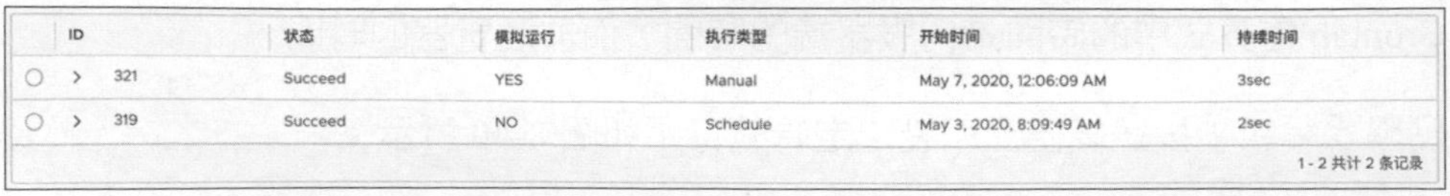

		ID	状态	模拟运行	执行类型	开始时间	持续时间
○	›	321	Succeed	YES	Manual	May 7, 2020, 12:06:09 AM	3sec
○	›	319	Succeed	NO	Schedule	May 3, 2020, 8:09:49 AM	2sec

1 - 2 共计 2 条记录

圖 8-43

> 注意：Artifact 保留策略應避免和垃圾回收同時執行。因為在垃圾回收任務即時執行，Harbor 會被設為唯讀狀態，無法刪除 Artifact。

同手動刪除 Artifact 一樣，保留策略對 Artifact 的刪除也是「軟刪除」，即僅刪除 Artifact 對應的資料記錄，並不做儲存上的刪除。

8.5 Webhook

Webhook 是一個系統重要的組成部分，一般用於將系統中發生的事件通知到訂閱方。Harbor 的 Webhook 嚴格意義上應該叫通知（Notification）系統，因為 Harbor 的 Webhook 不僅可以實現以 Web 為基礎的回呼功能，還支援 Slack 訂閱等功能。

Webhook 功能的設計路線是將 Harbor 內使用者可能有興趣的事件發送到第三方系統內，它目前提供了多達 11 種事件供使用者訂閱，以及兩種類型的 Hook 模式：一種是 HTTP 的回呼，另一種是 Slack 的 Incoming Webhook。使用者可以以 Webhook 實現容器應用部署為基礎的自動化，進一步增強持續發佈流程；或透過 Webhook 的通知機制實現警告功能；還可以透過 Webhook 連線第三方統計平台，實現對 Harbor Artifact 使用的統計和營運資料展示。

本節將詳細說明 Webhook 的基本原理、設定方法和使用方法。

8.5.1 基本原理

Webhook 系統需要考慮到一些問題，如在事件觸發後，怎樣將事件成功發送到訂閱方？在有大量事件的場景中，如何才能確保其效能和訊息投遞的成功率？本節將說明 Webhook 採用了怎樣的系統設計解決這些問題。

1. 基本架構

Webhook 的架構設計如圖 8-44所示。

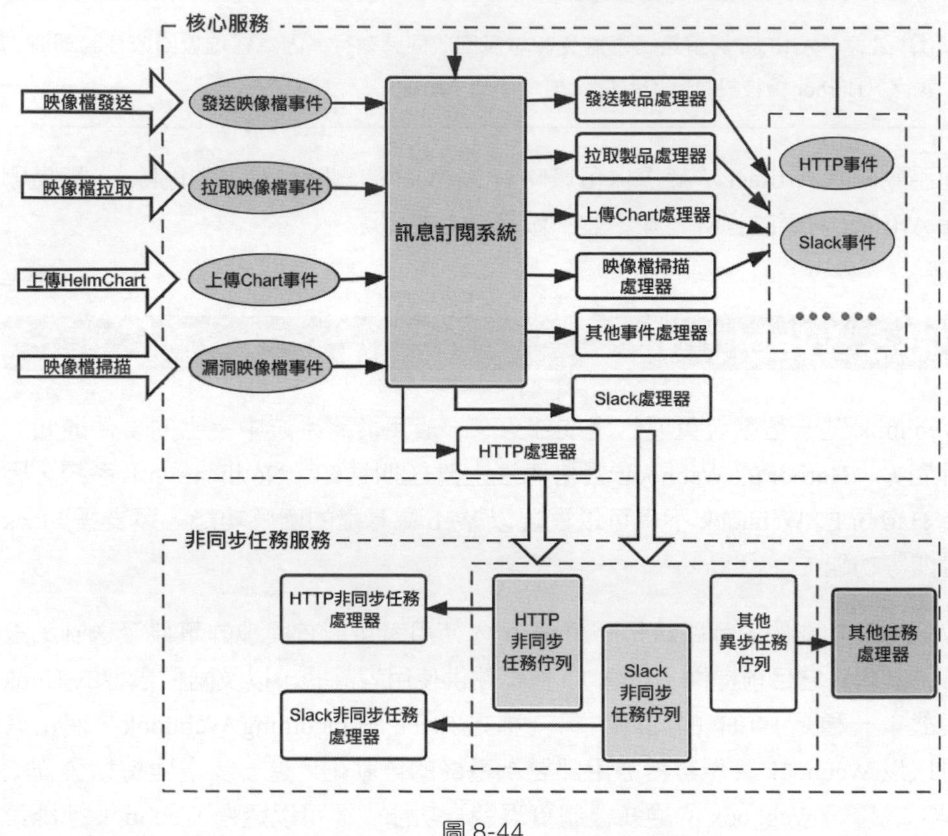

圖 8-44

Webhook 是一個非同步任務處理系統，借助於 Redis 的快取功能和非同步任務服務（JobService），擁有強大的任務分發和處理能力。

Webhook 架構採用了兩次非同步任務發佈機制。首先在取得事件來源資訊後，Harbor 直接將其發佈到核心服務的訊息訂閱架構中，在這裡事件按照類型被不同的處理器處理成通用的非同步任務資料，然後根據使用者定義的回呼方類型產生不同的非同步任務。接下來這些非同步任務透過 HTTP 介面發送給非同步任務服務。

以圖 8-44 為基礎的架構設計，一個事件從其產生到發送到設定的 Webhook，可分解為以下步驟：

(1) Harbor 系統觸發可被 Webhook 訂閱的事件；

(2) 事件的來源資訊被分析出來，產生一個來源事件體；

(3) 事件的來源事件體被加工成訊息訂閱架構的通用事件類型，並被發送到處理架構中；

(4) 架構中對應的處理器接收到事件資料並開始處理；

(5) 處理器首先檢查在事件發生專案下是否定義了 Webhook 策略；

(6) 如果沒有定義任何策略，則處理流程結束，否則一個一個評估策略；

(7) 檢查策略是否啟用，如果沒有，則繼續評估下一個策略；

(8) 如果啟用，則繼續檢視策略是否訂閱了對應的事件，如果沒有，則繼續評估下一個策略；

(9) 如果有訂閱，則開始組裝非同步任務（非同步任務會被發送到非同步任務服務中）；

(10) 非同步任務包含了需要發送給訂閱方的所有資訊，部分內容需要根據來源資訊查詢；

(11) 組裝完成後，開始評估策略的 Hook 類型；

(12) 根據不同的 Hook 類型產生不同的包含非同步任務訊息的事件，繼續將其投放到訊息訂閱架構中；

(13) 架構中對應的處理器（HTTP 處理器或 Slack 處理器）進一步處理上面產生的非同步任務，將任務發送到非同步任務服務中。

(14) 收到非同步任務後，非同步任務服務將它按照類型放入不同的任務佇列等待排程中；

(15) 當有空閒的任務處理器時，任務就被排程出來，並交由對應類型的處理器來處理；

(16) 非同步任務處理器會將任務的內容分析出來，根據類型定義的處理邏輯，將資訊發送到第三方訂閱系統中；

(17) 處理完成後，非同步任務的狀態透過回呼方式寫回 Harbor 核心服務；

(18) Harbor 的核心服務收到非同步任務的回呼資訊，將狀態資訊寫入資料庫中。

至此，整個 Webhook 流程處理完畢。

2. 訊息結構

Webhook 可以針對多種事件發送通知，儘管這些事件的來源可能不一樣，但是 Harbor 仍然使用了統一的訊息體來發送通知。所以使用者在訂閱系統中做 Hook 訊息處理時，也可以使用一個統一的結構來解析這筆訊息，這樣可以簡化訂閱系統的處理邏輯。

Webhook 訊息由訊息詮譯資訊和事件資料組成，在事件資料中包含了事件發生的倉庫和資源。Harbor 的核心資源是 Artifact，Artifact 的管理由專案、Artifact 名、Artifact 標籤組成，而所有事件觸發的來源都是 Artifact。所以，Harbor 在設計時將名稱相同 Artifact 的事件放在一個訊息體中，這也符合 Harbor 業務功能的處理邏輯。

Webhook 的訊息體結構設計如下：

```
{
    "type": "PUSH_ARTIFACT",
    "occur_at": 1586922308,
    "operator": "admin",
    "event_data": {
        "resources": [{
            "digest": "sha256:8a9e9863dbb6e10edb5adfe917c00da84e1700fa76e7ed02
476aa6e6fb8ee0d8",
            "tag": "latest",
            "resource_url": "hub.harbor.com/test-webhook/debian:latest"
        }],
        "repository": {
            "date_created": 1586922308,
            "name": "debian",
            "namespace": "test-webhook",
            "repo_full_name": "test-webhook/debian",
            "repo_type": "private"
        }
    }
}
```

訊息體的屬性及其說明如表 8-2 所示。

表 8-2

屬　性	說　明
type	事件類型
occur_at	事件觸發時間
operator	觸發事件的操作者
event_data. repository. date_created	事件來源所在倉庫的建立時間
event_data. repository. name	事件來源所在倉庫的名稱
event_data. repository. namespace	事件來源所在倉庫的命名空間（即 Harbor 專案名稱）
event_data. repository. repo_full_name	事件來源所在倉庫的全名
event_data. repository. repo_type	事件來源所在倉庫的類型（private 指私有倉庫，public 指公開倉庫）
event_data. resources. digest	事件來源的摘要
event_data. resources. tag	事件來源的 Tag
event_data. resources. resource_url	事件來源資源的 URL（即該資源在 Harbor 中的儲存路徑）

針對不同類型的事件，訊息體屬性會有些差別，例如對於 Helm Chart 類型的資源，在 resources 下就不包含 digest 屬性。

3. 訊息重試

在 Webhook 任務執行過程中，Harbor 透過可設定的重試次數確保訊息被正確投遞到第三方系統中。非同步架構確保了系統較大的吞吐量，而失敗重試機制確保了訊息投遞的可用性。

使用者部署 Harbor 時，可以在設定檔 harbor.yml 中設定 Webhook 失敗重試的次數，這個值預設是 10，實際可參考 3.1 節。這裡使用者可權衡選擇，如果為確保準確性而設定過大的重試次數，則可能會造成 Harbor 非同步任務服務的負載過大，尤其在遠端複製映像檔的情況下會產生大量 Artifact 複製事件。注意：此設定僅在安裝時生效，後續的修改需要重新安裝，相關設定如下：

```
notification:
  # webhook非同步任務最大重試次數
  webhook_job_max_retry: 10
```

8.5.2 設定 Webhook

Webhook 的設定以專案為單位，專案管理員或系統管理員可以進行新增、刪除和檢視 Webhook 等操作。

1. 新增 Webhook

在專案頁面下點擊 "Webhooks" 按鈕，可以檢視專案的 Webhooks，如圖 8-45 所示。

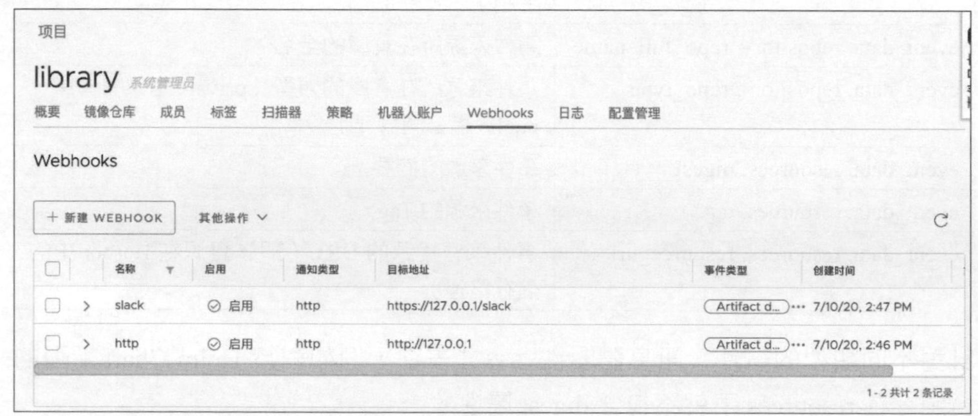

圖 8-45

Webhook 功能頁提供了新增 Webhook、啟停、編輯、刪除和檢視觸發功能。使用者可以透過「新增 WEBHOOK」按鈕新增一個 Webhook 策略，如圖 8-46 所示。

Webhook 功能的核心是 Webhook 策略，該策略包含兩部分：事件類型和 Hook 模式。

Webhook 支援的事件類型如下所述，如圖 8-47 所示。

（1）Artifact deleted：當 Artifact 被刪除時觸發。

（2）Artifact pulled：當 Artifact 被拉取時觸發。

（3）Artifact pushed：當 Artifact 被發送時觸發。

（4）Chart deleted：當 Helm Chart 被刪除時觸發。

（5）Chart downloaded：當 Helm Chart 被下載時觸發。

（6）Chart uploaded：當 Helm Chart 被上傳時觸發。

（7）Quota exceed：當上傳 Artifact 且專案配額超限時觸發。

（8）Quota near threshold：當上傳 Artifact 且專案配額達到限制 85% 時觸發。

（9）Replication finished：當遠端複製映像檔任務完成時觸發。

（10）Scanning failed：當掃描映像檔任務失敗時觸發。

（11）Scanning finished：當掃描映像檔任務完成時觸發。

新建 Webhook
指定接收 Webhook 通知的目标
名称 *
簡介
通知类型 * http
事件类型 *
Artifact deleted
Artifact pulled
Artifact pushed
Chart deleted
Chart downloaded
Chart uploaded
Quota exceed
Quota near threshold
Replication finished
Scanning failed
Scanning finished
Endpoint 地址 * http(s)://192.168.1.1
Auth Header
验证远程证书

圖 8-46

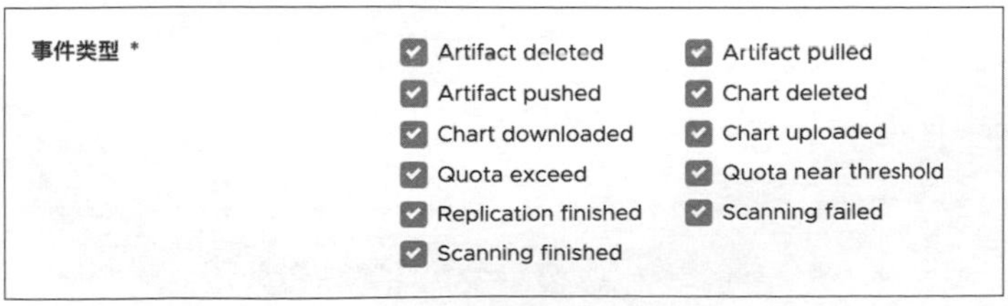

事件类型 *
Artifact deleted
Artifact pulled
Artifact pushed
Chart deleted
Chart downloaded
Chart uploaded
Quota exceed
Quota near threshold
Replication finished
Scanning failed
Scanning finished

圖 8-47

Webhook 支援的 Hook 模式有 HTTP 和 Slack，如圖 8-48 所示。

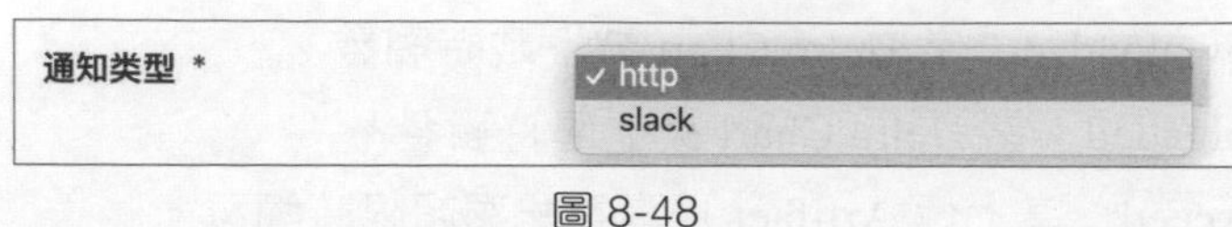

圖 8-48

（1）HTTP 模式：主要針對通用的 Webhook 模式，使用者可以選擇 HTTP 模式，然後填寫訂閱系統的 URL 和認證表頭。當有對應的事件發生時，訊息就會被發送到訂閱系統中，使用者填寫的認證表頭會被寫入 HTTP 請求標頭 Authorization 中。

（2）Slack 模式：透過 Slack 的 Incoming Webhook 向 Slack 帳號中發送訊息。因為 Slack Incoming Webhook 限制了訊息接收的頻率為每秒 1 筆，所以在 Harbor 的非同步任務服務中也限制了訊息發送頻率，使兩次訊息發送的間隔超過 1 秒。

在專案管理員設定完 Webhook 策略後，如果在 Harbor 中發生了對應的事件，使用者的訂閱系統就會立即收到一筆訊息。目前，每個專案下面可設定的策略數量沒有限制。

2. Webhook 的管理

使用者可以透過策略最左側的核取方塊選定策略，然後點擊「其他操作」選單中的「停用」（當狀態是「停用」時顯示「啟用」）「編輯」「刪除」項對策略做出對應的管理，如圖 8-49 所示。

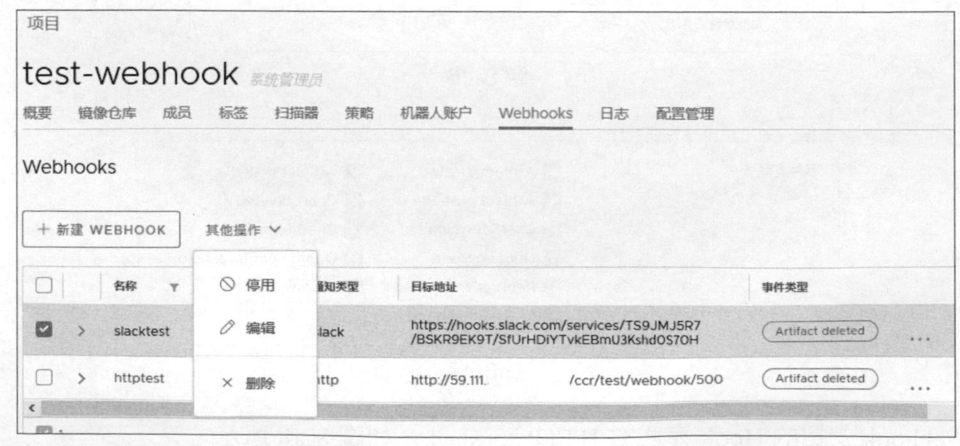

圖 8-49

3. 檢視 Webhook

使用者可以展開策略，這樣可以看到目前策略觸發的情況，可以看到策略訂閱了哪些事件，哪些被觸發過，以及最近一次觸發的時間，如圖 8-50 所示。

slacktest 启用 slack https://hooks.slack.com/services/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OH Artifact deleted ... 4/15/20, 11:44 AM

最新触发

Webhook	状态	最近触发时间
Artifact deleted	启用	
Artifact pulled	启用	
Artifact pushed	启用	4/15/20, 11:59 AM
Chart deleted	启用	
Chart downloaded	启用	
Chart uploaded	启用	
Quota exceed	启用	
Quota near threshold	启用	
Replication finished	启用	
Scanning failed	启用	

1 - 11 共计 11 条记录

圖 8-50

4. 設定全域啟停狀態

系統管理員可以在 Harbor 的系統設定頁面中，設定 Webhook 的全域啟停狀態。在關閉 Webhook 功能後，系統中所有專案的 Webhook 都禁用，如圖 8-51 所示。

圖 8-51

8.5.3 與其他系統的互動

本節透過實例說明設定完 Webhook 後，如何在設定了 Webhook 的系統中檢視收到的事件訊息，以及如何利用收到的事件訊息。

1. 與 Slack 的互動

專案管理員建立 Slack 類型的 Hook 模式並且訂閱所有的事件類型後，在 Harbor 對應的專案中發送一個映像檔，Slack 對應的頻道很快會收到一筆資訊，如圖 8-52 所示。

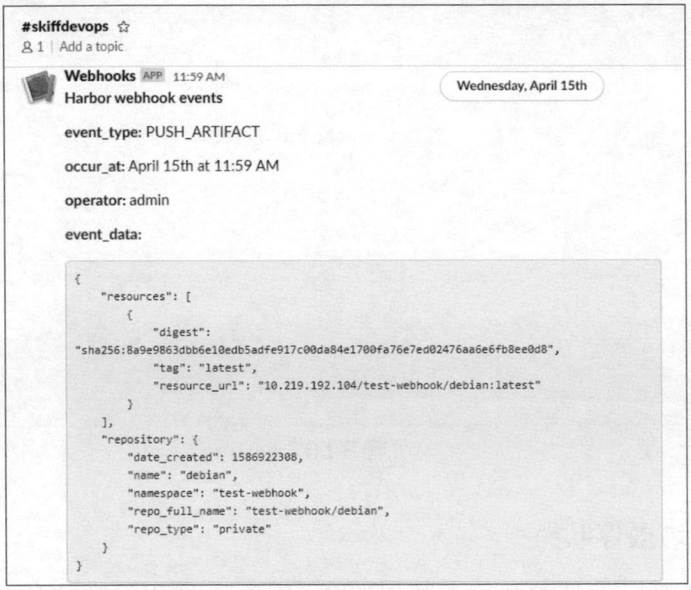

#skiffdevops
1 | Add a topic

Webhooks APP 11:59 AM
Harbor webhook events
Wednesday, April 15th

event_type: PUSH_ARTIFACT

occur_at: April 15th at 11:59 AM

operator: admin

event_data:


```
{
    "resources": [
        {
            "digest":
"sha256:8a9e9863dbb6e10edb5adfe917c00da84e1700fa76e7ed02476aa6e6fb8ee0d8",
            "tag": "latest",
            "resource_url": "10.219.192.104/test-webhook/debian:latest"
        }
    ],
    "repository": {
        "date_created": 1586922308,
        "name": "debian",
        "namespace": "test-webhook",
        "repo_full_name": "test-webhook/debian",
        "repo_type": "private"
    }
}
```


圖 8-52

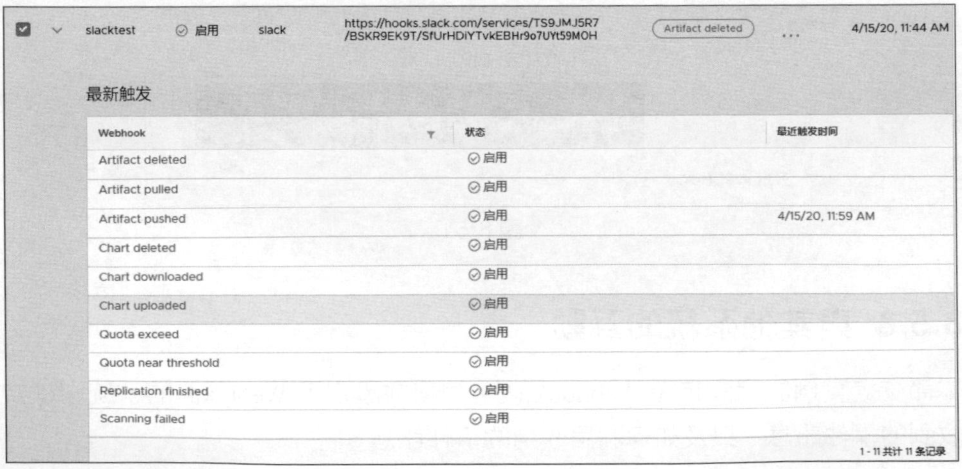

slacktest 启用 slack https://hooks.slack.com/services/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OH Artifact deleted ... 4/15/20, 11:44 AM

最新触发

Webhook	状态	最近触发时间
Artifact deleted	启用	
Artifact pulled	启用	
Artifact pushed	启用	4/15/20, 11:59 AM
Chart deleted	启用	
Chart downloaded	启用	
Chart uploaded	启用	
Quota exceed	启用	
Quota near threshold	启用	
Replication finished	启用	
Scanning failed	启用	

1 - 11 共计 11 条记录

圖 8-53

檢視 Harbor 中對應策略的觸發記錄，可以發現 Artifact pushed 的最近觸發時間變成了剛才 Slack 收到的訊息中事件發生的時間，如圖 8-53 所示。

Slack 訊息可被視作一種「通知」，頻道裡的組員都可以即時收到該事件訊息。關注該訊息的組員，可以依據訊息的內容來完成後續工作。

2. 與 CI/CD 系統的互動

Webhook 不僅限於接收被系統觸發的事件，這裡用一個實例介紹如何利用 Webhook 事件觸發使用者的 CI/CD 系統中自訂的部署管線（需要使用者的 CI/CD 平台支援 Harbor 的 Webhook 功能）。

（1）在使用者的 CI/CD 系統中，管線的映像檔資訊是透過解析 Webhook 訊息體並以參數方式植入的，如圖 8-54 所示。

流水线阶段 Tips: 流水线配置支持使用变量, 输入$进行引用。获取更多帮助
阶段类型* 部署
阶段名称* 线上环境部署
部署方式* Kubernetes工作负载
集群 qa-ci
空间 ns2
工作负载类型* 部署 (Deployment)
工作负载名称* panther-operator
业务容器 manager ☑ 更新
镜像名称* 格式:registry/repository，例 hub.c.163.com/public/tomcat
nginx
Tag 名称* ${IMAGE_TAG}

圖 8-54

（2）管線透過 Webhook 的方式觸發，如圖 8-55 所示。

圖 8-55

(3) 在 Harbor 中的指定專案下建立一個名稱為「管線自動部署」的 Webhook 策略。選擇 HTTP 類型，並且將管線的 Webhook URL 填入 Endpoint 位址中，如圖 8-56 所示。

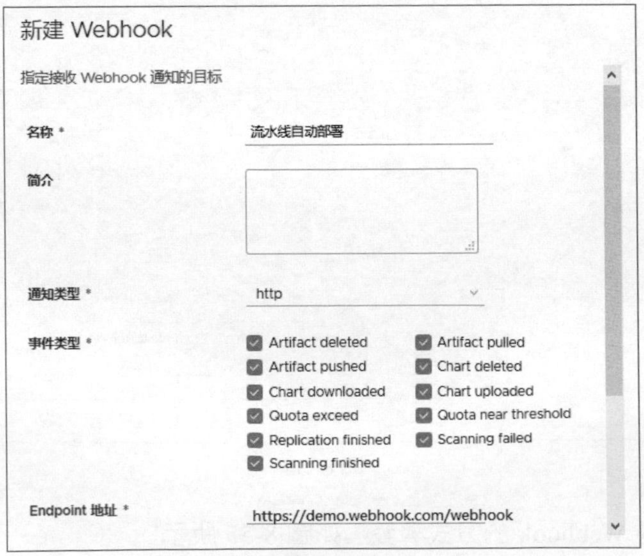

圖 8-56

透過以上步驟，便完成了透過 Webhook 觸發使用者自訂的 CI/CD 自動部署管線的設定。在發送一個需要部署的映像檔到指定專案後，便可透過事件觸發自動部署管線。在 Harbor 端可看到 Webhook 策略觸發的事件資訊，如圖 8-57 所示。

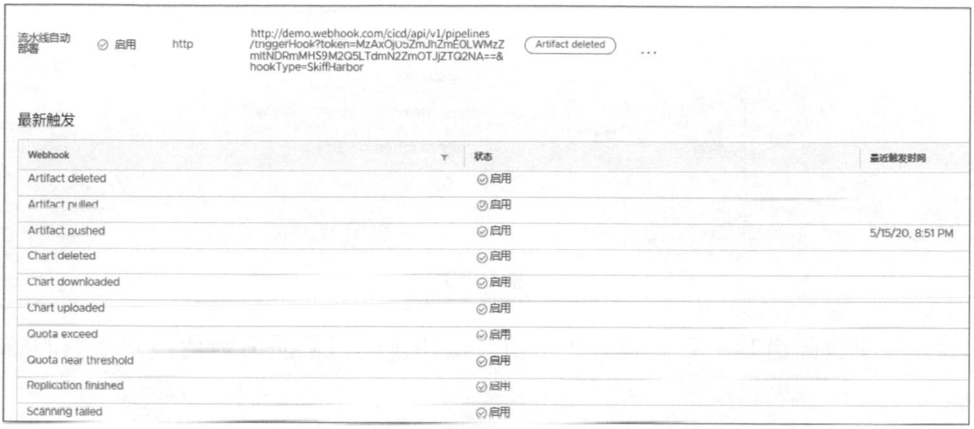

流水线自动部署	启用	http	http://demo.webhook.com/cicd/api/v1/pipelines/triggerHook?token=MzAxOjU5ZmJhZmE0LWMzZmltNDRmMHS9M2Q5LTdmN2ZmOTJjZTQ2NA==&hookType=SkiffHarbor	Artifact deleted	...

最新触发

Webhook	状态	最近触发时间
Artifact deleted	启用	
Artifact pulled	启用	
Artifact pushed	启用	5/15/20, 8:51 PM
Chart deleted	启用	
Chart downloaded	启用	
Chart uploaded	启用	
Quota exceed	启用	
Quota near threshold	启用	
Replication finished	启用	
Scanning failed	启用	

圖 8-57

8.6 多語言支援

考慮到使用者可能來自世界各地，Harbor 專案在發佈之初就對多語言進行了支援。本節介紹如何在各語言之間切換，然後介紹 Harbor 的多語言支援原理，以及如何為 Harbor 增加一種新的語言。

目前在 Harbor 2.0 中支援英文、中文、法文、西班牙文、葡萄牙文、土耳其文六種語言，其中英文為 Harbor 發佈時的官方語言。Harbor 原創於中國，其中文版目前也由 Harbor 官方維護，其他語言版則由社區使用者提供和維護。

如果想修改 Harbor 目前顯示的語言，則需要進行以下幾步驟。

(1) 點擊管理主控台的「語言切換」選單，該選單位於 Harbor 頁面上方的導覽列右側，在此圖中是使用者名稱（admin）左邊的「中文簡體」所在的位置。

（2）頁面下方出現一個如圖 8-58 所示的列表方塊，其中會列出目前支援的所有語言。選擇需要的語言，再次點擊。

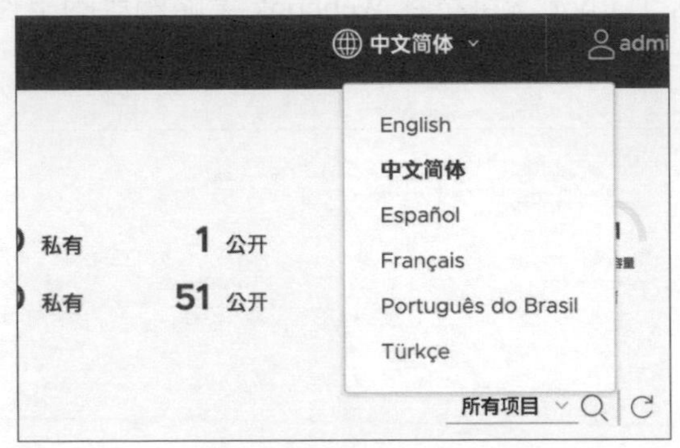

圖 8-58

（3）等待頁面自動更新，更新完畢後，Harbor 的目前語言會切換到所選的語言。

如果 Harbor 支援的語言還是無法滿足使用者的需求，或目前語言的某些翻譯有瑕疵，那麼使用者可以建立屬於自己的新語言，支援或修復目前語言。

Harbor 的國際化支援由前端程式控制，主要使用了 Google 開放原始碼的前端架構 Angular 和 VMware 開放原始碼的前端元件 Clarity，兩者共同完成了國際化的功能。

為了能夠將同一個單字在不同的設定下顯示為不同的文字，Harbor 不直接在頁面上輸出原始內容，而是先定義一系列索引鍵，然後根據不同的語言為每個索引鍵都建立對應的值（字串類型）。Harbor 前端一開始會用那些索引鍵產生頁面，然後根據對應語言的國際化定義檔案中的值，將其繪製成最後使用者所看到的介面。

知道前端國際化的原理後，建立新的語言就十分簡單了，以西班牙語（語言程式 "es"，區功能變數代碼 "es"）為例，建立步驟如下。

（1）在 Harbor 原始程式碼中的 "src/portal/src/i18n/lang" 資料夾下找到 "en-us-lang.json" 檔案，複製它，將其命名為 es-es-lang.json 格式。在此檔案中包含

Harbor 國際化所需的鍵（key）及對應的英文釋義，然後將其中的英文釋義編輯成使用者想要建立的語言（注意：不要修改檔案中的鍵名）。

（2）將新的語言增加到前端程式的支援語言清單中：找到 "src/portal/src/app/shared/ shared.const.ts" 檔案中的變數 supportedLangs，將新的語言增加在其清單中（如 export const supportedLangs = ['en-us', 'zh-cn', 'es-es '];）。定義新增加語言的顯示名稱，其定義在變數 supportedLangs 中，是一個字典類型的變數，在其中增加 "es-es": " Español" 項。

（3）在前端範本檔案中增加新語言清單：找到 "src/portal/src/app/base/navigator/navigator.component.html" 檔案，然後找到定義 Harbor 所支援語言的標籤，增加新的專案，程式如下：

```
<clr-dropdown-menu *clrIfOpen>
<a href="javascript:void(0)" clrDropdownItem (click)='switchLanguage("en-us")'
 [class.lang-selected]='matchLang("en-us")'>English</a>
<a href="javascript:void(0)" clrDropdownItem (click)='switchLanguage("zh-cn")'
 [class.lang-selected]='matchLang("zh-cn")'>中文簡體</a>
<!- - 以西班牙語為例，增加以下一行程式 -->
<a href="javascript:void(0)" clrDropdownItem (click)='switchLanguage("es-es")'
 [class.lang-selected]='matchLang("es-es")'>Español</a>
<a href="javascript:void(0)" clrDropdownItem (click)='switchLanguage("fr-fr")'
 [class.lang-selected]='matchLang("fr-fr")'>Français</a>
<a href="javascript:void(0)" clrDropdownItem (click)='switchLanguage("pt-br")'
 [class.lang-selected]='matchLang("pt-br")'>Português do Brasil</a>
<a href="javascript:void(0)" clrDropdownItem (click)='switchLanguage("tr-tr")'
 [class.lang-selected]='matchLang("tr-tr")'>Türkçe</a>
</clr-dropdown-menu>
```

（4）重新編譯程式。

本機原始程式碼編譯：

```
$ make build <harbor編譯時參數>
```

若想在其他主機上安裝新編譯好的 Harbor，則還需要包裝一個離線安裝套件：

```
$ make package_offline
```

這樣，新增語言的過程就完成了。當然，如果只是想修改目前的某些內容，則只需找到相關的國際化 JSON 檔案，修改相關內容後編譯即可。

使用者可能會有疑問：不同語言的日期格式各不相同，對這個在哪裡設定呢？其實在 Harbor 中使用了 Clarity 函數庫的日期元件，它處理了日期格式的問題，會根據語言和區功能變數代碼（locale）資訊自動切換日期格式。得益於 Angular 和 Clarity，使用者第一次登入時，Harbor 也會根據瀏覽器的語言設定自動比對合適的語言。

8.7 常見問題

1. 為什麼執行完垃圾回收，Harbor 仍然處於唯讀模式？

垃圾回收任務會保留其執行之前的系統狀態。即在執行垃圾回收之前，如果 Harbor 系統為唯讀狀態，那麼 Harbor 不會將系統唯讀狀態取消。

2. 為什麼 Harbor 會自動地定期設定唯讀模式？

如果使用者在使用 Harbor 的過程中，設定並取消過垃圾回收週期任務，則在某些情況下，垃圾回收任務的排程會從資料庫中成功移除，但並未成功從 Redis 中移除。這就造成了 JobService 依然會定期執行垃圾回收任務，定期將 Harbor 設定為唯讀模式。若要解決這個問題，則可參考 github.com/goharbor/harbor/issues/12209#issuecomment-657952180 手動刪除 Redis 週期任務，進一步解決此問題。

3. 為什麼不建議使用者在 Registry 容器內手動執行垃圾回收？

因為從 Harbor v2.0.0 開始，映像檔的 Tag 將不再由 Docker Distribution 管理，而由 Harbor 本身管理。這樣一來，在 Distribution 中儲存的映像檔都是無 Tag 映像檔。如果使用者在 Registry 容器內手動執行垃圾回收，並指定 "--delete-untagged=true" 或 "-d" 參數，Registry 的垃圾回收功能就會將所有有效的映像檔刪除，這樣會造成使用者的損失。

4. 為什麼實際的儲存使用量小於所有專案的配額總和？

由於層檔案的共用性，所有共用的層檔案在儲存上僅儲存一份。而在 Harbor 系統中，專案的配額僅與其參考了哪些層檔案有關。如果一個層檔案被多個專案參考，這個層檔案的大小就都被多個參考的專案重複計算。這就造成了專案的配額總和大於儲存使用總量。

5. 為什麼在不可變 Artifact 策略中設定了 "" 比對 Repository 和 Tags，依然可以發送新的映像檔？**

不可變 Artifact 僅應用在已存在的 Artifact（映像檔）上，即 "**" 比對到的是所有專案裡已經存在的映像檔。而對於新發送的映像檔，第一次可以發送成功，一旦發送成功後，便成為不可變 Artifact，後續無法再次發送。

6. 為什麼有時候 Webhook 訊息沒有在事件觸發後立即收到？

在 Harbor 系統中，所有任務都交由非同步任務服務 JobServicc 處理。當系統中有大量任務需要處理時，JobService 會將未處理的任務放入等待佇列。這就造成了事件觸發時間和事件收到時間的延遲。

Chapter

09 生命週期管理

Harbor 被部署到生產環境下後，將在線上持續地提供給使用者倉庫服務，這時便進入了 Harbor 的運行維護階段。使用者在生產環境下需要對 Harbor 的生命週期管理知識瞭若指掌，才能做到對風險的可防可控。

本章將從 Harbor 的架構和歷史演變出發，圍繞 Harbor 的備份、恢復、版本升級、線上問題排除等常見場景，介紹如何對 Harbor 的整個生命週期進行有效管理。

9.1 備份與恢復

備份與恢復是運行維護中的正常操作，其重要性顯而易見：當系統檔案出現損壞且無法修復時，可以使用備份檔案來恢復系統。

9.1.1 資料備份

備份指將資料複製一份或多份備份並將其儲存到其他地方，當系統發生故障導致資料遺失時，可以透過這些備份恢復到之前的狀態。

由此可見，備份和恢復都是圍繞資料進行的。Harbor 備份的前提是了解 Harbor 中有哪些資料需要備份。如圖 9-1 所示，Harbor 所依賴的資料可分為兩大類：臨時資料和持久化資料。

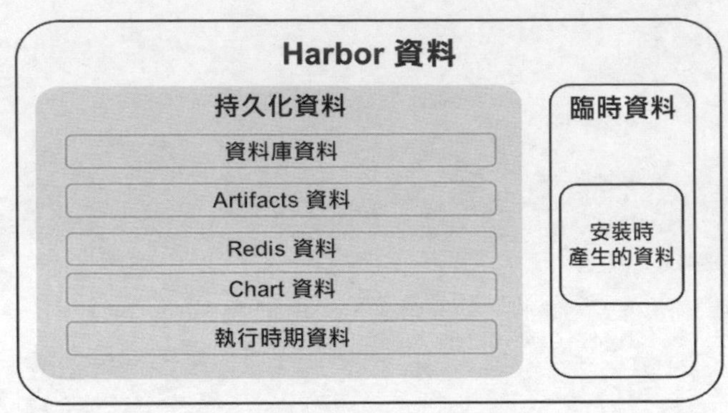

圖 9-1

（1）臨時資料是在 Harbor 安裝期間透過設定檔產生的資料，主要是 Harbor 元件所依賴的設定檔和環境變數。這些資料通常在 Harbor 安裝目錄的 common 目錄下（如果 Harbor 是透過原始程式碼安裝的，則這些資料在原始程式目錄的 "make/common" 目錄下），在 Harbor 各元件啟動時會被掛載到對應的容器中。雖然臨時資料對服務的順利執行非常重要，但是安裝程式每次都會讀取 Harbor 設定檔重新產生一份臨時資料，所以我們僅需備份設定檔即可，不必將整個 common 目錄全部備份。

（2）持久化資料被儲存在資料目錄設定項目下（即設定檔中 data_volume 項所設定的值），這些資料主要包含 Harbor 的資料庫資料、Artifacts 資料、Redis 資料、Chart 資料，以及 Harbor 各個元件所依賴的執行時期資料。

data 目錄包含的資料夾和對應的作用如下。

- ca_download：儲存使用者存取 Harbor 時所需的 CA。
- cert：Harbor 啟動 HTTPS 服務時所需的憑證和金鑰。
- chart_storage：儲存 Helm v2 版本的 Chart 資料。
- database：儲存資料庫的目錄，Harbor、Clair 和 Notary 資料庫的資料都在此目錄下。
- job_logs：儲存 JobService 的記錄檔資訊。
- redis：儲存 Redis 資料。
- registry：儲存 OCI Artifacts 資料（對大部分使用者來説是映像檔資料）。

- secret：儲存 Harbor 內部元件通訊所需的加密資訊。
- trivy-adapter：儲存 Trivy 執行時期相關的資料。

> 注意：Harbor 在啟動時需要掛載這些目錄下的檔案，在 Harbor 各元件的容器中除了 log 容器（依賴 logrotate，必須以 root 許可權執行），其他容器都是以非 root 使用者身份執行的，這些檔案的使用者群組資訊及許可權資訊與其在容器中的資訊不符合，在容器中就會發生讀取許可權相關的錯誤。所以在主機上需要將這些目錄和檔案設定成容器的指定使用者和使用者群組，這些檔案的使用者和許可權資訊主要有以下兩種。

- 資料庫和 Redis：以 999:999 的使用者群組執行容器。
- Harbor 的其他容器：以 10000:10000 的使用者群組執行容器。

還原後的資料一定要與備份時保持一致。許多使用者在恢復資料後無法啟動 Harbor，而且記錄檔裡同時會有檔案許可權相關的錯誤訊息，這極有可能就是備份資料的檔案許可權不正確導致的。

接下來進行備份。

（1）備份 Harbor 安裝目錄至 "/my_backup_dir" 目錄下：

```
$ cp ./harbor /my_backup_dir/harbor
```

若沒有修改產生的檔案，也不想同時備份 Harbor 映像檔和相關檔案（可以在需要時從 Harbor 官網下載），則可以只備份設定檔：

```
$ cp ./harbor/harbor.yml /my_backup_dir/harbor.yml
```

（2）備份 Harbor data 目錄至 "/my_backup_dir" 目錄下：

```
$ cp -r /data /my_backup_dir/data
```

（3）備份外部儲存（使用了外部儲存時才需要這一步）：如果使用了外部的資料庫、Redis 或區塊儲存，則需要參考所使用的外部儲存提供的備份方案來備份其資料。

以上備份工作就完成了。

9.1.2 Harbor 的恢復

本節介紹如何使用在 9.1.1 節備份時獲得的檔案，恢復到之前版本的 Harbor。

我們都明白，線上服務總會有突發事件發生，面對火災、地震、誤刪資料或新版本有嚴重 Bug 等的場景，我們都會有恢復到之前的穩定執行版本的需求。下面就介紹如何恢復 Harbor。

（1）如果 Harbor 還在執行，則需要先停止 Harbor：

```
$ cd harbor
$ docker-compose down
```

（2）刪除目前的 Harbor 目錄：

```
$ rm -rf harbor
```

（3）恢復之前版本的 Harbor 目錄：

```
$ mv /my_backup_dir/harbor harbor
```

（4）若未備份 Harbor 目錄，但備份了設定檔，則可重新下載再解壓 Harbor 安裝套件，然後恢復設定檔（以下指令中的 "xxx" 為 Harbor 的版本編號）：

```
$ tar xvf harbor-offline-installer-xxx.tgz
$ mv /my_backup_dir/harbor.yml ./harbor/harbor.yaml
```

（5）恢復 data 目錄。

- 若 data 目錄存在，則需要先刪除它（或修改目錄名稱）：

```
$ rm -rf /data
```

- 恢復目錄：

```
$ mv /my_backup_dir/data /data
```

（6）恢復外部儲存資料，如果使用了外部資料庫、Redis 或儲存，則需要針對不同的儲存和服務，進行對應的恢復操作。

（7）重新啟動 Harbor，使用以下指令：

```
$ cd harbor
$ ./install.sh
```

等待幾分鐘，Harbor 就會重新啟動。

9.1.3 以 Helm 為基礎的備份與恢復

很多 Harbor 使用者在生產環境下都使用了 Harbor Helm Chart 在 Kubernetes 平台上部署的高可用叢集，對這種場景如何進行備份和恢復呢？

在這種場景中並不建議將資料儲存在 Harbor 節點本機，而是使用第三方儲存。例如資料庫和 Redis 選用外部的 PostgreSQL 或 Redis 的高可用方案，或直接使用雲端的服務，將映像檔倉庫的後端儲存設定為其他共用儲存服務如 Ceph。這樣一來，資料備份與恢復工作就交給了第三方元件。Harbor 本身除了 values.yaml 上的設定檔，實際上不需要備份任何其他資料。其備份流程如下：

（1）備份 values.yaml；
（2）備份資料庫；
（3）備份 Redis；
（4）備份物件儲存。

恢復時只需執行 "helm install" 指令即可。

在以下指令中，<Harborname> 是 Helm 部署的名稱標識，harbor-backup.yaml 是備份時的 values.yaml 檔案。

Helm V3 的指令如下：

```
$ helm install -f harbor-backup.yaml <Harborname> harbor/harbor
```

Helm V2 的指令如下：

```
$ helm install -f harbor-backup.yaml --name <Harborname> harbor/harbor
```

若沒有使用第三方儲存，而是直接部署在本機 Kubernetes 叢集上，則不建議自己做備份，可以參考第三方備份工具，如 velero.io。

9.1.4 以映像檔複製為基礎的備份和恢復

除了上述正常備份方式，使用者也可以使用 Harbor 的映像檔複製功能，達到備份的效果。眾所皆知，Harbor 的映像檔複製功能可以用來做映像檔分發及與 DevOps 的工作流整合等工作，其在本質上是利用 JobService 元件啟動一個非同步任務將本機映像檔分發到其他端點，或是將其他端點的映像檔拉取到本機。這裡稍微改變一下使用場景，如圖 9-2 所示，準備一個 Harbor 實例作為備份節點，用來備份其他節點的映像檔，然後將其他工作節點的映像檔複製到此節點。

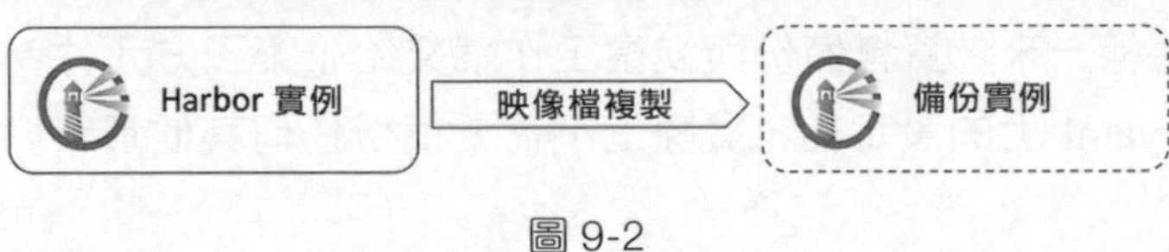

圖 9-2

當原服務故障且需要恢復時，則如圖 9-3 所示，將此備份節點的映像檔恢復到新的 Harbor 實例。

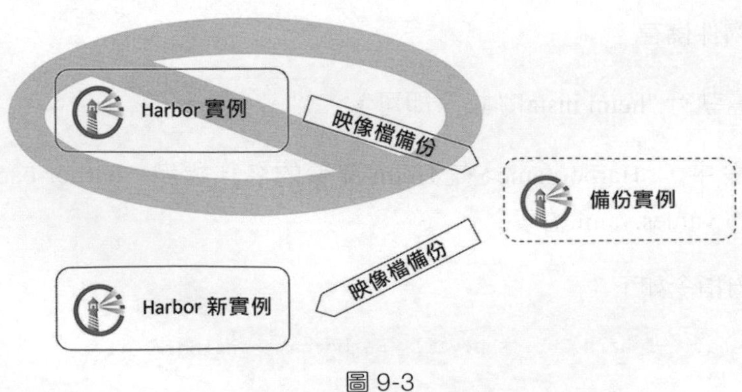

圖 9-3

備份時的設定流程如下。

（1）啟動 Harbor 服務實例和備份實例，可參考本書第 3 章安裝 Harbor。

（2）把備份實例設定為 Harbor 服務實例的複製目標。登入 Harbor 服務實例，在倉庫管理頁面選擇「新增目標」，增加備份實例的資訊：「提供者」需要選擇 "Harbor"；「目標名」根據使用者的需求填寫；「目標 URL」填寫 Harbor 備份節點的位址；「存取 ID」「存取密碼」及是否選取「驗證遠端憑證」都根據使用者安裝時的設定填寫，如圖 9-4 所示。

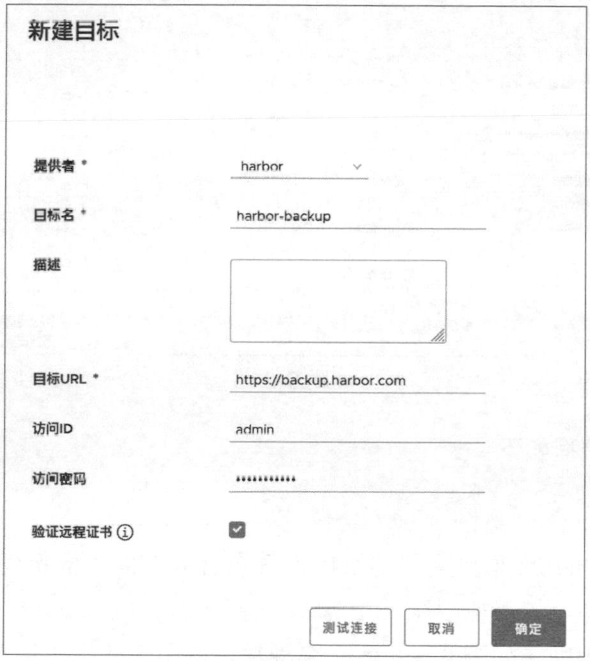

圖 9-4

（3）為備份建立複製規則，以定期備份映像檔。在 Harbor 管理員介面的「複製管理」欄中新增一筆複製映像檔到備份節點的規則。如圖 9-5 所示，複製模式選擇 "Push-based"；來源資源篩檢程式根據需求自訂填寫，若想備份所有映像檔資料，則名稱和 Tag 都填寫 "**"；目的 Registry 填寫剛才建立的目標，目的 Namespace 留空，以便備份節點與來源節點 Namespace 一致；觸發模式選擇「定時」，可以根據規則定期執行備份任務。

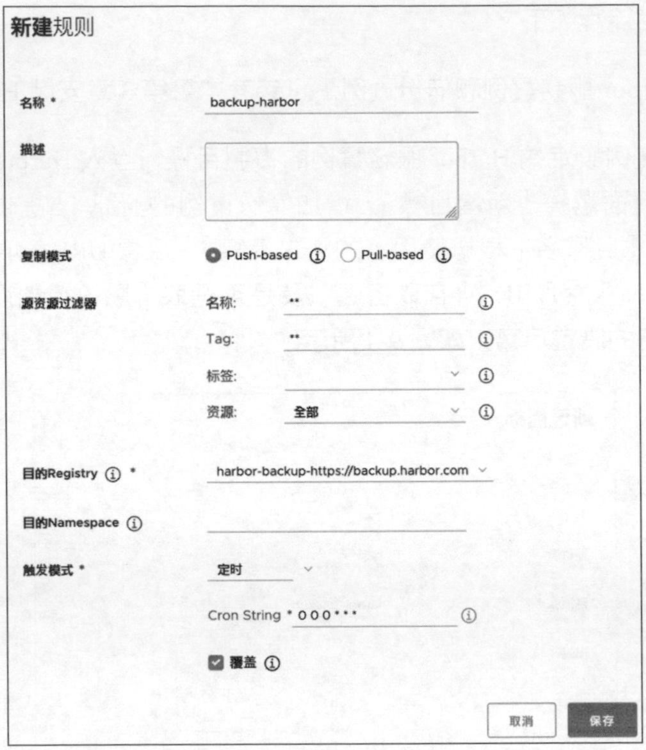

圖 9-5

恢復時的設定流程如下。

（1）啟動 Harbor 的新實例。

（2）建立指向 Harbor備份實例的目標，其內容與本節「備份時的設定流程」中第 2 步建立的目標對應。

（3）建立恢復規則。如圖 9-6 所示，名稱根據使用者的需求填寫；複製模式選擇 "Pull based"；來源 Registry 選擇 Harbor 備份的節點；目的 Namespace 留空，以便映像檔的 Namespace 與備份節點一致；觸發模式根據恢復的需求自行選擇。

需要指出的是，採用本方式進行備份和恢復具有限制。因為 Harbor 的遠端同步僅確保對映像檔、Helm Charts 等 Artifacts 的備份，使用者在專案上的許可權、標籤（Label）等並沒有同步到備份實例上。因此在恢復時，僅重新複製了一份原來的 Artifact 資料，使用者許可權等資料並沒有恢復，管理員仍需手動恢復專案的許可權等。如果結合使用者統一認證（如 LDAP 等），則可在某種程度上滿足恢復後新實例的認證需求。這是一種簡便的備份方式，把使用者最重要且資料量最大的映像檔等資料做了備份，在一些使用者許可權模型比較簡單的環境（如生產環境）下具有一定的實用價值，使用者可以結合實際場景來使用。

圖 9-6

9.2 版本升級

Harbor 只支援目前版本及目前版本的前兩個小版本。如在 Harbor 2.0 發佈後，Harbor 只支援 2.0、1.10、1.9 這 3 個版本，不再支援 1.8 及之前的版本。如果使用者繼續使用不再被支援的 Harbor 版本，則在這些版本存在漏洞或缺陷時，因為無法修復，可能會使系統處於風險之中。所以，建議使用者即時更新到支援的版本（安全警告機制參考第 13 章）。因為版本升級很容易因為操作不當而出錯，造成資料遺失或無法啟動等嚴重事故，所以本節會從 Harbor 版本升級方案的設計想法、實現細節及歷史背景等方面說明版本升級的解決方案。

9.2.1 資料移轉

在升級 Harbor 服務之前，使用者需要先對它的資料進行遷移以轉換新的版本。需要遷移的資料有兩種：資料庫綱要（schema）和設定檔資料。

- 資料庫綱要也就是資料庫中表的結構，每次新版本發佈時新的功能及對老功能、程式的重構都會導致資料庫綱要的變更，所以每次升級時都需要升級資料庫綱要。
- 設定檔資料，顧名思義指 Harbor 元件設定檔，在部分新功能或新的元件出現時，都需要在設定檔中新增其參數；在舊功能、元件重構或廢棄時，也會對設定檔進行更新。

如果升級時不做資料移轉，則會導致資料與新版本不相容而引發問題。資料移轉是一種高風險操作，操作出現問題時會造成資料遺失等嚴重後果，所以一定要先按照 9.1 節的操作進行資料備份。

接下來說明資料移轉。以 Harbor 2.0 為例，使用者只用關注設定檔而不必關注資料庫的遷移，因為在每次啟動實例時，其資料庫綱要都是自動升級的，其原理為：Harbor 在每次啟動時都會呼叫第三方函數庫 "golang-migrate"，它會檢測目前資料庫綱要的版本，如果 Harbor 實例的版本比目前資料庫的版本新，則會對資料庫自動升級。設定檔則需要使用者手動執行升級的命令列工具套件。此工具套件與 Harbor 一同發佈，被包含在 "goharbor/prepare:v2.0.0" 映像檔中。使用者可以在 Harbor 的離線安裝套件中找到它，也可以在 Docker Hub 中取得它，指令如下：

```
$ docker pull goharbor/prepare:v2.0.0
```

在 Harbor 2.0 中支援以 1.9.*x* 或 1.10.*x* 兩個版本為起點的升級遷移。以 1.9 升級到 2.0 為例，遷移指令如下：

```
$ docker run -v /:/hostfs goharbor/prepare:v2.0.0 migrate --input  /home/
harbor/upgrade/harbor-19.yml --output /home/harbor/upgrade/harbor-20.yml
--target 2.0.0
```

其中，"-v /:/hostfs" 是將主機的根目錄 "/" 掛載到容器中的 "/hostfs" 目錄。因為指令是執行在容器中的，而檔案是在主機上的，為了能在容器中存取到指定的檔案，需要這樣掛載，之後 prepare 會對 "/hostfs" 這個檔案做特殊處理，使得在容器中也能存取主機上的指定檔案。但是注意：主機上的檔案路徑不能包含軟連結，否則在容器中會找不到正確的路徑。

"migrate" 指令有以下 3 個參數。

- --input（縮寫為 "-i"）：是輸入檔案的絕對路徑，也就是需要升級的原設定檔。
- --output（縮寫為 "-o"）：是輸出檔案的絕對路徑，也是升級後的設定檔，是可選參數，如果取預設值，則升級後的檔案會被寫回輸入檔案中。
- --target（縮寫為 "-t"）：是目標版本，也就是打算升級到的版本，也是可選參數，如果取預設值，則版本為支援的最新版本。

所以如上指令是將 Harbor 1.9 的設定檔 "/home/harbor/upgrade/harbor-19.yml" 升級到 Harbor 2.0 版本，並且儲存到 "/home/harbor/upgrade/harbor-20.yml" 目錄下。若使用縮寫和預設的參數，則指令可以簡化如下：

```
$ docker run -v /:/hostfs goharbor/prepare:v2.0.0 migrate -i /home/harbor/
upgrade/harbor.yml
```

如果資料移轉成功，則執行結果如下：

```
migrating to version 1.10.0
migrating to version 2.0.0
Written new values to /home/harbor/upgrade/harbor-20.yml
```

以上為 Harbor 從 1.9、1.10 升級到 2.0 版本的方法。如果想將更早版本的 Harbor 升級到 2.0 版本，則需要先將其升級到 1.9 或 1.10 版本，再升級到 2.0 版本。

Harbor 2.0 之前的版本與 Harbor 2.0 之後的版本在升級方式上存在不少差別，Harbor 2.0 之前的版本反覆運算經歷了資料庫、設定檔格式、遷移工具等多次變更。如圖 9-7 所示，Harbor 的 1.5、1.7、1.8、2.0 版本引用的變化都會影響資料移轉方式。

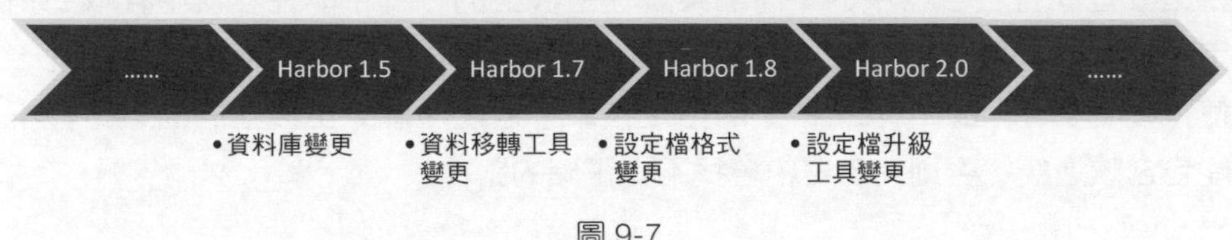

圖 9-7

下面列出了其中的變化和影響。

- 1.5：在此版本之前，Harbor 使用 MySQL 作為底層資料庫，之後切換為 PostgreSQL。如果使用者使用的是 Harbor 內部的資料庫元件，Harbor 的資料移轉工具就會自動處理資料庫的升級和變更；但是如果使用了外部的 MySQL 服務作為資料庫，則使用者需要自己手動遷移資料。
- 1.7：在此版本之前，Harbor 使用 Python 的 Alembic 函數庫作為資料庫遷移工具，之後切換為 golang-migrate。所以，之前的版本需要先使用 Harbor 遷移工具進行資料移轉；在之後的版本，使用者只需遷移設定資料，不再需要手動操作資料庫，因為資料庫的資料移轉會在實例啟動時自動完成。
- 1.8：在這個版本中，設定檔的格式發生了改變，之前使用的是微軟的 INI 設定檔格式，之後變更為 yaml 格式。由於之前的設定檔遷移都是在原始檔案上修改的，但是在 1.8 版本裡面輸入檔案和輸出檔案的格式不相同，用同樣的名字會引起誤會，所以此版本中的設定檔資料移轉需要同時指定輸入檔案名稱與輸出檔案名稱。
- 2.0：在此版本中，Harbor 進行了重大升級與重構，只支援 1.9.*x* 與 1.10.*x* 版本的升級，而 Harbor 的遷移工具的大量工作都是針對 Harbor 1.9 之前的版本的。另外，之前的遷移工具由 Python 2.7 實現，而 Python 2.7 在 2020 年停止支援，所以在 Harbor 2.0 版本中遷移工具被廢棄，1.9 和 1.10 版本的資料移轉功能被移至 prepare 工具套件中。所以從此版本開始，Harbor 的升級工具發生了改變。如果想將 Harbor 之前的版本升級到 2.0 版本，則需要先將資料移轉到 1.9 或 1.10 版本。

了解這些之後，就可以進行升級了，若想得到一個穩妥的升級路徑，則可以參考圖 9-8。

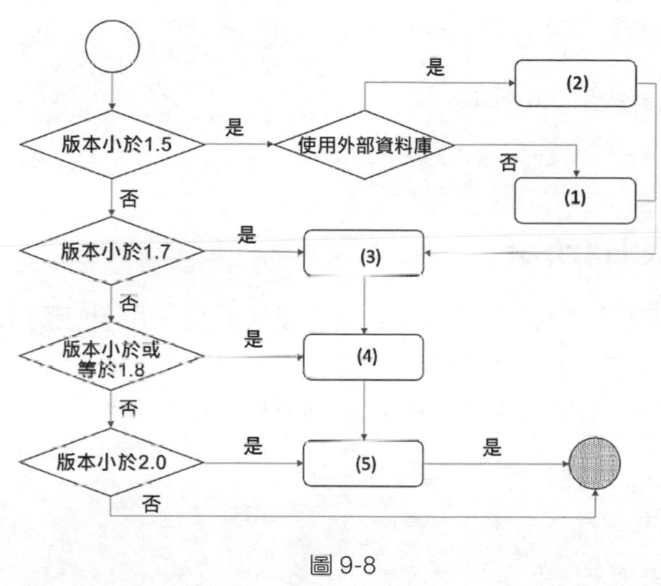

圖 9-8

圖 9-8 中數字序號對應的升級操作指令如下。

（1）將資料升級到 1.6 版本：

```
$ docker run -it --rm -e DB_USR=root -e DB_PWD=<資料庫密碼> -v <資料庫資料夾路徑>:/var/lib/mysql -v <設定檔位址>:/harbor-migration/harbor-cfg/harbor.cfg goharbor/harbor-migrator:1.6 up
$ docker run -it --rm -c DB_USR=root -v <notary資料庫路徑> /:/var/lib/mysql -v <harbor資料庫路徑>:/var/lib/postgresql/data goharbor/harbor-migrator:1.6 --db up
$ docker run -it --rm -v <clair資料庫路徑>:/clair-db -v <harbor資料庫路徑>:/var/lib/postgresql/data goharbor/harbor-migrator:1.6 --db up
```

（2）參考 Harbor 的實現，進行外部資料庫的升級和遷移。

（3）將設定檔升級到 1.8 版本：

```
$ docker run -it --rm -v <harbor.cfg路徑>:/harbor-migration/harbor-cfg/
harbor.cfg -v <harbor.yml路徑>:/harbor-migration/ harbor-cfg-out/harbor.yml
goharbor/harbor-migrator:1.8 --cfg up
```

（4）將設定檔升級到 1.10 版本：

```
$ docker run -it --rm -v <harbor.yml路徑>:/harbor-migration/harbor-cfg/
harbor.yml goharbor/harbor-migrator:1.10 --cfg up
```

（5）將設定檔升級到 2.0 版本：

```
$ docker run -v /:/hostfs goharbor/prepare:v2.0.0 migrate -i <harbor.yml路徑>
```

9.2.2 升級 Harbor

本節介紹如何升級 Harbor。Harbor 目前支援從 1.9、1.10 升級到 2.0 版本。對於更早的版本，請先參照 9.2.1 節將資料移轉到 1.9 或 1.10 版本。本節僅介紹從 Harbor 的 1.9、1.10 版本升級到其 2.0 版本的操作方法。

（1）如果 Harbor 還在執行，則需要先將其關閉：

```
$ cd harbor
$ docker-compose down
```

（2）備份目前 "Harbor" 資料夾（可選）：

```
$ mv harbor /my_backup_dir/harbor
```

（3）備份資料：

```
$ cp -r /data/database /my_backup_dir/
```

（4）從 "github.com/goharbor/harbor/releases" 取得最新版本的 Harbor 安裝套件。

（5）進行資料移轉（如果目前 Harbor 版本低於 1.9，則請參考 9.2.1 節進行資料移轉）：

```
$ docker run -v /:/hostfs goharbor/prepare:v2.0.0 migrate -i <harbor.yml路徑>
```

（6）使用新的設定檔安裝 Harbor：

```
$ cd <新版本Harbor解壓的資料夾>
#根據實際需求安裝harbor
$ ./install.sh --with-notary -with-clair -with-chartmuseum
```

到這裡，Harbor 升級的相關內容就講完了。讀者可能會問：Harbor 的更新版本升級（如從 1.9.1 升級至 1.9.2 版本）並沒有在文中提到，對這種情況應該如何處理？其實 Harbor 的升級遵循一個約定：更新版本的升級不會有關設定檔和資料庫的修改，所以對這種情況就不需要考慮了。

如果以上升級一切順利，則會看到 Harbor 正常啟動並提供服務，如果沒有正常啟動，則可以進行系統校正，見 9.3 節。

9.3 系統校正方法

剛接觸 Harbor 的新手在遇到錯誤想排除時，想必會發現 Harbor 元件許多，不知從哪裡下手。所以本節會以 Harbor 的架構，列出校正的基本想法。

基本想法是透過觀察來定位錯誤的根源，再根據錯誤的根源解決或繞過實際問題。觀察的點首先是服務的執行狀態，其次是記錄檔內容。對錯誤的定位則是透過觀察獲得的資訊一步一步地定位錯誤的源頭。要定位錯誤的源頭，首先需要知道 Harbor 各個元件之間的通訊關係，才能順著資料的流向溯源。如圖 9-9 所示是 Harbor 的資料流程向圖。

從圖 9-9 中可知，所有使用者請求都會先經過 Proxy。Proxy 截獲請求後，根據請求的是 API、Notary 還是前端檔案，將請求分別代理給 Core 元件、Notary 元件、Portal 元件。Core 元件處理不同的 API 請求時，也會有關不同元件內部的相互呼叫，以及對資料庫和 Redis 的存取。

Harbor 的各個元件主要透過記錄檔及 health API 對外曝露自己的狀態。在使用 "docker- compose" 指令部署 Harbor 時，記錄檔由 harbor-log 元件統一收集和處理。它首先會在各元件收集上來的記錄檔內容中增加統一的字首，字首的內容依次為擷取時間、來源元件 IP 位址、來源元件處理程序名稱和處理程序 ID，然後以元件的處理程序名為檔案名稱將記錄檔寫入檔案系統中。如果 Harbor 被部署在 Kubernetes 上，則可用 "kubectl logs" 指令類似地檢視對應元件的容器的記錄檔，此處不再贅述。

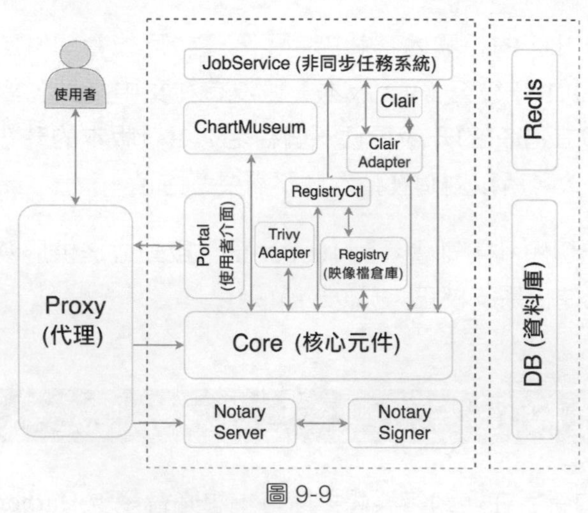

圖 9-9

Harbor 各個元件的記錄檔參考表 9-1。

表 9-1

元件名稱	記錄檔名稱	元件名稱	記錄檔名稱
ChartMuseum	chartmuseum.log	Portal	portal.log
ClairAdapter	clair-adapter.log	Harbor-DB	postgresql.log
Clair	clair.log	Proxy	proxy.log
Core	core.log	Redis	redis.log
JobService	jobservice.log	RegistryCtl	registryctl.log
NotaryServer	notary-server.log	Registry	registry.log
NotarySigner	notary-signer.log	TrivyAdapter	trivy-adapter.log

下面以 Core 元件的一筆記錄檔為例，説明各欄位的含義。

```
Apr 26 08:55:37 172.18.0.1 core[5166]: 2020-04-26T08:55:37Z [INFO] [/
replication/adapter/harbor/adaper.go:31]: the factory for adapter harbor
registered
```

在 Harbor-log 元件增加的字首中：第 1 個欄位 "Apr 26 08:55:37" 表示 harbor-log 元件擷取到記錄檔的時間；第 2 個欄位 "172.18.0.1" 表示 Core 元件在容器網路中的 IP 位址；第 3 個欄位 "core[5166]" 表示處理程序名為 core，處理程序 ID 為 5166。

在 Core 元件產生的記錄檔中（Harbor 其他核心元件的記錄檔結構也與此類似）：第 1 個欄位 "2020-04-26T08:55:37Z" 是該記錄檔產生的時間；第 2 個欄位 "[INFO]" 是記錄檔等級；第 3 個欄位 "[/replication/adapter/harbor/adaper.go:31]" 是產生該記錄檔的程式檔案名稱及行號；第 4 個欄位 "the factory for adapter harbor registered" 是記錄檔的實際內容。

除核心元件外，Harbor 參考的第三方元件如 Redis、Postgres、Nginx 等的記錄檔格式可參考相關文件。

Harbor 元件大部分帶有健康檢測功能，實際如表 9-2 所示。

表 9-2

元件名稱	健康檢測方法	元件名稱	健康檢測方法
ChartMuseum	API：/health	Portal	API：/
ClairAdapter	API：/probe/healthy	Harbor-DB	指令稿：/docker-entrypoint.sh
Clair	API：/health	Proxy	API：/
Core	API：/api/v2.0/ping	Redis	指令稿：docker-healthcheck
JobService	API：/api/v1/stats	RegistryCtl	API：/api/health
NotaryServer	無	Registry	API：/
NotarySigner	無	TrivyAdapter	API：/probe/healthy

其中主要透過元件的健康狀態 API 或特定的指令稿進行檢測。這些檢測的指令稿或 API 如果檢測結果為健康，容器狀態就會顯示 "healthy"，否則容器狀態顯示 "unhealthy"。

了解上述背景後，我們再看看如何透過觀察定位問題的源頭。如圖 9-10 所示是定位問題的源頭的流程圖。

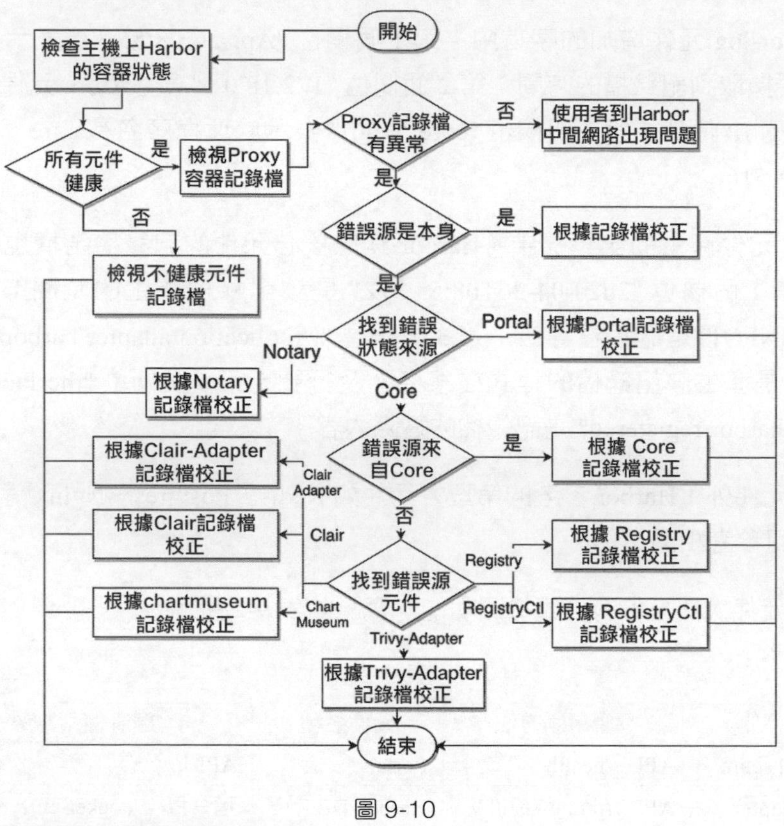

圖 9-10

參考此流程圖，獲得 Harbor 錯誤溯源的步驟如下。

（1） 檢視 Harbor 主機上的容器狀態是否都健康：

```
$ docker ps
```

（2） 若發現了有容器是 unhealthy 狀態或在不停地重新啟動，那麼它們極有可能是錯誤的源頭。在 Harbor 錯誤溯源結束後，接下來做的就是根據其記錄檔解決實際問題。

（3） 若所有元件都健康，則繼續檢視上游 Proxy 元件的記錄檔。

(4) 若 Proxy 元件的記錄檔沒有異常，也沒有使用者的存取記錄檔，那麼極有可能是使用者和 Harbor 之間的網路出現了問題。所以 Harbor 錯誤溯源結束，接下來排除網路問題。

(5) 如果在 Proxy 記錄檔中發現了錯誤訊息，且錯誤來源是 Proxy 元件本身，那麼 Harbor 錯誤溯源結束，接下來根據記錄檔錯誤排除 Proxy 問題。

(6) 如果 Proxy 記錄檔中的異常資訊或錯誤狀態碼來自其代理的某個元件（例如代理 Portal 元件出現錯誤、Core 元件傳回 "501" 狀態碼），那麼說明 Proxy 本身沒有問題，問題的源頭為其代理的元件。

(7) 若 Proxy 記錄檔錯誤來自 Portal，則對 Portal 元件校正，Harbor 錯誤溯源結束。

(8) 若 Proxy 記錄檔錯誤來自 Notary，則對 Notary 元件校正，Harbor 錯誤溯源結束。

(9) 若 Proxy 記錄檔錯誤來自 Core，則繼續分析 Core 記錄檔，以進行下一步的溯源。

(10) 若 Core 記錄檔的錯誤由其本身導致，則對 Core 元件校正，Harbor 錯誤溯源結束。

(11) 若 Core 的記錄檔錯誤來自其他元件，則繼續對上游元件校正。

(12) 若 Proxy 記錄檔錯誤來自 Registry，則對 Registry 元件和 Registryctl 校正，Harbor 錯誤溯源結束。

(13) 若 Proxy 記錄檔錯誤來自 Clair，則對 Clair 元件和 ClairAdapter 校正，Harbor 錯誤溯源結束。

(14) 若 Proxy 記錄檔錯誤來自 Trivy，則對 Trivy 元件校正，Harbor 錯誤溯源結束。

(15) 若 Proxy 記錄檔錯誤來自 ChartMuseum，則對 ChartMuseum 元件校正，Harbor 錯誤溯源結束。

(16) 若錯誤有關垃圾回收、內容複製、漏洞掃描等非同步任務系統的功能，則可在觸發任務頁面找到對應任務記錄檔的入口，並且根據此記錄檔進行排除。更多詳細資訊可參考第 11 章的內容。

透過上述步驟可以定位 Harbor 本身的錯誤源頭。除了 Harbor 本身的這些錯誤，還有許多任務是發生在非同步任務中的。線上垃圾回收、映像檔複製同步等都會觸發非同步任務，非同步任務的錯誤可以透過在任務歷史記錄中檢視任務記錄檔（如圖 9-11 所示的位置）發現。

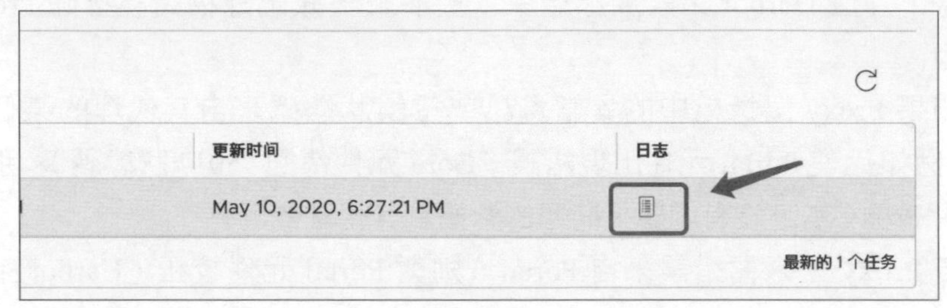

圖 9-11

透過以上的溯源分析後，我們一般都能準確定位問題的源頭。接下來將進入校正階段。通常從以下幾個方面校正。

（1）網路：修復網路裝置；修復網路設定；修復 DNS 設定。

（2）環境：升級執行環境的軟體版本；安裝 Harbor 執行所依賴的軟體；修改 Harbor 執行時期依賴的檔案許可權；確保證書等依賴檔案的正確性。

（3）設定：升級設定檔到正確的版本；修改錯誤的設定；確保設定檔生效（需要手動執行 prepare 或 install 指令稿）。

（4）資料：解決資料庫、Redis 和第三方儲存與 Harbor 的相容性問題；確保資料模型的版本與 Harbor 的版本對應。

（5）硬體：更換壞掉的 CPU、硬碟、記憶體等裝置。

生產環境下的問題差別很大，很難有標準的校正方式覆蓋到所有的錯誤，還有些錯誤雖然在 Harbor 中曝露了，但其源頭可能是其他服務，這裡由於篇幅有限，就不再一一說明了。我們透過上述校正想法可以排除出一部分問題，若遇上無法解決的難題或 Bug，則可以去 Harbor 的 GitHub 倉庫中提交 issue（問題）來提供錯誤描述求助社區，建議同時附帶上相關元件的記錄檔。記錄檔預設位於 "/var/log/harbor" 目錄下。使用以下指令將所有記錄檔包裝，然後將 harbor.log.tar.gz 上傳至 issue 內容中，或直接將記錄檔內容複製貼上至 issue

中，這樣社區成員便可更準確地幫助定位問題的源頭。注意：因為 GitHub 是所有使用者可見的，所以應該先將記錄檔裡面的敏感資訊刪除再上傳：

```
$ tar -zxvf harbor.log.tar.gz /var/log/harbor
```

9.4 常見問題

對 Harbor 進行維護時，我們還會遇到許多問題，本節將列出幾個常見的問題及應對方法。

9.4.1 設定檔不生效

無論是在生產環境下還是在測試環境下，都會有對設定檔進行修改的場景。很多使用者在停掉 Harbor 容器後，都會修改設定檔然後啟動 Harbor，發現設定還是保持原樣，而非更新為剛修改的值。這是因為 Harbor 的設定檔在修改後並不會直接生效。Harbor 的許多元件都有自己的設定檔和環境變數，但是設定檔只有一個，使用者需要透過執行 prepare 容器，使得 Harbor 設定檔中的設定項目能夠繪製到各元件所依賴的設定檔。所以修改設定檔後，應該執行以下指令更新設定：

```
$ docker-compose down -v
$ . /prepare --with-notary --with-clair --with-trivy --with-chartmuseum
$ docker-compose up -d
```

這樣就能確保使用者對設定的每次修改都能生效了。

9.4.2 Docker 重新啟動後 Harbor 無法啟動

在將 Harbor 部署到生產環境後，其主機上的 Docker 後台處理程序很大機率都會主動或被動地重新啟動。但是在重新啟動後，Harbor 常常會啟動失敗，某些元件的容器陷入無限重新啟動狀態。

這是因為 Harbor 的各個元件容器之間會有依賴關係，這些資訊都被定義在設定檔 "docker-compose.yml" 中。其中，記錄檔容器會監聽本機 IP 位址 127.0.0.1 的 1514 通訊埠，以接收和整理其他容器的記錄檔。其他容器則將記錄檔輸出到標準輸出中，然後透過 Docker 的後台處理程序（Docker Daemon）將記錄檔統一轉發到 127.0.0.1:1514。但是，記錄檔容器和 Docker 後台處理程序的啟動順序是隨機的，若記錄檔容器先啟動，則它會發現 Docker 後台並未啟動，所以啟動失敗，其他容器無法連接記錄檔容器，也會啟動失敗。

這個問題的源頭是兩個互相依賴的處理程序無法保證啟動順序，因為其啟動順序由作業系統排程決定，所以 Docker 後台處理程序的生命週期管理已經超出了 Harbor 的能力範圍，無法在 Harbor 層面解決。但是，我們可以在作業系統層面定義服務的啟動順序，在主流 Linux 系統如 Ubuntu 和 CentOS 中利用類似如下所示的 systemd 設定，將其根據自己的需求稍做修改，並儲存到作業系統的 systemd 啟動設定檔夾處，如 Ubuntu 18.04 中的 "/lib/systemd/system" 資料夾：

```
[Unit]
Description=Harbor
After=docker.service systemd-networkd.service systemd-resolved.service
Requires=docker.service

[Service]
Type=simple
Restart=on-failure
RestartSec=5
ExecStart=/usr/local/bin/docker-compose -f <docker-compose.yml 檔案路徑> up
ExecStop=/usr/local/bin/docker-compose -f <docker-compose.yml 檔案路徑> down

[Install]
WantedBy=multi-user.target
```

9.4.3 在遺失 secret key 的情況下刪除已簽名的映像檔

Harbor 的映像檔簽名功能是映像檔安全相關功能的重要一環，由 Notary 提供。已簽名的映像檔需要獲得 Notary 的驗證和授權才能被刪除，如果使用者遺失了 Notary 的 secret key，則無法再刪除已簽名的映像檔。在這種情況下，管理員是可以繞開限制將其刪除的，步驟如下。

（1）停止 Harbor：

```
$ docker-compose down -v
```

（2）執行 prepare，產生不帶 Notary 的 docker-compose 檔案：

```
$ ./prepare --with-clair --with-chartmuseum --with-trivy
```

（3）啟動 Harbor：

```
$ docker-compose up -d
```

（4）此時 Harbor 已經關閉了 Notary 元件，可以在 Harbor 中刪除已簽名的映像檔。

（5）恢復之前的設定：

```
$ docker-compose down -v
$ ./prepare --with-clair --with-chartmuseum --with-trivy --with-notary
$ docker-compose up -d
```

9.4.4 遺失了系統管理員 admin 的密碼

Harbor 的系統管理員 admin 有很多許可權，其密碼保管工作十分重要，萬一遺失了密碼，則可用以下方法將 admin 的密碼重置。

（1）用用戶端連接 Harbor 資料庫，並選擇 Harbor 資料庫：

```
$ docker exec -it harbor-db
$ psql -U postgres
postgres=# \c registry;
```

(2) 執行以下指令，重置 admin 帳號：

```
registry=# select * from harbor_user update harbor_user set salt='',
password='' where user_id = 1;
```

(3) 重新啟動 Harbor 後，系統管理員 admin 就能使用在 harbor.yml 中設定的初始密碼登入了。

注意：重新啟動 Harbor 後應儘快修改 admin 的密碼。

Chapter

10 API 的使用方法

前面的章節介紹了 Harbor 各種管理的功能，其中絕大部分功能都可以透過 API（應用程式設計介面）來實現。本章說明 Harbor API 的主要功能、認證方式和使用方式等，介紹如何透過 API 與 Harbor 互動，讀者可在此基礎上開發各種管理工具或把 Harbor 整合到其他系統中。Harbor API 在開發運行維護實作中有重要作用，主要表現在以下幾個方面：

- 其他系統（如 CI/CD 系統）透過 API 呼叫來觸發 Harbor 的功能，提升系統之間的互通性和自動化能力；
- 其他系統（如監控系統）可以從 API 中取得 Harbor 的資料，並進行整合、儲存或展現；
- 使用者可以撰寫指令稿或命令列工具來呼叫 Harbor，進行互動式存取。

10.1 API 概述

衡量一個軟體成熟度的標準之一，是看該軟體是否提供了豐富和完整的 API，是否可方便、靈活地與其他系統整合，滿足各種場景的需求。Harbor 提供了完整的 RESTful API，以方便使用者進行延伸開發、系統整合和流程自動化等相關工作。Harbor 的程式實現了使用者、專案、掃描、複製、Artifact 等核心管理功能。除此之外，Harbor 也整合了其他開放原始碼元件（如 Docker

Distribution 等）來完成對應的功能，這些元件的 API 會透過 Harbor 曝露給使用者。根據功能元件的不同，Harbor 提供的 API 主要分為兩種：核心管理 API 和 Registry API，整體結構如圖 10-1 所示。核心管理 API 的功能基本由 Harbor 專案實現，Registry API 的功能主要由 Docker Distribution 元件提供，透過 Harbor 透傳 API 供外部呼叫。

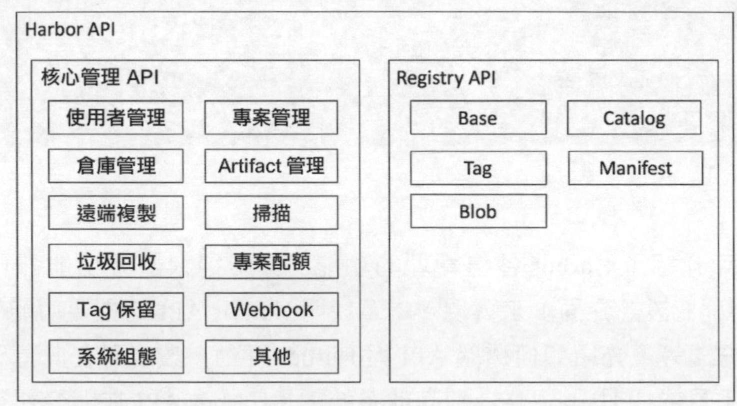

圖 10-1

10.1.1 核心管理 API 概述

核心管理 API 提供了 Harbor 核心管理功能的程式設計介面，這些功能主要如下。

- 使用者管理（"/users" 和 "/usergroups"）：覆蓋使用者和使用者群組相關的管理功能，包含使用者和使用者群組的建立、修改、尋找、刪除等。
- 專案管理（"/projects"）：覆蓋專案相關的管理功能，包含專案的建立、修改、尋找、取得概要、刪除和專案詮譯資訊的管理等。
- 倉庫管理（"/projects/{project_name}/repositories"）：覆蓋倉庫相關的管理功能，包含倉庫的修改、尋找和刪除等。
- Artifact 管　理（"/projects/{project_name}/repositories/{repository_name}/artifacts"）：覆蓋 Artifact 相關的管理功能，包含 Artifact 尋找、刪除、增加；標籤移除；附加屬性取得；Tag 管理等。

- 遠端複製（"/replication" 和 "/registries"）：覆蓋遠端複製相關的功能，包含倉庫服務實例管理及遠端複寫原則的管理、執行等。
- 掃 描（"/scanners"、"/projects/{project_id}/scanner" 和 "/projects/{project_name}/repositories/{repository_name}/artifacts/{reference}/scan" 等）：覆蓋掃描相關的功能，包含掃描器管理、觸發掃描和檢視掃描結果等。
- 垃圾回收（"/system/gc"）：覆蓋垃圾回收相關的功能，包含觸發垃圾回收和檢視執行結果等。
- 專案配額（"/quotas"）：覆蓋專案配額相關的功能，包含專案配額的設定、更改和檢視等。
- Tag 保留（"/retentions"）：覆蓋 Artifact 保留策略相關的功能，包含保留策略的建立、修改、刪除和執行等。
- Artifact 管理（"/projects/{project_id}/immutabletagrules"）：覆蓋專案中不可變 Artifact 策略相關的功能，包含不可變策略的建立、修改、刪除和執行等。
- Webhook（"/projects/{project_id}/webhook"）：覆蓋 Webhook 相關的功能，包含 Webhook 的建立、修改和刪除等。
- 系統組態（"/configurations" 和 "/systeminfo"）：覆蓋系統組態和基本資訊相關的功能，包含系統組態的檢視和修改等。

核心管理 API 符合 OpenAPI 2.0 標準，使用者可以參考 GitHub 上 Harbor 官方程式倉庫中的 Swagger 文件取得核心管理 API 的詳細資訊。檢視某個特定版本的 API 文件時，需要先切換到對應的程式分支，實際位置如表 10-1 所示。

表 10-1

版 本	分 支	文件位置
2.0	release-2.0.0	/api/v2.0
1.10	release-1.10.0	/api/harbor
1.9 及之前	release-1.9.0 等	/docs/swagger.yaml

也可以直接使用 API 控制中心功能，透過 Web 頁面檢視和使用 API，實際使用方法請參考 10.2.13 節。

1. API 版本

Harbor 2.0 引用了 API 版本機制來更進一步地支援後續 API 的演進，如果程式的改動無法保證向前相容，則將被歸入更新版本的 API 中。在一個特定的發行版本中，Harbor 只會維護一個版本的 API，所以如果使用者使用了 API，在升級時就要注意 API 的版本是否有所變動。使用者可以發送請求 "GET /api/version" 取得所部署的 Harbor 支援的 API 版本：

```
$ curl https://demo.goharbor.io/api/version
```

傳回結果如下：

```
{"version":"v2.0"}
```

可以看到，目前 Harbor API 的版本為 v2.0，那麼所有核心管理 API 都以 "/api/v2.0" 為字首。

2. 認證方式

核心管理 API 採用 HTTP 進行基本認證（Basic Auth），在基本認證過程中，請求的 HTTP 表頭會包含 Authorization 欄位，形式為 "Authorization: Basic <憑證>"，該憑證是由使用者和密碼組合而成的，採用了 Base64 編碼。

使用 cURL 以 Harbor 系統管理員 admin 的使用者名稱和密碼呼叫專案清單 API，程式如下：

```
$ curl -u admin:xxxxx https://demo.goharbor.io/api/v2.0/projects
```

傳回結果如下：

```
[
  {
    "project_id": 1,
    "owner_id": 1,
    "name": "library",
    "creation_time": "2020-04-30T20:46:40.359337Z",
    "update_time": "2020-04-30T20:46:40.359337Z",
    "deleted": false,
    "owner_name": "",
```

```
    "current_user_role_id": 1,
    "current_user_role_ids": [
      1
    ],
    "repo_count": 0,
    "chart_count": 0,
    "metadata": {
      "public": "true"
    },
    "cve_whitelist": {
      "id": 0,
      "project_id": 0,
      "items": null,
      "creation_time": "0001-01-01T00:00:00Z",
      "update_time": "0001-01-01T00:00:00Z"
    }
  }
]
```

3. 錯誤格式

在請求 API 時，有可能會因為用戶端或伺服器端發生錯誤而導致請求失敗，在這種情況下，一種標準的 API 錯誤會被傳回，用來說明錯誤發生的實際原因。

傳回的 API 錯誤的格式是一個陣列，陣列中的每個元素都代表一個實際的錯誤訊息，每個錯誤訊息都由 HTTP 回應狀態碼和實際的錯誤內容兩部分組成，而實際的錯誤內容又包含兩個欄位：錯誤碼和錯誤訊息。舉例來說，當請求 Repository API 取得一個不存在的 Repository 時，請求如下：

```
$ curl -u admin:xxxxx https://demo.goharbor.io/api/v2.0/projects/library/
repositories/hello-world
```

傳回結果如下：

```
HTTP/1.1 404 Not Found
Server: nginx
Date: Sun, 03 May 2020 04:02:15 GMT
```

```
Content-Type: application/json; charset=utf-8
Content-Length: 87
Connection: keep-alive
Set-Cookie: sid=9c31cb12979604d6df71b30536166dde; Path=/; Secure; HttpOnly
X-Request-Id: 544b8371-85f8-42b2-ab0f-7d06e38a681e

{
   "errors": [{
      "code": "NOT_FOUND",
      "message": "repository library/hello-world not found"
   }]
}
```

該回應的狀態碼為 404，實際的錯誤內容為 {"errors":[{"code":"NOT_FOUND", "message":"repository library/hello-world not found"}]}，在傳回的錯誤陣列（errors[]）中只包含一個元素，在該元素中 "NOT_FOUND" 是錯誤碼，"repository library/hello-world not found" 是錯誤訊息。

4. 查詢關鍵字 "q"

從 Harbor 2.0 開始，部分 API 引用了對查詢關鍵字 "q" 的支援，提供了一種通用的方式來過濾查詢結果。

目前查詢關鍵字 "q" 支援 5 種查詢語法。

- 精確比對：key=value。
- 模糊比對：key=~value。在值前增加 "~" 來表示模糊比對。
- 範圍：key=[min~max]。透過指定最小值 min 與最大值 max 並以 "~" 分隔來表示範圍，範圍包含邊界值。如果忽略最大值即 key=[min~]，則表示查詢 key 大於等於 min 的所有結果；如果忽略最小值即 key=[~max]，則表示查詢 key 小於等於 max 的所有結果。
- 或關係的集合：key={value1 value2 value3}。查詢 key 等於所給值中任意一個值的所有結果，多個值之間以空格分隔，如 tag={'v1' 'v2' 'v3'}。
- 與關係的集合：key=(value1 value2 value3)。查詢 key 同時等於全部所給值的所有結果，多個值之間以空格分隔，如 label=('L1' 'L2' 'L3')。

範圍和集合的值可以是字串（使用單引號或雙引號參考）、整數或時間（時間格式範例如 "2020-04-09 02:36:00"）。

在請求 API 時，所有查詢準則都要放在查詢關鍵字 "q" 中並以逗點分隔，如查詢專案 ID 為 1、名稱包含 "hello" 且建立時間不早於 2020-04-09 02:36:00 的 Repository，對應的 API 請求如下：

```
$ curl -u admin:xxxxx -globoff https://demo.goharbor.io/api/v2.0/projects/
library/repositories?q=project_id=1,name=~hello,creation_time=[2020-04-09%
2002:36:00~]
```

10.1.2 Registry API 概述

Docker Distribution 是 OCI 分發（Distribution）標準的實現。Harbor 透過整合 Docker Distribution 提供了 Artifact 的基礎管理功能，因此直接曝露了 Docker Registry 的 API 供使用者使用。Registry API 的詳細資訊可以參考 OCI 分發標準的官方文件。

Harbor 對 Registry API 提供了兩種認證方式：HTTP Basic Auth 認證和 Bearer Token 認證。

1. HTTP Basic Auth 認證

HTTP Basic Auth 的使用方式和核心管理 API 相同，使用 HTTP Basic Auth 認證方式取得 manifest 的 API 的請求如下：

```
$ curl -u admin:xxxxx https://demo.goharbor.io/v2/library/hello-world/
manifests/latest
```

傳回結果如下：

```
{
  "schemaVersion": 2,
  "mediaType": "application/vnd.docker.distribution.manifest.v2+json",
  "config": {
    "mediaType": "application/vnd.docker.container.image.v1+json",
    "size": 1510,
```

```
      "digest": s"sha256:fce289e99eb9bca977dae136fbe2a82b6b7d4c372474c9235adc1741675f587e"
   },
   "layers": [
      {
         "mediaType": "application/vnd.docker.image.rootfs.diff.tar.gzip",
         "size": 977,
         "digest": "sha256:1b930d010525941c1d56ec53b97bd057a67ae1865eebf042686d2a2d18271ced"
      }
   ]
}
```

2. Bearer Token 認證

Bearer Token 的認證流程在 5.1.3 節中介紹過，這裡介紹用 API 認證的實現細節。還是以請求 manifest 為例，不帶任何認證資訊的請求如下：

```
$ curl -i https://demo.goharbor.io/v2/library/hello-world/manifests/latest
```

傳回結果如下：

```
HTTP/1.1 401 Unauthorized
...
Www-Authenticate: Bearer realm="https://demo.goharbor.io/service/token",
service="harbor-registry",scope="repository:library/hello-world:pull"

{
    "errors": [{
        "code": "UNAUTHORIZED",
        "message": "unauthorized to access repository: library/hello-world, action: pull: unauthorized to access repository: library/hello-world, action: pull"
    }]
}
```

回應狀態碼為 401，在回應標頭 "Www-Authenticate" 中包含了認證服務的位址及所需申請的許可權。

根據所需的許可權（範例中是 pull 許可權）發送取得 Token 的請求：

```
$ curl -u admin:xxxxx https://demo.goharbor.io/service/token?service=
harbor-registry\&scope=repository:library/hello-world:pull
```

傳回結果如下：


```
{
  "token": "eyJ0eX…",
  "access_token": "",
  "expires_in": 1800,
  "issued_at": "2020-08-04T12:52:28Z"
}
```


將取得的 Token 放在請求標頭中再次請求 manifest：

```
$ curl -H "Authorization: Bearer eyJ0eX…" https://demo.goharbor.io/v2/
library/hello-world/manifests/latest
```

傳回結果如下：


```
{
   "schemaVersion": 2,
   "mediaType": "application/vnd.docker.distribution.manifest.v2+json",
   "config": {
      "mediaType": "application/vnd.docker.container.image.v1+json",
      "size": 1510,
      "digest": "sha256:fce289e99eb9bca977dae136fbe2a82b6b7d4c372474c9235adc1
741675f587e"
},
   "layers": [
      {
         "mediaType": "application/vnd.docker.image.rootfs.diff.tar.gzip",
         "size": 977,
         "digest": "sha256:1b930d010525941c1d56ec53b97bd057a67ae1865eebf04268
6d2a2d18271ced"
      }
   ]
}
```

10.2 核心管理 API

本節整理主要的核心管理 API 的使用方法，並列出部分範例，更多資訊可以檢視 Harbor 的 OpenAPI（Swagger）文件或透過互動式的 API 控制中心取得。

10.2.1 使用者管理 API

使用者管理 API（"/users" 和 "/usergroups"）覆蓋使用者和使用者群組相關的管理功能，包含使用者和使用者群組的建立、修改、尋找、刪除等，如表 10-2 所示。

表 10-2

Endpoint（終端位址）	方法說明
/users	GET：取得已註冊使用者的資訊。 POST：建立使用者帳戶
/users/{user_id}	GET：取得某個使用者的資訊。 PUT：更新某個使用者的資訊。 DELETE：刪除某個使用者
/users/{user_id}/password	PUT：更新使用者密碼
/users/{user_id}/sysadmin	PUT：更新使用者是否為系統管理員狀態
/users/{user_id}/cli_secret	PUT：產生新的使用者 CLI 密碼
/users/search	GET：搜尋使用者
/users/current	GET：取得目前使用者的資訊
/users/current/permission	GET：取得目前使用者的許可權
/ldap/users/search	GET：從 LDAP 中搜尋使用者
/ldap/users/import	POST：從 LDAP 中匯入使用者資訊
/usergroups	GET：取得所有使用者群組的資訊。 POST：建立使用者群組
/usergroups/{group_id}	GET：取得某個使用者群組的資訊。 PUT：更新某個使用者群組的資訊。 DELETE：刪除使用者群組

取得系統中所有已有使用者資訊的請求如下：

```
$ curl -u admin:xxxxx https://demo.goharbor.io/api/v2.0/users
```

傳回結果如下：

```
[
  {
    "user_id": 3,
    "username": "zhangsan",
    "email": "zhangsan@example.com",
    "password": "",
    "password_version": "sha256",
    "realname": "San Zhang",
    "comment": "",
    "deleted": false,
    "role_name": "",
    "role_id": 0,
    "sysadmin_flag": false,
    "admin_role_in_auth": false,
    "reset_uuid": "",
    "creation_time": "2020-08-18T08:53:11Z",
    "update_time": "2020-08-18T08:53:11Z"
  }
]
```

10.2.2 專案管理 API

專案管理 API（"/projects"）覆蓋專案相關的管理功能，包含建立、修改、尋找、刪除專案；管理成員和專案註譯資訊等，如表 10-3 所示。

表 10-3

Endpoint（終端位址）	方法說明
/projects	GET：列出符合條件的專案資訊。 POST：建立新專案。 HEAD：檢查項目是否存在。
/projects/{project_id}	GET：取得某個專案的詳細資訊。 PUT：更新某個專案的資訊。 DELETE：刪除某個專案。

Endpoint（終端位址）	方法說明
/projects/{project_id}/metadatas	GET：取得某個專案的詮譯資訊。 POST：給某個專案增加詮譯資訊。
/projects/{project_id}/metadatas/{meta_name}	GET：取得某個專案的某個詮譯資訊。 PUT：更新某個專案的某個詮譯資訊。 DELETE：刪除某個專案的某個詮譯資訊。
/projects/{project_id}/members	GET：取得某個專案的成員。 POST：給某個專案增加成員。
/projects/{project_id}/members/{mid}	GET：取得某個專案的某個成員資訊。 PUT：更新某個專案的某個成員資訊。 DELETE：從某個專案中刪除某個成員。

建立一個名稱為 "test" 的公開專案的請求如下：

```
$ curl -u admin:xxxxx -H "Content-Type: application/json" -d '{"project_
name":"test","metadata":{"public":"true"}}' https://demo.goharbor.io/api/
v2.0/projects
```

取得名稱中包含 "test" 的專案的請求如下：

```
$ curl -u admin:xxx https://demo.goharbor.io/api/v2.0/projects?q=name=~test
```

傳回結果如下：

```
[
  {
    "project_id": 4,
    "owner_id": 1,
    "name": "test",
    "creation_time": "2020-08-18T09:20:30Z",
    "update_time": "2020-08-18T09:20:30Z",
    "deleted": false,
    "owner_name": "",
    "current_user_role_id": 1,
    "current_user_role_ids": [
      1
    ],
    "repo_count": 0,
```

```
    "chart_count": 0,
    "metadata": {
      "public": "true"
    },
    "cve_whitelist": {
      "id": 0,
      "project_id": 0,
      "items": null,
      "creation_time": "0001-01-01T00:00:00Z",
      "update_time": "0001-01-01T00:00:00Z"
    }
  }
]
```

取得 ID 為 1 的專案詮譯資訊的請求如下：

```
$ curl -u admin:xxxxx https://demo.goharbor.io/api/v2.0/projects/1/metadatas
```

傳回結果如下：

```
{
  "auto_scan": "false",
  "enable_content_trust": "false",
  "prevent_vul": "true",
  "public": "true",
  "reuse_sys_cve_whitelist": "true",
  "severity": "low"
}
```

刪除 ID 為 4 的專案的請求如下：

```
$ curl -u admin:xxxxx -X DELETE https://demo.goharbor.io/api/v2.0/projects/4
```

10.2.3 倉庫管理 API

倉庫管理 API（"/projects/{project_name}/repositories"）覆蓋倉庫（Repository）相關的管理功能，包含倉庫的修改、尋找和刪除等，如表 10-4 所示。

表 10-4

Endpoint（終端位址）	方法說明
/projects/{project_name}/repositories	GET：列出專案中符合條件的倉庫資訊
/projects/{project_name}/repositories/{repository_name}	GET：取得某個專案的某個倉庫的資訊。 PUT：更新某個專案的某個倉庫的資訊。 DELETE：刪除某個專案的某個倉庫

取得專案 library 中所有倉庫的請求如下：

```
$ curl -u admin:xxxxx https://demo.goharbor.io/api/v2.0/projects/library/
repositories
```

傳回結果如下：

```
[
  {
    "artifact_count": 1,
    "creation_time": "2020-08-18T09:45:26.617Z",
    "id": 1,
    "name": "library/hello-world",
    "project_id": 1,
    "update_time": "2020-08-18T09:45:26.617Z"
  }
]
```

刪除名稱為 "library/hello-world" 的倉庫的請求如下：

```
$ curl -u admin:xxxxx -X DELETE https://demo.goharbor.io/api/v2.0/projects/
library/repositories/hello-world
```

10.2.4 Artifact管理 API

Artifact 管理 API（"/projects/{project_name}/repositories/{repository_name}/artifacts"）覆蓋 Artifact 相關的管理功能，包含：Artifact 取得與尋找、刪除與增加；標籤管理；附加屬性取得；Tag 管理，等等，如表 10-5所示。注意：API 中的 reference 參數為 Artifact 的摘要值或 Tag。

表 10-5

Endpoint（終端位址）	方法說明
/projects/{project_name}/repositories/{repository_name}/artifacts	GET：列出某個專案的某個倉庫下符合條件的 Artifact 資訊。 POST：複製 Artifact 到某個專案的某個倉庫下。
/projects/{project_name}/repositories/{repository_name}/artifacts/{reference}	GET：取得某個專案的某個倉庫下某個 Artifact 的資訊。 DELETE：刪除某個專案的某個倉庫下的某個 Artifact。
/projects/{project_name}/repositories/{repository_name}/artifacts/{reference}/labels	POST：為某個 Artifact 增加 label。
/projects/{project_name}/repositories/{repository_name}/artifacts/{reference}/labels/{label_id}	DELETE：刪除某個 Artifact 的某個 label。
/projects/{project_name}/repositories/{repository_name}/artifacts/{reference}/tags	GET：取得某個專案的某個倉庫下某個 Artifact 的 Tag。 POST：為某個 Artifact 增加 Tag。
/projects/{project_name}/repositories/{repository_name}/artifacts/{reference}/tags/{tag_name}	DELETE：刪除某個 Artifact 的某個 Tag。

取得倉庫 "library/hello-world" 下所有 Artifact 的請求如下：

```
$ curl -u admin:xxxxx https://demo.goharbor.io/api/v2.0/projects/library/
repositories/hello-world/artifacts
```

傳回結果如下：

```
[
  {
    "addition_links": {
      "build_history": {
        "absolute": false,
        "href": "/api/v2.0/projects/library/repositories/hello-world/
```

```
artifacts/sha256:92c7f9c92844bbbb5d0a101b22f7c2a7949e40f8ea90c8b3bc396879d95
e899a/additions/build_history"
      },
      "vulnerabilities": {
        "absolute": false,
        "href": "/api/v2.0/projects/library/repositories/hello-world/
artifacts/sha256:92c7f9c92844bbbb5d0a101b22f7c2a7949e40f8ea90c8b3bc396879d95
e899a/additions/vulnerabilities"
      }
    },
    "digest": "sha256:92c7f9c92844bbbb5d0a101b22f7c2a7949e40f8ea90c8b3bc39687
9d95e899a",
    "extra_attrs": {
      "architecture": "amd64",
      "author": null,
      "created": "2019-01-01T01:29:27.650294696Z",
      "os": "linux"
    },
    "id": 2,
    "labels": null,
    "manifest_media_type": "application/vnd.docker.distribution.manifest.v2+
json",
    "media_type": "application/vnd.docker.container.image.v1+json",
    "project_id": 1,
    "pull_time": "0001-01-01T00:00:00.000Z",
    "push_time": "2020-08-18T10:11:35.453Z",
    "references": null,
    "repository_id": 2,
    "size": 3011,
    "tags": [
      {
        "artifact_id": 2,
        "id": 2,
        "immutable": false,
        "name": "latest",
        "pull_time": "0001-01-01T00:00:00.000Z",
        "push_time": "2020-08-18T10:11:35.472Z",
        "repository_id": 2,
        "signed": false
```

```
    }
  ],
  "type": "IMAGE"
 }
]
```

取得該倉庫下摘要值為 "sha256:92c7f9c92844bbbb5d0a101b22f7c2a7949e40f8ea90 c8b3bc396879d95e899a" 的 Artifact 的所有 Tag 的請求如下：

```
$ curl -u admin:xxxxx https://demo.goharbor.io/api/v2.0/projects/library/
repositories/hello-world/artifacts/sha256:92c7f9c92844bbbb5d0a101b22f7c2a7949
e40f8ea90c8b3bc396879d95e899a/tags
[
  {
    "artifact_id": 2,
    "id": 2,
    "immutable": false,
    "name": "latest",
    "pull_time": "0001-01-01T00:00:00.000Z",
    "push_time": "2020-08-18T10:11:35.472Z",
    "repository_id": 2,
    "signed": false
  }
]
```

為該倉庫中摘要值為 "sha256:92c7f9c92844bbbb5d0a101b22f7c2a7949e40f8ea90c8b3bc 396879d95e899as" 的 Artifact 增加名稱為 "dev" 的 Tag 的請求如下：

```
$ curl -u admin:xxxxx -H "Content-Type: application/json" -d '{"name":"dev"}'
https://demo.goharbor.io/api/v2.0/projects/library/repositories/hello-world/
artifacts/sha256:92c7f9c92844bbbb5d0a101b22f7c2a7949e40f8ea90c8b3bc396879d95e
899a/tags
```

10.2.5 遠端複製 API

遠端複製 API（"/replication"）覆蓋遠端複製相關的功能，包含遠端複寫原則的管理、執行等。另外一組相關的 API 是倉庫管理（"/registries"），主要負責對遠端映像檔或製品倉庫服務的存取端點進行管理，對遠端複製等依賴遠端倉庫整合的功能進行支援。實際 API 如表 10-6 所示。

表 10-6

Endpoint（終端位址）	方法說明
/replication/executions	GET：列出遠端複製任務的執行記錄。 POST：開始一個新的遠端複製任務的執行。
/replication/executions/{id}	GET：列出某個遠端複製任務的執行記錄。 PUT：停止某個遠端複製任務的執行。
/replication/executions/{id}/tasks	GET：取得某個遠端複製的子任務。
/replication/executions/{id}/tasks/{task_id}/log	GET：取得某個遠端複製的某個子任務的記錄檔。
/replication/policies	GET：列出遠端複寫原則。 POST：建立一個新的遠端複寫原則。
/replication/policies/{id}	GET：取得某個遠端複寫原則。 PUT：更新某個遠端複寫原則。 DELETE：刪除某個遠端複寫原則。
/replication/adapters	GET：列出支援的遠端複製介面卡。
/registries	GET：列出遠端複製的目標 Registry。 POST：建立一個新的遠端複製目標 Registry。
/registries/{id}	GET：取得某個目標 Registry。 PUT：修改某個目標 Registry 的資訊。 DELETE：刪除某個目標 Registry。
/registries/{id}/info	GET：取得某個目標 Registry 的資訊。

取得所有遠端複寫原則的請求如下：

```
$ curl -u admin:xxxxx https://demo.goharbor.io/api/v2.0/replication/policies
[
  {
    "id": 2,
    "name": "rule01",
    "src_registry": {
      "type": "docker-hub",
```

```
      "url": "https://hub.docker.com",
      …
    },
    "dest_registry": {
      "type": "harbor",
      "url": "http://core:8080",
      …
    },
    "dest_namespace": "",
    "filters": [
      {
        "type": "name",
        "value": "library/hello-world"
      },
      …
    ],
    "trigger": {
      "type": "manual",
      …
      }
    },
    "override": true,
    "enabled": true,
    …
  }
]
```

10.2.6 掃描 API

第 6 章介紹過掃描 API 的一些細節，本節整理了掃描 API 的用途並列出部分範例。掃描 API（"/scanners"、"/projects/{project_id}/scanner" 和 "/projects/{project_name} /repositories/{repository_name}/artifacts/{reference}/scan" 等 ）覆蓋掃描相關的功能，包含掃描器管理、觸發掃描和檢視掃描記錄檔等，如表 10-7所示。注意：API 中的 "reference" 參數為 Artifact 的摘要值或 Tag。

表 10-7

Endpoint（終端位址）	方法說明
/scanners	GET：取得系統級掃描器。 POST：註冊一個新的系統級掃描器。
/scanners/{registration_id}	GET：取得某個掃描器的註冊資訊。 PUT：更新某個掃描器的註冊資訊。 DELETE：刪除某個掃描器。 PATCH：設定系統預設的掃描器。
/scanners/{registration_id}/metadata	GET：取得某個掃描器的中繼資料。
/scanners/ping	POST：測試掃描器的設定。
/projects/{project_id}/scanner	GET：取得某個專案的掃描器。 PUT：更新某個專案的掃描器。
/projects/{project_id}/scanner/candidates	GET：取得某個專案待選的掃描器。
/projects/{project_name}/repositories/{repository_name}/artifacts/{reference}/scan	POST：對某個 Artifact 進行掃描。
/projects/{project_name}/repositories/{repository_name}/artifacts/{reference}/scan/{report_id}/log	GET：取得某個 Artifact 的掃描操作記錄檔。
/system/scanAll/schedule	GET：取得系統全域掃描計畫。 PUT：更新系統全域掃描計畫。 POST：建立系統全域掃描計畫或手動觸發全域掃描。

"/scanners" 和 "/projects/{project_id}/scanner" 分別針對系統等級和專案等級的掃描器進行管理。取得系統等級的掃描器的請求如下：

```
$ curl -u admin:xxxxx https://demo.goharbor.io/api/v2.0/scanners
```

傳回結果如下：

```
[
  {
    "uuid": "de8aecb5-a87b-11ea-83ab-0242ac1e0004",
    "name": "Trivy",
    "description": "The Trivy scanner adapter",
    "url": "http://trivy-adapter:8080",
    "disabled": false,
```

```
    "is_default": true,
    "auth": "",
    "skip_certVerify": false,
    "use_internal_addr": true,
    "create_time": "2020-08-07T05:00:55.631199Z",
    "update_time": "2020-08-07T05:00:55.631202Z"
  },
  {
    "uuid": "de8b3143-a87b-11ea-83ab-0242ac1e0004",
    "name": "Clair",
    "description": "The Clair scanner adapter",
    "url": "http://clair-adapter:8080",
    "disabled": false,
    "is_default": false,
    "auth": "",
    "skip_certVerify": false,
    "use_internal_addr": true,
    "create_time": "2020-08-07T05:00:55.632944Z",
    "update_time": "2020-08-07T05:00:55.632946Z"
  }
]
```


"/projects/{project_name}/repositories/{repository_name}/artifacts/{reference}/scan" 用來觸發掃描。觸發對 Artifact 的掃描操作的請求如下：

```
$ curl -u admin:xxxxx -X POST https://demo.goharbor.io/api/v2.0/projects/
library/repositories/hello-world/artifacts/sha256:92c7f9c92844bbbb5d0a101b22f
7c2a7949e40f8ea90c8b3bc396879d95e899a/scan
```

"/projects/{project_name}/repositories/{repository_name}/artifacts/{reference}/scan/{report_id}/log" 可用來檢視掃描操作記錄檔，請求如下：

```
$ curl -u admin:xxxxx https://demo.goharbor.io/api/v2.0/projects/library/
repositories/hello-world/artifacts/sha256:92c7f9c92844bbbb5d0a101b22f7c2a7949
e40f8ea90c8b3bc396879d95e899a/scan/f5981728-9640-4f1d-820e-c366afd3b70a/log
```

傳回結果如下：

```
2020-08-31T12:52:48Z [INFO] [/pkg/scan/job.go:325]: registration:
```

```
2020-08-31T12:52:48Z [INFO] [/pkg/scan/job.go:336]: {
  "uuid": "b18f1069-ebda-11ea-a362-0242ac1c0009",
  "name": "Trivy",
  "description": "The Trivy scanner adapter",
  "url": "http://trivy-adapter:8080",
  "disabled": false,
  "is_default": true,
  "health": "healthy",
  "auth": "",
  "skip_certVerify": false,
  "use_internal_addr": true,
  "adapter": "Trivy",
  "vendor": "Aqua Security",
  "version": "v0.9.2",
  "create_time": "2020-08-30T22:38:30.256269Z",
  "update_time": "2020-08-30T22:38:30.256271Z"
}
2020-08-31T12:52:48Z [INFO] [/pkg/scan/job.go:325]: scanRequest:
2020-08-31T12:52:48Z [INFO] [/pkg/scan/job.go:336]: {
  "registry": {
    "url": "http://core:8080",
    "authorization": "[HIDDEN]"
  },
  "artifact": {
    "namespace_id": 1,
    "repository": "library/hello-world",
    "tag": "",
    "digest": "sha256:92c7f9c92844bbbb5d0a101b22f7c2a7949e40f8ea90c8b3bc39687
9d95e899a",
    "mime_type": "application/vnd.docker.distribution.manifest.v2+json"
  }
}
```

10.2.7 垃圾回收 API

垃圾回收 API（"/system/gc"）覆蓋垃圾回收相關的功能，包含觸發垃圾回收和檢視執行結果等，如表 10-8 所示。

表 10-8

Endpoint（終端位址）	方法說明
/system/gc	GET：取得最新的垃圾回收報告。
/system/gc/{id}	GET：取得某次垃圾回收狀態。
/system/gc/{id}/log	GET：取得某次垃圾回收報告。
/system/gc/schedule	POST：建立垃圾回收任務的計畫。 GET：取得垃圾回收任務的計畫。 PUT：更新垃圾回收任務的計畫。

檢視垃圾回收執行記錄的請求如下：

```
$ curl -u admin:xxxxx https://demo.goharbor.io/api/v2.0/system/gc
```

傳回結果如下：


```
[
  {
    "schedule": {
      "type": "Manual",
      "cron": ""
    },
    "id": 1,
    "job_name": "IMAGE_GC",
    "job_kind": "Generic",
    "job_parameters": "{\"delete_untagged\":false,\"redis_url_reg\":\"redis:
//redis:6379/1\"}",
    "job_status": "finished",
    "deleted": false,
    "creation_time": "2020-07-21T07:36:20Z",
    "update_time": "2020-07-21T07:36:23.177984Z"
  }
]
```


10.2.8 專案配額 API

專案配額 API（"/quotas"）覆蓋專案配額相關的功能，包含專案配額的設定、更改和檢視等，如表 10-9 所示。

表 10-9

Endpoint（終端位址）	方法說明
/quotas	GET：取得專案配額。
/quotas/{id}	GET：取得某個配額的資訊。 PUT：更新某個配額的資訊。

檢視系統中所有專案配額的請求如下：

```
$ curl -u admin:xxxxx https://demo.goharbor.io/api/v2.0/quotas
```

傳回結果如下：


```
[
  {
    "id": 1,
    "ref": {
      "id": 1,
      "name": "library",
      "owner_name": "admin"
    },
    "creation_time": "2020-08-08T05:00:53.579175Z",
    "update_time": "2020-08-08T07:36:23.186501Z",
    "hard": {
      "storage": -1
    },
    "used": {
      "storage": 3011
    }
  }
]
```


10.2.9 Tag 保留 API

Tag 保留 API（"/retentions"）覆蓋 Artifact 保留策略相關的功能，包含保留策略的建立、修改、刪除和執行等，如表 10-10 所示。

表 10-10

Endpoint（終端位址）	方法說明
/retentions	POST：建立一個保留策略。
/retentions/{id}	GET：取得某個保留策略。 PUT：修改某個保留策略。
/retentions/{id}/executions	GET：取得某個保留策略的執行狀態。 POST：觸發某個保留策略的執行。
/retentions/{id}/executions/{eid}	PATCH：停止保留策略的某次執行。
/retentions/{id}/executions/{eid}/tasks	GET：取得保留策略某次執行的子任務。
/retentions/{id}/executions/{eid}/tasks/{tid}	GET：取得保留策略某次執行的子任務記錄檔。
/retentions/metadatas	GET：取得某個保留策略的中繼資料。

執行某個 Artifact Tag 保留策略的請求如下：

```
$ curl -u admin:xxxxx -H "Content-Type:application/json" -d '{"dry_run":
false}' https://demo.goharbor.io/api/v2.0/retentions/2/executions
```

10.2.10 不可變 Artifact API

不可變 Artifact 又叫作不可變 Tag，其 API（"/projects/{project_id}/immutabletagrules"）覆蓋不可變 Artifact 策略相關的功能，包含策略的建立、修改、刪除和執行等，如表 10-11 所示。

表 10-11

Endpoint（終端位址）	方法說明
/projects/{project_id}/immutabletagrules	POST：建立某個專案下的不可變 Tag 策略。 GET：取得某個專案下的不可變 Tag 策略。
/projects/{project_id}/immutabletagrules/{id}	PUT：更新某個專案下的不可變 Tag 策略，包含開啟和禁用。 DELETE：刪除某個專案下的某個不可變 Tag 策略。

取得專案 ID 為 1 的不可變 Tag 策略的請求如下：

```
$ curl -u admin:xxxxx -H "accept: application/json" https://demo.goharbor.io/
api/v2.0/projects/1/immutabletagrules
```

傳回結果如下：

```
[
  {
    "id": 1,
    "project_id": 1,
    "disabled": false,
    "priority": 0,
    "action": "immutable",
    "template": "immutable_template",
    "tag_selectors": [
      {
        "kind": "doublestar",
        "decoration": "matches",
        "pattern": "**"
      }
    ],
    "scope_selectors": {
      "repository": [
        {
          "kind": "doublestar",
          "decoration": "repoMatches",
          "pattern": "**"
        }
      ]
    }
  }
]
```

10.2.11 Webhook API

Webhook API（"/projects/{project_id}/webhook"）覆蓋 Webhook 相關的功能，包含 Webhook 的建立、修改和刪除等，如表 10-12 所示。

表 10-12

Endpoint（終端位址）	方法說明
/projects/{project_id}/webhook/policies	POST：建立某個專案下的新 Webhook 策略。 GET：取得某個專案下的 Webhook 策略。
/projects/{project_id}/webhook/policies/{id}	GET：取得某個專案下的某個 Webhook 策略。 PUT：修改某個專案下的某個 Webhook 策略。 DELETE：刪除某個專案下的某個 Webhook 策略。
/projects/{project_id}/webhook/policies/test	POST：測試某個專案下的 Webhook 策略。
/projects/{project_id}/webhook/lasttrigger	GET：取得某個專案最近一次觸發的 Webhook 策略資訊。
/projects/{project_id}/webhook/jobs	GET：取得某個專案的 Webhook 任務。
/projects/{project_id}/webhook/events	GET：取得某個專案支援的 Webhook 事件和通知類型。

檢視專案 ID 為 1 的所有 Webhook，請求如下：

```
$ curl -u admin:xxxxx https://demo.goharbor.io/api/v2.0/projects/1/webhook/
policies
[
  {
    "id": 1,
    "name": "hook01",
    "description": "",
    "project_id": 1,
    "targets": [
      {
        "type": "http",
        "address": "https://192.168.0.2",
        "skip_cert_verify": true
      }
    ],
    "event_types": [
      "DELETE_ARTIFACT",
      "PULL_ARTIFACT",
      "PUSH_ARTIFACT",
      "DELETE_CHART",
```

```
      "DOWNLOAD_CHART",
      "UPLOAD_CHART",
      "QUOTA_EXCEED",
      "QUOTA_WARNING",
      "REPLICATION",
      "SCANNING_FAILED",
      "SCANNING_COMPLETED"
    ],
    "creator": "admin",
    "creation_time": "2020-08-08T09:18:04.716279Z",
    "update_time": "2020-08-08T09:18:04.716279Z",
    "enabled": true
  }
]
```

10.2.12 系統服務 API

系統服務 API 包含設定（"/configurations"）和系統資訊（"/systeminfo"）等，如表 10-13 所示。

表 10-13

Endpoint（終端位址）	方法說明
/configurations	GET：取得系統組態資訊。 PUT：修改系統組態資訊。
/systeminfo	GET：取得系統資訊，如版本編號、認證模式等。
/systeminfo/volumes	GET：取得系統儲存空間和剩餘空間等資訊。
/systeminfo/getcert	GET：下載系統預設的根憑證。

取得系統組態的請求如下：

```
$ curl -u admin:xxxxx https://demo.goharbor.io/api/v2.0/configurations
{
  "auth_mode": {
    "value": "db_auth",
    "editable": false
  },
  "count_per_project": {
```

```
    "value": -1,
    "editable": true
  },
  "email_from": {
    "value": "admin <sample_admin@mydomain.com>",
    "editable": true
  },
  "email_host": {
    "value": "smtp.mydomain.com",
    "editable": true
  },
  "email_identity": {
    "value": "",
    "editable": true
  },
  "email_insecure": {
    "value": false,
    "editable": true
  },
  "email_port": {
    "value": 25,
    "editable": true
  },
  "email_ssl": {
    "value": false,
    "editable": true
  },
  "email_username": {
    "value": "sample_admin@mydomain.com",
    "editable": true
  },

  ......
}
```

修改系統組態以開啟自註冊功能的請求如下：

```
$ curl -u admin:xxxxx -H "Content-Type:application/json" -X PUT -d '{"self_
registration":true}' https://demo.goharbor.io/api/v2.0/configurations
```

10.2.13 API 控制中心

從 1.8 版本開始，Harbor 新增了 API 控制中心，提供了 API 的 Swagger 介面，使用者可以透過 Web 頁面直接檢視和呼叫核心管理 API（Registry API 並不包含在 API 控制中心中，Registry API 的詳細資訊請檢視 10.3 節），方便使用者偵錯和使用。

使用任意許可權的使用者帳號登入 Harbor，點擊左側導覽列底部「API 控制中心」下的 "Harbor Api V2.0" 選單項，如圖 10-2 所示。

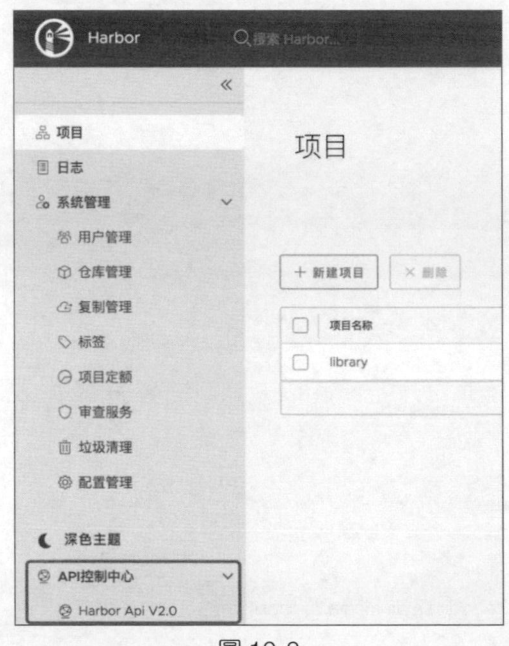

圖 10-2

在出現的新頁面中可以瀏覽所有核心管理 API 的詳細使用說明，在如圖 10-3 所示的 API 列表中點擊每一個 API 所在的一行，可以展開該 API 詳細的說明，包含輸入參數、輸出結果和傳回值等。

使用者可以在頁面上直接對 API 進行測試，測試時預設使用目前登入帳戶來呼叫 API。如果需要更改成其他帳戶來呼叫 API，則可點擊圖 10-3 中的 Authorize 按鈕並輸入所需的帳戶名稱和密碼。測試時，可點擊展開需要呼叫的 API，如按照使用者名稱搜尋使用者的 API 為 "GET /users/search"，如圖 10-4 所示。

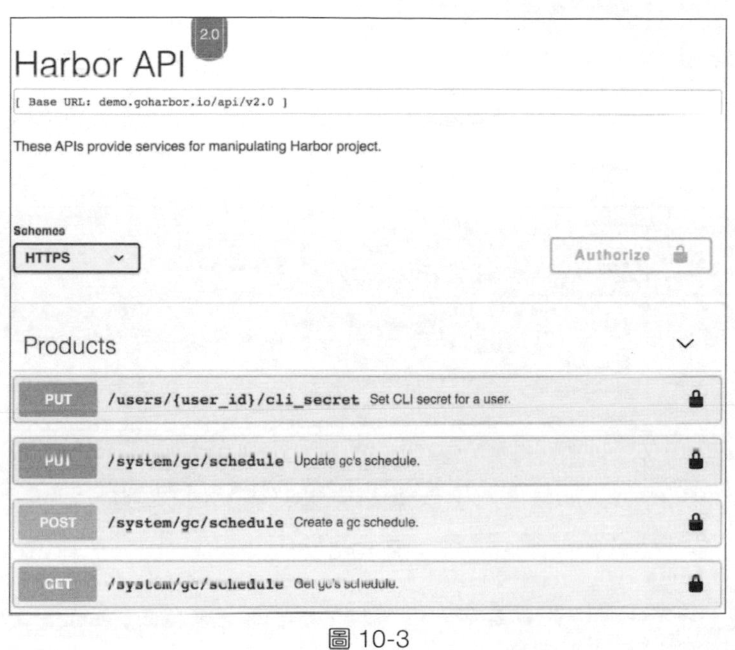

圖 10-3

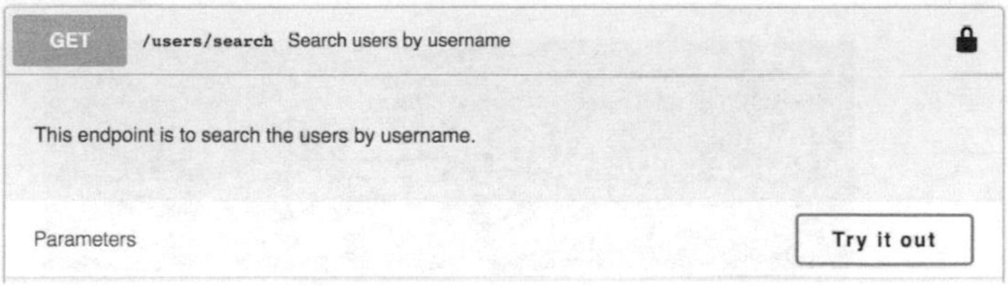

GET /users/search Search users by username

This endpoint is to search the users by username.

Parameters　Try it out

圖 10-4

點擊 "Try it out" 按鈕可啟動測試功能，在 Parameters（呼叫參數）欄中輸入必需的呼叫參數 username（使用者名稱），如圖 10-5 所示，輸入需要尋找的使用者名稱 "test"，然後點擊 Execute 按鈕執行 API 的呼叫。

執行結果如圖 10-6 所示，可以看到 HTTP 回應的程式是 200（成功），從回應內容中可看到有一筆符合要求的記錄，user_id 為 35，並且可以看到 HTTP 回應標頭的資訊。

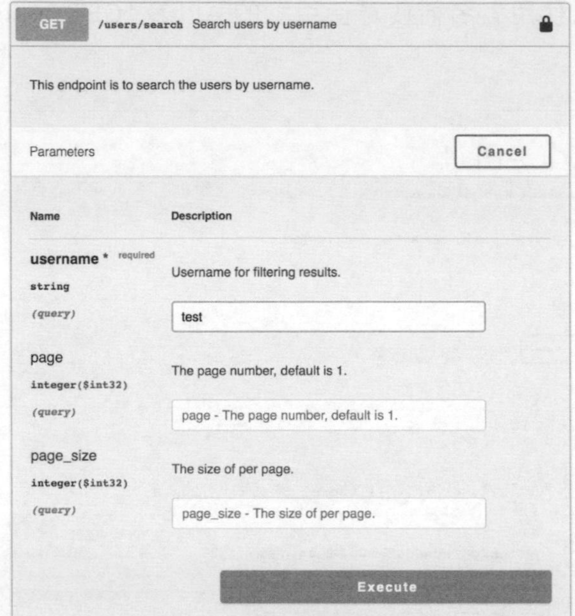

圖 10-5

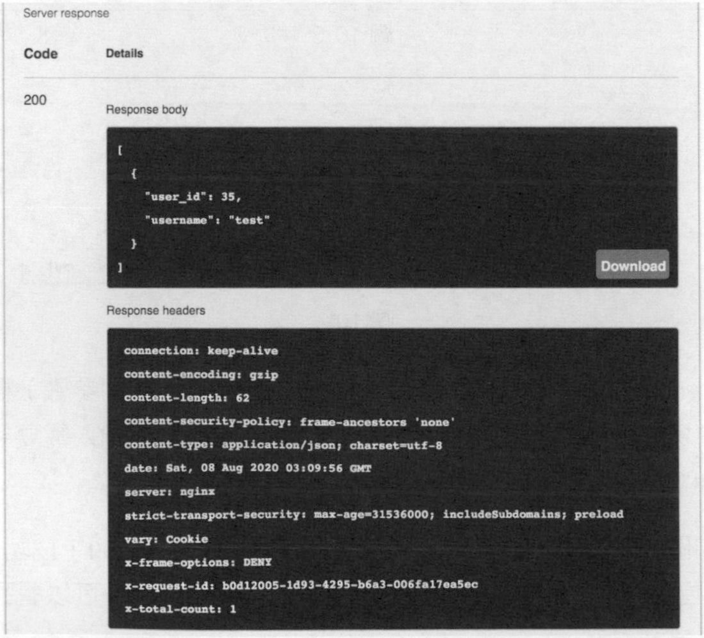

Server response

Code Details

200

Response body

```
[
  {
    "user_id": 35,
    "username": "test"
  }
]
```

Download

Response headers

```
connection: keep-alive
content-encoding: gzip
content-length: 62
content-security-policy: frame-ancestors 'none'
content-type: application/json; charset=utf-8
date: Sat, 08 Aug 2020 03:09:56 GMT
server: nginx
strict-transport-security: max-age=31536000; includeSubdomains; preload
vary: Cookie
x-frame-options: DENY
x-request-id: b0d12005-1d93-4295-b6a3-006fa17ea5ec
x-total-count: 1
```

圖 10-6

此外，在介面上還會顯示 "curl" 指令的呼叫格式和 Harbor API 的 URL，供使用者在命令列或程式中使用，如圖 10-7 所示。

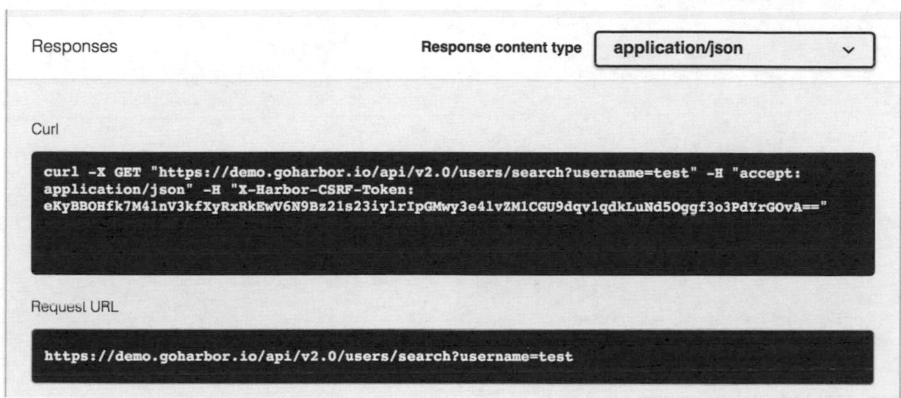

圖 10-7

如圖 10-8 所示，在 API 頁面的最下方還有 API 使用的所有資料模型（Models）列表。使用者可以點擊每個資料模型的名稱，檢視實際的資料結構定義，如圖 10-9 所示，可以看到 UserGroup 的資料結構。

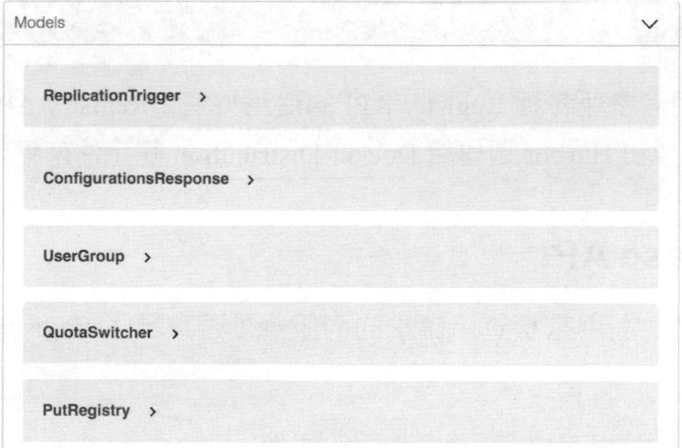

Models

ReplicationTrigger >

ConfigurationsResponse >

UserGroup >

QuotaSwitcher >

PutRegistry >

圖 10-8

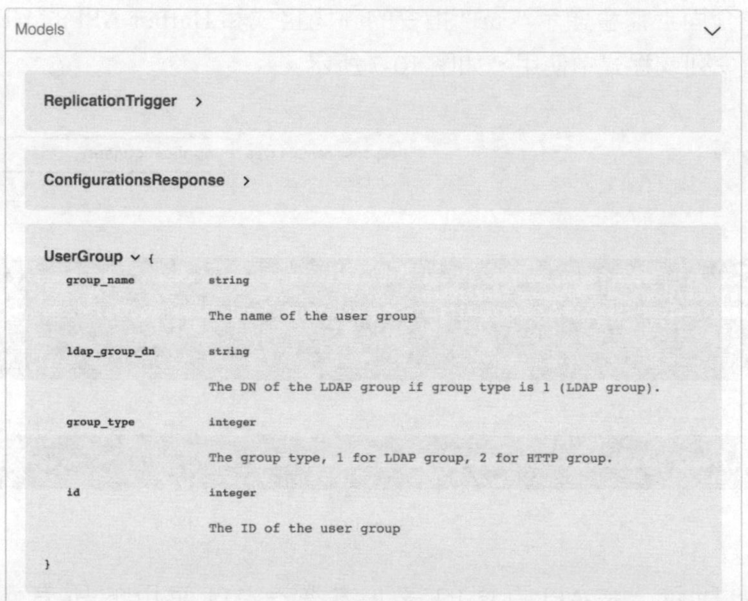

圖 10-9

10.3 Registry API

本節幫助使用者整理各種 Registry API 的使用方法，Registry API 以 "/v2/" 為字首，API 請求由 Harbor 透傳給 Docker Distribution 等元件來處理。

10.3.1 Base API

Base API（"/v2/"）用來檢查所請求的伺服器是否實現了 Registry v2 API。發送請求：

```
$ curl -I -u admin:xxxxx https://demo.goharbor.io/v2/
```

如果傳回的回應狀態碼為 200，則表示伺服器實現了 Registry v2 API：

```
HTTP/1.1 200 OK
Server: nginx
Date: Fri, 08 Aug 2020 18:18:18 GMT
```

```
Content-Type: application/json; charset=utf-8
Content-Length: 2
Connection: keep-alive
Docker-Distribution-Api-Version: registry/2.0
Set-Cookie: sid=630e22029853b760672aa0af7ec7b9bd; Path=/; HttpOnly
X-Request-Id: b6e771f4-b78d-4c64-ae80-b67fb03fa9e3
Strict-Transport-Security: max-age=31536000; includeSubdomains; preload
X-Frame-Options: DENY
Content-Security-Policy: frame-ancestors 'none'
```

10.3.2 Catalog API

Catalog API（"/v2/_catalog"）用來取得系統中的所有 Repository，只有擁有系統管理員許可權的使用者才可以請求此 API。發送請求：

```
$ curl -u admin:xxxxx https://demo.goharbor.io/v2/_catalog
```

傳回結果如下：

```
{
  "repositories": [
    " library/hello-world"
  ]
}
```

10.3.3 Tag API

Tag API（"/v2/{repository}/tags/list"）用來取得某個 Repository 下的所有 Tag。若想列出 "/library/hello-world" 下的所有 Tag，則發送的請求如下：

```
$ curl -u admin:xxxxx https://demo.goharbor.io/v2/library/hello-world/tags/
list
```

傳回結果如下：

```
{
  "name": "library/hello-world",
  "tags": [
```

```
    "latest"
  ]
}
```

10.3.4 Manifest API

Manifest API（"/v2/{repository}/manifests/{reference}"）用來取得某個 Artifact 的 manifest。若想取得 "/library/hello-world:latest" 下的 manifest，則發送請求如下：

```
$ curl -u admin:xxxxx https://demo.goharbor.io/v2/library/hello-world/
manifests/latest
```

傳回結果如下：


```
{
  "schemaVersion": 2,
  "mediaType": "application/vnd.docker.distribution.manifest.v2+json",
  "config": {
    "mediaType": "application/vnd.docker.container.image.v1+json",
    "size": 1510,
    "digest": "sha256:fce289e99eb9bca977dae136fbe2a82b6b7d4c372474c9235adc174
1675f587e"
  },
  "layers": [
    {
      "mediaType": "application/vnd.docker.image.rootfs.diff.tar.gzip",
      "size": 977,
      "digest": "sha256:1b930d010525941c1d56ec53b97bd057a67ae1865eebf042686d2
a2d18271ced"
    }
  ]
}
```


10.3.5 Blob API

Blob API（"/v2/{repository}/blobs/{digest}"）透過摘要來取得某個 Artifact 的 Blob 資料。若想取得倉庫 "/library/hello-world" 下的 Blob 資料，則發送請求

以下（在呼叫中使用了摘要）：

```
$ curl -u admin:xxxxx https://demo.goharbor.io/v2/library/hello-world/blobs/
sha256:fce289e99eb9bca977dae136fbe2a82b6b7d4c372474c9235adc1741675f587e
```

傳回結果如下：

```
{
  "architecture": "amd64",
  "config": {
    "Hostname": "",
    …
    "Labels": null
  },
  "container": "8e2caa5a514bb6d8b4f2a2553e9067498d261a0fd83a96aeaaf303943dff6
ff9",
  …
}
```

10.4 API 程式設計實例

為了幫助讀者了解 Harbor 的 API 功能，本節以 Go 語言為例，綜合運用 Harbor API 來取得 Artifact 倉庫 "library/hello-world" 下的所有 Artifact，並把最近一次被拉取的時間大於一天的 Artifact 刪除。實作方式程式如下（為節省篇幅，該段程式忽略了錯誤處理部分）：

```
    // 定義URL、使用者名稱和密碼
    url := "https://demo.goharbor.io"
    username := "admin"
    password := "xxxxx"

    // 取得API版本
    resp, _ := http.Get(url + "/api/version")
    defer resp.Body.Close()

    type Version struct {
        Version string `json:"version"`
```

```
    }
    encoder := json.NewDecoder(resp.Body)
    version := &Version{}
    _ = encoder.Decode(version)

    // 取得"library/hello-world"下的所有Artifact
    req, _ := http.NewRequest(http.MethodGet,
        fmt.Sprintf("%s/api/%s/projects/library/repositories/hello-world/
artifacts",
            url, version.Version), nil)
    req.SetBasicAuth(username, password)
    resp, _ = http.DefaultClient.Do(req)
    defer resp.Body.Close()

    type Artifact struct {
        Digest   string    `json:"digest"`
        PullTime time.Time `json:"pull_time"`
    }
    encoder = json.NewDecoder(resp.Body)
    artifacts := []*Artifact{}
    _ = encoder.Decode(&artifacts)

    t := time.Now().Add(-24 * time.Hour)
    // 檢查取得到的所有Artifact
    for _, artifact := range artifacts {
        // 判斷Artifact最近一次被拉取的時間是不是一天前
        if artifact.PullTime.Before(t) {
            // 如果是，則刪除Artifact
            req, _ := http.NewRequest(http.MethodDelete,
                fmt.Sprintf("%s/api/%s/projects/library/repositories/hello-
world/artifacts/%s",
                    url, version.Version, artifact.Digest), nil)
            req.SetBasicAuth(username, password)
            resp, _ = http.DefaultClient.Do(req)
            defer resp.Body.Close()
        }
    }
```

10.5 小結

本章介紹了 Harbor 提供的 API，主要分為兩種：核心管理 API 和 Registry API。前者提供了 Harbor 管理功能的 API，後者主要是 Harbor 曝露的 Docker Distribution API。Harbor 的核心管理 API 還可以用內建了 API 控制中心的圖形介面來互動式測試，方便使用者使用。透過 Harbor 的 API，使用者可以實現 Harbor 與其他系統之間的互動操作能力，並且可編制指令稿等自動化工具來提升效率。

Chapter

11 非同步任務系統

前面的章節介紹了 Harbor 的內容複製、垃圾回收、映像檔掃描、保留策略等管理功能，這些功能的共同點是耗時較長，統一由非同步任務系統（JobService）來排程和執行。非同步任務系統是 Harbor 非常重要的基礎支撐元件服務，也叫作非同步任務服務。因為它在後台執行，所以很少被大家所了解。本章將對 Harbor 的非同步任務系統和其工作原理做一個全面、詳細的介紹，加深讀者對 Harbor 相關功能的了解，同時會解讀非同步任務系統的核心程式，以便讀者更為深入地了解其背後的工作機制，也為需要擴充和訂製非同步任務系統功能的讀者提供必要的基礎。本章的程式解讀不會詳細説明，主要以非同步任務系統的執行機制為線索，介紹其中有關的核心程式和介面設計。建議讀者具備 Go 語言的背景知識，便於了解程式中的語法含義。

11.1 系統設計

作為雲端原生製品倉庫，Harbor 會存在大量的 Artifact 及其不同的版本，大量的運行維護操作都在這些 Artifact 上應用。考慮到處理時間和效率的要求，採用同步機制來處理不太現實，轉為多個可非同步平行的後台執行任務比較合理。考慮到多節點高可用的部署需求，非同步任務系統的引用成為必要。

Harbor 早期的非同步任務系統內嵌在 Core 服務中，並且依賴資料庫、過於緊耦合，難以擴充，增加新的任務類型還會有關資料結構的變化，非常不靈活。Harbor 從 1.5 版本開始引用了獨立執行、易於擴充且相對靈活的非同步任務系統，將其作為基礎服務，支援其他元件的非同步任務執行需求。

隨著 Harbor 引用越來越多的功能，除最早的映像檔複製外，映像檔的漏洞掃描、垃圾回收和保留策略等功能也依賴非同步任務系統執行大量的非同步任務。非同步任務系統已成為 Harbor 中非常重要的基礎服務元件之一。

11.1.1 基本架構

Harbor 的非同步任務系統建置在另一開放原始碼任務系統專案 gocraft/work 的基礎上，該專案是 Go 語言的後台工作實現，具有以下特點：

- 高效與快速地執行任務；
- 高可用性，即使任務處理程序當機也不會遺失執行任務；
- 重試性，如果執行任務失敗，則可重試特定次數；
- 排程任務到指定的時間執行；
- 確保特定任務及特定參數在執行佇列中的唯一性；
- 可基於 Cron 標準設定週期性地執行任務。

Harbor 對 gocraft/work 進行了擴充，增加了新的功能以滿足專案的需求，包含：

- 擁有完備的 REST API，便於呼叫與整合；
- 引用任務執行的上下文參數並提供任務執行的特定輔助方法；
- 提供更為豐富的任務狀態：錯誤、成功、停止及已排程；
- 支援更多的控制操作，如停止任務；
- 改進與增強了週期性任務的排程；
- 增加了任務執行狀態改變和中間任務資料檢入的 Webhook 機制；
- 可靈活地產生與管理任務記錄檔。

圖 11-1 列出了非同步任務系統的整體設計架構，透過該圖，讀者可以更為深入地了解非同步任務系統的內部設計詳情，以及元件與元件之間的互動與依賴關係。

非同步任務系統包含一個輕量級 API 伺服器，透過此伺服器對外提供所有任務執行和管理相關的 REST API 服務，其他元件可透過 REST API 存取非同步任務系統的相關功能。API 伺服器可以依據相關設定以 HTTP 或 HTTPS 的模式來執行。一般來說，HTTPS 是推薦啟用的執行模式。

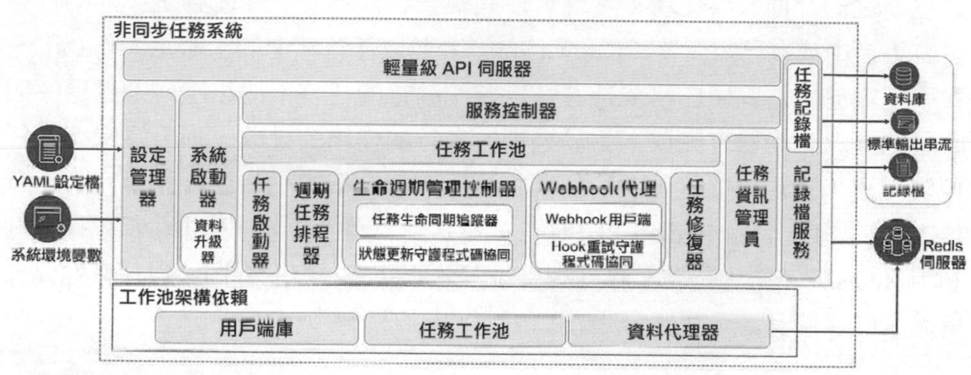

圖 11-1

非同步任務系統執行所依賴的相關基本設定是透過設定管理員來支援的，設定管理員可以從 yaml 設定檔或相關的環境變數中載入這些設定，以便有設定需求的其他模組透過設定存取介面來存取。在非同步任務系統中，環境變數的設定會優先於檔案設定，也就是如果在環境變數和檔案中設定了相同的設定項目，則環境變數中的設定會覆蓋檔案中的設定。

系統啟動器是非同步任務系統的關鍵入口模組，主要負責基於系統組態初始化系統上下文環境及建立系統執行所依賴的相關模組，並建立、啟動輕量級 API 伺服器和任務工作池。同時，在啟動之前，系統啟動器會透過資料移轉器來檢查是否需要做資料升級，如果需要，則會先執行相關的資料升級邏輯，之後再啟動非同步任務系統。

服務控制器作為流程控制模組，主要依賴並協調相關子模組以實現對非同步任務系統整個工作流的控管，例如透過任務工作池（worker pool）來實現任務的啟動或排程及執行追蹤，透過任務資訊管理員來管理和查詢任務的基本資訊和狀態，並將這些對任務存取與控管的能力封裝為標準介面供其他模組呼叫。API 伺服器中的 API 處理器都會依賴服務控制器的介面來實現實際功能。

任務工作池作為非同步任務系統的核心模組，提供與任務執行排程相關的所有能力和介面。任務能在非同步任務系統中執行，首先需要透過任務工作池的任務註冊介面，將任務（實現）以其唯一名稱為索引註冊到工作池的任務對映集合中成為已知任務（Known Jobs），並以任務類型的常數定義作為唯一索引。對於單次普通任務或延遲特定時間執行的任務，任務工作池透過呼叫底層的任務啟動器來完成。對於週期性執行的任務的排程，則另透過週期任務排程器來實現。這裡所謂的任務啟動或排程，指的是將任務資料序列化為 JSON 格式後，透過 Redis LPUSH 方式發送到對應的任務佇列中，目前佇列則利用 Redis 來支援。任務工作池提供了其健康狀態檢查的介面，以便其他元件透過 API 了解其健康狀態。

執行起來的任務的生命週期管理，則由生命週期管理（Lifecycle Management，LCM）控制器負責。生命週期管理控制器會為執行任務建立對應的狀態追蹤器，可以實現任務基本資訊的維護管理及任務執行狀態的轉換和記錄。生命週期管理控制器包含狀態更新守護程式碼協同，會接收資訊更新失敗或狀態轉換失敗的重試請求，之後以合適的方式重試對應的操作，最後實現操作的成功執行。另外需要注意的是，任務執行狀態的變更會產生對應的 Webhook 事件，由 Webhook 代理發出。

Webhook 代理主要負責非同步任務系統 Webhook 相關的功能，包含：一個用戶端，即一個 HTTP 用戶端，可以向訂閱方發送相關的 Webhook 事件實體；一個 Webhook 守護程式碼協同，對於發送失敗的 Webhook 事件會以合適的方式重新發送，直到成功或逾時放棄。Webhook 的目標位址一般在提交任務時的任務請求實體中指明，未指明的則在即時執行不發送任何 Webhook 事件。

系統的當機或網路的抖動都可能造成任務執行的中斷或任務狀態資訊的紊亂，或給系統帶來諸多的不一致性甚至不穩定性。因而，任務工作池包含任務修復器，會透過定期篩檢來發現狀態不一致甚至「僵屍」的任務，進而還原或修復這些任務的實際狀態。另外，任務修復器在啟動後，會執行一次異常中斷任務的篩查，將發現的異常中斷任務重新放回排程佇列，以待之後重新執行，避免造成任務的遺失。

任務資訊管理員用來管理和維護任務的基本資訊和狀態資訊，提供了豐富的管理介面來支援對任務及其狀態的管理和查詢，這些功能也透過服務控制器以 API 的形式曝露給用戶端，可以實現更為豐富的任務管理機制。

記錄檔服務提供任務記錄檔記錄器的載入與管理及記錄檔輸出工作。截至目前，記錄檔記錄器有基於資料庫、標準輸出串流及記錄檔三種實現，可依據不同的需求來設定。記錄檔服務的職責涵蓋了兩個場景：一個是非同步任務系統本身的記錄檔需求，一個是被執行任務的記錄檔需求。在這兩種場景中要以相同的記錄檔架構應用不同的設定。系統本身的記錄檔一般被輸出到標準輸出串流，以便和其他 Harbor 的服務元件保持一致，這些被輸出到標準輸出串流的記錄檔可以透過 syslog 收集、管理。而任務執行的記錄檔，一般同時設定標準輸出串流和記錄檔記錄器。因為產生了記錄檔，所以具所包含的記錄檔內容可透過非同步任務系統相關的 API 存取。

工作池架構依賴是上游任務架構 gocraft/work 向上層元件提供的基礎能力，主要透過用戶端函數庫、任務工作池及資料代理器來表現。用戶端函數庫主要提供了 API 對任務池的狀態、相關任務佇列及任務執行過程進行監控和管理，任務資訊管理系統的部分能力支援此用戶端函數庫。任務工作池則是系統的核心套件，用以承載不同任務的執行，並透過資料代理（broker）來連接 Redis 服務，並在其中建立和管理相關的任務佇列。此架構的任務工作池以函數庫的形式封裝在上層的任務工作池中。任務工作池會按照特定設定啟動和維護指定數量的輪詢 go 程式碼協同（Worker）來處理佇列中的待執行任務，任務工作池同時支援附加特定的中間層來完成諸如任務附加請求 ID 或設定預設值等場景。池中的工作程式碼協同會根據排程演算法從 Redis 的相關任務佇列中拉取待執行任務並啟動執行。排程演算法的核心邏輯如下。

- 每個具有相同任務類型（透過註冊任務名來區分）的任務都存在於以清單為基礎的任務佇列中，這些任務佇列可指定執行優先順序，為 1 ～ 100000 的數值。
- 工作池中的工作程式碼協同每次拉取待執行任務時，都需要首先以各任務佇列為基礎的優先順序計算出各佇列的拉取機率，例如各佇列優先順序的和為 10000，其中某個佇列的優先順序為 1000，則此佇列會獲得 10% 左右的執行時間。
- 空佇列不會被納入考量。
- 如果需要某個任務 X 始終先於任務 Y 來執行，則可以透過給 X 設定較高優先順序（例如 5000）而給 Y 設定較低優先順序（例如 1）來實現。

實際的排程過程如下。

（1）如果任務佇列未被暫停且目前啟動的任務數未超過最大平行處理數限制，Worker 則將待執行任務從其佇列移入執行時期佇列。

（2）Worker 增加任務鎖定計數並執行任務。任務執行結果有 3 種可能：成功完成、因錯誤導致失敗或當機。如果執行處理程序當機，則任務修復器最後依然會在任務執行時期佇列中找到它們並將它們重新加入佇列。

（3）成功完成的任務會被直接從其執行時期佇列中移除。

（4）如果任務失敗或當機，則系統會查看剩餘的重試次數。如果已經沒有重試次數，則任務會被直接移入「終止」（Dead）佇列中，不再做任何嘗試。如果還有重試次數，則任務會被移入重試佇列以等待重新加入佇列執行。

圖 11-2 描述了非同步任務系統啟動時各元件之間的互動過程，透過該圖，我們可以更清楚上述各個元件之間的協作關係。

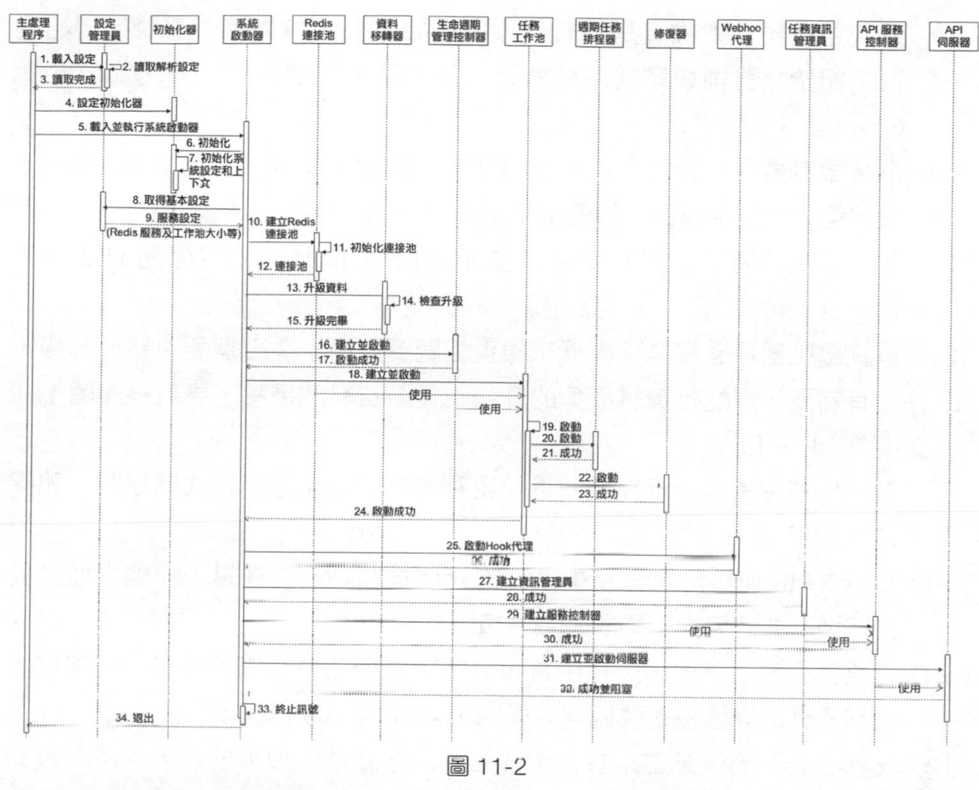

圖 11-2

非同步任務系統的實際啟動過程如下。

（1） 主處理程序首先取得設定檔路徑並呼叫設定管理員去載入設定，即圖 11-2 中第 1 步。

（2） 設定管理員從設定檔和系統環境變數中讀取和解析各項設定，然後快取起來以備之後呼叫；若有錯誤發生，則主程式會立即退出，即圖 11-2 中第 2 ～ 3 步。

（3） 非同步任務系統提供了植入式的初始化過程，在目前的非同步任務系統主程式中會設定一個與 Harbor 核心設定服務連接以讀取相關系統組態的初始化器，即圖 11-2 中第 4 步。

（4） 主程式載入執行系統啟動器，並透過它啟動非同步任務系統執行的所有元件，主處理程序會被阻塞在這裡，直到系統退出，即圖 11-2 中第 5 步。

（5） 系統啟動器首先檢查是否有預置的初始化器，如果有，則執行初始化器；初始化器則會完成系統執行上下文環境的初始化，即圖 11-2 中第 6 ～ 7 步。

（6） 系統啟動器透過設定管理員獲得啟動系統元件所需的諸如 Redis 連接池設定等相關設定項目，即圖 11-2 中第 8 ～ 9 步。

（7） 系統啟動器基於上述設定建立並初始化 Redis 連接池，即圖 11-2 中第 10 ～ 12 步。

（8） 系統啟動器透過資料移轉器來檢查相關資料模型是否需要更新、升級，如有需要，則進行資料模型的升級及實際資料的遷移、更新，即圖 11-2 中第 13 ～ 15 步。

（9） 建立任務生命週期管理控制器並啟動其狀態更新守護程式碼協同，即圖 11-2 中第 16 ～ 17 步。

（10）基於 Redis 連接池及任務生命週期管理控制器建立任務工作池，並啟動其守護程式碼協同，即圖 11-2 中第 18 ～ 19 步。

（11）任務工作池在其啟動過程中會建立並啟動週期任務排程器和任務修復器兩個元件的守護程式碼協同，即圖 11-2 中第 20 ～ 23 步。

（12）任務工作池的啟動結果會被傳回給系統啟動器，如果成功，則系統啟動器繼續啟動，否則系統啟動器直接顯示出錯退出，即圖 11-2 中第 24 步。

（13）系統啟動器啟動 Webhook 代理，其包含針對失敗 Hook 事件發起重試的守護程式碼協同，即圖 11-2 中第 25 ～ 26 步。

（14）建立提供任務管理查詢能力的任務資訊管理員，即圖 11-2 中第 27 ～ 28 步。

（15）基於任務工作池和任務資訊管理員建置服務控制器，服務控制器則依賴它們完成對整個非同步任務系統流程的把控，並透過介面將能力曝露給上層元件來使用，即圖 11-2 中第 29 ～ 30 步。

（16）以服務控制器為基礎，建立並啟動 API 伺服器，至此非同步任務系統的基本能力以標準 REST API 曝露出來以供使用，即圖 11-2 中第 31 ～ 32 步。

（17）系統啟動器會監聽相關系統訊號，如果收到退出訊號，則主程式會結束阻塞狀態並終止，即圖 11-2 中第 33 ～ 34 步。

在非同步任務系統啟動後，有任務執行需求的其他元件（用戶端）就可以透過非同步任務系統的 API 來實現任務提交、任務資訊管理及任務執行過程追蹤等需求了。實際的互動及系統工作流程如圖 11-3 所示。

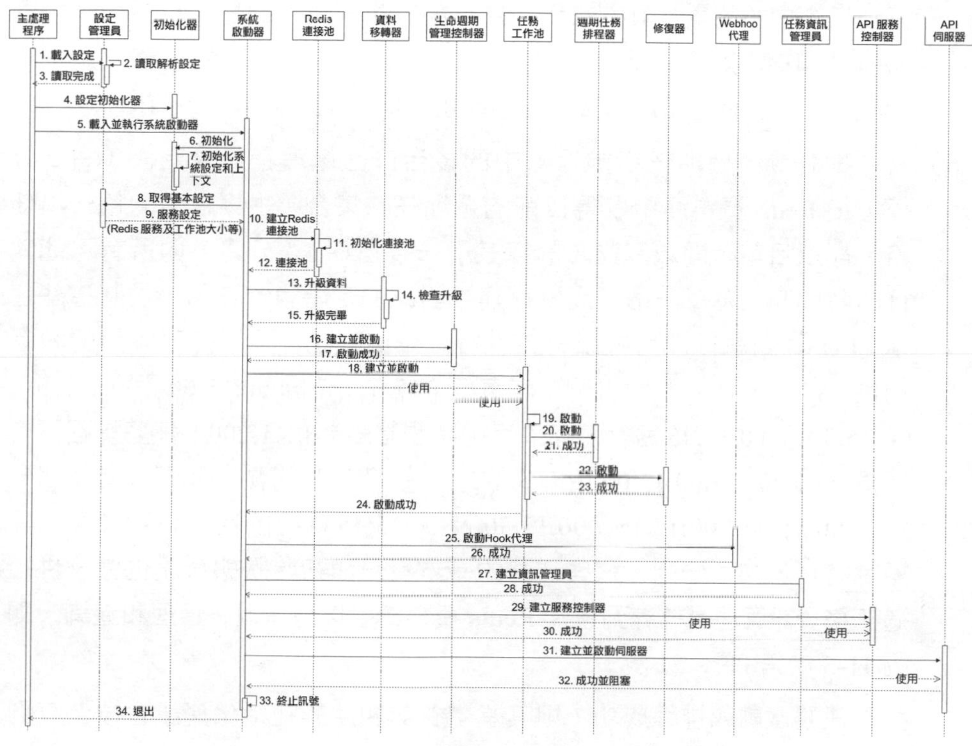

圖 11-3

任務提交與執行的基本互動過程如下。

（1）用戶端透過 API 呼叫將所執行任務的請求傳送到非同步任務系統，即圖 11-3 中第 1 步。

（2）API 服務控制器取得並驗證相關請求資料後，會透過任務工作池介面將請求資料傳遞給任務工作池處理，即圖 11-3 中第 2 步。

（3）如果是正常或延遲執行任務類型，任務工作池則會呼叫任務啟動器來執行或排程任務，即圖 11-3 中第 3 步。

（4）任務啟動器會將任務資訊序列化，並基於任務註冊類型將任務 LPUSH 到遠端 Redis 任務佇列中等待執行，即圖 11-3 中第 4 ～ 6 步。

（5）如果是週期任務，則由週期任務排程器將週期任務序列化並增加到週期任務集合中（此集合具有去重功能，如有相同類型的任務且設定了相同的執行週期，則只會儲存一份）。需要注意的是，此時的任務只是任務「範本」，還沒有可執行的實際任務產生，即圖 11-3 中第 7 ～ 10 步。

（6）對週期任務，週期任務排程器中的後台守護處理程序會定時（每 2 分鐘）從 Redis 資料庫中取得目前的週期任務集合。對集合中的每一項任務，都以目前時間為基點，計算其下一視窗期（4 分鐘）內所有可能執行的時間點，為每一個時間點都建立對應的定時執行任務，並將這些任務 LPUSH 到執行佇列中以等待執行。舉例來說，週期任務設定的執行週期為 "*/15 15 0 * * *"，即在每天的 UTC 時間 00:15:00、00:15:15、00:15:30 和 00:15:45 執行，如果目前時間基點為 00:13:00，那麼排程器會計算 00:13:00 ～ 00:17:00 所有符合設定週期的時間點，因而會有 4 個分別在 00:15:00、00:15:15、00:15:30 及 00:15:45 執行的定時任務產生。除了定時任務加入佇列，這些任務的基本資訊和初始狀態資訊也會一併透過任務資訊管理員儲存到遠端 Redis 資料庫中以備追蹤、管理和查詢，即圖 11-3 中第 11 ～ 21 步。

（7）如果任務啟動或排程成功，則其基本資訊和狀態初始化資訊會被儲存到遠端 Redis 資料庫中，即圖 11-3 中第 22 ～ 28 步。

（8）任務提交建立的狀態（成功與否）會傳回對應的資訊到用戶端，即圖 11-3 中第 29 步。

（9）可以透過相關的管理 API 取得任務列表或查詢到某種功能任務列表，亦可查詢某個實際任務包含執行狀態的詳細資訊，即圖 11-3 中第 30 ～ 35 步。

（10）任務在執行過程中可能會產生記錄檔資訊，對於啟用了支援記錄檔流的檔案或資料庫等記錄檔記錄器的情況，任務執行所產生的記錄檔資訊可以透過非同步任務系統的記錄檔讀取 API 獲得，即圖 11-3 中第 36 ～ 43 步。

Harbor 目前的實現是控制器和任務工作池模組執行在相同的處理程序中，這樣做可以簡化其部署難度和複雜度。在要求高可用的前提下，也可透過部署多個服務節點且各節點都指向同一 Redis 叢集服務，並透過負載平衡服務來曝露存取服務。基本結構如圖 11-4 所示。

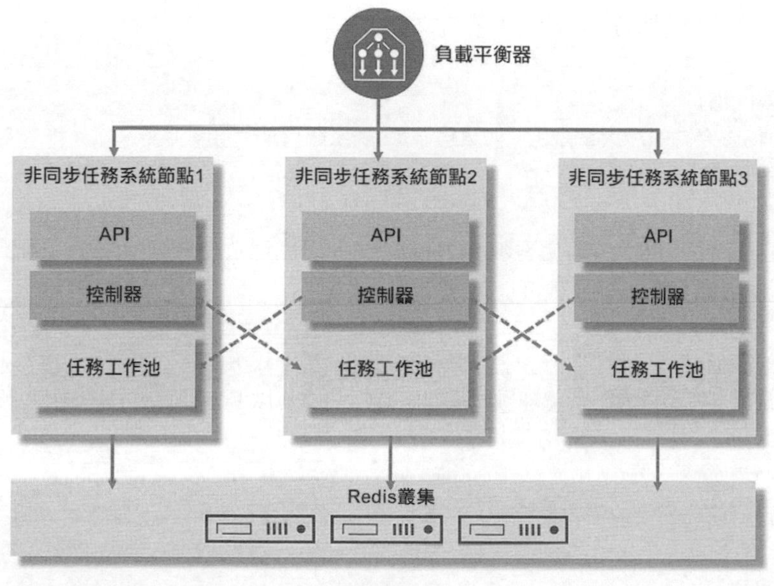

圖 11-4

從圖 11-4 可以看出，控制器可以「存取」其他節點上的任務工作池。其實這不是實際的直接存取，而是透過 Redis 叢集中的工作隊列來實現的一種虛擬的「存取」關係，也就是說被某一節點上的控制器排程的任務，可能會被位於另一節點上的任務工作池取得並在其上執行。

11.1.2 任務程式設計模型

非同步任務系統提供的是任務執行時期環境，不關注實際的執行邏輯，實際的業務邏輯需要封裝成符合特定介面標準的任務模型。只有符合介面標準的任務模型才可能被註冊到非同步任務系統中並隨選執行。非同步任務系統在任務執行的上下文環境下也提供了一些服務的工具介面，以便任務實現者方便地與非同步任務系統互動進而實現特定的功能和流程支援。

任務都需要實現以下介面標準：

```
package job

// 介面定義了執行任務所需支援的相關方法
type Interface interface {
    // 宣告任務失敗時允許的最大重試數
    //
    // 傳回值:
    // uint:允許的最大重試數。如果值為0，則系統會使用預設值4
    MaxFails() uint

    // 宣告任務的最大平行處理數。與任務池的平行處理數設定不同的是，它限制的是
    // 單一工作池一次可啟動的該功能任務的數量
    //
    // 傳回值:
    // uint：任務最大平行處理數。預設值為0，即「無限制」
    MaxCurrency() uint

    // 宣告該任務是否需要重試
    //
    // 傳回值：
    // true則重試，false則不重試
    ShouldRetry() bool

    // 驗證任務的參數是否合法
    //
    // 傳回值：
    // 如果參數非法則傳回對應的錯誤訊息。注意：如果為無參任務，則可直接傳回空
    Validate(params Parameters) error

    // 執行任務的業務邏輯
    // 相關的參數由任務工作池植入
    //
    // ctx Context：任務執行上下文
    // params Parameters ：鍵值對形式的任務執行所需的參數
    //
```

```
    // 傳回值：
    // 執行出現錯誤則傳回錯誤訊息。注意：如果任務被停止，則直接傳回空
    //
    Run(ctx Context, params Parameters) error
}
```

在上述任務介面標準定義中透過 MaxFails 來指定重試次數的上限；利用 ShouldRetry 指明是否需要在失敗後重試；依賴 MaxCurrency 宣告此任務的最大平行處理數，例如將其設定為 1，則表示即使在任務佇列中有多個待執行的任務，此功能任務最多同時僅有一個被執行；Validate 則對傳入的任務參數進行驗證，非法的直接傳回錯誤，進而避免浪費資源來排程非法的任務。

任務的正統邏輯則會包含在 Run 函數裡，其包含兩個參數，如下所述。

首參為任務執行的上下文參考，透過此上下文可以做到以下事項，

（1）可以取得記錄檔控制碼，以便將任務執行的相關資訊輸出到記錄檔系統中：

```
logger := ctx.GetLogger()
logger.Info("Job log")
```

（2）取得系統的上下文參考：

```
sysCtx := ctx.SystemContext()
withV := context.WithValue(sysCtx, ValueKey, "harbor")
```

（3）取得任務執行相關的控制訊號，如停止等：

```
if cmd, ok := ctx.OPCommand(); ok {
    if cmd == job.StopCommand {
        logger.Info("Exit for receiving stop signal")
        return nil
    }
}
```

（4）取得檢入函數來發送相關資料或任務進度資訊：

```
ctx.Checkin('{"data": 1000}')
```

（5）透過屬性名稱取得屬性值。在 Harbor 初始化控制碼啟用的前提下，可以透過設定屬性名稱取得 Harbor 系統中的相關設定資訊和資料庫連接等資訊：

```
if v, ok := ctx.Get("sample"); ok {
    fmt.Printf("Get prop form context: sample=%s\n", v)
}
```

次參則為任務執行所需要的所有參數集合的字典形式，可以透過參數名稱從其中取得實際的參數值。注意：對於物件形式的參數，需要透過其序列化的形式在任務提交服務（例如 Harbor 的 core 服務）和非同步任務系統兩個不同處理程序之間傳遞，比較常用的方式則是透過 JSON 格式。一個簡單的參數取得範例如下：

```
data, ok := params["myParam"]
if !ok {
  return errors.New("missing parameter [myParam]")
}

obj := &MyParameter{}
if err := json.Unmarshal(data, obj); err != nil {
   return errors.Wrap(err, "unmarshal parameter[myParam] error")
}
```

11.1.3 任務執行模型

封裝好的任務透過非同步任務系統提供的註冊介面註冊到非同步任務系統中，在註冊過程中會根據任務模型的宣告設定特定的執行選項，包含最大重試數、任務執行的優先順序及最大的任務平行處理數等。註冊過的可識別的任務就可以被非同步任務系統隨選排程執行。另外，對每一個特定任務，非同步任務系統都會在 Redis 服務中為其建立獨立的任務佇列，在不同的任務之間不共用佇列。各佇列中任務的排程執行機率是以其宣告為基礎的優先順序獲得的。相同優先順序的任務具備相同的排程執行機率。

非同步任務系統會對任務的生命週期進行相關的追蹤和記錄。整個過程會分為多個階段，每個階段到下一階段的變更都會有特定的 Webhook 發出，任務提交者在提交任務時可以設定特定的 Webhook 監聽位址以便追蹤這些變化。任務執行的生命週期實際可以劃分為如圖 11-5 所示的幾個階段。

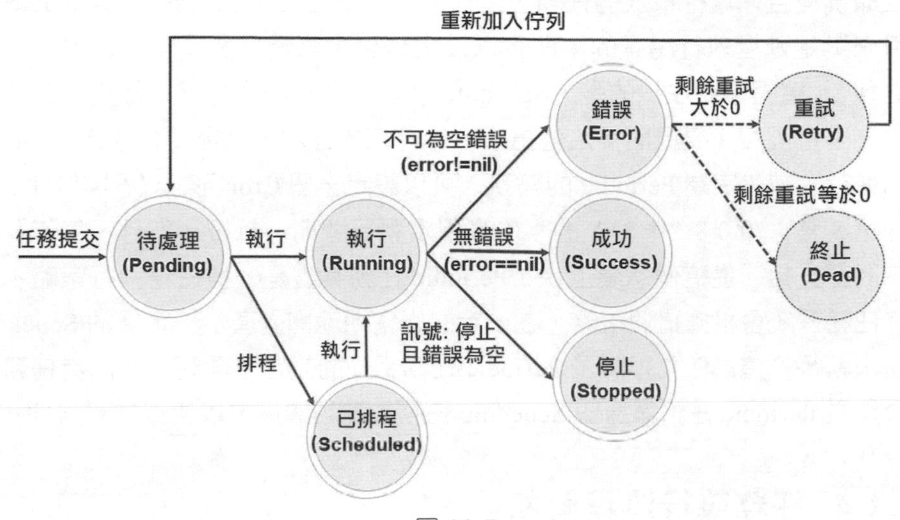

圖 11-5

提交執行的任務首先進入待執行（Pending）狀態，此狀態表示所要求執行的任務已經被放入其對應的工作隊列（Redis 佇列）中等待任務工作池的拉取。在未達到任務工作池最大平行處理限制的前提下，任務工作池會依據特定的演算法從所有不可為空的工作隊列中公平地選擇並拉取任務，拉取到的任務會被放到特定的程式碼協同中執行。此時，任務進入執行（Running）階段。執行中的任務，如果成功完成，即任務最後沒有傳回任何執行錯誤，則被標記為「成功（Success）」，這是正常的結果。任務的執行過程也可以被中斷，非同步任務系統會回應 API 的請求，停止執行中的任務。之後，任務即成為停止（Stopped）狀態。「停止」也是終態，且不支援重試。如果在任務執行過程中出現特定錯誤而導致任務邏輯無法繼續完成，則任務轉入錯誤（Error）狀態。在錯誤狀態下，如果任務宣告其可被重試且其重試次數還未達到所宣告的上限，則任務被轉入重試佇列中等待重試。任務的重試會讓任務重新回到待執行狀態，從頭排程並執行。如果已無重試的機會，則任務進入終止（Dead）狀態。

另外，任務的排程執行可以有多種形態，包含 Generic、Schedule 和 Periodic，實際形式可以在提交任務時透過參數來設定。Generic 意即一般任務，也就是會立即排程且僅執行單次的任務（這裡的單次不包含重試次數）。Schedule 則是用來滿足延遲執行場景的，即可以設定任務實際延遲多長時間來執行（單位為秒）。這裡需要注意的是，Schedule 只會延遲任務的執行，任務依然執行單次，不會重複。要周而復始地重複執行特定的任務，則需要任務以 Periodic 形式進行。被設定為 Periodic 的任務，可以設定一個 Cron 形式（例如 UTC 時間的早 8 點："0 0 8 * * *"）的字串來確定執行週期，每日、每月、每年及特定時間都支援。從這個意義上說，Periodic 任務其實是一種任務執行策略，非同步任務系統會根據這個策略，在一定的視窗期範圍內產生一定量的 Schedule 任務來執行，這些任務複製了 Periodic 任務相同的設定。同時，非同步任務系統會建立 Periodic 任務與這些 Schedule 任務的連結關係，以便查詢和管理。

11.1.4 任務執行流程解析

正如之前章節所述，實際的業務邏輯按照任務程式設計模型介面要求實現並宣告相關執行參數，之後透過任務工作池提供的介面註冊成為可識別的任務物件。這裡需要注意的是，在此註冊過程中，註冊到底層任務工作池的任務物件並非是實現程式設計模型介面的任務物件，而是封裝成任務執行器（job runner）的執行實例。任務執行器除了執行任務程式設計模型所實現的業務邏輯，同時植入了控制追蹤任務生命週期過程的必要邏輯。透過非同步任務系統 API 提交執行任務的請求，其實是產生特定功能任務的實例，並將任務實例資訊序列化後發送到任務佇列中等待執行。任務工作池中的任務工作器（Worker）從任務佇列中依據任務排程演算法拉取任務資訊，這也是任務實際執行過程的起點。實際執行過程如圖 11-6 所示。

任務的實際執行過程如下。

（1）任務工作器依據排程演算法從任務佇列中遴選出一個待執行的任務，並取得包含任務參數等在內的基本資訊，即圖 11-6 中第 1 ～ 2 步。

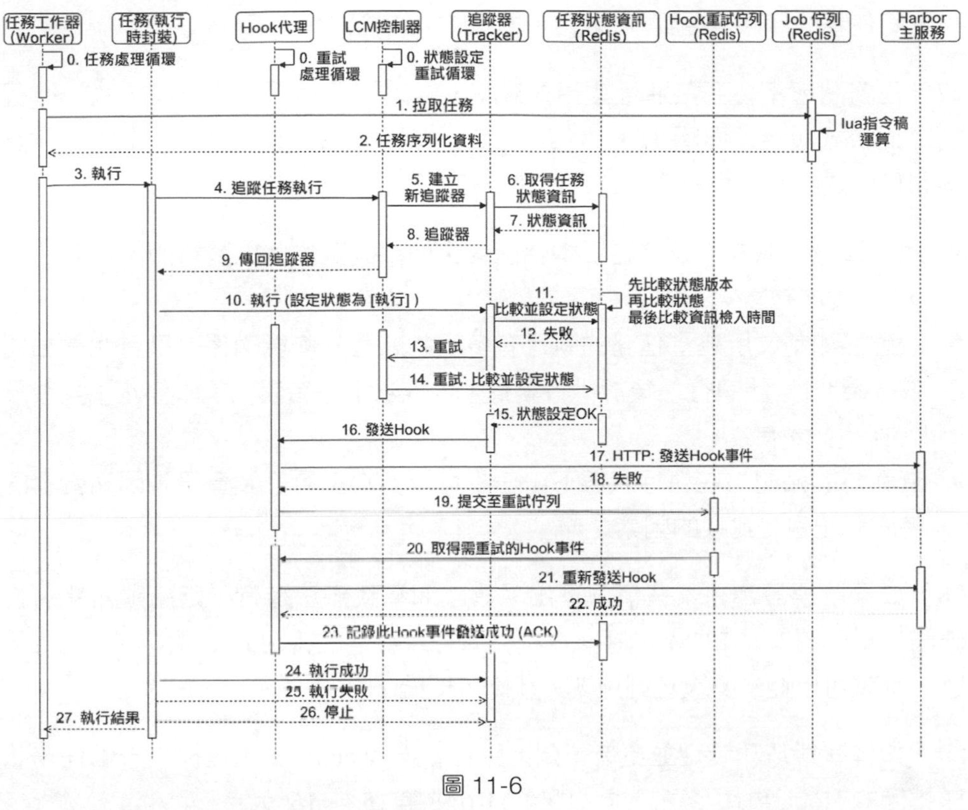

圖 11-6

(2) 任務工作器呼叫註冊任務的執行方法(Run())以啟動任務的執行，也就是任務封裝物件的執行方法，即圖 11-6 中第 3 步。

(3) 任務執行需要能追蹤到任務的生命週期，因而依賴 LCM 控制器產生任務追蹤器，即圖 11-6 中第 4 步。

(4) LCM 控制器會為新執行的任務建立新的追蹤器，追蹤器在建立過程中會從 Redis 資料庫中取得執行任務的基本狀態資訊並快取起來以備後用，即圖 11-6 中第 5 ～ 6 步。

(5) 在未有錯誤發生的情況下，目前執行的任務可被追蹤，即圖 11-6 中第 7 ～ 9 步。

（6）將任務的狀態變更到「執行」，即圖 11-6 中第 10 步。

（7）任務狀態不會直接進行覆蓋式設定。考慮到任務可能被重試，這裡進行的是比較式設定（即圖 11-6 中第 11 步），會將後台 Redis 資料庫中的狀態資料和目前要設定的狀態資料進行比較，如下所述。

- 狀態資訊的版本：只有在版本相同或目前要設定的狀態資料版本較新的情況下，才有效。
- 狀態：如前文所述，任務的執行有多個狀態且有前後關係，只有狀態相同或後續狀態（「執行」後於「待執行」，「成功」、「錯誤」或「停止」則後於「執行」）才有效。
- 查看時間戳記：在執行狀態下，任務可以多次查看訂製資訊，因而查看的時間戳記也是比較的因素之一。

（8）如果狀態設定在某些情況下出現錯誤而導致無法進行，則追蹤器會將任務設定操作提交給 LCM 控制器重試佇列，以讓其在特定的循環週期中完成重試。重試可以發生多次直到過期、故障，即圖 11-6 中第 12 ～ 14 步。

（9）如果狀態成功設定並更新，則追蹤器會向 Webhook 代理提交一個任務狀態轉變的 Hook 事件發送請求，即圖 11-6 中第 15 ～ 16 步。

（10）Webhook代理透過其 HTTP 用戶端提交任務時設定的 Webhook 位址發送 Hook 事件，即圖 11-6 中第 17 步。

（11）如果 Hook 事件發送失敗，則此 Hook 事件會被發送到 Redis 上的 Hook 事件重試佇列中暫存。Webhook 代理的重試處理循環則會擇機從重試佇列中拉取失敗的事件，並重新發送。此過程可能進行多次，直到發送成功或事件過期（例如新的狀態轉換事件已經發送成功或逾時），即圖 11-6 中第 18 ～ 21 步。

（12）如果 Hook 事件被成功發送到目標訂閱方，則 Webhook 代理會更新特定任務物件的狀態資訊中的 ACK，以明確特定的狀態轉換已獲得確認，即圖 11-6 中第 22 ～ 23 步。

（13）根據後續實際任務執行邏輯的傳回結果來更新任務的不同狀態，可為「成功」、「錯誤」或「停止」，即圖 11-6 中第 24 ～ 26 步。

（14）在任務執行完成後退出並傳回結果，即圖 11-6 中第 27 步。

11.1.5 系統記錄檔

前面提到，在非同步任務系統中記錄檔有關兩部分，一個是非同步任務系統本身的記錄檔，另一個是執行任務的記錄檔。兩部分記錄檔支援類似的設定，都可以從已支援的記錄檔記錄器中選擇多個來設定。

非同步任務系統的記錄檔記錄器，除了實現了要求的記錄檔輸出介面，還可以根據實際情況選擇實現其他特定的介面，包含支援過期記錄檔清理的介面及提供記錄檔內容輸出的介面。實現的記錄檔記錄器透過唯一的名稱靜態註冊到非同步任務系統記錄檔記錄器清單中，之後可在非同步任務系統的啟動設定中透過名稱索引為非同步任務系統本身和執行任務啟用一個或多個記錄檔記錄器。

截至目前，非同步任務系統已經支援以下三種記錄檔記錄器。

- STD_OUTPUT：標準輸出串流記錄器，將記錄檔內容輸出到標準輸出裝置中，不支援記錄檔清理和記錄檔內容取得介面。
- FILE：檔案記錄器，將記錄檔內容輸出到指定檔案中。支援記錄檔的定期清理和內容取得。對於執行任務，每一個任務的記錄檔都會輸出到以任務 ID 為索引的記錄檔中，透過系統 API 即可檢視記錄檔的內容。
- DATABASE：資料庫記錄器，將記錄檔輸出到對應的資料庫中，支援記錄檔的清理和內容取得。對於執行任務，每一個任務的所有記錄檔輸出都會被儲存到以任務 ID 為索引的一筆資料記錄中，其內容也可透過系統 API 檢視。

在非同步任務系統的啟動設定中，記錄檔記錄器為清單類型，可以同時設定多個。對於每一個記錄檔記錄器，其設定可透過表 11-1 的參數來實現。

表 11-1

設定項	描 述
loggers[x].name	記錄檔記錄器的唯一索引名稱。例如 "FILE"、"STD_OUTPUT"、"DATABASE"
loggers[x].level	記錄檔輸出等級設定，可以為 INFO、DEBUG、WARNING、ERROR、FATAL
loggers[x].settings	可選項，字典格式的資料，用來接收記錄檔記錄器的額外設定。例如檔案記錄器的「根目錄（base_dir）」設定項
loggers[x].sweeper.duration	如果記錄檔記錄器支援定期清理，則可透過此參數設定清理週期，以天為單位
loggers[x].sweeper.settings	可選項，字典格式的資料，用來接收清理器的額外設定，例如檔案記錄器的「工作目錄（worker_dir）」設定項

一個簡單設定範例如下：

```
# 記錄檔記錄器
loggers:
  - name: "STD_OUTPUT" # 記錄器索引名稱，目前僅支援 "FILE""STD_OUTPUT"和
"DATABASE"
    level: "DEBUG" #可選值包含INFO、DEBUG、WARNING、ERROR、FATAL
  - name: "FILE" # 多記錄器設定
    level: "DEBUG"
    settings: # 檔案記錄檔記錄器的額外設定
      base_dir: "/tmp/job_logs"
    sweeper: # 檔案記錄檔記錄器的清理器設定
      duration: 1 # 單位為天
      settings: # 清理器的額外設定項目
        work_dir: "/tmp/job_logs"
```

11.1.6 系統組態

非同步任務系統需要一些必備的啟動設定，這些設定可以透過 YAML 形式的檔案或環境變數形式傳入。本節對這些啟動設定做一個簡單的整理，如表 11-2 所示。

表 11-2

設定項	描　述	環境變數
protocol	無論 API 伺服器以何種 HTTP 啟動，都可以設定為 http 或 https	JOB_SERVICE_PROTOCOL
https_config.cert	如果協定被設定為 https，則需要提供 TLS 憑證	JOB_SERVICE_HTTPS_CERT
https_config.key	如果協定被設定為 https，則需要提供 TLS 私密金鑰	JOB_SERVICE_HTTPS_KEY
port	API 伺服器監聽通訊埠，預設為 9443	JOB_SERVICE_PORT
worker_pool.workers	任務工作池的大小，即任務平行處理執行數	JOB_SERVICE_POOL_WORKERS
worker_pool.backend	任務工作池的後端驅動形式，目前僅支援 Redis 服務	JOB_SERVICE_POOL_BACKEND
worker_pool.redis_pool.redis_url	任務工作池的後端為 Redis，需要提供 Redis 伺服器位址	JOB_SERVICE_POOL_REDIS_URL
worker_pool.redis_pool.namespace	任務工作池後端為 Redis，需要提供 Redis 中的根鍵的命名空間	JOB_SERVICE_POOL_REDIS_NAMESPACE
loggers	非同步任務系統本身的記錄檔記錄器設定，實際內容可參閱 11.1.5 節	
job_loggers	用於執行任務的記錄檔記錄器設定，實際內容可參閱 11.1.5 節	

下面列出了一個非同步任務系統的簡單設定範例：

```
---
# API服務啟動協定
protocol: "https"

# HTTPS相關的憑證設定
https_config:
  cert: "server.crt"
  key: "server.key"
```

```
# API伺服器監聽通訊埠
port: 9443

# 任務工作池
worker_pool:
  # 任務處理平行處理數
  workers: 10
  # 工作池後端驅動，目前僅支援"redis"
  backend: "redis"
  # redis後端所需的額外設定
  redis_pool:
    # redis://[arbitrary_username:password@]ipaddress:port/database_index
    # or ipaddress:port[,weight,password,database_index]
    redis_url: "localhost:6379"
    namespace: "harbor_job_service"

# 用於執行任務的記錄檔記錄器設定
# 實際設定同11.1.5節中所講一致
job_loggers:
  - name: "STD_OUTPUT" #記錄器索引名稱，目前僅支援 "FILE""STD_OUTPUT"和
"DATABASE"
    level: "DEBUG" # INFO/DEBUG/WARNING/ERROR/FATAL
  - name: "FILE"
    level: "DEBUG"
    settings: # 記錄檔記錄器的額外設定
      base_dir: "/tmp/job_logs"
    sweeper:
      duration: 1 #天
      settings: # 清理器的額外設定
        work_dir: "/tmp/job_logs"

# 用於非同步任務系統本身的記錄檔記錄器設定
loggers:
  - name: "STD_OUTPUT" # 啟用的記錄器唯一索引名稱
    level: "DEBUG"
```

需要指出的是，Harbor 的安裝指令稿會自動產生非同步任務系統的設定，一般情況下使用者無須另行設定。

11.1.7 REST API

非同步任務系統除了提供了強大、高效的平行處理任務執行監控能力，還提供了便於對非同步任務系統狀態進行監控及進行任務管理的 REST API 以便呼叫。本節將對這些 API 的功能及有關的請求和回應結構做一個簡單的歸納和整理。

在介紹實際功能 API 之前，需要提到的是，雖然非同步任務系統的設計初衷是系統支撐服務，會執行在後端環境下，但是非同步任務系統的 API 還是啟用了授權機制，對其 API 的存取、呼叫需要透過身份驗證。非同步任務系統 API 的授權機制採用了比較簡單的類別 API Key 的形式，伺服器會驗證 API 請求中的 "Authorization: Harbor-Secret <secret>" 表頭，從其值中取得帶有 "Harbor-Secret" 字首的存取金鑰，之後與非同步任務系統環境變數中的金鑰做比較以判斷是否通過，驗證失敗的請求會傳回 401 未授權的錯誤。金鑰會在 Harbor 安裝時產生，是一個加密的隨機字串，並且植入到非同步任務系統和其他需要呼叫非同步任務系統的 Harbor 元件中。

用戶端提供正確授權後，可正常存取非同步任務系統相關的 REST API 服務，如下所述。

（1）提交任務執行，REST API 如表 11-3所示。

表 11-3

場　景	提交任務
操作與 API 端點	POST /api/v1/jobs
請求本體	（1）透過任務的唯一索引類型名稱指明執行任務的類型，例如 demo。 （2）如果任務支援參數，則可以以字典形式提供對應的參數。 （3）如果需要接收任務狀態變更的 Webhook，則需要提供接收服務的存取端點。 （4）在任務的中繼資料單元中，可以指定任務的執行類型，包含正常（Generic）、定時（Scheduled）及週期（Periodic）。對於定時任務，則還需指定以秒為單位的延遲時間。對於週期任務，還需指定 Cron 形式的週期時間。另外，如果需要避免重複提交的任務，則可將「唯一性（unique）」設定為 True。

<table>
<tr><th>場　景</th><th>提交任務</th></tr>
<tr><td></td><td>請求本體範例：
<pre>
{
  "job": {
    "name": " DEMO ",
    "parameters": {
      "image": "demo-steven"
    },
    "status_hook": "https://my-hook.com",
    "metadata": {
      "kind": "Generic",
      "schedule_delay": 90,
      "cron_spec": "* 5 * * * *",
      "unique": false
    }
  }
}
</pre></td></tr>
<tr><td>回應體</td><td>202，接收，傳回提交任務的相關基本資訊及可作為唯一索引的 ID。
範例：
<pre>
{
  "job": {
    "id": "a4dd94cd54ad30a0f57c6d73",
    "status": "Pending",
    "name": "DEMO",
    "kind": "Generic",
    "unique": false,
    "ref_link": "/api/v1/jobs/a4dd94cd54ad30a0f57c6d73",
    "enqueue_time": 1587628291,
    "update_time": 1587628291,
    "parameters": {
      "image": "demo-steven"
    }
  }
}
</pre></td></tr>
</table>

場　景	提交任務

錯誤回應體	（1）400：非法請求。
	（2）401：未經授權。
	（3）403：請求衝突。
	（4）500：內部錯誤。
	{
	"code": 500,
	"err": "short error message",
	"description": "detailed error message"
	}

（2）取得任務資訊，REST API 如表 11-4 所示。

表 11-4

場　景	取得任務
操作與 API 端點	GET /api/v1/jobs/{job_id}
請求本體	無
回應體	200：OK，傳回的資訊與表 11-3 中啟動任務成功後傳回的任務基本資訊相似。如果任務已開始執行，則某些資訊會有所改變以反映最新的執行情況。為避免重複，這裡不再列出任務的 JSON 格式的基本資訊
錯誤回應體	傳回的錯誤內容在非同步任務系統內保持一致，為避免重複，後續的 API 介紹不再提供傳回錯誤的 JSON 格式的內容資訊。 （1）400：非法請求。 （2）401：未經授權。 （3）404：未找到。 （4）500：內部錯誤

（3）取得任務列表，REST API 如表 11-5所示。

表 11-5

場　景	取得任務列表
操作與 API 端點	GET /api/v1/jobs?<key=value>
請求本體	無請求本體。以查詢參數形式支援： （1）內容分頁設定（page_num 和 page_size）； （2）僅取得特定任務類型（kind）

場　景	取得任務列表
回應體	（1）200：OK，滿足條件的目前頁的任務列表。 （2）回應體表頭會包含下次資料存取的游標資訊（Next-Cursor）；如果任務執行類型為定時任務（Scheduled），則會在表頭包含任務總數的資訊（Total-Count）
錯誤回應體	（1）400：非法請求。 （2）401：未經授權。 （3）404：未找到。 （4）500：內部錯誤

（4）停止執行指定任務，REST API 如表 11-6所示。

表 11-6

場　景	任務操作：停止
操作與 API 端點	POST /api/v1/jobs/{job_id}

請求本體	提供要應用到任務的操作（目前僅提供「停止（stop）」項）：
	{
	"action": "stop"
	}

回應體	204 NO_CONTENT：無回應體內容
錯誤回應體	（1）400：非法請求。 （2）401：未經授權。 （3）404：未找到。 （4）500：內部錯誤。 （5）501：未實現，提交的操作未被支援

（5）取得指定任務的記錄檔資訊，REST API 如表 11-7所示。

表 11-7

場　景	取得任務記錄檔資訊
操作與 API 端點	GET /api/v1/jobs/{job_id}/log
請求本體	無
回應體	200 OK：傳回實際的記錄檔內容文字流

場　景	取得任務記錄檔資訊
錯誤回應體	（1）400：非法請求。 （2）401：未經授權。 （3）404：未找到。 （4）500：內部錯誤

（6）取得與週期任務實際連結的執行任務列表，REST API 如表 11-8所示。

表 11-8

場　景	取得與週期任務實際連結的執行任務
操作與 API 端點	GET /api/v1/jobs/{job_id}/cxccutions
請求本體	無請求本體。以查詢參數形式支援： （1）內容分頁設定（page_num 和 page_size）； （2）僅取得未停止執行的執行任務（non_dcad_only）
回應體	200 OK：傳回對應週期任務的連結執行任務列表
錯誤回應體	（1）400：非法請求。 （2）401：未經授權。 （3）500，內部錯誤

（7）非同步任務系統健康檢查，REST API 如表 11-9所示。

表 11-9

場　景	非同步任務系統健康檢查
操作與 API 端點	GET /api/v1/stats
請求本體	無

回應體	200 OK：傳回非同步任務系統基本資訊和健康狀態，包含任務工作池的啟動時間戳記、上次心跳時間戳記及已註冊任務類型的列表等：
	{
	  "worker_pools": [
	    {
	      "worker_pool_id": "1fc3886f25f7f6b2266aa3e1",
	      "started_at": 1587828118,
	      "heartbeat_at": 1587828278,
	      "job_names": [

<table>
<tr><th>場　景</th><th>非同步任務系統健康檢查</th></tr>
<tr><td></td><td>"DEMO",
"IMAGE_GC",
"IMAGE_REPLICATE",
"IMAGE_SCAN",
"IMAGE_SCAN_ALL",
"REPLICATION",
"RETENTION",
"SCHEDULER",
"SLACK",
"WEBHOOK"
],
"concurrency": 10,
"status": "Healthy"
}
]
}</td></tr>
<tr><td>錯誤回應體</td><td>（1）400：非法請求。
（2）401：未經授權。
（3）500：內部錯誤</td></tr>
</table>

11.2 核心程式解讀

透過 11.1 節的介紹，相信讀者對於 Harbor 非同步任務系統的基本功能和原理有了大概的了解。本節將從原始程式碼的主函數開始，逐層、逐步地解讀非同步任務系統的核心原始程式碼，讓讀者了解程式的實現方法，並作為開發和擴充非同步任務系統功能的參考。

11.2.1 ～ 11.2.5 節介紹了程式的主要結構和處理邏輯，11.2.6 節對部分關鍵子模組做了更詳細的說明，讀者可對照閱讀。

11.2.1 程式目錄結構

非同步任務系統的程式位於 Harbor 程式庫目錄 src 的 jobservice 子目錄下，按照基本元件模組來劃分，目錄結構如下：

```
.
├── api
├── common
│   ├── list
│   │   query
│   ├── rds
│   └── utils
├── config
├── core
├── env
├── errs
├── hook
├── job
│   └── impl
│       ├── gc
│       │   notification
│       ├── replication
│       └── sample
├── lcm
├── logger
│   ├── backend
│   ├── getter
│   └── sweeper
├── mgt
├── migration
├── period
├── runner
├── runtime
├── tests
└── worker
    └── cworker
```

下面從上往下依次說明上面的內容（目前的目錄 "." 為 "/harbor/src/jobservice"）。

■ ./api：含有 API 伺服器相關、請求路由宣告及對應請求處理器的相關程式。

- ./common/list：是一個 FIFO 清單的實現，用於狀態更新和操作重試的場景中。
- ./common/query：定義了接收 HTTP 請求查詢參數的統一結構。
- ./common/rds：提供與 Redis 操作相關的輔助方法和系統用到的 Redis 鍵名的宣告。
- ./common/utils：定義通用的工具方法。
- ./config：提供系統組態解析能力。
- ./core：系統服務控制器的介面定義與實現。
- ./env：定義任務執行的上下文環境結構。
- ./errs：非同步任務系統錯誤包，定義了特定類型的錯誤和其他處理錯誤的方法。
- ./hook：對 Webhook 代理和用戶端的支援。
- ./job：任務介面的宣告和諸如任務執行追蹤器等與任務相關的功能的支援和實現。
- ./job/impl/gc：垃圾回收任務的定義。
- ./job/impl/notification：Webhook 相關的任務定義。
- ./job/impl/replication：複製任務的定義。
- ./job/impl/sample：範例任務的定義。
- ./lcm：任務生命週期管理控制器的定義與實現。
- ./ logger：記錄檔記錄器的介面宣告與多記錄器註冊管理等能力的支援。
- ./logger/backend：各種記錄檔記錄器的後端實現，例如 FILE、DATABASE 及 STD _OUTPUT。
- ./logger/getter：各種記錄檔內容讀取器實現，例如 FILE 和 DATABASE。
- ./logger/sweeper：各種陳舊記錄檔清理器的實現。
- ./mgt：任務詮譯資訊管理的支援。
- ./migration：任務資料移轉器的定義與實現。
- ./period：週期任務排程器的定義與實現。
- ./runner：執行任務的封裝定義。
- ./runtime：系統啟動器的實現。
- ./tests：單元測試通用工具方法的定義。

- ./worker：任務工作池的介面宣告和相關模型定義。
- ./worker/cworker：以 gocraft/work 函數庫和 Redis 為基礎的任務工作池的實現。

11.2.2 主函數入口

主函數首先透過啟動指令的 "-c" 選項取得設定檔的路徑，然後將有關設定項目解析到預設的設定物件中以備之後使用。Load 方法的第 2 個參數被設定為 true，指明同時從環境變數中讀取設定。如果相同的設定在設定檔和環境變數中都有設定，則環境變數中的設定優先於設定檔中的設定：

```
if err := config.DefaultConfig.Load(*configPath, true); err != nil {
    panic(fmt.Sprintf("load configurations error: %s\n", err))
}
```

之後建立可取消的系統根上下文（Root Context）物件，並為目前執行節點產生唯一 ID 並儲存在上下文物件中，此 ID 用來在高可用模式下區別不同的執行實例。主程式在退出時透過延遲函數 cancel 向依賴此上下文物件的程式碼協同發出退出訊號：

```
// 附加節點ID
vCtx := context.WithValue(context.Background(), utils.NodeID,
utils.GenerateNodeID())
// 建立根上下文物件
ctx, cancel := context.WithCancel(vCtx)
defer cancel()
```

再之後系統上下文和設定中關於記錄檔的相關設定，初始化記錄檔記錄器 "err := logger.Init(ctx)"。在記錄檔的 Init 函數裡建立對應的記錄檔記錄器，如果支援記錄檔內容取得器，則繼續建立內容取得器，如果還支援記錄檔清理器，則會建立清理器並啟動來清理週期循環。

接著，為非同步任務系統啟動器植入初始化回呼函數來讀取 Harbor 核心服務中的相關設定，然後快取在任務執行上下文的物件中以備後用。此方法會逐步棄用，建議透過任務參數來傳遞需要的設定。

主函數最後呼叫系統啟動器啟動基本服務，然後進入阻塞狀態，直到收到系統退出訊號：

```
// Start
if err := runtime.JobService.LoadAndRun(ctx, cancel); err != nil {
    logger.Fatal(err)
}
```

11.2.3 系統的啟動過程

非同步任務系統的啟動過程由系統啟動器來完成，其程式位於 "./runtime" 套件的 bootstrap.go 檔案中。系統啟動器會依照依賴關係初始化並啟動非同步任務系統所需要的相關子模組。

在啟動過程中首先建立任務執行環境的基礎上下文物件，包含系統根上下文物件、任務上下文物件、協調相關元件程式碼協同的 WaitGroup 及在多個程式碼協同間傳遞錯誤的管線物件。其中的任務上下文物件可透過主程式中植入的任務上下文初始化器建立，或直接使用預設的任務上下文實現。此處建立上下文物件的程式如下：

```
rootContext := &env.Context{
    SystemContext: ctx,
    WG:            &sync.WaitGroup{},
    ErrorChan:     make(chan error, 5),
}

// 如果任務上下文初始化器存在，則建置任務上下文物件
if bs.jobConextInitializer != nil {
    rootContext.JobContext, err = bs.jobConextInitializer(ctx)
    if err != nil {
        return errors.Errorf("initialize job context error: %s", err)
    }
}
// 確保任務上下文物件存在，即此時若任務上下文依然為空，則使用預設的實現
if rootContext.JobContext == nil {
    rootContext.JobContext = impl.NewDefaultContext(ctx)
}
```

完成任務上下文初始化之後，進入任務工作池及相關子元件的建立與啟動階段。系統啟動器從設定中取得任務池的後端驅動設定，因為目前僅支援 Redis，所以會直接進入以 Redis 為基礎的任務工作池的初始化與啟動過程中。

首先要做的是，基於設定項目建立並初始化 Redis 連接池，此連接池透過 redigo 函數庫實現。因為使用函數庫的限制，Harbor 2.0 的 Redis 連接池不支援 Redis 叢集（Cluster）或檢查點（Sentinel）模式的 Redis 部署，後續版本會加入對檢查點模式的支援。在這種情況下，可以透過在 Redis 服務前部署 HAProxy 類似的代理服務來支援類別 Redis 叢集方式。

```
// 讀取工作程式碼協同數量設定
workerNum := cfg.PoolConfig.WorkerCount
// 增加"{}"到Redis資料命名空間以避免資料槽分配的問題
namespace := fmt.Sprintf("{%s}", cfg.PoolConfig.RedisPoolCfg.Namespace)
// 取得Redis連接池
redisPool := bs.getRedisPool(cfg.PoolConfig.RedisPoolCfg)
```

getRedisPool 封裝了透過 redigo 函數庫建立連接池的過程，實際程式如下：

```
// 取得一個Redis連接池
func (bs *Bootstrap) getRedisPool(redisPoolConfig *config.RedisPoolConfig)
*redis.Pool {
    return &redis.Pool{
        MaxIdle:     6,
        Wait:        true,
        IdleTimeout: time.Duration(redisPoolConfig.IdleTimeoutSecond) *
time.Second,
        Dial: func() (redis.Conn, error) {
            return redis.DialURL(
                redisPoolConfig.RedisURL,
                redis.DialConnectTimeout(dialConnectionTimeout),
                redis.DialReadTimeout(dialReadTimeout),
                redis.DialWriteTimeout(dialWriteTimeout),
            )
        },
        TestOnBorrow: func(c redis.Conn, t time.Time) error {
            if time.Since(t) < time.Minute {
```

```
            return nil
        }

        _, err := c.Do("PING")
        return err
    },
  }
}
```

有了 Redis 連接池之後，就可以對 Redis 資料操作了。所以在其他元件啟動之前，會優先檢查 Redis 資料庫的資料是否需要遷移和升級，此工作由資料移轉器完成。實際遷移程式如下：

```
// 如有必要，執行資料移轉和升級
rdbMigrator := migration.New(redisPool, namespace)
rdbMigrator.Register(migration.PolicyMigratorFactory)
if err := rdbMigrator.Migrate(); err != nil {
    // 僅記錄記錄檔，不需要阻斷啟動處理程序
    logger.Error(err)
}
```

在資料升級和遷移過程完成後，則會一個一個建立任務工作池啟動所依賴的相關元件。

首先，建立 Webhook 代理器來支援 Webhook 事件的發送和重試等操作，同時定義一個 Hook 發送的回呼函數以備之後的生命週期管理控制器參考。啟動過程中的 Webhook 代理器相關程式如下：

```
// 建立單例的Webhook代理器
hookAgent := hook.NewAgent(rootContext, namespace, redisPool)
hookCallback := func(URL string, change *job.StatusChange) error {
}
// 省略非Webhook代理器相關程式
// 啟動代理器
// 非阻塞呼叫
if err = hookAgent.Serve(); err != nil {
    return errors.Errorf("start hook agent error: %s", err)
}
```

在建立並啟動完 Webhook 代理器之後，以已有的 Redis 連接池和建立的 Webhook 回呼函數來建置任務生命週期管理控制器，以實現對任務執行過程和執行狀態的追蹤與管理。任務生命週期管理控制器的建立與啟動程式如下：

```
// 建立任務生命週期管理控制器
lcmCtl := lcm.NewController(rootContext, namespace, redisPool, hookCallback)
// 省略啟動任務池程式
// 執行生命週期管理控制器後台
if err = lcmCtl.Serve(); err != nil {
    return errors.Errorf("start life cycle controller error: %s", err)
}
```

在生命週期管理控制器就位之後，就到了更為關鍵的環節，即系統核心的任務工作池的建立與啟動。此過程由內部定義方法 loadAndRunRedisWorkerPool 完成，實際程式如下：

```
// 啟動後台工作工作池
backendWorker, err = bs.loadAndRunRedisWorkerPool(
    rootContext,
    namespace,
    workerNum,
    redisPool,
    lcmCtl,
)
```

在 loadAndRunRedisWorkerPool 中，首先基於 Redis 連接池和生命週期管理控制器建置出任務池物件，再透過其提供的任務註冊介面方法註冊所有要支援的任務物件，包含製品掃描、全域掃描、遠端複製及 Webhook 等功能任務物件，最後透過 Start 方法啟動任務池的守護處理程序。實際程式如下：

```
// 載入並執行以Redis為基礎的任務工作池
func (bs *Bootstrap) loadAndRunRedisWorkerPool(
ctx *env.Context,
ns string,
workers uint,
redisPool *redis.Pool,
lcmCtl lcm.Controller,
```

```
) (worker.Interface, error) {
redisWorker := cworker.NewWorker(ctx, ns, workers, redisPool, lcmCtl)
// 註冊功能任務
if err := redisWorker.RegisterJobs(
map[string]interface{}{
    // 此任務僅用於偵錯和測試
    job.SampleJob: (*sample.Job)(nil),
    // 功能任務列表
    job.ImageScanJob:            (*sc.Job)(nil),
    job.ImageScanAllJob:         (*all.Job)(nil),
    job.ImageGC:                 (*gc.GarbageCollector)(nil),
        job.Replication:             (*replication.Replication)(nil),
        job.ReplicationScheduler:   (*replication.Scheduler)(nil),
        job.Retention:               (*retention.Job)(nil),
        scheduler.JobNameScheduler: (*scheduler.PeriodicJob)(nil),
        job.WebhookJob:              (*notification.WebhookJob)(nil),
        job.SlackJob:                (*notification.SlackJob)(nil),
 }); err != nil {
return nil, err
}

if err := redisWorker.Start(); err != nil {
    return nil, err
}
return redisWorker, nil
}
```

至此，隨著任務工作池的啟動，整個非同步任務系統的啟動過程也進入最後一個階段，即啟動 API 伺服器以對外提供功能服務。

11.2.4 API伺服器的啟動過程

API 伺服器的啟動過程分為兩個階段：依賴元件的建立和 HTTP伺服器的路由綁定與啟動。首先建立任務資訊管理員，然後基於任務資訊管理員和任務工作池建置出 API 控制器，接著就可以利用 API 控制器實現 API 伺服器的建立了。此過程主要在系統啟動器的 "LoadAndRun" 方法中有關，部分主要程式如下：

```
func (bs *Bootstrap) LoadAndRun(ctx context.Context, cancel context.
CancelFunc) (err error) {
    // 省略部分程式
    // 建立任務資訊管理員
    manager = mgt.NewManager(ctx, namespace, redisPool)

    // 省略部分程式
    // 初始化API控制器
    ctl := core.NewController(backendWorker, manager)
    // 建立API伺服器
    apiServer := bs.createAPIServer(ctx, cfg, ctl)

    // 省略部分程式
}
```

從這段程式中可以看到，API 伺服器建立的核心邏輯在系統啟動器的內部方法 "createAPIServer" 中實現。實際程式如下：

```
// 建立API伺服器
func (bs *Bootstrap) createAPIServer(ctx context.Context, cfg
*config.Configuration, ctl core.Interface) *api.Server {
    authProvider := &api.SecretAuthenticator{}
    handler := api.NewDefaultHandler(ctl)
    router := api.NewBaseRouter(handler, authProvider)
    serverConfig := api.ServerConfig{
        Protocol: cfg.Protocol,
        Port:cfg.Port,
    }
    if cfg.HTTPSConfig != nil {
        serverConfig.Protocol = config.JobServiceProtocolHTTPS
        serverConfig.Cert = cfg.HTTPSConfig.Cert
        serverConfig.Key = cfg.HTTPSConfig.Key
    }

    return api.NewServer(ctx, router, serverConfig)
}
```

從上述程式可以看到，伺服器的建立實際包含以下幾個關鍵步驟。

（1）API 服務是需要授權存取的，因而需要建立驗證器（SecretAuthenticator）來確保有效的授權存取。非同步任務系統作為內部使用的系統，驗證並未採用特別煩瑣的模式，而是採用 "<Authorization Harbor-Secret [secret]>" 類 API key 的形式。此處的 secret 是在 Harbor 安裝時產生並透過環境變數植入的隨機密碼，可以確保相當等級的安全性。驗證器的實作方式定義在 "./api/authenticator.go" 的原始檔案中，這裡不再贅述。

（2）API 的實際回應邏輯如參數處理、邏輯執行及最後的回應、回寫都由 API 處理器（handler）的處理方法來完成。預設處理器（DefaultHandler）透過 API 控制器來建置以實現 API 邏輯和後台控制層邏輯的連結。處理器的介面宣告和預設實現定義在 "./api/handler.go" 的原始檔案中。處理器的邏輯職責較為清晰容易，故而此處不再贅述。

（3）API 處理器中的實際回應方法需要與特定的 API 路徑連結、對映，此過程透過定義在 "./api/router.go" 原始檔案中的路由器元件實現。實際的對應關係如下：

```
const (
    baseRoute  = "/api"
    apiVersion = "v1"
)

// registerRoutes增加路由資訊到伺服器的多工器中
func (br *BaseRouter) registerRoutes() {
    subRouter := br.router.PathPrefix(fmt.Sprintf("%s/%s", baseRoute,
apiVersion)).Subrouter()

    subRouter.HandleFunc("/jobs", br.handler.HandleLaunchJobReq).Methods(http.
MethodPost)
    subRouter.HandleFunc("/jobs", br.handler.HandleGetJobsReq).Methods(http.
MethodGet)
    subRouter.HandleFunc("/jobs/{job_id}", br.handler.HandleGetJobReq).
Methods(http.MethodGet)
    subRouter.HandleFunc("/jobs/{job_id}", br.handler.HandleJobActionReq).
Methods(http.MethodPost)
    subRouter.HandleFunc("/jobs/{job_id}/log", br.handler.HandleJobLogReq).
```

```
Methods(http.MethodGet)
    subRouter.HandleFunc("/stats", br.handler.HandleCheckStatusReq).
Methods(http.MethodGet)
    subRouter.HandleFunc("/jobs/{job_id}/executions", br.handler.
HandlePeriodicExecutions).Methods(http.MethodGet)
}
```

（4）建立出的路由器用來建置 API 伺服器。API 伺服器是定義在 "./api/server.go" 原始檔案中的訂製化的 HTTP 網路服務器的封裝，提供了啟動（Start）和停止（Stop）兩種對外操作。依據非同步任務系統的基本設定，可以以 HTTP 或 HTTPS 模式啟動。相關程式邏輯比較直觀，這裡不做過多分析。

建立好的 API 伺服器可以進入啟動階段。

啟動器會建立一個系統號誌管線來接收系統相關的終止訊號，同時啟動一個程式碼協同來監聽此系統號誌管線和之前建立的系統錯誤管線，以便收到系統終止訊號或相關錯誤發生時，可以優雅地停止 API 伺服器的執行（透過 defer 函數來實現），以及透過系統根上下文的 cancel 方法向其他系統子元件發出終止執行訊號，以便它們能以正常狀態退出。實際程式如下：

```
// 省略部分程式
// 監聽系統號誌
sig := make(chan os.Signal, 1)
signal.Notify(sig, os.Interrupt, syscall.SIGTERM, os.Kill)
terminated := false
go func(errChan chan error) {
    defer func() {
        // 優雅地終止和退出
        if er := apiServer.Stop(); er != nil {
            logger.Error(er)
        }
        // 通知共用上下文的其他模組正常退出
        cancel()
    }()

    select {
    case <-sig:
```

```
        terminated = true
        return
    case err = <-errChan:
        logger.Errorf("Received error from error chan: %s", err)
        return
    }
}(rootContext.ErrorChan)
// 省略部分程式
```

之後則啟動 API 伺服器監聽來開啟非同步任務系統功能服務，啟動函數為阻塞函數，故而處理程序會阻塞在此。需要提到的一點是，這裡對啟動傳回的錯誤做了差異化處理，如果是非非同步任務系統發出的停止執行操作，即傳回的錯誤 terminated 為假（false），則錯誤會被處理，否則直接忽略（即使是正常終止，也會有錯誤傳回）。

```
// 省略部分程式
if er := apiServer.Start(); er != nil {
    if !terminated {
        // Tell the listening goroutine
        rootContext.ErrorChan <- er
    }
} else {
    sig <- os.Interrupt
}
// 省略部分程式
```

至此，API 伺服器完成啟動，也就表示整個非同步任務系統完成啟動，可以正常對外服務。

11.2.5 任務執行器的執行過程

在之前的章節中已經提到，註冊和執行任務時，其實並非直接針對實現了任務介面的任務物件，而是借助任務執行器來封裝具體的任務物件並提供任務執行生命週期控管能力。本節將對這一執行過程做出基本說明，以便讀者更能清楚地了解任務執行的實際流程。

目前任務執行器的實際邏輯定義在 "./runner/redis.go" 原始檔案中，由 RedisJob 結構的 "Run(j *work.Job) (err error)" 方法完成。此 Run 方法遵循上游任務架構 gocraft/work 定義的任務標準，對之前介紹過的任務生命週期管理控制器有依賴。實現任務介面標準的實際任務物件則透過 RedisJob 的建構函數傳入並建立參考，下面是對主要過程的描述。

首先，需要透過任務 ID 取得任務追蹤器以記錄任務執行過程狀態的變更。實際程式如下：

```
// 開始追蹤執行任務
jID := j.ID

// 檢查任務是否為週期任務，因為週期任務有特有的ID格式
if eID, yes := isPeriodicJobExecution(j); yes {
    jID = eID
}

// 某些時候，在任務開始即時執行，它們的狀態資料可能還沒有就緒
// 取得追蹤器的方法呼叫可能傳回NOT_FOUND錯誤。在種情況下，我們可以透過重試來恢復
for retried := 0; retried <= maxTrackRetries; retried++ {
    tracker, err = rj.ctl.Track(jID)
    if err == nil {
        break
    }

    if errs.IsObjectNotFoundError(err) {
        if retried < maxTrackRetries {
            // 依然有機會直接取得指定任務的追蹤器
            // 稍微等待後重試
            b := backoff(retried)
            logger.Errorf("Track job %s: stats may not have been ready yet,
hold for %d ms and retry again", jID, b)
            <-time.After(time.Duration(b) * time.Millisecond)
            continue
        } else {
            // 退出並永不再重試
```

```
            // 直接退出並放棄重試，因為無法重新恢復任務的狀態資訊
            j.Fails = 10000000000 // 永不重試
        }
    }

    // 記錄錯誤訊息並退出
    logger.Errorf("Job '%s:%s' exit with error: failed to get job tracker:
%s", j.Name, j.ID, err)

    return
}
```

對於任務 ID，這裡需要注意的是，如果是週期任務的連結任務，則需要使用其特別的 ID 格式。有了任務 ID，就可以建立任務追蹤器。這裡做了簡單重試的邏輯，主要原因是任務加入佇列和任務狀態資訊儲存非交易操作，導致任務排程即時執行其狀態資訊可能沒有就位，導致建立追蹤器可能失敗（NOT_FOUND 錯誤）。透過重試機制可以避免這種情況的發生。如果因其他原因（如 Redis 資料庫錯誤或不可用）導致追蹤器建立失敗，則任務會立即執行失敗並退出。

接著以延遲函數的方法來定義任務執行結果的處理流程。如果執行過程出現錯誤（error 不可為空），則輸出記錄檔並且變更任務狀態資訊為「失敗」。如果未出現錯誤，則也需要首先檢查是不是被停止的任務，即其狀態已經被設定為「停止」。如果是，則輸出記錄檔並直接退出即可。如果是非停止任務，則表示任務執行成功，變更任務狀態為「成功」。如之前所示，狀態的變更都會有對應的 Webhook 事件發出，以便任務提交者透過 Webhook 事件知悉任務的狀態轉換。實際程式如下：

```
// 透過延遲方式處理任務執行的結果
defer func() {
    // 以任務執行傳回為基礎的錯誤物件辨別任務的執行狀態
    // 此處發生的錯誤不應該覆蓋任務執行傳回的錯誤物件，直接進行記錄檔記錄即可
    if err != nil {
        // 記錄錯誤記錄檔
        logger.Errorf("Job '%s:%s' exit with error: %s", j.Name, j.ID, err)
```

```
        if er := tracker.Fail(); er != nil {
            logger.Errorf("Error occurred when marking the status of job %s:%s
to failure: %s", j.Name, j.ID, er)
        }

        return
    }

    // 空錯誤物件也可能是被停止的任務傳回的，需要進一步檢查任務的最新狀態
    // 如果此處取得任務的最新狀態失敗，則讓過程繼續以避免錯過狀態的更新操作
    if latest, er := tracker.Status(); er != nil {
        logger.Errorf("Error occurred when getting the status of job %s:%s:
%s", j.Name, j.ID, er)
    } else {
        if latest == job.StoppedStatus {
            // 記錄檔記錄
            logger.Infof("Job %s:%s is stopped", j.Name, j.ID)
            return
        }
    }

    // 標記任務狀態為"成功"
    logger.Infof("Job '%s:%s' exit with success", j.Name, j.ID)
    if er := tracker.Succeed(); er != nil {
        logger.Errorf("Error occurred when marking the status of job %s:%s to
success: %s", j.Name, j.ID, er)
    }
}()
```

之後，以延遲函數的形式定義執行時期異常錯誤的處理邏輯即可。

緊接著，對執行任務的狀態做前置處理和判斷。如果狀態是「待執行」和「已排程」，則不做任何處理。如果是「停止」，則表示任務已被停止，執行過程直接正常退出。如果任務是「執行」或「錯誤」，則表示此任務是重試任務，需要透過追蹤器重新 Reset 狀態資訊以便重新執行。如果狀態是「成功」，雖然它在理論上不應出現，但若出現則直接正常退出。其他非識別狀態則會導致任務執行失敗。實際程式如下：

```
// 基於待執行任務狀態進行前置處理
jStatus := job.Status(tracker.Job().Info.Status)
switch jStatus {
case job.PendingStatus, job.ScheduledStatus:
    // 無動作
    break
case job.StoppedStatus:
    // 任務很可能已經透過標記任務狀態資訊而被停止
    // 直接退出且不重試
    return nil
case job.RunningStatus, job.ErrorStatus:
    // 失敗的任務可以被放到重試佇列中稍後重新執行，執行中的任務也可能因為某種
    // 突發的服務當機而被阻斷，這些任務都可被重新排程執行

    // 重置任務的狀態資訊
    if err = tracker.Reset(); err != nil {
        // 記錄錯誤記錄檔並傳回原始錯誤（如果存在的話）
        err = errors.Wrap(err, fmt.Sprintf("retrying %s job %s:%s failed",
jStatus.String(), j.Name, j.ID))

        if len(j.LastErr) > 0 {
            err = errors.Wrap(err, j.LastErr)
        }

        return
    }

    logger.Infof("Retrying job %s:%s, revision: %d", j.Name, j.ID,
tracker.Job().Info.Revision)
    break
case job.SuccessStatus:
    // 無動作
    return nil
default:
    return errors.Errorf("mismatch status for running job: expected %s/%s but
got %s", job.PendingStatus, job.ScheduledStatus, jStatus.String())
}
```

狀態前置處理之後，根任務上下文物件為目前執行的任務建立任務上下文物件。有了任務上下文物件，就可以建立執行器封裝的實際任務物件並呼叫其執行方法來執行實際邏輯。透過任務註冊時提供的任務物件類型資訊以反射的方式建置出任務物件，標記任務進入執行狀態，以任務上下文物件和任務參數資訊作為傳導入參數，呼叫其所實現的 Run 方法來執產業務邏輯，捕捉傳回結果以便為之前所述的執行狀態處理邏輯所用。對應的程式如下：

```
// 建置任務執行上下文物件
if execContext, err = rj.context.JobContext.Build(tracker); err != nil {
    return
}

// 省略部分程式

// 封裝任務
runningJob = Wrap(rj.job)
// 標記任務進入執行狀態
if err = tracker.Run(); err != nil {
    return
}
// 執行任務
err = runningJob.Run(execContext, j.Args)
// 捕捉任務執行的傳回值
if err != nil {
    err = errors.Wrap(err, "run error")
}

// 省略部分程式
```

之後會檢測任務是否宣告重試，如果宣告不重試，則直接增大任務的 Fails 屬性以便系統直接放棄重試。另外，如果是週期任務的連結執行任務，則執行完成後，需要對一些相關資訊進行更新，此處不再說明相關細節。至此，任務的執行過程基本就完成了。

11.2.6 系統中的關鍵子模組

之前的各節有關了很多非同步任務系統的子模組，本節對部分關鍵子模組做進一步介紹和說明，以便讀者對非同步任務系統的設計、流程及執行機制有更全面和深入的了解。

1. 任務上下文物件

任務上下文物件的主要作用就是為任務執行提供一些必要的協助工具，其介面定義在 "./job" 包下的 context.go 檔案中，實際如下：

```
// Context是基礎上下文物件和其他任務特定資源的聚合體，是任務即時執行的實際上
// 下文物件
type Context interface {
    // 父級上下文物件建置新的上下文物件
    // 目前的上下文物件為指定的任務產生新的上下文物件
    //
    // 傳回值：
    // Context：新產生的上下文物件
    // error：如果出現任何錯誤，則傳回錯誤訊息
    Build(tracker Tracker) (Context, error)

    // 從上下文中取得指定的屬性值
    // prop string: 屬性名稱
    //
    // 傳回值：
    // interface{}：如果存在，則傳回指定的屬性值
    // bool：指明的屬性是否存在
    Get(prop string) (interface{}, bool)

    // SystemContext傳回系統上下文物件
    // 傳回值：
    // context.Context：系統上下文物件
    SystemContext() context.Context

    // 此處為Checkin函數的封裝參考，用來向Webhook訂閱者發送詳細的狀態資訊
    // status string: 詳細的狀態資訊
    //
    // 傳回值：
```

```
    // error: 在任何錯誤發生時都傳回錯誤訊息
    Checkin(status string) error

    // OPCommand 傳回任務的操作控制指令，例如"停止"
    //
    // 傳回值：
    // OPCommand: 操作指令
    // bool：表明是否有指令
    OPCommand() (OPCommand, bool)

    // 取得記錄檔輸出介面
    GetLogger() logger.Interface

    // 取得任務狀態追蹤器參考
    Tracker() Tracker
}
```

此 Context 介面中各方法的作用如下。

（1）Build：父級（根）任務上下文為執行的任務建置新上下文物件，此過程會複製父級上下文中的所有資訊。

（2）Get：取得在上下文中快取的相關屬性資訊。前文提到過，在 Harbor 中，非同步任務系統會在主程式中植入上下文初始化器，用來把 Harbor 核心任務中的所有設定拉取並儲存到根上下文中。任務在執行時可透過此方法直接取得設定資訊。

（3）SystemContext：提供系統根上下文的參考。

（4）Checkin：在執行時查看資料。

（5）OPCommand：檢查是否有特定的控制訊號發生，目前僅支援停止訊號。在執行過程中，任務可在多個檢測點呼叫此方法檢查是否收到停止訊號。如果收到停止訊號，則直接終止任務的執行並退出。

（6）GetLogger：取得記錄檔記錄器的參考以在執行過程中輸出記錄檔。

（7）Tracker：傳回任務生命週期追蹤器的參考，以便某些任務邏輯據此實現。

此任務上下文的介面有兩個實現：一個是預設實現，位於 "./job/impl/default_context.go" 原始檔案中；另一個是增強實現，位於 "./job/impl/context.go" 原始檔案中。在增強實現中會讀取 Harbor 核心服務中的所有系統組態並快取在上下文中，同時初始化資料庫連接，使任務可以方便地使用系統組態或連接資料庫。

2. 資料移轉器

資料移轉器支援多個子遷移器，每個子遷移器僅負責一個資料升級和遷移路徑。子遷移器的實現需要滿足特定的遷移器介面，此介面被定義在 "./migration/migrator.go" 原始檔案中。Metadata 方法傳回遷移器的中繼資料，包含升級路徑和有關的欄位。Migrate 方法提供實際過程實現。遷移器還需要提供工廠方法建立遷移器。

```
// RDBMigrator定義遷移Redis資料的操作
type RDBMigrator interface {
    // 傳回遷移器的中繼資料資訊
    Metadata() *MigratorMeta

    // Migrate執行實際的資料移轉和升級邏輯
    Migrate() error
}

// MigratorFactory定義建立RDBMigrator介面的工廠方法
type MigratorFactory func(pool *redis.Pool, namespace string) (RDBMigrator, error)
```

要啟用的遷移器需要透過其工廠方法註冊到遷移器（管理員）中，由管理員統一維護和按序呼叫。管理員的介面宣告被定義在 "./migration/manager.go" 原始檔案中。Registry 提供子遷移器註冊能力，接收遷移器的工廠方法為參數。Migrate 則會依據註冊順序，逐次呼叫各個子遷移器的 Migrate 方法來完成整個升級和遷移過程。

```
// 管理各種遷移器的管理員介面
type Manager interface {
    // 註冊指定的遷移器到執行鏈中
    Register(migratorFactory MigratorFactory)

    // 執行資料升級、遷移操作
```

```
    Migrate() error
}
```

3. Webhook代理器

Webhook 代理器的介面宣告和實現被定義在 "./hook/hook_agent.go" 原始檔案中，提供了觸發 Webhook 事件的方法 Trigger 及事件重試循環的 Serve 方法。發送的 Webhook 事件含有 Webhook 目標端位址、說明訊息、發送時間戳記及含有實際狀態變化的資料。

```
// 代理器旨在以合理的平行處理程式碼協同處理Webhook事件
type Agent interface {
    // 觸發Webhook事件
    Trigger(evt *Event) error

    // 啟動Webhook事件重試循環
    Serve() error
}

// Webhook事件物件定義
type Event struct {
    URL       string            `json:"url"`
    Message   string            `json:"message"`    // 事件文字
    Data      *job.StatusChange `json:"data"`       // 事件資料
    Timestamp int64             `json:"timestamp"`  // 放棄該事件的時間上限
}
```

Webhook 事件發送過程的實作方式可以分為幾個步驟：發送前驗證事件物件是否合法，如果合法，則利用 Webhook 用戶端進行實際發送操作；如果用戶端未能成功完成發送，則此發送失敗的 Webhook 事件會透過 pushForRetry 方法暫存到位於 Redis 上的重試佇列中，等待重試循環擇期重新發送；如果成功發送，則透過 ack 方法更新連結資料的 ack 欄位，以確認相關的 Webhook 事件成功發送並被訂閱者接收。實際程式如下：

```
// 實現介面方法，觸發Webhook事件
func (ba *basicAgent) Trigger(evt *Event) error {
    if evt == nil {
```

```
        return errors.New("nil web hook event")
    }

    if err := evt.Validate(); err != nil {
        return errors.Wrap(err, "trigger error")
    }

    // 如果Webhook事件成功發送或被快取到重發佇列，則認為觸發操作完成
    if err := ba.client.SendEvent(evt); err != nil {
        // 將未成功發送的事件發送到重試佇列
        if er := ba.pushForRetry(evt); er != nil {
            // 若發送未成功發送的事件到重試佇列失敗，則傳回錯誤訊息及所有上下
            // 文資訊
            return errors.Wrap(er, err.Error())
        }

        logger.Warningf("Send hook event '%s' to '%s' failed with error: %s;
push hook event to the queue for retrying later", evt.Message, evt.URL, err)
        // 若將未成功發送的事件成功發送到重試佇列，則也認為觸發操作完成
        return nil
    }

    // 更新含有"revision""status"和"check_in_at"等資訊的ACK來表明Webhook事件
    // 成功發送並被訂閱者接收
    // 此ACK可被修復器用來判斷相關的Webhook事件是否還需要重新發送
    // 如果更新ACK失敗，則會導致對應的Webhook事件被重複發送，但這種情況可以忽略
    if err := ba.ack(evt); err != nil {
        // 記錄錯誤記錄檔資訊
        logger.Error(errors.Wrap(err, "trigger"))
    }

    return nil
}
```

Hook 用戶端並未直接曝露 HTTP 相關的方法，而是提供了針對 Hook 事件的特定介面宣告及實現，實際程式可以在 "./hook/hook_client.go" 中找到。SendEvent 方法負責將 Hook 事件發送到訂閱方：

```
// 處理Webhook事件的用戶端介面定義
type Client interface {
    // 發送Webhook事件到訂閱方
    SendEvent(evt *Event) error
}
```

Webhook 代理器的事件重試循環被定義在其內部方法 loopRetry 中，Serve 方法會透過非阻塞式的 go loopRetry 啟動此方法。如果在重試佇列中已無事件可重試發送（reSend），則循環會等待較長時間再次嘗試拉取可重試事件，否則會以很短的間隔執行循環。此循環同時會監聽系統上下文訊號，如果收到系統退出訊號，則會立刻終止循環。

```
func (ba *basicAgent) loopRetry() {
// 省略部分程式
    for {
        if err := ba.reSend(); err != nil {
            waitInterval := shortLoopInterval
            if err == rds.ErrNoElements {
                // 無可重試發送的事件
                waitInterval = longLoopInterval
            } else {
                logger.Errorf("Resend hook event error: %s", err.Error())
            }

            select {
            case <-time.After(waitInterval):
                // 等待，無操作
            case <-ba.context.Done():
                // 終止
                return
            }
        }
    }
}
```

重試循環中依賴的 reSend 方法，其主要邏輯是從 Redis 的 Webhook 事件重試佇列中取出一個事件來嘗試重新發送。在呼叫 Webhook 代理器的 Trigger 方法之前，因為有可能要重試的事件已經過期，即晚於其之後的事件已經成功發送，所以為避免發送無效的事件，需要做一次檢查、比對。這個檢查、比對透過 Lua 指令稿 CheckStatusMatchScript 來完成。這裡不多作說明 Lua 指令稿，可以直接參考 "./common/rds/scripts.go" 裡的指令稿定義。

```
func (ba *basicAgent) reSend() error {
    // 省略部分程式

    // 從佇列頭中取出一個快取的事件物件來重新發送
    evt, err := ba.popMinOne(conn)
    if err != nil {
        return err
    }

    // 執行Lua指令稿的參數
    args := []interface{}{
        rds.KeyJobStats(ba.namespace, evt.Data.JobID),
        evt.Data.Status,
        evt.Data.Metadata.Revision,
        evt.Data.Metadata.CheckInAt,
    }

    // 如果未能成功判斷要重試的事件狀態是否有效，則直接忽略此判斷，繼續重新發送
    reply, err := redis.String(rds.CheckStatusMatchScript.Do(conn, args…))
    // 省略部分程式

    return ba.Trigger(evt)
}
```

4. 生命週期管理控制器

生命週期管理控制器提供建立任務追蹤器的介面及重試失敗任務狀態資料更新的循環邏輯，其介面宣告和實現被定義在 "./lcm/controller.go" 的原始檔案中。

```
// 控制器設計用來提供與任務生命週期管理相關的功能
type Controller interface {
    // 啟動狀態更新重試後台循環
```

```
    Serve() error

    // 所提供的任務狀態資訊物件建立新的追蹤器
    New(stats *job.Stats) (job.Tracker, error)

    // 追蹤所指定的已存在任務的生命週期
    Track(jobID string) (job.Tracker, error)
}
```

其中的 New 方法會提供任務狀態資料，先儲存資料到 Redis 資料庫後再傳回追蹤器的參考。Track 方法則根據任務的唯一索引，從 Redis 資料庫中載入任務狀態資料，然後傳回追蹤器參考。Serve 方法會以非同步方式啟動一個循環來更新重試失敗任務的狀態資料，循環邏輯被封裝在內部方法 loopForRestoreDeadStatus 中。

```
// loopForRestoreDeadStatus是一個用來重試任務狀態資料且更新失敗操作的循環
// 很明顯，這是一種"儘量而為"的嘗試
// 重試項不會被持久化，在非同步任務系統重新啟動時會遺失這些重試項
func (bc *basicController) loopForRestoreDeadStatus() {
    // 省略部分程式
    // 初始化計時器
    tm := time.NewTimer(shortInterval * time.Second)
    defer tm.Stop()

    for {
        select {
        case <-tm.C:
            // 重置計時器
            tm.Reset(rd())

            // 重試列表中的專案
            bc.retryLoop()
        case <-bc.context.Done():
            return // 終止
        }
    }
```

```
}

// retryLoop檢查重試列表並中專案執行重試操作
func (bc *basicController) retryLoop() {
    // 省略部分程式
    // 檢查列表
    bc.retryList.Iterate(func(ele interface{}) bool {
        if change, ok := ele.(job.SimpleStatusChange); ok {
                    // 執行重試操作
            err := retry(conn, bc.namespace, change)
            // 省略部分程式
            if err == nil || errs.IsStatusMismatchError(err) {
                return true
            }
        }

        return false
    })
}
```

loopForRestoreDeadStatus 中是一個簡單的計時器，定期執行一次 retryLoop。在 retryLoop 中會檢查在控制器重試列表中快取的專案，嘗試再次向 Redis 儲存。如果成功，則專案從重試列表中移除，如果失敗，則繼續留存，等待下輪重試。這裡需要指出的是，此重試清單是記憶體清單，只會快取在目前節點上執行失敗的任務資料更新操作，因而在多節點下也不會出現資料一致性的問題。另外，即使系統當機而導致清單遺失，任務修復器也會最後修復或過期處理。

5. 任務工作池

作為非同步任務系統的核心模組，任務工作池的主要功能是透過原始程式碼檔案 "./worker/interface.go" 定義介面的。

```
// 工作池介面定義
// 更像是一個隱藏底層佇列的驅動標準定義
type Interface interface {
```

```
    // 開始服務
    Start() error

    // 註冊功能任務
    // jobs map[string]interface{}: 任務字典,鍵是任務類型名稱,值是任務的實作
    // 方式物件
    //
    // 傳回值:
    // 註冊失敗則傳回不可為空錯誤訊息
    RegisterJobs(jobs map[string]interface{}) error

    // 加入佇列任務
    // jobName string: 要加入佇列任務的名稱
    // params job.Parameters: 要加入佇列任務的參數
    // isUnique bool: 指出佇列中相同的任務是否去重
    // webHook string: 用來接收Webhook事件的伺服器位址
    //
    // 傳回值:
    // *job.Stats: 加入佇列任務的狀態資訊物件
    // error: 加入佇列失敗則傳回不可為空錯誤訊息
    Enqueue(jobName string, params job.Parameters, isUnique bool, webHook
string) (*job.Stats, error)

    // 排程任務延遲指定時間地執行(單位為秒)
    // jobName string: 待排程任務的名稱
    // runAfterSeconds uint64: 延遲執行的時間(秒)
    // params job.Parameters: 待排程任務的參數
    // isUnique bool: 指出佇列中相同的任務是否去重
    // webHook string: 用來接收Webhook事件的伺服器位址
    //
    // 傳回值:
    // *job.Stats: 成功排程任務的狀態資訊物件
    // error: 排程失敗,則傳回不可為空錯誤訊息
    Schedule(jobName string, params job.Parameters, runAfterSeconds uint64,
isUnique bool, webHook string) (*job.Stats, error)
```

```
    // 排程任務週期性地執行
    // jobName string: 待排程任務的名稱
    // params job.Parameters: 待排程任務的參數
    // cronSetting string: 以CRON形式定義的週期時間
    // isUnique bool: 指出佇列中相同的任務是否去重
    // webHook string: 用來接收Webhook事件的伺服器位址
    //
    // 傳回值：
    // *job.Stats: 成功排程任務的狀態資訊物件
    // error: 排程失敗則傳回不可為空錯誤訊息
    PeriodicallyEnqueue(jobName string, params job.Parameters, cronSetting
string, isUnique bool, webHook string) (*job.Stats, error)

    // 傳回任務工作池的狀態資訊
    // 傳回值：
    // *Stats: 工作池的狀態資訊
    // error: 取得失敗則傳回不可為空錯誤訊息
    Stats() (*Stats, error)

    // 檢查指定任務是否為已註冊的已知功能任務
    // name string: 任務名稱
    //
    // 傳回值：
    // interface{}: 如果是已知任務，則傳回任務實現物件類型
    // bool: 如果是已知任務，則傳回真，否則傳回假
    IsKnownJob(name string) (interface{}, bool)

    // 驗證已知任務的參數
    // jobType interface{}: 已知任務的實現物件類型
    // params map[string]interface{}: 已知任務的參數
    //
    // 傳回值：
    // error: 如果參數非法，則傳回對應的錯誤訊息

    ValidateJobParameters(jobType interface{}, params job.Parameters) error
```

```
    // 停止指定的任務
    // jobID string: 任務ID
    //
    // 傳回值：
    // error: 停止失敗則傳回不可為空錯誤訊息
    StopJob(jobID string) error

    // 重試（重新執行）指定任務
    // jobID string: 任務ID
    //
    // 傳回值：
    // error: 重試失敗則傳回不可為空錯誤訊息
    RetryJob(jobID string) error
}
```

在目前的非同步任務系統中，對任務工作池的實現主要基於任務佇列架構 gocraft/ work 來實現。此實現定義在原始檔案 "./worker/cworker/c_worker.go" 中。除 RetryJob 不支援外，其他都有實現。其中的一些輔助方法，例如判斷任務是否是已註冊任務的 IsKnownJob，判斷任務導入參數是否是合法的 ValidateJobParameters，以及傳回任務工作池基本狀態和健康狀況的 Stats 方法，邏輯都比較明確、簡單，這裡就不多作說明了。

下面是任務工作池中一些關鍵方法的實作方式。

首先，功能任務的註冊介面方法 RegisterJobs 可接收多個任務同時註冊，內部則透過單一任務註冊方法 registerJob 來完成。此方法首先驗證傳入的任務物件是否實現了系統的任務介面（job.Interface），再確保每個唯一名稱索引的功能任務只能註冊一次，還需要檢查同一實現是否只能使用一個功能任務名稱索引來註冊。驗證通過的功能任務，則會透過 NewRedisJob 建構函數封裝成任務執行器，之後直接透過 gocraft/work 提供的介面註冊到實際執行的任務池中。註冊設定項目可以透過任務實現的實際方法獲得，包含最大重試數、最大平行處理數及任務優先順序等。任務的實際邏輯呼叫則在執行方法註冊控制碼即 func(job *work.Job) error 中實現。成功完成註冊的功能任務就被標記為已知任務。

```
// RegisterJob使用者向任務工作池註冊功能任務
// j為任務的類型資訊
func (w *basicWorker) registerJob(name string, j interface{}) (err error) {
    // 省略部分程式

    // j必須實現job.Interface介面
    if _, ok := j.(job.Interface); !ok {
        return errors.Errorf("job must implement the job.Interface: %s",
reflect.TypeOf(j).String())
    }

    // 註冊任務名稱只能註冊一次
    if jInList, ok := w.knownJobs.Load(name); ok {
        return fmt.Errorf("job name %s has been already registered with %s",
name, reflect.TypeOf(jInList).String())
    }

    // 功能任務與註冊名稱必須一一對應
    w.knownJobs.Range(func(jName interface{}, jInList interface{}) bool {
        jobImpl := reflect.TypeOf(j).String()
        if reflect.TypeOf(jInList).String() == jobImpl {
            err = errors.Errorf("job %s has been already registered with name
%s", jobImpl, jName)
            return false
        }

        return true
    })

    // 省略部分程式

    // 封裝註冊任務
    redisJob := runner.NewRedisJob(j, w.context, w.ctl)
    // 從任務類型中取得任務實現物件以獲得更多的資訊
    theJ := runner.Wrap(j)
    // 註冊到任務工作池
    w.pool.JobWithOptions(
        name,
        work.JobOptions{
```

```
        MaxFails:       theJ.MaxFails(),
        MaxConcurrency: theJ.MaxCurrency(),
        Priority:       job.Priority().For(name),
        SkipDead:       true,
    },
    // 使用通用處理器驅動任務的執行
        // 任務執行基於封裝任務進行
    func(job *work.Job) error {
        return redisJob.Run(job)
    },
)
// 儲存註冊任務名稱到已知任務列表中，為之後的驗證提供依據
w.knownJobs.Store(name, j)

// 省略部分程式
}
```

接下來看看 Enqueue 方法，此方法用於啟動一般任務，主要參數會被透傳給上游架構 gocraft/work 的任務池，邏輯簡明，此處就不列出實際的程式了。與 Enqueue 類似的還有啟動定時任務的 Schedule 方法。

比較複雜的是排程週期任務的 PeriodicallyEnqueue 方法，其功能依賴於任務排程器。

6. 任務排程器

任務排程器主要實現對週期任務的支援，包含對週期任務策略的管理和實現連結執行任務的排程與加入佇列。排程器的介面被宣告在 "./period/scheduler.go" 原始檔案中，實作方式則在 "./period/basic_scheduler.go" 原始檔案中。

```
// 排程器介面定義了週期任務排程器的基本操作
type Scheduler interface {
    // 啟動週期任務，排程後台處理程序
    Start()

    // 排程週期任務策略
    // policy *Policy: 週期任務的策略範本
```

```
    //
    // 傳回值：
    // int64 : 策略的數字索引
    // error : 排程失敗則傳回不可為空錯誤訊息
    Schedule(policy *Policy) (int64, error)

    // 移除指定週期任務策略
    // policyID string: 週期任務的唯一ID
    //
    // 傳回值：
    // error : 移除失敗則傳回不可為空錯誤訊息
    UnSchedule(policyID string) error
}
```

Schedule 方法首先會以傳入為基礎的週期任務策略（主要是 Cron 值）嘗試做第一次任務排隊以免錯失臨近執行時間點，之後會將對應的週期任務策略添到 Redis 資料庫的去重策略集合中以備輪詢使用。

```
// Schedule是對應介面方法的實現
func (bs *basicScheduler) Schedule(p *Policy) (int64, error) {
    // 省略部分程式

    // 執行首輪週期任務加入佇列操作
    bs.enqueuer.scheduleNextJobs(p, conn)

    // 省略部分程式

    // 將週期任務策略持久化到Redis資料庫中
    if _, err := conn.Do("ZADD", rds.KeyPeriodicPolicy(bs.namespace), pid,
rawJSON); err != nil {
        return -1, err
    }

    return pid, nil
}
```

與 Schedule 方法相對應的則是週期任務策略的移除方法 UnSchedule。它不僅要將週期任務策略從 Redis 的週期任務策略集合中移除，還要處理由此策略產生的執行任務。因而邏輯上相對複雜一些。透過唯一 ID 可從策略任務的狀態資訊中取得對應的數位 ID，據此數位 ID 則可從策略集合中定位到策略任務所對應的實際內容，接著從集合中移除對應策略，並在策略任務的狀態資訊中設定過期時間，同時標記其對應的狀態為「停止」。在策略任務衍生的實際執行任務的狀態資訊中，都存有策略任務的唯一 ID，因而可以依據這些唯一 ID 取得所有連結的執行任務。這些任務有可能還處於等候狀態，也有可能已經在執行中。對處於等候狀態的任務，直接將其從佇列中清除。對正在執行的任務，則直接將其停止。

```
// UnSchedule是對應介面方法的實作方式
func (bs *basicScheduler) UnSchedule(policyID string) error {
    // 省略部分程式

    // 若透過週期任務策略的唯一ID取得其對應的數字索引失敗，
    // 則指定的任務很可能並非週期任務
    numericID, err := tracker.NumericID()
    if err != nil {
        return err
    }

    // 省略部分程式

    // 透過數字索引取得對應的週期任務策略物件
    bytes, err := redis.Values(conn.Do("ZRANGEBYSCORE", rds.KeyPeriodicPolicy
(bs.namespace), numericID, numericID))
    if err != nil {
        return err
    }

    // 省略部分程式

    // 從Redis資料中移除
    // 透過對應的數字索引值精確移除
```

```
    if _, err := conn.Do("ZREMRANGEBYSCORE", rds.KeyPeriodicPolicy(bs.
namespace), numericID, numericID); err != nil {
        return err
    }

    // 在對應的週期任務狀態資訊記錄中設定過期時間
    if err := tracker.Expire(); err != nil {
        logger.Error(err)
    }

    // 設定狀態為"停止"
    // 此處錯誤不應阻止後續的清理操作
    err = tracker.Stop()

    // 取得與此週期任務連結的實際執行任務記錄
    // 清除這些執行任務記錄
    // 此處為儘量而為的操作，執行失敗時不會導致移除操作失敗
    // 操作失敗時僅會被記錄檔記錄
    eKey := rds.KeyUpstreamJobAndExecutions(bs.namespace, policyID)
    if eIDs, err := getPeriodicExecutions(conn, eKey); err != nil {
        logger.Errorf("Get executions for periodic job %s error: %s",
policyID, err)
    } else {
        if len(eIDs) == 0 {
            logger.Debugf("no stopped executions: %s", policyID)
        }
        for _, eID := range eIDs {
            eTracker, err := bs.ctl.Track(eID)
            if err != nil {
                logger.Errorf("Track execution %s error: %s", eID, err)
                continue
            }

            e := eTracker.Job()
            // 僅需關注待執行和執行中的任務
            // 清理
```

```
            if job.ScheduledStatus == job.Status(e.Info.Status) {
                // 注意，與週期任務（策略）連結的已排程的（延遲）執行任務的ID
                // 與週期任務
                // 策略的ID是一致的
                if err := bs.client.DeleteScheduledJob(e.Info.RunAt, policyID);
 err != nil {
                    logger.Errorf("Delete scheduled job %s error: %s", eID, err)
                }
            }

            // 標記任務狀態為"停止"以阻止其繼續執行
            // 再次確認：僅停止可以停止的任務（未執行完畢的任務）
            if job.RunningStatus.Compare(job.Status(e.Info.Status)) >= 0 {
                if err := eTracker.Stop(); err != nil {
                    logger.Errorf("Stop execution %s error: %s", eID, err)
                }
            }
        }
    }

    return err
}
```

排程器的啟動方法 Start，除了會執行一次過期策略任務的清理工作，還會啟動內部的任務排隊器。任務排隊器會輪詢策略集合中的所有策略，並排程視窗建立實際的定時任務。如果因為某種原因，系統停止執行了一段時間之後再重新執行，那以此刻時間為基點，之前已經排隊的定時任務可能已經在基點之前了，這樣的任務已經沒有意義了，也沒有必要再執行，因而會在排程器啟動的時候做一次清理。

```
func (bs *basicScheduler) Start() {
    // 做一次過期任務清理操作
    // 此操作為儘量而為的操作
    go bs.clearDirtyJobs()
```

```
    // 啟動任務排隊器
    bs.enqueuer.start()
}
```

7. 任務排隊器

任務排程器依賴排隊器來實現基於週期任務策略（範本）排程連結任務。任務排隊器的基本實現被定義在 "./period/enqueuer.go" 檔案中，其核心是依靠定時循環（2 分鐘間隔）來檢查目前所有的週期任務對應的策略，以確定是否需要為滿足執行視窗期（4 分鐘）的策略產生延遲時間執行任務。舉例來說，策略中的 Cron 被定義為 "0 10 0 * * *" 即每日 00:10:00 執行，當一次循環到來時，如果目前時間基點 t 加上視窗期的 4 分鐘依然小於（未達到）00:10:00，則不會有任何對應的延遲任務產生；如果時間基點 t 加上視窗期的 4 分鐘等於或大於 00:10:00，則排隊器會產生一個延遲任務，其延遲時間是 00:10:00 與目前時間基點 t 的時間差（以秒為單位）。如果在執行視窗期的 4 分鐘內，有多個時間點滿足 Cron 定義，則會產生多個延遲執行任務。

循環邏輯的程式如下。啟動時會直接進行一次排隊邏輯，以避免在啟動時錯失某個時間點的任務排隊，之後就進入相同排隊邏輯的定時循環中。

```
func (e *enqueuer) loop() {
    // 省略部分程式

    // 啟動時立即進行一次排隊操作
    isHit := e.checkAndEnqueue()

    // 省略部分程式

    for {
        select {
        case <-e.context.Done():
            return // 退出
        case <-timer.C:
            // 檢測並排隊
            isHit = e.checkAndEnqueue()
            // 省略部分程式
```

```
        }
    }
}
```

核心排隊邏輯包含檢查是否需要進行排隊操作，以及在需要的情況下進行排隊操作。檢查邏輯主要透過 shouldEnqueue 方法實現，主要是比較儲存在 Redis 資料庫中的最近執行排隊操作的時間戳記，此時間戳記如果和目前時間基點相差不夠一個循環間隔（2 分鐘），則放棄進行排隊操作。考慮到非同步任務系統有多個節點的情況，因為某一週期任務可被多個節點中的任何節點取得並排隊，所以為避免重複的無效排隊，在某一節點進行了對應的排隊後，其他節點可放棄重複的排隊操作。此協調過程就透過給上述的最近執行排隊過程的時間戳記加鎖來實現。為了節點公平，上次執行排隊操作的節點會下調下次選擇的優先順序，以便其他節點有機會進行排隊操作。

排隊操作則由 enqueue 方法完成，其主要邏輯：從 Redis 資料庫中載入目前所有的週期任務策略到記憶體，然後對每一個任務策略都進行處理。這裡需要注意的是，每次排隊都會從 Redis 資料庫中取得目前時刻的策略列表，因而 Redis 資料庫中的任何更新都會即時獲得回饋。

```
func (e *enqueuer) enqueue() {
    // 省略部分程式

    // 從Redis中載入所有可用的週期任務策略
    pls, err := Load(e.namespace, conn)

    // 省略部分程式

        // 為每一個週期任務策略都進行任務加入佇列操作
    for _, p := range pls {
        e.scheduleNextJobs(p, conn)
    }
}
```

實際的處理過程由 scheduleNextJobs 方法完成，其核心程式如下。它以目前時間為基點（UTC 時間），透過執行視窗期時間取得一個任務排隊的時間範圍，從週期任務策略中取得 Cron 定義，接著可取得滿足 Cron 所定義的時間模式且在任務排隊的時間範圍內的所有時間槽，為每個時間槽都產生一個定時任務，並將其發送到定時任務佇列中，至此就完成了一輪週期任務的排程。

```
// scheduleNextJobs週期任務策略，在可用的執行視窗期排程實際可執行的任務
func (e *enqueuer) scheduleNextJobs(p *Policy, conn redis.Conn) {
    // 遵循UTC時間標準
    nowTime := time.Unix(time.Now().UTC().Unix(), 0).UTC()
    horizon := nowTime.Add(enqueuerHorizon)

    schedule, err := cron.Parse(p.CronSpec)
    if err != nil {
        // 省略部分程式
    } else {
        for t := schedule.Next(nowTime); t.Before(horizon); t = schedule.
Next(t) {
            epoch := t.Unix()

            // 複製任務參數
            // 同時增加額外的系統參數
            // 注意：所增加的系統參數僅供非同步任務系統內部使用
            wJobParams := cloneParameters(p.JobParameters, epoch)

            // 週期任務策略（範本）建立可執行的任務物件
            j := &work.Job{
                Name: p.JobName,
                ID:   p.ID, // 使用策略相同的ID以避免排程重複的執行任務
                EnqueuedAt: epoch,
                // 設定複製的任務參數
                Args: wJobParams,
            }

            rawJSON, err := utils.SerializeJob(j)

            // 省略部分程式

            // 將執行任務發送到延遲執行任務佇列中
            _, err = conn.Do("ZADD", rds.RedisKeyScheduled(e.namespace),
epoch, rawJSON)
```

```
            // 省略部分程式
        }
    }
}
```

8. 任務資訊管理員

任務資訊管理員提供任務相關的基本資訊和中繼資料管理功能，其介面宣告和預設實現都被定義在 "./mgt/manager.go" 原始檔案中。任務資訊管理員的介面定義如下：

```
// 管理員介面定義了處理任務資訊的相關操作
type Manager interface {
    // 取得所有功能任務的中繼資料資訊
    // 支援分頁
    // 參數：
    // q *query.Parameter: 查詢參數
    //
    // 傳回值：
    // 任務中繼資料資訊列表
    // 任務總數
    // 取得失敗則傳回不可為空錯誤訊息
    GetJobs(q *query.Parameter) ([]*job.Stats, int64, error)

    // 取得指定週期任務連結的所有執行任務，支援分頁
    // 參數：
    // pID: 週期任務的ID
    // q *query.Parameter: 查詢參數
    //
    // 傳回值：
    // 任務中繼資料資訊列表
    // 執行任務總數
    // 取得失敗則傳回不可為空錯誤訊息
    GetPeriodicExecution(pID string, q *query.Parameter) ([]*job.Stats,
int64, error)

    // 取得定時任務
```

```
    // 參數：
    // q *query.Parameter: 查詢參數
    //
    // 傳回值：
    // 任務中繼資料資訊列表
    // 任務總數
    // 取得失敗則傳回不可為空錯誤訊息
    GetScheduledJobs(q *query.Parameter) ([]*job.Stats, int64, error)

    // 取得指定任務的中繼資料資訊
    // 參數：
    // jobID string: 任務ID
    //
    // 傳回值：
    // 任務中繼資料資訊
    // 取得失敗則傳回不可為空錯誤訊息
    GetJob(jobID string) (*job.Stats, error)

    // 儲存任務中繼資料資訊
    // 參數：
    // job *job.Stats: 帶儲存的任務中繼資料
    //
    // 傳回值：
    // 儲存失敗則傳回不可為空錯誤訊息
    SaveJob(job *job.Stats) error
}
```

其包含的主要方法如下。

（1）GetJobs：支援分頁模式的任務清單方法，可支援取得特定任務類型的任務列表資訊。傳回值除了包含符合條件的任務清單項，也提供滿足條件的任務項總數資訊。

（2）GetPeriodicExecution：如前所述，週期任務實際上是一種任務排程策略，實際則由任務工作池中的任務排程器依據其策略，排隊建立延遲執行任務來完成其邏輯，所以週期任務都會對應一組執行任務。

GetPeriodicExecution則提供了支援分頁模式的查詢特定週期任務所連結的執行任務列表資訊，與GetJobs類似，它除了傳回滿足條件的任務資訊清單項，也會提供滿足條件的任務資訊清單項總數。

(3) GetScheduledJobs：只針對延遲執行任務，取得所有或滿足查詢準則的延遲任務列表。支援已執行和未執行的延遲任務的查詢過濾條件。它除了傳回滿足條件的延遲任務資訊清單項，也提供滿足條件的延遲任務資訊清單項總數。

(4) GetJob：取得指定任務的基本狀態資訊（中繼資料）。

(5) SaveJob：儲存指定的任務基本狀態資訊（中繼資料）到遠端Redis資料庫。

9. API控制器

以任務資訊管理員及其建立的任務工作池，可建立API伺服器所依賴的API控制器元件。API控制器依賴工作管理員提供任務管理能力，依賴任務工作池完成任務啟動排程工作。API控制器可以被看作非同步任務系統的「領導」，也是非同步任務系統核心能力的介面化封裝，是非同步任務系統的總介面。透過API控制器，可解耦前端API處理器（handler）和後端各元件實現，使得元件邏輯關係和層次更為靈活和清晰。API控制器的介面宣告被定義在"./core/interface.go"原始檔案中，實作方式則位於"./core/controller.go"原始檔案中。其介面定義的實際程式如下：

```
// 控制器介面定義了與任務操作相關的基本方法
type Interface interface {
    // LaunchJob用來處理任務提交請求
    // req*job.Request: 含有加入佇列任務相關資訊的任務請求物件
    //
    // 傳回值：
    // job.Stats: 任務成功啟動則傳回含有任務狀態和自連結的任務中繼資料資訊
    // error: 任務啟動失敗則傳回對應的錯誤訊息
    LaunchJob(req *job.Request) (*job.Stats, error)

    // GetJob用來處理任務基本資訊查詢的請求
    // jobID string: 任務ID
```

```
//
// 傳回值：
// *job.Stats: 任務存在則傳回任務中繼資料資訊
// error: 取得失敗則傳回不可為空錯誤訊息
GetJob(jobID string) (*job.Stats, error)

// StopJob用來處理停止指定任務的請求
// jobID string : 任務ID
//
// 傳回值：
// error: 停止任務失敗則傳回不可為空錯誤訊息
StopJob(jobID string) error

// RetryJob用來處理重試指定任務的請求
// jobID string: 任務ID
//
// 傳回值：
// error: 重試任務失敗則傳回不可為空錯誤訊息
RetryJob(jobID string) error

// CheckStatus用來處理查詢非同步任務系統健康狀態的請求
    // 傳回值：
    // *worker.Stats: 非同步任務系統的任務工作池的基本狀態資訊
    // error: 取得失敗則傳回不可為空錯誤訊息
CheckStatus() (*worker.Stats, error)

// GetJobLogData則用來取得指定任務的記錄檔文字資訊
// jobID string : 任務ID
    //
    // 傳回值：
    // []byte: 記錄檔文字
    // error: 取得失敗則傳回不可為空錯誤訊息
GetJobLogData(jobID string) ([]byte, error)

// GetPeriodicExecutions用來取得指定週期任務所有連結的執行任務記錄
// 支援分頁取得
```

```
    // 參數：
    // periodicJobID string: 週期任務ID
    // query *query.Parameter: 查詢參數
    // 傳回值：
    // []*job.Stats: 執行任務記錄清單
    // int64: 連結的執行任務總數
    // error: 取得失敗則傳回不可為空錯誤訊息
  GetPeriodicExecutions(periodicJobID string, query *query.Parameter)
([]*job.Stats, int64, error)

    // GetJobs用來列出任務
    // 支援將任務類型資訊作為查詢準則
    // 注意：如果查詢定時任務，則會受系統限制，查詢參數中的分頁大小被忽略，
    // 使用預設值20
    // 對於其他類型的任務查詢，則不支援標準分頁查詢，支援使用游標來分片查詢
    // 參數：
    // query *query.Parameter：查詢參數
    //
    // 傳回值：
    // []*job.Stats: 任務中繼資料列表
    // int64: 任務總數或下一游標
    // error: 取得失敗則傳回不可為空錯誤訊息
  GetJobs(query *query.Parameter) ([]*job.Stats, int64, error)
}
```

實際方法如下。

（1）LaunchJob：依據傳入的任務請求物件資訊啟動一般任務、排隊延遲執行任務或排程週期任務。

（2）GetJob：取得指定任務的基本狀態資訊（中繼資料）。

（3）StopJob：停止執行指定的任務。這裡需要注意的是，任務的停止非即時可生效操作，實際生效時間主要依賴於任務實現中插入的停止檢測點的數量。

（4）RetryJob：重試特定的任務。需要注意的是，在目前的非同步任務系統中僅保留了宣告，並未實現。

（5）CheckStatus：取得整個任務工作池的健康狀態和基本資訊。

（6）GetJobLogData：取得特定任務的記錄檔文字流。

（7）GetPeriodicExecutions：直接呼叫任務資訊管理員中的GetPeriodicExecutions。

（8）GetJobs：直接呼叫任務資訊管理員中的 GetJobs。

11.3 常見問題

本節就非同步任務系統中的常見問題做一些分析，並列出針對性的解決方案以消除這些問題所帶來的影響。

11.3.1 如何排除故障

如果針對非同步任務系統本身問題進行偵錯，則可以透過以下幾種方法來嘗試。

（1）最為簡單的是透過系統記錄檔中的錯誤或警告內容來確認任務執行過程是否發生異常，或非同步任務系統本身是否出現執行時錯誤等。每一個任務都有唯一的 ID 來索引，其進入執行狀態、執行過程中及最後執行完畢和退出都有記錄檔記錄，一般可以透過追蹤這些記錄檔來確認特定任務是否成功或出現問題。

（2）如前所述，非同步任務系統提供了基本的管理 API，在特定情況下也可透過這些 API 來確認任務執行狀態。一般僅需進入非同步任務系統對應的容器，透過環境變數即可獲得相關密碼，進而透過簡單的 "curl" 指令發起 API 呼叫，以取得任務狀態資訊或任務工作池健康狀態資訊來輔助發現問題。一個簡單範例如下：

```
$ curl -i -H "Accept: application/json" -H "Authorization:Harbor-Secret
$CORE_SECRET" http://localhost:8080/api/v1/jobs?page_size=15&page_num=1
```

（3）從與非同步任務系統所依賴的 Redis 資料庫角度去考慮。Redis 的連線性、網路穩定性及儲存磁碟空間等都可能對非同步任務系統的穩定性產生影響。另外，所有任務資訊都被儲存在 Redis 資料庫中，在某些情況下如果需要檢查特定資料，則可以進入 Redis 容器中，透過 "redis-cli -n 2" 指令連接到資料庫。可以特別注意任務狀態資訊中的 status 和 ack 屬性。"status" 表示任務目前進入的狀態，"ack" 表示已經被訂閱者透過 Webhook 確認收到的狀態，這兩項可用來對任務執行情況做出基本的判斷。一個簡單的指令範例如下：

```
HMGET {harbor_job_service_namespace}:job_stats:17c6766983f6aa4139818fa2
status ack
```

傳回值如下：

```
1)"Error"
2)"{\"status\":\"Error\",\"revision\":1589013351,\"check_in_at\":0}"
```

如果與週期執行任務和其對應策略相關，則可關注策略集合中的相關策略項。此集合可透過基本集合操作獲得，範例如下（傳回所有集合中的策略）：

```
ZRANGE {harbor_job_service_namespace}:period:policies 0 -1
```

傳回值如下：

```
1) "{\"id\":\"374255d34ad37b3dfc058f66\",\"job_name\":\"IMAGE_GC\",\"cron_
spec\":\"10 40 14 * * *\",\"job_params\":{\"admin_job_id\":\"6\",\"delete_
untagged\":false,\"redis_url_reg\":\"redis://redis:6379/1\"},\"web_hook_
url\":\"http://core:8080/service/notifications/jobs/adminjob/6\"}"
```

鑑於非同步任務系統資料模型比較複雜，在此不可能一一說明，如果有其他資料檢查需求，則可以借助一些 Redis 資料庫視覺化視圖工具來輔助，例如 redis-browser 等。

11.3.2 狀態不一致

非同步任務系統作為後台系統，一般並不會直接曝露在使用者面前，而是由內容複製、映像檔掃描及垃圾回收等功能間接與使用者產生連結的。非同步任務系統只特別注意實際的任務邏輯的執行和任務生命週期的控管，不會有關實際的業務流程，因而相關的業務元件都有本身的業務狀態模型，並透過

Webhook 更新其對應的業務狀態。所以在某些情況下，提交任務未能如期正確執行，或任務正確執行但狀態匯報的 Webhook 事件未成功到達業務元件，造成相關業務端處於一種「僵屍」狀態，即任務停留在待執行或執行狀態，不再改變。在實際情況下，大多數狀態不一致的情況都與非同步任務系統的 Webhook 有關。判斷任務是否已經「僵屍」在待執行狀態時，需要注意目前任務執行的數量和任務平行處理數的設定。雖然不同的任務有其專門的任務佇列，但是執行的任務工作池是共用的，且目前實現的任務執行優先順序都相同，所以有可能是某些未完成執行的任務佔據著所有執行程式碼協同，使得其他任務還未獲得執行機會，長時間為「待執行」狀態。

對處於「僵屍」狀態的任務的處理，對不同的業務邏輯可採用不同的方法。

最為簡單的是映像檔等製品的複製，可以直接透過 Web 管理介面上的「停止」按鈕終止含有「僵屍」任務的複寫原則的執行。

對於全域掃描任務（ScanAll），在觸發按鈕可用的情況下，可以透過點擊按鈕觸發新的掃描任務來覆蓋之前處於「僵屍」狀態的任務；如果按鈕不可用，則可以透過發起 API 請求實現新掃描任務的啟動（前提條件是自上次任務觸發，時間已過 2 小時）。範例如下：

```
$ curl -X POST -u <USER>:<PASSWORD> -H "Content-type: application/json" -H
"X-Xsrftoken:xtuwrDBPMSbkNR0r7rchHdpjX57o26By" -k -i -d '{"schedule":{"type":
"Manual"}}'  https://<HOST>/api/v2.0/system/scanAll/schedule
```

對於單一的映像檔掃描任務，也可以透過發起新的掃描 API 請求覆蓋之前處於「僵屍」狀態的任務，範例如下：

```
$ curl -X POST -u <USER>:<PASSWORD> -H "X-Xsrftoken:xtuwrDBPMSbkNR0r7rchHdpjX
57o26By" -k -i https://<HOST>/api/v2.0/projects/library/repositories/busybox/
artifacts/<sha256>/scan
```

而對於垃圾回收任務，除了任務狀態，還需要注意系統唯讀性（read-only）開啟的問題。因為在垃圾回收任務執行開始時，系統會被設定為唯讀，待成功結束後，則取消系統唯讀屬性設定。如果狀態不一致，則表示垃圾回收任務始終無法終止，進而導致系統一直處於唯讀狀態，這會大幅影響到系統的使用。在這種情況下，如果判斷垃圾回收任務確實已經「僵屍」，則首先可透過系統設定將唯讀設定取消，減少狀態不一致帶來的影響。對於垃圾回收任務狀態的修復，不能透過發起新的任務來覆蓋或透過 API 來完成，可透過更新資料庫資料來實現。

首先進入 Harbor 資料庫容器，以 "postgres" 使用者連接到資料庫。

```
$ psql -U postgres
```

進入 Harbor 的 registry 資料庫：

```
postgres-# \c registry
```

之後執行以下指令來完成對不一致資料的更新：

```
registry=# UPDATE admin_job SET status='stopped', status_code=3 WHERE status
='running';
```

在上面的 SQL 敘述中，WHERE 子句 status='running' 也可根據情況變更為 status='pending'。

Chapter

12 應用案例

在前面介紹 Harbor 架構和功能的基礎上，本章注重說明 Harbor 實際的應用場景和案例，希望讀者對 Harbor 有更全面的認識並獲得更多應用模式上的啟發。本章內容分為兩部分：12.1 節介紹使用者和廠商對 Harbor 做訂製化開發並整合到相關產品或專案中的方法；12.2 節匯集了社區使用者使用 Harbor 的成功案例。

12.1 Harbor功能的整合

Harbor 採用了商用人性化的 Apache 2 許可，使用者除了可以直接部署和使用 Harbor，還可以做訂製化開發，與其他系統和專案整合協作，後者常常是雲端服務商、軟硬體開發廠商、其他開放原始碼社區甚至部分使用者的主要使用方式。本節介紹 VMware vSphere 7.0 和 TKG 產品中整合 Harbor 的方案，在容器平台中整合 Harbor 以支援 P2P 映像檔分發的原理，以及在聯邦學習開放原始碼專案 KubeFATE 中的整合方式，讓讀者對如何開發和訂製 Harbor 的功能有更深入的了解。

12.1.1 vSphere 7.0

VMware 在 2020 年 3 月發佈了 vSphere 7.0 這一企業級虛擬化軟體，其中最引人注目的是 vSphere with Kubernetes（後簡稱 VwK）。VwK 以應用為中心，對 vSphere 進行了多項重構，使得 vSphere 原生支援 Kubernetes 平台，實現了虛擬機器和容器混合管理的能力。vSphere 7.0 使用了多個雲端原生開放原始碼專案，包含把 Harbor 作為系統服務，為叢集提供企業級的容器映像檔管理功能。本節介紹 vSphere 7.0 的技術特性，並描述 Harbor 在 vSphere 7.0 中的整合原理和作用。

vSphere 是企業級的虛擬化平台，在 7.0 版本之前，主要支援虛擬機器的叢集管理。每個物理機在安裝 ESXi 軟體後，都會成為虛擬化叢集伺服器，由 vCenter 軟體統一進行叢集管理。隨著雲端原生應用的需求日益增多，Kubernetes 成為主流的容器編排平台，使用者需要強大的管理平台來管理 Kubernetes 叢集和容器應用。另一方面，使用者原有的很多應用是執行在虛擬機器之上的，因此統一管理虛擬機器、容器和 Kubernetes 叢集整合為剛需。在此背景下，vSphere 7.0 應運而生，在經過架構重構後，成為一個內建 Kubernetes 和映像檔倉庫的虛擬化平台。

接下來說明 vSphere 7.0 中的技術細節。

1. 將 vSphere 叢集轉變成 Kubernetes叢集

首先，啟用了 VwK 功能的 vSphere 叢集會增加部署 3 台虛擬機器，在每台虛擬機器上都部署 Kubernetes 的 Master 節點，組成高可用的本機控制平面（Local Control Plane）；接著在每個 ESXi 節點的核心中都執行一個 Spherelet 處理程序，作用相當於 kubelet，使 ESXi 成為 Kubernetes 的 Worker 節點。在這樣改造之後，vSphere 叢集轉變成支援現代應用的 Kubernetes 叢集，這個 vSphere 叢集被稱為主管叢集（Supervisor Cluster），如圖 12-1 所示。

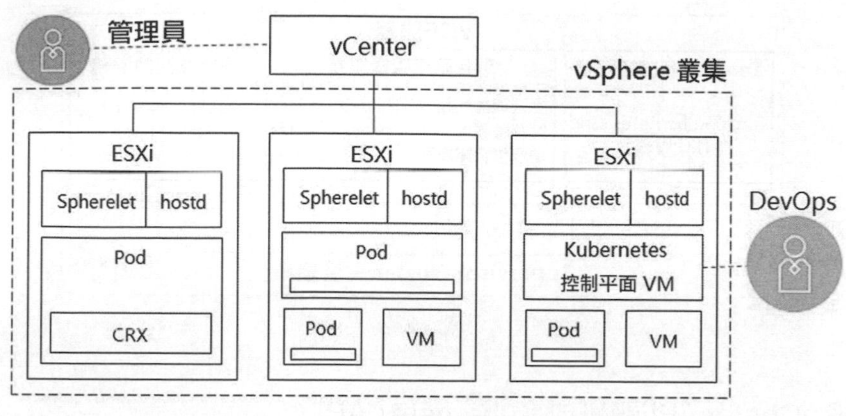

圖 12-1

2. 把 vSphere 叢集轉變成 Kubernetes 叢集

把 vSphere 叢集轉變成 Kubernetes 叢集的好處之一，就是系統服務可以跑在這個主管叢集之上，使得系統服務的升級、重新啟動等生命週期管理可以依照 Kubernetes 的 Pod 方式進行，更加靈活；同時具備隔離性好、安全性高、高可用（HA）保護等特性。

vSphere 7.0 提供的系統服務被統稱為 VCF（VMware Cloud Foundation，VMware 雲基礎）服務，分為以下 3 大類，如圖 12-2 所示。

- Tanzu 執行時期服務主要包含 TKG（Tanzu Kubernetes Grid）服務。TKG 服務用來管理使用者態的 Kubernetes 叢集，該叢集被稱為 TKC（Tanzu Kubernetes Cluster），可用於執行使用者的應用。TKG 在部署 TKC 叢集之前，首先建立組成 TKC 叢集的虛擬機器，在虛擬機器啟動後，由預置在虛擬機器範本裡的 Kubeadm 程式部署 Kubernetes 節點。當所有虛擬機器都成為 Kubernetes 節點時，叢集部署完成。
- 混合基礎架構服務提供 Kubernetes 所需要的基礎設施，如虛擬機器、儲存、網路、映像檔倉庫（Harbor）和 vSphere Pod 等。這些服務可以使 TKC 透過標準介面（如 CNI、CSI 等）存取基礎設施資源。
- 擴充服務由生態系統中的合作夥伴或使用者自行開發和部署。vSphere 7.0 暫時不支援這種服務，將在後續版本中支援。

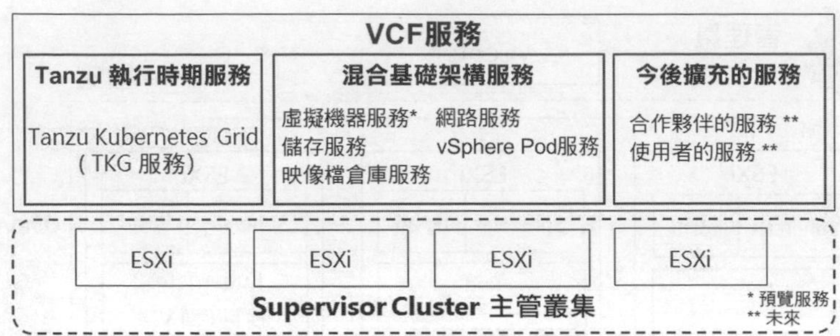

圖 12-2

3. 將 vCenter API 轉變成 Kubernetes API

經過重構的主管叢集與 Kubernetes 叢集已經有幾分「形似」了。要做到「神似」，還需要經過關鍵的一步：支援 Kubernetes 的 API。為此，VwK 對 vSphere API 進行了封裝和改進，向開發者提供了 Kubernetes API。API 除了能管理 Pod，還能管理 vSphere 的所有基礎設施資源，如虛擬機器、儲存、網路、容器映像檔等，做到基礎設施即程式（Infrastructure as Code）。而這要歸功於 Kubernetes 的宣告式 API 和 CRD（Custom Resource Definition，自訂資源）的擴充形式。基礎設施資源可以用 CRD 表示，上文中的網路、儲存、TKC 等都有對應的 CRD。使用者只需撰寫 yaml 格式的檔案和宣告所需的自訂資源，透過 "kubectl" 指令即可建立和維護 vSphere 資源。

管理自訂資源的一種較好方法是透過 Operator 模式進行管理。Operator 實際上是執行在 Kubernetes 上的程式，負責管理特定 CRD 資源的生命週期。在 vSphere 的主管叢集中執行著不少各司其職的 Operator，分別擔負著叢集、虛擬機器、網路、儲存等資源的管理任務。

4. 增加 CRX 執行 vSphere Pod

vSphere 提供了 Kubernetes API，在實現上需要能直接執行 Pod。為此，ESXi 在 vSphere 7.0 中內建了一個容器執行時期（Runtime），叫作 CRX（Container Runtime for ESXi）。CRX 在執行 Pod 時，先建立一個虛擬機器，然後在虛擬機器裡啟動一個微小的 Linux 核心，接著把容器映像檔的檔案系統掛載到虛擬機器中，最後執行映像檔裡的應用。這樣就完成了一個 Pod 應用的啟動。

透過 CRX 執行的 Pod 實際上是跑在一個輕量級虛擬機器裡面的，這個虛擬機器被稱為 vSphere Pod。vSphere Pod 是以虛擬機器的方式產生的，比以 Linux Container 為基礎的 Pod 隔離度更高、安全性更好。

5. 應用叢集（TKC 叢集）

主管叢集可直接用 Kubernetes API 管理 vSphere 的資源並且執行 Pod。但是目前主管叢集不完全相容 Kubernetes API，如 Privileged（特權）Pod 在主管叢集裡面就不能使用；主管叢集的 Kubernetes 版本是相對固定的，不太可能頻繁升級；主管叢集在每個 vSphere 叢集裡只有一個，在多租戶場景中無法使用不同版本的 Kubernetes。

為此，VwK 提供了應用叢集，又叫作 TKC 叢集，由 TKG 服務管理。簡單地說，TKC 叢集就是部署在虛擬機器裡的 Kubernetes 叢集，符合 CNCF 的一致性（Conformance）認證標準。TKC 叢集可以直接使用內建在主管叢集中的 VCF 服務，便捷地取得負載平衡器、PV 等資源。

TKG 服務採用了 Kubernetes 社區的 Cluster API 開放原始碼專案。Cluster API 表現了「用 Kubernetes 管理 Kubernetes」的思維，即使用者把需要建立的叢集標準以 CRD 形式提交給 Kubernetes 管理叢集，該管理叢集根據 CRD 維護目標叢集的生命週期。Cluster API 以 provider 方式支援多種雲端服務商。在 vSphere 7.0 中，主管叢集就是管理叢集，而且只有 vSphere provider。Cluster API 的工作方式如圖 12-3 所示。

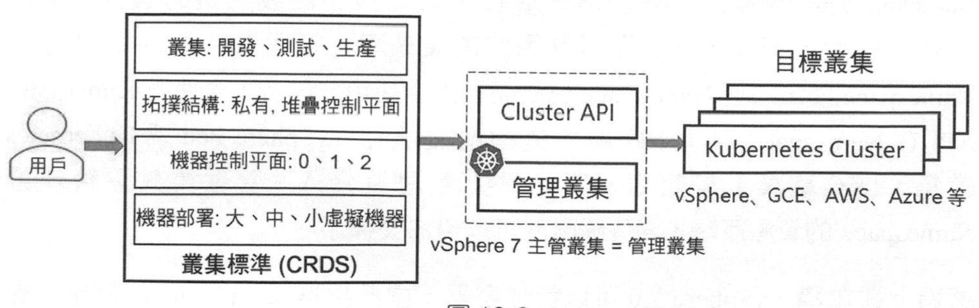

圖 12-3

6. Namespace（命名空間）應用視圖

VwK 為應用提供了單獨的視圖，叫作 Namespace（命名空間），如圖 12-4 所示。

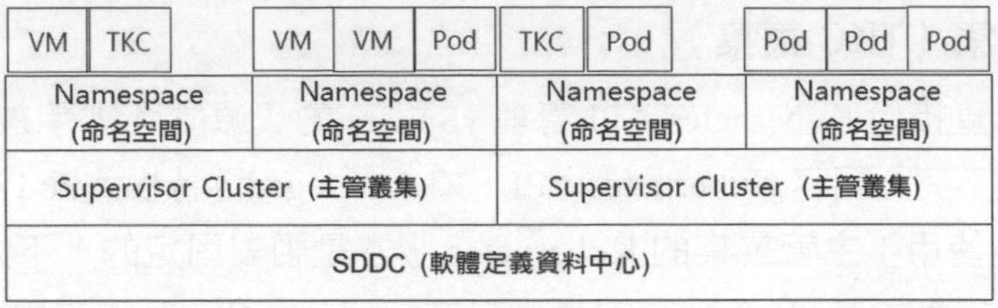

VM TKC | VM VM Pod | TKC Pod | Pod Pod Pod

Namespace（命名空間） | Namespace（命名空間） | Namespace（命名空間） | Namespace（命名空間）

Supervisor Cluster（主管叢集） | Supervisor Cluster（主管叢集）

SDDC（軟體定義資料中心）

圖 12-4

VwK在主管叢集中參考並擴充了 Kubernetes 劃分虛擬叢集的概念 Namespace，在主管叢集中增設了 Namespace，可以涵蓋容器、虛擬機器和 vSphere Pod 等資源。應用所需的資源如 Pod 和虛擬機器等，都被收納在一個 Namespace 下。由於 Namespace 是針對應用的邏輯單元，所以只需對 Namespace 設定 Quota、HA、DRS、網路、儲存、加密和快照等策略，就可以對應用執行的所有虛擬機器和 Pod 等資源進行控管，大幅方便了運行維護管理。

從技術實現的角度來看，管理員建立 Namespace 時，vSphere 自動在後台建立一個對應的資源池（Resource Pool），對應 Namespace 裡的所有資源。之後對 Namespace 的控管實質上都轉變為對資源池的操作。

Namespace 是 VwK 的一項創新，定義了管理員和開發人員的邊界，實現了針對應用的管理，加強了新應用的開發效率。管理員在 vCenter 中建立 Namespace 後，可把 Namespace 交給開發人員使用。開發人員使用 Kubernetes API 在 Namespace 中建立應用所需的虛擬機器、vSphere Pod 或 Kubernetes 叢集（TKC 叢集）等資源，不再需要管理員介入。管理員只需管理好 Namespace 的資源策略，開發團隊就可以自由發揮了。

透過上述重構，vSphere 7.0 可以管理容器、虛擬機器和 Kubernetes 叢集，還可以支援雲端原生的各種服務，以 Harbor 為基礎的容器映像檔服務就是其中的一項系統服務。

7. Harbor 容器映像檔服務

vSphere 7.0 整合了 Harbor 的 v1.10.1 版本，透過 vRegistry 服務在主管叢集中管理 Harbor 的生命週期。在 vSphere 用戶端中選擇一個主管叢集並啟動 Harbor 功能，系統就會產生一個 Namespace，然後自動部署一個 Harbor 實例，Harbor 各元件以 Pod 形式執行。該 Namespace 對 vSphere 使用者是唯讀的，無法做任何其他操作。

如圖 12-5 所示，vSphere 在主管叢集中為 Harbor 建立的專屬 Namespace 名稱是 vmware-system-registry-1211572858，總共包含 7 個 Harbor 元件的 Pod。

vmware-system-registry-1211572858 | 操作

摘要 监控 配置 权限 计算 存储 网络

核心 Kubernetes: Pod, 部署, 守护进程集, 副本集, 复制控制器, 有状态集, 作业

VMware 资源: Tanzu Kubernetes, 虚拟机

Pod　　筛选器

名称	YAML	阶段	创建日期	集群 IP
harbor-1211572858-harbor-database-0	查看 YAML	正在运行	2020年4月28日 上午3:5...	192.168.123.1
harbor-1211572858-harbor-nginx-59ddd...	查看 YAML	正在运行	2020年4月28日 上午3:5...	192.168.123.1
harbor-1211572858-harbor-redis-0	查看 YAML	正在运行	2020年4月28日 上午3:5...	192.168.123.1
harbor-1211572858-harbor-jobservice-6f...	查看 YAML	正在运行	2020年4月28日 上午3:5...	192.168.123.1
harbor-1211572858-harbor-portal-5f8776...	查看 YAML	正在运行	2020年4月28日 上午3:5...	192.168.123.1
harbor-1211572858-harbor-registry-6876...	查看 YAML	正在运行	2020年4月28日 上午3:5...	192.168.123.1
harbor-1211572858-harbor-core-ddc8bd...	查看 YAML	正在运行	2020年4月28日 上午3:5...	192.168.123.1

圖 12-5

在 Harbor 實例建立成功後，使用者可登入 Harbor 原生圖形管理介面並管理 Harbor 的資源，如檢視發送到 Harbor 專案中的映像檔，以及使用專案中的映像檔部署 vSphere Pod 等。

如圖 12-6 所示為 Harbor 的設定視圖。在已經啟用 Harbor 的主管叢集上，vCenter 提供了存取 Harbor 圖形管理介面的 URL，以及下載 Harbor 根憑證的連結。此處的 URL 也是 Harbor 映像檔倉庫的位址，使用者可以透過該位址發送或拉取 Harbor 的映像檔。

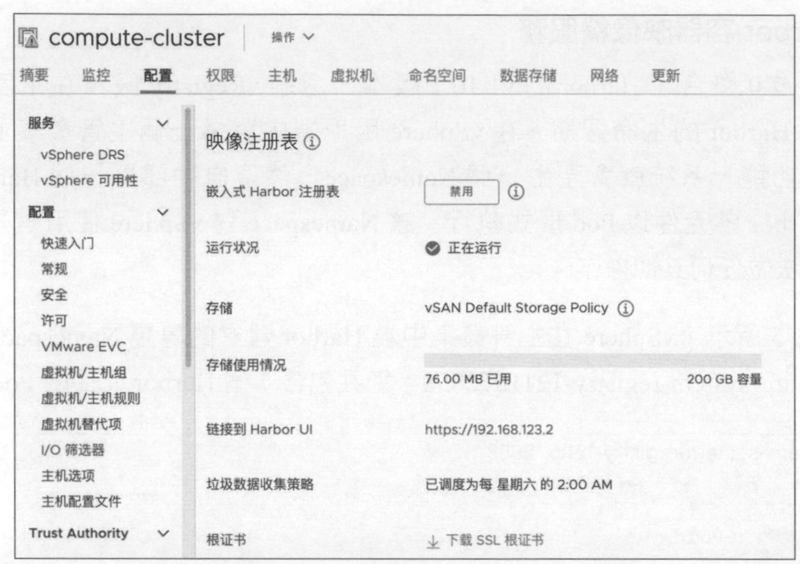

圖 12-6

主管叢集的每個 Namespace 都由 vSphere 維護著 Harbor 中的名稱相同專案（project）。實際來講，如果在主管叢集中建立了新的 Namespace "test"，則 vSphere 在監控到這個 Namespace 的變化時，就會在 Harbor 中對應地新增一個專案 "test"。

在 Namespace 和 Harbor 中專案綁定的基礎上，vSphere 7.0 在許可權上也進行了整合。在 Harbor 中專案的角色有 5 種：受限訪客（Limited Guest）、訪客（Guest）、開發者（Developer）、維護人員（Master）和專案管理員（Project Admin）。在 vSphere 7.0 中只用到了維護人員和訪客兩種角色：訪客角色對專案有唯讀許可權，能夠檢視和拉取專案中的映像檔，但無法發送映像檔；維護人員角色可以拉取、發送及刪除映像檔等。使用者在 Namespace 中獲得的讀寫許可權，會在 Harbor 的專案中對應維護人員或訪客的角色。Harbor 的專案和 Namespace 的關係如圖 12-7 所示。

8. 使用 vSphere 7 的 Harbor 映像檔服務

使用者可以用 "docker" 指令將映像檔發送到命名空間對應的 Harbor 專案中。在發送前，使用者需要先在 Docker 用戶端匯入 Harbor 的 HTTPS 的根憑證

ca.crt，然後用 vSphere 的使用者名稱和密碼透過 vSphere 訂製的指令 "docker-credential-vsphere" 登入 Harbor。在登入 Harbor 後，使用者可以使用 Docker 用戶端發送映像檔，發送成功後，可在 Harbor 的介面檢視和管理映像檔。

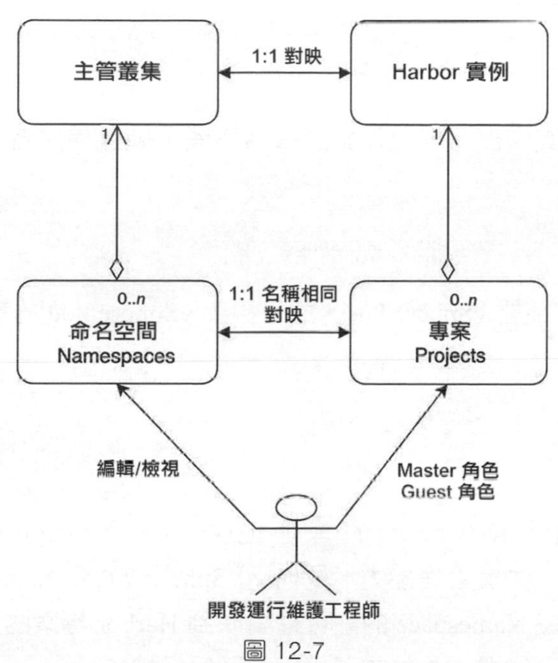

圖 12-7

接下來，使用者可以使用 "docker pull" 指令拉取映像檔到本機，或使用在 Harbor 中儲存的映像檔在主管叢集或應用叢集的命名空間中部署 vSphere Pod。下面以主管叢集為例，介紹拉取映像檔的基本步驟。

（1）將 "kubectl" 指令的 vSphere 外掛程式 vsphere-plugin.zip 的內容解壓並增加到執行檔案路徑中。

（2）建立 Pod 的 yaml 檔案，包含以下 namespace 和 Harbor 映像檔位址等參數（如 busybox.yaml）：

```
...
namespace: <namespace-name>
...
spec:
```

```
…
image: 192.168.123.2/<namespace name>/ busybox:latest
```

（3）用 "kubectl" 指令登入主管叢集：

```
$ kubectl vsphere login --server=https://<server_adress> --vsphere-username
<your user account name>
```

（4）切換到要在其中部署應用程式的命名空間，確保使用者可以使用該命名空間：

```
$ kubectl config use-context <namespace name>
```

（5）用 yaml 檔案部署 vSphere Pod，並且檢查 vSphere Pod 的執行狀態：

```
$ kubectl apply -f busybox.yaml
$ kubectl describe pod busybox
```

9. 小結

vSphere 7.0 內建了 Kubernetes 的管理能力，透過 vRegistry 服務整合了 Harbor，提供了映像檔管理能力。同時，vSphere 7.0 將 Namespace 和 Harbor 專案一一對應，將 Namespace 的許可權對映到 Harbor 專案的角色上，使叢集的使用權限和 Harbor 的映像檔許可權獲得了很好的統一。

12.1.2 Tanzu Kubernetes Grid

VMware在 2020 年 4 月發佈了 Tanzu Kubernetes Grid（TKG）企業級產品，旨在為企業客戶提供了跨資料中心和公有雲環境的 Kubernetes 平台。TKG 允許使用者在各種環境下無差別地執行 Kubernetes，使用者可以在 vSphere 6.7 以上版本和 Amazon EC2 等環境下部署 TKG。TKG 支援的平台如圖 12-8 所示。

TKG 基於多個開放原始碼社區專案，提供了由 VMware 支援的 Kubernetes 商用發行版本，因此使用者不必下載或建置自己的 Kubernetes 平台。在 Kubernetes 的基礎上，TKG 還內建了 Kubernetes 生產環境所必需的服務，如認證、入口控制、記錄檔記錄、生命週期管理、監控和映像檔倉庫服務。

TKG 的設計理念表現了「用 Kubernetes 管理 Kubernetes」的思維，即用一個 Kubernetes 叢集去管理負載應用的 Kubernetes 叢集，因此 TKG 引用了管理叢集和應用叢集的概念，如圖 12-9 所示。

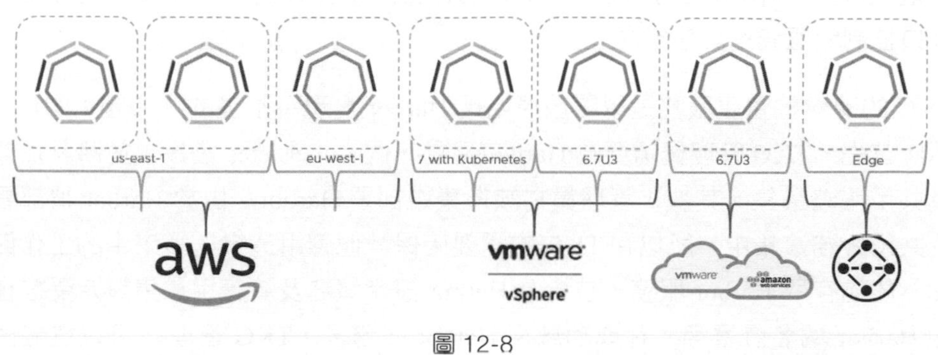

圖 12-8

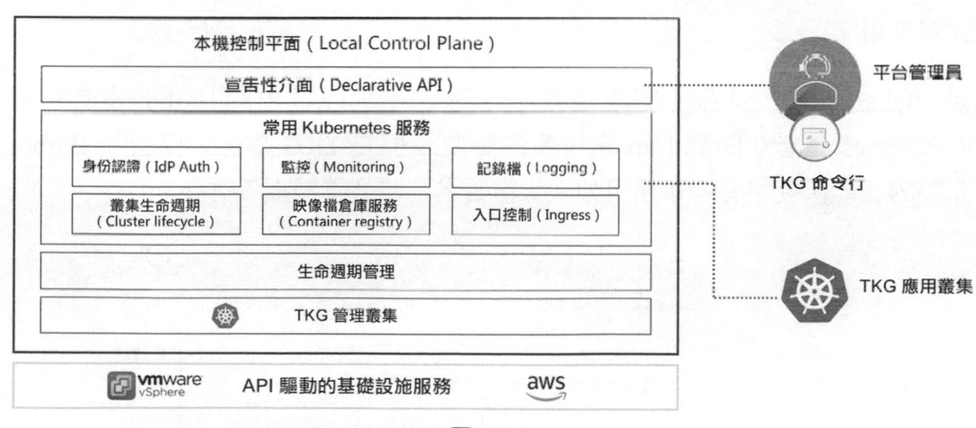

圖 12-9

管理叢集本身是一個 Kubernetes 叢集，承擔 TKG 主要的管理和執行功能。管理叢集透過 Cluster API 建立應用叢集，並在其中設定 TKG 支援的各種 Kubernetes 服務。

應用叢集是使用者使用 TKG 命令列工具呼叫管理叢集來部署的 Kubernetes 叢集，用於執行應用負載。應用叢集可以執行不同版本的 Kubernetes，實際取決於應用程式的需求。

TKG 支援的 Kubernetes 服務可以分為共用服務和叢集內服務。共用服務是能夠被所有應用叢集存取的服務，因此在 TKG 中只需要部署一個實例，如身份認證、叢集生命週期和映像檔倉庫服務。叢集內服務只能被該服務所在的應用叢集存取，不同的應用叢集需要部署各自的服務實例，如監控、記錄檔、入口控制等服務屬於叢集內服務。

TKG 的映像檔倉庫服務是以開放原始碼 Harbor 實現為基礎的，如圖 12-10 所示。首先，TKG 管理員需要為 Harbor 建立一個 Kubernetes 叢集，並將其標識為共用服務叢集。其次，管理員在該叢集中部署 Harbor。由於 Harbor 被部署於共用服務叢集中，所以在 TKG 中需要確保其他應用叢集（叢集中的工作節點）能夠存取 Harbor 服務，包含為 Harbor 設定域名及給應用叢集設定受信任的 Harbor 域名憑證等。在成功啟用 Harbor 服務後，TKG 管理員可以透過圖形介面管理 Harbor。TKG 使用者可以從 Harbor 中拉取映像檔並在應用叢集中部署應用。

與 vSphere 7 不同的是，因為是共用服務，所以 TKG 中的 Harbor 沒有實現 Kubernetes 命名空間到 Harbor 專案的對映，但是 TKG 整合、保留了 Harbor 完整的功能，使用者可以使用如映像檔簽名、映像檔掃描等許多功能。

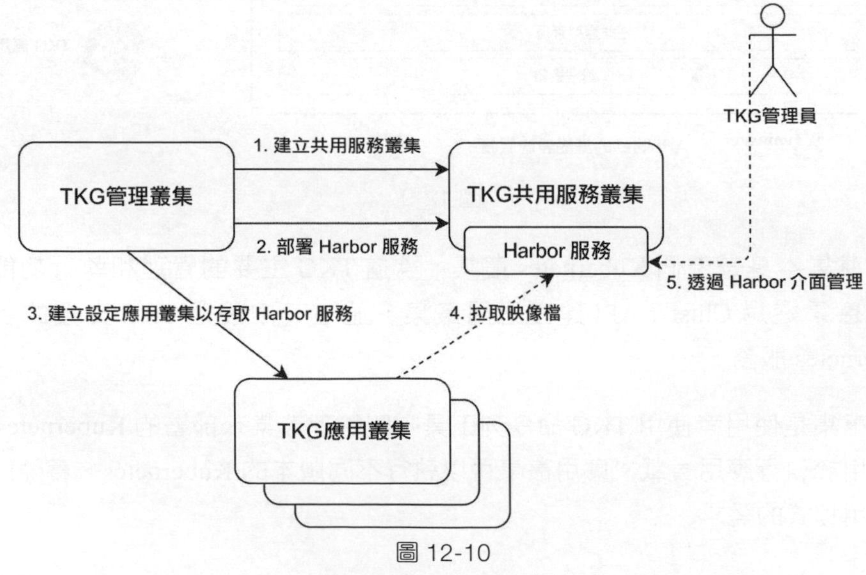

圖 12-10

12.1.3 P2P 映像檔分發

隨著雲端原生架構被越來越多的企業接受，企業應用中容器叢集的規模也越來越大。當容器叢集達到一定的規模且單容器應用備份數達到一定等級時，叢集中容器映像檔的分發將面臨挑戰。P2P（Peer-to-Peer，點對點）映像檔分發參考了網際網路 P2P 檔案傳輸的想法，旨在加強映像檔在容器叢集中的分發效率，是不少使用者關注和使用的方法。本節歸納了網易雲整合 Harbor 和 Kraken 的實作經驗，說明 P2P 映像檔分發與 Harbor 整合的原理。

1. P2P 映像檔分發的原理

映像檔分發規模達到一定數量時，首先面臨壓力的是 Harbor 服務或後端儲存的頻寬。如果 100 個節點同時拉取映像檔，映像檔被壓縮為 500MB，此時需要在 10 秒內完成拉取，則後端儲存面臨 5GB/s 的頻寬需求。在一些較大的叢集中，可能有上千個節點同時拉取一個映像檔，頻寬壓力可想而知。解決這個問題的方法有很多，例如劃分叢集、增加快取和負載平衡等，但較好的解決方法可能是採用 P2P 映像檔分發技術。

P2P 映像檔分發技術將需要分發的檔案做分片處理，產生種子檔案，每個 P2P 節點都根據種子檔案下載分片。做分片時可以將檔案拆分成多個任務並存執行，不同的節點可以從種子節點拉取不同的分片，下載完成之後自己再作為種子節點供別的節點下載。採用去中心化的拉取方式之後，流量被均勻分配到 P2P 網路中的節點上，可以顯著提升分發速度。

目前，P2P 映像檔分發技術有 Kraken 和 Dragonfly 等。Kraken 是 Uber 開放原始碼的映像檔 P2P 分發專案，使用 Go 語言開發而成，系統採用了無共用架構，部署簡單，容錯性也非常高，所以整體上系統的運行維護成本比較低。Kraken 的核心是 P2P 檔案分發，主要功能是容器映像檔的 P2P 分發，目前並不支援通用檔案的分發。Kraken 由 Proxy、Build-Index、Tracker、Origin、Agent 組成，每個元件的功能如下。

- Proxy：作為 Kraken 的入口，實現了 Docker Registry V2 介面。
- Build-Index：和後端儲存對接，負責映像檔 Tag 和 Digest 的對映。

- Origin：和後端儲存對接，負責檔案物件的儲存，在分發時作為種子節點。
- Tracker：P2P 分發的中心服務，記錄節點內容，負責形成 P2P 分發網路。
- Agent：部署在節點上，實現了 Docker Registry V2 介面，負責透過 P2P 拉取映像檔檔案。

結合 Kraken 的 P2P 映像檔分發技術，其基本想法是將 Harbor 作為映像檔管理系統，將 Kraken 作為映像檔分發工具，有三種可選方案：第 1 種方案以 Harbor 作為統一的對外介面，將 Kraken 作為後端，後面對接 Registry；第 2 種方案以 Kraken 作為統一的對外介面，將 Harbor 作為後端；第 3 種方案使用一個公共的 Registry 作為統一的後端，Harbor 和 Kraken 都使用這個 Registry。

其中，在第 3 種方案中解耦了兩個系統，當 Harbor 或 Kraken 出現問題時，另一個系統仍可以正常執行。這種方案要求 Harbor 和 Kraken 能存取同一個 Registry，最好是將 Harbor 和 Kraken 部署在同一個 Kubernetes 叢集中，然後透過 Service 模式存取同一個 Registry 服務。如果不能將它們部署在同一個叢集中，就需要跨叢集存取，效率受到影響。所以，當 Harbor 和 Kraken 被部署在不同叢集中時，也可採用第 2 種方案，這樣 Kraken 會對 Harbor 強依賴。Kraken 透過 Harbor 對外曝露的 Docker Registry V2 介面存取 Harbor，使用者依舊可以透過 Harbor 管理映像檔，並透過 Kraken 分發映像檔。第 3 種方案的架構如圖 12-11 所示。

在如圖 12-11 所示的方案中，Harbor 和 Kraken 共用 Registry 服務，映像檔資料只會在 Registry 中儲存一份。透過 Kraken 的映像檔預熱功能，可以讓映像檔在發送到 Harbor 後，就在 Kraken 中快取一份，使用者可以設定 Kraken 快取的大小和過期策略。

在 P2P 分發系統中，當開始分發一個檔案時，P2P 分發系統首先需要產生這個檔案的種子檔案（Torrent 檔案），在種子檔案中包含了檔案的基本資訊、檔案的分片資訊、Tracker 伺服器（P2P 中心服務）的位址等。當 P2P 網路的節點需要下載檔案時，會先取得對應檔案的種子檔案，然後從 P2P 中心服務上取得每個分片可下載節點的資訊，再按照分片去不同的節點上下載，在全部分片檔案都下載完成之後再拼裝成一個完整的檔案。實際的實現在不同的 P2P

分發系統中是不一樣的，但核心機制都一樣。就 Kraken 而言，當 Kraken 系統中沒有檔案快取而有節點需要下載這個檔案時，Kraken 會首先從後端儲存中取出這個檔案，然後計算檔案的種子資訊，再進行分片分發。在產生種子檔案時需要先下載檔案，這屬於比較耗時的環節，Kraken 為了省去下載檔案的時間，設計了映像檔的預熱系統，使用者可以透過 Kraken 提供的介面告知 Kraken 即將需要分發的映像檔，Kraken 會預先將對應的映像檔從後端儲存中下載下來，並計算好種子檔案等待分發，這大幅縮短了映像檔分發的時長。

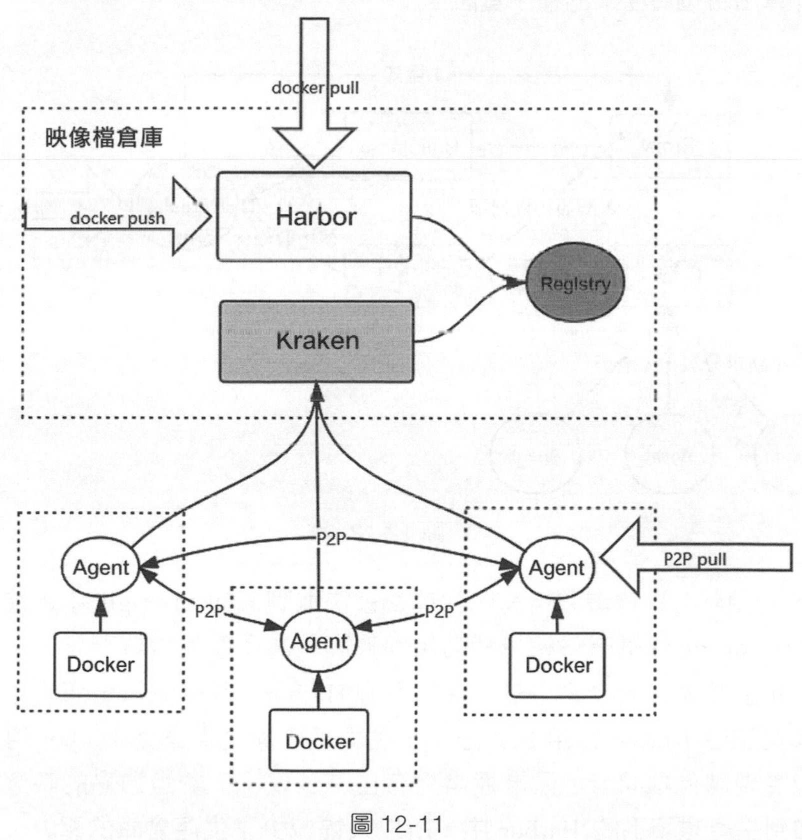

圖 12-11

Kraken 的預熱方案是以 Registry 為基礎的通知機制實現的，如圖 12-12 所示，觸發的流程如下。

（1）使用者向 Harbor 端發送映像檔。

（2）Registry 觸發通知機制，向 Kraken-proxy 發送通知請求。

（3）Kraken-proxy 解析收到的請求，在這個請求中包含了發送映像檔的所有資訊。

（4）Kraken-proxy 向 Kraken-origin 請求取得映像檔對應的 Manifest 檔案。

（5）Kraken-proxy 解析 Manifest 檔案，取得映像檔所有的層檔案資訊。

（6）Kraken-proxy 會一個一個請求 Kraken-origin 下載每個層檔案。

（7）Kraken-origin 從 Registry 下載層檔案時，會先將層檔案都快取在本機，計算出每個層檔案的種子資訊。

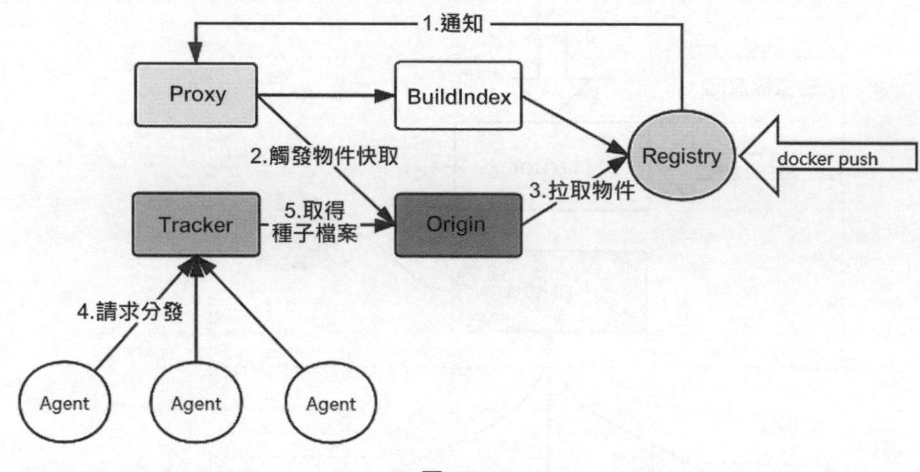

圖 12-12

Kraken 的預熱方案會導致所有映像檔都被快取到 Kraken-origin 中，進一步導致 Kraken-origin 的磁碟傳輸量和佔用都較高。為了避免這個問題，通常建議將測試和生產映像檔倉庫分離，使用兩個 Harbor，其中測試倉庫獨立使用，生產環境整合 Kraken 使用 P2P 分發，在兩個倉庫之間透過 Harbor 的遠端複製功能實現映像檔同步。因為通常只有在測試環境下驗證通過的映像檔才會被發佈到生產環境下的 Harbor 中，所以大幅減少了生產倉庫的壓力，也能減少 Kraken 系統中快取映像檔的數量；將測試和生產環境分離時，可以將角色許可權劃分清楚，實現多方協作。Harbor 在未來的版本規劃中設計了以策略為基礎的預熱功能，可以根據設定的策略將符合的映像檔預熱到 Kraken 中，這是解決問題的最好方案。

2. 部署方式

在部署 Harbor 和 Kraken 時，可使用兩個專案分別提供的 Helm Chart 部署方案。在設定中需要額外修改兩個地方。

（1）修改 Kraken-origin 和 Kraken-buildindex 設定中的後端，將後端指向 Harbor 的 Registry 元件，設定如下：

```
Kraken-origin, Kraken-buildindex：
    backends:
      - namespace: .*
        backend:
          registry_blob:
            address: harbor-registry.repo.svc.cluster.local:5000
            security:
              basic:
                username: "admin"
                password: "XXXXX"
```

（2）修改 Harbor 的 Registry 中的設定，增加對 Kraken-proxy 的通知，使用 Kraken 的預熱功能，將 Registry 元件 ConfigMap 的設定修改如下：

```
## 增加Kraken的通知endpoint
    notifications:
      endpoints:
        - name: harbor
          disabled: false
          url: http://harbor-core.repo.svc.cluster.local/service/notifications
          timeout: 3000ms
          threshold: 5
          backoff: 1s
        - name: kraken
          disabled: false
          url: http://kraken-proxy.p2p.svc.cluster.local:10050/registry/
notifications
          timeout: 3000ms
          threshold: 5
          backoff: 1s
```

如果使用者的 Harbor 域名使用的是私有簽名的 SSL 憑證，則需要增加私有憑證設定，這樣可以避免在 Kraken 拉取映像檔時發生 X509 錯誤：

```
backends:
  - namespace: .*
    backend:
      registry_blob:
        address: harbor-registry.repo.svc.cluster.local:5000
        security:
          basic:
            username: "admin"
            password: "XXXXX"
          tls:
            client:
             cert:
              path: /etc/certs/XXX.crt
             key:
              path: /etc/certs/XXX.key
            cas:
            - path: /etc/certs/ca.crt
```

Kraken-agent 需要被部署在所有節點上，所以通常採用 DaemonSet 在 Kubernetes 叢集上部署，在部署完成之後，節點就可以透過 localhost 拉取映像檔。如果在 Harbor 中有一個映像檔的名稱是 "hub.harbor.com/library/debain:latest"，而 Kraken-agent 的安裝通訊埠是 13000，就可以使用 "localhost:13000/library/debain:latest" 位址拉取該映像檔。

3. 使用方法

使用者在部署完整個映像檔倉庫和分發系統之後，就可以採用 Harbor 管理映像檔，並採用 Kraken 分發映像檔。可以按照以下流程使用整個系統。

（1）透過 "docker push <harbor 域名 >/library/debain:latest" 指令向 Harbor 發送一個映像檔。

（2）在發送完成之後，使用者就可以在 Harbor 中管理這個映像檔，同時 Harbor 的 Registry 元件會觸發通知功能，通知 Kraken 預熱這個映像檔。

（3）透過 Kraken 將該映像檔快取到本機等待分發。

（4）在 Kubernetes 叢集中啟動容器群，透過 "docker pull localhost:13000/library/debain:latest" 指令拉取映像檔。

（5）Docker 用戶端會存取 Kraken-agent，Kraken-agent 會呼叫 Kraken-tracker，然後 Kraken-tracker 存取 Kraken-origin，因映像檔已經被快取在 Kraken-origin 中，所以 P2P 分發立即開始。

（6）Kraken-agent 從 Kraken-tracker 指示的多個節點上拉取映像檔 Blob 中的分片。

（7）Kraken 透過重試機制確保分發的可用性，映像檔最後被拉取到每個節點上。

Kraken 支援超過 15000 個節點的同時分發，支援的單一檔案大小達到 20GB，基本能夠滿足正常映像檔分發的需求。

P2P 映像檔分發除了可以用於大規模叢集的映像檔分發，還可以用於大映像檔的分發，尤其是映像檔倉庫和 Kubernetes 叢集不在同一個內網中的情況下。當映像檔大小達到數 GB 等級時（人工智慧相關的映像檔經常會超過 10GB），分發變得非常慢。如果依靠 Kraken 的預熱系統將映像檔事先快取到 P2P 網路中，然後透過 P2P 分發，就可以顯著加快分發速度，這樣數 GB 的映像檔也可以在幾秒內分發完成，大幅加快容器的啟動速度。

4. 注意事項

實現了一個平衡度非常高的 P2P 網路是 Kraken 的一大特點，這並沒有消耗太多的運算資源。另外，在 Kraken 中使用了 Rendezvous Hash Ring 演算法，實現了 Kraken 的高可用和水平擴充特性，這是一致性雜湊演算法的變種。Kraken 還有很多非常值得稱讚的優點，但是使用 Kraken 也存在一些注意事項。

- Kraken-agent 和業務容器被部署在同一個節點上，所以 Kraken-agent 的資源耗損不能太高，以防止影響業務容器的執行。Kraken 開放了 Kraken-agent 的上下行頻寬限制及快取檔案數、過期時間等參數，防止 Kraken 元件佔用太多資源。另外，強烈建議設定 Kraken-agent 的 Pod 資源限制。

- Kraken 更擅長大物件分發，這在頻寬使用率上就有所表現。在使用者設定了 Kraken-agent 的頻寬之後，對於大物件（數百 MB 或更大）分發，頻寬使用率能達到 80% 以上；對於大量的小物件分發，頻寬使用率可能為 60% 甚至更低。
- Kraken 目前並不支援多個網路隔離的叢集同時分發，所以如果使用者有多個處於不同網路平面內的叢集，並且在這些叢集中都需要進行 P2P 映像檔分發，那麼只能透過部署多套 Kraken 來實現。

12.1.4 雲端原生的聯邦學習平台

作為雲端原生應用的必備元件，Harbor 已經在多個開放原始碼專案中獲得整合和應用，本節介紹 Harbor 在聯邦學習開放原始碼專案 FATE 及 KubeFATE 中的應用。

FATE（Federated AI Technology Enabler）是一個工業級的聯邦學習架構，由微眾銀行發起並開放原始碼，後捐贈給 Linux 基金會，成為社區共同維護的開放原始碼專案。FATE 專案使用 Java 和 Python 等語言開發而成，早期版本在安裝、部署時需要下載依賴軟體套件和進行較長時間的編譯。FATE 從 1.1 版本開始，增加了全元件的容器化封裝，在部署時無須下載複雜的依賴套件和重新編譯，使得 FATE 的部署獲得了簡化。為進一步使用雲端原生技術來管理、運行維護聯邦學習平台，VMware 和微眾銀行等社區使用者開發了 KubeFATE 專案，致力於降低聯邦學習的使用門檻和運行維護成本。

KubeFATE 將 FATE 的部署和設定流程自動化，使聯邦學習平台的多個分散式的節點可用 Docker Compose 和 Kubernetes 兩種方式部署，並提供了 API 和命令列工具與系統整合。在使用者使用 KubeFATE 部署 FATE 平台時，雖然容器化部署方式節省了編譯時間，但是遇到了下載映像檔的問題。出於映像檔較大（GB 等級）、網際網路網速等原因，國內使用者常常不能順利下載映像檔。還有些企業內部的網路環境無法連接網際網路，因此不能從 Docker Hub 等公有映像檔來源拉取映像檔。

為了解決映像檔下載的問題，KubeFATE 整合了 Harbor 映像檔倉庫的功能。使用者可先在內網中安裝 Harbor 服務，再把 KubeFATE 的映像檔套件和 Helm Chart 匯入 Harbor，在內網中安裝和部署 FATE 時，就可以從 Harbor 取得映像檔和 Helm Chart。Harbor 還提供了映像檔的分發、遠端同步和安全性漏洞掃描等能力，在加速部署的同時加強了安全性。

在 FATE 版本更新時，使用者可以從網際網路下載新版本的映像檔和 Helm Charts，再將其匯入 Harbor 中供內部環境使用。另一方面，Harbor 除了充當本機映像檔來源，在網路條件允許的情況下（如開通網路防火牆），可透過映像檔定時同步策略從 Docker Hub 上取得 FATE 的映像檔，以確保本機有最新版本的映像檔。這樣免除了手動匯入 FATE 映像檔的過程。此外，透過 Harbor 的映像檔複製功能，可把映像檔在多個資料中心之間進行複製，在映像檔更新或遺失時可自動進行同步，進一步簡化運行維護複雜度。

KubeFATE 與 Harbor 整合的架構如圖 12-13 所示。KubeFATE 以服務的形式執行在 Kubernetes 叢集之上，使用者可以透過 "kubefate" 命令列工具或 API 與 KubeFATE 服務進行互動來管理 FATE 叢集。完整的 FATE 叢集包含 FATE-Board、FATE-Flow、Rollsite、Node Manager 和 Cluster Manager 等多個容器，這些容器又分別對應不同的映像檔，因此使用 Harbor 作為私有映像檔倉庫無疑能加速部署。

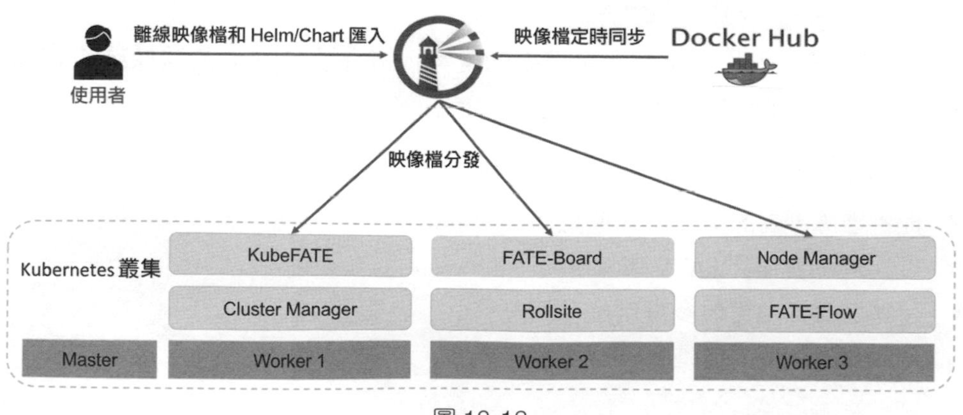

圖 12-13

KubeFATE 使用了 Helm Chart 作為 Kubernetes 資源管理工具，因而能夠實現 FATE 叢集的訂製化部署、動態伸縮容及線上升級等功能。KubeFATE 專案在公網上維護了一個 Chart 的倉庫，該倉庫對應 FATE 的不同版本，透過設定 KubeFATE 可在指定的倉庫中取得最新的 Chart。對需要同時維護多個不同版本的 FATE 叢集的使用者來說，多個版本 Chart 的管理及同步會帶來一定的複雜度。如圖 12-14 所示，借助 Harbor 對 Chart 管理的能力，可以減輕使用者的負擔，特別是對需要訂製開發 Chart 的使用者來說，只需為每個 KubeFATE 實例指定 Chart 倉庫位址為內部的 Harbor，就能實現在多個不同的 Kubernetes 叢集中訂製化部署 FATE。

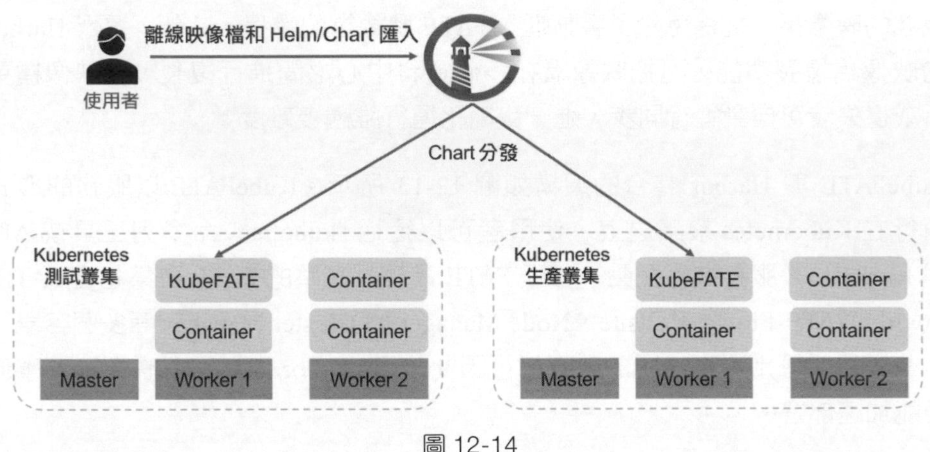

圖 12-14

KubeFATE 充分利用了雲端原生技術的優勢，結合了 Harbor 的映像檔和 Chart 的管理能力，具有以下優點。

- 免除建置 FATE 時需要各種依賴套件的煩瑣流程。
- 提供離線部署的能力，加速應用部署的速度。
- 實現跨平台部署 FATE 叢集。
- 可隨選靈活地實現多實例水平擴充。
- 升級實例的版本並進行多版本的維護。

12.2 成功案例

隨著 Harbor 的不斷增強和成熟，許多軟體廠商和服務商都在產品和服務中使用了 Harbor，這不僅豐富了 Harbor 的生態圈，給了使用者更多的選擇，也使很多使用者和廠商開發的功能透過開放原始碼專案反應 Harbor 社區，進一步促進 Harbor 的發展。

本節精選部分廠商和使用者整合 Harbor 的方式和應用場景，涵蓋了企業和網際網路使用者在高可用性、高性能、共用儲存、遠端同步、DevOps 流程、映像檔預熱和訂製化開發等場景中的常見問題。本書介紹的是 Harbor 2.0 版本的標準功能，案例中的使用者可能採用了之前較早的版本，並且因地制宜地設計了合適的方案，因此讀者既可以深入了解 Harbor 的特性和多種多樣的使用模式，也可以在方案制定和管理實作上參考這些成功經驗。

12.2.1 網易輕舟微服務平台

本節介紹網易輕舟微服務團隊的 Harbor 實作經驗，該團隊使用的是 Harbor 1.7 版本，對該版本進行了效能上的最佳化和功能上的增強，並將增強的 Webhook 功能貢獻回 Harbor 專案。

為滿足網易的音樂、電子商務、傳媒、教育等業務線的微服務化需求，網易杭州研究院研發了一套完整的雲端原生應用管理平台——網易輕舟微服務，平台以 Docker、Kubernetes、Harbor、Istio 為基礎設施，建置了 DevOps、微服務等一套完整的解決方案，並將其開放給第三方企業解決業務容器化和服務治理等問題。該平台在生產環境叢集中曾達到單叢集執行 10000 個節點的規模。

輕舟微服務平台的整體架構如圖 12-15 所示。

該平台基於 Harbor 提供了映像檔倉庫功能，並為 PaaS 平台的其他功能提供服務，上層的微服務系統則依賴 PaaS 平台提供的服務，搭配記錄檔、監控等平台功能，完成了從專案研發到服務治理的全生命週期管理。網易輕舟團隊在 Harbor 上做了一層業務開發，使得輕舟映像檔倉庫支援多租戶、多專案、多環境，並且和輕舟微服務平台資料模型、許可權模型打通，將映像檔倉庫功能融入多個業務流程中，將應用的上下游貫通，形成一套完整的應用管理和發佈流程。

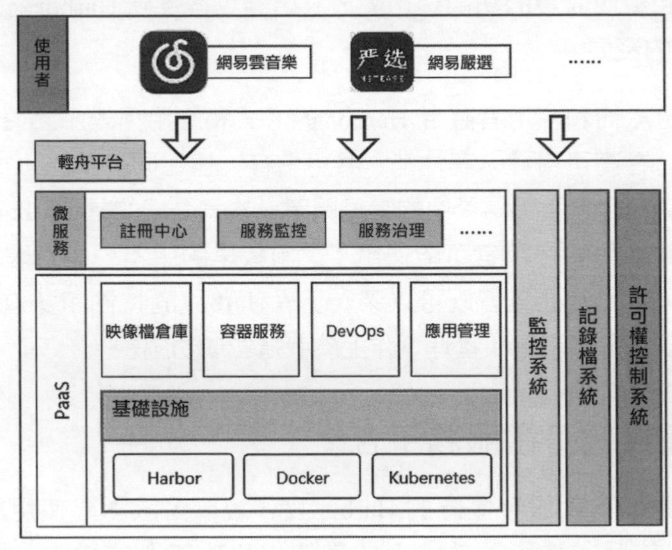

圖 12-15

1. Harbor 的使用

網易輕舟微服務平台中映像檔倉庫服務的核心架構如圖 12-16 所示。輕舟映像檔倉庫服務和輕舟容器雲端服務組成了中間層服務，被輕舟 DevOps 平台所依賴。輕舟映像檔倉庫服務可以管理多套 Harbor，並將倉庫資源設定給不同的 Kubernetes 叢集使用，做到叢集等級的資源隔離，透過 Harbor 的開放 API 管理每個實例下的資料資源。另外，輕舟映像檔倉庫服務負責將 Harbor 和輕舟微服務平台的資料模型對齊，打通 Harbor 和輕舟微服務平台的許可權系統，使用者可使用輕舟微服務平台的帳號和許可權來管理映像檔。

輕舟微服務平台的 Harbor 之間可以透過遠端複製的方式同步映像檔，做到研發和運行維護人員在不同環境下的協作。使用者可以為專案不同環境下的叢集分配不同的 Harbor 實例，例如線下使用一套 Harbor，線上使用另一套

Harbor，並且設定合適的複製規則，將測試成功的映像檔發送到線上倉庫中發佈和使用。這種設計線上線下環境網路隔離並且應用發佈更新頻繁的場景中非常實用，使用者只需連通兩套 Harbor 之間的網路，就可以在叢集中使用私有網路分發映像檔，如圖 12-17 所示。

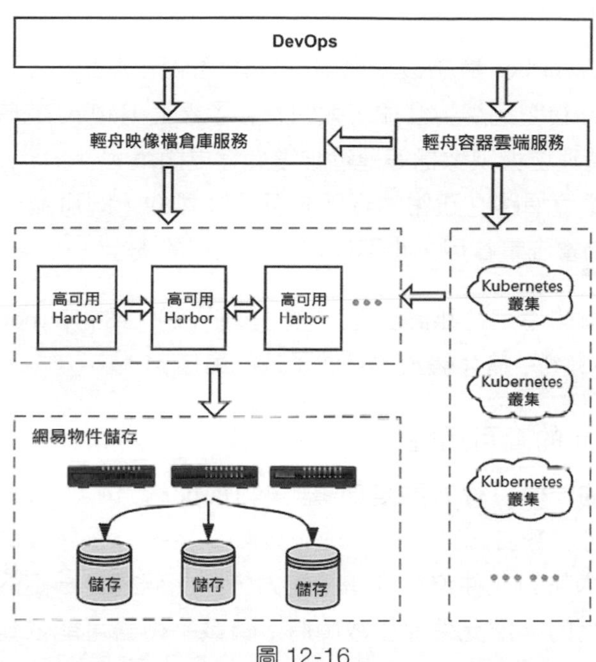

圖 12-16

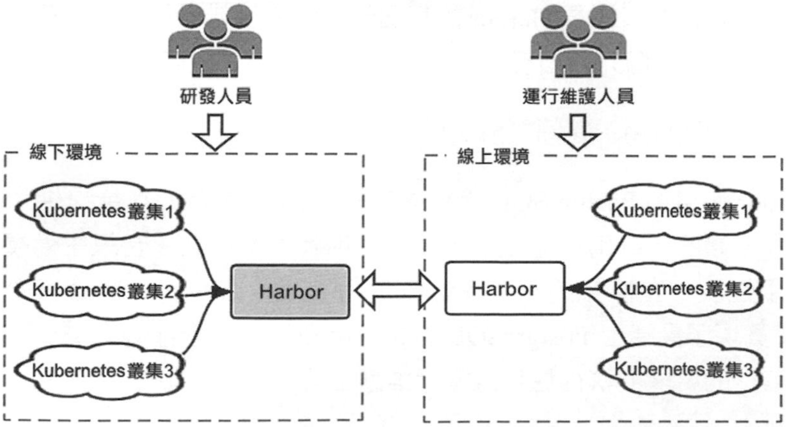

圖 12-17

這樣的架構有以下好處。

(1) 線上線下映像檔倉庫隔離，防止誤操作。

(2) 測試環境通常會頻繁建置映像檔、部署、測試，所以線下環境中 Harbor 的負載較大，運行維護複雜性高，服務不可用率更高，分開後可以確保線上環境的穩定性。

(3) 設定適當的 Harbor 遠端複寫原則，只有經過測試且需要發佈的映像檔才會由 Harbor 複製到線上倉庫，大幅減少了線上 Harbor 的映像檔數量，效能更好，清理垃圾映像檔等運行維護過程更簡單。

(4) 線上線下環境網路在正常情況下是互相隔離的，既可減少網路間的映像檔拉取，節省流量費用，也可確保線上系統的安全。

為了確保 Harbor 的穩定性和高性能，輕舟微服務平台的 Harbor 後端採用了網易物件儲存及 S3 物件儲存驅動並且做了效能最佳化。

2. 實現 Harbor 的高可用性

Harbor 高可用的一種可行方案是部署兩個 Harbor 實例，這兩個 Harbor 實例共用儲存並且可以各自獨立工作，透過負載平衡統一對外提供服務。如果每個 Harbor 實例內部的元件沒有容錯的能力，則此架構有一定的潛在問題：當一個 Harbor 實例的後端元件發生故障時，負載平衡器可能依舊把請求發送到這個 Harbor 實例（因為前端依然正常），但是這個請求最後處理失敗。所以 Harbor 的高可用方案需要 Harbor 的每個元件都有容錯設計，使每個元件都有高可用性，任何一個元件出現故障都不會影響 Harbor 整體對外提供服務。

Harbor 要實現高可用，還需要解決以下問題。

(1) Harbor 使用的 PostgreSQL 資料庫在國外應用廣泛，本身提供了主備複製，但是整體的高可用性還比較欠缺。早期輕舟微服務平台以主備複製實現了高可用性及一套複雜的人工運行維護方案。後來使用了開放原始碼專案 Stolon，實現了雲端上 PostgreSQL 的高可用和故障自愈能力，滿足了 Harbor 對資料儲存的要求，執行穩定，運行維護工具豐富，對 Harbor 的私有化發佈非常有利。

（2）Harbor 使用 Redis 作為快取，只支援單一的位址設定，並不支援 Redis 檢查點或 Redis 叢集等常見的高可用架構。Harbor 社區有一套以 HAProxy 為基礎的方案，能滿足 Harbor 生產級的應用，其中的一些參數需要使用者偵錯和設定。

（3）非同步任務執行記錄檔和映像檔等資料需要使用網路硬碟或物件儲存，輕舟團隊給 Harbor 貢獻了一個功能：從 Harbor 1.7 開始支援將非同步任務執行的記錄檔放入資料庫中，不再依賴於網路硬碟或物件儲存。映像檔資料的高可用可以透過網路硬碟或物件儲存解決，但是維護成本較高。輕舟微服務平台基於 Rsync 和 Inotify 實現了一套檔案自動同步方案，確保了本機檔案模式下主備資料的一致性。該方案需要允許極少正在處理的映像檔遺失，但是系統非常輕量，可配合對應的監控方案確保主備同步即時、有效。另外，此方案的資料移轉和備份非常方便，使用者可以透過 Rsync 實現資料的遠端冷備份。

監控警告在確保 Harbor 的高可用性上不可缺少。Harbor 是被部署在 Kubernetes 叢集中的，並使用 Prometheus 提供監控警告功能，目前的監控項有以下幾方面。

- Harbor 部署主機的資源使用情況。
- Harbor 服務的容器健康情況，這是 Harbor 提供的功能。
- Harbor 業務健康監控，例如複製失敗警告、掃描失敗警告等，可以透過對 Harbor 增加度量介面實現，也可以透過 Harbor 的 Webhook 功能實現。

3. 加強 Harbor 的效能

Harbor 的效能主要有關映像檔平行處理發送和拉取、映像檔複製、GC 等方面。作為映像檔倉庫，大規模映像檔的分發能力是最能評估 Harbor 效能的。

網易單一業務的備份數可以達到成百上千的規模，持續整合管線徑模也很大，所以需要關注 Harbor 的映像檔平行處理發送和拉取效能。Harbor 1.7 及之前的版本因為 Golang 語言套件的問題，平行處理拉取超過一定頻率會出錯。其他要考慮的是大規模發送和分發面臨的頻寬問題，無論是 Harbor 服務的網路頻寬還是後端儲存的 I/O 頻寬，都可能成為效能瓶頸。

解決頻寬問題有多種方案：擴充、增加快取、使用分散式映像檔分發工具。輕舟團隊在嘗試了多種方式之後，決定採用 P2P 映像檔分發系統。目前輕舟映像檔倉庫整合了 Uber 開放原始碼的 Kraken 專案作為 P2P 分發工具，配上合適的監控方案，可較好地解決大規模映像檔分發的問題。

4. 映像檔倉庫和 DevOps

有的使用者可能會覺得映像檔倉庫只是一個檔案倉庫，是用來儲存映像檔的，其實這忽略了映像檔倉庫的重要意義。在 CNCF 的應用發佈特別興趣團隊（App Delivery SIG）中就有應用包裝的專題。在實際應用中，映像檔倉庫是應用發佈流程中的重要環節，能造成打通整個應用發佈流程的作用。應用從程式撰寫到部署上線，經歷了程式、製品、映像檔、工作負載的流程，這又有關編譯、建置、部署等 CI/CD 的核心流程，貫穿於這個流程中的就是映像檔，所以映像檔倉庫意義非凡。

在以應用為核心的 DevOps 流程中，人們都會關注應用的演進過程，關注應用的生命週期，所以圍繞映像檔設計應用的版本管理，將程式、映像檔、部署連結起來，進一步讓使用者追蹤程式的最後發佈，追蹤雲端上服務的程式源頭，讓使用者流暢地操作應用的發佈流程，並從應用的角度貫穿這個 CI/CD 流程。社區提出的「原始程式碼到映像檔」概念，使流程對終端使用者透明，使用者只需關注實際業務的開發過程，其他都是自動化完成的，而連接使用者和運行維護的正是這些過程的產出品。

映像檔管理也是 CI/CD 流程的一部分，Webhook 可以觸發部署管線，漏洞掃描是雲端原生應用安全的核心功能，映像檔遠端複製可以解決跨雲端部署的問題。這些特性都真真切切地將 Harbor 嵌入 DevOps 的流程中，並且在每個環節中都發揮著作用。

5. 網易和 Harbor 社區

網易曾有自研的映像檔倉庫產品，但在 Harbor 開放原始碼後，輕舟團隊開始關注 Harbor 社區的發展，並在產品中引用 Harbor。一方面 Harbor 本身功能比較增強，社區活躍，發展較快；另一方面 Harbor 是 CNCF 映像檔倉庫專案，是開放的社區，符合網易輕舟微服務的發展路線。

網易將 Harbor 作為映像檔倉庫的標準，圍繞 Harbor 的功能設計了很多使用場景，同時積極最佳化和增強 Harbor 的功能，並且貢獻、反應社區。輕舟團隊給 Harbor 貢獻了非同步任務記錄檔的資料庫功能，參與開發 Harbor 的映像檔複製功能，獨立貢獻並維護 Webhook 的功能，還參與 Harbor 的 P2P 分發功能開發。除了功能上的貢獻，輕舟團隊還對 Harbor 做了大量生產級測試，並向社區提交了 Harbor 的效能瓶頸問題和最佳化點。

12.2.2 京東零售映像檔服務

在 Docker 剛剛嶄露頭角時，京東零售就開啟了全面的容器化建設，同時基於 Kubernetes 研發了軟體定義資料中心的 JDOS（Jingdong Data Center OS），用於在京東內部提供可擴充和自動管理的共用容器叢集，提供運算資源排程、網路、儲存、CI/CD、映像檔中心、監控和記錄檔等服務。

JDOS 的映像檔中心服務最初使用的是 Docker 原生的 Registry，但是在使用過程中發現了一些不足：需要實現授權認證；在取得映像檔的詮譯資訊時，原生的 Registry 是透過檢查檔案系統實現的，給效能帶來一定的瓶頸。Harbor 以專案為基礎的許可權管理及其對 pull、push 行為的存取控制解決了京東對許可權認證的需求；同時，Harbor 使映像檔詮譯資訊的操作在效能上有了很大的提升，為此京東的 JDOS 團隊開始將 Harbor 作為私有映像檔倉庫的基礎。JDOS 以 Harbor 架設為基礎的映像檔中心讓使用者可以直接在平台上自己建立映像檔，架構如圖 12-18 所示。

隨著 Harbor 的不斷發展和版本升級，一些比較實用的功能也開始被應用到其中，例如映像檔安全性漏洞掃描、映像檔簽名、Helm Chart 倉庫支援和使用者資源配額管理等。在映像檔部署到 Kubernetes 叢集之前，Harbor 可對映像檔進行漏洞掃描，透過掃描報告，平台可提供必要的映像檔漏洞升級更新流程來確保映像檔的安全性；同時，定期對公共映像檔和基礎映像檔進行升級更新，確保了映像檔的安全性。

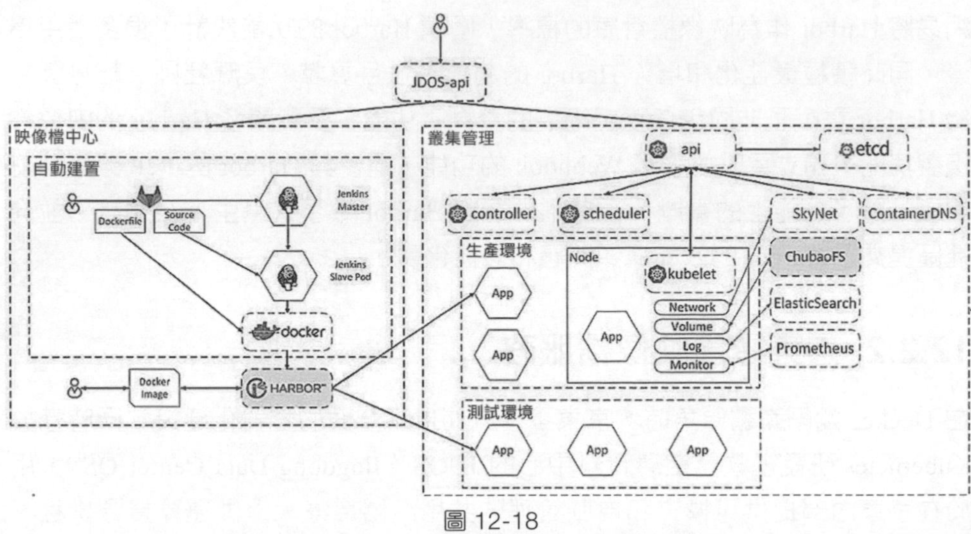

圖 12-18

在高可用方面，映像檔中心部署了多個 Harbor 實例，並在後端使用 ChubaoFS（儲寶）儲存系統來確保資料的一致性和高可用性。ChubaoFS 是一個開放原始碼的分散式檔案系統與物件儲存融合的儲存專案，可以為雲端原生應用提供計算與儲存分離的持久化儲存解決方案。在京東的應用中，多個 Harbor 實例可同時使用 ChubaoFS 共用容器映像檔，給 Harbor 提供了分散式儲存服務。Harbor 可以像掛載本機檔案系統一樣整合 ChubaoFS 的儲存卷冊，減少運行維護複雜度。以 Harbor 為基礎的高可用映像檔中心的架構如圖 12-19 所示。

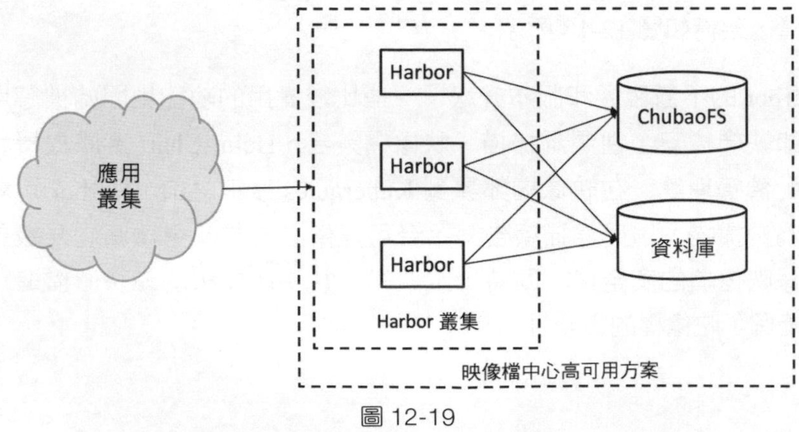

圖 12-19

京東有多個資料中心分佈在不同的區域，如果跨資料中心拉取映像檔，則很容易佔用資料中心到後端儲存的頻寬，進一步影響效能。為了解決這個問題，京東在每個機房都架設了本機 Harbor 叢集，供本機使用者下載映像檔，提升存取效率。然後，透過設定快取進一步最佳化映像檔的拉取。映像檔在第一次被拉取時，會被從後端儲存讀取並放到快取中；對該映像檔的後續請求，可直接從本機房的快取中讀取，不會擠佔頻寬，大幅提升了效能及服務品質。多資料中心的 Harbor 架構如圖 12-20 所示。

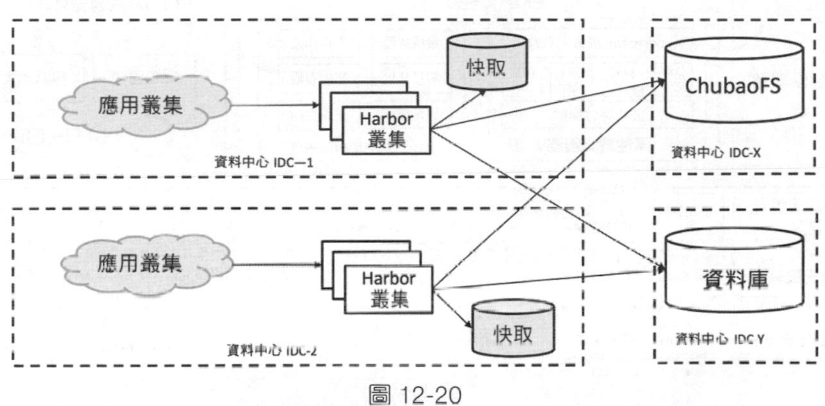

圖 12-20

隨著京東業務的快速發展，以 Harbor為基礎的映像檔倉庫也在不斷壯大，使用者也越來越多，使用量越來越大。目前在京東零售，映像檔總量達到幾十萬，映像檔儲存的資料量也增長到幾十 TB。以 Harbor 為基礎的映像檔中心還服務著京東的海外站，例如泰國站和印尼站。

12.2.3 品高雲企業級 DevOps 實戰

品高雲是廣州市品高軟體股份有限公司開發的雲端作業系統，DevOps 容器服務是品高雲針對雲端原生應用的雲端服務功能，使用了 Kubernetes 和 Harbor 分別作為容器編排和映像檔倉庫，可針對企業級使用者提供微服務開發、發佈、運行維護等平台支撐能力。

經過數年的發展，品高雲使用 Harbor 建置了 ECR（私有容器倉庫）服務，實現企業帳號管理映像檔倉庫，支援映像檔發送和拉取、安全掃描、跨區複製，對接 EKS（彈性 Kubernetes 服務）和持續發佈流程，實現了 Kubernetes 應用編排和映像檔的統一管理，在央企、公安等多個大型專案中獲得應用。品高雲的 DevOps 容器服務架構如圖 12-21 所示。

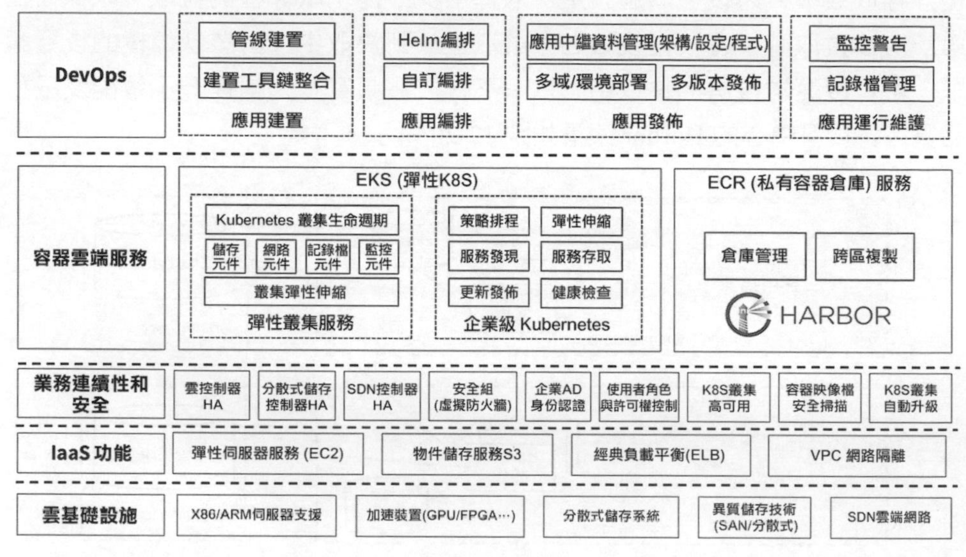

圖 12-21

1. 使用 Harbor 解決複雜應用的編排和發佈

對大型政企客戶來說，其應用一般是由大量服務模組組成的。當這些應用被改造為微服務架構進行部署時，最具挑戰的就是確保模組間彼此的依賴關係，並實現業務的持續發佈能力。在使用容器架構發佈時，還需要有關持久化儲存、叢集高可用和綁定負載平衡等一系列方案。為此，品高雲使用了 Helm 實現對應用的統一設定和管理，並在 ECR 服務中引用了 Harbor 的 Helm Charts 管理功能，讓平台像管理映像檔一樣管理應用的 Helm 編排套件。開發者可使用品高雲的 DevOps 服務，透過視覺化與動態方式進行應用編排設計，在後續部署應用時，Kubernetes 叢集能夠自動從 Harbor 中下載編排套件（如圖 12-22 所示），這解耦了應用編排與叢集關係，提升了靈活性；上層開發者也可以更直觀地維護和管理應用發佈，降低了 DevOps 的應用門檻。

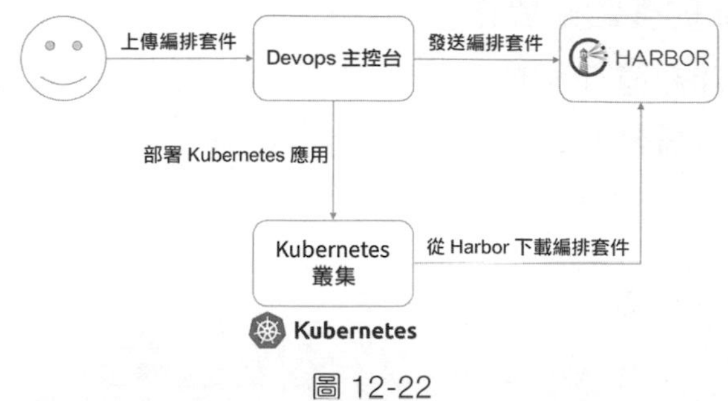

圖 12-22

2. 使用 Harbor 管理應用的跨環境部署

在實際應用環境下，由於大型使用者對業務穩定、可靠及雙模 IT 的架構需求，常常會有多種執行環境，如開發、測試、生產和網際網路區等。開發者雖然可以利用品高雲的 DevOps 服務建立發佈管線，自動編譯原始程式碼和包裝、建置 Docker 映像檔，並最後將其發送至各種執行環境的 ECR 倉庫中，但也面臨多套環境下不同映像檔版本管理、重複包裝和資源浪費等挑戰。

為此，品高雲引用了 Harbor 的映像檔同步功能，在開發人員將映像檔和 Helm 編排套件發送到一個環境後，會自動根據開發、測試標準定時觸發在對應環境下的同步，同時針對高安全環境的符合規範要求，在 DevOps 平台上顯性控制和觸發 Harbor 的複寫原則，將映像檔和 Helm 編排套件同步發送到生產環境下，如圖 12-23 所示。

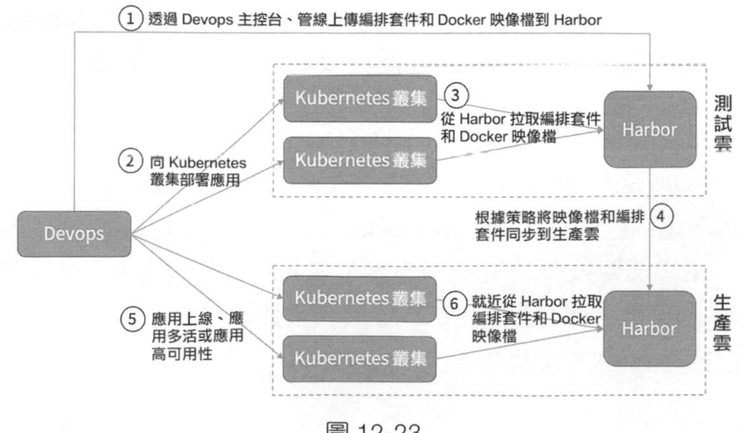

圖 12-23

3. 使用 Harbor 的多雲端協作

品高雲在容器使用和運行維護過程中，針對大型政企客戶多環境、多地理位置服務發佈的支撐需要，逐步形成了以 Harbor 為基礎的多雲端協作架構，如圖 12-24 所示。

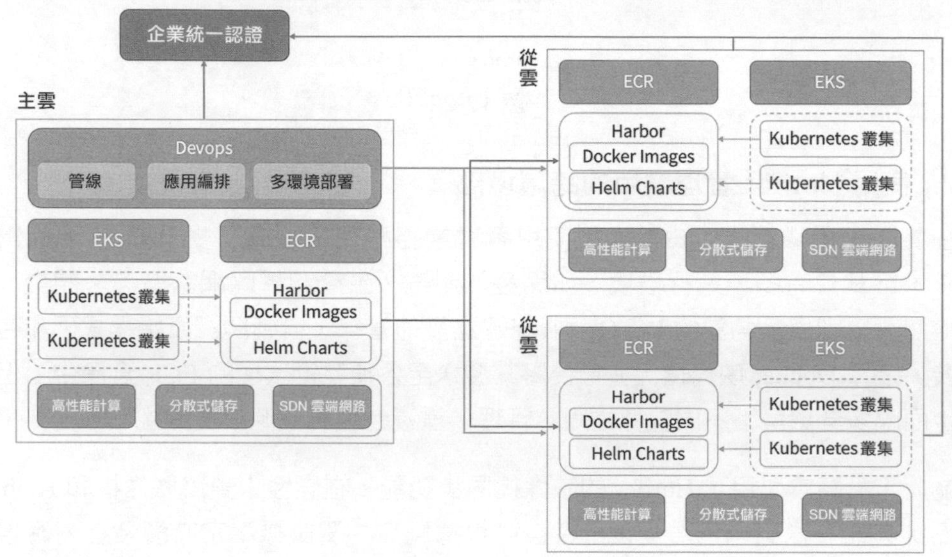

圖 12-24

在多雲端協作架構下，品高雲的 DevOps 服務被部署在主雲端上，各個雲端透過對接企業統一認證實現對使用者的統一管理，並對其他從雲端的 EKS 和 ECR 進行納管。DevOps 服務透過管線實現了對應用的持續整合和持續發佈，管理應用從程式編譯到部署的整個生命週期。

在實際的應用支撐過程中，開發者在 DevOps 服務中設定好程式倉庫來源之後發佈時，DevOps 服務會自動從指定的程式倉庫中拉取應用程式，然後對程式進行編譯，將編譯好的程式建置成 Docker 映像檔發送到主雲端的 Harbor 映像檔倉庫中。主雲端會按照複寫原則自動增量地將映像檔發送到納管的其他雲端的 Harbor 映像檔倉庫，接著 DevOps 服務根據使用者定義的 Helm Charts 編排，將應用部署到 EKS 叢集中。

出於應用高可用性或應用多活的目的，將應用部署到其他雲環境時，DevOps 服務能夠管理多個環境的設定，根據使用者指定的雲環境，向對應的 EKS 叢集下發應用部署的任務。叢集在收到任務後，就近存取同一雲環境下的 Harbor 來下載 Docker 映像檔和 Helm 編排套件。Kubernetes 叢集對 Harbor 的就近存取，能夠縮短應用的部署啟動時間，減少應用從主雲端拉取映像檔的頻寬。

在整個過程中，Harbor 都充當注重要的角色，Docker 映像檔在被發送到 Harbor 後會觸發 Harbor 的漏洞掃描功能，使用者可以在 DevOps 上看到映像檔的漏洞掃描結果，也可以以專案設定同步策略，將需要在從雲端中用到的 Docker 映像檔和 Helm 編排同步到從雲端的 Harbor 中。在 Harbor 中存在無用映像檔時，還可以觸發 Harbor 的垃圾回收，清理無用映像檔佔用的儲存空間。

12.2.4 騫雲 SmartCMP 容器即服務

隨著雲端原生技術的使用場景越來越多，生態系統也變得更加完整。容器已經成為主流的系統資源並被納入 IT 統一管理系統中，成為許多 IT 服務中的核心組成部分。騫雲科技 SmartCMP 雲端管理平台透過對接 Harbor 和 Kubernetes，提供「容器即服務（Container as a Service，CaaS）」能力，並整合主流 DevOps 工具鏈，幫助企業採用容器技術部署專案開發測試、使用者接受度測試（UAT）、生產等不同環境，實現自動化持續建置與發佈。

容器即服務可以簡化企業軟體定義基礎架構中的容器管理，是一種雲端運算服務模式，允許使用者使用資料中心或雲端資源，採用容器技術部署和管理應用。SmartCMP 雲端管理平台整合了 Harbor 容器映像檔倉庫，幫助使用者架設了一個可部署於組織內部的私有映像檔來源，幫助企業跨 Kubernetes 和 Docker 等雲端原生計算平台持續和安全地管理映像檔。使用者可在 SmartCMP 雲端管理平台上實現對多個環境下的映像檔製品倉庫進行資料的統一輸入和自動化儲存，並提供給持續整合系統和發佈系統使用。

如圖 12-25 所示，雲端管理平台將 Kubernetes 叢集部署在 vSphere 虛擬機器和 X86 物理機上，支援 Kubernetes 的多種自服務訂製和容器資源的生命週期管理，如 Deployment、Ingress、Service、PVC、ConfigMap 等。Harbor 可以作為映像檔來源連結 Kubernetes 服務，並隨選切換映像檔，在開發測試每一輪的反覆運算之後，將建置的新映像檔儲存到 Harbor 中，並透過 SmartCMP 雲端管理平台的自助運行維護功能，用新映像檔更新應用環境。

圖 12-25

SmartCMP 雲端管理平台還能夠靈活設定 DevOps 管線，定義各個階段的觸發條件與部署任務，確保管線每個階段的連貫性，可在介面中檢視執行狀態和發現問題。開發人員在提交程式後，可觸發管線去編譯和測試程式、建置映像檔並發送最新映像檔到 Harbor 映像檔倉庫。在發佈過程中，可從 Harbor 取得最新的映像檔，並在目標環境下部署或更新應用，如圖 12-26 所示。

SmartCMP 雲端管理平台透過雲端元件支援多種資源，實現了點對點的應用自動化、全面監控警告等功能，在平台的容器即服務和 CI/CD 管線中都整合了 Harbor 映像檔倉庫，幫助企業在現代應用中採用容器技術。還透過架設供組織內部使用的私有映像檔倉庫，結合映像檔的不可變特性，確保了應用在開發、測試和生產環境下的一致性。另外，SmartCMP 雲端管理平台借助 Harbor 的映像檔掃描、映像檔來源簽名和遠端映像檔複製等功能，加強了安全性，也確保了業務的連續性。

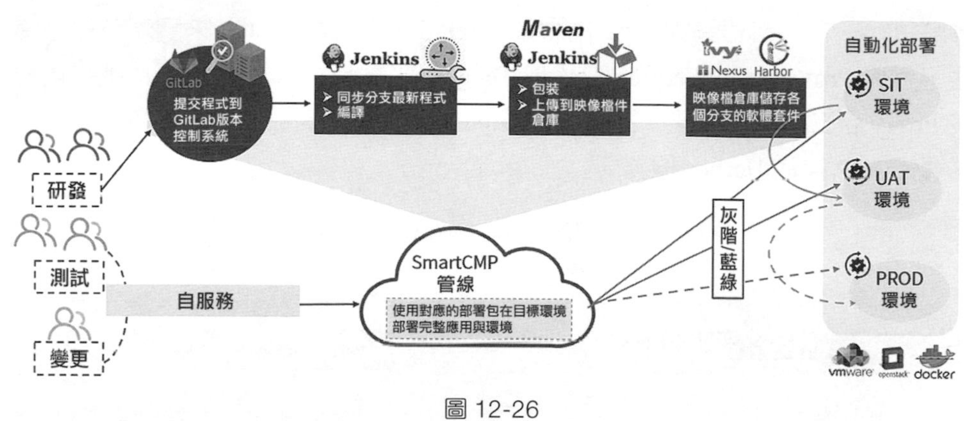

圖 12-26

12.2.5 前才雲容器雲端平台

前杭州才雲科技有限公司（後簡稱「前才雲」）採用原生 Harbor 作為映像檔倉庫，在後端儲存和映像檔預熱等方面做了增強，為使用者實現了生產等級的容器雲端平台。在實施過程中，前才雲根據需求對 Harbor 映像檔倉庫進行了訂製，包含高可用性、開發增強功能和映像檔預熱等方面。

1. 生產等級的高可用部署

在該平台中，前才雲採用了 Harbor v1.6.0，該版本涵蓋了客戶所需的主要功能，如安全掃描、容器化部署、高可用性等。由於 Harbor 包含較多元件，前才雲選擇了官方推薦的容器化部署方式。

生產系統需要具有高可用性，因此前才雲在部署中採用了多活、高可用部署模式。Harbor 中的元件包含無狀態和有狀態兩種，其中無狀態元件有 AdminServer、UI、Registry、Logs、JobService、Clair、Norary 和 Proxy 等；有狀態元件有 PostgreSQL（Harbor、Notary 和 Clair 等元件的資料庫服務）、Redis 和共用檔案儲存。

對於無狀態元件，直接建立多備份即可。如圖 12-27 所示，將所有無狀態元件在每個節點上都部署一個實例，並且為這些無狀態元件在每個節點上都設定統一的負載平衡器。在每個節點都部署負載平衡器，可以避免負載平衡器的單點故障。在該容器雲端平台中採用了 Tengine（版本 2.1.0）來實現負載平衡器，且將 Proxy 元件的 Nginx 取代成 Tengine 來實現負載平衡，即負載平衡器與 Proxy 合二為一。最後，透過 Keepalived 為負載平衡器動態繫結 VIP，用戶端透過 VIP 存取 Harbor 服務。

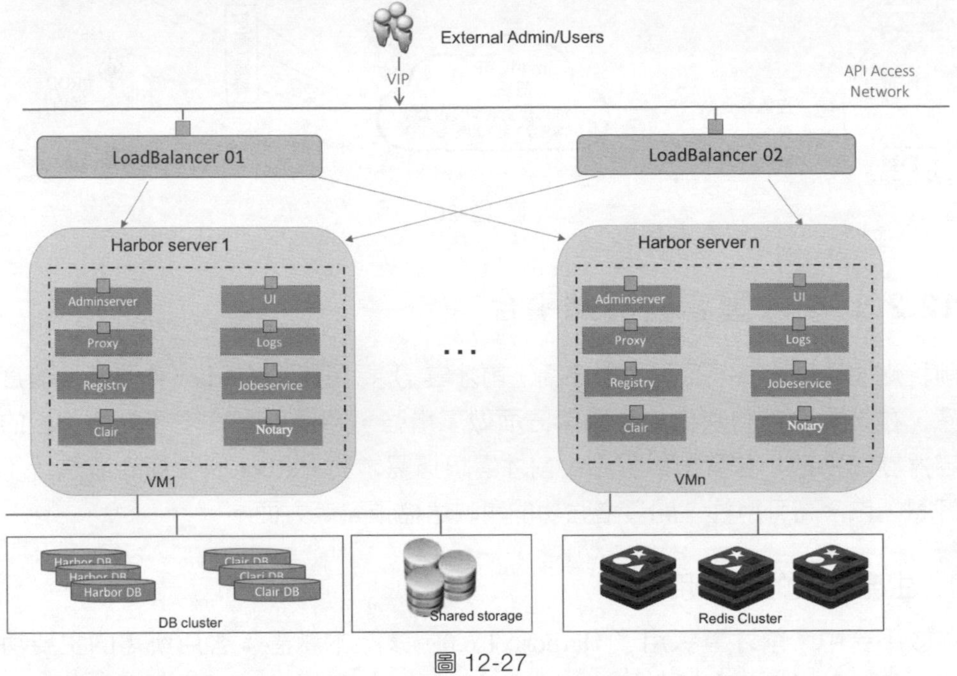

圖 12-27

而對於資料庫（PostgreSQL）及 Redis，需要分別用外接的服務實現它們的高可用。Harbor 的共用檔案系統採用了使用者自研的後端分散式檔案儲存。在 Harbor 部署中有關兩部分儲存：一部分用於 Registry 的映像檔資料，另一部分用於記錄映像檔同步、映像檔掃描等任務的記錄檔，均可透過直接將網路儲存掛載到節點的方法上來實現。

在安全方面，Harbor 可選元件 Clair 可用於映像檔安全性漏洞掃描，只需在部署時設定和部署 Clair 元件即可。映像檔簽名是確保映像檔可信任來源的方法，在 Harbor v1.6.0 中支援高可用模式。需要注意的是，映像檔簽名不支援映像檔同步、映像檔 retag（複製備份）等操作，在映像檔同步或映像檔 retag 的過程中，簽名資訊將遺失。

2. 訂製化功能的開發

映像檔 retag 用於為映像檔增加新的 Tag，如：

```
cargo.xyz/release/busybox:dev → cargo.xyz/release/busybox:prd
```

在命令列中，使用者可以透過 "docker tag" 和 "docker push" 完成這個操作。在 Harbor 中沒有提供這樣的 API。前才雲在 Harbor 中增加了這個功能的實現，基於 Harbor 原始程式碼做了修改，並將該功能提交到 Harbor 開放原始碼社區。在 Harbor 1.7.0 中包含該功能，API 格式如下：

```
POST /repositories/{project}/{repo}/tags
{
    "tag": "prd",
    "src_image": "release/app:stg",
    "override": true
}
```

映像檔同步功能指同步指定映像檔列表到目的地倉庫，有別於 Harbor 原生的以專案為基礎的映像檔同步策略。指定映像檔列表的映像檔同步功能在 Harbor 1.6.0 的基礎上實現，方法是修改 Harbor 1.6.0 的原始程式碼，增加新的同步 API。下面的第 1 個 API 請求用於提交同步任務，若請求成功，則將傳回此次同步操作的 UUID，第 2 個請求透過 GET 方式取得映像檔同步任務的狀態：

```
POST /images/replications
{
    "images": ["release/app1:prd", "release/app2:prd"],
    "targets": ["backup", "product"]
}

GET /images/replications/<uuid>
```

3. 映像檔預熱

映像檔預熱指在映像檔使用前，由節點主動拉取映像檔並儲存在本機快取中，等到需要映像檔啟動容器時可以直接啟動容器，無須等待下載映像檔，加快了應用的啟動速度。由於 Harbor v1.6.0 不支援映像檔預熱功能，所以前才雲設計實現了預熱的解決方案。

所有需要預熱的映像檔都被放在一個固定的 Harbor 專案（project）中來管理，禁止不需要預熱的映像檔被發送到這個專案。基礎映像檔和中介軟體映像檔是給所有人使用的，因此該 project 必須是公開（public）的，拉取該專案的所有映像檔都不需要許可權。預熱策略有以下三種。

- API：透過 API 指定映像檔列表和節點列表進行預熱。
- 定時：定時觸發預熱，將映像檔下載到所有節點上。
- 節點新增：新增節點時觸發映像檔預熱。

預熱功能的系統元件包含 Preheat-Worker（預熱工人）和 Preheat-Controller（預熱控制器），如圖 12-28 所示。

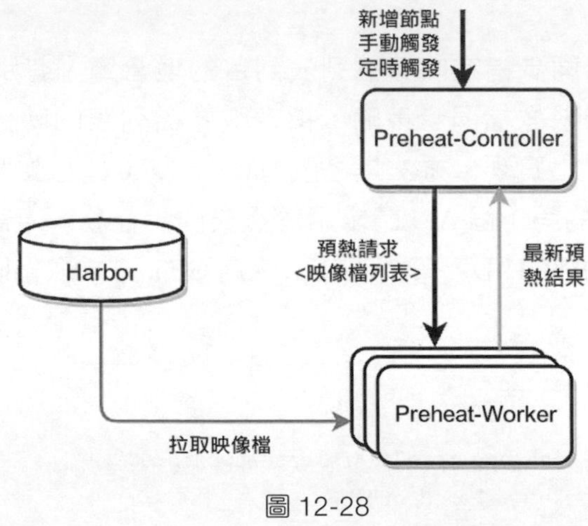

圖 12-28

下面對 Preheat-Worker 和 Preheat-Controller 進行詳細說明。

1）Preheat-Worker

系統在每個節點上都用 Kubernetes 的 DaemonSet 方式執行元件 Preheat-Worker，透過 hostport 方式曝露相同的通訊埠，並使用 DooD（Docker Outside of Docker）方式將拉下來的映像檔預熱到節點上。Preheat-Worker 元件的主要功能如下。

- 提供預熱映像檔的 API，指定需要預熱的映像檔清單。
- 從映像檔倉庫中將映像檔拉到節點上。
- 匯報映像檔預熱的結果給 Preheat-Controller。

2）Preheat-Controller

Preheat-Controller 的主要功能是接收映像檔預熱請求，將映像檔預熱任務排程到節點的 Preheat-Worker 上，同時提供 API 查詢映像檔預熱的結果。Preheat-controller 主要由三部分組成，如圖 12-29 所示。其中：Node Controller 用於監聽叢集中節點的增刪，維護一個最新的節點列表；API Server 提供一組 API，用於觸發預熱和取得預熱結果；Preheat Scheduler 用於處理預熱任務（由 API 觸發或定時觸發），並透過一定的策略將預熱任務發送到節點上的 Preheat-Worker。這裡預熱請求的佇列及預熱任務的狀態被儲存在 etcd 中，並設定資料的存活時間，預設為 24 小時。

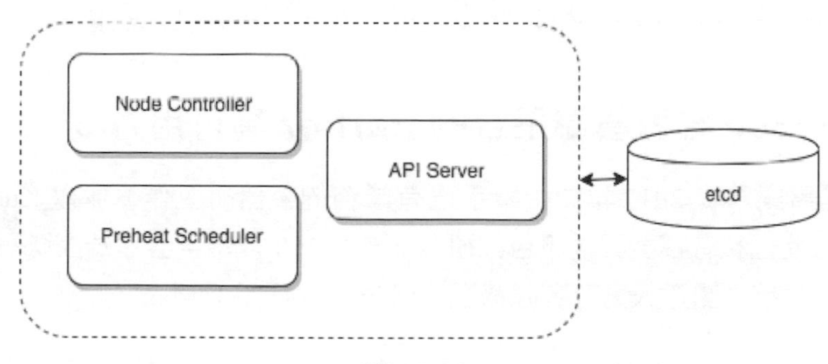

圖 12-29

映像檔預熱涉及較多的映像檔或節點，如一次全量的預熱將需要較長的時間，在分批預熱過程中，如果 Preheat-Controller 故障重新啟動，則將導致進行一半的預熱異常結束。另外，呼叫 API 觸發預熱、新增節點、新增預熱映像檔都會觸發不同的預熱請求，因此 Preheat-Controller 需要維護一個任務佇列用以管理預熱任務。考慮到映像檔預熱請求不會很多，我們可以將預熱請求資訊儲存在叢集的 etcd 中，這樣可以避免引用新的資料儲存，降低複雜度及維護成本。另外，控制資料在 etcd 中的存活時間預設設定為 24 小時，即只會保留 24 小時內的相關預熱資訊。

如果叢集節點較多，則所有節點同時預熱時對映像檔倉庫的壓力太大，所以需要控制平行處理預熱的節點數。可透過一個通行證 PASS 的概念來控制預熱節點的平行處理數，假設允許同時預熱的節點數為 N，則建立一個大小為 N 的通行證池，當 Preheat-Controller 要給某個節點下發映像檔預熱任務時，需要先從該 PASS 池中申請一個通行證，當沒有可用的通行證時需要等待。在某個節點上之前的預熱任務完成後，釋放之前申請的通行證供其他節點使用。

另外，考慮到網路問題或節點上的 Preheat-Worker 異常，PASS 可能存在無法正常釋放的問題，所以會對分發出去的 PASS 定時回收，預設回收間隔為 30 分鐘。回收時，分別檢查目前佔用 PASS 的節點，判斷是否還在處理之前分發給它的任務，如果沒有在處理，就回收該節點佔用的 PASS。

預熱結果被儲存在 etcd 中，預設資料的保留時間為 24 小時。在一個節點完成了一次預熱任務後，會將預熱結果匯報給 Preheat-Controller，由它將結果寫進 etcd，同時 Preheat-Controller 提供 API 供使用者查詢預熱結果。

12.2.6 360 容器雲端平台的 Harbor 高可用方案

360 搜尋事業群從 2017 年開始著手已有業務的容器化工作，並以 Kubernetes 為基礎，進行私有容器雲端平台的研發工作。360 搜尋容器雲端團隊透過研究和比較，並結合團隊人力等實際情況，最後決定採用 Harbor。

360 搜尋容器雲端平台早期採用了社區 docker-compose 的方案，在單台機器上部署 Harbor 實例。但隨著在生產環境下投入使用，使用 docker-compose 部署 Harbor 服務也面臨新的問題。

- 中心化單實例，沒有高可用。
- Harbor 資料被儲存在 MySQL 的容器中，可用性無法保證。
- 業務映像檔資料被儲存在單機硬碟中，有資料遺失的風險。
- 生產環境在不同的城市區域有多個業務機房，存在跨機房映像檔拉取的請求。

在多方研究和考量後，360 搜尋容器雲端團隊決定全面轉向使用 Kubernetes 部署，為了能夠在 Kubernetes 上部署 Harbor v1.3.0，對各個元件進行分析，制定了以下部署方案。

（1）在 MySQL 中儲存著 Harbor 的專案、倉庫、使用者資訊等資料，MySQL 服務不再自行維護容器實例，改用公司內的第三方團隊運行維護和支撐 MySQL 高可用叢集提供服務。

（2）Log 元件負責搜集、匯聚其他 Harbor 元件輸出的記錄檔資料，採用 Kubernetes 部署後不再需要部署 Log 元件，Harbor 實例各個元件的記錄檔被統一列印輸出到標準輸出裝置，經由 Kubernetes 在各個工作節點上的 Filebeat 擷取、匯聚並輸出到 Kafka 叢集快取 48 小時，並隨選處理。

（3）Registry 本身為無狀態元件，負責映像檔儲存，使用 Kubernetes 的 Deployment 部署，需要額外的持久化儲存設施來儲存映像檔的 Blob 資料。Registry 由多種持久化儲存驅動，並最後選定 S3 物件儲存作為儲存方案。使用 S3 物件儲存的優勢在於，透過修改 Registry 設定 Redirect 選項，把 Docker Client 的 Blob 下載請求重新導向到擁有更多頻寬和傳輸量的 S3 高可用叢集，能夠加快容器映像檔分發速度，並加快業務容器的拉起速度。

（4）AdminServer 元件用於為 Harbor 的其他元件提供設定存取服務，主要透過讀取設定檔 "/etc/adminserver/config/config.json" 和環境變數取得設定。它使用 Kubernetes ConfigMap 儲存 AdminServer 元件的設定檔、環境變數，該元件使用 Deployment 部署多個實例備份實現高可用。

（5）UI 元件提供了 Web 管理介面，依賴 MySQL，使用 Deployment 部署多個實例備份實現高可用。

（6）JobService 元件執行 Replication Job，依賴 MySQL，使用 Deployment 部署多個實例備份實現高可用。

（7）Proxy 元件實際上是 Nginx，它作為 UI、Registry 的統一入口，載入憑證並啟用 TLS 加密，同樣使用 Deployment 部署多個實例備份實現高可用。

為了實現異地多機房，降低單一 Harbor 叢集的服務請求壓力，在單一城市使用上述方案實現可用區的高可用後，可使用同樣的方案在多個城市不同的可用區部署高可用實例。各個可用區的 Harbor 叢集使用相同的 Registry 域名，利用組織內部的智慧 DNS 服務 QDNS，實現認證驗證和映像檔拉取指向本可用區或本城市的 Harbor 叢集。同時，設定 QDNS 健康檢查，在目前可用區的 Harbor 叢集出現故障不能正常服務時，自動切換 Registry 域名解析記錄，使其指向其他 Harbor 叢集，如圖 12-30 所示。

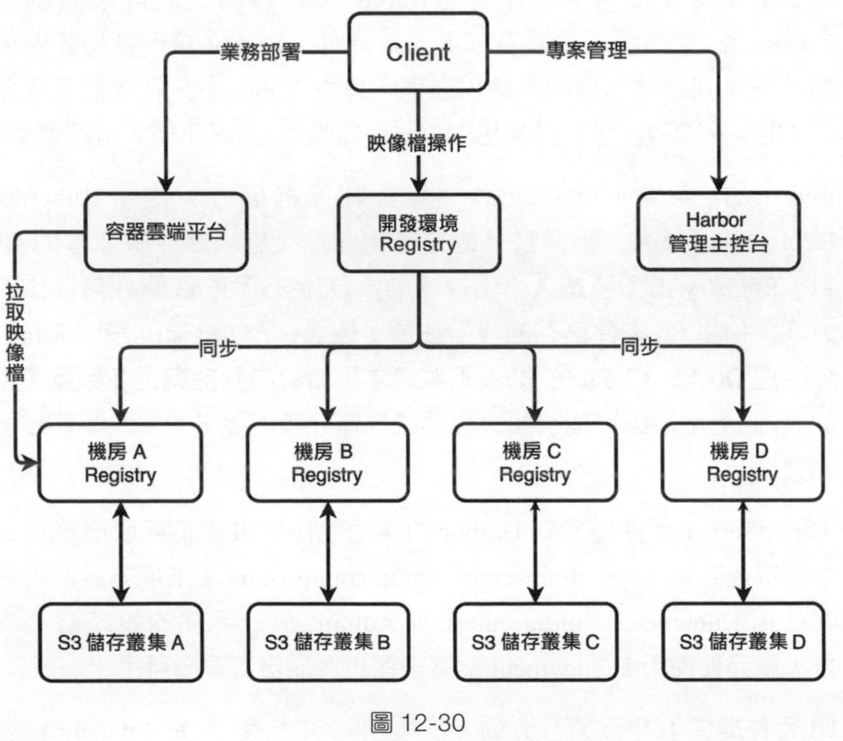

圖 12-30

在異地多機房部署 Harbor 叢集時，如果採用就近處理認證、驗證和拉取映像檔的方案，就會存在使用者資料和映像檔資料同步的問題，可採用以下方法解決。

- Harbor 叢集分為主叢集和從叢集，主叢集讀寫，從叢集唯讀；為 Harbor UI 設定單獨的域名，Registry 域名在辦公、開發網路中被解析到主叢集。

- MySQL 使用主從實例，Harbor 主叢集使用寫入 MySQL 實例，其他地域的從叢集使用唯讀 MySQL 實例，使用者、專案等資訊利用 MySQL 叢集自行同步。
- 為每個專案都設定 Replication 規則，當使用者發送映像檔到 Harbor 主叢集時自動觸發同步。

360 搜尋容器雲端團隊在實作中發現了 Harbor 的遠端複製功能同步速度有限的問題，有時發送映像檔之後其他機房無法拉取映像檔。為了加速映像檔資料同步，該團隊使用 MinIO MC 用戶端在儲存層面優先同步 Blob 資料，指令如下：

```
$ mc mirror --watch --exclude "upload/*" masterS3/docker slaveS3/docker
```

MC 用戶端的 mirror 子指令用於在不同的 s3 叢集之間同步物件，"--watch" 參數監聽物件的變動並自動同步，"--exclude" 參數排除不需要同步的物件和目錄。

360 搜尋容器雲端團隊密切關注和參與 Harbor 社區，從 Harbor 1.3 版本一直升級至 1.5 版本，並根據內部需求對 Tag 介面、使用者登入做了訂製，增加了映像檔建置歷史等功能，還將其反應 Harbor 社區。

Chapter

13 社區治理和發展

開放原始碼社區中的使用者、貢獻者和維護者是 Harbor 專案發展的動力和源泉，也是 Harbor 在較短的時間內獲得廣泛應用的重要原因之一。Harbor 專案和社區是融為一體、相輔相成的合作關係。本章介紹 Harbor 社區的治理模式，以及使用者和貢獻者參與社區治理和貢獻的方法，說明使用者和發行商非常關注的安全性漏洞警告機制和回應流程，對使用者呼聲較高而且已經在路線圖中的功能做了展望和說明。

13.1 Harbor 社區治理

開放原始碼專案的治理方式影響到專案發展及社區參與的程度，專案的維護者應該選擇合理的治理模式，以便和社區所有參與者合作。本節介紹 Harbor 雲端原生運算基金會（CNCF）的社區原則和運作方法，並詳細說明社區成員參與互動和貢獻的方式。在生產系統中使用 Harbor 的使用者或 Harbor 的軟體發行商，應了解 Harbor 的安全警告和回應機制。

13.1.1 治理模式

Harbor 是 CNCF 的託管專案，致力於建設一個開放、包容、高效和自治的開放原始碼社區來推動高品質雲端原生製品倉庫的開發，遵循 CNCF 對專案的治理方法和指引。CNCF 是 Linux 基金會旗下的子基金會，託管著許多雲端原生領域的開放原始碼專案，如 Kubernetes、Helm 和 Harbor 等。開放原始碼專案通過 TOC（技術監督委員會）的審查和批准，可成為 CNCF 的託管專案。CNCF 提供了許多資源來促進託管專案的使用和開發，透過保留專案的獨立網站及讓原有維護者繼續負責專案的開發，確保了專案發展的連貫性和進度。

一個開放原始碼專案在成為 CNCF 託管專案後，其專案商標和徽章資產歸 Linux 基金會所有，由技術監督委員會負責監督，進一步轉變成廠商中立的軟體專案，可以加強企業軟體公司、初創企業和獨立開發人員在專案中合作和貢獻的意願。Harbor 在專案開放原始碼之初，由 VMware 公司主導專案的開發，在加入 CNCF 之後，專案採取了中立、公開和透明的治理模式，路線圖和發展規劃由社區共同決定，因此吸引了來自世界各地的更多貢獻者加入，一些重要的功能，如 Webhook、保留策略、Harbor Operator 等，都是由社區成員發起和貢獻的。

Harbor 專案根據 CNCF 的治理原則及開放原始碼社區的常見做法，制定了社區管理（Governance）規則來確定社區成員的協作方式，這些規則包含以下幾個方面。

1. 程式庫

和大多數開放原始碼專案一樣，Harbor 的原始程式碼被儲存在 GitHub 的 goharbor 命名空間下，目前主要有以下程式庫。

- harbor：Harbor 專案的主要程式庫。
- harbor-helm：可部署 Harbor 的 Helm Chart。
- community：用於儲存與社區管理相關的材料，如提案、示範幻燈片、治理檔案、社區會議紀要等。
- website：Harbor 官網 goharbor.io 的原始程式碼，修改這裡的程式可以更改官網的內容。如果向 content/blog 下面提交內容，則可以發表部落格。

2. 社區角色

社區角色有以下三種。

- 使用者：全體 Harbor 專案的使用者，可透過 Slack、微信、GitHub、郵件群組等方法與 Harbor 社區互動。
- 貢獻者：對專案進行貢獻的社區成員，貢獻方式可以是文件、程式審查、對問題的回覆、參與提案討論和貢獻程式等。
- 維護者：Harbor 專案的負責團隊，維持專案的整體發展方向，負責 PR（Pull Request，程式拉取請求）的最後審稿和版本發佈。維護者需要貢獻程式和文件，審查 PR，包含確保程式品質和定位問題，主動修復 Bug 及維護元件。部分維護者負責專案中的一個或多個元件，充當元件的技術主管人。

新維護者必須由現有維護者提名，並且由三分之二以上的現有維護者推舉加入。同樣，維護者可以經由三分之二以上現有維護者的同意來撤職，或維護者本人通知其他任何一位維護者而辭職。

3. 專案決策

在一般情況下，專案的決策均應透過成員達成共識來完成。在某些特殊情況下，可能需要透過投票由多數維護者來決定。為了表現廠商中立的原則，屬於同一公司或組織的維護者投票將僅算作一票。如果某公司或組織的維護者投票結果不一致，則可根據該公司或組織的多數維護者的投票來確定該公司或組織的投票。如果該公司或組織的投票沒有達到三分之二以上的一致性，則該公司被認為棄權。

4. 提案流程

在任何開放原始碼社區中，使用者的提案（proposal）都是最重要的事項之一。在對程式庫或新功能進行較大改動之前，應在社區中提出建議。此流程使社區的所有成員都能衡量提案帶來的影響、概念和技術細節，分享他們的意見和想法並參與提案。同時，提案流程還可確保成員之間不會重複造輪子，避免產生有衝突的功能。

被社區採納的提案將在 Harbor 專案的路線圖中被定義。提案應包含整體目標、使用案例及有關實現的技術建議。一般來說對提案有興趣的社區成員應該深入參與提案流程，或成為提案的貢獻者。提案可以使用範本撰寫，並透過 PR 發送到 community 程式庫的 proposal 目錄下。

5. 惰性共識（Lazy Consensus）

Harbor 專案採用了「惰性共識」的方法。惰性共識是開放原始碼專案使用的一種方法，在貢獻者開始實施新功能之前，可以假設已經達成共識，不需要其他社區成員的明確批准來加快開發速度，即在缺乏明確反對的情況下，可被了解為默許。

成員提出的想法或提議，應透過 GitHub 共用並標記適當的維護者群組，如 @goharbor/all-maintainers。出於對其他貢獻者的尊重，在進行重大更改時，提議者還應適當地透過 Slack 和開發郵件群組進行解釋。提案、PR 和 issue（問題）等的發起者應該給予其他社區成員不少於五個工作日的時間進行評論和回饋，並要考慮到國際假日等因素。維護者可能會參與討論並要求額外的時間進行審查，但除非必要，不應阻礙專案的推進。

> 注意：惰性共識不適用於將維護者撤職的流程。

13.1.2 安全回應機制

Harbor 是 CNCF 畢業（Graduated）等級的專案，表示 Harbor 的成熟度已經被大多數使用者接受，在生產環境下有非常多的部署和應用。和所有的軟體專案一樣，Harbor 可能會出現一些安全問題。儘管 Harbor 專案在申請畢業時經過了安全性稽核（Security Audit）並且修復了發現的問題，但是作為一個大型開放原始碼社區，Harbor 專案制定並採用了安全透明和回應策略，以確保在出現安全方面的問題時，維護者可以快速地處理和回應。

Harbor 的使用者或廠商應當緊密關注 Harbor 的安全公告和安全更新，即時給所執行的 Harbor 系統升級或安裝更新程式。如果發現安全問題，則應當即時報告 Harbor 安全團隊，以便確認和提供修復更新。Harbor 的發行商還可以申請加入安全問題通知郵件群組。

1. 支援的版本

Harbor 社區維護著最後發佈的三個次級版本。如最新版本是 2.0.*x* 時，社區維護的版本是 1.9.*x*、1.10.*x* 和 2.0.*x*，當出現安全問題時，會根據嚴重性和可行性將適用的安全更新程式移植到這三個版本上。為了獲得安全更新程式，建議使用者採用維護範圍內的版本。如果使用者目前執行的版本較舊，則會有潛在的安全風險，而且 Harbor 團隊可能不提供修復方案，因此最好把版本升級。

2. 報告安全性漏洞的私下透明流程

系統的安全性是使用者最需要關注的事情之一，當使用者發現安全性漏洞或疑似安全性漏洞時，都應私下報告給 Harbor 專案維護者，這樣可以在漏洞修復前大幅地減少 Harbor 使用者受到的攻擊。維護者將儘快調查漏洞，並在下一個更新程式（或次要版本）中進行修補。漏洞的資訊可以完全保留在專案內部來處理。

當使用者有下列情形之一時，可以報告漏洞。

- 認為 Harbor 有潛在的安全性漏洞。
- 懷疑潛在的漏洞，但不確定它是否會影響 Harbor。
- 知道或懷疑 Harbor 使用的另一個專案有潛在漏洞，如 Docker Distribution、PostgreSQL、Redis、Notary、Clair、Trivy 等。

要報告漏洞或與安全相關的問題，使用者可透過電子郵件向 cncf-harbor-security@ lists.cncf.io 發送有關漏洞的詳細資訊，該電子郵件會被由維護者組成的 Harbor 安全團隊接收。電子郵件將在 3 個工作日內獲得處理，包含調查該問題的詳細計畫及可以變通的方法。如果發現一個有關 Harbor 的安全性漏洞被公開透明，則請立即發送電子郵件至 cncf-harbor-security@lists.cncf.io 來聯繫 Harbor 的安全團隊。

> **重要提示**：出於對使用者社區的保護，不要在 GitHub 或其他公開媒體上發佈關於安全性漏洞的問題。

發送的電子郵件需提供描述性郵件標題，電子郵件正文中包含以下資訊。

- 基本身份資訊，如匯報人的姓名、所屬單位或公司。
- 重現此漏洞的詳細步驟（可包含 POC 指令稿、螢幕畫面和封包截取資料等）。
- 描述此漏洞對 Harbor 的影響及相關的硬體和軟體設定，以便 Harbor 安全團隊可以重現此漏洞。
- 如果有可能，則描述漏洞如何影響 Harbor 的使用及對攻擊面的估計。
- 列出與 Harbor 一起使用以產生漏洞的其他專案或依賴項。

3. 更新、版本和透明報告

在收到漏洞報告之後，Harbor 安全團隊會對漏洞報告做出回應，流程如下。

（1）安全團隊將調查此漏洞並確定其影響和嚴重性。

（2）如果該問題不被視為漏洞，則安全團隊將提供詳細的拒絕原因。

（3）安全團隊將在 3 個工作日內與報告人進行聯繫。

（4）如果確認了漏洞及修復時間表，安全團隊則將制定計劃與適當的社區進行溝通，包含確定緩解的步驟，受影響的使用者可以透過這些步驟來保護自己，直到修復程式發佈為止。

（5）安全團隊還將使用 CVSS（Common Vulnerability Scoring System）計算機建立一個 CVSS。因為需要快速行動，所以安全團隊並不追求計算出完美的 CVSS。安全問題也可以使用此 CVSS 報告給 MITER 公司，報告的 CVE（Common Vulnerabilities and Exposures）將被設定為私密狀態。

（6）安全團隊將修復漏洞及進行測試，並為推出此修復程式做準備。

（7）安全團隊將透過電子郵件向郵件群組 cncf-harbor-distributors-announce@lists.cncf.io 進行該漏洞的早期透明。該郵件群組的成員主要是 Harbor 軟體發行商，可以在漏洞公佈和修復之前做出應急計畫，並且可以提前測試更新並向 Harbor 團隊提供回饋。

（8）漏洞的公開透明日期將由 Harbor 安全團隊、漏洞提交者和發行商成員協商確定。安全團隊希望在使用者緩解措施或更新可用的情況下，儘快將漏洞完全公開透明。在尚不完全了解漏洞機制和修復方法、解決方案未經過充分測試或發行商還未協調時，漏洞透明會被適當延遲。漏洞透明的時限是從即刻開始（尤其是已經公開的情況）到幾周內。對於有直接緩解措施的嚴重漏洞，公開透明的時間大約是收到報告起的 14 個工作日。公開透明的時間點將由 Harbor 安全團隊全權決定。

（9）在修復方法確認後，安全團隊將在下一個更新程式或次要版本中修補漏洞，並將該更新程式移植到所有受支援的早期版本中。發佈修補過的 Harbor 版本後，安全團隊將遵循公開透明流程。

4. 公開透明流程

安全團隊透過 GitHub 向 Harbor 社區發佈公告。在大多數情況下，安全團隊還會透過 Slack、Twitter、CNCF 郵件群組、部落格和其他通道進行通知，以指導 Harbor 使用者了解漏洞並獲得修補的版本。安全團隊還將發佈使用者可以採取的緩解措施，直到他們可以將更新應用於其 Harbor 實例為止。Harbor 的經銷商將自行建立和發佈自己的安全公告。

5. 提早接收漏洞資訊的發行商

使用者可透過 cncf-harbor-security@lists.cncf.io 向 Harbor 安全團隊報告安全問題，並在公開透明漏洞之前私下討論安全問題和修復方法。

建議 Harbor 的發行商申請加入郵件群組 cncf-harbor-distributors-announce@lists.cncf.io，以獲得早期非公開的漏洞通知，包含緩解步驟和有關安全修補版本等資訊。由於這個郵件群組的特殊作用，符合以下要求的發行商才有資格申請加入。

- 成為現行的 Harbor 發行商。
- Harbor 使用者群眾不侷限於發行商內部。
- 有可公開驗證的修復安全問題的記錄。
- 不得成為其他發行商的下游廠商或產品重構者。

- 成為 Harbor 社區的參與者和積極貢獻者。
- 接受禁運政策（Embargo Policy）。
- 有郵件群組中的成員擔保申請人的參與資格。

6. 禁運政策

在郵件群組 cncf-harbor-distributors-announce@lists.cncf.io 中收到的資訊，除非獲得 Harbor 安全團隊的許可，成員不得在任何地方公開、共用或暗示，並且在本組織中只能告知需要知道的人。在商定的公開透明時間之前，需維持這樣的保密狀態。郵件群組的成員除為自己發行版本的使用者解決問題外，不能出於任何原因使用該資訊。在與解決問題的團隊成員共用郵件群組中的資訊之前，必須讓這些團隊成員同意相同的條款，並且把了解該資訊的人員控制在最小的範圍內。

如果成員不慎把資訊洩露到本政策允許的範圍之外，則必須立即將洩漏資訊的內容及洩漏資訊的物件緊急通知 cncf-harbor-security@lists.cncf.io 郵件群組。如果成員持續洩漏資訊並違反禁運策略，則將被從郵件群組中永久刪除。

如果需要申請加入郵件群組，則可發郵件到 cncf-harbor-security@lists.cncf.io，在郵件中説明本組織滿足以上描述的成員資格標準。禁運政策的條款和條件適用於此郵件群組的所有成員，要求加入成員代表已接受了禁運政策的條款。

7. 機密性，完整性和可用性

Harbor 安全團隊最關注的問題是損害使用者資料機密性和完整性的漏洞。系統可用性，特別是與 DoS（拒絕服務攻擊）和資源枯竭相關的問題，也屬於嚴重的安全問題。Harbor 安全團隊會認真對待所有報告的漏洞、潛在漏洞和可疑漏洞，並將以緊急和迅速的方式進行調查。

> 注意：Harbor 的預設設定並不是安全設定。使用者必須在 Harbor 中顯性設定以角色為基礎的存取控制及其他與資源相關的控制功能，以強化 Harbor 的執行環境。對於使用預設值的安全透明，安全團隊將不採取任何行動。

13.1.3 社區參與方式

Harbor 開放原始碼雲端原生製品倉庫經過數年的良好發展，已經擁有一個龐大的遍佈全球的維護者團隊，以及無數的貢獻者和使用者。所有這些社區成員在全球成千上萬的伺服器上反覆部署、使用和測試，並回饋遇到的問題，提交改進提議，貢獻缺陷修復和功能實現程式，使得 Harbor 一步步走向成熟並更加強大且好用。

Harbor 和其社區還在不斷發展，這是一個開放和熱情的社區，專案維護者們熱忱地歡迎並期待更多使用者和開發者參與專案貢獻並擔任一定的角色，不論是向社區諮詢、回饋使用中遇到的問題和發現的 bug，還是提出好的建議和設想，或想要給 Harbor 修復缺陷，添置新的功能，抑或是幫助社區審稿（review）程式和修正文件。不論貢獻的大小，每一位社區成員的貢獻都會被銘記。Harbor 提供了多種方式連接社區成員，便於參與者的溝通。社區成員可以根據本身情況，選擇一個或多個適合的通道參與進來。

向 Harbor 開放原始碼專案報告問題是很好的參與方式。專案維護者始終歡迎撰寫良好且完整的錯誤報告。使用者可在 GitHub 的 "goharbor/harbor" 上建立一個 issue，並按照範本填寫所需資訊，必要時上傳相關記錄檔。因為記錄檔對所有使用者都是公開可見的，如果記錄檔裡面有使用者隱私資訊（如內部 IP 位址、域名和帳號等），則需要先隱去再上傳。在建立任何問題報告之前，使用者都可先尋找是否已存在類似該問題的報告，以避免提交重複報告。如果找到符合的問題報告，則可以「訂閱」它以獲得問題更新通知。如果有更多的有關此問題的有用資訊，則可在問題頁面上留言。

使用者和開發人員還可以為 Harbor 已有的功能提出新的設計方案，也可以設計全新的功能，可在 "goharbor/community" 程式庫中提交提案，Harbor 維護人員將儘快審查此提案並可安排在社區會議中討論。

與 Harbor 維護者、開發者和使用者等社區成員互動，可以透過下面的方式。

- 使用 Slack 即時通訊軟體。Slack 的使用者遍及全球，也幫助 Harbor 連接著全球不同地區的使用者。可以透過加入 CNCF 的 Slack 空間 "cloud-native.

slack.com"，然後選擇 Harbor 的頻道（channel）"#harbor" 和 "#harbor-dev" 參與討論或諮詢相關問題。

- 微信作為華語使用者中流行的社交平台，備受中文使用者喜愛，Harbor 的主要專案維護者都來自中國，為了便於中文使用者參與互動，Harbor 提供了使用者微信群，可以透過關注 Harbor 社區官方微信公眾號 "HarborChina" 獲得更多資訊。
- 使用者還可以加入 harbor-users@lists.cncf.io 郵件群組取得 Harbor 的新聞、功能、發佈或提建議和回饋。Harbor 還有為開發者準備的 harbor-dev@lists.cncf.io 郵件群組，用於討論 Harbor 開發和貢獻相關的交易。
- Harbor 每兩周定期舉行社區線上會議，讓使用者、開發者和專案維護者就 Harbor 的最新進展和發展方向進行討論，可以使用 Zoom 軟體參加 Harbor 的雙周例會，這是一個開放社區會議，排程可在 Harbor GitHub 網站的 "goharbor/community" 程式庫中檢視，在微信社區和 Slack 中也會公佈會議位址和內容。
- 全球使用者還可以關注 @project_harbor 推特發佈的訊息。

13.1.4 參與專案貢獻

Harbor 是一個在開放環境下開發和成長起來的開放原始碼專案，專案的發展離不開使用者、貢獻者和維護人員對專案的不斷改進。2020 年 6 月，Harbor 成為了第 1 個原創於中國、從 CNCF 雲端原生運算基金會畢業的開放原始碼專案，表現了全體社區成員共同努力的成果。本節說明貢獻開放原始程式碼的方法。

1. 設定開發環境

在需要訂製化 Harbor 的某些功能或想為 Harbor 貢獻程式時，先要架設本機的開發環境以便進行程式的開發、編譯和測試。

Harbor 的後端是使用 Go 語言撰寫的，請參考 Go 語言官方指南安裝設定 Go 語言開發環境。Harbor 在開發、編譯及執行時所需要的軟體及版本要求見表

13-1，需要根據對應的官方文件正確安裝其中的軟體。考慮到程式的相容性，應該使用 Linux 作為開發機器的作業系統。

表 13-1

軟　體	版　本
Git	1.9.1 以上
Golang	1.13 以上
Docker	17.05 以上
Docker-compose	1.18.0 以上
Python	2.7 以上
Make	3.81 以上

將 GitHub 上 Harbor 官方倉庫中的原始程式碼複製到本機：

```
$ git clone https://github.com/goharbor/harbor
$ cd harbor
```

將設定檔的範本檔案 "make/harbor.yml.tmpl" 複製為 "make/harbor.yml"，並對其中的設定項目做必要的修改（例如 hostname 和 HTTPS 相關的憑證等）。

根據需要對程式進行修改之後，執行以下指令編譯、建置和執行 Harbor：

```
$ make install CHARTFLAG=true NOTARYFLAG=true CLAIRFLAG=true TRIVYFLAG=true
```

此指令會編譯 Harbor 中的所有元件並建置映像檔，最後以容器形式啟動，如果忽略 "CHARTFLAG=true NOTARYFLAG=true CLAIRFLAG=true TRIVYFLAG=true" 選項，則只會編譯和安裝核心元件。

在每次執行 "make install" 指令時都會進行程式編譯和映像檔建置，效率較低。如果需要對程式進行頻繁更改和測試，則可以直接進行程式編譯，將編譯後的二進位檔案複製到容器內並重新啟動容器以加強開發效率。以修改 core 元件為例，需要執行以下指令：

```
$ go build github.com/goharbor/harbor/src/core
$ docker cp ./core harbor-core:/harbor/harbor_core
$ docker restart harbor-core
```

注意：如果在非 Linux 環境下編譯，則需要附加相關的編譯參數。實際指令如下：

```
$ GOOS=linux GOARCH=amd64 go build github.com/goharbor/harbor/src/core
```

所有元件的記錄檔預設都會在 "/var/log/harbor/" 目錄下，可以檢視記錄檔進行程式的偵錯。對於記錄檔路徑及記錄檔等級，都可以在設定檔中修改。

Harbor 的前端圖形管理介面是以開放原始碼為基礎的 Clarity 和 Angular 架構架設的。架設前端開發環境時，需要確認表 13-2 所示的依賴開發套件已經安裝。

表 13-2

架構 / 工具套件	版　本
Node.js	12.14 及以上
npm	6.13 及以上
Angular	8.2.0 及以上

前端開發可以完全依賴 node 執行時期環境和 npm 工具套件進行。前端介面視圖元件所依賴的後端服務，可以透過代理模式將相關服務請求重新導向到一個已安裝的 Harbor 環境中，這樣新的修改或變更可以隨時查驗，避免了編譯、包裝和重新啟動這些複雜環節。開發者可在前端主目錄 "src/portal" 下建立 proxy.config.json 檔案，並將各後端服務的代理位址指向已架設的 Harbor 環境。範例程式如下（範例中 Harbor 的 IP 位址是 10.10.0.1）：

```
{
  "/api/*": {
    "target": "https://10.10.0.1",
    "secure": false,
    "changeOrigin": true,
    "logLevel": "debug"
  },
  "/service/*": {
    "target": "https://10.10.0.1",
    "secure": false,
```

```
    "logLevel": "debug"
  },
  "/c/login": {
    "target": "https://10.10.0.1",
    "secure": false,
    "logLevel": "debug"
  },
  "/c/oidc/login": {
    "target": "https://10.10.0.1",
    "secure": false,
    "logLevel": "debug"
  },
  "/sign_in": {
    "target": "https://10.10.0.1",
    "secure": false,
    "logLevel": "debug"
  },
  "/c/log_out": {
    "target": "https://10.10.0.1",
    "secure": false,
    "logLevel": "debug"
  },
  "/sendEmail": {
    "target": "https://10.10.0.1",
    "secure": false,
    "logLevel": "debug"
  },
  "/language": {
    "target": "https://10.10.0.1",
    "secure": false,
    "logLevel": "debug"
  },
  "/reset": {
    "target": "https://10.10.0.1",
    "secure": false,
    "logLevel": "debug"
  },
  "/c/userExists": {
    "target": "https://10.10.0.1",
```

```
    "secure": false,
    "logLevel": "debug"
  },
  "/reset_password": {
    "target": "https://10.10.0.1",
    "secure": false,
    "logLevel": "debug"
  },
  "/i18n/lang/*.json": {
    "target": "https://10.10.0.1",
    "secure": false,
    "logLevel": "debug",
    "pathRewrite": {
      "^/src$": ""
    }
  },
  "/swagger.json": {
    "target": "https://10.10.0.1",
    "secure": false,
    "logLevel": "debug"
  },
  "/swagger2.json": {
    "target": "https://10.10.0.1",
    "secure": false,
    "logLevel": "debug"
  },
  "/swagger3.json": {
    "target": "https://10.10.0.1",
    "secure": false,
    "logLevel": "debug"
  },
  "/LICENSE": {
    "target": "https://10.10.0.1",
    "secure": false,

    "logLevel": "debug"
  },
  "/chartrepo/*": {
    "target": "https://10.10.0.1",
```

```
    "secure": false,
    "logLevel": "debug"
  }
}
```

啟動環境前，進入前端程式主目錄和依賴函數庫目錄，執行 npm 指令下載對應的套件依賴。實際指令如下（$REPO_DIR 為程式的主目錄）：

```
$ cd $REPO_DIR/src/portal
$ npm install
$ cd $REPO_DIR/src/portal/lib
$ npm install
```

之後執行以下指令完成前端依賴函數庫的編譯、包裝過程：

```
$ npm run postinstall
```

接著執行以下指令啟動網路服務器提供前端頁面：

```
$ npm run start
```

在伺服器正常啟動後，即可透過瀏覽器在預設的位址 "https://localhost:4200" 中檢視到前端介面。

更多的操作指令可以在前端主目錄 "src/portal" 下的 npm 套件管理檔案 package.json 中找到。

2. 程式貢獻流程

Harbor 專案小組歡迎社區使用者提交程式拉取請求（PR），即使它們只包含一些小的修復，如錯別字校正或幾行程式。如果貢獻的程式有關新功能或對已有功能有較大改動，則建議在編製程式之前，首先在 GitHub 上提交 issue，描述希望提交的功能及設計想法，這樣可以讓專案維護者儘早給予評估和回饋，確保所更新的程式符合專案的整體架構和技術發展路線。

提交程式拉取請求時，請儘量把它分解成一些細小且獨立的變化。一個由許多功能和程式更改組成的程式拉取請求可能很難進行程式審查（Code Review），因此建議貢獻者以增量的方式提交程式拉取請求。

> 注意：如果程式拉取請求被分解為小的更改，則請確保任何合併到主開發分支的更改都不會破壞已有功能。否則在貢獻的功能全部完成之前，無法將其合併。

1）衍生並複製程式

Harbor 專案原始程式碼託管於 GitHub，向 Harbor 貢獻程式需要有 GitHub 個人帳號。首先，開發者衍生（Fork）"goharbor/harbor" 專案的程式到自己的 GitHub 個人帳號下；然後，使用 "git clone" 指令複製（Clone）Harbor 專案程式到個人電腦上：

```
# 設定Go語言開發環境
$ export GOPATH=$HOME/go
$ mkdir -p $GOPATH/src/github.com/goharbor
# 取得程式
$ cd $GOPATH/src/github.com/goharbor
$ git clone git@github.com:goharbor/harbor.git
$ cd $GOPATH/src/github.com/goharbor/harbor
# 追蹤個人帳戶下的程式庫
$ git config push.default nothing  # 預設情況下，避免發送任何內容到 "goharbor/
harbor"
$ git remote rename origin goharbor
$ git remote add my_harbor git@github.com:$USER/harbor.git
$ git fetch my_harbor
```

> 注意：上面指令中的 "$USER" 要更改為開發者本人的 GitHub 使用者名稱，"my_harbor" 為開發者 GitHub 上的遠端（remote）程式庫名稱。GOPATH 可以是任何目錄，上面的範例使用了 "$HOME/go" 目錄。根據 Go 語言的工作空間，將 Harbor 的程式放在 GOPATH 下。

在終端執行以下指令，設定本機工作目錄：

```
$ working_dir=$GOPATH/src/github.com/goharbor
```

2）建立分支

程式變更應該被儲存在衍生的程式倉庫新分支中。這個分支的名稱應該是

"xxx-description"，其中 "xxx" 是問題的編號。程式拉取請求應該基於主分支頭部，不要將多個分支的程式混合到程式拉取請求中。如果程式拉取請求不能乾淨、俐落實合併，則請使用以下指令將其更新：

```
# goharbor是上游原始程式庫
$ cd $working_dir
$ git fetch goharbor
$ git checkout master
$ git rebase goharbor/master
$ git checkout -b xxx-description master #從主分支建立新的分支xxx-description
```

3）開發、建置和測試

Harbor 程式庫的基本結構如下，其中對一些關鍵資料夾進行了註釋、說明：

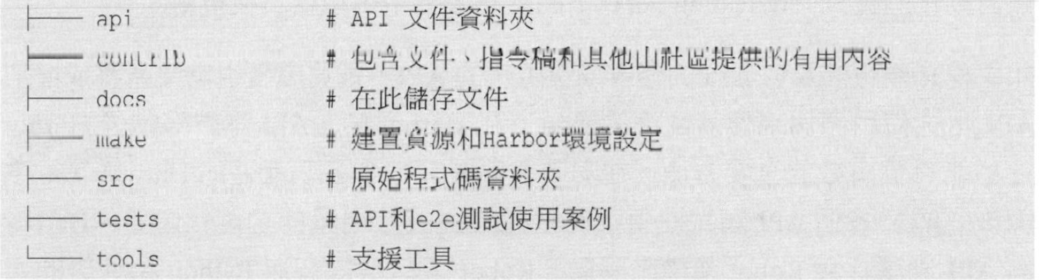

```
├── api                 # API 文件資料夾
├── contrib             # 包含文件、指令稿和其他由社區提供的有用內容
├── docs                # 在此儲存文件
├── make                # 建置資源和Harbor環境設定
├── src                 # 原始程式碼資料夾
├── tests               # API和e2e測試使用案例
└── tools               # 支援工具
```

下面是 "harbor/src" 原始程式碼資料夾的結構，它將是開發者的主要工作目錄：

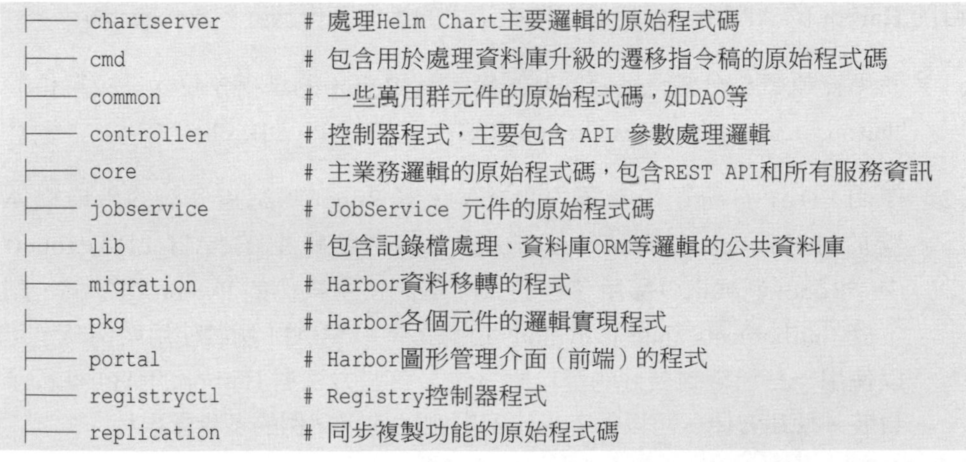

```
├── chartserver         # 處理Helm Chart主要邏輯的原始程式碼
├── cmd                 # 包含用於處理資料庫升級的遷移指令稿的原始程式碼
├── common              # 一些萬用群元件的原始程式碼，如DAO等
├── controller          # 控制器程式，主要包含 API 參數處理邏輯
├── core                # 主業務邏輯的原始程式碼，包含REST API和所有服務資訊
├── jobservice          # JobService 元件的原始程式碼
├── lib                 # 包含記錄檔處理、資料庫ORM等邏輯的公共資料庫
├── migration           # Harbor資料移轉的程式
├── pkg                 # Harbor各個元件的邏輯實現程式
├── portal              # Harbor圖形管理介面（前端）的程式
├── registryctl         # Registry控制器程式
├── replication         # 同步複製功能的原始程式碼
```

```
├── server              # HTTP伺服器的路由、中介軟體程式邏輯
├── testing             # 後端元件的測試使用案例
└── vendor              # Go語言程式依賴項
```

Harbor 使用 Go 語言官方社區推薦的程式開發風格，詳細的程式風格文件可參考 Go 語言官方文件。

在有新程式或程式改動時，貢獻者需要調整或增加單元測試使用案例來覆蓋程式變更。目前後端服務的單元測試架構採用 "go testing" 或 "stretchr/testify" 執行 "go test -v ./..."，或使用 IDE 整合外掛程式可以執行 Go 語言測試使用案例。對於新引用的程式，推薦使用 stretchr/testify 架構來開發單元測試使用案例。需要仿製（mock）特定物件時，可以使用 vektra/mockery 工具將仿製物件自動化產生到 "src/testing" 目錄下的對應套件中，以便日後重用。

如果程式變更涉及對 API 的修改或引用新的 API，則貢獻者也需要調整或增加 API 測試使用案例來覆蓋對應的變更。在 Harbor 中，API 測試是驗證 Harbor 各功能真實有效的重要方法。在安裝、部署完包含各個元件的 Harbor 執行環境後，觸發各個 API 測試使用案例以完成對設計場景的功能性驗證。Harbor 的 API 測試採用 Robot 架構來驅動。Robot 架構是一個以 Python 為基礎的可擴充的關鍵字驅動自動化測試架構，透過 Robot 架構可以很輕便地實現目錄切換、輸入資訊、執行帶有參數的指令稿、檢查執行結果及斷言等功能。

目前 Harbor 的 API 測試根目錄，根據使用的不同身份驗證系統分為兩組。

（1）使用資料庫身份驗證系統的測試集，其 Robot 測試指令稿入口檔案位於 "harbor/ tests/robot-cases/Group0-BAT/" 下的 "API_DB.robot" 中。

（2）使用 LDAP 身份驗證系統的測試集，其 Robot 測試指令稿的入口檔案位於 "harbor/tests/robot-cases/Group0-BAT/" 目錄下的 "API_LDAP.robot" 中。Robot 測試指令稿所參考的 API 測試使用案例的 Python 指令稿，則位於 "harbor/tests/apitests/python" 目錄下。撰寫 API 測試使用案例時，可以使用一些已經封裝好的資料庫方法，這些方法對 Harbor 的 API 進行了封裝，使用方便，可以很容易建置出測試使用案例的多步驟過程。

如果需要在本機執行 Robot 驅動的 API 測試使用案例集，則貢獻者可參考檔案 "tests/e2e-image/Dockerfile"，按照軟體套件的清單來安裝所需要的軟體和工具套件，之後可執行以下指令（"$IP" 是 Harbor 測試環境的位址）：

```
$ python -m robot.run --exclude run-once -v ip:$IP -v HARBOR_PASSWORD:
Harbor12345
API_DB.robot
```

前端介面函數庫測試架構基於 Jasmine 和 Karma，更多細節可參考 Angular 測試文件，也可參考目前專案已有的測試案例。執行 "npm run test" 指令可以執行前端介面函數庫的測試使用案例。

4）與上游程式庫保持同步

一旦發現本機新功能分支的程式與 goharbor/master 分支不同步，就可以使用以下指令進行更新：

```
$ git checkout xxx-description
$ git fetch -a
$ git rebase goharbor/master
```

> 注意：需要使用 "git fetch" 和 "git rebase" 指令同步程式，而非 "git pull" 指令。"git pull" 指令會導致主分支的程式被合併到功能分支並留下程式提交記錄。這會使得程式提交歷史變得混亂，並違反了「提交應該是可單獨了解和有用的」原則。另外，開發者還可以考慮透過 "git config branch.autoSetupRebase" 指令，更改 ".git/config" 檔案來使每個程式分支都可以自動執行 rebase 操作。

5）提交程式

由於 Harbor 已經整合了開發者來源憑證 DCO（Developer Certificate of Origin）檢查工具，因此程式貢獻者需要在 commit 中附加 Signed-off-by 資訊才能透過驗證，即在提交訊息中增加一個「簽名」行來標記他們遵守程式貢獻的要求。"git" 指令提供了一個 "-s" 命令列選項，可自動地將 Signed-off-by 資訊附加在提交訊息中，可在提交程式更改時使用，如：

```
$ git commit -s -m 'This is my commit message'
```

6）提交程式拉取請求

在完成程式撰寫和測試使用案例的撰寫後，程式貢獻者可將本機分支發送到 GitHub 上自己衍生的程式倉庫中：

```
$ git push <--set-upstream> my_harbor <my_branch>
```

開發者提交程式後會自動觸發 GitHub Action 的自動化測試，在提交程式拉取請求之前，需要確保所有自動化測試在自己 GitHub 帳號下的程式庫中都通過，如圖 13-1 所示。

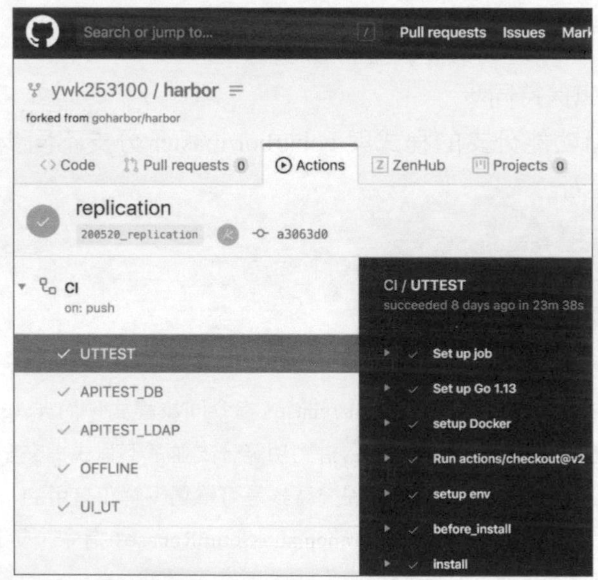

圖 13-1

在自動化測試成功之後，從衍生的程式庫中點擊該分支旁邊的 "Compare & Pull Request" 按鈕，建立一個新的程式拉取請求。拉取請求的描述應有關它所解決的所有問題，可在提交時參考問題編號（如 "#xxx"、"xxx" 為問題編號），以便在合併程式拉取請求時關閉這些問題，如圖 13-2 所示。

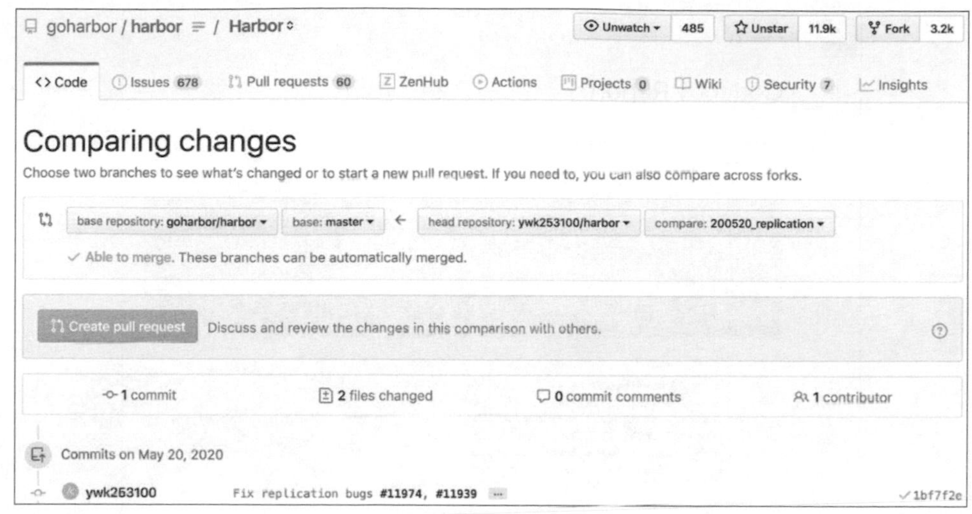

圖 13-2

7）自動化檢查

在貢獻者提交程式拉取請求到 Harbor 主程式庫後，為了能即時發現貢獻者請求合入的程式的潛在問題，並評估所提交程式是否符合專案的程式品質基準，以確保 Harbor 專案的整體程式品質，同時降低專案維護者的程式審稿難度和負載，Harbor 依靠 GitHub 的自動檢查機制，啟用了多項自動化檢測。

（1）程式拉取請求貢獻者必須提供貢獻者來源憑證 DCO，否則檢查會失敗進而導致程式拉取請求無法合入。

（2）使用 GitHub 整合應用 codecov 對程式單元測試覆蓋率進行檢測，並提供包含覆蓋率變化的報告，如圖 13-3 所示。考慮到誤差範圍，執行程式審稿的維護人員一般要求測試的覆蓋率維持已有水準，下降幅度不超過 0.1%。

（3）透過 GitHub 的 CodeQL 掃描工具對所提交程式中的安全性漏洞進行掃描，如果發現高危（錯誤）漏洞，則檢查失敗，程式無法合入。

（4）使用 GitHub 整合應用 Codacy 對程式品質進行自動評估並列出結果。如果提交的程式違反了最佳編碼標準且屬於「不可接受」範圍，則檢查失敗。Codacy 自動評估目前屬於非強制檢查，僅供程式提交者參閱。

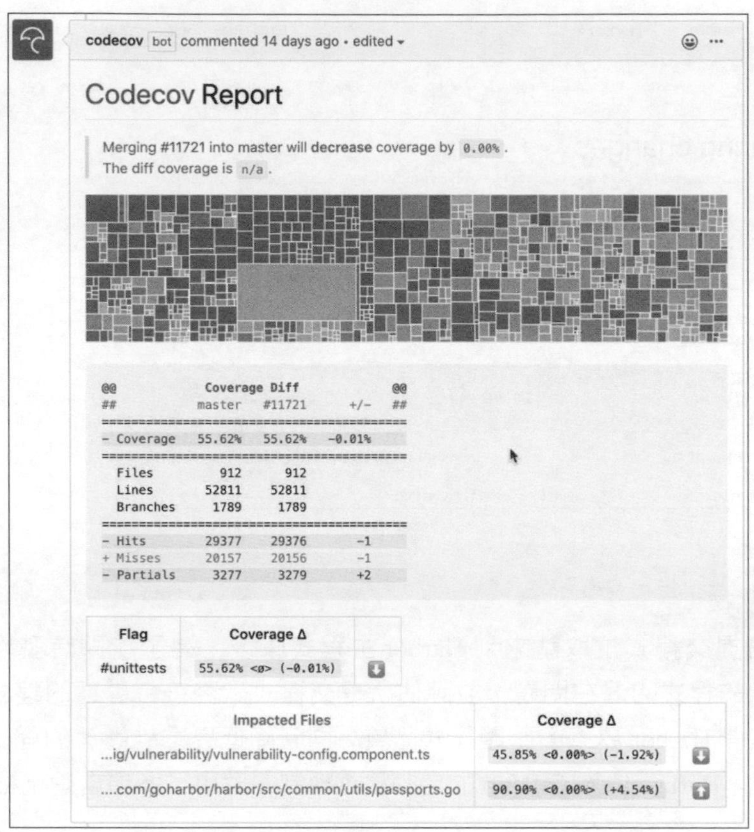

圖 13-3

（5）Harbor 從 2.0 開始，啟用了 GitHub Action 驅動的持續整合（CI）管線。此管線包含多個階段：程式格式檢測（涵蓋 misspell、gofmt、commentfmt、golint 及 govet）、後端服務單元測試（UTTEST）、前端 UI 單元測試（UI_UT）、使用資料庫身份驗證系統的 API 測試（APITEST_DB）、使用 LDAP 身份驗證系統的 API 測試（APITEST_LDAP）及專案包裝功能的測試（OFFLINE）。任何一個階段失敗，都會導致管線整體失敗，進而阻止程式的最後合入。

所有自動化檢查的結果都可以在程式拉取請求的「階段（Conversations）」標籤頁中檢視，部分檢查結果也可以在「檢查（checks）」標籤頁追蹤。對於未通過的檢查，程式提交者可以透過對應專案右側的「詳情（Details）」連結開啟詳細報告，然後檢視可能的應對措施，以便了解這些詳情並做出改進，使這些檢查能夠通過並最後合入程式到主分支。實際介面如圖 13-4 所示。

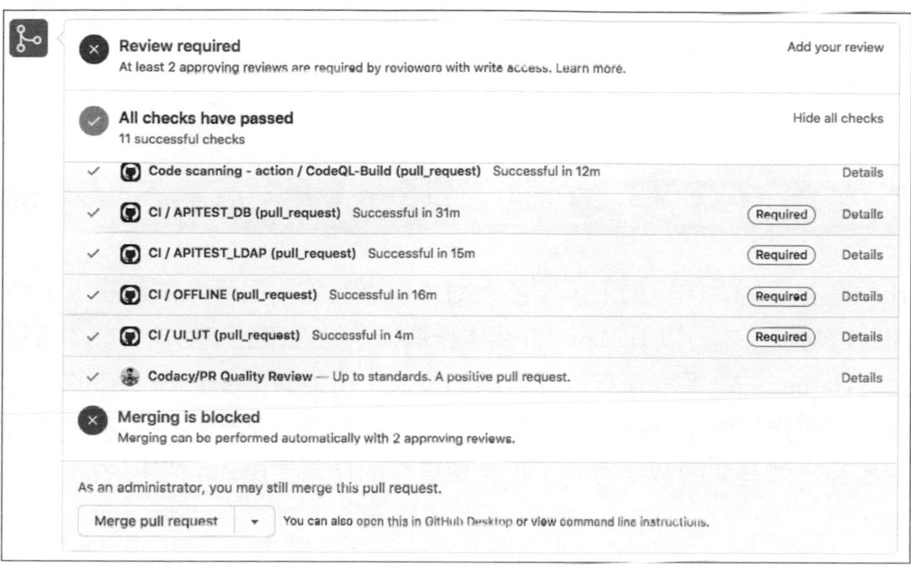

圖 13-4

8）程式審稿

在所有自動檢查都通過後，耐心等待維護者的審稿。每個程式拉取請求將被分配給一個或多個審稿者，這些審稿者將進行全面的程式審查，檢視正確性、漏洞、可改進之處、文件和註釋及程式風格，審稿所做的評論將提交到衍生的分支上。經過至少兩個維護者的審稿及批准，貢獻的程式就可以合併進官方程式庫了。

如果未能通過審稿，則維護者會將未能通過的原因或修改建議回饋在程式拉取請求中，貢獻者可在修改後再提交程式：

```
$ git commit -m "update"
```

執行 rebase 操作以確保每個程式拉取請求儘量只包含一個 commit（透過 squash 操作合併對應的 commits）：

```
$ git rebase -i HEAD~2
```

將改動再次發送到 GitHub 程式倉庫中，將觸發程式拉取請求的更新：

```
$ git push my_harbor
```

如果在貢獻程式時遇到問題，則可以透過 GitHub、Slack、微信群等方式，尋求其他開發者或使用者的幫助。

13.2 專案展望

Harbor 在社區的共同努力下，按照大約每個季發佈一個版本的節奏，不斷增強和豐富功能。本書以 Harbor 2.0 版本作為標準描述原理和功能，在本書撰寫之時，Harbor 的維護者還在推進專案的發展，已經有不少社區期待的功能在開發。本節介紹將在 Harbor 後續版本推出的部分功能的設計背景和想法，讓讀者能夠了解專案的發展方向，也希望更多的使用者參與到社區的功能建設中來。

13.2.1 映像檔代理

在很多客戶的環境下，機器都不能存取外部網際網路，或存取網際網路的頻寬有限，同時有大量的容器映像檔需要從外部下載，如果每次開發、測試、部署時都需要從網際網路下載容器映像檔，則將佔用大量的頻寬而且效率較低。同時，在某些場景如物聯網場景中，需要使用行動網路連線網際網路，這時頻寬可能是系統部署的瓶頸。更為嚴重的問題是，有些公有雲容器映像檔服務對用戶端有限流設定，當映像檔拉取操作達到一定流量時，會導致操作無法使用。

因此需要透過映像檔代理服務來解決上面的問題：當內網用戶端需要拉取映像檔時，映像檔代理可代為到外網拉取映像檔（映像檔代理伺服器需要連通外網），然後傳回映像檔給內網用戶端。同時，代理可以快取映像檔，供後續內部網路拉取時使用。容器映像檔代理目前常見的方法有開放原始碼專案 "docker/distribution" 的實現。這種方法需要在 "/etc/docker/daemon.json" 裡面設定 mirror-registry（鏡像映像檔倉庫），並且以 proxy 的設定啟動一個

"docker/distribution" 的容器，設定好要代理的帳戶名稱和密碼。這種方案用起來比較複雜，而且只能代理 Docker Hub 的映像檔。

為了解決上述問題，Harbor 社區計畫增加一種專案（project）類型——代理專案，系統管理員可以新增一個代理專案，如 dockerhub_proxy，並且連結到要代理的映像檔倉庫，如 Docker Hub 的某個映像檔倉庫。在代理專案新增好之後，使用者只要有許可權存取這個代理專案，就可以透過這個代理拉取 Docker Hub 的容器映像檔。

如果使用者需要拉取 Docker Hub 上面的 "myproject/hello-world:latest" 映像檔，則首先需要登入 Harbor，並執行 "docker pull" 指令：

```
$ docker login harbor.example.com
$ docker pull harbor.example.com/dockerhub_proxy/myproject/hello-world:latest
```

這樣就可以透過代理把映像檔拉取到本機了。在 Harbor 上快取了這個映像檔，下次同樣的請求發到 Harbor 服務時，不通過外部網路就可以直接傳回本機快取的映像檔。在 Harbor 上可以看到，"hello-world:latest" 映像檔被快取在 dockerhub_proxy 專案下的 "myproject/hello- world:latest" 映像檔倉庫中。在使用快取回應請求時，Harbor 都會先檢查來源映像檔倉庫是否有更新，如果有更新，則本機快取映像檔故障，需要重新從來源映像檔倉庫拉取映像檔。

Harbor 原有的以專案為基礎的功能，如許可權控制、映像檔儲存策略、配額、CVE 白名單，都可以繼續使用。如果需要只儲存 7 天記憶體取過的容器映像檔，則只需設定一個映像檔儲存規則，將超過 7 天沒有存取的快取映像檔刪除即可。

總而言之，使用映像檔代理功能可以幫助使用者節省有限的外網頻寬資源，加快映像檔取得速度，同時儘量減少對使用者既有拉取映像檔方法的改動。

13.2.2 P2P 映像檔預熱

在雲端原生領域，特別是在大規模叢集場景中，如何可靠並高效率地分發映像檔是個需要特別注意的問題。映像檔分發在本質上也是檔案分發，因此和檔案分發一樣，隨著容器叢集規模的增大，從中心化的映像檔倉庫中拉取映像檔會出現映像檔分發效率低、映像檔倉庫負載大等問題，同時網路頻寬容量可能成為分發瓶頸，並最後造成分發效率無法提升的結果，進而影響到容器應用或服務的部署過程。

為了解決上述問題，很多專案在 P2P（點對點）內容分發技術基礎之上實現了對映像檔分發的加速，即 P2P 映像檔分發，這是目前解決映像檔分發行之有效的技術之一，也是 P2P 內容分發技術在映像檔分發場景中的實際應用。比較有代表性的專案包含阿里巴巴貢獻的 CNCF 託管開放原始碼專案 Dragonfly（蜻蜓）和 Uber 公司開放原始碼的 Kraken（海妖）專案。

P2P 映像檔分發專案的基本工作機制大致相同。要分發的映像檔被分割為固定大小的資料分片來傳輸，各節點可以從不同的節點（Peer）平行處理地下載資料分片來組裝成完整的映像檔內容，這樣有效地降低了對上游映像檔倉庫的請求負載，可就近取得所需內容，大幅提升分發效率。據 Dragonfly 官方文件的介紹，Dragonfly 的映像檔分發機制能夠提升映像檔倉庫的傳輸量，同時節省映像檔倉庫大部分的網路頻寬。

Harbor 容器映像檔倉庫專注於映像檔的管理和正常分發，本身並未有 P2P 相關的功能支援。但作為映像檔管理平面和內容來源，P2P 引擎可將後台映像檔倉庫位址指在 Harbor，這樣在 P2P 網路節點請求 P2P 網路中缺失的映像檔內容時，Harbor 可直接為其提供映像檔內容的首份複製。這種方案雖然將 Harbor 與 P2P 引擎整合並打通，卻是一種「被動」工作模式，即在節點拉取請求已發起時，在未有對應內容的前提下，才會在映像檔倉庫發起拉取內容的請求，這必然會增加節點的等待時間，進而加長部署週期。為了消除這些不足，並提供給使用者更加增強、流暢和高效的映像檔管理與分發體驗，Harbor 的 P2P 工作群組（Workgroup）提出了 P2P 映像檔預熱方案，即透過輕量級鬆散耦合的方式，將 P2P 映像檔分發引擎整合到 Harbor 中，並透過以策略為基礎的模式將滿足預設條件的映像檔提前下發到 P2P 網路中快取起來，在節點請求到來時可直接開始 P2P 資料片分發過程，就像 P2P 網路之前已經分發過相同的內容一樣，網路已經「熱」起來了。

P2P 預熱的核心想法如圖 13-5 所示。透過介面卡介面將具有預熱能力的 P2P 引擎（目前有 Dragonfly 和 Kraken）整合到 Harbor 側並由系統管理員統一管理。專案管理員可以在其所管理的專案中建立一個或多個預熱策略。每個策略都針對一個目標 P2P 引擎實例，並透過映像檔倉庫（repository）篩檢程式和 Tag 篩檢程式確定要預熱映像檔的範圍，同時可疊加更多的預設條件來確保只有滿足特定要求的映像檔才允許預熱。這些預設條件包含映像檔是否被簽名，映像檔的漏洞嚴重等級是否低於設定條件及映像檔是否被標記了指定的標籤。策略可被設定為手動執行、定時週期性執行及以特定事件為基礎的發生執行。其中特定事件會包含發送事件（ON-PUSH）、掃描完成事件（ON-SCAN-COMPLETE）和標記標籤事件（ON-LABEL）。當策略即時執行，透過其中的篩檢程式和預設條件可以獲得所有滿足條件的映像檔列表，如果此列表不為空，則其中所含映像檔的相關拉取資訊被透過介面卡 API 發送給對應的 P2P 引擎。P2P 引擎會在其 P2P 網路快取中檢查是否存在相關內容，如果不存在，則向 Harbor 發起映像檔拉取請求並將對應的內容快取到 P2P 網路中。這樣 P2P 引擎在之後回應映像檔拉取請求時，可直接使用快取的內容，減少等待延遲，進而提升整體的映像檔分發效率。

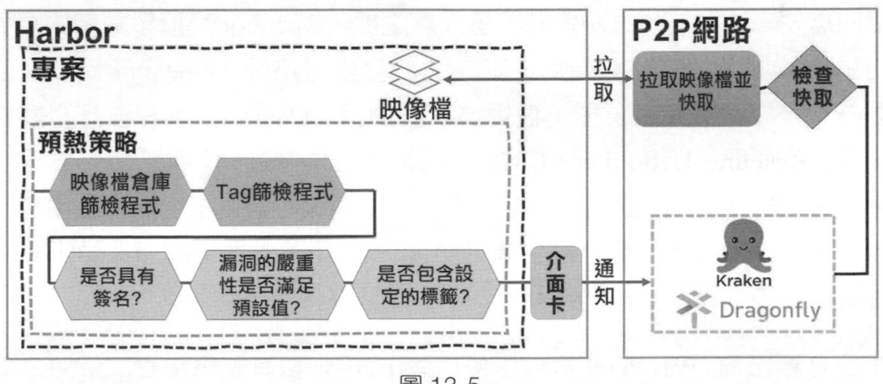

圖 13-5

映像檔預熱的直接使用場景是：在 CI 系統建置出應用映像檔後，Harbor 能即時地將滿足條件的「已就緒」映像檔發送到 P2P 網路中，這樣應用就可以快速部署出來。

P2P 預熱功能將在 Harbor 後續的版本中推出，主要實現工作將由來自 VMware、騰訊、網易雲、靈雀雲、阿里巴巴 Dragonfly 及 Uber 的貢獻者組成的 P2P 工作群組負責。

13.2.3 Harbor Operator

Harbor 伴隨著 Docker 容器時代而問世，早期作為 Docker 容器映像檔倉庫提供映像檔管理功能。在使用者進入以 Kubernetes 為主導的雲端原生時代後，Harbor 也與時俱進，提供了 Kubernetes 的 Helm Chart 部署和像映像檔一樣管理 Chart 等功能。

目前，很多 Kubernetes 使用者提出的需求是使用 Operator 來運行維護 Harbor，以便更進一步地管理多個 Harbor 映像檔倉庫實例。Operator 與 Helm Chart 部署相比，不同之處在於 Helm 是範本化工具，允許訂製不同應用的部署 YAML，而 Operator 的設計目的是透過更進一步地自動化來簡化日常管理交易。基於使用者的需求，Harbor 維護者們正在開發 Harbor Operator 功能。

Operator 是 Kubernetes 上運行維護服務的一種模式，來自管理複雜和有狀態的應用的需要，而此前的方法還有不盡人意之處。Operator 經歷了數年的發展，在社區中被頻繁地關注和使用，基本上被使用者接受。Operator 受歡迎的原因之一，是它使開發人員能夠使用自訂控制器（Controller）和自訂資源定義（Custom Resource Definition，CRD）來擴充 Kubernetes 控制平面，進一步實現真正的宣告式 API。這指定了開發人員比使用預設控制器更大的自由度，可管理除 Kubernetes 內建物件外的其他資源。在 Harbor 的 Operator 中，控制器被有效地掛接到訊息傳遞佇列中，允許不斷地保持在特定的狀態。

歐洲公有雲廠商 OVHcloud 提供給使用者 Harbor 私有映像檔倉庫解決方案，因此需要管理數百甚至數萬個 Harbor 實例。他們嘗試使用 Operator 的方式，取得了不少進展，實現了以下管理功能。

- 將 Harbor 作為自訂資源部署，將 Notary、ChartMuseum 和 Clair 作為可選元件。

- 支援使用 ConfigMap 和 Secret。
- 可自動清除 Harbor 實例。

OVHcloud 已把 Operator 的程式貢獻給 Harbor 社區，在此基礎上，Harbor 的維護者計畫增加 Redis 和 PostgreSQL Operator，以及包含高可用等完整安裝體驗的 Harbor 叢集 Operator。使用者將能夠使用該 Operator 來建立、擴充、升級、備份和刪除 Harbor 叢集。

13.2.4 非阻塞垃圾回收

在 Harbor 2.0 及之前的版本中，垃圾回收一直是阻塞式的。也就是說，在 Harbor 系統執行垃圾回收任務時，系統處於唯讀狀態，只能拉取而不能發送映像檔。在部分使用者的生產環境下，阻塞式的垃圾回收是不能被接受的，這會造成系統從幾分鐘到幾十小時的阻塞狀態。雖然建議使用者訂製週期垃圾回收任務在非工作日的夜間執行，但是並不能從根本上解決問題。

造成垃圾回收任務阻塞和執行時間較長的主要原因有以下兩個。

1. 層檔案的參考計數

在阻塞式的垃圾回收任務中使用的是 Docker Distribution（後簡稱 Distribution）附帶的垃圾回收功能，實現流程大致如下。

（1）檢查檔案系統，獲得每一個共用層檔案的參考數量。當一個層檔案的參考數量為 0 時，即為待刪除層檔案。

（2）在獲得所有待刪除的層檔案後，呼叫儲存系統的刪除介面，依次刪除層檔案。

在計算層檔案參考計數的過程中，如果此時使用者正在上傳映像檔，則垃圾回收可能會刪除正在上傳的層檔案，進一步破壞映像檔。因此，在垃圾回收任務即時執行需要阻塞映像檔的發送。

同時，因為 Distribution 並沒有使用資料庫記錄層檔案的參考關係，所以需要檢查整個儲存系統的路徑來取得每一個層檔案的參考計數。這種檢查方式造成了很大的時間負擔，並且所需時間隨著層檔案數量的增加而線性增加。

2. 雲端儲存的使用

在層檔案參考關係的檢查和層檔案的刪除過程中，需要呼叫儲存系統的介面來實現。如果使用者使用雲端儲存（如 S3）作為儲存系統，則儲存系統介面呼叫的時間負擔會比本機存放區增加很多。

以上情況，Harbor 提出非阻塞式的垃圾回收方案，並會將此方案引用到後續發佈的版本當中。該方案的目的是去除垃圾回收任務即時執行的系統阻塞，同時加強垃圾回收任務的執行效率。本節將簡介非阻塞式的垃圾回收方案的基本思維。

1. Artifact 資料庫

在 Harbor 2.0 中，在使用者成功發送一個映像檔後，Harbor 系統會完整記錄這個映像檔的資訊，如圖 13-6 所示。

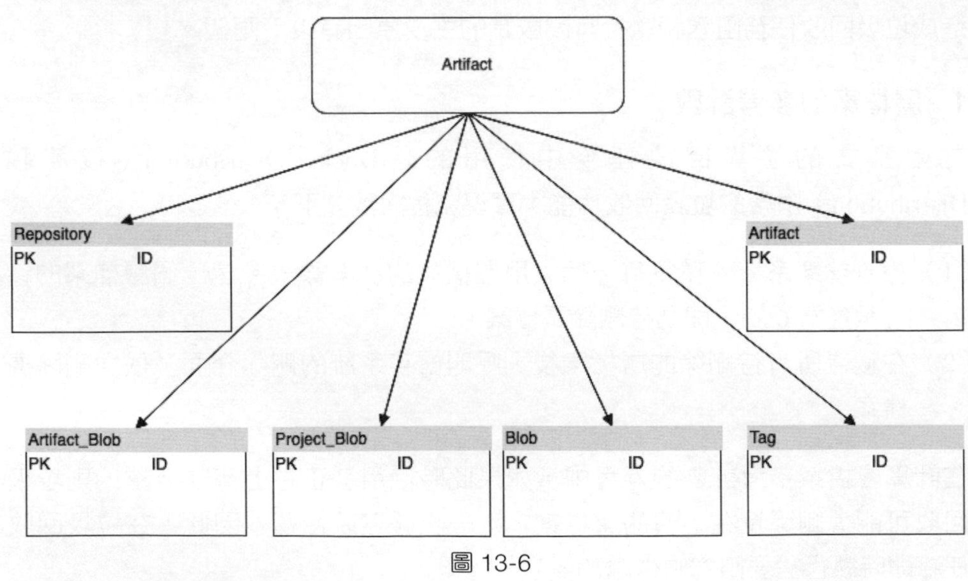

圖 13-6

透過圖 13-6 可以看出，一個映像檔的層檔案和其參考關係都被記錄在 Artifact 資料庫中。同時，在一個映像檔被刪除後，其層檔案的參考關係也被刪除。

這樣一來非阻塞式垃圾回收任務可以透過資料庫計算出儲存系統中所有層檔案的參考計數。當任何一個層檔案的參考計數都為 0 時，該層檔案即待刪除層檔案。相比儲存系統的檢查，資料庫的計算可以節省大量時間負擔。

2. 層檔案和清單檔案刪除 API

透過資料庫獲得待刪除層檔案後，下一步就是將其刪除。Distribution 並沒有提供刪除層檔案和清單（manifest）檔案的 API，而是曝露公有函數供其本身的垃圾回收任務使用。在非阻塞垃圾回收任務實現中，需要參考 Distribution 的程式來實現層檔案和清單檔案的刪除 API，而刪除 API 僅供非阻塞垃圾回收任務使用，不曝露給使用者，如圖 13-7 所示。

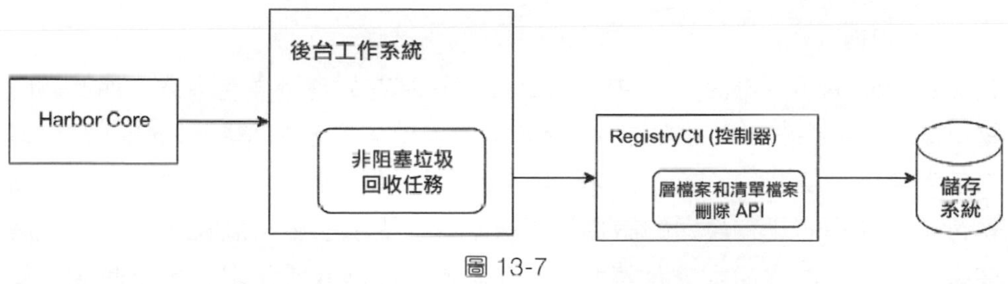

圖 13-7

3. 非阻塞

非阻塞式垃圾回收的核心是在垃圾回收任務執行時期，不阻塞使用者的映像檔等 Artifact 的發送。為了達到此目的，這裡引用了狀態控制和時間視窗機制，下面以映像檔為例加以說明。

1）狀態控制

在層檔案的資料庫表中加入了版本和狀態列，層檔案的每一次狀態改變都會增加版本，這樣可以透過版本來實現樂觀鎖。當非阻塞垃圾回收任務執行刪除時，會嘗試將待刪除的層檔案標記為 "deleting" 狀態。如果該待標記的層檔案剛好被 Docker 客戶端正在發送的映像檔參考，則非阻塞垃圾回收任務的 "deleting" 標記將失敗。原因是 Docker 用戶端在發送過程中發起的 HEAD Blob 請求被 Harbor 中介軟體攔截，中介軟體會增加層檔案的版本。而非阻塞垃圾回收任務在更新層檔案狀態為 "deleting" 時，層檔案的版本已經不符合資料庫裡的最新版本資訊，導致更新失敗，如圖 13-8 所示。

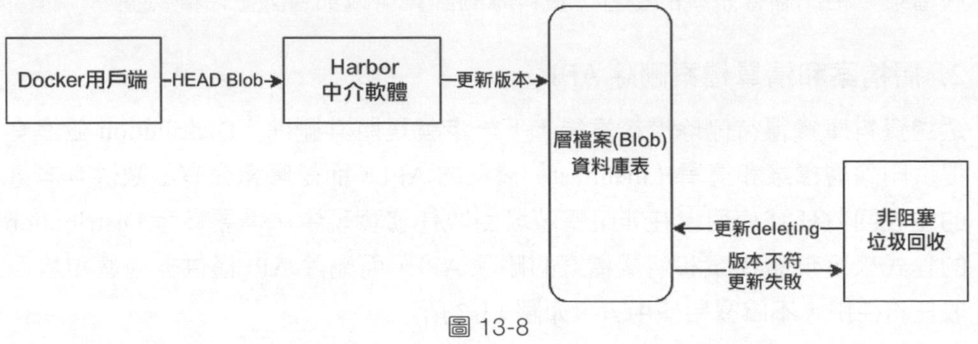

圖 13-8

2）時間視窗

在發送 Docker 用戶端的過程中，Docker 用戶端首先會發送層檔案，而此時的層檔案在系統中的參考計數為 0，只有當清單檔案發送成功後，Harbor 才會建立參考關係，使得這些層檔案的參考計數非 0。為確保在非阻塞垃圾回收任務執行中，使用者正在發送的層檔案不被刪除，需要引用時間視窗概念。在層檔案的資料庫表中加入更新時間列，非阻塞垃圾回收僅作用於更新時間早於非阻塞垃圾回收起始時間兩小時的層檔案。在時間視窗內發送的層檔案都會被保留，如圖 13-9 所示。

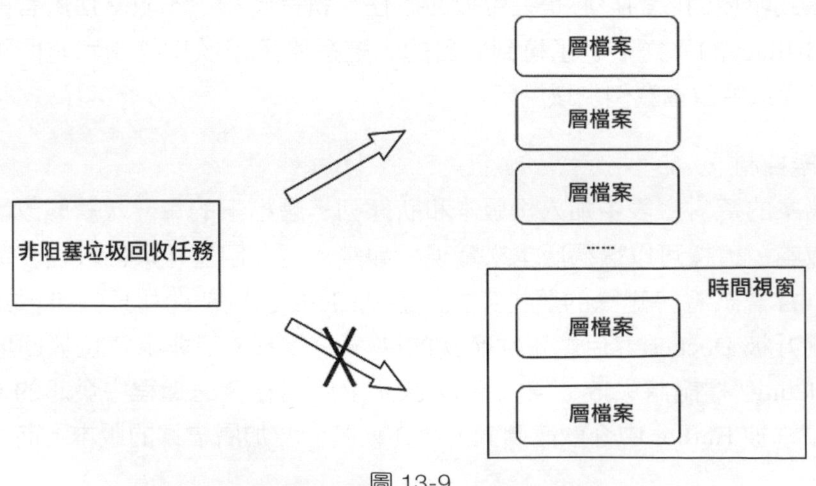

圖 13-9

Appendix ▼

A 詞彙表

本書有關的部分技術詞彙和術語較新，尚無統一的中文標準翻譯，在此列出並闡明，以便讀者將其與英文技術文獻對照。另有部分概念在本書中有特定含義，並且貫穿在本書的內容中，在此也一併加以說明。

英　文	詞彙或術語	說　明
Artifact	製品、工件	Artifact 是軟體工程中的各種中間或最後產品，一般以檔案形式存在，如二進位的可執行檔、壓縮檔、以文字為基礎的文件等。本書中的 OCI Artifact 簡稱 Artifact 或製品，指遵循 OCI 清單和索引的定義包裝資料，能夠透過 OCI 分發標準發送和拉取的內容。在雲端原生領域中，常見的 Artifact 包含容器映像檔、映像檔索引、Helm Chart、CNAB、OPA bundle 等
mediaType	媒體類型	指 OCI 的映像檔標準中給每種下載的資源定義的類型，以便用戶端解析、識別並做對應的處理
manifest	映像檔清單、清單、貨單	指映像檔或 Artifact 的描述檔案，用於說明映像檔或 Artifact 的組成和設定
image index	映像檔索引	映像檔索引指向多個映像檔清單，每個映像檔清單都描述了某個架構平台的映像檔
digest	摘要	指根據檔案的內容，透過密碼學雜湊演算法產生的二進位數字。透過合適的雜湊演算法，摘要可作為映像檔、檔案等的唯一標識，進一步實現以內容為基礎的定址

英　文	詞彙或術語	說　明
distribution	分發	指將映像檔等製品從倉庫發送給對應的用戶端
BLOB、Binary Large Object	二進位大物件	指二進位的資料大物件
layer	層檔案	在 OCI 映像檔標準中，資料可以分為許多部分來儲存，每一部分都被稱為層檔案。層檔案可加強不同映像檔共用資料儲存空間的能力，也可以加強映像檔拉取的平行處理度。容器執行時期還可以透過聯合檔案系統（UFS）把層檔案疊加後建置容器內的檔案系統
reference	參考	指在設定檔、清單檔案等中指向其他資料或檔案，將常用的可進行內容定址的摘要作為參考值，有時也將 Tag 作為參考值
container runtime	容器執行時期	指容器處理程序執行和管理的工具
registry	映像檔倉庫、製品倉庫、登錄檔	指提供映像檔或其他製品下載的倉庫服務
project	專案	指 Harbor 中對映像檔等製品進行統一管理的單位，可統一設定許可權、複寫原則等功能，通常對應實際情況下一個團隊、專案或團隊等擁有的製品
namespace	命名空間	指在電腦科學中廣泛使用的概念，用於區分不同的邏輯功能或實體，本書中的命名空間在不同的章節裡有不同的含義，如在 Linux 核心功能中，命名空間是容器的實現技術之一；在容器映像檔倉庫中，命名空間用於區分不同的使用者；在 Harbor 中，命名空間被稱為「專案」；在 Kubernetes 中，命名空間對不同的使用者進行邏輯上的隔離
repository，repo	映像檔倉庫、製品資料庫	指 Harbor 中某個專案下的映像檔倉庫或製品資料庫
Tag	Tag	指使用者映像檔或 Artifact 附加的標記，為了和 label（標籤）做區分，Harbor 對本詞不做翻譯
label	標籤	指 Harbor 中給映像檔等製品附加的標籤，可用於分類或過濾

英　文	詞彙或術語	說　明
replication	複製、遠端複製、內容複製	指一個 Harbor 實例和 Harbor 或其他 Registry 服務之間同步映像檔等製品資料的過程
pull	拉取	指從製品倉庫中下載映像檔等製品
push	發送	指向製品倉庫中上傳映像檔等製品
CVE	CVE（Common Vulnerability Exposure）	為常見的漏洞和透明系統，為公眾已知的資訊安全性漏洞和透明提供參考
vulnerability	漏洞	指映像檔中作業系統等軟體套件存在的安全性漏洞，漏洞資料來自公開的漏洞資料庫
RBAC	以角色為基礎的存取控制（Role Based Access Control）	指 Harbor 中使用的授權管理模型
OIDC	OpenID Connect，開放身份連接	指一個以 OAuth 2.0 協定為基礎的身份認證標準協定
signature	簽名	指對映像檔進行密碼學上的數位簽章，可在映像檔下載時透過驗證簽名確保資料的完整性
GC、Garbage Collection	垃圾回收	在製品倉庫中刪除映像檔或 Artifact 時，系統只是在邏輯上進行刪除，資料檔案還被保留在儲存中。檔案物理刪除需要靠定期的垃圾回收機制進行
quota	配額	指系統管理員給每個專案分配的儲存空間
immutable Tag	不可變映像檔、不可變 Artifact	Harbor 的映像檔或 Artifact 可以被設定為不可變屬性，進一步避免被覆蓋或誤刪除
retention policy	保留策略	當映像檔等製品符合保留策略所規定的條件時，始終將其保留在 Harbor 專案中；不符合條件的製品則被刪除
Core	核心服務	指 Harbor 的核心元件
middleware	中介軟體	指 Harbor 核心元件裡用於對請求進行各種過濾和前置處理的多個模組，包含許可權檢查、配額處理等中介軟體
Notary	內容信任服務、公證服務	提供映像檔或 Artifact 的內容信任功能

英　文	詞彙或術語	說　明
JobService	非同步任務系統、非同步任務服務、非同步任務元件	指 Harbor 中負責排程和執行後台非同步任務的元件
admin console, admin portal	管理主控台、圖形管理介面	指 Harbor 使用者從瀏覽器登入後所使用的介面，使用者可以管理、檢視專案或系統的各項資源（根據使用者的角色）
Webhook	Webhook、網路掛鉤	Harbor 使用者可使用自訂回呼的方法通知其他系統，使其他系統可以對特定事件（如映像檔發送、拉取等）做出回應。另外，在 Harbor 內部的元件中（如非同步任務系統）也有使用內部 Webhook 的機制
PR，Pull Request	程式拉取請求、合併請求	指 GitHub 中向程式庫提交貢獻程式的請求
fork	衍生、分叉	指從 GitHub 程式庫中複製一份到開發者名下的過程，開發者可在本身的程式庫中繼續開發，不受原程式庫的影響